生物安全实验室建设与发展报告

亚太建设科技信息研究院有限公司
同济大学　　组编

科学出版社

北　京

内 容 简 介

本书以发展和建设为主线，着眼于国际视角，从中外生物安全实验室发展历程、生物安全实验室管理模式与标准发展、生物安全实验室设计与建造、生物安全实验室关键设备、生物安全实验室检测与验收、生物安全实验室建设科技成果、生物安全实验室建设发展趋势与展望 7 个方面作了全面阐述。详细梳理了国内外生物安全实验室（尤其是 SARS 暴发以来 2003—2019 年的生物安全实验室）建设和管理的发展成就，分析了发展现状，总结了存在的主要问题，并给出了发展趋势与建议，为了解国内外生物安全实验室建设发展历史，建设生物安全实验室提供重要参考。通过对生物安全二级和三级实验室的关键设计参数和设备设施的应用进行调研，分析总结得出设计现状及设备设施的应用现状。此外，本书附录收录了部分国内外典型的生物安全实验室，并对其活动特点和技术要点作了分析。在全面对比分析基础上，找准我国生物安全实验室建设的坐标定位，总结存在问题，给出未来发展的方向性建议。

本书适合于生物安全实验室政府管理部门，以及生物安全实验室规划、设计、建造、检测、运行维护单位及实验室使用。此外，还可供高等院校及科研院所的研究人员及相关专业的教师和学生学习参考。

图书在版编目（CIP）数据

生物安全实验室建设与发展报告/亚太建设科技信息研究院有限公司，同济大学组编. —北京：科学出版社，2021.6
　ISBN 978-7-03-066929-2

　Ⅰ.①生…　Ⅱ.①亚…　Ⅲ. ①生物学–实验室管理–研究报告–中国
Ⅳ. ①Q-338

　中国版本图书馆 CIP 数据核字(2020)第 225763 号

责任编辑：罗　静　付丽娜 / 责任校对：郑金红
责任印制：吴兆东 / 封面设计：无极书装

科 学 出 版 社 出版
北京东黄城根北街 16 号
邮政编码：100717
http://www.sciencep.com
北京厚诚则铭印刷科技有限公司印刷
科学出版社发行　　各地新华书店经销
*

2021 年 6 月第 一 版　　开本：889×1194　1/16
2025 年 1 月第三次印刷　　印张：25 3/4
字数：834 000
定价：220.00 元
(如有印装质量问题，我社负责调换)

编委会名单

主　审：吴东来　祁建城
副主审：谢景欣　赵四清　刘东　丁力行　唐江山
主　编：吕京
副主编：赵赤鸿　陆兵　赵侠　曹国庆　胡竹萍　张宗兴　刘承军

编　写：

第1章　中外生物安全实验室发展历程
负责人：陆兵
主笔人：陆兵　赵四清　吴东来　王荣　赵赤鸿　王中一
审　核：吴东来

第2章　生物安全实验室管理模式与标准发展
负责人：吕京　曹国庆
主笔人：曹国庆　吕京　王荣
审　核：陆兵

第3章　生物安全实验室设计与建造
负责人：赵侠
主笔人：赵侠　张亦静　严向炜　李顺　唐江山　宋冬林　王栋
　　　　代青　刘培源　胡竹萍
审　核：谢景欣　吴东来　曹国庆

第4章　生物安全实验室关键设备
负责人：祁建城　张宗兴
主笔人：张宗兴　陆兵　傅江南　陈洪岩　刘承军　刘学民　胡竹萍　张静
　　　　吴金辉　衣颖　郝丽梅　常宗湧　张小剑　蒋境邦　陶柏成　王沈瑜
审　核：赵四清　吴东来

第 5 章　生物安全实验室检测与验收

负责人：曹国庆

主笔人：曹国庆　曹冠朋　代　青　李晓斌　王　栋　陈紫光　高　鹏

审　核：赵四清

第 6 章　生物安全实验室建设科技成果

负责人：胡竹萍

主笔人：胡竹萍　张　静　牛　宇　翟洪宝

审　核：刘　东　丁力行

第 7 章　生物安全实验室建设发展趋势与展望

负责人：赵赤鸿

主笔人：赵赤鸿　陆　兵　吕　京　赵　侠　谢景欣　张宗兴　曹国庆　刘　东
　　　　胡竹萍　李思思

审　核：祁建城

附录

负责人：刘　东

主笔人：吴东来　赵赤鸿　谢景欣　赵　侠　赵四清　宋冬林　王　栋　李晓斌
　　　　祁建城　张宗兴　李思思　蒋晋生　谢薇薇　包大勇　夏本明　叶　妍

参编及支持单位

参编单位：

天津昌特净化科技有限公司

上海埃松气流控制技术有限公司

北京易安生物科技有限公司

支持单位：

南京拓展科技有限公司

山东新华医疗器械股份有限公司

苏州市金燕净化设备工程有限公司

康斐尔过滤设备（上海）有限公司

深圳柏安诺科技有限公司

浙江泰林生物技术股份有限公司

山东沃柏斯实验室工程有限公司

上海沪试实验室器材股份有限公司

序 一

当今世界的国际体系中，传统安全与非传统安全问题相互交织；生物安全问题属于重要的非传统安全问题，直接影响政治安全、经济安全等其他安全，构成国家安全的重要组成部分，更是国际关注的全球安全问题。生物威胁与核威胁、化学威胁相比可造成更大的影响，由于疾病的传播性，其更容易在无声无息中造成大范围的影响和人群恐慌，正在流行的新冠肺炎疫情是为证。

回顾历史，自19世纪末德国医学家罗伯特·科赫（Robert Koch）首次运用科学方法证明了微生物是导致某些疾病的根源，人类就开启了有关病原微生物感染致病相关研究的大门。经过此后半个多世纪的初步探索阶段，结核分枝杆菌、霍乱弧菌、鼠疫耶尔森菌、痢疾杆菌、伤寒沙门菌、天花流感等长期困扰人类生命健康的病原微生物相继被发现。在人类不断探究病原微生物致病机制的同时，病原微生物也被用于生物武器或恐怖手段，给人类带来了巨大的伤害。

至今，新发突发传染病、生物武器、生物恐怖、生物技术谬用等传统与非传统生物方式对大众身体健康、经济发展与国家安全构成了重要威胁。

生物安全实验室是应对生物威胁的重要基础设施，是生物防御能力的重要体现，也是国家安全的重要部分。相较于发达国家，我国高等级生物安全实验室的起步及发展时间较晚，与国外先进设备制造技术和实验室管理理念等也有一定的差距。但近十年来我国生物安全实验室快速发展，目前已建成60余个高等级生物安全实验室，实验室管理体制发展也更为健全，实验室设施设备日臻完善，使我国应对突发公共卫生事件的能力持续提升。在不断深入开展科学研究、强化自身能力建设的同时，中国积极参与国际公共卫生事务，发挥负责任大国的正向作用，如援助西非实验室建设、开展埃博拉疫情防控等工作，让我国正在迈向生物安全强国之列。然而，随着信息化、人工智能等技术的发展，生物安全实验室可能产生一些颠覆性的技术发展。我国也迫切需要跟上并引领实验室生物安全建设和装备的发展，更好地维护我国的生物安全，并为维护全球生物安全做出贡献。生物安全事业的发展，需要有国际视野，需要全球合作。

为更好地服务于我国生物安全实验室领域发展，编写组邀请了国内长期从事生物安全实验室领域研究的专家，及时调研总结了生物安全实验室的历史和发展现状，分析研究了关键技术，并进行了科学的预测和判断，对存在问题探讨了可行的解决方案，撰写了《生物安全实验室建设与发展报告》一书。相信该书一定会给我国生物安全实验室领域人士以启迪，为我国生物安全实验室建设和发展助力。

高福

中国科学院院士

中国疾病预防控制中心主任

国家自然科学基金委员会副主任

2021年5月17日

序 二

　　生物安全实验室是针对生物有关因子对国家社会、经济、人民健康和生态环境产生的危害与风险及对其进行有效应对研究的基地及平台，是保障国家生物安全的必备场所，其建设规模、质量与管理规章将直接影响国家生物安全的水平与能力。我国也已将生物安全实验室建设列入加强国家生物安全研究的战略计划，先后制定和发布了相关规划，并组织国内有关部门和相关专家，参考学习发达国家这方面的先进经验，结合我国生物安全防控研究实际，从无到有，齐心协力，现已在全国建成了 60 多个高等级生物安全实验室，制定了一系列生物安全实验室安全运行和管理的规章制度，初步形成了我国的生物安全实验室管理体系，在新发疫病防控、公共卫生应急反应和新药研发等生物因了有效应对研究中发挥了重要的科技支撑作用。同时，在保障研究人员人身安全、防止有害生物因子外泄、有效维护环境卫生和公众健康方面也发挥了重要保障作用。然而，树欲静而风不止，当今世界由生物因子所致的生物安全事件时有发生，严重危害世界生物安全，特别是由烈性病原微生物所致的烈性传染病给人类生命健康所带来的危害更是令人触目惊心，仅新型冠状病毒就在继 2002 年严重急性呼吸综合征（SARS）和 2012 年中东呼吸综合征（MERS）之后又导致了一场世界性新的冠状病毒肺炎的暴发流行，在不到半年的时间里就已造成全球 1300 余万人发病，50 余万人丧生！为此，加强疫病防控研究必不可少的生物安全实验室建设已成为当务之急。

　　所幸，《生物安全实验室建设与发展报告》编写团队不忘初心，牢记使命，想国家生物安全研究能力建设之所想，急广大民众生命健康安全之所急，不辞辛劳，齐心协力，编写完成的《生物安全实验室建设与发展报告》十分及时，意义重大。该书对国内外生物安全实验室建设及管理现状、关键技术、存在问题与发展趋势进行了广泛深入的调查研究和科学的总结分析，并应用专业的分析方法，作出了科学的预测和判断；针对存在问题，探讨了可行的解决方案，形成了客观、科学、全面的建设与发展报告，用于指导中国生物安全实验室的建设和运维管理工作，具有重要参考与指导意义。同时该书还为中国生物安全实验室发展提出方向性建议。该书对实验室用户、规划设计者、设备供应商及工程公司了解行业现状、洞察行业趋势，以及行业管理部门完善安全运行管理规章制度也具有重要参考价值。

夏咸柱

中国工程院院士

军事科学院军事医学研究院

2021 年 5 月 9 日

自 序

涉及生物安全的实验室主要是从事病原微生物相关活动的实验室，也包括可能接触到其他有害生物因子、未知生物因子、合成生物因子的实验室，如生物医学实验室、动物研究实验室、植物研究实验室、生物技术实验室等。广义的生物安全涵盖了一切生物的安全。生物安全不仅与特定的工作人员有关，也可能影响普通大众、动物、植物、生态、环境等，有害生物还可用于生物恐怖、生物战争，威胁人类和动植物的安全，因此，生物安全及生物安保备受国际社会和各国政府关注。

2002 年出现了 SARS 病毒，也触发了我国病原微生物实验室的法制化管理和规范化建设。2020 年初开始的 SARS-CoV-2 大流行，使全球的生物安全实验室再次成为焦点，必将会导致对其未来发展的深度思考。

人类的生活与微生物息息相关，一方面人们利用微生物制作美食、药物等，正常的生存也离不开微生物；另一方面，人们被微生物导致的疫病侵袭，这场旷日持久的博弈和共生关系也许没有终点。

生物安全涉及国家安全、人类安全，危险生物因子的传播无国界，因此，采取透明、共享、合作的态度和策略，才是共赢的策略。

《生物安全实验室建设与发展报告》全面回顾了我国生物安全实验室的发展历程和建设成就，总结了相关的经验，为国内外相关方了解我国在该领域建设和管理的发展与成就提供了资料，这是一个负责任大国的担当和义务，我们应该为国际生物安全领域提供中国经验和做出贡献，共同构建生物安全领域的人类命运共同体。

本文简要划分了实验室生物安全的发展阶段，并提出对未来发展趋势的思考，以期引起读者们更广泛、更深入的讨论，共同面对未来。

一、形成阶段

世界上最早的以科学研究为目的的微生物实验室大约出现在 17 世纪，1665 年显微镜的发明推动了微生物研究的加速发展。天花疫苗的研制（Edward Jenner，1798 年）、麻风病与杆菌关系的发现（Armauer Hansen，1868 年）、分枝杆菌的系列研究（Koch，1882 年）、革兰氏染色方法的建立（Gram，1884 年）、烟草花叶病毒的发现（Iwanowski，1892 年）等开启了现代微生物学研究。

在此期间，德国医学家科赫（Koch）做出了巨大贡献，其中显微摄影技术、分离和培养纯化技术、培养基技术、染色技术等沿用至今。科赫在牛脾中找到了引起炭疽病的细菌，发现了引起肺结核的分枝杆菌，在印度发现了霍乱弧菌，又发现虱子和采采蝇是鼠疫及神经系统非洲锥虫病的媒介动物。

科赫根据自己的经验，提出了"科赫法则"。在这个原则的指导下，使得 19 世纪 70 年代到 20 世纪 20 年代成了发现病原菌的黄金时代，包括白喉杆菌、伤寒沙门菌、鼠疫耶尔森菌、痢疾杆菌等 100 多种病原微生物，涉及细菌、原生动物和放线菌等。

微生物学研究离不开实验室，19 世纪末到 20 世纪中，微生物学实验室快速发展，也开始有实验室源性感染事件的调研报告公开发表。

二、发展阶段

19 世纪初开始的世界大战中使用了微生物。第一次世界大战期间，德国军队使用了生物武器。1925 年，45 个国家在日内瓦签署了《禁止在战争中使用窒息性、毒性或其他气体和细菌作战方法的议定书》，该议定书没有被有效执行。在第二次世界大战中，一些国家仍没有停止使用生物武器，给人类带来了巨大灾难。1971 年 12 月 16 日，联合国大会通过《禁止生物武器公约》。

烈性传染病、生物恐怖、生物战等导致了高致病性微生物研究的需求增强，研究设施设备的组织相应而生。从现有生物安全实验室设施建设和标准的出现年代看，至少在 20 世纪上半叶，高等级防护水平的病原微生物实验室设施和基本设备已经在欧美国家初步成型，包括缓冲间、淋浴间、传递窗、渡槽、负压柜、手套箱、生物安全柜（包括Ⅲ级生物安全柜）、消毒设备等。目前这些典型的生物安全实验室特征在一些 20 世纪初期欧美国家建设的微生物研究设施、医院中仍然被保留着。

1960～1980 年，生物医学研究迅速发展，相关的实验室数量不断增加，随着实验人员感染事件的公开和存在的对公众的重大威胁，如何保证实验室的生物安全和安保成为迫切需要讨论的问题，因为此时研究活动导致的生物风险已经成为重要风险。在这一背景下，原处于不公开状态的生物防护实验室的建设和管理经验逐渐开始公开交流研讨，并形成相对独立的学科。与此同时，用于航空航天的可靠性技术、风险管理、系统质量管理等管理领域的技术也广泛被应用于各领域。这种开放、讨论和实践，使得实验室生物安全防护的措施和管理要求在不同的应用领域形成基本共识，生物安全技术进一步发展，包括设施的防护分级、高效过滤单元、生物安全柜、正压服、气密门、消毒设备等。

这些实验室生物安全理论和技术的交流、讨论与应用，为 20 世纪 80 年代开始的实验室生物安全标准化工作奠定了基础。

三、标准化阶段

战后两用科技的和平利用与竞争、贸易全球化，使人员、货物往来频繁，现代化的交通工具和物流可以使病原微生物在数十小时内迅速传遍全球，一些局部地区的疫病很快会影响人口密集的都市，加之病原微生物易于被恐怖分子利用，世界各国建立高等级生物安全防护实验室的需求开始涌现。

大家意识到，生物安全保障是全球性的问题，不存在各人自扫门前雪的"局部"安全，只能依靠全球的共防共治。在这种大背景下，世界卫生组织（WHO）于 1983 年出版了第一版《实验室生物安全手册》（*Laboratory Biosafety Manual*，LBM），为世界各国的实验室生物安全保障技术提供指南，包括建设技术要求、运行管理要求和微生物良好操作规范。从内容上看，是美国疾病控制与预防中心（CDC）和国立卫生研究院（NIH）于 1984 年联合发布的第一版《微生物和生物医学实验室生物安全》（*Biosafety in Microbiological and Biomedical Laboratories*，BMBL）的通用版。此后，LBM 和 BMBL 成为可以参考的实验室生物安全建设的基础性文件，也广泛应用于此前没有生物安全实验室建设和运行经验的国家或经济体。

WHO 服务的对象是全球，必须考虑各经济体之间巨大的社会发展差异，WHO 的 LBM 是最基础的要求。实际上，各国建设的专用生物安全实验室特别是高防护等级实验室的技术规格普遍高于 LBM 的要求。LBM 的发布，为在非洲、东南亚等新发传染病高发地区建设实验室提供了依据，防疫关口前移有助于防止疫情扩散，当然，对相关的生物资源如何保护和实现全球共享仍存在问题。

2008 年 2 月，欧洲标准化委员会（CEN）发布了 CWA 15793《实验室生物风险管理标准》，明确声明其目的只是为各成员国的标准化组织提供参考，而不是作为 CEN 的标准使用。欧洲的生物安全在职业健康安全（OH&S）管理框架下，OH&S 在欧洲有严格的法规标准体系和认证认可体系，针对消毒、高压蒸汽灭菌器、HEPA 过滤器、生物安全柜、个体防护装备等有完善的欧洲标准体系，这可能是欧洲国家并没有专门针对实验室生物安全标准的原因。

2019 年国际标准化组织（ISO）发布了一个新的标准 ISO 35001:2019 *Biorisk Management for Laboratories and Other Related Organisations*（《实验室和其他相关组织的生物风险管理》）；2020 年发布了 ISO 15190:2020，替代 ISO 15190:2003 *Medical Laboratories-Requirements for Safety*（《医学实验室　安全要求》）。

2020 年是不平凡的一年，WHO 的 *LBM*（第四版）与美国的 *BMBL*（第六版）同时进行了更新。*LBM* 第四版进行了很大的修订，更加强调基于风险评估的生物安全策略，而不再强调刚性地分级分类。这种理念旨在促进和指导在资源有限的环境下进行病原微生物实验室操作的可行性，为不同经济体、不同机构开展微生物相关的研究提供更多的机会。在坚持可持续发展的同时，必须确保生物安全。

在法规层面，欧洲议会和理事会（European Parliament and the Council）2000 年制定并颁布实施了《关于保护工作人员免受工作中生物因子暴露造成的危害的理事会指令 2000/54/EC》（*Directive 2000/54/EC on the Protection of Workers from Risks Related to Exposure to Biological Agents at Work*，替代 Directive 90/679/EEC），适用于欧盟国家。欧盟指令中的技术要求通常细致而明确，Directive 2000/54/EC 有 9 个附录，包括微生物分级名录、员工健康监护、生物安全二至四级防护要求、工程要求等内容。由于国家的治理体系不同，实现要求的方法在欧洲国家更多是通过市场行为竞争和获得第三方认证（包括强制性认证）得到相关方的采信，欧盟涉及安全的认证标准通常高于大多数国家。这种模式既保证了产品的质量也激励了产品创新。

美国联邦政府、政府各部门、各州等均有立法和管理权，很难有统一的国家标准。美国 CDC 和 NIH 发布的 BMBL 虽有相当的权威性，但也只涉及 CDC 和 NIH 的管辖范围内。美国政府问责局（GAO）调查了美国高级别生物安全实验室的建设和管理现状，发现美国 CDC 的生物安全四级防护实验室曾发生过电力中断而造成生物防护屏障失效，认为任何一个实验室都不存在零风险，随着实验室数量的增多，积累的风险可能会使国家的总体生物风险增加。因此，GAO 分别于 2009 年、2013 年两次提交报告给政府相关部门，建议统一高等级生物安全实验室标准。

目前，有实验室生物安全国家标准的国家有中国、加拿大、澳大利亚和新西兰。这 4 个国家都是生物资源大国，生物安全受到特别重视，上升到国家安全战略层面管理。澳大利亚/新西兰的标准《实验室安全　第三部分：微生物的安全与防护》（AS/NZS 2243.3 *Safety in laboratories Part 3:Microbiological safety and containment*）第一版发布于 1979 年，2010 年发布了第六版。加拿大在 1996 年、2004 年和 2005 年分别发布了关于从事兽医、人类传染和朊病毒活动的生物安全实验室的三个指南文件，后改版分为《实验室生物安全标准》（*Canadian Biosafety Standard*，2015）和《实验室生物安全手册》（*Canadian Biosafety Handbook*，2016 年）两册，更加凸显了标准的形式、地位和作用，是实验室生物安全要求标准化发展的重要体现。

我国标准 GB 19489《实验室　生物安全通用要求》第一版发布于 2004 年，2008 年进行了较大力度的修订，最早融入了风险管理理念，创新了不同级别生物安全实验室类型的分类方法，并提出了系统的生物安全管理体系和实验室认可评价体系，成为国际先进标准。可以看到，在 GB 19489—2008 发布之后，欧盟、美国、加拿大、澳大利亚和新西兰都更新或发布了新文件，特点是增加了风险管理的内容和走标准化的道路。

我国的实验室生物安全同步发展于近现代生物医药、兽医和卫生机构的建设以及公共卫生事业的发展。新中国成立后，为解决疫苗等生物制品的研发问题，我国建设了一批生物制品研究所。在改革开放后，从 20 世纪 80 年代开始，我国卫生、农业等行业的实验室与欧美、日本等合作，建设了我国第一批高等级生物安全实验室；90 年代，我国开始自行设计和建设高等级生物安全实验室。

2003 年 SARS 暴发流行。2004 年国务院颁布了《病原微生物实验室生物安全管理条例》，我国生物安全实验室的建设、运行和管理进入了法制化、规范化时代。经过 10 年的快速发展，我国的实验室生物安全技术和标准在 2015 年走出国门，援助塞拉利昂建设 BSL-3 实验室，抗击埃博拉疫情。

目前，我国各防护等级生物安全实验室的设计、建设、运行和管理能力均达到了国际先进水平，有力支撑了我国疾病防控、医药等生命科学相关的各专业领域的研发工作与创新发展，以及支撑了人类和动物传染病的防控工作。

2020 年初新冠病毒疫情暴发流行，流行范围之广世纪罕见。一方面，疫情检验了我国生物安全实验的能力，我国快速鉴定和分离病原、支撑药物和疫苗研发、实施病毒核酸检测等工作令世界瞩目；另一方面，再次提醒我们，病毒无国界，生物安全是全球性的问题，应该建设共防共治的国际生物安全保障体系。

2020 年 10 月 17 日《中华人民共和国生物安全法》通过表决，明确了生物安全的重要地位和原则，规定生物安全是国家安全的重要组成部分。生物安全法是我国生物安全领域的基础性、综合性、系统性、统领性法律，其颁布和实施必将产生积极而深远的影响。

四、对未来发展趋势的思考

历经近代百余年的研究与应用，人们对微生物有了很深的认识，按其对人类的危害程度和感染性，将已知的微生物进行了风险分级，提出了相应的实验室设施设备要求和管理要求。对风险等级为三级和四级的相关实验活动，各国均纳入政府管理范畴。由于存在不正当使用的可能性，相关重要的设施设备被一些国家列入进出口管制物品。

从世界范围看，实验室生物安全事故仍时有发生，这符合各类安全事件发生的规律，即很大程度上是人本身的不可靠性导致的。在高等级生物安全实验室工作，防护要求高、人员活动性和操作灵活性受限、心理压力大、工作时间长等，也在客观上增加了实验人员的失误风险。

基因操作技术的普及，使得可能出自实验室的新型有害生物的风险增加，使人类面临不可知的后果，监管者、科学工作者未来将面临更多新的挑战。

对于非标准化的实验动物，存在体内有未查出、未知病原微生物的风险，可能造成非所操作的目标微生物的感染。

由于对新风和换气次数的需求，高等级生物安全实验室的能耗非常大，这是新一代实验室建设需要面对和解决的问题。

同时，智慧实验室、无人实验室、智能机器人等不再是科幻影片里的场景，已经开始进入现实，促使实验活动、实验室建设、运行和管理可能出现颠覆性变化。

在广义的生物安全概念下，也包括生物安保、植物生物安全、有害生物（不限于微生物）、生物技术、生物资源等的考虑，因此，生物安全实验室概念的内涵和外延也在变化，亟待分析、评估、研究其生物安全和安保要求。

我国生物安全实验室建设、运行和管理的标准化发展历程，证明了标准化的引领作用和规范作用。标准化对我国在该领域实现高质量发展、跨越式发展有不可替代的作用，并实现了技术自给、创新和输出。本书就是历史的见证。

在未来 10 年、20 年的发展中，国际交流、合作会进一步加强，一些颠覆性新技术、新装备将会用于实验室生物安全领域，现有的国家法规标准体系尚有很多内容亟须完善、更新和补充，以确保我国在该领域参与国际竞争的发展环境和空间，在顶层设计方面需有突破性思维和担当。

《中华人民共和国生物安全法》的发布也将推进相关标准的修订、补充和完善，应建立基于风险思维和可持续发展理念的实验室生物安全标准体系，确保安全和创新发展。

标准通常有滞后性、主观性、折中性，特别是在技术变革时期，在一定程度上会限制新技术的应用。如何在全面法制化管理的生物安全领域迎接新技术革命，抓住实验室智能化发展中的机遇和保持竞争能力，是我们未来 10 年的新挑战。

在实验室管理方面，依据法规，结合机构改革，构建基于全国资源共享、职责联动，保证安全可靠、运行高效、分工合理、竞争有序、大幅度降低管理成本的新管理框架是首要任务，也是未来我国生物安全事业发展的环境保障。

在实验室生物安全科技研发领域，应加强和激发企业的内在创新和竞争动力，改变以引进吸收为主的模式，在材料、防护理念、工艺、方案等领域实现高水平创新发展。

实验室科技是多学科的综合及融合，亟待培养实验室科技服务和孵化机构，打通学科之间的屏障，构建完整的产业链，以满足实验室不断增长的安全需求和科研活动需求。实验室安全（包括环境健康安全）仅仅是需求的底线，科研活动对实验室各类复杂、极端、多因素耦合等的环境控制需求更为多样化、个性化，需要解决的关键技术问题更多、更复杂、更迫切，面临的挑战更大。

近年来，生产企业用于疫苗生产工艺放大研究的高等级防护水平实验室的建设需求开始出现，与从事病原微生物基础研究或检验检疫类实验室不同，该类实验室的一个主要功能是服务于疫苗生产。实验室内工艺设备众多，操作体量从几十升到上百升不等，具备疫苗生产小试甚至中试的潜在功能，带有非常明显的生产属性，是实验室生物安全管理面临的新挑战。

在世界上生物安全实验室和新技术越来越多的情况下，从政府监管的角度出发，标准化有其客观需求和作用。《中华人民共和国生物安全法》已经发布，应站在一个新的高度上审视和规划未来，做好顶层设计，为国际生物安全领域提供中国经验和做出贡献，共同构建生物安全领域的人类命运共同体。

吕　京

2021 年 1 月于北京

前　　言

在全球新一轮科技革命和产业变革与中国建设创新型国家的历史交汇期，对实验室总体布局、体制机制、评估评价等方面提出了新要求。实验室在科学前沿探索和解决社会重大需求方面继续发挥着非常重要的作用。

长期以来，建筑业的发展一直以民用建筑和工业建筑为主，肩负着科技创新重任的实验室建筑作为特殊建筑，其量大面广，通常在民用和工业领域中同时存在，且实验室不同细分行业的技术及市场发展不均衡。及时总结我国实验室建设和管理的发展成就、经验及存在问题迫在眉睫。2018 年，亚太建设科技信息研究院有限公司《暖通空调》杂志社和同济大学共同发起并立项的"实验室建设与发展报告"课题正是在这一背景下产生的。报告聚焦于不同的实验室类型，第 1 册主题为生物安全实验室，即为本书。

20 世纪 80 年代后期，我国建成了首座初步具有生物安全三级防护水平(BSL-3) 的实验室，20 世纪 90 年代，我国引进或自建了一批接近 BSL-3 的生物安全实验室。据不完全统计，2003 年严重急性呼吸综合征（SARS）暴发前，我国一些研究机构、医院、大学和企业相继建成了数十个自称达到 BSL-3 的实验室。SARS 暴发后，许多机构为了开展有关 SARS 的研究工作，开始新建、改扩建生物安全三级实验室。国家开始重视实验室生物安全管理，由 SARS 科技攻关组组织专家对申请从事 SARS 科技攻关的实验室进行了生物安全评估，批复了 15 家机构的 23 个 BSL-3 实验室的资质，这些实验室在抗击 SARS 的科研工作中发挥了重要作用。2016 年，我国发布了《高级别生物安全实验室体系建设规划（2016—2025 年）》。

我国生物安全实验室的建设已经从模仿和探索阶段逐渐走向成熟，在 2014 年西非埃博拉病毒疫情暴发期间走出国门，"中国标准，中国制造"走出国门，赢得世界瞩目。2015 年 3 月 11 日，我国援塞拉利昂固定 P3 实验室正式运营。

及时总结我国生物安全实验室（尤其是 SARS 暴发以来 2003—2019 年的生物安全实验室）建设和管理的发展成就、经验及存在问题，是非常重要且迫切的工作。本书编制组以发展和建设为主线，着眼于国际视角，从中外生物安全实验室发展历程、生物安全实验室管理模式与标准发展、生物安全实验室设计与建造、生物安全实验室关键设备、生物安全实验室检测与验收、生物安全实验室建设科技发展综述、生物安全实验室建设发展趋势与展望 7 个方面作了全面阐述。发展的主线体现在每一章，从国内外生物安全实验室发展历史上的重大历史事件记载，到不同国家管理模式和标准发展的对比分析、设计技术手段和关键技术理念的发展、关键设备设施的技术发展，再到检测验收关键项目的国内外发展对比分析及科技发展成果的总结。生物安全实验室的建设有其鲜明的技术特点，本书从生物安全二级实验室到高等级实验室，分专业阐述了生物安全实验室的设计建造要点。同时，通过调研生物安全二级和三级实验室关键设计参数和设备设施的应用情况，分析总结得出设计现状及设备设施的应用现状。本书另一个亮点是附录，收录了国内部分典型的生物安全实验室案例，并对其活动特点和技术要点作分析。本书在全面对比分析的基础上，找准我国生物安全实验室建设在世界范围内的坐标定位，总结存在问题，给出未来发展的方向性建议。

本书成文于 2019 年末，未曾料到的是，2020 年初新型冠状病毒肺炎暴发，给全球的经济发展、人民的生命财产、公共卫生安全、社会和谐稳定都造成了巨大影响。医院、实验室（尤其是生物安全实验室）是与新冠病毒搏斗的主战场，也是医护人员和科技工作者健康和生命的庇护所。生物安全实验室的规划、设计、建设与运维是保证实验室生物安全的前提，为了进一步加强我国生物安全实验室及相关平台建设，提升我国新发突发传染病应急处置能力和水平，2016 年，我国启动了国家重点研发计划"生物安全关键技术研发"重点专项，2020 年 5 月 9 日，发布了《公共卫生防控救治能力建设方案》，2020 年 10 月 16 日，《病原微生物实验室生物安全管理条例》开始修订，10 月 17 日，《中华人民共和国生物安全法》颁布。实验室生物安全已成为我国的重大需求和关注焦点。遗憾的是，出于篇幅和工作量方面的考虑，本书内容时间范围基本为 2019 年之前（部分章节，如第 6 章，以 2014—2018 年为主），2020 年之后的重要事件及建设经验略有提及，但还很不全面，留待进一步完善，敬请读者谅解。

在本书编写过程中，感谢田金强博士在百忙之中提出宝贵修改意见；感谢由北京市建筑设计研究院有限公司张杰总工担任课题验收主审专家的专家组在课题验收过程中提出的宝贵意见和建议；感谢中国勘察设计协会建筑环境与能源应用分会对本书编制工作的支持和指导。本书第 4 章及附录内容涉及实验室案例及关键设备，感谢以下单位提供图片支持：中国疾病预防控制中心、中国农业科学院哈尔滨兽医研究所、中国农业科学院兰州兽医研究所、江苏省疾病预防控制中心、国家生物防护装备工程技术研究中心、深圳柏安诺科技有限公司、深圳市泓腾生物科技有限公司、天津昌特净化科技有限公司、北京中数图科技有限责任公司、北京易安生物科技有限公司、奥星衡迅生命科技（上海）有限公司、浙江泰林生物技术股份有限公司、东富龙医疗装备公司。

十多年来，我国生物安全实验室快速发展，实验室管理体制趋于健全，实验室设备设施更加完善，生物安全实验室建设已初具规模和体系，这些实验室在国家新发突发传染病防控、疫苗研究、国家重大活动保障等方面发挥了重要作用。2021 年 4 月 15 日，《中华人民共和国生物安全法》正式施行，社会各界对生物安全的需求不断增加，生物安全实验室的内涵和外延进一步拓展，对生物安全实验室的管理制度、标准体系、设计建造技术、关键防护装备的研究、运行维护等方面提出了新的要求，本书对近年来我国生物安全实验室建设的成果及经验进行了总结和凝练，并对未来发展提出方向性建议，希望能为我国生物安全实验室建设的发展提供技术支撑。

刘　东　胡竹萍　刘承军

2021 年 4 月 23 日

目　　录

1 中外生物安全实验室发展历程

生物安全实验室是指通过防护屏障和管理措施，达到生物安全要求的微生物实验室和动物实验室，包括主实验室及其辅助用房（中华人民共和国住房和城乡建设部，2011）。生物安全实验室是开展传染病防治、生物防范和应用生物安全研究必备的实验场所，可为实验人员免受病原微生物感染并防止病原微生物泄漏到外环境提供重要的安全平台。从人类开始在实验室从事病原微生物研究以来，就一直受到病原微生物实验室感染和泄漏的威胁，由此也发展出实验室生物安全这一学科，并逐渐形成由设施设备防护屏障、标准微生物操作规程和实验室生物安全管理体系三大要素构成的现代生物安全实验室概念。本章以时间为主线，以重大事件为节点，梳理了国内外生物安全实验室的发展历程，并介绍了典型生物安全实验室案例，以对生物安全实验室的历史和现状有一个全面认识。

1.1 国外生物安全实验室发展历程及案例

追溯生物安全实验室发展历程，离不开一系列与实验室生物安全相关的重大事件。表 1-1 列举了近一个多世纪以来重大实验室生物安全相关事件。

表 1-1 重大实验室生物安全相关事件

阶段	年份	事件的关键词	事件及其后续
第一阶段	1893	Nicolas	法国首次报道了世界上第一例实验室感染事件；1903 年 Evans 报道了美国境内第一例实验室感染事件；1941 年 Meyer 等报道了 74 例美国境内和 73 例美国境外布鲁氏菌实验室感染调查结果
	1908	Winslow	撞击式空气微生物采样器问世
	1943	Kaempf Jr	封闭式Ⅲ级生物安全柜设计成型，并于 1944 年被用于美国马里兰州迪特里克的美国陆军生物武器实验室；20 世纪 50 年代中期出现部分封闭式通风橱型Ⅰ级生物安全柜；20 世纪 60 年代早期提出层流概念后，Ⅱ级 A 型生物安全柜于 1967 年在美国癌症研究所投放使用
	1947	NIH 第 7 号建筑物	第二次世界大战（以下简称二战）后第一座民用微生物安全研究实验室建成
第二阶段	1950	Wedum	美国公共卫生协会组织的学术会议期间展出生物安全防护一级屏障设备，文献发表于 1953 年
	1950	Sulkin & Pike	开展美国全境范围实验室感染调查，1951 年首次发表调查报告后，数十年陆续更新
	1954	Detrick & USDA	专门针对微生物安全的第一座建筑物 Detrick-S Div.的 550 号建筑物建成；普拉姆岛动物病实验室于 1954～1956 年建成
	1955	Detrick	第一届美国生物安全会议召开；随后会议规模逐年扩大，1977 年第 20 届开始有美国以外的专业人员参加，从而成为国际性生物安全会议；1960 年第一届经空气传播疾病会议召开
	1957	USPHS	《致病因子运输规章》（42 CFR 72.25）发布；1975 年福特总统签署新的《致病因子规章和运输》
	1962	Whitfield	提出单向气流概念；结合同期研究发现的交叉污染和交叉感染等情况，逐渐形成实验室防护的思想
	1969	Wedum & Kruse	《微生物实验室内人员感染的风险评估》发布
	1974	CDC & NIH	《基于危害对病原体的分类》发布，首次将可供人类研究的病原微生物和开展的相应实验室活动按不同危险类别分为四级
	1976	NIH	《涉及重组 DNA 分子研究指南》发布，并不断更新，目前版本为 2016 年版，改名为《涉及重组或合成核酸分子研究指南》
	1976	NSF49	国家公共卫生基础标准 49 号（NSF49）《Ⅱ级（层流）生物安全柜》发布
	1977	BSL-4 实验室	第 20 届美国生物安全会议提出并讨论建设生物安全四级实验室

续表

阶段	年份	事件的关键词	事件及其后续
第三阶段	1983	WHO	世界卫生组织（WHO）发布第一版《实验室生物安全手册》（世界范围内统一生物安全标准），并于1993年、2004年和2020年分别发布了第二版、第三版和第四版；1984年，美国疾病控制与预防中心（CDC）和美国国立卫生研究院（NIH）共同发布《微生物和生物医学实验室生物安全》，于2020年更新为第六版
	1984	ABSA International	美国生物安全协会（ABSA，现名ABSA International）成立；随后各国及国际的生物安全学会或协会等组织相继成立，2001年成立国际生物安全工作组（现名国际生物安全协会联盟，IFBA）
	1987	中国	为了研究流行性出血热的传播机制，中国人民解放军军事医学科学院和天津一家生物净化公司合作建设了我国首个国产生物安全三级实验室；1988年，为了开展艾滋病研究，原中国预防医学科学院（现中国疾病预防控制中心，以下简称中国疾控中心）从德国引进技术和设备，建设了我国民口第一个生物安全三级实验室；1992年，由世界银行（以下简称世行）贷款、美国设计，中国农业科学院哈尔滨兽医研究所建成我国首个大动物生物安全三级实验室；国内陆续进口、援建或自建了一批达到或接近生物安全三级水平的实验室
第四阶段	1999	USA	美国应急医学检验实验室网络（LRN）、美国国家生物安全实验室体系（NBL，2003年）和地区生物安全实验室体系（RBL，2005年）等相继建立运行
	2001	USA	美国炭疽邮件袭击事件，改变了世人对生物恐怖袭击的传统认识
	2002	SARS	2002年底出现严重急性呼吸综合征（SARS），并于2003年影响全球；2003～2004年在新加坡、中国台湾和北京相继发生SARS实验室感染事件
	2003	USA	美国总统布什在国情咨文中宣布，为防范生化恐怖袭击，美国将实施"生物盾"计划，拟建造一批用以储藏和研究最致命病毒的生物安全四级实验室，引发国际高等级生物安全实验室建设浪潮
	2004	中国	《病原微生物实验室生物安全管理条例》（以下简称《条例》）、GB 19489—2004《实验室 生物安全通用要求》等一系列法规标准出台，标志着中国生物安全实验室建设和管理进入法制化、规范化阶段，并推动了中国生物安全实验室建设的良性发展
	2004	中国	中国从法国引进4套移动式生物安全三级实验室；2006年10月，我国自主研制的首台移动式生物安全三级实验室通过验收；2014年9月，国产移动式生物安全三级实验室运抵塞拉利昂执行埃博拉（Ebola）病毒应急检测
	2005	欧盟	欧盟建立了欧洲的高等级生物安全实验室体系——欧盟高等级生物安全实验室计划（EHSL4），以便更好地利用高等级生物安全实验室资源，促进不同实验室之间合作和资源共享
	2005	中国	武汉大学动物生物安全三级实验室于2005年6月2日成为我国《条例》颁布后第一个获得国家认可的生物安全三级实验室；中国农业科学院哈尔滨兽医研究所生物安全三级实验室在第二个获得国家认可后，于2005年11月7日获得我国《条例》颁布后第一个从事高致病性病原微生物实验活动的资格
	2015	中-外	中国第一座在海外建设的、援助塞拉利昂的固定式生物安全实验室竣工并通过验收；2018年，由中国农业科学院哈尔滨兽医研究所负责援建的中哈农业科学联合实验室及教学示范基地项目完成建设并通过验收
	2016	美-哈	美国与哈萨克斯坦在阿拉木图完成中央参比实验室主体工程建设
	2017	中国	中国科学院武汉病毒研究所武汉国家生物安全（四级）实验室获得认可，2018年我国首个独立自主设计建设的中国农业科学院哈尔滨兽医研究所国家动物疫病防控高级别生物安全实验室和中国医学科学院昆明高等级生物安全实验室国家灵长类动物实验中心先后获得认可
	2017	中国	农业部发布《兽用疫苗生产企业生物安全三级防护标准》（农业部公告 第2573号），2018年，国内第一个按生物安全三级防护标准验收的车间在中国农业科学院兰州兽医研究所中农威特生物科技股份有限公司建成
	2019	中国	《植物生物安全实验室通用要求》经国家标准化管理委员会批准获得立项，由中国合格评定国家认可中心承担标准起草工作。中国生物安全实验室标准将覆盖从事人间传播病原微生物、动物病原微生物和植物病原微生物实验活动的各类实验室

注：NSF. 美国国家卫生基金会

从表1-1可以发现，伴随着病原微生物研究工作出现实验室感染事件，从而提出实验室生物安全的需求。世界各国科学家采用一系列装备、技术来防范病原微生物研究工作所带来的生物危害，并逐渐形成统一的规范、标准，历经了4个阶段：第一阶段即1950年前，对生物危害的认识促进了生物安全起步，属于生物安全实验室初期阶段；第二阶段即1950～1982年，生物安全防护屏障的探索与实施，属于生物安全实验室早期阶段；第三阶段即1983～1998年，生物安全指南与标准促进生物安全实验室发展，属于生物安全实验室发展期；第四阶段即1999年后，传染病和生物恐怖防控的需要促进了生物安全实验室建设快速发展，同时国际上生物安全实验室出现融合趋势，着重建立生物安全实验室的合作体系，构建高等级生物安全实验室群，以更好地应对全球一体化所面临的传染病防控和生物威胁新形势，属于生物安全实验室的全球合作发展期。具体见图1-1。

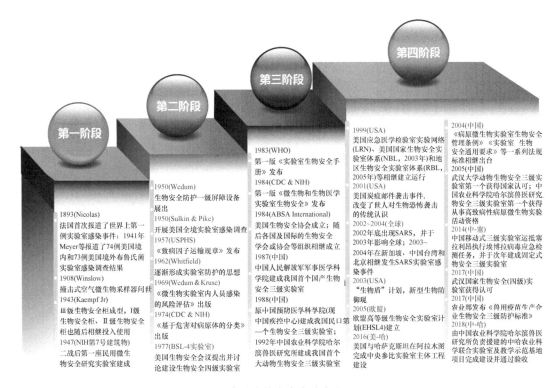

图 1-1　中外生物安全实验室发展历程

1.1.1　对生物危害的认识发展了生物安全（1950 年前）

这一阶段，科学家通过实验室感染事件意识到从事感染性微生物操作的危害，并且在各自领域采用现在称为"一级屏障"的个体防护装备来自觉进行防护，且通过负压排风过滤来防止污染扩散，但尚未形成"定向流"的概念，也缺少广泛的交流。这一阶段通过对生物危害的认识引出并发展了生物安全。

19 世纪末，德国医学家罗伯特·科赫（Robert Koch）首次运用科学方法证明某种特定的微生物是某种特定疾病的病原，自此开启了有关病原微生物感染致病相关研究的大门（Dubovsky，1982）。而后，在长达半个多世纪的初步探索阶段，结核分枝杆菌、霍乱弧菌、鼠疫耶尔森菌、痢疾杆菌、伤寒沙门菌等长期困扰人类生命健康的病原微生物相继被发现（Ferrari Sacco and Oliaro，1982；Blevins and Bronze，2010）。20 世纪初期，在不断探究病原微生物致病机制的同时，以法国、日本、英国、美国和苏联为主的大国相继开启了研制生物武器的秘密计划。日本军队不仅在二战中将细菌武器用于实战，其臭名昭著的侵华日军第七三一部队，更是在我国哈尔滨试验基地"培养了足以毁灭人类文明的各种令人恐怖的细菌；进行了骇人听闻的以活人为实验对象的种种研究"（郭长建和王鹏，2005）。图 1-2 即为当时的第七三一部队第四部（细菌生产部）示意图，具备基本的密闭防护条件。二战结束后，1946 年 3 月 5 日，英国首相温斯顿·丘吉尔发表"铁幕演说"，正式拉开了冷战序幕（罗会钧，2003）。在此后长达半个世纪的时间，以美国、北大西洋公约组织为主的资本主义阵营，与以苏联、华沙条约组织为主的社会主义阵营展开了包含政治、经济、军事斗争等在内的全方位较量。在冷战的前半程，双方均投入大量人力和财力以期能够大规模生产生物战剂，也因此提出了在研究和生产生物战剂过程中的安全防护需求。

随着全世界对于病原微生物的认识不断深入，从事相关研究工作的科研机构和从业人员开始逐渐增多，工作所造成的感染也逐渐被人们认识。1893 年法国首次报道了世界上第一例实验室感染事件，实验人员在培养细菌过程中意外感染破伤风（Nicolas，1893）。1903 年美国一位临床医生在给一位死于全身性芽生菌病的患者进行尸检时刺伤自己导致意外感染，这也是美国境内报道的第一例实验室感染事件（Evans，1903）。但直到 20 世纪初期，有关病原微生物实验室生物安全问题还没有引起人们足够的重视，

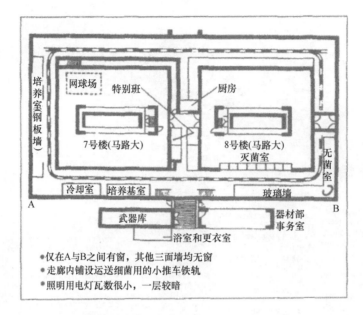

图 1-2　日本七三一部队第四部（细菌生产部）示意图（郭长建和王鹏，2005）

在科学研究、临床诊断、制剂生产等过程中往往出现研究人员意外感染事件。此后，随着实验室感染的报道范围逐渐扩大，开始系统性研究实验室感染事件，并逐渐形成微生物安全、生物安全的理念。德国科学家曾在 1915 年、1929 年、1930 年和 1950 年四次发表该国实验室感染调查报告，涉及伤寒等疾病研究。1941 年，Meyer 等报道了 74 例美国境内和 73 例境外的布鲁氏菌实验室感染调查结果。1950 年，美国公共卫生协会和国立卫生研究院组织进行的全国性实验室感染调查，范围遍及美国近 5000 家实验室，根据 Sulkin 和 Pike（1951a，1951b）报道，各种实验室感染涉及细菌、病毒、真菌、立克次体和原生动物等 70 多种病原体，共计 1342 例，其中 39 例死亡，但只有三分之一的实验室感染被记录下来。

随着病原微生物研究范围逐渐扩大、种类日益增多、深度不断增强，同时伴随着上述实验室感染的报道也越来越广泛深入，有关病原研究过程中的生物安全防护需求日益凸显。早在 19 世纪末，以罗伯特·科赫为首的早期微生物学家就已经开始尝试设计简单的生物安全柜用以进行微生物学实验。20 世纪初期开始，科研人员开始通过设计各类防护装置来避免实验室感染事件的发生。1943 年，由美国人 Hubert Kaempf Jr 设计的Ⅲ级生物安全柜基本成型，并于 1944 年被用于美国马里兰州迪特里克的美国陆军生物武器实验室（即美国陆军传染病医学研究所的前身），见图 1-3（United States Army Biological Warfare Laboratories，2019）。1947 年，美国 NIH 第 7 号建筑物成为二战后第一座非军方的微生物安全研究实验室。1950 年，在美国公共卫生协会组织的学术会议期间展出了生物安全防护一级屏障设备，随后 Wedum（1953）发表文献系统介绍了Ⅰ级生物安全柜、Ⅲ级生物安全柜、密封离心套筒、摇床、动物饲养设备等，并列表分析了常见微生物操作的危害。与此同时，在操作病原微生物以及处置传染病患者和传染病疫情过程中的个体防护也逐渐被人们认识，并形成基本统一的规范，包括穿着防护服、佩戴手套，特别是在涉及呼吸道传播病原微生物时佩戴口罩。1910 年 11 月，一场肺鼠疫从俄国贝加尔湖地区沿中东铁路传入中国，并以哈尔滨为中心迅速蔓延，4 个月内死亡达 6 万多人。当时伍连德受政府委派负责调查、应对疫情，在认清病原的基础上，采取了隔离肺鼠疫感染者和健康人群防护的方法，很快扭转疫情。当时起关键作用之一的"伍氏口罩"（图 1-4），就是采用普通外科纱布，中间放置一块长 130mm、宽 200mm、厚 15mm 左右的棉花，并通过缚带加强口罩与面部的密合度，这也是现代生物防护口罩的雏形。

图 1-3 美国陆军生物武器实验室使用的Ⅲ级生物安全柜系列（United States Army Biological Warfare Laboratories，2019）

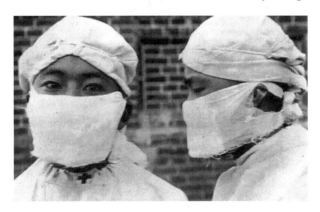

图 1-4 伍氏口罩

1.1.2 生物安全防护屏障的探索与实施（1950～1982 年）

1.1.2.1 发展概述

在认识到生物危害的同时，生物安全学科也在探索实验室生物防护措施的过程中逐步建立起来。以美国陆军生物武器实验室的现代生物安全之父阿诺德·魏杜姆（Arnold G. Wedum）为首的科学家科学评估了处理危险微生物制剂的风险，特别是各种微生物操作中产生气溶胶的风险，制定了相应的操作规程和管理办法，使用合理有效的微生物学实验技术，设计研发相关设备和设施（Wedum，1961，1964）。图 1-5（Wedum，1964）为当时设计的小型实验室单元，可供进行大动物（如猴）的气溶胶暴露实验。同时，20 世纪 60 年代早期（Whitfield，1962；Kruse et al.，1991）提出的单向气流概念开始应用于实验室和生物安全柜，结合同期研究发现的交叉污染和交叉感染等情况，提出将从事感染性疾病研究的实验室进行整体设施改造和区域化管理，逐渐形成实验室防护的思想，以实现对研究人员和周围环境的保护（Wedum，1953；Phillips and Runkle，1967）。随着对实验室生物安全防护屏障的逐步探究，科研人员开始注重实验室选址，开展内部区块化建设，在地板、墙壁、门、窗等部分注意建材选择，给实验室安装供风和排风系统以保持适当的空气流动与压力，同时在水源供应、设备安装等方面充分考虑生物安全问题（Hanel et al.，1956）。实验室生物危害的防护逐渐形成包括风险评估、一级屏障、二级屏障、标准微生物操作规程和实验室管理等在内的综合防护系统。

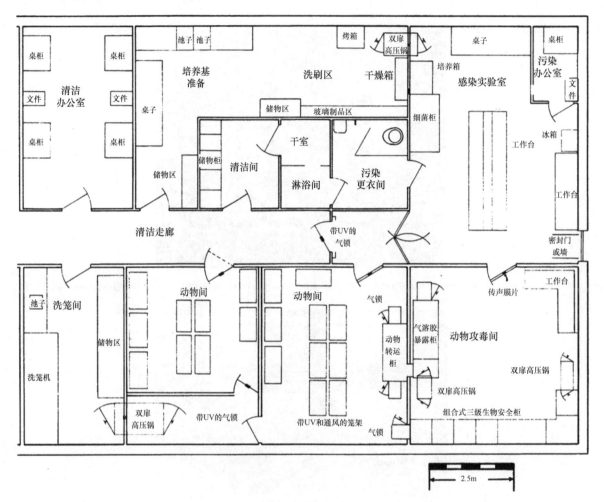

图 1-5　气溶胶暴露实验室平面示意图（Wedum，1964）
UV. 紫外线

随着生物安全学科的逐步兴起，该领域内专家学者的实践经验得到积累，一些学术会议和学科委员会开始涌现。1955 年 4 月 18 日，14 名代表在美国马里兰州迪特里克营会面，分享美国陆军三个主要生物武器研究实验室在生物、化学、放射和工业安全方面的知识及经验（Barbeito and Kruse，1997；Kruse and Barbeito，1997，1998）。由于生物武器研究实验室工作的特殊性，这样的会议被要求进行安全审查。1957 年开始，除机密会议以外，一些非机密会议开始兴办，以便更广泛地分享生物安全领域的知识和信息。1964 年起，美国政府开始组织与生物武器研究不相关的生物安全会议，并在接下来的十年里逐渐扩大到包括来自所有资助或进行病原微生物研究的联邦政府代表。1966 年起，生物安全会议开始邀请来自大学、私人实验室、医院和工业领域的代表。整个 70 年代，参加这些会议的人数持续增加，到 1983 年开始探讨设立一个正式的组织。1984 年，美国生物安全协会（American Biological Safety Association，ABSA）正式成立。随后各国及国际的生物安全学会或协会等组织相继成立，并于 2001 年成立国际生物安全工作组（International Biosafety Working Group，IBWG），现更名为国际生物安全协会联盟（International Federation of Biosafety Associations，IFBA），各协会组织在生物安全学科交流及有关标准的统一中发挥了重要作用（International Federation of Biosafety Associations，2019）。

在此期间，生物安全知识和理论逐渐形成体系，表现为生物安全专著、指南、标准的逐步出现，并最终形成世界范围内基本统一的生物安全标准。1969 年，由 Wedum 和 Kruse 主编的《微生物实验室内人员感染的风险评估》出版；1974 年，美国 CDC 编制发布了《基于危害对病原体的分类》（*Classification of*

Etiologic Agents on the Basis of Hazard）（Centers for Disease Control and Prevention，1974），首次将可供人类研究的病原微生物按不同危险类别分为四类，并将开展相应实验室活动的生物安全防护水平分为四级；1976 年，NIH 发布《涉及重组 DNA 分子研究指南》，同年国家公共卫生基础标准 49 号（NSF49）《Ⅱ级（层流）生物安全柜》发布（National Sanitation Foundation，1976）；1983 年，WHO 发布第一版《实验室生物安全手册》（World Health Organization，1983），标志着关于生物安全实验室的有关要求从探索走向规范、统一，并在全世界广泛推广、应用，推动生物安全实验室建设进入规范化发展阶段。

1.1.2.2　美国陆军传染病医学研究所原生物安全实验室

美国陆军传染病医学研究所（United States Army Medical Research Institute of Infectious Diseases，USAMRIID）成立于 1969 年，隶属于美国陆军医学研究与发展部（现为医学研究与物资部），是美国重要的生防机构。该研究所位于马里兰州的迪特里克堡，其前身是美国陆军医学单位（US Army Medical Unit，USAMU），曾开展进攻性生物武器研究，是推动全世界实验室生物安全发展的重要力量。现代生物安全之父阿诺德·魏杜姆（Arnold G. Wedum）是该研究所生物安全领域的杰出代表，由他联合一大批科学家发起组织召开全国性的、后来发展为国际性的生物安全会议，交流、讨论生物安全相关问题，逐步形成现代生物安全和生物防护理论。该研究所最初的研究设施（图 1-6）（Skvorak，2019；United States Army Medical Research Institute of Infectious Diseases，2019）建造于 20 世纪 50 年代和 60 年代，包括 18 栋建筑，实验室总面积 30 000m² 以上，其中最高防护等级（即现在的 BSL-4）实验室面积 1186m²，是目前可追溯的早期生物安全设施代表。2009～2017 年，USAMRIID 进行了重建，新址面积达 78 000m²。

图 1-6　美国陆军传染病医学研究所原生物安全实验室（20 世纪 50 年代）（左：外观；中、右：内景）

1.1.2.3　日本国立传染病研究所生物安全实验室

1981 年 3 月，日本国立传染病研究所（National Institute for Infectious Diseases）（许钟麟和王清勤，2004；Richmond，2002）在距首都约 40km 的武藏村山市分所建设了生物安全设施（8 号大楼），总面积 1112m²。一楼以生物安全四级（BSL-4）的实验室为核心，还包括生物安全三级（BSL-3）实验室、细胞培养室、管理室、洗涤室和 2 个机房。在平面设计（图 1-7）方面，设有走廊把 BSL-4 实验室整体围起来，外围是 BSL-3 实验室及其他房间。在实验室所在楼层的上面设有敷设管道的技术夹层，技术夹层上面设置空调机房，排水处理设备则设于邻接该楼的地下坑槽中。

BSL-4 实验室 1 和 2（共计 145m²）中各装有一组Ⅲ级生物安全柜，一组用于病理学研究，另一组用于体外试验。在 BSL-4 实验室 3（87m²）里装了 2 组Ⅲ级生物安全柜，其中一组用于小动物饲养和试验，如小鼠和大鼠，另一组用于中等大小的动物，如猴子和兔子，能同时容纳 6 个猴笼。

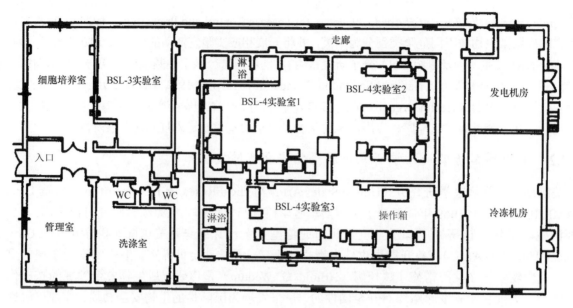

图 1-7 日本国立传染病研究所（上：一层平面图，下：BSL-4 实验室 2 内的Ⅲ级生物安全柜组合）

1.1.3 生物安全指南与标准促进生物安全实验室发展（1983～1998 年）

1.1.3.1 发展概述

实验室建设必须建立在科学的运行机制上。科学合理的技术标准体系，是病原微生物实验室生物安全建设的基础。目前多个国际组织［如国际标准化组织（ISO）、世界卫生组织（WHO）、世界动物卫生组织（OIE）等］和多数发达国家已制定了较为完整的病原微生物实验室生物安全标准管理体系，并能够根据生物安全威胁的变化及时修订。我国也从 SARS 事件以后逐步建立起基本完善的实验室生物安全管理体系。各微生物实验室依据各自国家的法律法规和标准，参考相关的国际规章，并以实验室的实际运行需求为基础，制定严格的管理制度和相关的标准操作规程，以确保实验室生物安全。

为了指导实验室生物安全，减少实验室事故的发生，1983 年 WHO 发布了《实验室生物安全手册》（*Laboratory Biosafety Manual*）的第一版（World Health Organization，1983），提倡各国接受和执行生物安全的基本概念，同时鼓励各国针对本国实验室如何安全处理病原微生物制订具体的操作规程，并为制订这类规程提供专家指导。从此，生物安全实验室在世界范围内有了一个统一的标准和基本原则。1983 年以来，已经有许多国家利用该手册所提供的专家指导制订了本国的生物安全操作规程。随着实验室生物安全工作经验的积累，涉及生物安全工作的仪器、设备、材料的不断发展，以及各个学科所取得的研究进展，生物安全实验室也在不断发展、完善。据此，WHO 又分别在 1993 年、2004 年和 2020 年发布了《实验室生物安全手册》的第二版、第三版和第四版（World Health Organization，2020）。

1974 年，美国疾病控制与预防中心（CDC）发布的《基于危害对病原体的分类》（*Classification of Etiologic Agents on the Basis of Hazard*）（Centers for Disease Control and Prevention，1974），提出根据病原体的危险程度不同，建立相应水平的防护措施。根据传播方式和所致疾病的严重程度将人类病原体分成四类。第五类包括非本土动物病原体，根据美国农业部政策限制其进入美国。这一分类标准作为实验室工作的参考标准，得到了各国的推广和借鉴，可以说对现代实验室生物安全起了奠基作用。在此基础上，美国 CDC 和 NIH 于 1983 年联合发布了第一版《微生物和生物医学实验室生物安全》（*Biosafety in Microbiological and Biomedical Laboratories*，BMBL），该手册是国际公认的比较详细的实验室生物安全操作指南，目前已经更新至 2020 年的第六版（United States Department of Health and Human Services/Centers for Disease Control and Prevention/National Institutes of Health，2020）。

美国的重组 DNA 研究监管比较宽松，没有在法律上严格限制 DNA 重组的研究，而是采用部门管理规定的形式来监管重组 DNA 研究。美国国立卫生研究院（NIH）在 1974 年即发表了致瘤病毒的生物安全标准（National Institutes of Health，1974）。根据暴露于动物致瘤病毒或从人分离得到的人类致瘤病毒的研究人员患肿瘤的危险度，将安全标准分为三个等级。1976 年，美国国立卫生研究院首次发布了《涉及重组 DNA 分子研究指南》（*Guidelines for Research Involving Recombinant DNA Molecules*，NIH Guidelines），并不断进行更新，目前版本为 2016 年版，改名为《涉及重组或合成核酸分子研究指南》（*Guidelines for Research Involving Recombinant or Synthetic Nucleic Acid Molecules*，NIH Guidelines）（National Institutes of Health，2016）。该指南把实验室内进行重组 DNA 分子的研究分为微生物、植物和动物三种类别，以及实验室级和大规模级两种规模。其实验室生物安全的分类标准、操作标准、防护等级等，都与《微生物和生物医学实验室生物安全》一致。

欧洲各国最初均有各自关于实验室生物安全的规章、标准，在成立欧洲经济共同体、欧盟以后，发布了共同遵守的指令。2000 年由欧洲议会和理事会（European Parliament and the Council）制定并颁布实施的《关于保护工作人员免受工作中生物因子暴露造成的危害的理事会指令 2000/54/EC》（*Directive 2000/54/EC on the protection of workers from risks related to exposure to biological agents at work*）适用于整个欧洲共同体（以下简称欧共体）（European Community），也被认为是欧盟法规（European Union Legislation），其前身是 Council Directive 93/88/EEC 等欧洲经济共同体理事会法规。在 2000/54/EC 指令中，用"生物因子"来代替原来"微生物"这一术语，并涵盖了遗传修饰生物体、细胞培养物及人体寄生虫等。2000/54/EC 指令所讨论的仅限于那些可能引起人体感染、变态反应或毒性的生物因子，不包括那些仅对植物和动物有致病性的生物因子。此外，在将生物因子归入 4 个不同危害等级时，仅根据生物因子的感染危险来进行分类。2000/54/EC 指令的主要内容包括：一般规定（目的、定义、范围——危害检查和评估、危害评估中的例外情况）、实验室所在单位责任（替代、降低危害、咨询专家、卫生与个人防护、信息和培训、工作手册、操作不同危害生物因子人员名单、协商、向专家通报情况）及各种规定（健康监测、除诊断实验室以外的保健机构、各种监测、资料利用、对生物因子分类、附加内容、通报委托方、废止、生效）。2000/54/EC 指令已经在欧共体的各成员国实施，但允许不同国家可以有自己的致人感染的病原体分类表。

在 20 世纪八九十年代，全球性、区域性及各国的生物安全法规、标准纷纷出台，并及时更新，也更趋向于全球统一。这些生物安全指南和标准的发展，不仅促进了生物安全实验室的全球建设，也使生物安全实验室的理念和标准更加科学、合理，并逐渐趋于成熟，全世界生物安全实验室建设处于发展成熟期。但进入 21 世纪后，2001 年美国炭疽邮件事件（United States Department of Justice，2010a）的发生，改变了世人对传统生物恐怖威胁的认识；同时，世界一体化对新发突发传染病的防控提出了新的要求，全世界共同应对传染病已经成为共同认识。新形势下，全球对生物安全实验室，特别是高等级生物安全实验室的需求呈快速增长的趋势，促进了生物安全实验室建设进入高等级生物安全实验室快速发展阶段。

1.1.3.2 澳大利亚动物卫生研究所

澳大利亚动物卫生研究所（Australian Animal Health Laboratory，AAHL）隶属于澳大利亚联邦科学与工业研究组织（Commonwealth Scientific and Industrial Research Organisation，CSIRO），位于吉朗（图1-8 上左）。该研究所 1974 年就已经提出完整方案，1978 年开始建设，1985 年竣工投入使用，整个建设工期为 7 年（不包括前期调研和设计时间），建筑面积约 6.4 万 m²，占地面积 14 万 m²，总投资额按现在价值计算约为 6 亿澳元。澳大利亚动物卫生研究所（Australian Animal Health Laboratory，2019）约 6 万 m²的面积中，仅有六分之一左右是不同级别的实验室，包括了 BSL-3、ABSL-3、BSL-4、ABSL-4 实验室，其余均为支持系统所使用，整个实验室犹如一个现代化工厂。实验室共有工作人员 265 名，其中研究人员 200 名，工程技术人员 35 名，辅助人员 30 名，年运转经费约 3000 万澳元，其中用于该实验室的运转维持费约为 2500 万澳元。该实验室的生物安全由生物安全官领导的生物安全小组负责，为了维持其正常运转，实验室配备了 35 名工程技术相关人员，其中有高级工程师、工程师和技术工人，涉及的专业有机械、暖通、自控、计算机软件等，这些工程技术人员 70% 的工作是实验室的维修。

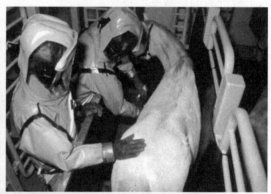

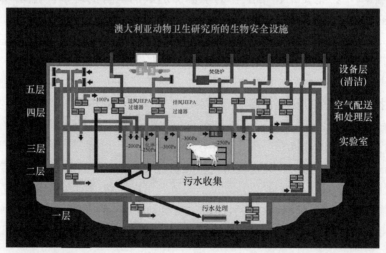

图 1-8　澳大利亚动物卫生研究所（上左、下：外观和剖面图；上右：大动物操作）

1.1.3.3 法国里昂梅里埃实验室

法国梅里埃/国家卫生及医学研究院生物安全四级实验室于 1998 年开始投入建设，历时一年，1999

年 3 月宣布建成,并经过两年的检测、调试与完善工作,于 2001 年正式对科学家开放(Jean Merieux BSL-4 Laboratory,2019)。自 2004 年起,梅里埃 BSL-4 实验室成为国家级实验室,由国家卫生及医学研究院(INSERM)进行监督并负责行政管理工作。梅里埃 BSL-4 实验室面积 600m²,全部用玻璃和钢材建成,其造价为 4000 万法郎,其中的仪器设备价值 1000 万法郎,每年的运行维持和实验费用是 190 万欧元。实验室主楼分为三层(图 1-9 下):上层是空气处理区,保证实验室人员和动物的呼吸用气及实验室空气的消毒;下层是废物处理区,对实验室器材和实验垃圾进行消毒;中层是 BSL-4 工作区,由两个相互独立、面积各 60~70m² 的实验室和一个动物实验室组成(图 1-9 上右)。方形主楼的旁边有一个两层、半圆柱形的附属楼(图 1-9 上左),负责进行实验准备。实验室的安全全部由计算机实行中央控制。

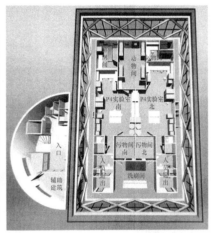

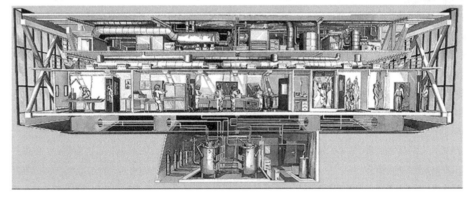

图 1-9　法国里昂梅里埃 BSL-4 实验室(上:外观和平面图;下:剖面图)

1.1.4　传染病和生物恐怖防控的需要促进生物安全实验室建设快速发展和国际合作(1999 年后)

1.1.4.1　发展概述

高等级生物安全实验室是研究高度危险病原体、应对新发突发传染病的重要基础设施,是维护国家生物安全的重要保障。近些年来,SARS、禽流感、埃博拉出血热等新发突发传染病的不断出现,以及 2001 年美国炭疽邮件事件(United States Department of Justice,2010b)使得生物恐怖成为现实,高等级生物安全实验室数量快速增长。2017 年底,WHO 组织召开的生物安全四级实验室网络协调会的会议报告(World Health Organization,2018)显示,截止到 2017 年 12 月,全球已建成或在建的生物安全四级实验室总数已超过 50 个(表 1-2),分布于美国(12 个)、英国(5 个)、德国(4 个)、澳大利亚(3 个)、瑞士（3个）、中国（3个）、阿根廷（2个）、加拿大（2个）、捷克（2个）、日本（2个）、意大利（2个）、印度（2个）、巴西（1个）、丹麦（1个）、俄罗斯（1个）、法国（1个）、韩国（1个）、科特迪瓦（1个）、南非（1个）、瑞典（1个）、沙特阿拉伯（1个）、西班牙（1个）、新西兰（1个）、匈牙利（1个）等。这些高等级生物安全实验室对提高其所在国家生物威胁应对能力发挥着重要作用。目前，美国共拥有生物安全四级实验室12个，其中运行中实验室10个，在建2个，数量超过全世界总和的五分之一；此外，美国还拥有超过1400家已注册的生物安全三级实验室，可见美国在生物安全实验室建设方面领先全球。

表1-2　国际上已建成或在建的生物安全四级实验室（World Health Organization，2018）

序号	机构	国家	生物安全等级	运行状态	实验室类别	人或动物
1	国家农业技术研究院病毒学研究所	阿根廷	3+	运行中	—	动物
2	国家食品安全和质量服务部	阿根廷	3+	运行中	—	动物
3	联邦科学与工业研究组织澳大利亚动物健康实验室	澳大利亚	4（ABSL-4）	运行中	防护服型	动物
4	韦斯特米德医院新发传染病及生物危害应急处置队	澳大利亚	4	运行中	防护服型	人
5	彼得·多赫提感染与免疫研究所维多利亚传染病参考实验室	澳大利亚	4	新建	防护服型	人
6	泛美口蹄疫疾病中心	巴西	3+	运行中	—	动物
7	加拿大食品检验局外来动物疾病国家中心	加拿大	4	运行中	防护服型	人
8	加拿大公共卫生局国家微生物实验室	加拿大	4（ABSL-4）	运行中	防护服型	人
9	中国疾病预防控制中心（北京）	中国	4	计划	防护服型	人
10	哈尔滨兽医研究所国家动物疫病防控高级别生物安全实验室	中国	4（ABSL-4）	新建	防护服型	动物
11	中国科学院武汉病毒研究所	中国	4	新建	防护服型	人
12	高等教育和科学研究部科特迪瓦巴斯德研究所	科特迪瓦	4	在建	防护服型	人
13	卫生军事研究所生物防御系	捷克	4	运行中	防护服型	人
14	国家核化生防护研究所生物监测与防护实验室	捷克	4	运行中	防护服型	人
15	丹麦技术大学国家兽医研究所	丹麦	3+	运行中	—	动物
16	法国国家健康与医学研究院梅里埃生物安全四级实验室	法国	4	运行中	防护服型	人
17	伯恩哈德·诺赫特热带医学研究所	德国	4	运行中	防护服型	人
18	德国弗利德里希·勒福乐动物传染病研究所	德国	4	运行中	防护服型	人
19	马尔堡菲利普大学病毒学研究所	德国	4	运行中	防护服型	人
20	罗伯特·科赫研究所	德国	4	新建	防护服型	人
21	国家公共卫生研究所（原国家流行病学中心）国家生物安全实验室	匈牙利	4	运行中	防护服型	人
22	国家病毒学研究所微生物控制复合体	印度	4	运行中	防护服型	人
23	国家高等级动物疾病研究所高等级动物疾病实验室	印度	3+	运行中	—	动物
24	拉扎罗·斯帕兰扎尼国家传染病研究所	意大利	4	运行中	防护服型	人
25	米兰大学萨科大学医院	意大利	4	运行中	防护服型	人
26	长崎大学生物安全四级实验室	日本	4	计划	防护服型	人
27	国立传染病研究所	日本	4	运行中	安全柜型	人
28	第一产业部国家生物防护实验室	新西兰	3+	运行中	—	动物
29	韩国疾病预防控制中心生物安全四级实验室	韩国	4	新建	防护服型	人
30	俄罗斯联邦消费者权利保护和人类福祉监测局病毒学和生物技术病媒国家研究中心	俄罗斯	4	运行中	防护服型	人
31	沙特卫生部国家卫生实验室	沙特阿拉伯	4	计划	防护服型	人
32	南非国家传染病研究所特殊病原体部	南非	4	运行中	防护服型	人
33	巴塞罗那自治大学动物健康研究中心和农业食品研究与技术研究所	西班牙	3+	运行中	—	动物
34	瑞典传染病控制研究所防备部高致病性微生物分部	瑞典	4	运行中	防护服型	人
35	苏黎世大学医学病毒学研究所	瑞士	4	运行中	防护服型	人
36	联邦内政部病毒学与免疫学研究所	瑞士	3+	运行中	—	动物
37	日内瓦大学医院病毒学实验室	瑞士	4	运行中	防护服型	人

续表

序号	机构	国家	生物安全等级	运行状态	实验室类别	人或动物
38	环境、食品和农村事务部动植物卫生机构	英国	4	运行中	防护服型	人
39	英国公共卫生应急准备与反应中心	英国	4	运行中	安全柜型	人
40	国防部国防科学技术实验室	英国	4	运行中	防护服型	人
41	珀布赖特研究所高级防护大动物设施	英国	4	在建	防护服型	人
42	卫生部国家生物标准与控制研究所	英国	4	运行中	防护服型	人
43	国家过敏与传染病研究所落基山实验室	美国	4	运行中	防护服型	人
44	国家生物防御分析与对策中心	美国	4	运行中	防护服型	人
45	普拉姆岛外来动物疾病诊断实验室	美国	3+	运行中	—	动物
46	得克萨斯大学医学分部加尔维斯顿国家实验室	美国	4（ABSL-4）	运行中	防护服型	人
47	佐治亚州立大学病毒免疫学中心	美国	4	运行中	安全柜型	人
48	国家过敏和传染病研究所迪特里克堡综合研究设施	美国	4	运行中	防护服型	人
49	疾病预防控制中心特殊病原体分部	美国	4	运行中	防护服型	人
50	得克萨斯州生物医学研究所	美国	4	运行中	防护服型	人
51	波士顿大学国家新发传染病实验室	美国	4	新建	防护服型	人
52	美国国防部陆军传染病医学研究所	美国	4	运行中	防护服型	人
53	美国国土安全部普拉姆岛动物疾病中心	美国	3+	运行中	—	动物
54	美国国土安全部国家生物和农业防御设施	美国	4（ABSL-4）	在建	防护服型	动物

—：代表不分或不适用

　　高等级生物安全实验室一方面是维护国家生物安全的核心基础设施之一，另一方面由于其是从事操作高危病原微生物的场所，其本身的安全问题普遍受到社会关注（US Government Accountability Office，2009a，2009b）。

　　进入 21 世纪以来，生物安全四级实验室也曾报道过一些事故。2004 年，一位病毒学家在美国陆军传染病医学研究所四级实验室操作 2 天前已感染埃博拉病毒扎伊尔毒株变异株的老鼠时，老鼠踢了注射器，操作者被血液污染的针头刺破了左手（Miller，2004）。由于最终确认被操作的 5 只老鼠在发生事件时无病毒血症，受伤者未发病或血清转化，21 天后解除隔离。2004 年 5 月 5 日，俄罗斯新西伯利亚病毒学与生物技术国家科学中心的 46 岁女科学家在 BSL-4 实验室中对感染埃博拉病毒的豚鼠进行抽血操作时，被带有豚鼠血液的注射器意外扎伤左手掌。受伤后，她按实验室应急程序通知了实验室有关人员，并立即就医，一周后出现临床症状，5 月 19 日因救治无效死亡（Stone，2004；Günther et al.，2011）。2009 年 3 月 12 日，德国汉堡伯恩哈德·诺赫特热带医学研究所四级实验室一位 45 岁女科学家在给老鼠注射埃博拉病毒时，老鼠踢了针头，针头刺破了她的手指。伤者经紧急救治和注射加拿大一实验室试制的疫苗后，未出现病征及血清学感染迹象，3 月 27 日报道身体良好（Tuffs，2009）。2014 年 12 月，位于亚特兰大的美国 CDC 所属的特殊病毒部（VSPB）实验室发现一名实验员可能将活性埃博拉病毒样品携出 BSL-4 实验室并在 BSL-2 实验室开展核酸检测操作（Centers for Disease Control and Prevention，2014）。所幸后续评价结果表明，在事发当天前后的动物样本中均未检测到活病毒，提示所传出样本中可能也没有活病毒。

　　生物安全与国家核心利益密切相关，是国家安全的重要组成部分，越来越受到各国政府的高度重视，许多国家已经把生物安全纳入国家战略，建立了健全完整的生物安全科技支撑体系。生物安全科技支撑体系的核心组成和基础平台是高等级生物安全实验室网络体系，可以实现微生物菌种科学研究、资源保藏、产业应用转化三大主体功能，针对烈性传染病病原体的检测、消杀、监测预警、防控、治疗五大环节，开展烈性传染性疾病病原分离鉴定、病原与宿主相互作用机制、感染模型建立、疫苗研制以及生物防范等研究，在烈性传染病防控、公共卫生应急反应、新药研发中发挥重要科技支撑作用，同时保证研究人员不受实验因子的伤害，保护环境和公众的健康，保护实验因子不受外界因子的污染。

随着全世界范围内新发突发传染病疫情的暴发流行，各国均加大对高危烈性病原体的研究，纷纷加速建设本国的高等级生物安全实验室，并在新时期逐渐开始建立实验室网络体系（杨旭等，2016）。

欧盟建立了欧洲的高等级生物安全实验室体系——欧盟高等级生物安全实验室计划（EHSL4），以便更好地利用高等级生物安全实验室资源，促进不同实验室之间合作和资源共享。法国国家健康与医学研究院（Inserm）负责协调此项计划。体系内的实验室分布在欧洲各地，规模大小不一，功能各不相同（包括科研、诊断、动物实验、专业培训等）。在此基础上，欧盟将继续支持实验室的建设，以满足对新出现的烈性病毒和抗药性细菌的研究需要。同时，EHSL4 计划将促进并协调好基础研究和临床研究的工作，提高欧盟的病原体诊断能力，对科研人员进行生物安全与可靠性培训，还将建立一个管理机构或协调机构。

美国也根据需要建立了多个高等级生物安全实验室体系，尽管不同实验室隶属于不同部门，具有明确的职能分工，但它们之间也建立了高效的协调合作机制。其中美国应急医学检验实验室网络（LRN）由美国 CDC 进行指导运作，而美国国家生物安全实验室体系（NBL）和地区生物安全实验室体系（RBL）由 NIH 提供经费支持。LRN 由三级结构组成，顶层是三个高等级生物安全实验室，负责核实和确认重大传染性疾病病原体，对全国检验实验室网络的专业技术人员开展培训；第二级和第三级分别有 150 个、25 000 个检验实验室，负责快速诊断并向上层实验室提交数据。NBL 由两家四级实验室组成，核心任务是开展病原体基础研究，为国家快速动员和应对突发公共卫生事件提供资源与信息支持；RBL 由美国全国范围的 12 个三级实验室组成，负责为快速动员和协调区域与地方系统应对突发公共卫生事件提供资源与信息支持。

1.1.4.2　美国过敏与感染性疾病研究所综合研究设施

隶属于美国健康与人类服务部（HHS）国立卫生研究院（NIH）的过敏与感染性疾病研究所（NIAID）的历史可以追溯到 1887 年在纽约海军医院建立的一个小实验室。1948 年，国立卫生研究院组建了国立微生物研究所（National Microbiological Institute），1955 年，国立微生物研究所改名为过敏与感染性疾病研究所。NIAID 的研究目标包括支持基础和应用研究来更好地了解、应对与预防感染性及过敏性疾病，在强调基础研究重要性的同时，也注重将基础研究的成果进行应用研究，如诊断、治疗及疫苗等研究。

NIAID 位于马里兰州迪特里克堡的综合研究设施（The Integrated Research Facility，IRF）（图 1-10）于 2009 年建成，建设投资 1.05 亿美元，占地面积 13 378m²，支持 BSL-2、BSL-3 和 BSL-4 病原体的科学研究。该设施拥有 2972m² 的实验室空间，其中包括 1022m² 的 BSL-4/ABSL-4 实验室。IRF 可以支持 6 类核心实验室小组在设施内进行科学研究，包括：①临床医学；②病理解剖学；③细胞培养；④医学成像；⑤比较医学；⑥空气生物学。每一类核心实验室小组都可以对实验感染动物的疾病过程开展综合评价（Jahrling et al.，2014；Lackemeyer et al.，2014）。

1.1.4.3　德国弗利德里希·勒福乐动物传染病研究所

弗利德里希·勒福乐医生（Friedrich Loeffler，1852～1915 年）因其发现口蹄疫病毒而被认为是病毒学的创始人之一，他最初在格里夫斯瓦尔德湾里姆斯岛上建立了弗利德里希·勒福乐动物传染病研究所（Friedrich Loeffler Institute，FLI），并于 1910 年 10 月 10 日正式在里姆斯岛开始他的研究工作（Friedrich Loeffler Institution，2019a）。该研究所目前的工作重点是保护农场动物的健康和福利，以及保护人类免受人兽共患病困扰。该研究所主要关注两方面研究：一是疾病预防与控制，主要聚焦疾病快速诊断、改善预防措施以及为动物疾病和人兽共患病的控制策略提供研究基础；二是提高动物福利和生产高质量的动物性食品，主要致力于根据动物福利改善农场畜牧业管理、保护农场动物遗传多样性以及合理有效利用

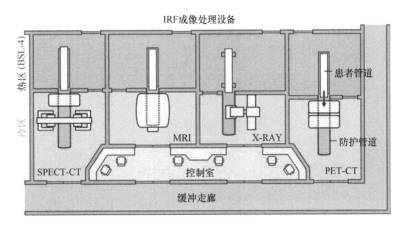

图 1-10 美国过敏与感染性疾病研究所综合研究设施（上：平面示意图；下：Ⅲ级生物安全柜）
SPECT-CT：单光子发射计算机断层扫描；MRI：磁共振成像；X-RAY：X 射线；PET-CT：正电子发射计算机断层扫描

动物饲料。多年来，该研究所在动物疾病暴发期间进行流行病学调查，对农场动物的各种传染病进行风险评估（Friedrich Loeffler Institution，2019b）。

德国弗利德里希·勒福乐动物传染病研究所（图 1-11），项目投资 2.6 亿欧元，占地面积约 25 000m²，2008 年 7 月开工，2017 年冬开始运行。项目中后勤楼 13 927m²、技术楼 33 832m²，总面积 78 124m²，建有 89 个 BSL-1～BSL-4 实验室和 139 个实验动物房，不同生物安全水平实验室有各自的尸体炼制设备及废水灭菌系统。德国弗利德里希·勒福乐动物传染病研究所（FLI）的生物安全四级实验室（Hoenen，2019）是最新建造的高等级生物安全实验室，于 2019 年 5 月投入运行。该四级实验室按照"干实验室"理念，采用"盒子中的盒子"设计，密封工艺，永久负压，送、排风均为两级高效空气过滤器（HEPA）过滤，固废、液废均灭活处理。实验室配备专业技术人员 7 天 24 小时连续监测和维护设施的安全运行，内部工作人员随时与训练有素的后勤保障人员保持无线电联系，以便在紧急情况下提供必要帮助。目前该实验室的主要工作集中在丝状病毒、沙粒病毒、副黏病毒和克里米亚-刚果出血热病毒的相关研究。该设施以拥有最先进设备的大开间实验室为特色，可利用共聚焦显微镜、流式细胞仪和荧光定量分析仪等实验平台，开展对野生型和重组病毒的深入研究。此外，该设施配备有两个独立的动物饲养单元，可用于从事大型动物（如牛、猪、山羊等）的相关研究，这也与 FLI 从事农业和人兽共患病领域研究的宗旨相符合。同时 FLI 也可针对小型哺乳动物（如小鼠、豚鼠、仓鼠、蝙蝠等）开展相关研究，并已列入未来规划中。为此，研究人员已经在 FLI 建立了包括埃及果蝠（*Rousettus aegyptiacus*）和黄毛果蝠（*Eidolon helvum*）在内的 2 种蝙蝠试验系统。

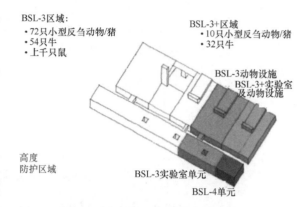

BSL-3区域:
• 72只小型反刍动物/猪
• 54只牛
• 上千只鼠

BSL-3+区域
• 10只小型反刍动物/猪
• 32只牛

BSL-3动物设施
BSL-3+实验室
及动物设施

高度
防护区域

BSL-3实验室单元

BSL-4单元

图 1-11　德国弗利德里希·勒福乐动物传染病研究所（鸟瞰图和平面图）
vet 指兽医（大动物）

1.1.4.4　欧盟高等级生物安全实验室计划

在欧洲，成立了欧盟高等级生物安全实验室计划（EHSL4），该计划由法国国家健康与医学研究院负责协调，实验室分布在欧洲各国（表 1-3），规模大小不一，功能各不相同，包括诊断、科学研究、技术培训等（陈洁君，2018）。

表 1-3　欧洲生物安全四级实验室网络体系

国家	机构及地点
法国	梅里埃 BSL-4 实验室，法国国家健康与医学研究院，里昂
德国	伯恩哈德·诺赫特热带医学研究所，汉堡
德国	马尔堡菲利普大学，马尔堡
英国	健康保护机构——传染病中心，伦敦
英国	英国健康保护局应急中心，波顿镇
瑞典	瑞典传染病控制研究所 SMI 安全实验室，索尔纳，斯德哥尔摩
意大利	国家传染病研究所（IRCCS），罗马
匈牙利	国家流行病研究中心，布达佩斯

综上所述，从全球来看，生物安全实验室从最初萌芽到快速发展，最终形成实验室联盟，大致经历了4个时期：①生物安全实验室初期，即对生物危害的认识发展了生物安全，提出并逐步实现生物安全防护；②生物安全实验室早期，即生物安全防护屏障的探索与实施，从生物安全实验室整体概念的提出，到逐渐形成统一标准；③生物安全实验室发展期，即生物安全指南与标准促进生物安全实验室发展，全球范围内在基本统一的标准框架下开展生物实验室建设和运行，并进一步发展；④生物安全实验室全球合作发展期，即新形势下全球传染病和生物恐怖防控的需要，促进了生物安全实验室建设和运行的全球合作发展。中国生物安全实验室在第三个时期即生物安全实验室发展期才开始起步，在第四个时期即生物安全实验室全球合作发展期快速发展，经过三十年左右的努力，已经基本赶上国际水平，并且在生物安全实验室国家标准、国家认可制度、国际合作等领域形成了自己的特色，从而在国际实验室生物安全领域拥有了一定的话语权。

徐涛等（2010）总结了实验室生物安全发展的4个阶段，即萌芽期（1949年以前）、形成期（1949~1983年）、成熟期（1984~2004年）和繁荣期（2004年至今）。生物安全实验室和实验室生物安全是一对孪生兄弟，实验室生物安全发展的4个阶段也基本对应了本书中生物安全实验室发展的4个时期，而最近20年，特别是最近十年生物实验室联盟（包括体系、网络、计划等不同形式）的形成，以及后文将提到的生物安全实验室国际合作，则是世界经济高速发展的今天，全世界共同应对烈性传染病和生物恐怖威胁的新举措，将其与世界范围内高等级生物安全实验室的快速建设一起作为第四阶段——全球合作发展阶段。

1.2　中国生物安全实验室发展历程及案例

1.2.1　中国生物安全实验室发展历程

我国生物安全实验室建设起步较晚。我国为了研究流行性出血热的传播途径，中国人民解放军军事医学科学院和天津市春信制冷净化设备有限公司于1987年合作修建了我国第一个国产生物安全三级防护水平的实验室，配备了非标准的排风过滤装置、高压灭菌器、传递窗、污水处理池及观察池，并制定了比较系统的操作规程，也对实验室的防护性能进行了评价。1988年，为了开展艾滋病研究，经多年筹备，中国预防医学科学院（现中国疾病预防控制中心）从德国引进技术和设备，包括从德国空运的40英尺[①]集装箱（长×宽×高内尺寸：12 032mm×2352mm×2393mm）、共14t重的实验室建设材料，并由两名德方工程师参与，完成建设了BSL-3实验室。20世纪90年代，国内大学、研究所、卫生防疫站等单位引进、合作或自建了一批达到或接近BSL-3的生物安全实验室，如1992年，中国农业科学院哈尔滨兽医研究所建成了我国首个可开展猪等大动物实验的动物生物安全三级实验室。但其间我国的生物安全实验室没有统一的标准，生物安全实验室的活动也没有统一管理（高福和武桂珍，2016）。

在2002年SARS暴发前，据不完全统计，我国各生物医学研究机构、医院、大学和企业相继建成了数十个自称达到BSL-3的实验室，分别归口卫生、农业、质检、教育、军事部门及企业。SARS出现后，许多机构为了开展SARS相关研究工作，也开始新建、改扩建生物安全三级实验室。但由于生物安全实验室在行政业务管理和自身管理运行方面存在的问题，实验室生物安全问题十分突出。国家开始重视实验室生物安全管理，由SARS科技攻关组组织专家对申请从事SARS科技攻关的实验室进行了生物安全评估，批复了15家机构的23个BSL-3实验室的资质，这些实验室在抗击SARS的科研工作中发挥了重要的作用（陆兵等，2012）。

与此同时，我国政府及相关职能部门对生物安全实验室的管理给予了高度重视，陆续从政府层面出台了一系列法规和标准。2004年国务院颁布了《病原微生物实验室生物安全管理条例》（以下简称《条例》）

①　1英尺=0.3048m

（中华人民共和国国务院，2004），基本理顺了涉及实验室生物安全的管理机构与管理职责。根据《条例》有关要求，国家制定发布了生物安全实验室体系建设规划，各有关部门陆续出台了生物安全实验室建设与管理的相关规章和标准，对高等级生物安全实验室实行国家认可制度，从此我国生物安全实验室建设和管理走上了法制化、规范化轨道，并得到了迅速发展（陆兵，2014）。

国家专门制定高级别生物安全实验室体系建设规划来统筹我国三级和四级生物安全实验室建设，建成后的实验室按《条例》规定获得认可后，由主管部门批准开展高致病性病原微生物实验活动。武汉大学动物生物安全三级实验室于 2005 年 6 月 2 日获得国家认可，是《条例》颁布后我国第一家获得国家认可的生物安全三级实验室；中国农业科学院哈尔滨兽医研究所生物安全三级实验室在第二个获得国家认可以后，农业部于 2005 年 11 月 7 日批准了其从事高致病性动物病原微生物实验活动的资格，是《条例》颁布后我国第一个投入运行的生物安全三级实验室；随后，卫生部于 2006 年 11 月 23 日批准了中国疾病预防控制中心病毒病预防控制所生物安全三级实验室从事高致病性病原微生物实验活动资格，是《条例》颁布后我国第一个获准从事人间传染的高致病性病原微生物实验活动的生物安全三级实验室。截至目前，我国已经初步建成布局基本合理、功能相对完善的国家高级别生物安全实验室网络体系，并在抗击新型冠状病毒肺炎疫情中发挥重大贡献。

在固定式生物安全实验室建设发展的同时，我国也重视相关技术、能力的国际应用，以及移动式生物安全实验室及生物安全生产设施的建设发展。2015 年 2 月，中国第一座在海外建设、援助塞拉利昂的固定式生物安全实验室竣工并通过验收；2018 年，由中国农业科学院哈尔滨兽医研究所负责援建的中哈农业科学联合实验室及教学示范基地项目完成建设并通过验收。2004 年，我国从法国引进 4 套移动式生物安全三级实验室；2006 年 10 月，我国自主研制的首台移动式生物安全三级实验室通过验收；2014 年 9 月，国产移动式生物安全三级实验室运抵塞拉利昂执行 Ebola 病毒应急检测。移动式生物安全三级实验室在国家传染病和动物疫病防控中已经发挥重要作用。2015 年，GB 27421—2015《移动式实验室 生物安全要求》发布实施。2017 年，农业部发布《兽用疫苗生产企业生物安全三级防护标准》（农业部公告 第 2573 号），2018 年，国内第一个按三级防护标准验收的车间在中国农业科学院兰州兽医研究所中农威特生物科技股份有限公司建成。进入 21 世纪，我国高等级生物安全实验室的建设和应用取得了举世瞩目的成就。

1.2.2 中国生物安全实验室早期案例

（1）中国农业科学院哈尔滨兽医研究所大动物感染实验设施

中国农业科学院哈尔滨兽医研究所（世行贷款）建设的大动物感染实验设施（吴东来等，2019）是经过农业部组织国内外实验动物专家多次进行论证，世界银行派技术官员来华进行反复评估，后经农业部正式立项，下达中国农业科学院（以下简称中国农科院）指定哈尔滨兽医研究所负责建立的（世界银行贷款 300 万美元，国内配套人民币约 1710 万元）。1984 年正式筹建，1992 年 6 月完工验收，前后历经 8 年方始建成。农业部和中国农科院要求建立本项目的目的很明确：振兴中国兽医科学研究事业，缩短与世界先进国家科研水平差距，应用先进科研手段（高品质实验动物），提高动物传染病研究水平，改进兽用生物制品质量。

农业部考虑到本项目在国内农业系统中属于首创，缺乏专业人才从事项目建设和设计，特聘美国知名实验动物专家三名，专门从事实验动物房建设的空调专家一名。设施（图 1-12）总面积 5827m²，包括：动物生物安全三级实验室，正压动物饲养区，空调机房，附属建筑（备用发电机室、风冷机室、污水处理间、锅炉房），质量监测实验室。其中，动物生物安全三级实验室 669m²，单走廊设置，房间负压，

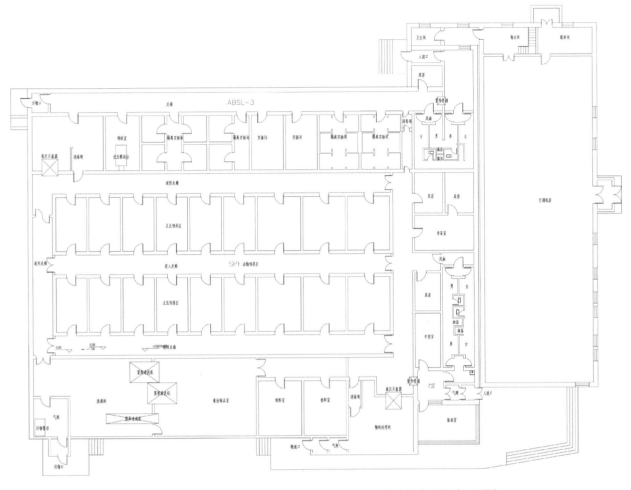

图 1-12 中国农业科学院哈尔滨兽医研究所大动物感染实验设施平面图

有接收室一间，剖检室一间，大动物实验室 2 间，小动物实验室 2 间，试验小隔离间 2 间。人流、物流、动物流分设并做洁净处理，污物在实验室内高压灭菌处理。它的建成标志着我国建成了首个动物生物安全三级实验室。

（2）中国医学科学院医学实验动物研究所 ABSL-3 实验室

1994 年，由日本国际协力机构（JICA）项目援建，中国第一个实验动物 ABSL-3 实验室在中国医学科学院医学实验动物研究所建成，主要用于实验动物相关人兽共患病防控和诊断研究（秦川等，2019）。2001 年，该实验室通过美国 NIH 资助中国艾滋病项目（CIPRA）改扩建后，开展了艾滋病灵长类动物模型研制和疫苗评价工作；2003 年根据国家"非典"防控的需要对实验室进行了紧急扩建，包含体外实验室一间、非啮齿类大动物实验室（猴）2 间、啮齿动物实验室一间、解剖室一间共 5 个核心工作间，建筑面积 199.6m² （平面图见图 1-13）。该实验室首次建立了 SARS 灵长类动物模型，并在 H5N1、H7N9、H1N1 及手足口病疫情等历次疫情时完成了基础研究、传播预警实验、疫苗和药物研发等工作。

（3）江苏省卫生防疫站 P3 级生物学安全实验室

江苏省卫生防疫站 P3 级生物学安全实验室工程于 1989 年 8 月立项，1990 年 11 月开始现场施工安装，1992 年组织对实验室物理性能、气溶胶围场效应等进行一系列测试，1993 年 2 月通过卫生部组织的技术鉴定，投入使用（史智扬等，2019）。

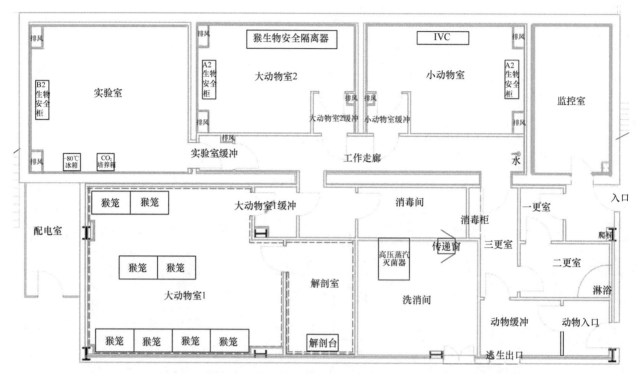

图 1-13　中国医学科学院医学实验动物研究所 ABSL-3 实验室平面图

实验室位于实验大楼三楼东端，空间相对独立。实验室面积 61m²，其中主体部分 20m²，辅助部分 41m²。采用水磨石地面，围护结构全部为复合树脂发泡彩钢板。实验室包含风淋室、一次和二次更衣室（分别简称为一更室、二更室）、缓冲间、两个负压实验间，负压间内各安装 1 台安全操作柜，此外还配备消毒室、洗涤室及机房。气流控制部分，送风采用粗效和中效过滤器，调温调湿后经高效过滤器送入实验室，实验区空气由地柜进入高效过滤器，经密集型紫外消毒再通过高效过滤器后排放。人员从一更室进入，经风淋室、二更室进入共用的缓冲间，两个负压房间产生的污物通过这个缓冲间送到消毒室处理。实验室平面图见图 1-14（胡庆轩和车凤翔，1999）。

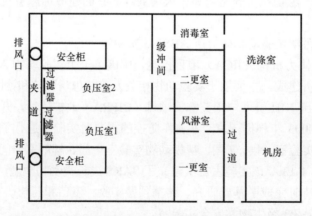

图 1-14　江苏省卫生防疫站 P3 级生物学安全实验室平面图

实验室全部采用国产材料和设备，包括 2 台苏州净化设备厂（现名为江苏苏净集团有限公司）生产的具有围场功能的安全操作柜，并在设计上将安全操作柜和实验室合并成一个送、回、排风系统，使安全操作柜和实验室能同步控制，把复合树脂发泡彩钢板、安全操作柜新风、实验室部分新风、上送下排气流、高压消毒柜的安装等新材料和新方案优化组合，与当时国内同类实验室相比，具有特色。

（4）浙江省卫生防疫站 P3 实验室

1997 年初，我国的邻国印度发生鼠疫局部流行。为了应对境外传入或境内发生的烈性传染病，同时为开展相关高致病性病原的实验室研究工作，浙江省卫生防疫站申请建设 P3 实验室。1997 年 11 月，浙江省卫生防疫站 P3 实验室完成建设，并于当月通过了中国预防医学科学院环境卫生与卫生工程研究所的检测，12 月通过了卫生部验收专家组的综合技术评价，并经卫生部疾控局批准启用 P3 实验室（张严峻和卢亦愚，2019）。该实验室的两个分区（P3-1 和 P3-2）呈对称结构，在其中间共用机房并通过缓冲过道相连，见图 1-15（傅桂明等，2004）。P3-1 和 P3-2 内又各分为准备间、缓冲间 1 和缓冲间 2、核心实验区。该实验室各房间采用铝合金橡胶带密封，结构严密，技术要求有：①洁净度，各区均为万级；②风流，为上送、下回，送风口在工作人员实验操作位置上方；③压力，防护区相对大气的绝对压力均为负压，且核心区<缓冲间<缓冲过道，确保空气从清洁区流向污染区。

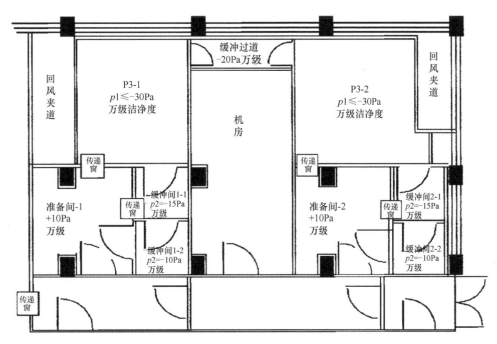

图 1-15　浙江省卫生防疫站 P3 实验室平面图及工艺参数

$p1$ 为核心间压力；$p2$ 为缓冲间压力

该 P3 实验室启用后，先后开展了大量实验室检测和研究工作。浙江省义乌市为日本侵华战争鼠疫细菌战受害地，当地鼠疫感染死者的坟墓拆迁时相关样本送至 P3 实验室开展鼠疫菌相关检测与培养。自美国 9·11 事件发生后，浙江省出现境外带入"不明粉状物"事件，为排除炭疽，在 P3 实验室进行了检测。2003 年上半年 SARS 暴发，P3 实验室开展了 SARS 冠状病毒分离工作，从 3 份患者样本含漱液中分离到 2 株 SARS 冠状病毒并进行了全基因组测序及其他相关实验室研究工作。此外有关人类免疫缺陷病毒（HIV）的检测与研究工作也在 P3 实验室开展。

1.3 移动式生物安全实验室发展历程

移动式生物安全实验室具有机动灵活、反应迅速、安全可靠等特点，可在疫区或附近快速开展并实施样本采集、分离与检定工作。世界各国都着力发展移动式生物安全实验室作为生物安全防护的关键装备，无论是产品类型还是产品级别都很丰富齐全，产品形式包括车厢式、方舱（集装箱）式、面包式及半挂式四大类型。我国在 21 世纪才开始进行移动式生物安全实验室的研发，到目前已经具备各级移动式生物安全实验室的生产能力并出口海外，GB 27421—2015《移动实验室　生物安全要求》（中华人民共和国国家质量监督检验检疫总局和中国国家标准化管理委员会，2015）和 RB/T 142—2018《移动式生物安全实验室评价技术规范》（中国国家认证认可监督管理委员会，2018）等的发布实施，使得移动式生物安全实验室在我国的生产、使用与评价均有了可依据的标准。

1.3.1 国外移动式生物安全实验室概况

美国 GERMFREE 公司（GERMFREE，2019）在移动式生物安全实验室研制方面处于世界领先地位，其产品覆盖各个级别，且类型齐全。该公司的移动式生物安全实验室（图 1-16）至少可以达到 3 级实验室标准，可用于向边远地区及道路狭窄的市区和乡村地区提供整套实验设施。

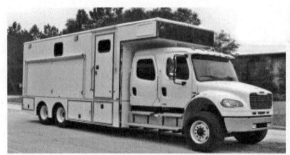

图 1-16　GERMFREE 公司研制的移动式生物安全实验室（上：外观；下：内景）

美国 IMEBIO 公司研制的移动式生物安全实验室达到 3 级实验室标准（图 1-17）。该实验室由集装箱改装，内部选用防菌内衬，配备缓冲间、淋浴间、主实验间、穿脱衣间全套设施。

图 1-17　IMEBIO 公司研制的移动式生物安全实验室

法国 LabOver 公司制造的移动式 BSL-3 实验室（中华人民共和国科学技术部 21 世纪发展中心，2004）标准型采用两车组合，其中一车为 BSL-3 实验室的主实验室单元，一车为动力与水处理单元；扩展型（加强型）采用三车组合，增加了动物饲养和实验单元，配置了Ⅲ级生物安全柜和负压独立通风笼具（IVC），用于小型动物的饲养和实验。具体见"1.4.1 中法生物安全实验室合作项目"介绍。

法国预防医学局研制的移动式微生物实验室（LaboMobil®）于 2003 年完成研发，2005 年在布基纳法索（Burkina Faso）运行，2010 年赴象牙海岸（Côte d'Ivoire）运行。其第三代移动式实验室（Njanpop-Lafourcade et al., 2013）是一辆丰田 Hilux WS 726 X-Tra Cabine 100 D40 四驱皮卡加载，带有 II 型集装箱和重型防震底盘（图 1-18）。该车具有完全独立的双室拖车实验室，其中包括空调、HEPA 空气过滤器和负压系统。此外，该移动式实验室还配备了不锈钢台面、移动冷冻机组、冰箱、闭路水系统、高压灭菌器、抗污染电气系统和家具。该移动式实验室具有独立电源，带有 3kW 发电机、HiPower 电池和 HiPower 逆变器以及外部电源舱中的 220/12V 电源插座。机舱不可拆卸，机舱和电池、发电机之间的空间包含电力电缆和为发电机提供燃料的汽油容器。

图 1-18　法国预防医学局研制的移动式微生物实验室（LaboMobil®）

德国 Charles River 公司研制的移动式生物安全实验室采用两舱组合（图 1-19），一号舱为主实验单元，以隔离器作为主要防护手段，二号舱为保障单元，两舱均采用 12m 集装箱建造。

美国 CleanAir 公司制造的移动式生物安全实验室采用集装箱作为围护结构，配备了 III 级生物安全柜和手套箱式动物隔离器（图 1-20），据称已达到 BSL-4 级水平。该实验室采用两舱组合形式，一舱为主实验单元，二舱为动物饲养与评价单元，主实验单元和动物饲养单元采用 20 英尺集装箱（长×宽×高内尺寸：5898mm×2352mm×2393mm）建造，两舱分别设置了独立的送排风空调及过滤系统（图 1-21）。在配备发电机、水箱等供给系统的情况下，能够在远离城市的野外开展作业，具有很强的独立性，箱体密闭性能好，安全性能高。可以用汽车运输，也可以装载在火车、轮船、飞机上运输，具有很强的机动性和抗震性能。

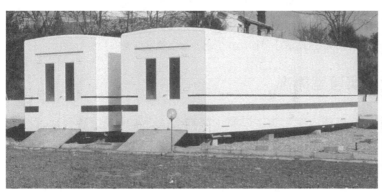

图 1-19　德国 Charles River 公司研制的移动式生物安全实验室

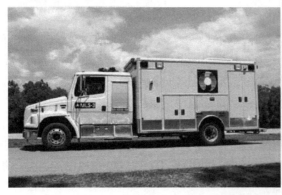

图 1-20　美国 CleanAir 技术公司制造的移动式生物安全实验室外形（左）和室内（右）

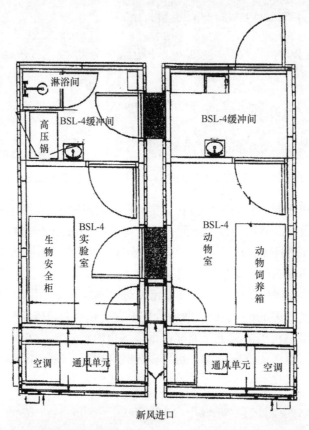

图 1-21　美国 CleanAir 技术公司移动式生物安全实验室结构布局

1.3.2　中国移动式生物安全实验室概况

　　2005 年，由科技部立项、中国人民解放军军事医学科学院牵头，研制出我国首台具有自主知识产权的移动式 P3 实验室（黄世安等，2016）。该型移动式 P3 实验室采用 2 台公称长度 9m 的方舱组合结构形式，由主实验舱、人员净化舱与技术保障舱组成，采用气密型软连接，其工艺平面布局、环境参数控制、关键防护设备配置等均达到了国外同类产品的先进水平，展开后可实施对可疑病原微生物的采集、保存、分离、培养和检定等作业。其后，对该型产品又做了多次改进升级，使其安全性、可移动性和适用性有了更大提高，其早期升级产品在 2014 年 9 月至 2015 年 3 月期间在塞拉利昂执行埃博拉病毒应急检测任务，连续工作 6 个多月，运行保障 1200 多小时，检测样本近 5000 份，其中阳性样本近 1500 份，出色完成了"援非抗埃"任务（赵赤鸿等，2019；刘静和孙燕荣，2018）。

天美科技有限公司研制出国内首台集装箱式 P3 实验室（黄世安等，2016）。集装箱式实验室在出厂时已完成设备调试，省去了固定式实验室烦琐的调试和试运行过程，且造价相对较低，必要时可拆卸拖动，非常适合生防能力有限的广大发展中国家。天美科技有限公司于 2005～2007 年先后为印度 CDC 提供了 5 套，2009 年为土耳其提供了 2 套集装箱式 P3 实验室，并积极拓展印度尼西亚、泰国、巴基斯坦等国家的市场。

此外，由内蒙古满洲里出入境检验检疫局联手中国检验检疫科学研究院，设计研制出国内首台移动式生物安全二级（P2）实验室（黄世安等，2016），并于 2009 年 1 月在内蒙古满洲里出入境检验检疫局保健中心投入使用。苏州江南航天机电工业有限公司、镇江康飞机器制造有限公司、山东博科集团、广东康盈交通设备制造有限公司等也推出了相关产品。目前，国内装备的各级移动式生物安全实验室分布在国家、省、直辖市和军队的疾病预防控制中心、医学救援大队及边境检验检疫局（现为海关）等。

随着移动式生物安全实验室的建成并投入使用，对其标准、规范的需要越来越迫切。从 2010 年开始启动，2015 年发布实施的 GB 27421—2015《移动实验室　生物安全要求》（中华人民共和国国家质量监督检验检疫总局和中国国家标准化管理委员会，2015）在 GB 19489—2008《实验室　生物安全通用要求》（中华人民共和国国家质量监督检验检疫总局和中国国家标准化管理委员会，2008）的基础上，根据移动式实验室的特点，提出移动式实验室在生物安全分级、实验室设施设备的配置、个人防护、实验室安全行为和管理要求方面的相关要求。紧接着，认证认可行业标准 RB/T 142—2018《移动式生物安全实验室评价技术规范》（中国国家认证认可监督管理委员会，2018）也发布实施，使得移动式生物安全实验室在中国的生产、使用和评价均有了可依据的标准。

1.4　生物安全实验室国际合作

1.4.1　中法生物安全实验室合作项目

2003 年为应对突发的 SARS 疫情，我国经过考察，向法国 LabOver 公司订制了 4 套移动式生物安全三级实验室（中华人民共和国科学技术部 21 世纪发展中心，2004）。我国提出了实验室的设计要求，且在组装阶段派遣专门小组前往生产厂家学习并商讨最终方案。

移动式 BSL-3 实验室标准型采用两车组合（图 1-22），其中一车为 BSL-3 实验室的主实验室单元，一车为技术保障单元。主实验室单元采用 40 英尺集装箱建造，长 12.19m、高 2.9m（含车辆底盘 4.5m）、宽 2.45m，由缓冲间、淋浴间、主实验间和技术保障间组成，主实验间配备了生物安全柜、CO_2 培养箱、超低温冰箱、离心机、双扉高压灭菌器等基本设备以及实验工作台；缓冲间（入口）用于穿戴个人防护用品，技术保障间安装有双扉高压灭菌器主体、通风空调设备、高效过滤单元及自动控制设备。主实验室单元气流实行由外向内的负压梯度控制，其中缓冲间相对室外气压+10Pa、淋浴间−40Pa、主实验间

图 1-22　法国 LabOver 公司移动式生物安全实验室（左：标准型；右：加强型）主实验室实物图

−60Pa，可有效控制实验室内产生的有害气体不至于逸出室外。技术保障单元采用 20 英尺集装箱建造，安装有发电机组、污水收集系统、气体储罐等，提供主实验室单元运作时所需的电力、供应并回收用水、供应实验所需气体等。

移动式 BSL-3 实验室加强型采用三车组合，是在标准型的基础上增加了一个拓展实验室。拓展实验室与标准型主实验室是垂直的，气密的连锁门保证了在通往两个箱体通路过程中的安全性。拓展实验室内配备了 1 台Ⅲ级生物安全柜、2 台动物饲养柜、1 台动物传递柜、1 台立式高压锅及其他必要的生物学研究设备。加强型可以按标准型开展工作，在这种情况下，到拓展实验室的连接门是密封的。

移动式 BSL-3 实验室的每车分别由奔驰牵引车拖挂。

2003 年 7 月 23 日，中国科学院和武汉市人民政府签署了《共建生物安全四级（P4）实验室协议书》，此实验室为中法两国战略合作协议中的合作项目。在中法两国高层领导人和政府相关部门的推动下，在中法两国设计者、建造者的共同努力下，历时十余年后，2015 年 1 月 31 日，我国第一个生物安全四级实验室——中国科学院武汉国家生物安全实验室竣工，并于 2017 年获得国家认可。后文有该实验室的详细介绍。

1.4.2 中非生物安全实验室合作项目

2014 年 8 月，在塞拉利昂疫情最为严重的时期，应塞拉利昂政府的请求，我国政府第一时间做出积极回应，国家卫生和计划生育委员会（以下简称卫生计生委）迅速研究制定了实验室检测技术援助方案，提出了"短期和长期相结合、移动和固定实验室相结合"的实验室援助工作原则。商务部审批立项了援塞生物安全实验室建设项目（赵赤鸿等，2019），中国疾控中心与商务部经济合作局签署了《援塞拉利昂生物安全实验室技术合作项目内容总承包合同》，中国疾控中心作为项目总承包单位，毅然地挑起了这一历史重任！

援塞生物安全实验室建设项目得到国务院正式批复后，中国疾控中心根据先遣组的全面考察结果，结合塞拉利昂的国情和现有资源，科学制定了《援塞拉利昂生物安全实验室建设项目实施方案》，项目总建筑面积为 383m^2，其中固定生物安全实验室主体建筑为 295m^2。主体建筑为钢筋混凝土框架结构，地上一层，坡屋面，脊高为 6m。工程总造价约 2700 万元。

经过多方多次沟通、协商，确立了由中国疾控中心、中国建筑科学研究院有限公司、北京城建集团、苏州金燕净化设备工程有限公司、新疆昆仑工程监理有限责任公司、江苏省地质工程有限公司等单位组成的实验室建设团队，为实验室建设奠定了坚实基础。

塞拉利昂作为全世界最为贫困国家之一，物资匮乏、材料短缺，除钢筋、水泥和沙石外，其余建设所需大部分门窗和实验维护材料、机电设备及实验室检测设备均需由我国国内运输至施工现场。经各方共同努力，中国疾控中心紧急采购了实验室建设所需物资四大类，共 313 项，总重 85t（32m^3），总价值约 545 万元。所有物资通过货运包机于塞拉利昂当地时间 2014 年 12 月 21 日到达弗里敦。

塞拉利昂当地时间 2014 年 11 月 16 日，援塞固定式生物安全实验室建设工程在塞拉利昂首都弗里敦中塞友好医院东侧启动基础开挖。施工过程中遭遇连续大雨、旱季高温，项目人员加班加点、争分夺秒，在 2015 年 1 月 26 日实验室土建工程完成，2 月 5 日实验室设施设备调试完成。2 月 10 日，中国商务部委托中铁七局作为实验室建设项目验收组织方，组织土建和生物安全等方面的专家对实验室项目进行了验收。至此，援助塞拉利昂固定式生物安全实验室项目仅用 87 天圆满完成，比预计时间提前了一个月。这是我国在海外援建的第一座固定式生物安全实验室，工程质量满足相关规范和要求，充分体系了"中国速度、中国质量"！

1.4.3 中哈生物安全实验室合作项目

中哈农业科学联合实验室及教学示范基地项目于 2014 年 11 月正式立项，由国家科技部"对发展中国家科技援助项目"全额资助。本次援建项目被列为中哈科技合作分委会第六次会议纪要的重点项目，是中哈政府间合作协议的内容之一，旨在输出我国先进的兽医生物技术，促进中哈双方科技交流（吴东来等，2019）。

该项目总投资 408 万元，建筑面积 178m²，其中生物安全三级实验室核心间面积 32m²。项目落成于哈萨克斯坦农业技术大学（Saken Seifullin Kazakh Agrotechnical University，塞农大），受中国农业科学院委托，由中国农业科学院哈尔滨兽医研究所（哈兽研）负责援建，2018 年 7 月该项目完成全部建设内容，正式通过竣工验收并顺利开展运行。在此期间，哈兽研在哈尔滨举办了两期援哈项目培训班（2016 年 11 月和 2018 年 11 月，每期 14 天），哈萨克斯坦农业技术大学兽医系主任 Zhanbolat 教授等共 9 人参加了培训，为该项目的可靠运行提供了基础和保障。

项目建成后，成为哈萨克斯坦农业高校中唯一能够开展 OIE 规定的 A 类动物疫病病原研究的生物安全三级实验室，对提高该国兽医研究水平起到重要作用。同时，哈萨克斯坦农业技术大学与哈兽研签署合作协议进行动物疫病联合研究，共同推动两国动物疫病联合防控体系的建立。同时，中哈农业科学联合实验室及教学示范基地的建成促进了中国与哈萨克斯坦科技交流，拓展了我国"一带一路"倡议下的战略合作领域。

1.4.4 国外生物安全实验室合作项目

2004 年美国国防部（DOD）与哈萨克斯坦达成合作共识，决定在阿拉木图建立中央参比实验室。实验室于 2010 年动工，2016 年 9 月完成主体工程建设，建筑承包商为美国 AECOM 集团。中央参比实验室由生物安全与生物防御实验室、经济部消费者保护委员会实验室、农业部实验室和科学教育部实验室 4 个实验室组成，由哈萨克斯坦国防部、消费者权益保障部、农业部和卫生部等与美国 DOD、CDC、USAMRIID 合作管理。美国 DOD 通过实施合作性生物技术参与计划（Cooperative Biological Engagement Program，CBEP）等展开与哈萨克斯坦的合作，包括投资建设实验室、参与鼠疫自然疫源地和鼠疫耶尔森菌的研究、为中东呼吸综合征冠状病毒提供现场以及实验室检测支持等。

2010 年 9 月美国新闻网站 ProPublica 报道，一家美国公司与马来西亚合作建设一座 BSL-4 实验室，很可能从事政府资助的秘密研究。

2009 年加拿大政府宣布出资 3000 万美元在吉尔吉斯斯坦建设一座 BSL-4 实验室，目的是保护该国储存的苏联遗留下的炭疽杆菌、鼠疫耶尔森菌等危险病原体以避免落入恐怖分子手中。

还有欧洲等一些国家拟或正在与非洲合作建设高等级生物安全研发设施等，国际合作建设高等级生物安全设施的趋势引起了各界对其安全问题的广泛关注。

1.5 小　　结

自 19 世纪末发现致病菌以来，在人类对抗自然界传染病的漫长过程中，从事病原微生物研究的过程一直伴随着感染事件的发生，特别是随后生物战剂的研发热潮，推动了实验室生物安全的发展。经过 100 余年的努力，世界各国科学家采用一系列装备、技术来防范病原微生物研究工作所带来的生物危害，并逐渐形成统一的规范、标准，生物安全实验室历经 1950 年前第一阶段生物安全实验室初期、1950～1982 年第二阶段生物安全实验室早期、1983～1998 年第三阶段生物安全实验室发展期和 1999 年后第四阶段生物安全实验室全球合作发展期，逐渐形成包括风险评估、一级屏障、二级屏障、标准微生物操作规程和实验室管理等在内的综合防护系统，并最终构建区域化甚至全球化的生物安全实验室合作体系，以更好地应对全球一体化时代所面临的传染病防控和生物威胁新形势。

参 考 文 献

陈洁君. 2018. 高等级病原微生物实验室建设科技进展. 生物安全学报, 27(2): 80-87.

傅桂明, 林军明, 陆龙喜, 等. 2004. P3 生物安全实验室的检测与应用. 中国卫生检验杂志, 14(2): 190-191.

高福, 武桂珍. 2016. 中国实验室生物安全能力发展报告: 科技发展与产出分析. 北京: 人民卫生出版社: 5-6.

郭长建, 王鹏. 2005. 侵华日军关东军七三一细菌部队. 北京: 五洲传播出版社: 2, 88-91.

胡庆轩, 车凤翔. 1999. P-3 级微生物安全实验室防气溶胶扩散性能的检测. 卫生研究, 28(3): 177-178.

黄世安, 衣颖, 刘志国. 2016. 国内移动生物安全实验室建设和管理现状. 医疗卫生装备, 37(6): 114-117.

刘静, 孙燕荣. 2018. 我国实验室生物安全防护装备发展现状及展望. 中国公共卫生, 34(12): 1700-1704.

陆兵. 2014. 实验室生物安全//郑涛. 生物安全学. 北京: 科学出版社: 205-211.

陆兵, 李京京, 程洪亮, 等. 2012. 我国生物安全实验室建设和管理现状. 实验室研究与探索, 31(1): 192-196.

罗会钧. 2003. 冷战后的英美 "特殊关系". 外交学院学报, (2): 36-43.

秦川, 高虹, 魏强. 2019. 中国医学科学院医学实验动物研究所 ABSL-3 实验室. 个人交流.

史智扬, 等. 2019. 江苏省卫生防疫站 BSL-3 微生物安全实验室. 个人交流.

吴东来, 陈洪岩, 吴新洲. 2019. 中国农业科学院哈尔滨兽医研究所大动物感染实验设施. 个人交流.

徐涛, 车凤翔, 董先智, 等. 2010. 实验室生物安全. 北京: 高等教育出版社: 2-5.

许钟麟, 王清勤. 2004. 生物安全实验室与生物安全柜. 北京: 中国建筑工业出版社: 199-201.

杨旭, 梁慧刚, 沈毅, 等. 2016. 关于加强我国高等级生物安全实验室体系规划的思考. 中国科学院院刊, 31(10): 1248-1254.

张严峻, 卢亦愚. 2019. 浙江省疾病预防控制中心 BSL-3 实验室. 个人交流.

赵赤鸿, 李思思, 李晶. 2019. 我国部分生物安全实验室介绍. 个人交流.

中国国家认证认可监督管理委员会. 2018. 移动式生物安全实验室评价技术规范(RB/T 142—2018). 北京: 中国标准出版社.

中华人民共和国国家质量监督检验检疫总局, 中国国家标准化管理委员会. 2008. 实验室 生物安全通用要求(GB 19489—2008). 北京: 中国标准出版社.

中华人民共和国国家质量监督检验检疫总局, 中国国家标准化管理委员会. 2015. 移动实验室 生物安全要求(GB 27421—2015). 北京: 中国标准出版社.

中华人民共和国国务院. 2004. 病原微生物实验室生物安全管理条例. http://news.xinhuanet.com/zhengfu/2004-11/29/content_2271255.htm [2019-1-16].

中华人民共和国科学技术部 21 世纪发展中心. 2004. 移动 P3 实验室培训内部教材. 内部资料.

中华人民共和国住房和城乡建设部. 2011. 生物安全实验室建筑技术规范(GB 50346—2011). 北京: 中国建筑工业出版社: 2.

Richmond J Y. 2002. 生物安全文选 5: 生物安全四级实验室. 中国动物疫病预防控制中心, 中国农业科学院哈尔滨兽医研究所, 译. 北京: 中国农业出版社: 205-213.

United States Department of Justice. 2010b. 美国炭疽邮件事件调查概述. 王华, 陆兵, 谢双, 译. 北京: 军事医学出版社: 1-2.

World Health Organization. 1983. 实验室生物安全手册. 马连山, 牛胜田, 译. 北京: 人民卫生出版社: 3-4.

Australian Animal Health Laboratory. 2019. http://www.csiro.au/Organisation-Structure/National-Facilities/AAHL.aspx [2019-1-16].

Anonymous. 1974. Australian National Animal Health Laboratory. Aust Vet J, 50(10): 467-470.

Barbeito M S, Kruse R H. 1997. A history of the American biological safety association part I: the first ten biological safety conferences 1955-1965. J American Biological Safety Association, 2(3): 7-19.

Blevins S M, Bronze M S. 2010. Robert Koch and the 'golden age' of bacteriology. Int J Infect Dis, 14(9): e744-751.

Centers for Disease Control and Prevention. 1974. Classification of Etiological Agents on the Basis of Hazard. 4th ed. Atlanta.

Centers for Disease Control and Prevention. 2014. Report on the potential exposure to Ebola virus. http://www.cdc.gov/about/pdf/lab-safety/investigation-into-dec-22-2014-cdc-ebola-event.pdf [2019-1-16].

Dubovsky H. 1982. Robert Koch(1843-1910)-the man and his work. S Afr Med J, Spec No.: 3-5.

European Parliament and the Council. 2000. Directive 2000/54/EC of the European Parliament and of the Council of 18 September 2000 on the protection of workers from risks related to exposure to biological agents at work(seventh individual directive within the meaning of Article 16(1)of Directive 89/391/EEC). Off J 2000, L 262 2000(17/10/2000), 21-45. http://www.eurogip.fr/images/documents/3526/ Directive%20200054EC.pdf [2019-1-16].

Evans N. 1903. A clinical report of a case of blastomycosis of the skin from accidental inoculation. J Am Med Assoc, XL(26): 1772.

Ferrari Sacco A, Oliaro T. 1982. 100 years since the discovery of *Mycobacterium tuberculosis*(1882-1982). Robert Koch, author of the great discovery. Minerva Med, 73(34): 2199-2202.

Friedrich Loeffler Institution. 2019a. http://www.fli.de/en/about-us/historie/100-years-friedrich-loeffler-institut/ [2019-1-16].

Friedrich Loeffler Institution. 2019b. http://www.fli.de/en/about-us/the-fli/ [2019-1-16].

GERMFREE. 2019. Intermodal ISO analytical and bio-containment container labs. http://www.germfree.com/product-lines/mobile-laboratories/mobile-container-labs/ [2019-1-16].

Günther S, Feldmann H, Geisbert T W, et al. 2011. Management of accidental exposure to Ebola virus in the biosafety level 4 laboratory, Hamburg, Germany. J Infect Dis, 204(Suppl 3): S785-S790.

Hanel E, Miller O T, Phillips G B, et al. 1956. Laboratory design for study of infectious disease. Am J Public Health Nations Health, 46(9): 1102-1113.

Hoenen T. 2019. Introduction of Friedrich Loeffler Institution. Personal communication.

International Federation of Biosafety Associations. 2019. Our history. http://www.internationalbiosafety.org/ [2019-1-16].

Jahrling P B, Keith L, St Claire M, et al. 2014. The NIAID integrated research facility at Frederick, Maryland: a unique international resource to facilitate medical countermeasure development for BSL-4 pathogens. Pathog Dis, 71(2): 211-216.

Jean Merieux BSL-4 Laboratory. 2019. Jean merieux BSL-4 laboratory. http://www.p4-jean-merieux.inserm.fr/ [2019-1-16].

Kruse R H, Barbeito M S. 1997. A history of the American biological safety association Part II: Safety Conferences 1966-1977. J American Biological Safety Association, 2(4): 10-25.

Kruse R H, Barbeito M S. 1998. A history of the American biological safety association. Part III: Safety Conferences 1978-1987. J American Biological Safety Association, 3(1): 11-25.

Kruse R H, Puckett W H, Richardson J H. 1991. Biological safety cabinetry. Clin Microbiol Rev, 4(2): 207-241.

Lackemeyer M G, de Kok-Mercado F, Wada J, et al. 2014. ABSL-4 aerobiology biosafety and technology at the NIH/NIAID integrated research facility at Fort Detrick. Viruses, 6: 137-150.

Meyer K F, Eddie B. 1941. Laboratory infections due to *Brucella*. J Infect Dis, 68: 24-32.

Miller J. 2004. Russian scientist dies in Ebola accident at former weapons lab. New York Times, May 25.

National Institutes of Health, National Cancer Institute, Office of Research Safety. 1974. National Cancer Institute safety standards for research involving oncogenic viruses. Bethesda: DHEW Publication: 75-790.

National Institutes of Health. 1976. Recombinant DNA research guidelines. Fed. Regist., 41(131): 27902-27943.

National Institutes of Health. 2016. NIH guidelines for research involving recombinant or synthetic nucleic acid molecules. http://osp.od.nih.gov/wp-content/uploads/NIH_Guidelines.html [2019-1-16].

National Sanitation Foundation. 1976. Class II(laminar flow)biohazard cabinetry. National Sanitation Foundation standard no., 49, National Sanitation Foundation, Ann Arbor, MI.

Nicolas J. 1893. Sur un de tetanos chezl'homme par inoculation accidentelle des produits solubles due bacilli de nicolaier. CR Soc Biol, 5: 844-846.

Njanpop-Lafourcade B M, Hugonnet S, Djogbe H, et al. 2013. Mobile microbiological laboratory support for evaluation of a meningitis epidemic in Northern Benin. PLoS One, 8(7): e68401.

Phillips G B, Runkle R S. 1967. Laboratory design for microbiological safety. Appl Microbiol, 15(2): 378-389.

Skvorak C J P. 2019. USAMRIID Overview. http://www.cityoffrederick.com/DocumentCenter/View/1090 [2019-1-16].

Stone R. 2004. Russian scientist dies after Ebola lab accident. Science, 304: 1225b.

Sulkin S E, Pike R M. 1951a. Laboratory infections. Science, 114(2950): 3.

Sulkin S E, Pike R M. 1951b. Survey of laboratory-acquired infections. Am J Public Health, 41: 769-781.

Tuffs A. 2009. Experimental vaccine may have saved Hamburg scientist from Ebola fever. BMJ, 338: b1223.

United States Army Biological Warfare Laboratories. 2019. http://en.wikipedia.org/wiki/United_States_Army_Biological_Warfare_Laboratories [2019-1-16].

United States Army Medical Research Institute of Infectious Diseases. 2019. http://www.usamriid.army.mil/ [2019-1-16].

United States Department of Health and Human Services/Centers for Disease Control and Prevention/National Institutes of Health. 2020. Biosafety in Microbiological and Biomedical Laboratories. 6th ed. Washington, DC. https://www.cdc.gov/labs/BMBL.html [2021-3-3].

United States Department of Justice. 2010a. Amerithrax investigative summary. http://www.google.com.hk/url?q=http://www.justice.gov/amerithrax/docs/amx-investigative-summary.pdf&sa=U&ei=JgkiTcW0D4GUvAPH0tGeDg&ved=0CA8QFjAA&usg=AFQjCNEFhbAyW47vCPfq1WjrUm5uxy9g [2019-1-16].

US Government Accountability Office. 2009a. High-Containment Laboratories: National Strategy for Oversight is Needed. Washington, DC: US Government Accountability Office. http://www.gao.gov/new.items/ d09574.pdf [2019-1-16].

US Government Accountability Office. 2009b. High-Containment Biosafety Laboratories: Preliminary Observations on the Oversight of the Proliferation of BSL-3 and BSL-4 Laboratories in the United States. Washington, DC: US Government

Accountability Office.

Wedum A G, Kruse R H. 1969. Assessment of risk of human infection in the microbiological laboratory. 2nd ed. Department of the Army, Fort Detrick, MD. National Technical Information Service, 5285 Port Royal Road, Springfield, VA 22151.

Wedum A G. 1953. Bacteriological safety. Am J Public Health Nations Health, 43(11): 1428-1437.

Wedum A G. 1961. Control of laboratory airborne infection. Bacteriol Rev, 25: 210-216.

Wedum A G. 1964. Laboratory safety in research with infectious aerosols. Public Health Rep, 79: 619-633.

Whitfield WJ. 1962. A new approach to clean room design. Sandia Corporation (Albuquerque, N.M.). Tech. Rept. No. SC4673(RR).

World Health Organization. 2020. Laboratory Biosafety Manual. 4th ed. Geneva. https://www.who.int/publications/i/item/9789240011311 [2021-3-3].

World Health Organization. 2018. Report of the WHO Consultative Meeting on High/Maximum Containment (Biosafety Level 4) Laboratories Networking.

2 生物安全实验室管理模式与标准发展

生物安全实验室的安全管理和运行是加强生物安全防范的重要方面,各国在积极地大量投入建设高等级生物安全实验室的同时,必须高度重视和加强生物安全实验室的安全监管,尽可能地降低各类风险,防止意外泄漏或感染事故的发生。目前,世界各国尤其是西方生物安全研究和疾病防控应对强国竞相立法,加强生物安全管理,特别是对高等级生物安全设施的建设、生物实验室的管理进行规范化、法制化管理。

本章将对国内外生物安全实验室管理模式(包括管理机构、法律法规、监管机制、人员培训等)、标准发展进行简介,并进行对比分析,以期为我国生物安全实验室管理模式和标准体系的发展提供参考。

2.1 国外管理模式

美国、加拿大和欧洲等欧美发达国家或地区在生物安全实验室规范化建设与管理方面走在世界前列,特别是美国,通过长期发展和积累已经建成完善的实验室生物安全法规体系,并将实验室生物安全上升到国家公共卫生安全的高度。

本节将以美国、英国、俄罗斯、法国为例简要介绍国外生物安全实验室(尤其是高等级生物安全实验室)的管理模式供参考,主要包括管理机构、法律法规、监管机制、人员培训4方面内容。标准规范作为法律法规的延伸或补充,是非常重要的内容,将在2.3及2.4节进行介绍。

2.1.1 美国

2.1.1.1 管理机构

美国目前尚未设立专门的政府机构全权负责实验室设施的生物安全和生物安保工作,而是由涉及多部门的多个机构负责监管,不同的部门分别负有独立的责任,往往也会出现对这些生物安全实验室重复管理的现象。

(1)美国国立卫生研究院(NIH)

美国国立卫生研究院(the National Institutes of Health,NIH)位于美国马里兰州贝塞斯达(Bethesda),是美国最高水平的医学与行为学研究机构,初创于1887年。NIH不仅拥有自己的实验室从事医学研究,还通过各种资助方式和研究基金全力支持各大学、医学院校、医院等的非政府科学家及其他国内外研究机构的研究工作,并协助进行研究人员培训,促进医学信息交流。

在生物安全领域NIH主要负责监管涉及重组DNA的相关科研活动和实验研究。

(2)美国国家生物安全科学顾问委员会

美国国家生物安全科学顾问委员会(National Science Advisory Board for Biosecurity,NSABB)是依据联邦法典42条217a款和《公共健康服务法案》222条成立的,受联邦咨询委员会法案管辖。该委员会的成立是为了响应2004年国家科学院报告提出的"恐怖主义时代生物技术研究"建议。

NSABB成员的专业领域非常广泛,包括微生物学、生物防御、食品生产、出口管制,以及法律和其他专业等。该委员会负责发布报告和建议，为美国健康与人类服务部部长和其他政府领导人提供高等级生物安全实验室运行、监管以及生命科学两用性研究的相关政策咨询。

（3）美国疾病控制与预防中心

美国疾病控制与预防中心（Centers for Disease Control and Prevention，CDC，以下简称美国疾控中心）是美国健康与人类服务部所属的一个机构，总部设在佐治亚州亚特兰大。CDC 是美国创立的第一个联邦卫生组织，其宗旨是在面临特定疾病时协调全国的卫生控制计划，这些疾病包括人之间相互传染、动物和昆虫传染给人以及环境传染给人的各种疾病。CDC 作为美国的政府机构，工作重点在于发展和应用疾病预防与控制、环境卫生、职业健康、促进健康、预防及教育活动，旨在提高人民的健康水平。

在生物安全领域 CDC 主要负责监管感染人类的管制生物因子，如埃博拉病毒、马尔堡病毒和拉沙热病毒等高危烈性病原体。

（4）美国职业安全卫生管理局

美国职业安全卫生管理局（National Institute of Occupational Safety and Health，OSHA）成立于 1971年，是当时国会为管理 500 万个工作场所中的 8500 万～9000 万雇员而设立的，国会授予该局两个基本权利：公布实施安全卫生标准；监督、检查标准的执行情况。

在生物安全领域 OSHA 负责制定实验室接触有害化学物质以及血源性病原体的防护标准。

（5）美国农业部

美国农业部（USDA）主要负责监管感染动植物的管制生物因子，如口蹄疫病毒、高致病性禽流感病毒等，确保从事动物活体操作的高等级生物安全实验室的安全监管与人员培训工作；制定新型农业生物安全实验室的发展计划，旨在加强外来动物疾病和人兽共患病诊断能力；针对人为故意所致和自然灾害所致灾难性动物、植物和人兽共患病疫情等，农业部联合国土安全部、健康与人类服务部、环境保护署等单位加速和扩大发展现有及新型防控与应对措施，为美国公共卫生、食品和农业提供安全保障。

（6）多部门联合

有部分既可以感染人类也可以感染动物的炭疽杆菌、高致病性禽流感等病原体则由美国疾控中心和美国农业部等部门共同负责。

2.1.1.2 法律法规

美国一直以来陆续发布大量的管制生物制剂和危险化学品安全管理与处置的相关法律、法规及指南，如1970 年颁布的《职业安全和健康法》《清洁空气法》及 1976 年颁布的《有毒物质控制法》。此外，美国在实验室生物安全和实验室生物安保方面陆续出台了一系列相关法律法规、标准及政策，汇总如表 2-1 所示。

表 2-1 美国实验室生物安全相关法律法规/标准列表

序号	实验室生物安全法规/标准名称	颁布时间	颁布机构
1	《微生物和生物医学实验室生物安全》（第 5 版）	2009	美国疾病控制与预防中心 美国国立卫生研究院
2	《危险物质交流标准》	1994	美国职业安全卫生管理局
3	《反恐和有效死刑法案》	1996	美国联邦政府
4	《美国爱国者法案》	2001	美国众议院
5	《公共卫生安全与生物恐怖主义准备和应对法》	2002	美国国会
6	《涉及重组或合成核酸分子研究指南》（新版）	2013	美国国立卫生研究院
7	《微生物与生物医学实验室生物安全》（陆军）	1993	美国陆军
8	《核武器和化学武器及材料生物安保》（陆军）	2008	美国陆军
9	《微生物学及生物医学实验室生物安全准则》	1984	美国疾病控制与预防中心
10	《基于危害程度的病原微生物分类》	1979	美国职业安全卫生管理局
11	《血源性病原体接触防护标准》	1991	美国职业安全卫生管理局
12	《生物危害主要防护：生物安全柜的选择/安装和使用》（第 3 版）	2007	美国疾病控制与预防中心
13	《实验室职业接触有害化学物质安全守则》	2002	美国职业安全卫生管理局

（1）《微生物和生物医学实验室生物安全》

美国国立卫生研究院（National Institutes of Health，NIH）和疾病控制与预防中心（Centers for Disease Control and Prevention，CDC）的有关专家于 1983 年联合编写了《微生物和生物医学实验室生物安全》（*Biosafety in Microbiological and Biomedical Laboratories*，BMBL），BMBL 最早提出把病原微生物和生物安全实验室活动分为四级水平的概念。有关 BMBL 的发展历程及现行版本简介详见本章第 2.3 节内容。

（2）《危险物质交流标准》

1994 年，美国职业安全卫生管理局（OSHA）颁布的《危险物质交流标准》要求开发和传播关于工作场所危险生物剂及化学品特性与危害方面的信息，并将通过容器标识、警示标签以及其他形式的警示、物质安全数据表和员工安全培训等全面实现危险品安全交流计划这一目标。

（3）《反恐和有效死刑法案》

该法案由美国联邦政府于 1996 年颁布，把将使用、企图使用或串谋使用等威胁使用大规模杀伤性武器的行为认定为联邦犯罪；此外，对大规模杀伤性武器的定义补充了新的内容，包括感染性物质、有毒物质、重组分子及之前被限定使用的物质等新定义的生物武器，旨在禁止从事与上述大规模杀伤性武器有关的一切不正当行为；同时在法案中明确要求美国健康与人类服务部部长应出台相关规定，查明对公众健康和安全构成潜在威胁的生物剂及其安全转移，控制人员有意或无意转让上述危险性生物剂。

（4）《美国爱国者法案》

美国众议院于 2001 年 10 月 25 日通过反恐立法《美国爱国者法案》，10 月 24 日经参议院签署，于 10 月 26 日正式实施生效。该法案要求采取必要的措施加强美国的安全，阻止和惩罚美国境内和世界范围内的恐怖主义活动，改进执法调查手段，其中还规定了对在特定环境中蓄意拥有或制造生物剂、毒素及其运输系统的个人予以惩罚，特别是那些已被控制身份的受限人员。该法案扩大了《美国法典》第十章 18 主题下有关生物武器的章程，将任何人蓄意拥有任何生物剂、毒素或某种生物剂运输系统，或者拥有用于和平目的但不合理数量生物剂、毒素或某种制剂传输系统定义为违法行为。美国国会通过《美国爱国者法案》授予各执法机构广泛的调查、起诉和监督权力，以应对生化武器及其他各类生物恐怖袭击行为。

（5）《公共卫生安全与生物恐怖主义准备和应对法》

2002 年美国国会通过《公共卫生安全与生物恐怖主义准备和应对法》，该法案要求拥有、使用或转让目前被美国健康与人类服务部部长列为对公众健康和安全构成严重威胁的 42 种生物制剂与毒素的机构及个人应向部长注册并遵守合理的安全、安保要求，包括访问控制、人员筛查和检查等；而从事动植物管制剂研究工作的机构也必须注册并上报给美国农业部动植物卫生检疫局（APHIS）。

《公共卫生安全与生物恐怖主义准备和应对法》的主要目的是提高美国对生物恐怖及其他公共卫生突发事件的预防、准备和反应能力。具体内容包括：该法案批准给联邦、州、地方政府拨付资金用以评估相关机构应对突发公共卫生事件的能力。此外，该法案还要求加强对生物剂与生物毒素的管理和控制，如果发生管制生物剂丢失、被盗或在设施的生物安全密闭区域以外释放，注册人必须及时通知部长，还有如果当某种研究产品根据联邦法律授权正用于研究性或临床性试验时，部长有权根据个案具体情况酌情豁免该研究产品；加强药品、食品和水供应的安全措施；加大生物反恐应对措施的研发投入；加强培训和提高全国实验室能力，建立综合性国家公共卫生信息通报和监测网络；建立豁免与保护公众的健康和安全，加强刑事与民事执法相一致的实施安全要求和人事筛选规程，规定所有拥有致命生物制剂和毒素的人员都必须进行注册。《公共卫生安全与生物恐怖主义准备和应对法》同时也是生命科学两用性研究监管方面的重要法案。

2002 年《公共卫生安全与生物恐怖主义准备和应对法》尤其对涉及特殊管制生物剂项目的内容进行了特别修订与扩充，主要包括：①更新了"特殊管制生物剂"清单，将其定义为可对公众健康安全、动植物健康或动植物产品造成潜在危害或重大威胁的生物制剂和毒素；②指导美国健康与人类服务部以及美国农业部部长开展两年一次的审核,公布特殊管制生物剂清单目录,同时为保护公众安全进行适当修订和补充;③法案明确要求,包括发送和接收管制生物制剂机构在内的所有接触特殊管制生物剂的机构,均必须向美国健康与人类服务部或美国农业部(或两者同时)上报登记;④限制相关人群接触特殊管制生物剂与有毒物质,该人群包括不具备合法需求的,或被联邦监管执法机构与情报官员认定为危险的人物;⑤要求对特殊管制生物剂与有毒物质的转运进行登记,相关信息包括其特质与来源,以助识别;⑥法案要求为所有持有、使用或转移特殊管制生物剂的机构与个人建立国家级信息数据库,在所有联网的高等级生物安全实验室以及联邦政府的生防监管机构之间实现数据共享;⑦要求美国健康与人类服务部及美国农业部根据特殊管制生物剂和毒素物质对公众的危险程度,为其制定更加详细明确的安全等级分类。

(6)《涉及重组或合成核酸分子研究指南》

美国国立卫生研究院早在1976年就发布了《涉及重组DNA分子研究指南》(*Guidelines for Research Involving Recombinant DNA Molecules*),目的是为接受NIH资助并开展重组DNA研究的实验室人员提供监管和指南,指导重组DNA分子的特殊操作和含有重组DNA分子的生物材料与病毒的特殊操作。该指南要求科研机构应当成立生物安全委员会,审查重组DNA应用的建议,具体内容包括评估实验的程序、设施和操作,对涉及生物安全的研究,均要求事先经过上级专门生物安全监管机构的危险性风险评估并制定相应的生物安全应急防护措施后,才可以批准开展研究。

随后几年,国立卫生研究院对指南进行了多次修订和完善,最近一次修订是在2013年,新修订的指南更名为《涉及重组或合成核酸分子研究指南》,该指南作为指导重组DNA分子的特殊操作与指导涉及重组DNA分子的生物材料和病毒的特殊操作的标准;该指南涵盖所有涉及重组DNA的研究活动,把有关重组DNA的实验室研究分为动物、植物和微生物三类,并按研究规模分为大规模级和实验室级;无论是上述何种类型研究,其实验室生物安全的分类标准、操作标准、防护等级等均与美国CDC/NIH的《微生物和生物医学实验室生物安全》(*BMBL*)保持一致。所有涉及生物安全的研究均需通过生物安全委员会的专业风险评估并核实批准后方可开展实验研究。

(7)《微生物与生物医学实验室生物安全》(陆军)

在国际和国家实验室生物安全相关法规与标准的基础上,美军还另外针对军方生物安全实验室制定了相关法规和指南。美国陆军于1993年发布了《微生物和生物医学实验室安全手册》,该手册适用于美国现役陆军、预备役、国民警卫队、军方文职人员及承担生物安全防御研究、开发、实验和评估任务的陆军合同商,以及其他从事生物防御行动的联邦机构。由于该手册的最初版本主要是参照上述美国CDC和NIH的《微生物和生物医学实验室安全手册》相关内容而制定的,对其中很多概念并未作明确的区分。

2009年5月,美国陆军对该手册进行了新一版的修订和完善,新版《微生物和生物医学实验室安全手册》(陆军)中澄清了一些关于生物制品指导原则中混淆不清的概念;增加了有关感染性病原体和生物毒素风险评估的标准与指南,以及有关实验室工作人员健康状况和因病缺岗的监测要求;更新了实验室生物安全事故的应急响应计划和处置要求。

(8)《核武器和化学武器及材料生物安保》(陆军)

美国陆军于2008年颁布《核武器和化学武器及材料生物安保》手册,该手册主要针对美国陆军现役、预备役和国民警卫队所属机构的生物安保。该条例明确了生物安保项目的目的、概念和职责;明确了生物安保项目评估的程序和规定,提供生物敏感试剂和毒素的采购、库存管理与运输指南;明确了生物敏感试剂和生物毒素安保分类指南;提供了包括生物敏感制剂和生物毒素在内的有关生物制剂的分类指南。

(9)其他标准与法规

美国生物安全领域最主要的实践标准之一是美国CDC于1984年发布的《微生物学及生物医学实验室生物安全准则》,该准则对生物安全和生物安保的各方面做出了详细规定与指导,包括消毒、运输、安全防护等级、具体生物剂和毒素使用规范等。该标准在美国已经被广泛采用，特别是所有得到联邦政府基金资助的机构实验室必须遵守该准则，否则有可能失去联邦资助。联邦实验室和大多数使用联邦资金兴建的其他实验室在建造时都要遵守该标准中有关机构资助或兴建的既定标准。

此外，适用于美国所有生物安全水平的公共卫生实验室和科学研究实验室的还有美国职业安全卫生管理局（OSHA）相继出台的多项标准，如 OSHA 于 1979 年发布《基于危害程度的病原微生物分类》，该手册首次提出将病原微生物和实验室活动分为四级的概念；OSHA 于 1991 年发布了《血源性病原体接触防护标准》（*Bloodborne Pathogen Standard*），该标准提供了工作人员接触血液方面的防护指导，具体要求包括实验室应进行适当培训、配备个人防护装备、控制工程和工作实践、定期组织雇员接种疫苗、规范废物处理等，此外，标准还规定一旦发生实验室工作人员意外感染事件，必须实施病原体接触后评估并及时采取应急治疗措施，包括暴露途径的文字记录、可能病原体的血液测试及一份医生的书面报告；美国疾病控制与预防中心和国立卫生研究院于 1997 年联合发布了《生物危害主要防护：生物安全柜的选择、安装和使用》第 1 版，并在 2000 年和 2007 年分别对该版进行了修订和完善，推出了第 2 版和第 3 版；2002 年，OSHA 制定颁布了强制性实验室标准 29 CFR 1910.1450《实验室职业接触有害化学物质安全守则》（*Occupational Exposure to Hazardous Chemicals in the Laboratory*），其中要求实验室必须制定化学卫生计划，对实验室工作人员进行强制性培训并配备个人防护装备、制定并确保随时可查阅危险性化学品和感染性生物剂的材料安全数据表。

2.1.1.3 监管机制

（1）NIH

NIH 要求所有开展重组 DNA 实验的实验室必须获得其授权批准，并遵守《涉及重组 DNA 分子研究指南》（*Guidelines for Research Involving Recombinant DNA Molecules*）。NIH 指南要求高等级实验室必须建立生物安全委员会（IBC），负责审查那些需要应用重组 DNA 的研究方案。审查内容应包括对程序、设施的评估及实验中使用的规范。生物安全委员会可以批准研究方案或对实验做出修改的提议。此外，研究机构必须设立一位生物安全官员负责定期检查实验室，向生物安全委员会报告违反规定的事件，并在出现意外暴露或病原体泄漏时实施应急处置方案。

属于管辖范围的一些实验主要包括：①有意将一种耐药性特质转移到尚未知是否可以自然获得该特质的微生物中，获得这种特质可能会影响控制人类、动物或农业病原体的药物的使用；②有意形成含有令脊椎动物致命的每千克体重不足 100 毫微克半数致死量（LD_{50}）分子生物毒素基因的重组 DNA；③有意将重组 DNA、DNA 或来源于重组 DNA 的 RNA 转移至一个或更多的人类研究对象体内。

（2）OSHA

OSHA 明确规定在实验室环境中必须全面贯彻 OSHA 29 CFR 1910.1450《实验室职业接触有害化学物质安全守则》（*Occupational Exposure to Hazardous Chemicals in the Laboratory*）标准中的要求，除其他规定外，实验室必须具有一项化学卫生计划和进行强制性员工安全培训，必须具备某些危险性感染材料的个人防护装备（PPE）及可查阅的所有危险化学品材料的操作指南和安全数据表。

1991 年，OSHA 发布了《血源性病原体接触防护标准》（*Bloodborne Pathogen Standard*），该标准提供如何预防和应对工作人员接触血液方面的防护指导。要求实验室进行适当的培训、具备个人防护装备、控制工程和工作实践、适当地组织雇员接种疫苗、规范废弃物处理。一旦发生工作人员接触事件，必须实施接触后评估及后续行动，包括暴露途径的文件记录、可能病原体的血液测试及一份医生的书面报告。OSHA 标准适用于所有生物安全水平的公共卫生实验室和科研实验室。

（3）CDC

目前美国高级别生物安全实验室管理的主要方案是美国 CDC 实施的管制生物因子计划（select agent program），其中动植物卫生检验局（APHIS，隶属于 HHS）拥有影响植物和动物病原体的司法管辖权。

在生命科学两用性研究、生物安全的监督管理等方面发挥着重要作用。

（4）其他

此外，多个部门如美国食品药物监督管理局（FDA）、环境保护署（EPA）和美国联邦调查局（FBI）等都有自己的规定和监督机制；其他部门如美国国务院、商务部、财政部等机构在管理生物产品、管制剂的出口和运输方面也发挥着重要作用。此外，美国政府成立了由多个政府部门负责人组成的"加强美国生物安保工作组"。

（5）BSL-4 监管示例

在美国生物安全四级实验室的管理体系中，尽管如 CDC、美国陆军传染病医学研究所、科研院所或大学的院系等各主管部门对在其研究机构中建立的 BSL-4 实验室负有最终监管职责，但在实验室的日常运转中主要还是依靠实验室主管（主任）对这一特殊的高等级实验设施负有全权的安全责任。BSL-4 实验室主管需全程监视实验室内所有工作人员，确保开展正确的操作实践和安全培训，获取相关工作所需的资质，确保所有实验活动符合规章制度的要求，并负责维持一个安全、稳定、高效的工作环境。BSL-4 实验室主管通常是由研究高危烈性病原体的首席科学家担任，其有权设定实验室内的优先权以及协调内部研究活动，也可担任整个项目的技术发言人，对实验室人员能否在 BSL-4 实验室内进行独立操作拥有最终审批权。实验室生物安全专员作为实验室主管的独立顾问在确保项目安全运作方面发挥重要作用。

BSL-4 实验室是一个集病原体管理、实验研究、设备设施与管理、控制于一体的系统安全工程，综合微生物学家、生物化学家、疾病防控专家、建筑设计师、安全工程师等各领域的专家，BSL-4 实验室主管需与这些专家保持紧密合作，确保 BSL-4 实验室的顺利高效运转，其中每名实验室工作人员各负其责，遇到应急突发事件时，采用并行报告机制确保事故相关信息能及时报告至实验室上级管理机构。

2.1.1.4 人员培训

美国国家生防分析与应对中心（National Biodefense Analysis and Countermeasures Center，NBACC）于 2010 年底开始实施的"人员可靠性计划"（Personnel Reliability Program，PRP），旨在调动高等级实验室工作人员生物安全文化意识的培养，积极参与、推动及改善生物安全和生物安保文化建设，保证科研任务的顺利完成。下面以生物安全四级实验室的人员培训为例进行说明。

（1）进入 BSL-4 实验室前的准备工作

进入 BSL-4 实验室的工作人员背景不尽相同，但他们都必须具备处理烈性传染性病原体的能力，熟练掌握特殊生物剂的标准操作规程。在实验人员接触相关病原体前，首先，需经过专业的医学检查、安全检查和全身消毒等程序；其次，在接触传染性病原体前需接种相应的疫苗，但值得强调的是，大部分 4 级生物安全病原体无法提供具有医学有效许可证明的疫苗，因此，进入 BSL-4 实验室的工作人员具有相当程度的危险性，要求安全防护水平达到近乎"万无一失"的高度；再者，不同人之间具有先天性的个性差异，在选择进入 BSL-4 实验室工作人员时要有一定的灵活度，有一部分人能迅速掌握安全操作规程和具备处置应急事故的能力，而少部分人员可能始终无法获得实验室主管的完全信赖，无法获得进入 BSL-4 实验室的许可，对人员的心理素质和耐压能力具有很高的要求。

此外，在批准进入 BSL-4 实验室前，美国部分政府和科研机构要求相关人员具备在生物安全三级实验室的工作经验，可以获得的主要实验技能包括动物处理如采集血液样本、供试样品与疫苗剂量管理、健康状况观察、麻醉与安乐死试剂管理、口腔进食与简单尸检，受训人员将回顾体外测试法，如细胞培养用试剂的筛选、菌斑分析、病毒繁殖、基础微生物与病毒学技术，以及特殊设备使用，如超高速离心机与血液分析仪器。生物安全委员会与各个 BSL-4 实验室主管会认真审核其在 BSL-3 实验室的工作经验，确保其在 BSL-3 实验室中投入了足够的工作时间并积累了成熟的实验技能，已初步具备独立完成 BSL-4 实验室所规定操作任务时，将会为其安排一名 BSL-4 实验室导师，进行一对一的指导与培训。当然，尽管三级实验室的工作经验具有很强的针对性，但并不是进入生物安全四级实验室工作的必要条件，最重要也是最为关键的还是相关人员在进入 BSL-4 实验室前必须接受标准化和规范化的 BSL-4 实验室安全操作培训。

（2）BSL-4 实验室人员培训

在准备进入 BSL-4 实验室工作的人员完成且通过初试，并获得实验室主管机构或实验室负责人的批准和授权后，方可进入处理管制生物制剂和高危毒素的实验室处理间。所有人员在进入前必须经过三项培训：生物安全原则的理论培训、实验室入职和基础设施培训、由导师一对一针对 BSL-4 实验室的实际操作培训。每项培训标准由 BSL-4 实验室主管部门决定。部分机构可能要求增加实践培训，包括对生物安全四级实验室操作流程与实验室制剂基本属性的指导，还有部分实验室要求增加三周左右的 BSL-4 实验室理论课程，该课程将系统完整地回顾《微生物与生物医学实验室生物安全手册》（第五版）中有关管制生物因子程序以及 BSL-4 实验室操作实践。此外，课程涵盖标准的 BSL-4 实验室操作流程，如正压防护服的穿戴、人员流动、实验室工作、数据传输、动物处理以及安全操作等。

目前，美国 BSL-4 实验室工作人员必须经过安全审查与批准后方可处理管制生物因子，同时需要完成近乎所有的培训，而后经过医学检查，并将结果告知实验室主管。尽管 BSL-4 实验室之间存在差异，但实验室主管要求所有进入实验室的人员必须掌握该实验室规定的安全和保障程序并做好心理准备。尽管尚无正式的培训标准证书，但制定一套国际通用、BSL-4 实验室特定、有时效性的证明文件用以认可受训人员已具备进入 BSL-4 实验室独立操作 4 级危险度的烈性病原体的资格证明已被迫切需要。

2.1.2 英国

2.1.2.1 管理机构

（1）英国健康与安全执行局

英国健康与安全执行局（Health and Safety Executive，HSE）是负责管理常规卫生、安全和环境相关标准与法规的政府机构，包括多数与生物制剂、生物安全、转基因相关的事宜。HSE 履行咨询、管理和实施职责。HSE 是英国唯一负责监管和实施危险性人类及动物病原体相关工作与转基因微生物（genetically modified microorganism，GMM）的机构。

（2）英国环境、食品和农村事务部

英国环境、食品和农村事务部（Department for Environment, Food and Rural Affairs，Defra）负责制定动物与植物疾病的标准并保证其一致性，持续为特定动物病原体法案（SAPO）相关的动物病原体研究发布许可。2008 年 4 月，HSE 接管了 Defra 的工作，作为检查和管理的领导机构。HSE 负责英国范围内的检查和执法，Defra 负责发放许可。

（3）内政部

内政部负责英国实验室的生物安保，由国家反恐安全办公室（National Counter Terrorism Security Office，NaCTSO）负责执行，该办公室属于警察机构，向英国首席警官协会（Association of Chief Police Officer，ACPO）报告。内政部和 NaCTSO 共同发表了限制流通的文件《实验室安全标准》和《实验室人员安全措施》，作为管理指南。

2.1.2.2 法律法规

英国国内实验室的生物安全和生物安保工作主要由英国内政部负责，具体由英国健康和安全委员会负责相关生物安全法规的制定，并由健康与安全执行局联合地方政府机构共同组织实施。英国实验室生物安全相关法案/条例见表 2-2。

表 2-2 英国实验室生物安全相关法案/条例列表

序号	实验室生物安全法案/条例名称	颁布时间	颁布机构
1	《根据危害和防护分类的生物因子的分类》（第4版）	1995	英国健康与安全执行局
2	《应对恐怖主义犯罪和安保法案》	2001	英国国家反恐安全办公室
3	《健康有害物质控制条例》	2002	英国就业与保障部
4	《危险性物质控制卫生法》	2002	英国政府
5	《特定动物病原体条例》	2008	英国卫生监管机构

（1）《根据危害和防护分类的生物因子的分类》

英国健康与安全执行局（Health and Safety Executive，HSE）危险病原体咨询委员会（Advisory Committee on Dangerous Pathogens，ACDP）根据目前对各种致病微生物的危害性的认识和其他国家的分类结果，于 1995 年进一步更新并推出第 4 版《根据危害和防护分类的生物因子的分类》。新修订的版本在分类上重点强调病原微生物对人的致病性和潜在危害性，分别提出了不同危险等级实验室的物理防护要求、危险评价、健康监测以及人员安全培训等内容。明显不同于其他国家有关病原体危险组分类的是，该条例把危险组 3 中的肠道细菌单独列出并强调其防护要求和危险评价。

（2）HSE 标准

英国健康与安全执行局（HSE）发布的 *The management，design and operation of microbiological containment laboratories*（2001）和 *Biological agents-The principles，design and operation of containment Level 4 facilities*（2006）（以下简称英国标准）与 BMBL-5 标准一样，并不是强制标准。前者对二级、三级实验室（在英国称为 CL2 和 CL3）的建设和运行管理提出了要求；后者对四级实验室（CL4）的设施与设备的建设和运行管理提出了要求。

（3）《应对恐怖主义犯罪和安保法案》

《应对恐怖主义犯罪和安保法案》是由英国国家反恐安全办公室于 2001 年颁布实施的，该法案明确规定处理 100 多种危险性病原体和生物毒素的安保措施，该法案以及人类与动物病原体、生物毒素安全相关条款的具体执行主要由英国内政部负责。英国内政部与国家反恐安全办公室共同负责清单上所列病原体的安全监管，后者还负责发布从事相关病原体研究的实验室物理防护措施和个人安全指南。

2007 年 5 月更新的病原体清单中新增加了动物病原体，所列生物剂的储存和使用都必须按规定上报给国务卿进行审查。《应对恐怖主义犯罪和安保法案》应用范围涵盖英国 400 多所大学和医院的实验室，详细指南通过由内政部和国家反恐安全办公室联合发布的《实验室安全标准》和《实验室人员安全措施》共同实施。

（4）《健康有害物质控制条例》

英国就业与保障部于 2002 年颁布《健康有害物质控制条例》，该条例是基于《欧洲共同体法案》（1972）和《工作健康与安全法案》（1974）制定的。根据该条例规定，按照对人体健康的危害程度将病原体分为 1~4 级，并在条例所附的《生物剂核准清单》中给出明确定义，条例中规定的生物安全级别分类通常依据危险病原体咨询委员会的分类，该条例的出台旨在防止工人暴露于危险病原体，同时指出实验室生物安全监管机构对开展风险评估和确保预防与控制意外暴露及感染的责任、义务。

（5）《危险性物质控制卫生法》

2002 年，英国政府出台《危险性物质控制卫生法》，该法案重点管理有毒化学品，目的是针对从事病原微生物实验研究的工作场所职业暴露的安全风险进行危险评估和监管。此外，英国危险病原体咨询委员会（ACDP）根据危险性病原微生物的分类发布《生物剂核准清单》，所列病原微生物一般根据危险性等级和相对应的生物防护要求进行分类，但在某些特殊情况下基于个案对病原体研究方案风险的评估需兼顾其他因素，如病原体的使用意图和使用数量等。而英国转基因科学咨询委员会作为另一个实验室生物安全监管机构,将为对人类和环境构成感染或破坏风险的病原微生物实验研究提供技术与科学咨询。

（6）《特定动物病原体条例》

《特定动物病原体条例》由英国负责动物实验室生物安全的卫生监管机构于 2008 年颁布,主要目的是有效监管动物病原体的储存、运输和安全使用,预防实验室感染性病原体或气溶胶散逸,明确实验室工作人员安全行为责任等。该条例实际上是一个带有命令式的认证系统,规定了根据实验室管理指南和文件对动物病原体的审查处理情况,认证一般有效期为 5 年,具体认证内容包括:动物实验室的安全防护级别、实验室废弃物处理、可进行各类科学研究工作的实验室面积以及实验室安全监管负责人情况等。《特定动物病原体条例》根据危险病原体咨询委员会的分类规定也将动物病原体分为 1～4 级。

2.1.2.3 监管机制

《危害健康的物质控制条例》（*Control of Substances Hazardous to Health Regulations 2002*,COSHH）、SAPO 和《转基因生物（封闭使用）条例》[*Genetically Modified Organisms (Contained Use) Regulations 2014*,GMO（CU）]规定了生物安全性的要求,《反恐怖主义犯罪和安全法》（*The Anti-Terrorism Crime and Security Act*,ATCSA）规定了生物安保要求,ACDP 负责提供支持性指南。SAPO 规定了许可制度（licensing regime）,COSHH 规定的工作需要通知（notification）,GMO（CU）规定的工作需要批准（permission）,ATCSA 规定的实验室工作需要通知（notification）。

HSE 所执行的 COSHH 没有正式的许可体系。不过,进行危险病原体相关工作的实验室根据要求通知 HSE 并获得确认。尽管不是审批制度,但 HSE 要求通知中涵盖足够的信息,证明责任人清楚地知道进行该生物体相关工作可能会带来的风险。根据 COSHH,向 HSE 递交的报告不会自动触发监督机制,但相关信息会用于定期检查。HSE 希望生物安全四级实验室每年检查一次,生物安全三级实验室至少三年检查一次。

虽然 HSE 接管了监督职能,但 Defra 依然负责 SAPO 规定的许可事项。SAPO 规定除了获得许可资格,禁止持有或引进特定动物病原体或任何形式的病原体载体。SAPO 的许可程序包括在发布证书前对申请者实验室的检查以及对支持文件的审核（如工作流程、风险分析及合理的防护措施）。许可证有效期通常是 5 年。根据 SAPO 规定,可以随时对获得许可的实验室进行检查,从而确保其完全符合许可条件和法规规定。

根据 GMO（CU）规定,所有的 4 级活动或新型的转基因活动都会受到转基因科学咨询委员会（SACGM）的关注,委员会根据递交的风险评估向 HSE 提供建议。如果提出新的安全要求,可能需要现场检查。如果对风险评估报告和制定的防护措施表示满意,HSE 可以批准该工作的进行。

根据 ATCSA 规定,涉及特定制剂相关工作的实验室必须通知内政部,然后接受反恐安全顾问（CTSA）的访问。访问用于评估实验室的物理安全并提出建议。反恐安全顾问给出包括安全建议等的书面评估结果交给实验室。任何所需的改进都是专门针对该实验室的。提出的建议大多关注人员安全、安全检查和人员监督流程（如果需要,警察可以根据具体情报索要接触特定制剂的人员详细信息）。反恐安全顾问一般每年访问注册实验室一次,如果有改进要求,可能会增加访问次数。

2.1.2.4 人员培训

英国在人员配备和培训方面有相关的标准与指南,ACDP 强调了生物安全管理人员/顾问（BSO/BSA）的重要作用:生物安全顾问（BSA）的招募是确保为管理层提供信息和建议,确保生物制剂相关风险得到控制或预防。

在高防控环境条件下的工作需要必要的培训,用人单位需要根据安全法和特定法规,如 COSHH,提供培训的机会。下议院调查发现,培训可以更好地促进协调,政府负责高等级实验室审查的跨部门团队也将解决培训的问题。

外交和联邦事务部（FCO）管理学术技术审核计划（ATAS），该计划于 2007 年 11 月实施，替代原有的自愿审核方案。它要求所有申请研究生课程的非欧盟学生在申请进入英国或延长停留时间之前，先要获得课程及学校相关的 ATAS 证书。ATAS 涵盖了广泛的科学与工程硕士、博士研究计划和少数的教育学硕士课程。

2.1.3 俄罗斯

2.1.3.1 管理机构

俄罗斯联邦消费者权利保护和福利监察局（Rospotrebnadzor）作为俄罗斯联邦机构，旨在监督和管理国家公民福利、消费者权益与保护、人类福利等。Rospotrebnadzor 是执行机构，负责制定和执行国家相关政策与立法、制定和批准国家卫生与流行病学准则、开展联邦政府的卫生和流行病监测等。

2.1.3.2 法律法规

俄罗斯对传染病暴发的监测、研究和防控的规范性文件包括：①2004 年 6 月 30 日通过的《联邦用户权益和人类安全监管条例》；②2005 年国际卫生条例；③2006 年 2 月 2 日发布的 60 号国令。基于这些主要的规范性文件，2008 年 3 月 17 日发布的 Rospotrebnadzor 88 号特令规定了传染病和寄生虫病制剂相关的监测措施。俄罗斯所有的生物安全三级、四级实验室，包括了 17 个俄罗斯区域鼠疫防控中心。此外，Rospotrebnadzor 88 号特令还描述了各个研究所/中心的责任区域并确认了这些研究所/中心的类别。

国家特殊卫生条例（SR）SP 1.3.1285-03 负责规范"安全等级 I-II 级病原微生物的安全处理"，该条例具有强制性，奠定了俄罗斯研究所/中心实验室、高校实验室的公共卫生和教育实践基础。SR 规定了整套生物安全实践，包括消毒程序、污水检测、病原体运输安全措施、医院安全工作注意事项。SR 还描述了重组 DNA 与风险等级 I～IV 微生物相关工作获得国家卫生流行病学检查委员会批准所需的流程，提供了实验室检查和监测的合规条款。俄罗斯分类系统中的风险等级 I、II、III 和 IV 分别相当于 WHO 风险等级分类中的 IV、III、II 和 I。

2.1.3.3 监管机制

俄罗斯具有防止高等级设施意外事件的严格标准，国家卫生流行病学管理条例中负责规范"安全等级 I-II 病原微生物的安全处理"的 SP 1.3.1285-03 文件描述了应对步骤。这是俄罗斯微生物实验室长期从事危险病原体工作得出的经验教训。根据这些经验，在最近 20 年间一旦有事故发生，就能够立刻进行治疗并在事后对事件进行彻底调查。

2.1.3.4 人员培训

2007 年，为了促进生物安全教育，俄罗斯发布首个《俄罗斯生物安全术语汇编》，同年又发布了另一个版本的术语汇编，2010 年 9 月，发布了首个英俄双语的《生物安全统一词典》。来自新西伯利亚国立大学（NSU）、国立罗蒙诺索夫莫斯科大学和其他莫斯科研究机构的专家也建议在 2011～2012 年实现俄罗斯生物技术教育标准的现代化。

2.1.4 法国

法国的法律法规体系是由多个法律部门制定的具有内在联系的整体。《法国法》由法律（droit）和法规（legislation）两个部分组成。法律是根据《法国法》由议会通过，它构成了《法国法》的大部分内容，包括农村法、劳动法、环境保护法、公共卫生法等；同时议会也可授权政府为实施计划，在一定的时间内，按照一定的程序制定法令（decret），由法国总统签署并经议会批准，作为法律特别授权时制定的特别条款，或是在紧急情况下制定的紧急条例。法令一旦批准即可获得与法律同样的地位。为了实施法律和法令，总统、总理可以颁布命令（commandment），各部部长、市长和地区专员可以做出决定（decider）作为条例（reglementation），在性质上也属于可以接受司法审查的行政行为。同时作为法律法规实施的重要支撑，一些标准也常被相关的技术法规引用而作为法律的技术支撑。

中国科学院武汉病毒研究所团队撰写的专著《法国生物安全法律法规选编》将法国有关生物安全的法律、法规分为 10 个主题（分级设施、转基因生物、废弃物处置、实验动物、职员-公众保护、病原微生物分级、运输管理、进出口管理、设施设备、监督检查）进行整理，每一个主题分为法律和法令两个部分。较为全面地介绍了法国《农村法典》《劳动法典》《环境法典》《公共卫生法典》中与生物安全有关的法律条文及其法国/欧盟相关生物安全法令。其收集和摘录了环境保护法，公共卫生法，出入境动植物检疫，病原微生物实验室生物安全管理措施，人类和动物病原微生物的包装、运输，传染性废弃物处置，以及实验动物管理及转基因生物危险分级等共计 46 篇法国法律、法令。其中在病原微生物分级中详细介绍了病原微生物分类名录；在废弃物处置中主要介绍了动物尸体和医疗废弃物的处置方法及要求。

这里不再赘述。

2.2　国内管理模式

我国生物安全实验室建设的相关研究虽然起步较晚，但发展迅速，历经十余年的发展，已初步建立了一套较为完善的管理体系。因我国经济社会发展阶段和国情的不同，国内生物安全实验室管理模式与国外相比，还是有一定差异的。本节将对我国目前的管理模式从管理机构、法律法规、监管机制三个层面进行介绍，并对国内外管理模式进行了对比分析供参考。与生物安全实验室建设相关的标准规范内容将在第 2.3、2.4 节予以介绍。

2.2.1　管理机构

图 2-1 给出了我国高级别生物安全实验室从立项、审查、环评、建设，到最后认可、资格批复等一套完整的流程。在活动资格授权和活动安全监督环节，2017 年 9 月国务院发布《国务院关于取消一批行政许可事项的决定》，卫生计生委（现卫生健康委）和农业部（现农业农村部）由"行政审批"改为"备案管理"（陈洁君，2018）。

从图 2-1 可以看出以下几方面。

1）我国高级别生物安全实验室管理机构主要涉及的主管部门包括国家发展和改革委员会、科技部、环保部门、中国合格评定国家认可委员会（认可委，CNAS）、卫生和计划生育委员会、农业部等。

2）国家发展和改革委员会及科技部负责项目的规划、立项与审批，环保部门负责项目环评，卫生和计划生育委员会、农业部是业务主管部门，中国合格评定国家认可委员会负责生物安全实验室的认证认可管理。

图 2-2 给出了各部门在实验室建设管理中的主要职责，便于我们进一步了解整个实验室建设过程。

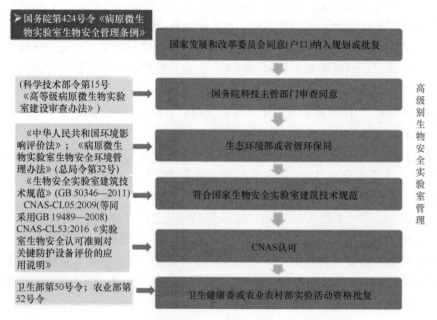

图 2-1 高级别生物安全实验室建设、认可流程图

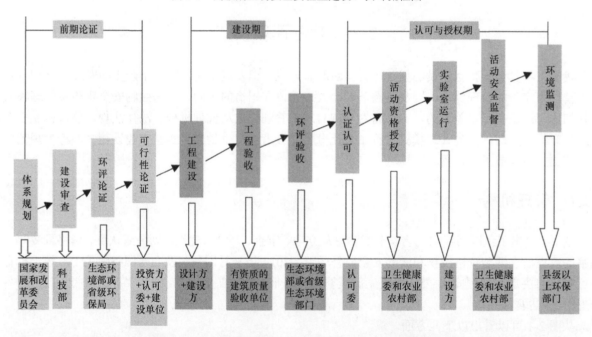

图 2-2 各部门在实验室建设管理中的主要职责（来源：中华医学会网站）

2.2.2 法律法规

2004 年我国颁布了国务院第 424 号令《病原微生物实验室生物安全管理条例》，同年颁布实施了 GB 19489—2004《实验室 生物安全通用要求》和 GB 50346—2004《生物安全实验室建筑技术规范》，使我国生物安全实验室的建设和管理走上了规范化、法制化轨道。目前我国生物安全实验室相关法规条例主要有：《中华人民共和国传染病防治法》、《中华人民共和国动物防疫法》、《中华人民共和国国境卫生检疫法》、《中华人民共和国进出境动植物检疫法》、《病原微生物实验室生物安全管理条例》（国务院第 424 号令）、《高等级病原微生物实验室建设审查办法》（科学技术部令第 18 号）、《医疗器械监督管理条例》、《进

出境动植物检疫法实施条例》、《突发公共卫生事件应急条例》、《使用有毒物品作业场所劳动保护条例》、《医疗废物管理条例》、《危险化学品安全管理条例》、《中华人民共和国进出境动植物检疫法实施条例》（国务院令第 206 号）、《农业转基因生物安全管理条例》（国务院令第 304 号）、《实验动物管理条例》（国家科学技术委员会令第 2 号）、《中华人民共和国进境动物检疫疫病名录》、《人间传染的病原微生物名录》（卫科教发[2006]15 号）、《动物病原微生物分类名录》（农业部第 53 号令）、《病原微生物实验室生物安全环境管理办法》、《动物病原微生物菌（毒）种保藏管理办法》、《高致病性动物病原微生物实验室生物安全管理审批办法》、《人间传染的高致病性病原微生物实验室和实验活动生物安全审批管理办法》、《人间传染的病原微生物菌（毒）种保藏机构管理办法》、《医疗卫生机构医疗废物管理办法》（卫生部第 36 号令）、《医疗废物管理行政处罚办法》（卫生部/国家环境保护总局第 21 号令）、《农业生物基因工程安全管理实施办法》（农业部令第 39 号）、《高致病性动物病原微生物菌（毒）种或者样本运输包装规范》（农业部公告第 503 号）、《高致病性动物病原微生物菌（毒）种或样品运输包装规范》、《可感染人类的高致病性病原微生物菌（毒）种或样本运输管理规定》（卫生部第 45 号令）、《可感染人类的高致病性病原微生物菌（毒）种或样本运输管理规定》、《公共场所卫生管理条例实施细则》、《运输高致病性动物病原微生物菌（毒）种、样本审批》、《关于办理"兽医微生物菌（毒、虫）种进出口和使用审批"的相关要求》、《关于进一步加强动物检疫实验室生物安全管理的通知》。

受篇幅所限，本章仅介绍其中的部分法规条例的内容。

（1）《中华人民共和国传染病防治法》

为了预防、控制和消除传染病的发生与流行，保障人体健康和公共卫生，我国制定了《中华人民共和国传染病防治法》。本法于 1989 年 2 月 21 日第七届全国人民代表大会常务委员会第六次会议通过，在 2004 年 8 月 28 日第十届全国人民代表大会常务委员会第十一次会议修订通过，于 2013 年 6 月 29 日第十二届全国人民代表大会常务委员会第三次会议修订通过。该法分总则、传染病预防、疫情报告通报和公布、疫情控制、医疗救治、监督管理、保障措施、法律责任、附则共 9 章 80 条。

本法规定的传染病分为甲类、乙类和丙类。

甲类传染病是指鼠疫、霍乱。

乙类传染病是指传染性非典型肺炎、艾滋病、病毒性肝炎、脊髓灰质炎、人感染高致病性禽流感、麻疹、流行性出血热、狂犬病、流行性乙型脑炎、登革热、炭疽、细菌性和阿米巴性痢疾、肺结核、伤寒和副伤寒、流行性脑脊髓膜炎、百日咳、白喉、新生儿破伤风、猩红热、布鲁氏菌病、淋病、梅毒、钩端螺旋体病、血吸虫病、疟疾。

丙类传染病是指流行性感冒、流行性腮腺炎、风疹、急性出血性结膜炎、麻风病、流行性和地方性斑疹伤寒、黑热病、包虫病、丝虫病，以及除霍乱、细菌性和阿米巴性痢疾、伤寒和副伤寒以外的感染性腹泻病。

上述规定以外的其他传染病，根据其暴发、流行情况和危害程度，需要列入乙类、丙类传染病的，由国务院卫生行政部门决定并予以公布。对乙类传染病中传染性非典型肺炎、炭疽中的肺炭疽和人感染高致病性禽流感，采取本法所称甲类传染病的预防、控制措施。其他乙类传染病和突发原因不明的传染病需要采取本法所称甲类传染病的预防、控制措施的，由国务院卫生行政部门及时报经国务院批准后予以公布、实施。省（自治区、直辖市）人民政府对本行政区域内常见、多发的其他地方性传染病，可以根据情况决定按照乙类或者丙类传染病管理并予以公布，报国务院卫生行政部门备案。

本法对严防实验室感染和病原微生物的扩散风险提出了明确要求。例如，第二十二条明确规定"疾病预防控制机构、医疗机构的实验室和从事病原微生物实验的单位，应当符合国家规定的条件和技术标准，建立严格的监督管理制度，对传染病病原体样本按照规定的措施实行严格监督管理，严防传染病病原体的实验室感染和病原微生物的扩散"。

（2）《病原微生物实验室生物安全管理条例》（国务院第 424 号令）

为了加强病原微生物实验室生物安全管理，保护实验室工作人员和公众的健康，我国制定了《病原微生物实验室生物安全管理条例》（国务院第 424 号令，2004 年 11 月 12 日发布实施）。该《条例》于 2018 年颁布了修订版，修订后的《条例》分总则、病原微生物的分类和管理、实验室的设立与管理、实验室感染控制、监督管理、法律责任、附则共 7 章 72 条。

该《条例》对实验室设计建设、运行管理、实验活动、个体防护等都提出了明确要求，第三章是有关"实验室的设立与管理"的内容，其中第十九条规定"新建、改建、扩建三级、四级实验室或者生产、进口移动式三级、四级实验室应符合国家生物安全实验室建筑技术规范"，对实验室设施设备的设计、施工、检测验收等建设环节提出了明确要求。第三十一条规定"实验室的设立单位应当依照本条例的规定制定科学、严格的管理制度，并定期对有关生物安全规定的落实情况进行检查，定期对实验室设施、设备、材料等进行检查、维护和更新，以确保其符合国家标准"，对实验室设施设备的运行维护、管理提出了明确要求。

（3）《高等级病原微生物实验室建设审查办法》（科学技术部令第 15 号）

为规范三级、四级生物安全实验室（以下简称高等级生物安全实验室）建设审查，根据《病原微生物实验室生物安全管理条例》（国务院第 424 号令）的有关规定，科学技术部制定了《高等级病原微生物实验室建设审查办法》，2011 年 6 月 24 日科学技术部令第 15 号公布，根据 2018 年 7 月 16 日科学技术部令第 18 号《关于修改〈高等级病原微生物实验室建设审查办法〉的决定》修改，自 2018 年 10 月 31 日起施行。

该《办法》分总则、申请、审查、附则共 4 章 16 条。该《办法》第二条规定"新建、改建、扩建实验室或者生产、进口移动式实验室应当报科学技术部审查同意。"第十三条规定"通过建设审查的实验室建成后，依据《病原微生物实验室生物安全管理条例》，由有关部门根据相关规定进行建筑质量验收、建设项目竣工环境保护验收、实验室国家认可和实验活动审批及监管等，确保实验室安全。"

（4）《病原微生物实验室生物安全环境管理办法》

为规范病原微生物实验室生物安全环境管理工作，根据《病原微生物实验室生物安全管理条例》及有关环境保护法律和行政法规，我国制定了《病原微生物实验室生物安全环境管理办法》（国家环境保护总局令第 32 号），该《办法》已于 2006 年 3 月 2 日经国家环境保护总局 2006 年第二次局务会议通过，自 2006 年 5 月 1 日起施行。该《办法》共 23 条，适用于境内的实验室及其从事实验活动的生物安全环境管理。

新建、改建、扩建实验室，应当按照国家环境保护规定，执行环境影响评价制度，实验室环境影响评价文件应当分析和预测病原微生物实验活动对环境可能造成的影响，并提出预防和控制措施。实验室应当按照国家环境保护规定、经审批的环境影响评价文件以及环境保护行政主管部门批复文件的要求，安装或者配备污染防治设施、设备，污染防治设施、设备必须经环境保护行政主管部门验收合格后，实验室方可投入运行或者使用。实验室的设立单位对实验活动产生的废水、废气和危险废物承担污染防治责任。

（5）《人间传染的高致病性病原微生物实验室和实验活动生物安全审批管理办法》

为加强实验室生物安全管理，规范高致病性病原微生物实验活动，依据《病原微生物实验室生物安全管理条例》，我国制定了《人间传染的高致病性病原微生物实验室和实验活动生物安全审批管理办法》（卫生部第 50 号令），该《办法》已于 2006 年 7 月 10 日经卫生部部务会议讨论通过并施行，2016 年已修正。该《办法》分总则、高致病性病原微生物实验室资格的审批、高致病性病原微生物实验活动的审批、监督管理、附则共 5 章 32 条。该《办法》适用于生物安全三级、四级实验室从事与人体健康有关的高致病性病原微生物实验活动资格的审批，以及其从事高致病性病原微生物或者疑似高致病性病原微生物实验活动的审批。

卫生部负责生物安全三级、四级实验室从事高致病性病原微生物实验活动资格的审批工作。卫生部和省级卫生行政部门负责高致病性病原微生物或者疑似高致病性病原微生物实验活动的审批工作。县级以上地方卫生行政部门负责本行政区域内高致病性病原微生物实验室及其实验活动的生物安全监督管理工作。

该《办法》所称高致病性病原微生物是指卫生部颁布的《人间传染的病原微生物名录》中公布的第一类、第二类病原微生物和按照第一类、第二类管理的病原微生物，以及其他未列入该《名录》的与人体健康有关的高致病性病原微生物或者疑似高致病性病原微生物。

该《办法》第六条的第六项明确要求：三级、四级生物安全实验室申请《高致病性病原微生物实验室资格证书》，应当明确实验室的职能、工作范围、工作内容和所从事的病原微生物种类；对所从事的病原微生物应当进行危害性评估，制订生物安全防护方案、实验方法及相应标准操作程序（SOP）、意外事故应急预案及感染监测方案等。"危害性评估"在该《办法》的第七、十三、十九条也提出了要求，这里的危害性评估类似于生物安全风险评估，包括生物因子、实验活动、设施设备等诸多因素的要求。

（6）《高致病性动物病原微生物实验室生物安全管理审批办法》

为了规范高致病性动物病原微生物实验室生物安全管理的审批工作，根据《病原微生物实验室生物安全管理条例》，我国制定了《高致病性动物病原微生物实验室生物安全管理审批办法》（农业部第 52 号令），该《办法》已于 2005 年 5 月 13 日农业部第 10 次常务会议审议通过并施行。该《办法》分总则、实验室资格审批、实验活动审批、运输审批、附则共 5 章 24 条。该《办法》适用于高致病性动物病原微生物的实验室资格、实验活动和运输的审批。农业部主管全国高致病性动物病原微生物实验室生物安全管理工作，县级以上地方人民政府兽医行政管理部门负责本行政区域内高致病性动物病原微生物实验室生物安全管理工作。

该《办法》所称高致病性动物病原微生物是指来源于动物、《动物病原微生物分类名录》中规定的第一类、第二类病原微生物。《动物病原微生物分类名录》由农业部商国务院有关部门后制定、调整并予以公布。

该《办法》第六条规定"实验室申请《高致病性动物病原微生物实验室资格证书》，应当具备下列条件：依法从事动物疫病的研究、检测、诊断，以及菌（毒）种保藏等活动；符合农业部颁发的《兽医实验室生物安全管理规范》；取得国家生物安全三级或者四级实验室认可证书；从事实验活动的工作人员具备兽医相关专业大专以上学历或中级以上技术职称，受过生物安全知识培训；实验室工程质量经依法检测验收合格。

第十五条规定"实验室在实验活动期间，应当按照《病原微生物实验室生物安全管理条例》的规定，做好实验室感染控制、生物安全防护、病原微生物菌（毒）种保存和使用、安全操作、实验室排放的废水和废气以及其他废物处置等工作"。

2.2.3　监管机制

SARS 疫情暴发以后，在新加坡、中国台湾和北京相继发生了实验室伴随感染事件，暴露出我国实验室生物安全领域整体基础薄弱，在国家层面缺乏管理体系与技术标准，缺乏现代的实验室生物安全技术、设施设备、安全意识等。如何快速提高我国实验室的安全水平，需要哪些关键技术，需要建立什么样的评价体系，需要如何管理运行等，都是迫切需要解决的问题。中国合格评定国家认可委员会（CNAS）发挥专业评价机构优势，制定评价准则，对高级别生物安全实验室开展统一的评价活动。随后，CNAS 联合农业、卫生、质检等行业的生物安全专家，开始了标准的制订工作。经过几个月的努力，国家强制性标准 GB 19489—2004《实验室　生物安全通用要求》于 2004 年 5 月 28 日正式发布实施，这标志着我国对高级别生物安全实验室评价有了权威统一的依据。

2004年11月12日，国务院颁布第424号令《病原微生物实验室生物安全管理条例》。其中第二十条规定：三级、四级实验室应当通过实验室国家认可，国务院认证认可监督管理部门确定的认可机构应当依照实验室生物安全国家标准以及本条例的有关规定，对三级、四级实验室进行认可；实验室通过认可的，颁发相应级别的生物安全实验室证书。证书有效期为5年。该《条例》确立了高等级生物安全实验室的强制性认可制度，明确了认证认可监督管理部门在该项工作中的职责。

CNAS在国家认证认可监督管理委员会（国家认监委）授权下，依据GB 19489—2004《实验室 生物安全通用要求》制定了一系列认可文件，在2004年底建立起高级别生物安全实验室国家认可制度，具备了对高级别生物安全实验室的认可能力。2005年6月2日，我国认可机构向武汉大学生物安全三级动物实验室颁发了我国首张高级别生物安全实验室的国家认可证书。

2.2.4　中外对比

我国的高级别生物安全实验室建设历经十余年，从几乎一片空白，到今天已经初具规模和体系。作为生物安全保障最重要的硬件设施，生物安全实验室的建设已经取得了前所未有的发展。截止到2017年7月，我国共有70余家生物安全实验室获得认可，美国2011年注册的三级实验室已达到1495个，我国的实验室建设和管理工作还有很长的路要走。

通过国外、国内生物安全实验室管理模式的对比分析可以看出以下几方面。

（1）国外审批的流程是以病原微生物为导向的，监管实验活动的开展，而前期生物安全实验室的建设不在监管范围内。

（2）我国对生物安全实验室的监管是"全过程控制"理念，即从项目立项、审查、环评、建设，到最后认可、资格批复等一套完整的监督管理流程。

我国生物安全实验室研究起步较晚，现有的监管机制是适合我国国情的，对国内生物安全事业的健康发展过程起到了巨大推动作用。现在国外相关机构也在研究我国生物安全管理模式，建议所在国家借鉴中国监管模式。

2.3　中外标准综述

生物安全实验室的建设与监管工作不仅关系到一个国家全体民众的生命健康，还会直接关乎国民经济的正常发展，甚至可以上升到影响一个国家的社会治安与稳定。标准是保证生物安全实验室安全管理和安全运行的重要手段，通过建立严格、规范化的标准体系，能实现生物安全实验室科学化、规范化、效率化、连续化的控制。本节将对中外生物安全实验室建设相关的标准（或指南）进行简介供参考。

2.3.1　标准术语

有关法律法规标准名词术语的理解，这里以我国为例简介如下。

（1）法律法规

法律法规指中华人民共和国现行有效的法律、行政法规、司法解释、地方法规、地方规章、部门规章及其他规范性文件及对于该等法律法规的不时修改和补充。其中，法律有广义、狭义两种理解。广义上讲，法律泛指一切规范性文件；狭义上讲，仅指全国人民代表大会及其常委会制定的规范性文件。在与法规等一起谈时，法律是指狭义上的法律。法规则主要指行政法规、地方性法规、民族自治法规及经济特区法规等。

（2）标准

标准是"为了在一定范围内获得最佳秩序，经协商一致制定并由公认机构批准，共同使用和重复使用的一种规范性文件"。我国目前标准体系框架包括国家标准、行业标准、地方标准和团体标准四个层次，当然还有企业标准。

国家标准是指由国家标准机构通过并公开发布的标准，其编号一般以 GB 开头；行业标准是指在国家的某个行业通过并公开发布的标准，其编号一般以某个行业的拼音缩写开头，如卫生行业 WS、建工行业 JG、环境保护行业 HJ 等；地方标准是指由地方（省、自治区、直辖市）标准化主管机构或专业主管部门批准发布，在某一地区范围内统一的标准，其编号一般以 DB 开头；团体标准是指由团体按照团体确立的标准制定程序自主制定发布，由社会自愿采用的标准，其编号一般按所在团体要求的代码进行编号。

按法律约束力标准可划分为强制性标准和推荐性标准。强制性标准代号是 GB，具有法律属性，在一定范围内通过法律、行政法规等强制手段加以实施；推荐性标准是指由标准化机构发布的自愿采用的标准，代号为 GB/T。

（3）应急预案

应急预案是针对可能的突发事件，为保证迅速、有序、有效地开展应急与救援行动、降低事件损失而预先制定的有关计划或方案。我国于 2006 年 1 月 8 日颁布了《国家突发公共事件总体应急预案》，同时还编制或颁布了若干专项预案和部门预案。

2.3.2　标准体系

根据应用分类，标准分为基础标准、产品标准、方法标准。基础标准是指在一定范围内作为其他标准的基础并具有广泛指导意义的标准，如 WHO《实验室生物安全手册》、GB 19489—2008《实验室 生物安全通用要求》等；产品标准是指对产品结构、规格、质量和性能等做出具体规定与要求的标准，如欧盟 EN12469 和美国 NSF49《生物安全柜》、JG/T 497—2016《排风高效过滤装置》等；方法标准是针对产品性能和质量方面的测试而制定的标准，如 RB/T 199—2015《实验室设备生物安全性能评价技术规范》。生物安全实验室标准分类框架如图 2-3 所示。

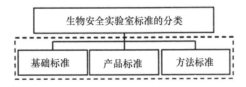

图 2-3　生物安全实验室标准分类框架

生物安全实验室关键防护设备种类众多，包括生物安全柜、动物隔离器、动物解剖台、实验动物换笼台及垫料处置柜、高效空气过滤器及高效空气过滤装置、气密门、消毒设备、正压生物防护服、生命支持系统、化学淋浴消毒装置、高压蒸汽灭菌器、生物废水处理系统、动物残体处理设备、生物防护口罩、医用防护服、正压呼吸器、口罩密合度测定仪、传递窗、密闭阀门等。目前部分关键防护设备已有国内外相关标准规范，如生物安全柜、动物隔离器等，但也有部分关键防护设备缺少统一的国际标准或国家标准，如生命支持系统、动物残体处理设备等。

与欧美发达国家相比，我国生物安全实验室研究起步较晚，一些关键防护设备从国外进口，对应的标准也是参考借鉴国外标准，这里仅以生物安全柜为例进行说明，其他关键防护设备不再赘述。

自第一台生物安全柜问世以来，它的基本设计历经了多次改进，在结构和功能上比原来的更优越。根据欧盟标准 EN 12469—2000，按对操作者、环境和受试样本的保护程度将生物安全柜分为Ⅰ、Ⅱ、Ⅲ共 3 个等级。

目前，对于生物安全柜，国际上可遵循的标准主要有：美国标准 NSF49、欧盟标准 EN12469、澳大利亚标准 AS2252、日本标准 JISK3800，其中尤以美国 NSF49 和欧盟 EN12469 标准最为权威，认知度最高。随着国内对于生物制药行业逐步重视，对生物危害控制需要日益迫切，在 2005 年到 2006 年相继发布实施了两个专门针对生物安全柜的重要标准：建设部的 JG 170－2005《生物安全柜》 和国家食品药品监督管理局的 YY 0569－2011《Ⅱ级生物安全柜》。

本书关注的焦点在于生物安全实验室建设与管理。本节将对国内外生物安全实验室建设领域的标准与管理进行简介和对比分析，以期为我国生物安全实验室的建设和有效运行提供借鉴与思路。

2.3.3　国外标准

国外生物安全实验室标准体系和表现形式与国内不同，第 2.3.1 节给出的是我国有关法律法规标准名词术语，国外一些国家是以手册（或指南）的形式给出的，这些手册（或指南）被国家或地区采用后，具有标准的性质和作用。以美国《微生物和生物医学实验室生物安全》（*Biosafety in Microbiological and Biomedical Laboratories*，*BMBL*）为例，*BMBL* 不是指令性法规，并不具有法律约束效力，而是作为实验室最佳规范化操作指南的指导性和建议性文件。针对该情况，美国联邦政府于 2002 年颁布《公共卫生安全与生物恐怖主义准备和应对法》，该法案以法律约束力强制性要求美国高等级实验室内从事管制生物剂和烈性高危病原微生物研究的工作人员遵守 *BMBL* 等生物安全指南，对于违反者将追究其法律责任。

BMBL 为生物安全和生物安保涉及的所有领域提供了规范化的标准及指南，包括隔离防护、消毒灭菌、病原体运输、生物安全等级水平建议、危险性生物因子的实验操作等内容。该手册被美国官方政府机构作为评估、检验与审核本国生物安全实验室的标准性材料，并被受美国联邦基金资助的研究机构所辖实验室强制性地应用，表示如果相关实验室不遵守该手册的有关规定，可能会被取消获得基金资助的资格。美国国内的联邦政府机构实验室以及其他获得联邦资助的实验室机构也都以该手册为蓝本并结合各自实验室研究范围的实际建立了各自的标准；同时该手册也成为世界上其他国家多数高等级生物安全实验室运行与管理的指导规范和参照标准。

BMBL 目前已被国际同行公认为实验室生物安全的"金标准"，多数国家将其与 WHO《实验室生物安全手册》一起作为本国生物安全实验室安全规范和操作指南的标准性参考文件，在世界范围内得到广泛的推广和使用，各国政府部门同时结合本国生物安全实验室实际情况制定自己国家的《实验室生物安全手册》。

生物安全实验室建设领域比较有影响力的相关国际标准、手册或指南，包括 WHO《实验室生物安全手册》（*Laboratory Biosafety Manual*，*LBM*）、美国《微生物和生物医学实验室生物安全》（*BMBL*）、加拿大《实验室生物安全指南》（*Laboratory Biosafety Guidelines*，*LBG*）。

2.3.3.1　国外标准发展历程总体概况

图 2-4 给出了 LBM、BMBL、LBG 三个标准的发展历程，图中 1980s 是指 20 世纪 80 年代（即 1980～1989 年这 10 年），以此类推。20 世纪 80 年代发展至今，澳大利亚、加拿大、法国、德国、意大利、美国、英国、瑞士等西方发达国家以及亚洲的日本、印度、中国等都相继建立了生物安全实验室，并以 WHO《实验室生物安全手册》（*Laboratory Biosafety Manual*，*LBM*）及 CDC 联合国立卫生研究院（NIH）出台的《微生物和生物医学实验室生物安全》为理论指导，使病原微生物实验室建设标准和生物安全管理体系不断发展与完善。

从图 2-4 可以看出，生物安全实验室建设相关国际标准的发展主要经历了 4 个阶段，分别如下。

1）20 世纪 80 年代，以 WHO《实验室生物安全手册》第一版、美国《微生物和生物医学实验室生物安全》第一版的发布为代表，主要内容是提出了"病原微生物和生物安全实验室活动分为四级水平""风险评估"等理念。

2）20 世纪 90 年代，以 WHO《实验室生物安全手册》第二版、美国《微生物和生物医学实验室生物安全》第二至四版、加拿大《实验室生物安全指南》第一至二版的发布为代表，主要思想是提出了"各级生物安全实验室设施设备的建设和配置要求，形成了四个安全防护级别的生物实验室"。

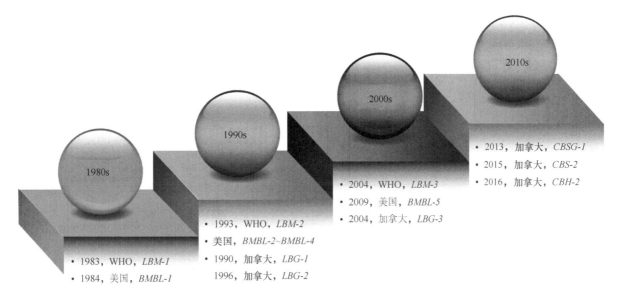

图 2-4　生物安全实验室建设相关国际标准发展情况

3）21 世纪初，以 WHO《实验室生物安全手册》第三版、美国《微生物和生物医学实验室生物安全》第五版、加拿大《实验室生物安全指南》第三版的发布为代表，其中 WHO 的 LBM-3、美国的 BMBL-5 均为现行版本。针对新千年所面临的生物安全和生物安全保障问题，新修订的各版本强调了工作人员个人责任心的重要作用，新增了"重组 DNA 技术的安全利用及感染性物质运输""生物安保"等方面内容。

4）21 世纪 10 年代，以《加拿大生物安全标准和指南》第一版的发布，以及后续标准和指南拆分成的两个独立部分——《加拿大生物安全标准》第二版、《加拿大生物安全手册》第二版的发布为代表，生物安全在加拿大从"指南→标准和指南→标准、指南"，从没有国家标准到有了独立国家标准，可以清晰地看出加拿大对生物安全的重视。

加拿大国家标准的演变历程也反映了各国生物安全实验室标准发展的一个趋势，即从"只有指南没有统一国家标准"的状态，进入"既有统一国家标准，又有指南的状态"，且国家标准、指南两者既相互独立，又彼此关联，标准要求言简意赅，指南是对标准的补充说明。

2.3.3.2　WHO《实验室生物安全手册》

（1）发展历程

20 世纪 50～60 年代，实验室生物安全问题开始引起欧美国家的普遍关注，世界卫生组织也早就认识到生物安全是具有全球性的重要议题，为了指导实验室生物安全，尽可能减少或避免生物实验室感染性事故的发生，WHO 于 1983 年发布了《实验室生物安全手册》（Laboratory Biosafety Manual）第一版，作为历史上首本具有国际适用性的实验室生物安全手册，它的出版标志着在全球范围内有了统一的标准和基本指导原则。

该手册是供微生物实验室使用的，因此其重点在于微生物安全方面，也论述了一些化学、物理及放射安全性措施。该手册分别讨论了下述三个主要方面的问题。

1）实验室操作、设计及设备基本标准的准则。

2）实验室安全操作方法。

3）基本生物安全设备的选择与使用。

WHO《实验室生物安全手册》的发展历程如图 2-5 所示，各版本主要内容或修订内容简介如表 2-3 所示。

图 2-5　WHO《实验室生物安全手册》发展历程

表 2-3　WHO《实验室生物安全手册》的发展历程简表

版本	发布时间	主要制订或修订内容
第一版	1983 年	➢ 将传染性微生物根据其致病能力和传染的危险程度等划分为四类 ➢ 将生物实验室根据其设备和技术条件等划分为四级（BSL-1～BSL-4） ➢ 相应的操作程序也划分为四级（BSL-1～BSL-4） ➢ 对四类微生物可操作的相应级别的实验室及程序进行了规定 ➢ 在该手册中，WHO 鼓励各国针对自己国内的微生物实验室制定相应的生物安全条例，并愿为此提供指导
第二版	1993 年、 2003 年修订	—
第三版	2004 年	➢ 在下列几方面增加了新的内容：危险度评估、重组 DNA 技术的安全利用以及感染性物质运输 ➢ 介绍了生物安全保障的概念——保护微生物资源免受盗窃、遗失或转移，以免微生物资源的不适当使用而危及公共卫生 ➢ 包括了 1997 年世界卫生组织发布的《卫生保健实验室安全》中有关安全的内容

注：表中第二版因未找到原文，暂未给出

从图 2-5 及表 2-3 可以看出以下几方面内容。

1）该手册第一版鼓励各国接受和执行生物安全的基本概念，并鼓励针对本国实验室如何安全处理致病微生物制订操作规范。1983 年以来，已经有许多国家利用该手册所提供的专家指导，制订了生物安全操作规范。

2）10 年后，世界卫生组织又于 1993 年正式发布了该手册的第二版，并于 2003 年 4 月在 WHO 的官方网站上推出了该手册第二版修订本的英文版。

3）WHO 2004 年正式发布《实验室生物安全手册》第三版（以下简称本手册）。在第三版中，WHO 阐述了新千年所面临的生物安全和生物安全保障问题，强调了工作人员个人责任心的重要作用，并增加了新的内容：风险评估、重组 DNA 技术的安全利用以及感染性物质运输。由于蓄意滥用和排放微生物因子和毒素，公共卫生正受到新的威胁。第三版也介绍了生物安全保障的概念——保护微生物资源免受盗窃、遗失或转移，以免因微生物资源的不适当使用而危及公共卫生。第三版中还包括了 1997 年 WHO 发布的《卫生保健实验室安全》（*Safety in Health-Care Laboratories*）中有关安全的内容。

（2）现行版内容简介

WHO《实验室生物安全手册》第三版为现行版，对各个国家都是有益的参考和指南，可以帮助制订并建立微生物学操作规范，确保微生物资源的安全，进而确保其可用于临床、研究和流行病学等各项工作。

本手册主要针对微生物实验室的生物安全，尤其是针对人有致病性或有潜在致病性的微生物，包括对病原体微生物分级标准、风险评估、实验室物理防护等级、实验室标准化操作规范、个人安全防护、生物安全实验室关键设备的正确使用等做出了明确的规定；此外，本手册还特别强调实验室工作人员生物安全责任感的重要性，对加强感染性意外事故的预防控制、生物安全的组织与培训工作等进行了全面阐述和提出了具体要求。

本手册在第一部分"生物安全指南"中，第 3、4、5、6 章分别介绍了生物安全一至四级实验室的设施和设备要求，在第 1 章"总则"中，列出了对各级实验室设施的基本要求，如表 2-4 所示。

表 2-4 不同生物安全水平对设施的要求

	生物安全水平			
	一级	二级	三级	四级
实验室隔离 [a]	不需要	不需要	需要	需要
房间能够密闭消毒	不需要	不需要	需要	需要
通风				
——向内的气流	不需要	最好有	需要	需要
——通过建筑系统的通风设备	不需要	最好有	需要	需要
——HEPA 过滤排风	不需要	不需要	需要/不需要 [b]	需要
双门入口	不需要	不需要	需要	需要
气锁	不需要	不需要	不需要	需要
带淋浴设施的气锁	不需要	不需要	不需要	需要
通过间	不需要	不需要	需要	—
带淋浴设施的通过间	不需要	不需要	需要/不需要 [c]	不需要
污水处理	不需要	不需要	需要/不需要 [c]	需要
高压灭菌器				
——现场	不需要	最好有	需要	需要
——实验室内	不需要	不需要	最好有	需要
——双扉	不需要	不需要	最好有	需要
生物安全柜	不需要	最好有	需要	需要
人员安全监控条件 [d]	不需要	不需要	最好有	需要

注：[a] 在环境与功能上与普通流动环境隔离；[b] 取决于排风位置（见第 4 章）；[c] 取决于实验室中所使用的微生物因子；[d] 如观察窗、闭路电视、双向通信设备

对表 2-4 进行分析，以四级生物安全水平对设施方面的要求为例，其要求主要有：实验室需要隔离、房间能够密闭消毒、维持向内的气流、可控的通风系统、HEPA 过滤排风、双门入口、气锁、带淋浴设施的气锁、污水处理、双扉高压灭菌器、生物安全柜、人员安全监控条件。

与 WHO 其他各类手册、指南一样，本手册使用范围包括全球经济不同发展程度的国家，因此，WHO 手册提出的是最基础、最简单的要求。本手册中有关病原微生物实验活动相关的生物安全法规和指南的制定，是建立在大量的实验室相关感染报告的基础上，是吸取了各国的经验特别是实验室感染惨痛的教训后提出来的，具有较强的普适性和通用价值，在世界范围内，对各国实验室生物安全的规范化管理和操作规程的制度化起到了协调统一的示范作用。

2.3.3.3 美国 *BMBL*

（1）发展历程

美国 *BMBL* 的发展历程简表如表 2-5 所示。

表 2-5 美国 *BMBL* 的发展历程简表

版本	发布时间	主要制订或修订内容
第一版	1984 年	➢ 提出病原微生物和生物安全实验室活动分为四级水平 ➢ 提出生物安全的原则是防护和风险评估 ➢ 防护的基本原理包括选择合适的微生物操作、防护设备和防护设施以保护实验室工作人员、周围环境和公众，避免其暴露在实验室处理和储存的病原微生物环境中 ➢ 风险评估是指能够适当选择微生物操作、防护设备和防护设施以防止实验室相关感染（laboratory-associated infection，LAI）的过程
第二版	—	—
第三版	1993 年	➢ 描述了各级生物安全实验室的建筑设计、关键防护设施、物理隔离设备 ➢ 给出了一系列标准化操作规程和准则指南 ➢ 形成四个安全防护级别的生物实验室
第四版	1999 年	➢ 新出现和再次出现的传染病引起了全球广泛关注，为此扩大了风险评估部分，以向实验室人员提供更多的信息，使决策更加容易 ➢ 微生物和生物医学实验室的设计与建设出现了相当大的增长，尤其是生物安全三级和四级实验室。为此，对"设施"章节内容进行了澄清和补充，特别是第三、四章内容 ➢ 在英国，随着对牛海绵状脑病（BSE）的鉴定，人们对朊病毒疾病的兴趣显著增加。为此增加了一个附录，以解决与这些药剂合作有关的各种生物安全问题 ➢ 发生了几例已知和未知病原导致的实验室有关感染的事件，为此增加和更新了病原微生物名录 ➢ 人们越来越关注传染性微生物的国内和国际转移。现在，每个微生物名录都包含"将病原微生物从一个实验室转移到另一个实验室之前，需要获得相关许可的信息" ➢ 近年来，人们对生物恐怖主义的日益关注引起了人们对生物安全问题的广泛关注。为此，增加了一个附录，以满足微生物实验室持续增加的安全需求
第五版	2009 年	➢ 增加了关于生物安全和风险评估的原则与做法的章节内容 ➢ 更新了第四版的病原微生物名录（如：一个关于虫媒病毒和相关人兽共患病毒的新病原微生物名录；对流感病毒名录进行了实质性修订，该目录涉及非当代人类流感病毒株，对 1918 年流感病毒株的反向遗传学研究给出了建议的保障措施） ➢ 对第四版的风险评估进行了修订，更加强调了风险评估在操作方法和防护水平选择方面的重要性 ➢ 新增了生物安保章节，涉及病原微生物因子和毒素的安全性，以及故意滥用或释放对人类和动物健康、环境与经济造成的威胁

注：表中第二版因未找到原文，暂未给出

1993 年 CDC 又联合 NIH 发布了《微生物和生物医学实验室生物安全》第三版，该版本着重描述了各级生物安全实验室的建筑设计、关键防护设施、物理隔离设备以及一系列标准化操作规程和准则指南，形成四个安全防护级别的生物实验室，并根据病原微生物对人和动物的危害度大小将其同样分为四级，应用于实验室的实际操作之中。

美国生物安全协会（American Biological Safety Association，ABSA）、CDC 和 NIH 的生物安全专家根据近些年全球范围内出现的新发突发传染性疾病、蓄意生物恐怖事件、高等级生物安全实验室（BSL-3 和 BSL-4 实验室）的建筑设计、危险性病原体的国际运输和实验室储存等问题，在手册第三版内容的基础上进行更新和完善，并推出第四版《微生物和生物医学实验室生物安全》，2009 年又在第四版的基础上进行修订与完善，发布了《微生物和生物医学实验室生物安全》第五版。

（2）现行版内容简介

BMBL-5 内容涵盖了职业医学与免疫、消毒与灭菌、实验室生物安保与风险评估、农业生物安全三级实验室（大动物）、部分农业病原微生物因子清单、生物毒素。发生于 2001 年 10 月的炭疽杆菌袭击事件，改变了微生物和临床实验室管理与工作方式，有更多信息被纳入 *BMBL*-5 版本中。该版本共 8 章，12 个附录。

正文的 8 章分别为：①引言；②生物风险评估；③生物安全原理；④实验室生物安全等级；⑤脊椎动物活体研究设施的生物安全等级；⑥实验室生物安保原理；⑦职业健康与免疫预防；⑧病原微生物名录。

附录分别为：A. 生物危害的一级防护屏障：生物安全柜的选择、安装和使用；B.消毒和灭菌；C. 感染性物质的运输；D. 农业病原微生物生物安全；E. 节肢动物防护指南；F. 病原微生物和毒素的选择；G. 综合虫害管理；H. 人类、非人灵长类和其他哺乳动物细胞与组织研究；I. 生物源性毒素工作指南；J. NIH 对涉及重组生物安全项目研究的监督；K. 资源；L. 首字母缩略词。

BMBL-5 版本的第 4 章（针对生物安全实验室，即 BSL 实验室）和第 5 章（针对动物生物安全实验室，即 ABSL 实验室）系统地介绍了生物安全一至四级实验室的设备与设施要求。

以第 4 章为例，*BMBL-5* 版本分别对生物安全一至四级实验室（即 BSL-1、BSL-2、BSL-3、BSL-4），在标准微生物操作、特殊操作、防护设备（一级屏障和个人防护装置）、实验室设施（二级屏障）四个方面提出了明确要求。

以生物安全四级实验室的防护设施（二级屏障）为例，*BMBL-5* 版本对于安全柜型 BSL-4、安全柜型 ABSL-4、正压服型 BSL-4、正压服型 ABSL-4 分别规定了 15 条要求，与 WHO 手册第三版相比，*BMBL-5* 版本规定得更详细和具体。*BMBL-5* 版本目前正在修订，不久会有新版本推出。

2.3.3.4 加拿大 CBS

（1）发展历程

1977 年 2 月，加拿大医学研究委员会（MRC）发布了有关处理重组 DNA 分子、动物病毒和细胞的指南。在生物危害委员会的建议下，MRC 在 1979 年和 1980 年发布的两版《重组 DNA 分子、动物病毒和细胞的指南》的基础上，于 1990 年发布了第 1 版《实验室生物安全指南》（*Laboratory Biosafety Guidelines*），并成立了实验室疾病控制中心联合工作组，工作组为那些从事研究或开发目的而进行人类病原体研究的单位提供相应等级的实验室设计、建设和在其中工作的人员培训的技术资料，这种技术资料的重点是有关细菌、病毒、寄生虫、真菌和其他对人类有致病作用的感染性病原体的实验室生物安全防护措施。

《实验室生物安全指南》于 1996 年发布第 2 版，于 2004 年发布第 3 版。第 3 版的主要内容包括：生物安全（包括危险等级、防护等级、危险评价、生物安全官员和生物安全委员会）、感染材料的处理、实验室设计和物理防护要求、微生物大规模生产的操作标准和物理防护要求、实验室动物的生物安全、从事特殊危害工作的生物安全、感染性病原体进出口的生物安全等。

加拿大于 2013 年对 3 个关于人类及动物病原体或毒素的处理或保存、设施设计、建设和使用的生物安全标准与指南进行了整合，发布了《加拿大生物安全标准和指南》（*Canadian Biosafety Standards and Guidelines，CBSG*），于 2015 年颁布了《加拿大生物安全标准》（第 2 版）[*Canadian Biosafety standards*（second Edition），*CBS-2*]，2016 年颁布了《加拿大生物安全手册》（第 2 版）[*Canadian Biosafety Handbook*（second edition），*CBH-2*]。

CBSG 是一部由加拿大制定的关于处理和保存人类及陆生动物病原体与毒素的统一国家标准，由加拿大公共卫生署（Public Health Agency of Canada，PHAC）及加拿大食品检验局（Canadian Food Inspection Agency，CFIA）联合倡议发布，目的是更新及整合加拿大原有病原体或毒素的处理、保存、设施设计、建设和使用 3 个生物安全标准与指南。

1）人类病原体和毒素：《实验室生物安全指南》第 3 版，2004（PHAC）。

2）陆生动物病原体：《兽医设施防护标准》第 1 版，1996（CFIA）。

3）朊病毒：《朊病毒实验室、动物设施和解剖间的防护标准》第 1 版，2005（CFIA）。

CBSG（第 1 版）致力于最大限度地合并及简化生物安全与生物安保的风险、证据和要求，并将处理和保存人类及陆生动物病原体与毒素的要求合并为一个国家级参考文件。*CBSG* 分为两部分，人类及陆生动物病原体与毒素的处理及保存要求（第一部分——标准），以及人类及陆生动物病原体与毒素的处理或保存指导（第二部分——指南）。第一部分规定了物理防护要求（如结构和设计元素）及实践操作要求（如人员操作须知）。第二部分为生物安全和安保的物理防护及操作要求提供指导，介绍了基于风险的生物安全管理计划的建立和维护所需知识。过渡索引衔接第一部分和第二部分，详细描述了第一部分中物理防护和操作实践的要求，并与第二部分的相关章节相互呼应。过渡索引的内容不是要求的延伸，仅供参考。

根据《人类病原体进口条例》（*Human Pathogens Importation Regulations*，*HPIR*）、《动物卫生法》（*Health of Animals Act*，*HAA*）和《动物卫生条例》（*Health of Animals Regulations*，*HAR*），PHAC 和 CFIA 规定了人类及动物病原体与毒素进口的管理要求。CFIA 动物卫生理事会也具有通报和公布有关陆生动物疾病的职责及权力。除进口病原体和毒素外，*CBSG* 还适用于在 PHAC 监督管理下，符合《人类病原体和毒素法》（*Human Pathogens and Toxins Act*，*HPTA*）合理预防条款的，从国内获得人类病原体及毒素的所有设施。2009 年，*HPTA* 只有一些特定部分生效。*CBSG* 从规章制度建立方面，为 HPTA 在 2015 年的全面实施奠定了基础，*HPTA* 全面实施时 HPIR 已被废止。*CBSG* 的第 2 版于 *HPTA* 全面实施后公布，用以阐述 *HPTA* 的变化。

CBSG（第 1 版）作为一个独立的国家级参考文件于 2013 年发布，但 *CBSG*（第 2 版）拆分为了两个独立的文件：《加拿大生物安全标准》第 2 版（*CBS-2*）、《加拿大生物安全手册》第 2 版（*CBH-2*），分别于 2015 年、2016 年颁布。

加拿大生物安全实验室相关标准的发展历程汇总如表 2-6 所示。

表 2-6　加拿大生物安全实验室相关标准的发展历程简表

版本		发布时间	主要制订或修订内容
《实验室生物安全指南》（*LBG*）	第 1 版	1990 年	➤ 有关细菌、病毒、寄生虫、真菌和其他对人类有致病作用的感染性病原体的实验室生物安全防护措施 ➤ 实验室设计、建设和人员培训要求
	第 2 版	1996 年	—
	第 3 版	2004 年	➤ 生物安全（包括危险等级、防护等级、危险评价、生物安全官员和生物安全委员会） ➤ 感染材料的处理 ➤ 实验室设计和物理防护要求 ➤ 微生物大规模生产的操作标准和物理防护要求 ➤ 实验室动物的生物安全 ➤ 从事特殊危害工作的生物安全指南的选择 ➤ 感染性病原体进出口的生物安全
《加拿大生物安全标准和指南》（*CBSG*）	第 1 版	2013 年	➤ 更新及整合加拿大原有病原体或毒素的处理或保存、设施设计、建设和使用 3 个生物安全标准与指南 ➤ CBSG 分为两部分，人类及陆生动物病原体与毒素的处理及保存要求（第一部分——标准），以及人类及陆生动物病原体与毒素的处理或保存指导（第二部分——指南） ➤ 第一部分规定了物理防护要求（如结构和设计元素）及实践操作要求（如人员操作须知） ➤ 第二部分为生物安全和安保的物理防护及操作要求提供指导，介绍了基于风险的生物安全管理计划的建立和维护所需知识 ➤ 过渡索引衔接第一部分和第二部分，详细描述了第一部分中物理防护和操作实践的要求，并与第二部分的相关章节相互呼应。过渡索引的内容不是要求的延伸，仅供参考
《加拿大生物安全标准》（*CBS*）、《加拿大生物安全手册》（*CBH*）	*CBS* 第 2 版	2015 年	➤ 规定了人类或陆生动物病原体或毒素处理（或保存）的物理防护、实践操作、性能和验证测试要求 ➤ 更新了许多要求，以更能体现以风险为基础、以询证为基础和以性能为基础，并融入了生物污染领域新信息工程要素 ➤ 包括全面实施的 HPTA 和 HPIR 一些新的要求及信息
	CBH 第 2 版	2016 年	➤ CBS 的配套文件，更新了 CBSG 第二部分指南内容 ➤ 为如何实现 CBS 中规定的生物安全和生物安保要求，提供了关键资料及指导 ➤ 系统地阐述了开发和维护基于风险的综合生物安全管理计划所需的概念

注：表中 *LBG* 第 2 版（1996 年）因未找到原文，暂未给出

（2）现行版内容简介

加拿大是国际上较早规范管理实验室生物安全的国家之一，在"同一个世界，同一个健康"的理念下，加拿大将人类病原与动物病原的实验室生物安全管理进行重新规划，不仅在管理机构上大刀阔斧，而且也在具体的实验室建设和运行，以及科学研究等领域进行了优化，把动物疾病病原与人类疾病病原的管理纳入一个框架下进行，充分体现了"同一个健康"的理念，在世界上开了先河，值得借鉴学习。加拿大的生物安全标准是先进国家标准中最新的，也是要求最严格的标准。

加拿大政府 2015 年颁布了《加拿大生物安全标准》第 2 版（以下简称 CBS），2016 年颁布了《加拿大生物安全手册》第 2 版（以下简称 CBH）。这 2 个文件替代了 2013 年加拿大发布的 CBSG（第 1 版）。CBS 将被 PHAC 和 CFIA 用来核查监管设施是否符合适用的立法，用于支持许可证申请和更新、动物病原体进出口许可证的申请，以及适用时防护设施的认证（和再认证）。

CBS 共包括 5 章、1 个附录及一些辅助内容，分别为：序言；缩写词和首字母缩略词；词汇表；引用标准；第 1 章 引言；第 2 章 如何使用加拿大生物安全标准；第 3 章 物理防护要求；第 4 章 操作实践要求；第 5 章 性能和验证测试要求；参考文献；附录（主要为第 3～5 章标准条文的注释说明）。

在 CBS 中，第 3 章以列表的形式，对生物安全二级、三级、四级实验室（CL2、CL3、CL4）和生物安全二级、三级农业实验室（CL2-Ag、CL3-Ag）的物理防护有详细要求，其中专门针对 CL4 级实验室的要求约有 100 条。

CBH 是加拿大处理、保存人类和陆生动物病原体及毒种的国家指导性文件，是 CBS 的配套文件，在手册中详细规定了实验室的物理防护、运行操作、性能验证方面的要求，提供了如何实现 CBS 规定的生物安全和生物安保要求的核心信息与指导。CBH 共包括 25 章、2 个附录及一些辅助内容，分别为：序言，缩写词和首字母缩略词，第 1 章 引言，第 2 章 生物材料，第 3 章 防护等级和防护区，第 4 章 风险因素、风险等级及风险评估，第 5 章 生物安全计划管理，第 6 章 生物安保，第 7 章 医疗监督计划，第 8 章 培训计划，第 9 章 个人防护设备，第 10 章 空气处理，第 11 章 生物安全柜，第 12 章 生物操作用设备安全注意事项，第 13 章 动物操作注意事项，第 14 章 大规模工作，第 15 章 消毒，第 16 章 废物处理，第 17 章 应急响应方案，第 18 章 事故报告和调查，第 19 章 病原体和毒素问责制和存储控制，第 20 章 感染性物质或毒素的移动和运输，第 21 章 对风险等级为 1 的生物材料的操作，第 22 章 新建防护区设计注意事项，第 23 章 加拿大对人和动物病原体及毒素的监管，第 24 章 词汇表，第 25 章 资源，附录 A 一项研究中涉及的病原体和毒素的行政监督计划，附录 B 正确的洗手方法，索引。

2.3.4 国内标准

2.3.4.1 发展历程

总体来说，我国的生物安全立法起步较晚，且大部分属于部门规章，级别较低，另外，还存在大量的立法空白。1993 年《基因工程安全管理办法》是我国第一部有关生物技术安全的立法，但该办法的出发点是技术管理，而且主要规范封闭状态下的转基因生物利用，几乎不涉及有关转基因生物及其产品的市场化行为，并且很多规定过于原则，缺乏可操作性。生物安全立法并非指一部以"生物安全法"命名的专门法律。现阶段我国可以针对应对生物威胁、降低生物技术两用性风险及提高生物防御能力等立法建设薄弱领域进行专项立法或发布规章、标准。

《中国生物安全相关法律法规标准选编》对我国当前生物安全相关的法律法规、标准、预案等进行了梳理，按照病原微生物、高等级生物安全实验室、传染病防控、院感控制、医疗废物、突发公共卫生事件、食品安全、农业转基因、生物制品、交通检疫、动物生物安全、植物生物安全、进出境检疫、林业生物安全、外来物种入侵、遗传资源保护、两用事项和技术管控、生物技术监管等内容进行了分类，每一类别中，按照法律、行政法规、部门规章、国家标准、应急预案及其首次施行时间顺序进行编排，这里不再赘述。本书仅对与生物安全实验室建设相关的标准规范的发展历程进行介绍。

WS 233—2002《微生物和生物医学实验室生物安全通用准则》是我国最早一部关于病原微生物实验室生物安全的行业标准，由中国疾病预防控制中心组织起草，根据我国当时建设生物安全防护实验室的迫切需要，结合国内当时最新研究成果和吸取国外先进经验编制而成。该标准规定了微生物和生物医学实验室生物安全防护的基本原则、实验室的分级、各级实验室的基本要求，适用于疾病预防控制机构、医疗保健、科研机构。该标准的目的在于实现统一全国生物安全防护实验室的通用生物安全标准要求，同时适应我国生物安全事业及科技进步的要求。目前该标准的现行版本为 WS 233—2017《病原微生物实验室生物安全通用准则》。

2003 年国内 SARS 疫情的大规模暴发，引起了人们对生物安全的高度关注，当时国内尚无有关生物安全实验室的国家标准。为此，2004 年中国合格评定国家认可委员会（CNAS）会同有关单位，编制了我国第一部生物安全实验室国家标准——GB 19489—2004《实验室 生物安全通用要求》，该标准规定了实验室从事研究活动的各项基本要求，包括风险评估及风险控制、实验室生物安全防护水平等级、实验室设计原则及基本要求、实验室设施和设备要求、管理要求，目前该标准的现行版本为GB 19489—2008。

为配套该国家标准的顺利实施，更好地指导国内生物安全实验室的建设，2004 年中国建筑科学研究院会同有关单位，编制了我国第一部生物安全实验室建设方面的国家标准——GB 50346—2004《生物安全实验室建筑技术规范》，该标准规定了生物安全实验室的设计、建设及检测验收等相关内容，主要内容涉及建筑各个专业，如规划选址、建筑、结构、通风空调、给水排水、气体、电气自控、消防等，目前该规范最新版本是 2011 年版。国务院于 2004 年 11 月颁布了第 424 号令《病原微生物实验室生物安全管理条例》，规定了我国生物安全实验室的分类管理、设立与管理、感染控制、监督管理、法律责任等一系列管理要求。其中明确规定：新建、改建、扩建三级、四级实验室或者生产、进口移动式三级、四级实验室应符合国家生物安全实验室建筑技术规范。GB 50346—2004 在我国生物安全实验室的建设方面发挥了重要的指导作用。

移动式实验室的使用目的不同于固定式实验室，为适应我国移动式生物安全实验室建造和管理的需要，促进发展，中国合格评定国家认可委员会（CNAS）会同有关单位，编制了我国第一部移动式生物安全实验室国家标准——GB 27421—2015《移动式实验室 生物安全要求》。根据调研，移动式生物安全四级实验室和开放或半开放饲养动物的生物安全三级实验室极为罕见，特殊性强，不适以国家标准的形式对其规范，因而，该标准的内容不包括对上述实验室的要求。

兽医实验室是指一切从事动物病原微生物和寄生虫教学、研究与使用，以及兽医临床诊疗和疫病检疫监测的实验室，NY/T 1948—2010《兽医实验室生物安全要求通则》规定了兽医实验室生物安全管理的相关要求。

图 2-6 给出了我国上述标准的发展历程，图中"十五"是指 2001～2005 年，"十一五"是指 2006～2010 年，以此类推。

从图 2-6 可以看出，我国生物安全实验室相关标准的颁布实施起步于"十五"期间，2003 年暴发的"非典"是全球众多国家和地区面临的一场疫病危机，其中中国内地是重灾区。该事件也加速了我国生物安全实验室标准研究的进程。"十一五"至"十三五"期间，我国又陆续修订了 GB 19489、GB 50346、WS 233，并制订了新的国家标准 GB 27421—2015《移动式实验室 生物安全要求》、行业标准 NY/T 1948—2010《兽医实验室生物安全要求通则》。

我国 GB 19489、GB 50346、WS 233 三个生物安全实验室标准的发展历程及主要制订或修订内容，汇总如表 2-7 所示。

表 2-7 我国生物安全实验室相关标准的发展历程简表

版本	发布时间	标准名称	主要制订或修订内容
第 1 版	2002 年	WS 233—2002《微生物和生物医学实验室生物安全通用准则》	➢ 规定了微生物和生物医学实验室生物安全防护的基本原则、实验室的分级、各级实验室的基本要求，适用于疾病预防控制机构、医疗保健机构、科研机构
	2004 年	GB 19489—2004《实验室 生物安全通用要求》	➢ 规定了实验室从事研究活动的各项基本要求，包括风险评估及风险控制、实验室生物安全防护水平等级、实验室设计原则及基本要求、实验室设施和设备要求、管理要求
	2004 年	GB 50346—2004《生物安全实验室建筑技术规范》	➢ 规定了生物安全实验室的设计、建设及检测验收等相关内容，主要内容涉及建筑各个专业，如规划选址、建筑、结构、通风空调、给水排水、气体、电气自控、消防等
第 2 版	2008 年	GB 19489—2008《实验室 生物安全通用要求》	➢ 对标准要素的划分进行了调整，明确区分了技术要素和管理要素（2004年版的第 6 章至第 20 章，本版的第 5 章至第 7 章） ➢ 删除了 2004 年版的部分术语和定义（2004 年版的 2.2、2.3、2.8 和 2.11 节） ➢ 修订了 2004 年版的部分术语和定义（2004 年版的 2.1、2.4、2.6、2.7、2.9、2.10、2.12、2.13、2.14 和 2.15 节） ➢ 增加了新的术语和定义（本版的 2.2、2.8、2.9、2.11、2.12、2.14、2.17、2.18 和 2.19 节） ➢ 删除了危害程度分级（2004 年版的第 3 章） ➢ 修订和增加了风险评估与风险控制的要求（2004 年版的第 4 章，本版的第 3 章） ➢ 修订了对实验室设计原则、设施和设备的部分要求（2004 年版的第 6 章、第 7 章和 9.3 节，本版的第 5 章和第 6 章） ➢ 增加了对实验室设施自控系统的要求（本版的 6.3.8 节） ➢ 增加了对从事无脊椎动物操作实验室设施的要求（本版的 6.5.5 节） ➢ 增加了对管理的要求（本版的 7.4、7.5、7.8、7.9、7.10、7.11、7.12 和 7.13 节） ➢ 删除了部分与 GB 19781—2005《医学实验室 安全要求》重复的内容（2004年版的第 3 章、第 12 章、第 13 章、第 14 章、第 15 章和第 17 章） ➢ 增加了附录 A、附录 B 和附录 C
	2011 年	GB 50346—2011《生物安全实验室建筑技术规范》	➢ 增加了生物安全实验室的分类：a 类指操作非经空气传播生物因子的实验室，b 类指操作经空气传播生物因子的实验室 ➢ 增加了 ABSL-2 中的 b2 类主实验室的技术指标 ➢ 三级生物安全实验室的选址和建筑间距修订为满足排风间距要求 ➢ 增加了三级和四级生物安全实验室防护区应能对排风高效空气过滤器进行原位消毒和检漏 ➢ 增加了四级生物安全实验室防护区应能对送风高效空气过滤器进行原位消毒和检漏 ➢ 增加了三级和四级生物安全实验室防护区设置存水弯和地漏的水封深度的要求 ➢ 将 ABSL-3 中的 b2 类实验室的供电提高到必须按一级负荷供电 ➢ 增加了三级和四级生物安全实验室吊顶材料的燃烧性能和耐火极限不应低于所在区域隔墙的要求 ➢ 增加了独立于其他建筑的三级和四级生物安全实验室的送排风系统可不设置防火阀 ➢ 增加了三级和四级生物安全实验室的围护结构的严密性检测 ➢ 增加了活毒废水处理设备、高压灭菌锅、动物尸体处理设备等带有高效过滤器的设备应进行高效过滤器的检漏 ➢ 增加了活毒废水处理设备、动物尸体处理设备等进行污染物消毒灭菌效果的验证
	2017 年	WS 233—2017《病原微生物实验室生物安全通用准则》	➢ 修改了实验室生物安全防护的基本原则、要求，对实验室的设施、设计、环境、仪器设备、人员管理、操作规范、消毒灭菌等进行细致规范 ➢ 修改了风险评估和风险控制 ➢ 增加了加强型 BSL-2 实验室（见 6.3.2 节） ➢ 修改了脊椎动物实验室的生物安全设计原则、基本要求等 ➢ 增加了无脊椎动物实验室生物安全的基本要求 ➢ 增加了消毒与灭菌

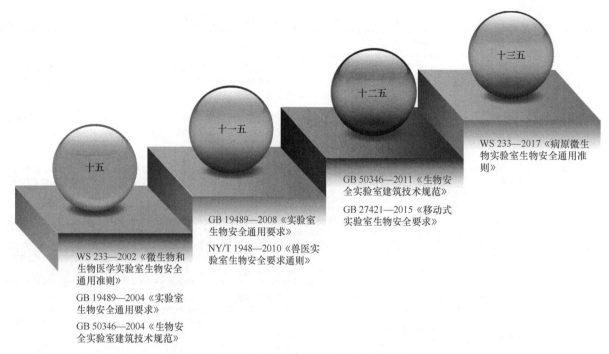

图 2-6 我国生物安全实验室建设相关标准发展历程

2.3.4.2 现行版内容简介

（1）GB 19489—2008《实验室 生物安全通用要求》

GB 19489—2008 由 8 个部分组成，包括：①范围；②术语和定义；③风险评估及风险控制；④实验室生物安全防护水平分级；⑤实验室设计原则及基本要求；⑥实验室设施和设备要求；⑦管理要求；⑧附录。其中③风险评估及风险控制、④实验室生物安全防护水平分级、⑤实验室设计原则及基本要求、⑥实验室设施和设备要求、⑦管理要求为正文部分，第 8 部分是三个资料性附录。其中实验室设施和设备要求，是对实验室生物安全直接相关的设施设备的基本要求。

本标准的特点是归纳总结了生物安全实验室的关键系统，如平面布局、围护结构、通风空调、污物处理、消毒灭菌、供水供气、电力、照明、通信、自控、报警、监视等，从系统集成的角度分别提出要求，脉络清晰，易于使用。

风险评估是实验室设计、建造和管理的依据，本标准按照风险评估的基本理论和原则，结合我国实验室的经验和科研成果，给出了实用性及针对性强的基本程序和要求，可指导实验室科学地进行风险评估。标准使用者应特别注意，实验室风险评估和风险控制活动的复杂程度取决于实验室所存在危险的特性，适用时，实验室不一定需要复杂的风险评估和风险控制活动。对实验室生物安全防护水平进行分级，是基于风险程度对实验室实施针对性要求的一种风险管理措施。由于实验室活动的复杂性，硬件配置是保证实验室生物安全的基本条件，是简化管理措施的有效途径。

管理要求部分是本标准的特色部分。实验室安全管理体系是管理体系的一部分，旨在实验室系统地管理涉及风险因素的所有相关活动，消除、减少或控制与实验室活动相关的风险，使实验室风险处于可接受状态。本标准的管理要求既有理论依据又有实践基础，将对实验室生物安全管理领域的研究与实践起到巨大的推动作用。

（2）GB 50346—2011《生物安全实验室建筑技术规范》

GB 50346—2011 共 10 章，分别为：①总则；②术语；③生物安全实验室的分级、分类和技术指标；④建筑、装修和结构；⑤空调、通风和净化；⑥给水排水与气体供应；⑦电气；⑧消防；⑨施工要求；

⑩检测和验收。规范有 4 个技术性附录，分别为：附录 A 生物安全实验室检测记录用表，附录 B 生物安全设备现场检测记录用表，附录 C 生物安全实验室工程验收评价项目，附录 D 高效过滤器现场效率法检漏。

本标准是 GB 19489—2008《实验室 生物安全通用要求》的配套建筑技术规范。GB 19489—2008 中的风险评估及风险控制要求，在本标准的建筑设施设备中予以了细化和明确，如标准第 5.3.5 条以强制性条文规定"三级和四级生物安全实验室防护区应设置备用排风机，备用排风机应能自动切换，切换过程中应能保持有序的压力梯度和定向流"，这就是为了规避或降低排风机故障风险所采取的冗余设计要求，类似设施设备要求在本标准中还有很多，在此不再赘述。

（3）GB 27421—2015《移动式实验室 生物安全要求》

本标准规定了对一级、二级和三级生物安全防护水平移动式实验室的设施、设备与安全管理的基本要求，不包括对移动式生物安全四级实验室和开放或半开放饲养动物的生物安全三级实验室的要求。针对与感染动物饲养相关的实验室活动，本标准规定了对移动式实验室内动物饲养设施和环境的基本要求。本标准适用于涉及生物因子操作的移动式实验室。

GB 27421—2015 共有 8 章和 5 个附录，8 章分别为：①范围；②规范性引用文件；③术语与定义；④移动式实验室风险评估及风险控制；⑤移动式实验室的基本技术形式和安全防护水平分级；⑥移动式实验室设计原则及基本要求；⑦移动式实验室设施和设备要求；⑧管理要求。5 个附录分别为：附录 A（资料性附录）本标准与 GB 19489—2008 的条款对照；附录 B（资料性附录）移动式生物安全三级实验室行动计划与现场工作方案；附录 C（资料性附录）移动式生物安全三级实验室安全性能现场检测指南；附录 D（资料性附录）移动式生物安全三级实验室备件指南；附录 E（资料性附录）移动式生物安全三级实验室现场应急处置预案编制大纲。

本标准的第 6 章以及 7.1 和 7.2 节是对移动式实验室生物安全防护设施与设备的基础要求，需要时，适用于更高防护水平的移动式实验室。需要时，7.3 节适用于相应防护水平的动物生物安全移动式实验室。

（4）WS 233—2017《病原微生物实验室生物安全通用准则》

本标准规定了病原微生物实验室生物安全防护的基本原则、分级和基本要求，适用于开展微生物相关的研究、教学、检测、诊断等活动的实验室。本标准上一版本号为 WS 233—2002《微生物和生物医学实验室生物安全通用准则》。

WS 233—2017 共有 7 章和 4 个附录，7 章分别为：①范围；②术语与定义；③病原微生物危害程度分类；④实验室生物安全防护水平分级与分类；⑤风险评估与风险控制；⑥实验室设施和设备要求；⑦实验室生物安全管理要求。附录分别为：附录 A（资料性附录）病原微生物实验活动风险评估表；附录 B（资料性附录）病原微生物实验活动审批表；附录 C（资料性附录）生物安全隔离设备的现场检查；附录 D（资料性附录）压力蒸汽灭菌器效果监测。

本标准给出了实验室生物安全防护的基本原则、要求，对实验室的设施、设计、环境、仪器设备、人员管理、操作规范、消毒灭菌等进行细致规范；给出了风险评估和风险控制要求；提出了加强型 BSL-2 实验室的定义和要求；给出了脊椎动物实验室的生物安全设计原则、基本要求等；给出了无脊椎动物实验室生物安全的基本要求。

（5）NY/T 1948—2010《兽医实验室生物安全要求通则》

本标准规定了兽医实验室生物安全管理的术语和定义、生物安全管理体系建立和运行的基本要求、应急处置预案编制原则、安全保卫、生物安全报告、持续改进的基本要求，本标准适用于我国境内一切兽医实验室。

NY/T 1948—2010 共有 9 章和 6 个附录，9 章分别为：①范围；②规范性引用文件；③术语与定义；④生物安全管理体系的建立；⑤生物安全管理体系运行的基本要求；⑥应急处置预案；⑦安全保卫；⑧生物安全报告；⑨持续改进。附录分别为：附录 A（资料性附录）兽医实验室标志规范；附录 B（资料性附录）兽医实验室生物安全操作技术规范；附录 C（资料性附录）动物实验生物安全操作技术规范；附录 D（资料性附录）兽医实验室档案管理规范；附录 E（资料性附录）兽医实验室应急处置预案编制规范；附录 F（资料性附录）兽医实验室生物安全报告规范。

2.4 中外标准对比分析

目前许多国家都建立了不同安全等级的生物安全实验室并投入运行，目的是为生物安全预防和控制提供保障平台。国内外与生物安全实验室相关的标准有很多，涉及病原体管理（储存、运输、使用等）、废弃物管理、生物风险管理、个人防护要求、实验室建设、生物安全设备等。本节通过对比国内外生物安全实验室建设相关标准，分析我国生物安全实验室标准的特点、侧重、内容及不足，以提出我国生物安全实验室标准体系发展的建议。

2.4.1 体系对比

我国在生物安全标准体系上与国外相比存在一定差异，总的来看，标准体系尚未完善，有些标准尚未制订。随着我国生物安全事业的稳步健康发展，这方面工作需要继续开展。

这里以中法标准体系对比为例进行说明，中国科学院魏凤等以中法高等级生物安全实验室应用的标准为对象，通过文献调研、计量法和聚类分析等方法，建立了有针对性的标准二级分类框架及分析方法（图 2-7），从基础标准、产品标准、方法标准的角度分析中法生物安全实验室建设和运行的标准分类，并在质量管理、环境管理、实验室能力评定、生物污染物处理、建筑工程、安全方法类、试验测试类等领域深度剖析两国标准的分布特点、现状、重点、与国际标准接轨情况等，提出完善我国生物安全实验室标准体系、加大与国际标准接轨、重视专业性技术开发、加大研发等建议（魏凤等，2013）。

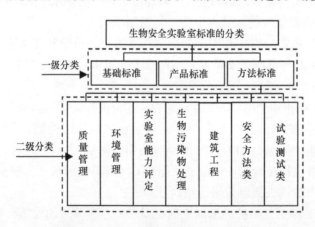

图 2-7 生物安全实验室标准分类框架

该文献的结论与建议引述如下，供参考。

1）我国需要建立更为完善、有针对性、专业的生物安全实验室标准规范体系。生物安全实验室管理运行涉及的范畴非常广泛，应针对我国需求，形成特色与体系化，以支撑国家生物安全防护和建设。

2）加大对生物安全实验室专业技术的研究应用及标准制定的力度。与发达国家相比，我国面临起步晚、发展时间短、经验少、研发能力有待提升等不足，在一些关键的生物安全防治技术上，需要国家统筹布局，支持重点研发，缩短与国外差距。

3）我国应加强在环境管理、实验室能力评定与认证、实验室安全等方面与国际标准的接轨。从分析来看，法国在这些领域的国际标准采用上有优势。

4）尽快研究和制定针对生物安全废物处理、工程建筑等技术标准。尽管我国在废物处理、建筑工程方面标准较多，但是针对生物安全实验室的标准较少，应加大对生物安全实验室建设的安全防护技术的研究，突破关键技术桎梏，及早形成标准。

5）本研究建立标准二级分类分析法，能深入地剖析不同的生物安全实验室标准应用的现状、特点与不足，对分析其他领域标准体系有较好的借鉴作用。

2.4.2 要求对比

国内外生物安全实验室相关标准有一定的相通甚至相同之处，均按照危险病原微生物的分类等级对实验室生物安全的防护要求做出明确规定，将各级实验室的相应操作对象，感染性物质材料的保藏、使用和转运程序，实验室建设与运行的认证认可，实验室内的关键设施设备及核心技术的标准体系，实验动物的使用和处理，实验室科学运行机制、个人安全防护要求以及实验室人员的管理培训等方面的要求纳入法制化和制度化规范体系。

国内外生物安全实验室标准在整体框架结构上有很多相同之处，但在实验室建设的某些具体要求上是存在一些不同的，因地制宜、各有不同。本节以高等级生物安全实验室建设过程中几项关键技术措施要求为例，抛砖引玉进行说明，包括防护区范围及气密性要求、机电系统冗余设计原则等。当然，国内外标准一些具体要求上还有很多差异，这里不再赘述。

2.4.2.1 机电系统冗余设计原则

冗余设计是指有多个系统（或设备、装置）支持一项单一机械功能。生物安全实验室机电系统合理的冗余设计是高等级生物安全实验室生物安全的重要保障，本节以生物安全四级实验室机电系统冗余设计为例进行说明。国内外标准有关机电系统冗余设计原则要求略有不同，简介如下。

（1）中国

GB 19489—2008《实验室 生物安全通用要求》和 GB 50346—2011《生物安全实验室建筑技术规范》对生物安全四级实验室的通风空调、电气自控、给排水等的冗余设计提出了明确要求，汇总如表 2-8 所示，可以看出国内标准对送/排风机、电力供应、气体供应均提出了冗余要求。

表 2-8 中国生物安全四级实验室机电系统冗余设计

标准	专业	条文号	条文要求
GB 19489—2008	通风空调	6.3.3.12	应有备用排风机……
	电气自控	6.3.6.2	生物安全柜、送风机和排风机、照明、自控系统、监视和报警系统等应配备不间断备用电源，电力供应应至少维持 30min
		6.4.10	生命支持供气系统应有自动启动的不间断备用电源供应，供电时间应不少于 60min
	气体供应	6.4.9	符合 4.4.4 要求的实验室应同时配备紧急支援气罐，紧急支援气罐的供气时间应不少于 60min/人
GB 50346—2011	通风空调	5.2.4	ABSL-3 实验室和生物安全四级实验室应设置备用送风机
		5.3.5	生物安全三级和四级实验室防护区应设置备用排风机，备用排风机应能自动切换，切换过程中应能保持有序的压力梯度和定向流
	电气自控	7.1.3	ABSL-3 中的 b2 类实验室和生物安全四级实验室必须按一级负荷供电，特别重要负荷应同时设置不间断电源和自备发电设备作为应急电源，不间断电源应能确保自备发电设备启动前的电力供应
	气体供应	6.4.4	正压服型生物安全实验室应同时配备紧急支援气罐，紧急支援气罐的供气时间不应少于 60min/人
		6.4.6	充气式气密门的压缩空气供应系统的压缩机应备用，并应保证供气压力和稳定性符合气密门供气要求

（2）加拿大

《加拿大生物安全标准》（第 2 版）[*Canadian Biosafety Standard*（*CBS*），second edition，以下简称加

拿大标准] 对生物安全四级实验室的电气自控、气体供应冗余设计提出了明确要求，汇总如表2-9所示。

表2-9　加拿大标准有关生物安全四级实验室机电系统冗余设计的要求

专业	条文号	条文要求
电气自控	3.6.18	维持防护和生物安保的关键设备应配备应急电源保障 [条文说明]：断电期间，确保感染性物质和毒素防护与安全的关键设备（如生物安全柜、通风笼具、电子控制访问系统），其持续运行对维持防护的完整性和生物安全至关重要。在高等级防护区，还包括暖通空调系统和控制，以及人员安全的必需装备（如生命支持系统）。应急电源可由发电机或UPS系统提供
	3.6.19	生命支持系统、楼宇自动化系统和安保系统由不间断电源（UPS）支持 [条文说明]：无法立即供应应急电源时，不间断电源（UPS）可保障生命支持系统（如正压防护服的供气装置）、建筑自动化系统和安保系统（如门禁系统、闭路电视）的持续运转
气体供应	3.6.16	穿着正压防护服的区域配置备用空气供给系统，为紧急疏散撤离提供充足的时间 [条文说明]：在空气供应系统失灵时，备用空气供给系统（如备用储气筒、空气储备罐）提供充足的空气，保障CL4防护区（穿正压防护服的区域）所有工作人员有紧急疏散撤离时间

注：表中要求适用对象为生物安全四级实验室（即CL4实验室）

（3）美国

《微生物和生物医学实验室生物安全》（*BMBL-5*）对于安全柜型（cabinet laboratory）、正压服型（suit laboratory）的 BSL-4、ABSL-4 实验室分别规定了建筑设施要求，有关机电系统冗余设计的要求汇总如表2-10 所示。

表2-10　美国有关生物安全四级实验室机电系统冗余设计的要求

专业	系统/设备	要求
通风空调	送/排风机	送风机宜备用，排风机应备用
		建议送、排风机均设置备用
	HEPA过滤单元	为实现不影响实验研究的情况下进行过滤器更换，强烈建议HEPA过滤单元备用。对于现代高等级生物安全防护设施的最严格要求，包括排风HEPA过滤器串联和并联布置，对于可能含有大量病原微生物气溶胶的高风险区域（如大动物实验室、污染走廊、解剖间等），送风HEPA过滤器并联布置
电气自控	应急电源	至少应为实验室排风系统、生命支持系统、报警、照明、出入控制、生物安全柜和气密门充气垫提供自激活应急电源
	不间断电源	送/排风、生命支持、报警、出入控制和安防系统的监控系统应采用不间断电源（UPS）
气体供应	生命支持系统	正压服型实验室必须有冗余压缩机、故障警报和应急备用

对比分析表2-8、表2-10 可以看出以下几方面内容。

1）*BMBL-5* 对应急电源、不间断电源的设置提出了要求，但不间断电源的供电时间要求没有量化。

2）*BMBL-5* 对生命支持系统的冗余设计提出了要求，但应急备用（如紧急支援气罐）没有细化。

3）*BMBL-5* 对 BSL-4/ABSL-4 实验室的排风机备用提出了明确要求，但对送风机备用只是推荐，没做强制要求；对 BSL-3-Ag 实验室的送、排风机备用均只做推荐，没做强制要求。而我国标准对 BSL-3-Ag、BSL-4/ABSL-4 实验室的送、排风机均明确提出了备用要求。从降低风险的角度讲，显然我国标准的要求更趋合理。

4）*BMBL-5* 对 HEPA 过滤单元过滤器设置提出了冗余设计要求，值得我国标准借鉴。

（4）澳大利亚/新西兰

澳大利亚/新西兰标准第 5.5、6.7 节分别给出了 BSL-4、ABSL-4 实验室建筑要求，有关机电系统冗余设计的要求汇总如表2-11 所示。

表 2-11　澳大利亚/新西兰有关生物安全四级实验室机电系统冗余设计的要求

专业	系统/设备	要求
通风空调	通风设备	通风设备应设置备用
电气自控	应急电源	应配备自激活应急电源、应急照明和应急通信。应急电源应足以供给通风系统、生物安全柜、出入控制和淋浴控制
	不间断电源	应提供不间断电源，以确保通风控制和淋浴控制系统的不间断运行
气体供应	生命支持系统	正压服型实验室应提供报警和紧急备用供气系统

（5）WHO

《实验室生物安全指南》第 3 版（以下简称 WHO 指南）共 10 章，第 4 章介绍了生物安全实验室设计和设施设备要求，有关机电系统冗余设计的要求汇总如表 2-12 所示。

表 2-12　WHO 有关生物安全四级实验室机电系统冗余设计的要求

专业	系统/设备	要求
电气自控	应急电源	为生命支持系统、照明、通风空调系统、生物安全柜、安保系统及其他关键设备配备应急备用电源
气体供应	生命支持系统	正压服型实验室提供备用气罐（气罐的供气时间应不少于 30min/人）

（6）中外对比分析

将国内外有关标准对生物安全四级实验室机电系统冗余设计的要求汇总，对比如表 2-13 所示，可以看出虽然国外相关标准对生物安全实验室机电系统冗余设计进行了规定，但由于缺乏具体的技术要求或细节，在实验室的建设过程中难免会走一些弯路。我国标准 GB 19489 和 GB 50346 对生物安全实验室机电系统冗余设计给出了一些具体的技术措施、性能参数要求，相对明确，可操作性强。

表 2-13　生物安全四级实验室机电系统冗余设计国内外标准要求对比

系统	中国	加拿大	美国	澳新	WHO
送风机	备用	未要求	宜备用	备用	未要求
排风机	备用	未要求	备用	备用	未要求
送风 HEPA 过滤器	未要求	未要求	备用	未要求	未要求
排风 HEPA 过滤器	未要求	未要求	备用	未要求	未要求
应急电源	设置	设置	设置	设置	设置
不间断电源（UPS）	设置	设置	设置	设置	设置
气体供应	备用	备用	备用	备用	备用

1）各国标准都对紧急供电（应急电源、不间断电源）提出了冗余设计要求，但对于不间断电源的供电时间要求，只有我国标准进行了明确的量化规定，相比而言，国内标准更具备可操作性和可验证性。

2）各国标准都对气体供应提出了冗余设计要求，除 WHO 给出了备用气罐的供气时间要求外，其他国外标准都未给出，我国标准对供气时间要求进行了明确规定，且要求供气时间比 WHO 高一倍。

3）加拿大标准对电气自控、气体供应系统的冗余设计进行了规定，其要求与国内标准类似，但没有国内标准规定具体和量化，相比而言，国内标准更具备可操作性和可验证性。

4）加拿大标准对通风空调系统的送/排风机冗余设计未做出明确要求，虽然 3.5.9 条规定"送风系统和排风系统自动连锁控制防护区内的持续负压"，但在条文解释说明及加拿大标准的配套指南中都未明确要求进行送/排风机的备用设计，这点不如国内标准规定的明确。

2.4.2.2　防护区范围及气密性要求

防护区是指实验室区域内生物风险相对较高，需对实验室的平面设计、围护结构的气密性、气流，以及人员进入、个体防护等进行控制的区域。防护屏障与防护区的识别至关重要，决定了人员和物品进、出口节点设置，气密门的设置，以及在哪里穿、脱个人防护装备，一般情况下应在设计阶段予以明确。

防护区所涉及的病原微生物通常能引起人或动物的严重疾病，并有极强的传染性，对感染一般没有有效的预防和治疗措施，防止该类实验室防护区内病原微生物向周围环境扩散是确保该类实验室生物安全的关键措施之一，而实验室防护区围护结构气密性是实验室与外界环境隔离的物理基础，是生物安全可靠性的重要保证。

国内外标准有关防护区范围及气密性要求略有不同，简要介绍如下。

（1）加拿大 CBS

《加拿大生物安全标准》（第2版）（CBS）（Public Health Agency of Canada，2015），该标准给出了防护区围护结构气密性要求和测试方法，验收评价依据为：对防护屏障（containment barrier）进行连续两次的–500Pa 压力衰减法测试，均满足 20min 内自然衰减的气压小于 250Pa 的要求。防护屏障（containment barrier）是指防护区内清洁区与污染区的边界，对 P4 实验室而言人员进出口处的边界为淋浴间，即内防护服更换间不属于防护屏障。

CBS 指出 P3、P4 实验室的防护区（containment zone）包括专用实验室区（dedicated laboratory area）、独立动物房（separate animal room）、动物小隔间（animal cubicle）以及专用辅助区域（dedicated support area），专用辅助区域包括缓冲间（anteroom），如淋浴间（shower）、内防护服更换间（clean change area）和外防护服更换间（dirty change area）。

《加拿大生物安全手册》（第2版）（CBS）（Public Health Agency of Canada，2015）给出了一个 P4 实验室防护区示例图，如图 2-8 所示。图中粗线范围内为防护区，通过缓冲间（如图中的内防护服更换间、外防护服更换间、动物/物品前室）等与外界连接。可以看出防护区内属于高风险污染区，人员离开防护区需要经过化学淋浴消毒灭菌，污物离开防护区需要经过双扉高压灭菌器消毒灭菌，此时防护区外生物安全风险相对较低。

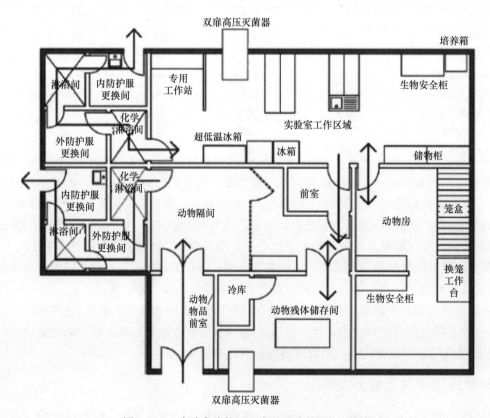

图 2-8　P4 实验室防护区（穿正压防护服）示例图

（2）美国 *BMBL*

美国目前尚无有关生物安全实验室设计、建设、调试、运行与维护方面统一的国家标准，各生物安全实验室的建设依据当地标准或法规，美国《微生物与生物医学实验室生物安全》（*Biosafety in Microbiological and Biomedical Laboratory*，*BMBL*）给出了生物安全实验室设计、建设与运行要求，但 *BMBL* 属于指南，对各实验室的约束力有限，据不完全统计，在美国注册登记的高等级生物安全实验室（BSL-3、BSL-4）数量从 2008 年的 1362 间上升至 2010 年的 1495 间。美国政府问责局（US GAO）调查了美国高等级生物安全实验室的建设和管理现状，发现美国疾控中心的 P4 实验室曾发生过电力中断而造成生物防护屏障失效事件，认为任何一个实验室都不存在零风险，随着实验室数量的增多，风险的积累可能会使国家的总体生物风险增加。因此，GAO 分别于 2009 年、2013 年两次提交报告给政府相关部门，强烈建议制订统一的高等级生物安全实验室国家标准（United States Government Accountability Office，2009，2013）。

BMBL 指出人员退出正压服型 P4 实验室需要依次经过化学淋浴（chemical shower）、内更换间 ［inner (dirty) change room］、淋浴间（personal shower）、外更换间 ［outer (clean) changing area］，对于安全柜型 P4 实验室，顺序同上，只是少了化学淋浴间。

BMBL 对 P4 实验室防护区围护结构有密封要求，对气密性指标及测试方法未予以说明，但在附录 D 农业病原微生物安全要求中明确指出了 BSL-3-Ag 实验室防护区围护结构的气密性要求，推荐测试方法为美国农业科学研究院建筑设施设计手册（*ARS Facilities Design Manual*，以下简称 ARS 手册）附录 9B 给出的压力衰减法（United States Government Accountability Office，2009）。*BMBL* 的附录 D 指出防护区（containment space）的设计与建设应按一级防护屏障（primary containment barrier）考虑，进入防护区的人员路线包括"洁"更换间、淋浴间、"污"更换间，可以看出防护的边界在淋浴间。人员离开实验室的操作步骤为：脱"污"实验服（remove "dirty" lab clothing）、淋浴（take a shower）、穿"洁"实验服（put on "clean" lab clothing）离开高污染风险区，当需要离开该实验室设施时，操作人员将在控制通道进行另一次淋浴，然后穿上自己的衣服离开。ARS 手册附录 9B-4 给出了防护区房间或围护结构气密性要求及测试方法，验收评价依据为连续两次（中间间隔 20min）–500Pa 的压力衰减法测试，均满足 20min 内自然衰减的气压小于 250Pa 的要求。

（3）澳大利亚/新西兰

澳大利亚/新西兰标准（以下简称澳新标准）第 5.5.2、6.7.3 节分别给出了 BSL-4、ABSL-4 实验室建筑要求，第 5.5.2.1、6.7.3.1 节的"c)"均指出淋浴间外侧门构成了实验室防护边界以用于消毒灭菌，第 5.5.2.1、6.7.3.1 节的"e)"指出双扉高压灭菌器外侧门应开在防护（设施）区外，应与防护（设施）区围护结构密封。

从上可以看出，澳新标准有关防护区的定义与加拿大标准基本一致，如图 2-8 所示。澳新标准在附录 H 中给出了防护区围护结构气密性要求，指出气密性要求与病原微生物泄漏风险、空间消毒气体泄漏风险等因素有关，在 H5 节给出了防护区围护结构气密性要求确定方法，在 H6 节给出了实际应用标准要求，对 P3、P4 实验室而言推荐的最大泄漏率为 $10^{-5} \mathrm{m}^3/(\mathrm{Pa\cdot s})$，测试方法为 200Pa 恒压法测试，也可以采用 –200Pa 恒压法测试。另外标准指出气密性测试可以采用压力衰减法测试，但不容易满足要求。

（4）国内标准

GB 19489 和 GB 50346 对 P4 实验室防护区及气密性要求有明确定义，如表 2-14 所示。

对表 2-14 进行分析可以看出以下几方面内容。

1）GB 19489 和 GB 50346 对防护区的定义不完全一致，GB 19489 明确指出淋浴间、内防护服更换间、防护走廊属于防护区。

2）GB 19489 对围护结构气密性有要求的是整个防护区，即包括了淋浴间、内防护服更换间、防护走廊，而 GB 50346 气密性要求仅涉及主实验室。

3）GB 19489 和 GB 50346 对 P4 实验室围护结构气密性测试方法的要求均是–500Pa 压力衰减法，虽然 GB 19489 在正文 6.4.8 条没有明确是–500Pa 还是+500Pa 压力衰减法，但在附录 A.2.3.1 中明确了是负压测试。

表 2-14　我国标准有关 P4 实验室防护区定义或气密性要求

标准	类别	条文号	防护区定义或气密性条文要求	备注
GB 19489	BSL-4	6.4.3	适用于 4.4.2 的实验室防护区应至少包括防护走廊、内防护服更换间、淋浴间、外防护服更换间和核心工作间	防护区定义
		6.4.4	适用于 4.4.4 的实验室防护区应包括防护走廊、内防护服更换间、淋浴间、外防护服更换间、化学淋浴间和核心工作间	防护区定义
		6.4.8	实验室防护区围护结构的气密性应达到在关闭受测房间所有通路并维持房间内温度在设计范围上限的条件下，当房间内的空气压力上升到 500Pa 后，20min 内自然衰减的气压小于 250Pa	气密性要求，在附录 A.2.3.1 明确是负压测试
GB 50346	BSL-4、ABSL-4	4.1.5	生物安全四级实验室防护区应包括主实验室、缓冲间、外防护服更换间等，设有生命支持系统生物安全四级实验室的防护区应包括主实验室、化学淋浴间、外防护服更换间等，化学淋浴间可兼作缓冲间	防护区定义
		10.1.6 第 3 条	生物安全四级实验室的主实验室应采用压力衰减法检测，有条件的进行正、负压两种工况的检测	气密性要求
		3.3.2	（主实验室）房间相对负压值达到–500Pa，经 20min 自然衰减后，其相对负压值不应高于–250Pa	气密性要求

（5）中外对比分析

通过上述分析可以看出以下几方面内容。

1）加拿大、美国、澳大利亚/新西兰国家相关标准（以下简称加美澳标准）对 P4 实验室防护区范围的界定基本一致，即包括"洁"防护服（即内防护服）更换间、淋浴间、"污"防护服（即外防护服）更换间、化学淋浴（安全柜型实验室没有该房间）、核心工作间。

2）加美澳标准对 P4 实验室防护区气密性要求的区域基本一致，即包括淋浴间、外防护服更换间、化学淋浴（安全柜型实验室没有该房间）、核心工作间。GB 19489 看似多了内防护服更换间，其实该标准只要求外防护更换间为气锁（第 6.4.3 条），而在实践中淋浴间和内防护更换间通常是一体设计的，所以 GB 19489 实际上并未提高要求。在气密性测试及评价方法方面的差异，加拿大、美国测试及评价方法相同，均采用连续两次–500Pa 压力衰减法进行评价，而澳大利亚/新西兰测试方法为 200Pa 恒压法测试，正负压测试条件均可，相对来说澳大利亚/新西兰对气密性的要求比加拿大、美国偏低。

3）澳新标准对 P3 实验室防护区围护结构气密性有恒压法测试要求。

4）我国 GB 19489 对防护区的定义比加、美、澳新标准多了防护走廊。

由于内防护服更换间、淋浴间一般面积较小，且其围护结构往往只有两道门，气密性要求相对比较容易实现；但目前实验室建设的防护走廊一般面积较大，且其围护结构往往有多道门，有的甚至设置十至二十几道门，所以问题的焦点在于防护走廊的气密性要求。

如果细读 GB 19489，可以看到该标准要求 P4 核心工作间应尽可能设置在防护区的中部（标准第 6.4.5 条要求，国外标准的要求也是如此），并不要求防护走廊必须是环形防护走廊，防护走廊应是核心工作间和辅助工作区之间的屏障，所以，在设计时应仔细评估风险及考虑如何安排防护区布局可以完全避免过大的防护走廊而带来的气密性测试困难。图 2-9 是笔者依据 GB 19489 第 4.4.2 条的要求建议的一种 P4 实验室防护区布局，可以看到在该布局中尽量减小了防护走廊的面积。对 GB 19489 的正确理解是，P4 防护区的建筑质量是相同的，外防护服更换间是气锁，淋浴、内防护服更换间不要求门的气密性，进入防护区的门应该是气密性的。GB 19489 要求辅助工作区设清洁衣物更换间（更换自己的衣物）和监控室，人员通过清洁衣物更换间进入 P4 防护区。加拿大标准也明确要求人员必须要通过一个专门设置的"缓冲间"（anteroom）进入 P4 防护区。

为了工作方便，我国标准规定可以设置传递窗（图 2-9）或双扉高压灭菌器，实际上造成了"通道"，泄漏的概率增加，因此，防护走廊气密性并不是多余的要求。

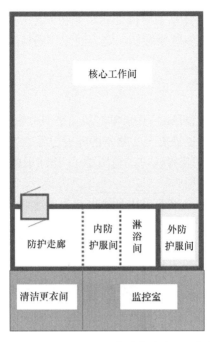

图 2-9 一种减小防护走廊面积的 P4 实验室防护区（加粗线区域）布局

实验室正常运行时，靠气压"密封"，即动态"密封"；在发生故障、停运、熏蒸消毒、事故等时，靠围护结构的物理密封保证与外界的隔离，即静态"密封"。各国标准对防护区围护结构气密性要求并未达到绝对不泄漏，某些情况下泄漏难以避免，从安全角度考虑，本着主动防御，增加安全系数，基于我国缺少 P4 实验室设计、建设、验收和运行管理的实际国情，于 2008 年颁布实施的 GB 19489—2008 增设防护走廊这一次级防护屏障且对其围护结构气密性提出要求是必要的。

2.5 发展现状、存在问题与发展趋势

2.5.1 发展现状

国外生物安全实验室的管理审批流程是以病原微生物为导向的，监管实验活动的开展，而前期生物安全实验室的建设不在监管范围内。我国对生物安全实验室的监管是"全过程控制"理念，即从项目立项、审查、环评、建设，到最后认可、资格批复等一套完整的监督管理流程。

国外生物安全实验室标准表现形式与国内不同，一些国家是以手册（或指南）的形式给出的，这些手册（或指南）被国家或地区采用后，具有标准的性质和作用，如美国《微生物和生物医学实验室生物安全》（BMBL）。国内外生物安全实验室标准在整体框架结构上有很多相同之处，但在实验室建设的某些具体要求上是存在一些不同的（本章对防护区范围及气密性要求、机电系统冗余设计原则等进行了举例说明）。

2.5.2 存在问题

由于我国生物安全实验室研究起步较晚，现有的监管机制总体来说是适合我国国情的，对国内生物安全事业的健康发展起到了巨大推动作用。目前我国在高级别生物安全实验室工程设计、建设方面可以完全依靠国内技术力量实现国产化，虽然与发达国家在细节上存在一定差距，但技术指标已经达到国际和国内各种标准的要求。目前的短板是在一些生物安全设备上，国产产品的技术水平和可靠性还需进一步提高。

总的来看，我国在生物安全标准体系上与国外相比存在一定差异，标准体系尚未完善，有些标准尚未制订。随着我国生物安全事业的稳步健康发展，这方面工作需要继续开展。

2.5.3 发展趋势

我国的高级别生物安全实验室建设历经 10 余年，从几乎一片空白，到今天已经初具规模和体系。作为生物安全保障最重要的硬件设施，生物安全实验室的建设已经取得了前所未有的发展。截止到 2017 年 7 月我国共有 70 余个生物安全实验室获得认可，美国 2011 年注册的三级实验室已达到 1495 个，我国的实验室建设和管理工作还有很长的路要走。

从生物安全实验室管理模式的角度来看，国外是以病原微生物为导向的，我国重视全过程控制，国内外管理模式应该说各有优缺点，是适合各自不同的发展阶段的。但总的来看发展趋势应该是两者的融合，即以病原微生物为目标导向，兼顾全过程控制的管理模式。

从标准的角度来看，我国需要建立更为完善、有针对性、专业的生物安全实验室标准规范体系。生物安全实验室管理运行涉及的范畴非常广泛，应针对我国需求，形成特色与体系化，以支撑国家生物安全防护和建设。

参 考 文 献

曹国庆, 王荣, 翟培军. 2016. 高等级生物安全实验室围护结构气密性测试的几点思考. 暖通空调, 46(12): 74-79.

陈洁君. 2018a. 高等级病原微生物实验室建设科技进展. 生物安全学报, 27(2): 80-87.

陈洁君. 2018b. 中国高等级病原微生物实验室建设发展历程. 中华实验和临床病毒学杂志, 32(1): 9-11.

吕京, 王荣, 曹国庆. 2018. 四级生物安全实验室防护区范围及气密性要求. 暖通空调, 48(3): 15-20.

全国认证认可标准化技术委员会. 2010. GB 19489—2008《实验室 生物安全通用要求》理解与实施. 北京: 中国标准出版社.

田德桥, 陆兵. 2017. 中国生物安全相关法律法规标准选编. 北京: 法律出版社.

魏凤, 陈宗胜, 刘汝, 等. 2013. 中法生物安全实验室运行管理标准体系比较与剖析. 科学管理研究, 31(5): 113-116.

章欣. 2016. 生物安全 4 级实验室建设关键问题及发展策略研究. 中国人民解放军军事医学科学院博士学位论文.

中华人民共和国国家质量监督检验检疫总局, 国国家标准化管理委员会. 2008. 实验室生物安全通用要求 GB 19489—2008. 北京: 中国标准出版社: 7-11, 23-24.

中华人民共和国建设部, 中华人民共和国国家质量监督检验检疫总局. 2012. 生物安全实验室建筑技术规范 GB 50346—2011. 北京: 中国建筑工业出版社: 5-9, 32.

Richmond J Y. 2012. 生物安全选集 V: 生物安全四级实验室. 北京: 中国农业出版社.

Department of Health and Human Services. 2009. Biosafety in Microbiological and Biomedical Laboratories. 5th ed. Atlanta, Georgia: 51-56, 333-346.

ISO. 2016. Air filters for general ventilation - Part 1: Technical specifications, requirements and efficiency classification system based upon Particulate Matter(PM): ISO/DIS 16890-1. Geneva: 1-8.

Joint Technical Committee CH-026, Safety in Laboratories. 2010. Council of Standards Australia and Council of Standards New Zealand. Australian/New Zealand Standard™ Safety in laboratories Part 3: Microbiological safety and containment, AS/NZS 2243.3: 49-50, 70-71, 170-171.

Peter Mani, Paul Langevin. 2006. Veterinary Containment Facilities Design & Construction Handbook. International Veterinary Biosafety Working Group, 45.

Pike R M. 1976. Laboratory-associated infections, summary and analysis of 3921 cases. Health Lab Sci, 13: 105-114.

Public Health Agency of Canada. 2015. Canadian Biosafety Standard (CBS). 2nd ed. Ottawa, http://canadianbiosafetystandards. collaboration.gc.ca: 93-94, 151.

United States Government Accountability Office (GAO). 2009. High-Containment Laboratories: National Strategy for Oversight is Needed, GAO-09-574(Washington, D C).

United States Government Accountability Office (GAO). 2013. High-Containment Laboratories: Assessment of the Nation's Need is Missing. Washington, D C.

3 生物安全实验室设计与建造

生物安全实验室的特殊性决定了其设计与建造的难度。与一般公共建筑相比,生物安全实验室对建筑的密闭性、结构的稳定性要求更高。空气和水的流向与处理更严格。供电和自动控制系统需要更高的可靠性、稳定性,负荷等级更高,控制精度高、控制项目多,并且对所有机电系统的保障程度要求都大大提高。

由于生物安全实验室进行病原微生物操作,不同等级的生物安全实验室首先要做好生物安全的防护措施。防护主要从三个方面着手。

1)样品隔离技术,即一级屏障,通过安全设备实现,将有害因子与操作者和环境隔离。

2)生物安全实验室与外部环境的隔离,即二级屏障,通过围护结构和定向气流技术保证空气从低污染区向高污染区流动。

3)灭菌灭活技术,通过对废水、排风和固体废物消毒、灭菌与拦截,对有害因子进行无害化处理。

BSL-2 实验室应设置一级屏障或二级屏障,BSL-3、BSL-4 实验室应同时设置一级屏障和二级屏障。

生物安全实验室需要合理划分功能区。风险最高的是核心工作间,又称核心实验间。它是生物安全实验室中开展实验活动的主要区域,通常是指生物安全柜或动物饲养和操作间所在的房间。实验室防护区,是实验室物理分区中生物风险相对较大,需要对实验室的平面设计、围护结构的气密性、气流,以及人员进入、个体防护等进行控制的区域。实验室辅助工作区是生物风险相对较小的区域,是生物安全实验室中防护区以外的区域。

对于 ABSL-1 到 ABSL-4 动物实验室,国际兽医生物安全学界把防护分为三种类型:初级防护、二级防护和三级防护。

初级防护是病原体与人体之间的第一道屏障,属于设备上的防护,通过个人用品、操作设备和操作规定达到防护目的,如手套、口罩、面具、生物安全柜、正压服和良好的实验室操作技术等。

二级防护是病原体与环境之间的屏障,是通过设施设计实现的,包括房间密闭、空调和过滤、气锁、淋浴、洗衣、污水处理、废物处理、消毒、设备冗余,以及设备与材料的选择。

三级防护为附加元素屏障,通过墙壁、护栏、安保、检疫、动物隔离区等物理操作实现。根据生物安全实验室的级别及生物因子的风险种类,设计时需要选择不同的设施和措施来完成对病原体的隔离与防范。

可见,BSL 实验室和 ABSL 实验室在设计与建造时,在防护屏障划分上的主要区别是 ABSL 多了一级针对动物特性的物理设施,即三级屏障。除特殊说明外,在本章下面的阐述中,统一归入二级屏障。

本章对生物安全实验室设计与建造单位的资质、团队选择做了说明,分专业对各级生物安全实验室设计施工进行阐述,回顾了我国的设计与建造历程分析了存在的问题,提出了解决建议,并对未来发展进行展望。

3.1 设计与建造概述

生物安全实验室建造需要一个多学科、多专业的团队协同合作,而生物安全实验室项目又是多种多样的,两种多样性结合必然呈现复杂态势。在项目初始阶段,就要规划好团队组织。

3.1.1 设计与建造资质管理现状

规划设计是项目的起点，也是决定设施成败的关键环节。根据《建设工程勘察设计管理条例》和《建设工程勘察设计资质管理规定》，我国设计资质分为四个序列：工程设计综合资质、工程设计行业资质、工程设计专业资质和工程设计专项资质，如图3-1所示。

图 3-1　设计资质分类

3.1.1.1　工程设计综合资质

工程设计综合资质只设甲级。工程设计综合甲级资质是我国工程设计资质等级最高、涵盖业务领域最广、条件要求最严的资质。工程设计综合甲级资质可以承担电力、化工石化医药、核工业、铁道、公路、民航、市政、建筑等全部21个行业建设工程项目的设计业务，以及工程总承包业务、项目管理业务，其规模不受限制，并可承揽其取得的施工总承包一级资质证书（施工专业承包）许可范围内的工程总承包业务。截至2017年7月，全国共有67家企业获得工程设计综合甲级资质。

具有工程设计综合甲级资质的企业，也具备各行业的专业设计能力和各领域专业技术人员。具有工程设计综合甲级资质的单位，进行复杂的生物安全实验室设计是很合适的。

3.1.1.2　工程设计行业资质

工程设计行业资质设甲、乙两个级别，但是建筑、市政公用、水利、电力（限送变电）、农林和公路行业设丙级资质。该资质是指涵盖某个行业资质标准中的全部设计类型的设计资质，也就是上述21个行业之一。生物安全实验室设计是多学科的，归入某一行业必然牵强。具有该资质的企业的人员类型同样会有所欠缺。

3.1.1.3　工程设计专业资质

工程设计专业资质设甲、乙两个级别，其中建筑、市政公用、水利、电力（限送变电）、农林和公路行业设丙级资质，建筑工程设计专业资质还设有丁级。工程设计专业资质是指某个行业资质标准中的某一个专业的设计资质。除非是对既有低级别生物安全实验室进行某个专业的改造设计，否则工程设计行业资质无法满足生物安全实验室的设计要求。

3.1.1.4　工程设计专项资质

工程设计专项资质是指为适应和满足行业发展的需求，对已形成产业的专项技术独立进行设计以及设计、施工一体化而设立的资质。工程设计专项资质根据行业需要设置等级。对于改建或者扩建的小型和低级别生物安全实验室项目，可以委托具有这一资质的企业设计与建造。

对于规模较大、对功能和设施设计标准要求较高的项目，委托具有工程设计综合甲级资质的企业，无疑会为项目可靠性和高质量打下坚实的基础。

3.1.2　设计人员

设计企业的资质固然重要，然而更重要的是组成团队的设计人员，毕竟设计知识和经验是设计师本人拥有而不是公司所有。因此，具有行业设计经验、做过同类项目设计、从业经验丰富、有一定行业知名度的设计师及由此组成的团队，是有能力、保质量、按计划、按预算完成实验室设计的重要保障。

3.1.3　设计团队选择

对于设计团队的选择，需要注意考察的方面见图3-2。

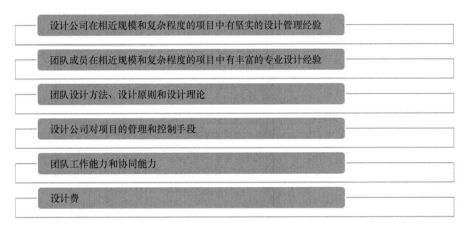

图 3-2　考察设计团队的内容

所选设计团队的设计费不低于同类项目的正常价格，是获得理想服务的前提。

3.1.4　设计方法

3.1.4.1　计算机辅助设计

20 世纪 90 年代初，我国建筑设计行业开始逐步采用计算机辅助设计（computer aided design，CAD），极大地提高了设计效率，缩短了设计制图周期，降低了出错率，图纸表达也更加清晰准确。CAD 的基本技术主要包括交互技术、图形变换技术、曲面造型和实体造型技术等。在交互式系统中，设计师边构思、边打样、边修改，随时可从图形终端屏幕上看到每一步操作的显示结果，非常直观。尤其对于生物安全实验室这种机电系统众多、管道复杂、空间有多重管道交叉的工程，方便进行多方案设计比选，方便修改。CAD 设计制图是二维平面的，空间关系需要通过投影关系反映在平面图上，同时辅助以剖面图、系统图或轴测图来完整表达。目前，我国建筑行业已经全面采用 CAD 技术，对于生物安全实验室工程设计和建设，也是普遍采用 CAD 来设计制图，进行各专业管线综合，以及建成后的竣工图绘制、存档。

3.1.4.2　建筑信息模型技术

进入 21 世纪以后，美国 Autodesk 公司在 2002 年率先提出建筑信息模型（building information model，BIM）技术，在全世界范围内得到业界的广泛认可，也在我国建筑行业逐步推广使用。

BIM 的核心是通过建立虚拟的建筑工程三维模型，利用数字化技术，为这个模型提供完整的、与实际情况一致的建筑工程信息库。该信息库不仅包含描述建筑物构件的几何信息、专业属性及状态信息，还包含了非构件对象（如空间、运动行为）的状态信息。借助这个包含建筑工程信息的三维模型，大大提高了建筑工程的信息集成化程度，从而为建筑工程项目的相关利益方提供了一个工程信息交换和共享的平台。

建筑设计阶段的 BIM 是将工程项目基础构件作为设计元素，把所描述构件几何数据、材质信息以及相关物理特性等信息进行整合，构建综合性项目数据库，所有构件信息和参数均纳入数据模型中，进而满足各个参与方对数据模型的修改与编辑，进而提高项目设计水平和质量，减少施工中的设计变更。

1. BIM 技术内涵

BIM 技术作为新型设计技术，主要融合了现代网络技术、数字化技术和虚拟技术等内容，为了方便研究，相关学者试图对 BIM 技术进行定义，但由于技术发展步伐较快，关于 BIM 技术衍生出各种定义与解释说法，因此 BIM 技术至今没有一个统一的解释。目前，BIM 技术不是特指某一软件，而是代表建立建筑模型，改变员工粗放型工程施工方式，将工程项目的施工逐渐转向精细化和高效化，引发工程设计行业的信息化数字革命，进而促进建筑工程行业的发展与改革。

2. BIM 技术在设计中的优势

1）可视化设计

BIM 技术最大的优势在于可视化设计，在设计的过程中，BIM 技术可以根据收集到的各个构件参数，构建建筑模型，借助 BIM 协同环境营造一个透明化设计环境。在此过程中，设计人员可以对各个构件信息进行核查，方便各个参与方针对系统设计效果进行沟通和更改，提高设计的可行性与科学性，并将错综复杂的构件呈现在三维空间中，进而更好地满足设计要求。

2）协调空间关系

应用 BIM 技术可以帮助设计人员从各个角度观察和了解建筑空间内全部构件之间的关系，提高空间利用率，及时发现各个构件之间存在的空间碰撞，并对其进行相应调整，进而提高设计的科学性和可行性。在传统设计中，解决空间碰撞需要耗费大量的时间精力，而 BIM 技术应用后，这些检查工作主要由计算机进行，防止了设计中的空间碰撞，提高了设计质量。

3）关联修改

BIM 提供结合各个建筑构件设计信息的数字化整体文件，借助 BIM 协同设计，将各个专业设计信息汇集到 BIM 模型中，方便对各个构件信息的更改和编辑，保证各个构件间的空间关联性，提高修改效率和修改质量，进而保证设计综合水平。在协同设计方面，BIM 模型作为协同设计结果，各个专业主体文件可以根据工程要求独立设计，而不同专业项目文件可以借助协同设计平台连接模型，以实现设计信息的传输与共享，并自动进行个体文件更新，提高各专业设计信息的有效性和准确性。

3. BIM 对于设计的改变

BIM 在设计阶段主要应用 Revit，其最大特点就是可以通过设计的建筑信息模型直接得到工程所需要的图纸：平面、立面、剖面、大样等。重要的是，这些图纸之间是通过模型相互关联在一起而非独立的，即只要对图纸中的任何一处进行修改，将会传递并联动到所有相关的图纸。这将大大减少绘图过程中的重复修改，也相应减少了人为的低级错误。由于将设计保存在同一个模型中，团队中的设计师协作更加密切。

BIM 技术的应用在确保建筑设计信息更为准确和详尽的同时，势必会增加初次设计的工作量。但在完成设计后的修改阶段，其强大的便利性得以体现，如相关图纸间的联动修改、模型信息的批量修改、机电系统化修改等。修改的次数越多,越能体现 BIM 技术的优势。而一般的设计过程中,多次修改是难以避免的。

4. BIM 在生物安全实验室设计中的适应性分析

BIM 在设计阶段也存在一定局限性,如在超大体量而复杂的项目中应用,会因为建筑模型过大,出现软件运行不流畅、卡死等问题。通常解决办法是把模型切割成几个中心文件。这将导致模型和系统不再完整统一,进而影响效率和准确率。在类似的项目里,BIM 是否适合全面使用或者局部使用,是值得商榷的。

对于生物安全实验室建筑,一般情况下单体建筑体量较小,建筑形状较为规则,这样的建筑可以保证建筑模型完整,中心文件小,绘图流畅。同时生物安全实验室的设备多、管线错综复杂,大量机电管线穿越实验室围护结构,建筑整体各个细节精度要求高,依靠传统二维设计将非常吃力,借助 BIM 技术的三维优势、可视化的设计过程、协同设计的优势可以得到极大的展现,显著提高设计质量,大幅减少因设计误差而引起的施工配合工作量。图 3-3 和图 3-4 呈现了两种不同的复杂设备层局部暖通管线,采用 BIM 设计优势一目了然。

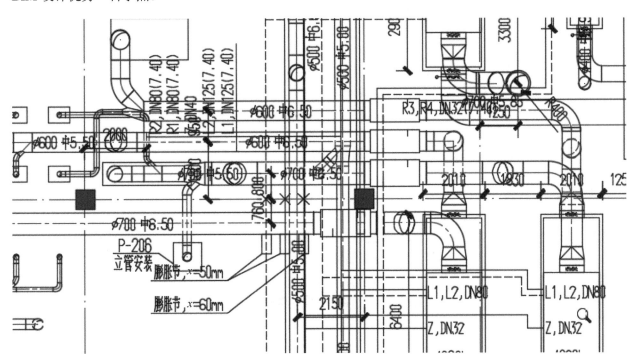

图 3-3　CAD 呈现复杂设备层局部暖通管线示意图

3.1.4.3　计算流体动力学模拟技术

计算流体动力学(computational fluid dynamics,CFD)是近代流体力学、数值数学和计算机科学结合的产物。它以电子计算机为工具,应用各种离散化的数学方法,对流体力学的各类问题进行数值实验、计算机模拟和分析研究,以解决各种实际问题。

对于空气、蒸汽和水等流体流动规律与特性的研究,自古以来其理论基础都是基于对实际现象的经验和不同比例的模型试验结果的总结。直到近代 CFD 的诞生,才使得对待建工程设计方案的效果预测可以通过采用 CFD 软件的模拟来获知和展现。

生物安全实验室内病原体和其他污染物往往是通过气溶胶与水在防护区内传播、向防护区外泄漏的。因此,CFD 软件在模拟实验室的工作和设施状况,评估设计技术方案的效果,考察气流组织形式和定向气流的流型，观测气溶胶污染物的浓度水平及其在空间中的分布规律性方面都发挥了重大作用。国内一些大学和科研机构的研究团队，对此做过不少工作，成果已在刊物上公开发表。

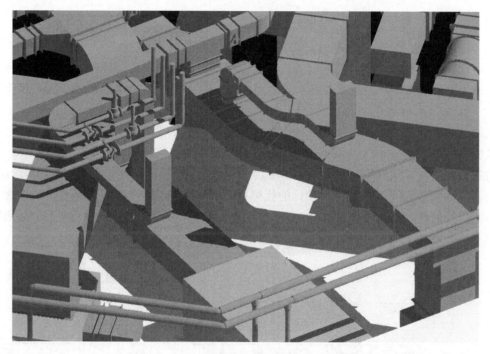

图 3-4 Revit 呈现复杂设备层局部暖通管线

3.1.5 建筑工程施工总承包企业资质等级标准

房屋建筑工程施工总承包企业资质分为特级、一级、二级、三级。不同的资质，对企业资信能力、管理人员要求、科技进步水平和代表工程业绩的要求不同。中华人民共和国住房和城乡建设部《建筑业企业资质标准》建市[2014]159 号，规定了总承包企业各级资质的具体要求。

生物安全实验室，尤其是高等级的，建造费用通常较高，遵守建市[2014]159 号规定选择施工企业，施工方具备的经济、技术、设备实力对工程质量而言是重要保障。

目前，设计资质管理执行建设部《建设工程勘察设计资质管理规定》（第 160 号令），施工资质管理执行建市[2014]159 号。

3.1.6 设计与建造方式

我国建筑市场的操作愈来愈与国际接轨，因此，国际通行的模式在国内也普遍适用，详见图 3-5。

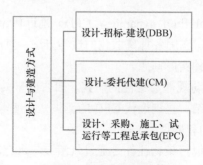

图 3-5 设计与建造方式

3.1.6.1 设计-招标-建设（DBB）

设计-招标-建设（DBB）是国际工程中应用最为广泛发展最为成熟也最为传统的建设模式，是在国内生物安全实验室设计与建造中采用最多的方式。运作模式是，首先由设计单位完成从可行性研究报告、初步设计到施工图的一系列设计，然后招标确定施工总承包单位，总承包单位再根据专业或专项进行下一级分包，总包根据合同协调管理分包商，共同完成建设并交付使用。

优点是技术成熟，业主可以自行选择设计、施工、监理单位，以及各个单位优质技术人员，对设计图纸的正确性、施工和监理质量有保证；缺点是出现问题时各方容易推诿，责任认定复杂。

3.1.6.2 设计-委托代建（CM）

一些地方或行业流行采用这一建设模式，如上海、广州、海南等地。在国内其合同形式又分为三种模式："委托代理合同"模式、"指定代理合同"模式和"三方代建合同"模式，每种模式代建公司承担的责任有所不同。业主需要聘请设计公司和代建公司，由代建公司代替业主进行项目管理，包括施工、成本和进度控制等。代建单位具有项目建设阶段的法人地位，拥有法人权利（包括在业主监督下对建设资金的支配权），同时承担相应的责任。

代建制的优点是可以防止公共工程招标中的腐败行为和对公共工程建设实行专业化管理，缺点是业主难以发挥积极性，部分限制了使用单位的发言权。

3.1.6.3 工程总承包（EPC）

受业主委托，总承包公司按照合同约定对工程建设项目的设计、采购、施工、试运行等实行全过程或若干阶段的承包。通常公司在总价合同条件下，对其所承包工程的质量、安全、费用和进度负责。

较传统承包模式而言，EPC模式具有以下三个方面的基本优势。

a. 强调和充分发挥设计在整个工程建设过程中的主导作用。对设计在整个工程建设过程中的主导作用的强调和发挥，有利于工程项目建设整体方案的不断优化。

b. 有效克服设计、采购、施工相互制约和相互脱节的矛盾，有利于设计、采购、施工各阶段工作的合理衔接，有效地实现建设项目的进度、成本和质量控制符合建设工程承包合同约定，确保获得较好的投资效益。

c. 建设工程质量责任主体明确，有利于追究工程质量责任和确定工程质量责任的承担人。

这一方式的不足之处是国内施行时间不长，如果总承包方对生物安全实验室的特殊建造要求理解不够、施工经验不足，在业主难以发挥重要作用时，建设一座满足用户使用条件的实验室是相当困难的。

生物安全实验室的设计和建造专业性、特殊性、复杂性均强，采取何种建造模式需要全方位认真考虑。总体而言，能够发挥业主自身在生物安全方面专业知识的"设计-招标-建设"模式，是优选的模式。

3.1.7 通用设计与建造要求

建筑工程适用的国家、地方及行业标准和规范，同样适用于生物安全实验室的建筑设计与建造，但还要遵守与生物安全实验室相关的标准和规范，这些标准可详见本书第2章。

3.2 生物安全二级实验室

BSL-2实验室和ABSL-2实验室，无论是在与人类健康相关的疾病预防控制中心，还是在农业部门基层单位都大量使用，可谓量多面广。

3.2.1 实验室类型

按照 GB 50346—2011《生物安全实验室建筑技术规范》的规定，BSL-2 实验室根据所操作致病性生物因子的传播途径可分为 a 类和 b 类。a 类指操作非经空气传播生物因子的实验室；b 类指操作经空气传播生物因子的实验室。b1 类生物安全实验室指可有效利用安全隔离装置进行操作的实验室；b2 类生物安全实验室指不能有效利用安全隔离装置进行操作的实验室。

按照 WS 233—2017《病原微生物实验室生物安全通用准则》又增加一种加强型生物安全二级实验室，指在普通 BSL-2 实验室的基础上，通过机械通风系统等措施加强实验室生物安全防护要求的实验室。

由于 BSL-2 实验室，特别是 ABSL-2 实验室，是研究多种生物危害因子所必需的感染性实验室，且目前国家对 BSL-2 实验室实行的是备案制度，因此，严格按照国家标准和规范进行设计与建造，是保证实验人员在实验室工作安全的必要条件之一。

BSL-2 实验室应依据上述原则划分类别，并根据所属类别进行有针对性的设计。

3.2.2 工艺土建

3.2.2.1 建筑规划

医院、科研院所、高校、检验检疫、食品检测、药品检测、疾控、疫控等实验室存在大量的 BSL-2 实验室。园区规划中，BSL-2 实验室所在区域宜与生活区分区建设。

3.2.2.2 平面布局

普通 BSL-2 实验室平面布局没有特殊要求，是否设置缓冲间可根据风险评估结果确定。在实验室或其所在的建筑内配备高压蒸汽灭菌器或其他适当的消毒灭菌设备，所配备的消毒灭菌设备应以风险评估为依据。在操作病原微生物样本的实验间内配备生物安全柜。生物安全柜建议采用 II 级 A2 型，如确有必要采用 II 级 B2 型生物安全柜，房间应设置机械送风系统满足生物安全柜外排风风量需求。

加强型 BSL-2 实验室应设置缓冲间和核心工作间，缓冲间可兼作防护服更换间，缓冲间的门宜互锁。实验室内设置高压灭菌器以及其他适用的消毒设备。

动物 ABSL-2 实验室应符合实验动物设施设计相关规范，如 GB 14925—2010《实验动物环境及设施》及 GB 50447—2008《实验动物设施建筑技术规范》。在出入口处设置缓冲间，并设置非手动洗手池或手部清洁装置。在安全隔离装置内从事可能产生有害气溶胶的活动，排气应经 HEPA 过滤器过滤后排出；当动物不能饲养在安全隔离装置内，应使用 HEPA 过滤器过滤动物饲养间排出的气体。

3.2.2.3 室内装修

BSL-2 实验室墙壁、顶板和地板应光滑、易清洁、防渗漏并耐化学品与消毒剂的腐蚀。通常，普通 BSL-2 实验室地面采用 PVC 地面或环氧树脂地面、耐擦洗乳胶漆墙面。

加强型 BSL-2 实验室通常为负压净化实验室，地面材料采用 PVC 地面或环氧树脂地面，墙及吊顶一般采用彩色夹芯钢板或其他净化板材。

中动物（犬、猴）、小动物 ABSL-2 实验室地面材料采用 PVC 地面或环氧树脂地面，墙及吊顶一般采用彩色夹芯钢板或其他净化板材，兽医大动物（马、牛、猪、羊）ABSL-2 实验室墙面、顶面、地面一般采用环氧树脂材料。

实验室主入口的门、放置生物安全柜实验间的门应可自动关闭；实验室主入口的门应有进入控制措施。

3.2.3 暖通空调

3.2.3.1 室内环境参数

BSL-2 实验室宜实施一级屏障和二级屏障。作为二级屏障的实验室，室内环境设计参数需满足 GB 50346—2011《生物安全实验室建筑技术规范》的要求。BSL-2 实验室室内环境参数见表 3-1。

表 3-1　BSL-2 实验室室内环境参数

级别	相对于大气的最小负压（Pa）	与室外方向上相邻相通房间的最小负压差（Pa）	洁净度级别	最小换气次数（h^{-1}）	温度（℃）	相对湿度（%）	噪声[dB（A）]	围护结构严密性
BSL-2/ABSL-2 中的 a 类和 b1 类	—	—	—	可开窗	18～27	30～70	≤60	—
ABSL-2 中的 b2 类	−30	−10	8	12	18～27	30～70	≤60	—

由表 3-1 可见，a 类和 b1 类的 BSL-2 实验室基本属于舒适性的要求，ABSL-2 中的 b2 类实验室则需要控制房间压力和洁净度，同时满足最小换气次数 12h^{-1}。

3.2.3.2 通风空调

1. 通风空调方式

GB 50346—2011《生物安全实验室建筑技术规范》和 WS 233—2017《病原微生物实验室生物安全通用准则》对 BSL-2 实验室的要求归纳如下，见表 3-2。

表 3-2　BSL-2 实验室通风空调方式

级别	类别	送风	排风	备注
BSL-2	轻微毒害	可采用循环风	直接排放	
	涉及有毒、有害、挥发性溶媒和化学致癌剂操作	全新风	必要时处理后排放	对排风中有害成分进行化学或物理处理
ABSL-2	a 类	全新风	处理后排放	
	b1 类	全新风	处理后排放	
	b2 类	全新风	处理并经高效过滤器后排放	设生物安全柜，高压蒸汽灭菌器
BSL-2+	加强型	全新风（高效过滤器）*	经高效过滤器后排放	定向气流、负压、送排风机连锁控制

*为保证排风高效

2. 通风空调系统形式

根据 BSL-2 实验室使用功能，可采用的通风空调系统形式见图 3-6，排风系统形式见图 3-7。

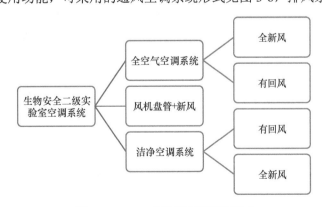

图 3-6　BSL-2 实验室空调系统形式

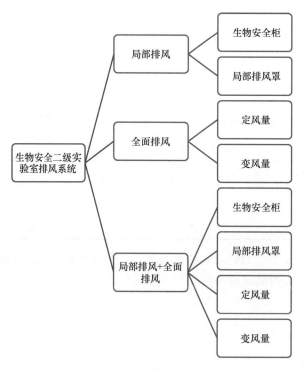

图 3-7　BSL-2 实验室排风系统形式

3. 空调净化

空调机组和新风机组配置的空气过滤器级数、等级与空调系统形式及实验室建造地点大气环境相关。空调机组和新风机组配置两级空气过滤器，大气环境空气质量较好的地区，过滤器可以取较低级别的；大气环境空气质量较差的地区，过滤器可以取较高级别的；全新风机组和洁净空调机组宜配置三级空气过滤器。

当 BSL-2/ABSL-2 实验室某些工作需要在洁净环境中操作时，送（新）风需要净化。通常在两种情况下送（新）风采取净化。一是工艺要求实验在洁净环境中进行；二是排风需经高效过滤器后排放，为了保护排风的高效过滤器，同时对送（新）风采取净化。

研究表明，实验室操作产生的气溶胶粒径与操作方式密切相关，见表 3-3。

实验产生的气溶胶直径多处于 0.5～5μm，这也正是对人体危害最大的颗粒物。因此，设置生物安全柜、形成定向气流是极其必要的。

表 3-3　实验操作方式与产生的气溶胶粒径的关系

实验操作	气溶胶粒径（μm）	占比（%）
搅拌粉碎器产生的气溶胶	直径<5	98
冻干培养物产生的气溶胶	直径>5	80
吸管吹吸、搅拌样品、离心、超声波粉碎、菌液瓶意外破碎等产生的气溶胶	平均直径<5	较多

3.2.3.3　房间压力梯度

房间压力梯度取决于 BSL-2 实验室的级别。根据《生物安全实验室建筑技术规范》的规定，只有 ABSL-2 中的 b2 类实验室需要设计房间压力梯度。设置方法与 BSL-3 实验室相似，可见本章后面小节。

3.2.4　电气设计

BSL-2 实验室设备用电为二级负荷。照明系统最低照度要达到 300lx。照明配电箱设置在实验室入口附近，配电箱内的开关选用高性能小型断路器。所有灯具均选用外部造型简单、不易积尘、便于擦拭、易于消毒灭菌的密闭且具有防水功能的净化灯。灯具采用吸顶方式明装。所有插座回路采用漏电保护。动物实验室内设具有防水盖的复合插座。

3.2.5　自动控制设计

3.2.5.1　自动控制内容和要求

BSL-2 实验室通风空调系统的一般控制内容和要求为：①实验室温湿度控制和调节；②实验室送、排风量控制和调节；③实验室新风机组与排风机连锁控制；④生物安全柜内送风机与外配排风机连锁；⑤生物安全柜风量控制和报警；⑥实验室及其缓冲间压力梯度控制；⑦空调机组和新风机组各级过滤器超压报警；⑧排风机高效过滤器超压报警。

3.2.5.2　自动控制方法

1. 实验室温湿度

如果没有特殊要求，实验室温湿度控制按照舒适性空调温度的标准控制和调节。温度控制精度通常在 ±2℃，湿度控制精度通常在 ±10%。

若实验室安装有风机盘管，室温由风机盘管控制，通过风机盘管的温度控制器控制两通阀的通断实现控温。若实验室为全新风直流式空调系统，通过控制新风机组表冷器进水管上的电动调节阀以及再热量，达到室温调控目的。

通过调节新风机组配置的加湿器水量实现实验室湿度的调控。

2. 实验室送、排风量

根据 BSL-2 实验室使用功能，以及实验室的通风空调系统形式（图 3-6 和图 3-7），需要采用相对应的控制方法，包括空调机组、新风机组、排风机、风量阀等一系列常规控制方法。具体可以参见相关资料，此处不再赘述。

3. 实验室新风机组与排风机连锁

开机时，先启动排风机，延时启动新风机组；关机时，先关闭送风机，然后关闭排风机。

4. 生物安全柜内送风机与外配排风机连锁

生物安全柜在其柜体内配装有送风机，外配排风机是工程建造时需要设计选型的，既可以是生物安全柜独立的排风机，也可以是与实验室合用的排风机。两台风机的连锁控制：生物安全柜开始工作时，先启动外配排风机，延时启动生物安全柜内送风机；工作结束时，先关闭生物安全柜内送风机，关机顺序相反，然后关闭外配排风机。

5. 生物安全柜风量控制和报警

生物安全柜设备本身自带连锁报警功能，柜内高效过滤器阻力超标或者与之连锁的外配排风机因故停机时，都会发出声、光报警信号。报警信号除在生物安全柜上显示外，最好接入实验建筑大楼的集中控制系统，在中控室同时显示，提醒有关人员注意。

6. 实验室及其缓冲间压力梯度控制

通常只涉及 ABSL-2 中的 b2 类实验室。压力梯度控制在随后的 BSL-3 实验室一节中有详细描述。

7. 空调机组和新风机组各级过滤器超压报警

空调机组和新风机组配置两级或三级空气过滤器，在每级空气过滤器前后都要设置压力采样点。当其中任意一级过滤器阻力超过设定值时应报警。

8. 排风机高效过滤器超压报警

对于风险评估需要安装高效过滤器的实验室，在高效过滤器前后设置压力采样点，在阻力超过设定值时报警。

3.2.6 给水排水与气体供应

3.2.6.1 一般规定

生物安全实验室防护区应少敷设管道，与本区域无关管道不应穿越。BSL-2 实验室摆放的实验室台柜较多，水平管道可敷设在实验台柜内，立管可暗装布置在墙板、管槽、壁柜或管道井内。暗装敷设管道可使实验室使用方便、清洁美观。

给排水管道穿越生物安全实验室防护区围护结构处应设可靠的密封装置。

进出生物安全实验室防护区的给排水和气体管道系统应不渗漏、耐压、耐温、耐腐蚀。实验室内应有足够的清洁、维护和维修明露管道的空间。

生物安全实验室使用的高压气体或可燃气体，应有相应的安全措施。

3.2.6.2 给水

生物安全实验室防护区的给水、热水、纯水供水管道应设置倒流防止器，一般按照实验单元设置阀门及止回阀，并应设置在辅助工作区。

BSL-2 实验室应设洗手装置，洗手装置应采用非手动开关，如感应式、肘开式或脚踏式，并宜设置在靠近实验室的出口处，还应设紧急冲眼装置。如实验室不具备供水条件，可用免接触感应式手消毒器作为替代装置。如实验仅使用刺激较小的物质，洗眼瓶也是可接受的替代装置。

室内给水管材宜采用不锈钢管、铜管或无毒塑料管等，管道应可靠连接。

3.2.6.3 排水

BSL-2 实验室内不应设地漏。ABSL-2 防护区污水的处理装置可采用化学消毒或高温灭菌方式。BSL-2 实验室应以风险评估为依据，确定实验室排水是否灭菌及灭菌方法。应对灭菌效果进行监测并保存记录，确保每次灭菌处理安全可靠。处理后的污水排放应达到环保的要求，需要监测相关的排放指标，如化学污染物、有机物含量等。

3.2.6.4 气（汽）体供应

高压气体和可燃气体钢瓶的安全使用要求主要有以下几方面：①应该安全地固定在墙上或坚固的实验台上，以确保钢瓶不会因为自然灾害而移动。②运输时必须戴好安全帽，并用手推车运送。③大储量钢瓶应存放在与实验室有一定距离的适当设施内，存放地点应上锁并适当标识；在存放可燃气体的地方，电气设备、灯具、开关等均应符合防爆要求。④不应放置在散热器、明火或其他热源或会产生电火花的电器附近，也不应置于阳光下直晒。⑤气瓶必须连接压力调节器，经降压后，再流出使用，不要直接连接气瓶阀门使用气体。⑥易燃气体气瓶，经压力调节后，应装单向阀门，防止回火。⑦每瓶气体在使用到尾气时，应保留瓶内余压在 0.5MPa，最小不得低于 0.25MPa 余压，应将瓶阀关闭，以保证气体质量和使用安全。应尽量使用专用的气瓶安全柜和固定的送气管道，需要时应安装气体浓度监测和报警装置。

3.2.7　实验室施工

3.2.7.1　围护结构装饰工程施工工艺

BSL-2 实验室主体框架宜为彩钢板和玻璃隔断，彩钢板每面厚度一般大于 0.426mm，彩钢岩棉夹芯板燃烧性能为不燃性，等级为 A 级；隔断玻璃厚度为 5mm；为防止沉积灰尘，实验室内形成坚固、无缝、平滑、美观、不反光、不积尘、不生锈、防潮、抗菌、性能优良的无菌表面和内壳，从而解决了气密性和保洁等问题，并便于消毒处理。

1. 彩钢板装饰施工顺序示意

定位放线→打玻璃胶安装地槽→打胶安装彩钢板（隔断）→水平后再扣铝槽吊顶→顶板吊筋加固→打胶铆塑料底座贴圆弧→安装送排风口及灯具→撕膜打胶密封。

2. 围护结构装饰工程施工注意事项

1）彩钢板安装须同水电配合施工，严格执行施工进度表。

2）材料的使用：彩钢板表面无划痕，无开裂，表面应平整、光滑。彩钢板偏差不得大于 1mm。圆弧角不应有扭曲，直线度误差<1mm。

3）彩钢板连接处及铝配件结合处用密封胶密封，密封胶涂敷过程不应有断线、气孔等缺陷。

4）吊顶吊杆应安装牢固，使吊顶在受荷载后的使用过程中保持平整。

5）吊顶板安装及在吊顶上进行其他项目的安装时，吊顶板在室内应用木柱作支撑。待吊顶上安装项目完工、吊顶板进行加固后再撤除支撑用的木柱。

3.2.7.2　PVC 地坪施工工艺

BSL-2 实验室的 PVC 地板表面经过特殊的抗菌处理，一些性能优异的 PVC 地板表面还特别增加了抗菌剂，对多数细菌都有较强的杀灭能力和抑制细菌繁殖的能力。ABSL-2 实验室地面选用 PVC 地板，具有无缝隙、耐腐蚀、平整、容易清洗的特性。地面地角线用阴角 PVC 材料装饰，美观且严密性好、表面无菌并便于消毒和保洁处理。BSL-2 核心实验室内无排水，ABSL-2 核心实验室内有排水，地漏应设置于距离室内地面标高最低处 5cm，便于动物粪便清理。

1. PVC 地坪施工工序

PVC 基层要求：混凝土地面必须坚固、密实、平整、干燥、洁净。基层的坡度和强度应符合设计要求，无空壳、不起沙、不开裂、无油污。基层的阴阳角宜做成圆角。地面基层经保养后必须干燥，在 20mm 厚度内含水率不大于 6%。地面平整度，用直尺检查空隙不大于 2mm。地坪构造：涂界面剂打底与自流平水泥隔开（总厚度 3mm），并有一定的防潮功能。

2. PVC 地坪施工验收

PVC 地坪验收标准参考 GB 50209—2002《建筑地面工程施工质量验收规范》。

1）表观：平整、光滑、无裂纹、色泽均匀、厚薄一致、边缘平直，无翘边和鼓泡。

2）粘贴：脱胶不大于 20cm²，间隔不大于 50cm。

3）接缝：接缝严密、平整；焊缝平滑、无焦化、变色和焊瘤，凹凸小于 ±0.6mm。

4）水平度：表面对水平面或设计坡度的误差不大于房间相应面积的 0.2%。

5）平整度：2m 直尺平整误差不大于 2mm。

地面安装完后，保养期为 2 天（保养期内不得有重压），正常情况下，铺设结束后可以穿软底鞋进入。

3.2.7.3　BSL-2 暖通空调施工安装工艺

1. 施工准备工作

施工方要仔细察看设计图纸，深刻理解设计意图。根据设计要求和图纸会审记录及相关文件确定工程量，计算项目施工所需的材料、人工、机械。确定资金计划及机械进场计划和人员进场计划。根据现场条件确定人员进场时间及材料进场时间及批次。对设计和施工方面的疑问及建议应提前与业主沟通。合理安排施工前的其他各项准备工作。

2. 暖通风管施工顺序示意

法兰下料→法兰制作→风管清洁→风管吊装→风管试漏→风管保温。

3. 风管的严密性测试

风管系统安装完毕后，须进行严密性检验。全部风管系统都须经漏光测试及漏风量测试。柔性短管的安装应松紧适当，缝合处应做检查，安装后不能扭曲。风管水平安装时，直径或长边尺寸<400mm，支吊架间距<4m；直径或长边尺寸>400mm，支吊架间距不应>3m。风管垂直安装时，固定支架间距<4m。单根支管至少 2 个固定点。风管支架、吊架不宜设置在风口、门、检查门及自控机构处，离风口或插接管的距离>200mm。风管的严密性检验按高压系统风管的规定执行，全数检查。

4. 风管安装注意事项

材料设备进场后，开封、拆箱清点，核对供货单与装箱单。镀锌钢板和不锈钢板厚度不允许负公差（俗称下差板），须用卡尺抽样检查。不安装时，要采取临时保护防尘措施。施工现场已具备安装条件时，应将预制加工的风管、部件按照安装的顺序和不同系统运至施工现场，再将风管和部件按照编号组对，复核无误后方可连接和安装。

3.2.7.4　电气施工

1. 施工前的准备工作

施工方要掌握设计图纸的内容，领会设计意图。依据设计图纸中所选用的生物安全柜、培养箱、超低温冰箱和主要材料等进行统计，并做好材料准备工作，对采用的代用设备和材料要考虑供电安全及技术、经济等条件。考虑与主体工程和其他工程的配合问题，确定适宜的施工方法。为保证工程质量，不要破坏建筑物的强度和损坏建筑物的美观；为保证工程安全，注意与其他专业工程不发生位置冲突。同时要满足安全净距的有关规定，熟悉有关电力工程的技术规范并严格按其施工。

2. 电气施工顺序示意

电线、电缆敷设→电气安装→试验和调试。

3. 配电线路敷设应注意的事项

线缆桥架，管线敷设横平竖直，牢固美观，凡金属线槽、管、盒均应做接地（接头处用软铜线做搭接）。各金属线槽、线管，穿线口必须安装护口后再穿接电线。强电、弱电线缆须分开敷设。若受条件限制或一方数量较少时，可用线槽敷设，强电在下，弱电在上，并采取一定隔离措施。线槽及线管中严禁有线缆接头。穿线时根据施工图纸核对导线规格并分清线色：L1 为黄色线，L2 为绿色线，L3 为红色线，N 线为淡蓝色。PE 线为黄绿相间双色线。

3.2.7.5 给排水施工工艺

1）安装前的准备工作

施工方需结合施工现场，熟悉施工图纸，在楼层结构施工过程中，配合土建作穿墙壁和楼板的预留孔、槽，留孔或开槽尺寸宜符合下列规定：预留孔洞的尺寸宜比管外径大 50～100mm，暗埋管道的墙槽深度为管外径加 20mm，宽度为管外径加 40～50mm，架空管道管顶上部净空不宜小于 100mm。

2）安装施工顺序

安装前准备→确定管道长度→预制加工→插入管件卡压连接→干管安装→立管安装→支管安装→管道试压→消毒冲洗。

3.2.7.6 排水管道施工方法

排水管采用排水用 UPVC 管，雨水管采用承压 UPVC 管，承插黏接安装，安装方法相同。

1. 施工顺序

排水管道施工工艺流程如图 3-8 所示。

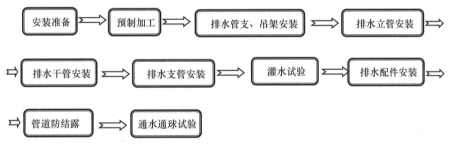

图 3-8 排水管道施工工艺流程图

排水管道系统的安装本着先干管后支管，先立管后水平管，由低到高，由里到外的原则进行。

2. 施工准备

1）施工前技术人员要根据施工图纸并结合现场的实际情况绘制出施工草图，主要根据设计的层高及各层地面做法厚度，管道的坐标、标高、坡度和坡向，管道甩口位置，管道直径，以及支、吊架设置的位置等来绘制施工草图。

2）排水系统所需主材有聚氯乙烯塑料管、管件，清扫口、检查口、地漏主材要求管材、管件壁厚均匀，造型规矩，不得有粘砂、毛刺、砂眼、裂纹等缺陷。管材和管件内外表面应光滑。

3）排水系统所需辅料主要有卡箍、橡胶密封圈、PVC 专用胶、防水油膏、型钢、丝杆等。排水管及其配套管件（弯头、Y 型三通、阻火圈、伸缩节等）、连接件必须采用国标产品，且具有统一的配合公差。

4）排水系统的安装在具备下述条件后开始，土建结构已验收合格，作业面清理干净，管道穿墙、楼板已按照要求预留孔洞，并校核修整完毕；室内墙体位置线及地面基准线已验收完毕；排水排出管道或埋地管道的安装要等到回填土回填到管底高度后开始。在结构施工期间及安装开始前组织施工人员做好预制加工工作。

3.2.8 我国 BSL-2 实验室设计与建造现状

检索到的文献表明,从 2006 年至 2018 年,不同地区和行业的相关部门对使用中的 BSL-2 实验室状况进行了多次调查,调查结果反映了我国在 BSL-2 实验室建设方面的现状和变化趋势。

以国家环境保护总局 2006 年 5 月 1 日施行《病原微生物实验室生物安全环境管理办法》(国家环境保护总局令第 32 号)为分水岭,BSL-2 实验室建设水平呈现出两个层次。2006 年之前设计与建造的 BSL-2 实验室建设标准不一,水平参差不齐,相当一些实验室的生物安全防护水平难以达标。2006 年之后建设或改造的 BSL-2 实验室基本达到标准要求。

2006 年起,不同地区或行业对在用的 BSL-2 实验室进行了调查,大多采取问卷和电话调查相结合的方式。调查结果陆续在专业期刊上发表。由于调查多是由研究机构或者管理部门组织的,针对实验室硬件设施的调查数据偏少,部分调查统计结果见表 3-4。

3.2.8.1 统计数据分析

对表 3-4 的调查数据进行分析,总结出如下信息。

从建造标准来看,多数项目的设计与建造依据 GB 50346《生物安全实验室建筑技术规范》和 GB 19489《实验室 生物安全通用要求》等国家标准,医疗机构的 BSL-2 实验室还会遵照 WS 233《病原微生物实验室生物安全通用准则》的要求。医疗机构的 BSL-2 实验室基本是净化环境。

从建造时间来看,建得越晚设施就越完备,合规性也越好。从建设地域来看,经济发达地区和口岸地区的 BSL-2 实验室数量较多,建设标准相对较高,如上海闵行区和浦东新区的调查数据所示。而西部偏远省份,如广西边境地区县级医院,22 家医院中仅有 9 家具备 BSL-2 实验室,应对突发公共卫生事件能力不足,风险增高。

从所属行业来看,各级疾病预防控制中心(简称疾控中心)几乎都有 BSL-2 实验室,且包括几种类型。例如,2014 年 1~10 月,有单位通过中国疾病预防控制中心的流行病学动态数据采集平台,向全国各地级疾病预防控制中心发放电子问卷进行调查(梁明修,2015),回收有效问卷 297 份,涵盖了东部、中部、西部、东北地区疾控机构所属的 BSL-2 实验室,其中常压、负压及兼有常压和负压的类型分别占 32%、11% 和 57%。

从类型来看,普通 BSL-2 实验室的数量较多,加强型 BSL-2 实验室较少。BSL-2 实验室中的 b2 类一般在医疗机构和省级疾控中心设置。

3.2.8.2 存在问题及建议

1. 存在问题

总结调查数据,我国现有 BSL-2 实验室存在的主要问题如下。

1)在早期建设的二级以下医院、民营医院设施不够完善,设备配置率偏低,缺少建筑分区、通风和房间压力控制、生物安全柜(BSC)、高压灭菌器、洗眼器等(上海松江区)。

2)实验性质与实验室级别不符 [甘南藏族自治州(以下简称甘南州)]。

3)存在过度建设、超标准建设问题。

表3-4　部分 BSL-2 实验室设计与建造调查数据

（"设有窗户及纱窗"及其后各列均属于"设计与建造情况"。）

序号	被调查地区或内容	被调查行业	调查年份	调查样本数量	设有窗户及纱窗 (%)	设自闭门 (%)	设门禁 (%)	设定向气流 (%)	防节肢、啮齿动物进入 (%)	清洁、缓冲、污染三区布局 (%)	常压 (%)	负压 (%)	常压负压均有 (%)	设通信工具 (%)	设生物安全标识 (%)	设二级生物安全柜 (%)	设高压灭菌器 (%)	设洗手池 (%)	设洗眼器 (%)
1	浙江省	疾控中心、出入境检验检疫、科研、教学	2006	162	68.5	13	23.5	38.9	33.3					63	71.6	100	100	88.3	33.3
2	贵州省生物安全二级（BSL-2）实验室现状调查	疾控中心、药检、教学	2006	67	83.58	7.46			35.82						50.75	41.79	83.58	83.58	13.43
3	31家临床实验室生物安全现况分析（上海市松江区）	疾控中心、医疗机构、采供血	2006		67.7	25.8				6.5						9.6	45.2		9.7
4	重庆市基层动物疫病预防控制机构实验室生物安全管理现状调查分析	兽医实验室 BSL-1 的禽流感、新城疫、猪瘟、高致病猪蓝耳病、口蹄疫、布鲁氏菌病、牛结核病等核体抗体的监测和普通细菌学检测工作	2009	39												部分	100		0
5	湖南省病原微生物实验室生物安全管理现状调查	疾控中心、医疗机构、采供血、教学	2010	132	52.3		65.2		62.1							84.1	87.9		
6	上海市某区（闵行）二级病原微生物实验室生物安全管理现况调查	医疗机构	2013	66	100	100				100					100	100	100	100	100
7	医院检验科中心实验室工程施工质量控制的几点体会（山东淄博市第一医院）	医疗机构	2013	1			100	100		100	100			100	100	100	100	100	
8	全国22个省（市）负压生物安全二级实验室的调查分析		2014	358			32.4	10.7	56.6			100							
9	27个省（自治区、直辖市）地级疾控中心		2014	290											100	100	100		
10	全国22个省（市）负压生物安全二级实验室建设现况的调查分析	疾控中心、药企、科研、教学	2014	358									100						
11	宜昌市生物安全实验室现状与分析	疾控中心、医疗机构、科研	2014	129		23.26	89.15	86.82		100				6.03	66.67	24.05	56.59	67.44	20.16
12	上海市某区（浦东新区）医疗卫生机构 BSL-2 防护实验室生物安全现况问题与对策	医疗机构	2014	85	85.4		100								100	100	100	100	100
13	II级生物安全兽医实验室建设心得体会	兽医实验室	2014	1			100			100						100	100	100	100

续表

序号	被调查地区或内容	被调查行业	调查年份	调查样本数量	设计与建造情况																
					设有窗户及纱窗(%)	设自闭门(%)	设门禁(%)	设定向气流(%)	设向防节肢、齿动物进入(%)	嘴清洁、污染三区布局(%)	缓冲间(%)	净化(%)	常压(%)	负压(%)	常压负压均有(%)	设通信工具(%)	设生物安全标识(%)	设生物安全柜(%)	设高压灭菌器(%)	设洗手池(%)	设洗眼器(%)
14	甘南州鼠疫实验室生物安全现状及管理对策研究	兽医实验室	2014	2		50	0									0	100	100	100	100	0
15	广西边境地区县级医院实验室应对突发公共卫生事件能力状况调查	医疗机构	2015	22																	
16	珠海市病原微生物实验室生物安全管理现状调查与分析	疾控中心、医疗机构、出入境检验检疫	2016	19	61.1	72.2	83.3		61.1								83.3	88.9	88.9	100	94.4
17	基层兽医实验室建设的思考及建议（新疆呼图壁县）	兽医实验室	2016	1														100	100		
18	呼伦贝尔市基层兽医实验室生物安全管理现状分析及对策	兽医实验室	2016	15														100	100		
19	综合性医院临床微生物实验室建设中须注意的问题（山东淄博市临淄区人民医院）	医疗机构	2016	1						100	100				100	100		100	100	100	
20	353个病原微生物实验室生物安全现状调查与分析	疾控中心、医疗机构	2017	239	98.28		85.6										86.54	94.62	93.1		64.57
21	食品微生物生物安全二级实验室建设研究	食品	2017	1		100	100	100			100	100					100	100		100	100
22	台州市 BSL-2 实验室管理现况与评估	疾控中心、医疗机构、药企、食药检验检疫	2017	47			89.36										74.47	100	80.85		95.74
23	县级兽医实验室管理现状分析（湖南邵阳隆回县）	兽医实验室	2017	9														100	100		
24	乌鲁木齐地区	医疗卫生机构		29													74.1				

4）兽医实验室布局不合理，污染区、清洁区和工作区划分不严格，未设门禁和内外通信装置等（呼伦贝尔市、甘南州、湖南邵阳隆回县）。

5）缺少独立的应急供电系统（呼伦贝尔市、湖南邵阳隆回县、新疆呼图壁县）。

6）缺少温湿度和除尘等环境控制设备，不能满足要求（新疆呼图壁县）。

7）微生物室的净化、分子生物学实验室的功能分区缺少科学规划。

8）实验仪器电源插口与实验室电源插座不匹配。

9）实验室房门尺寸、电梯轿厢尺寸及荷载未考虑仪器设备尺寸和重量，导致仪器运输、安装和更新困难。

10）设计时未注意防水和下水道处理，实验室出现渗水、漏水、反味等现象。

2. 问题分析

（1）社会经济发展水平的影响

BSL-2 实验室存在低风险的个体和群体危害，因此，需要配备生物安全柜、高压灭菌器、洗眼器等安全防护设备。早期 BSL-2 实验室，基本是十多年前建设的，受当时社会经济发展水平和投资额度所限，实验室硬件设施无法完全按照标准配置齐全，包括实验性质与实验室级别不符的问题，很大程度上是受经济因素的影响。

（2）对事物认识的局限

人们对任何事物的认识都会随着时代和科技的进步不断深入，建设的标准和要求也不断提高。国家标准和规范同样在不断地修订和完善。因此，以现行标准和规范衡量所有现存的实验室，必然会出现不达标的现象。实验室也要不断地整改以满足现行标准和规范的要求。

（3）实验室设计没经验、不专业

BSL-2 实验室与一般民用建筑相比较，具有较强的专业性和特殊性，因而只有具备相应设计资质和经验的设计团队，才是建造合格、达标实验室的重要保障。设计人员不懂工艺、不了解相应的规范、缺少生物安全实验室设计经验，出现实验室布局不合理、分区错误、土建设计不满足使用功能、机电系统设计缺失或不完善，是在所难免的。

3. 采取的措施

针对上述存在的问题，建议采取的措施如下。

1）按照相关国家标准和规范尽快对早期建设、不符合相关标准规范要求的 BSL-2 实验室进行改造。

2）严格按照工程建设程序进行设施建造。设计是关键，设计确定建造原则，发挥设计的先导作用，能够避免失误和建设过程中的返工。

3）重视实验室科学规划，坚持工艺设计先行的原则，严格划分污染区、半污染区（仅限医疗卫生系统）、清洁区和工作区。

4）明确实验仪器的型号和各项技术参数，如环境要求、发热量、功率、电源、尺寸、重量等参数，新排风、冷却水、实验气体等品种及数量需求，防水、防磁、防振动、防辐射、防光照、防吹风等要求，以及排放有害废气、废水、废物的名称、数量等。

5）对实验室送风的处理必须满足其环境条件要求，对排风的处理需要满足环境保护和生物安全相关法规要求。

6）注重细节，进行精细化设计。例如，根据实验仪器的参数和使用需求，在实验室围护结构、电源、电梯等方面相匹配，并且在设计上充分考虑运行维护及仪器设备的更换条件。

7）从硬件上加强对实验室废水、废气、固体废物的收集和处理，设置必要的存储设施，按照相关法规设计环保系统。

3.3 生物安全三级实验室

（A）BSL-3 实验室属于高等级生物安全实验室，虽然群体危害低，但具有高个体危害，在实验室建造时应实施一级屏障和二级屏障。

（A）BSL-3 实验室的防护愈加重要。防护的原则首先是在一级屏障中将污染控制在源头，通过二级屏障控制可能经由人为或意外事故导致的风险。

设计与建造的关键点包括：对围护结构的气密性要求，有序压力梯度和定向流要求，废气、废水、固体废物的三废处理要求。对于（A）BSL-3 而言，生物安全防护区内形成相邻房间的压力梯度和定向气流是必需的，围护结构的气密性要求根据实验室的类型有所不同。三废处理原则为废气通过高效过滤后排放，废水、固体废物采用高压灭菌处理，处理方式略有不同。

3.3.1 实验室类型

按照 GB 50346《生物安全实验室建筑技术规范》的规定，（A）BSL-3 实验室根据所操作致病性生物因子的传播途径可分为 a 类、b1 类、b2 类。分类标准同 BSL-2 实验室。

3.3.2 工艺土建

3.3.2.1 建筑规划

近年来，随着国家对生物安全的重视，越来越多的（A）BSL-3 实验室建成并投入使用。（A）BSL-3 实验室可以独立建设，也可以在实验楼内特定区域设置。如果（A）BSL-3 实验区包括兽医大动物 ABSL-3 实验室，则宜为独立建筑。

3.3.2.2 平面布局

（A）BSL-3 实验室平面布局明确区分辅助工作区和防护区，在建筑物中自成隔离区或为独立建筑物，有出入控制。防护区中直接从事高风险操作的工作间为核心工作间，人员通过缓冲间进入核心工作间。适用于操作通常认为非经空气传播致病性生物因子的实验室辅助工作区至少包括监控室和清洁衣物更换间；防护区至少包括缓冲间（可兼作脱防护服间）及核心工作间。适用于采用安全隔离设施的实验室辅助工作区至少包括监控室、清洁衣物更换间和淋浴间；防护区应至少包括防护服更换间、缓冲间及核心工作间。采用安全隔离装置的实验室的核心工作间不宜直接与其他公共区域相邻。（A）BSL-3 实验室工艺要求见表 3-5。

3.3.2.3 流线分析

合理规划实验室布局，很重要的一点就是要确定各种要素的流动方式，包括人员、动物、物品。每种要素在不同的区域可以被定义为洁净的、可能被污染的或确定被污染的。因此，在每个区域的设计中需要分别考虑采用不同的应对措施，保证所有的要素离开实验区域时都是干净的。进出（A）BSL-3 实验室防护区人员流动路线见图 3-9，物品流动路线见图 3-10，动物流动路线见图 3-11 和图 3-12。

3.3.2.4 室内装修

（A）BSL-3 实验室及 ABSL-3 a 类和 b1 类实验室地面材料通常采用环氧树脂或聚氨酯地面，墙及吊顶一般采用彩色夹芯钢板。

表 3-5 （A）BSL-3 实验室工艺要求

项目	BSL-3 中的 a 类	BSL-3 中的 b1 类	ABSL-3 中的 a 和 b1 类	ABSL-3 中的 b2 类
限制出入	√	√	√	√
授权进入	√	√	√	√
双人工作制	√	√	√	√
门上贴生物危害警告标志	√	√	√	√
带双面互锁缓冲间	√	√	√	√
气密性要求（GB 19489 要求 a、b1 烟感所有缝隙应无可见泄漏；b2 恒压法检测）				√
采用生物安全型双扉高压灭菌器灭菌	√	√	√	√
更衣	√	√	√	√
淋浴		√	√	√
化学淋浴				（√）
实验区气流由外向内单向流动	√	√	√	√
送风经粗、中、高效过滤	√	√	√	√
排风经高效过滤并可以在原位对排风 HEPA 过滤器进行消毒灭菌和检漏	√	√	√	√
排风经两级高效过滤				（√）
防护区内排水要经过专用灭菌系统处理	√	√	√	√
生命支持系统+正压防护服（BSL-4 的要求）				（√）

注：A BSL-3 中的 b2 类动物饲养间，应根据风险评估结果，确定人员防护是否采用生命支持系统+正压防护服，人员离开实验区是否采用化学淋浴及核心实验间排出的气体是否需要经过两级 HEPA 过滤器的过滤后排出（BSL-4 的要求）

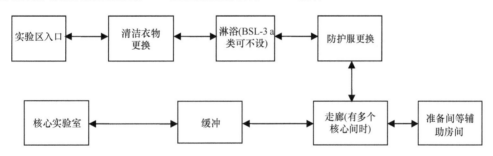

图 3-9　进出（A）BSL-3 实验室防护区人员流动路线示意图

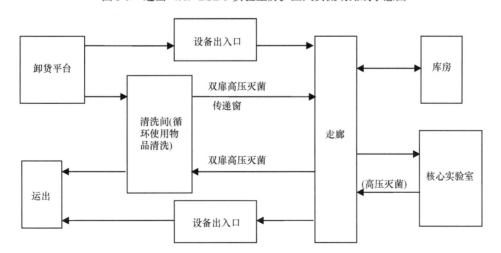

图 3-10　进出（A）BSL-3 实验室物品流动路线示意图

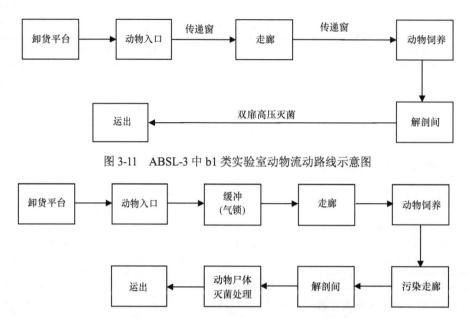

图 3-11 ABSL-3 中 b1 类实验室动物流动路线示意图

图 3-12 ABSL-3 中 b2 类实验室动物流动路线示意图

ABSL-3 b2 类实验室地面材料通常采用 PVC 地面或环氧树脂地面，墙及吊顶可以采用不锈钢焊接或者混凝土墙顶表面喷涂环氧树脂或聚氨酯涂料。

3.3.3 暖通

（A）BSL-3 实验室（BSL-3 和 ABSL-3），基本在疾病预防控制中心及农业、检验检疫、科研部门、高等院校和制药企业使用。

按照 GB 50346《生物安全实验室建筑技术规范》的规定，（A）BSL-3 实验室根据所操作致病性生物因子的传播途径可分为 a 类和 b 类。

3.3.3.1 室内环境参数

按照 GB 50346 的规定，（A）BSL-3 实验室的主要技术指标见表 3-6，其辅助房间的主要技术指标见表 3-7。

表 3-6 （A）BSL-3 实验室的主要技术指标

级别	相对于大气的最大负压（Pa）	与室外方向上相邻相通房间的最小负压差（Pa）	洁净度级别	最小换气次数（h⁻¹）	温度（℃）	相对湿度（%）	噪声[dB(A)]	围护结构严密性
BSL-3 中的 a 类	−30	−10						
BSL-3 中的 b1 类	−40	−15						所有缝隙应无可见泄漏
ABSL-3 中的 a 类和 b1 类	−60	−15	7 或 8	15 或 12	18～25	30～70	≤60	
ABSL-3 中的 b2 类	−80	−25						房间相对负压值维持在−250Pa 时，房间内每小时泄漏的空气量不应超过受测房间净容积的 10%

3.3.3.2 通风空调

通风是世界公认的防护设施中控制气溶胶的关键措施，避免工作人员、样本、实验及实验室外部环境受到含病原体和其他污染物的气溶胶影响。与防护设施中通风相关的因素包括定向气流、换气次数、邻室压差和风速。

表 3-7　（A）BSL-3 实验室辅助房间的主要技术指标

房间名称	洁净度级别	最小换气次数（h⁻¹）	与室外方向上相邻相通房间的最小负压差（Pa）	温度（℃）	相对湿度（%）	噪声[dB（A）]
主实验室的缓冲间	7 或 8	15 或 12	−10	18～27	30～70	≤60
隔离走廊	7 或 8	15 或 12	−10	18～27	30～70	≤60
准备间	7 或 8	15 或 12	−10	18～27	30～70	≤60
防护服更换间	—	10	−10	18～26	—	≤60
防护区内的淋浴间	—	10	−10	18～26	—	≤60
非防护区内的淋浴间	—	—	—	18～26	—	≤60
化学淋浴间	—	4	−10	18～28	—	≤60
动物尸体处理设备间和防护区污水处理设备间	—	4	−10	18～28	—	—
清洁衣物更换间				18～26		≤60

定向气流对高等级生物安全实验室风险防护起着至关重要的作用。在防护区内形成从清洁区向气溶胶污染区、从低污染区向高污染区的受控定向气流，对于防控气溶胶污染成效显著。国外对定向气流的研究表明，定向气流可以使一个空间到另一个空间的气溶胶浓度削减一个数量级。

换气次数通过控制空气流动速度并稀释气溶胶从而达到防控目的。各国普遍将实验室换气次数设计在 6～25h⁻¹，GB 50346《生物安全实验室建筑技术规范》规定的最小换气次数为 12～15h⁻¹，实际工程的换气次数多在 15～25h⁻¹。设计确定换气次数时，要考虑的因素包括：围护结构的气密性、实验性质、实验室内动物种类和数量、压力梯度、洁净度、局部排风设备等。也有研究者认为，防护区内核心实验间的风量不得少于 4500m³/h，压差至少−30Pa。

形成由外向内逐级的有序的邻室压差，即房间的压力梯度。压力梯度与定向气流是相辅相成的。正是因为压力梯度的存在，才形成空气定向流动。

房间风速是设计需要考虑的问题之一。在实验室的不同区域维持合适的风速，是防止气流过分扰动、控制污染扩散、保证人员舒适度的必要条件。

1. 通风空调系统设计原则

服务于（A）BSL-3 实验室设施的通风空调系统划分时通常要考虑以下因素：房间的风险程度及功能、室内仪器设备及其排风量、系统规模等。

一更、淋浴间、二更、环廊、缓冲间、核心实验间、解剖间的风险程度不同，在设施具有多单元实验室时使用时间亦有不同，系统划分时也是考虑的因素之一。

（A）BSL-3 实验室的通风空调系统主要设计原则如下。

1）应采用全新风直流式空调系统。

2）在污染区不得安装风机盘管和分体式空调机。

3）生物安全防护区内不得设置散热器。

4）穿越生物安全防护区处设生物安全密闭阀。

2. 空调系统

（A）BSL-3 实验室由于采用全新风系统，新风过滤一般设置三级空气过滤器，即粗效-中效-高效过滤器。在我国当前的大气环境质量较差的情况下，最好设置四级空气过滤器，其中，粗效-中效-亚高效过滤器设于空调机组中，高效过滤器设于末端。具体详见 BSL-4 实验室相关章节。

室外新风口设计原则如下。

1）新风口应采取有效的防雨雪进入措施。

2）新风口应设防虫网。

3）新风口下沿应高于地面 2.5m。

4）新风口需远离污染源，距离排风口的直线距离不小于 12m。

室内送风口设计原则如下。

1）送风口宜设于房间顶部或上部。

2）送风口应远离生物安全柜或气溶胶产生地点上方。

3）送风口尽量远离排风口并与排风口对侧设置。

3. 排风系统

排风系统设计原则如下。

1）排风口应设在室内污染风险最高的区域，单侧布置，远离送风口。

2）排风应经高效过滤器后排放，高效过滤器级别不应低于 H13，应具有原位检漏功能。

3）（A）BSL-3 实验室排风管道和高效过滤器应耐受实验室消毒剂的腐蚀，材质通常为不锈钢。

4）排风机与送风机应连锁，开机时先启动排风机，后启动送风机；关机时顺序相反；排风机应设备用。

3.3.3.3 房间压力梯度

对于（A）BSL-3 实验室围护结构，作为二级屏障，相邻相通房间需要维持一定梯度的负压差，目的是避免实验室内的污染物外泄。而形成负压差需要两个主要条件：房间的密闭性及送风量与排风量的差值。房间的密闭性是建立起压差的必要条件，房间的密闭性差无法稳定建立起房间之间的压差。而送风量与排风量的差值决定压力梯度的大小。

GB 50346 对 BSL-3 和 ABSL-3 中的 a 类、b1 类围护结构的密闭性要求是所有缝隙应无可见泄漏，可采用目测及烟雾法检测，但 ABSL-3 中的 b2 类围护结构的密闭性要求则是房间相对负压值维持在−250Pa时，房间每小时泄漏的空气量不应超过受测房间净容积的 10%；主实验室应采用恒压法检测。

压力梯度控制分为静态和动态两种情况。实验室正常运行是静态的，除此之外属于动态。导致实验室压力波动的因素较多，常见的情况如下。

1）气锁或缓冲间压差暂时降低。当两间不同压力房间相通之门开启时，压力值较低房间的压力将迅速上升，直至达到与压力值较高房间的压力一致。

2）控制系统偏离造成的压差暂时降低或升高。高等级生物安全实验室的控制系统庞大且复杂，任何控制系统都有调节精度和反应速度的制约，这就不可避免地会在其他压力变化时出现控制偏差和调节滞后。控制偏差可能导致压差升高或降低，必须限制在一定范围内，否则可能造成门无法开启，甚至对建筑设施本身造成损害。对于气密性屏障建筑来说，短时间、有限的压力梯度变化所带来的风险是有限的。

3）技术故障造成的压差暂时降低。如果排风机不正常而送风机正常运转，或者排风系统高效过滤器阻力过高，或者排风系统上的风阀故障关闭，都会导致实验室甚至防护区压力升高、超标，气密性屏障建筑将发挥至关重要的作用。

4）房间温度变化带来的压力超标。对房间进行熏蒸、使用电加热实验仪器、空调采用电加热方式、火灾等情况都会使得实验室内温度升高。使用福尔马林熏蒸对实验室消毒，电炉加热甲醛蒸发使得室温升高，但是此时不存在气溶胶风险。实验中使用电加热仪器，室温会升高；空调机组采用电加热方式对送风加热，导致室温升高；这两种升温可以通过围护结构的气密性和自控调节加以克服。发生火灾时，巨大的热量会导致压力骤然升高，若不加以控制，火灾对人身的危害可能要大于病原体泄漏，必须防范火灾。

围护结构的密闭性好有利于静态下防止泄漏，同时也使维持动态压力梯度的困难增加。当房间密闭性很高时，维持负压差的送、排风量差就越小，调节的范围也变小；开闭门时引起室内的压力波动更强烈，使得负压差难以维持和调节。设计上维持压力梯度的措施如下。

1. 设置泄压口或余压阀

位于艾奥瓦州的美国农业部 ABSL-3 实验室为了保证高气密性核心实验间的动态负压梯度，在实验室与防护走廊的隔墙上设置带高效过滤器的余压阀，提高房间压力的稳定性和调节性，见图 3-13。

图 3-13　（A）BSL-3 实验室泄压口（Mani et al.，2007）

2. 在保持总送风量不变的前提下调整实验室与缓冲间的送风比例

天津大学的凌继红等 2016 年采用 BSL-3 实验室的 1∶1 实体模型实验后发现，若要在开门和关门状态下均避免核心实验间的污染物外泄，在保持该套实验室及其缓冲间总送风量不变的前提下，通过将核心实验间的送风量 $300\sim400\text{m}^3/\text{h}$ 转移至与之相通的缓冲间，使得二者相通的门口处由外向内的断面风速维持在 0.08～0.10m/s 时，可以有效实现门开关过程中从缓冲间向主实验室的定向气流流动，避免实验室污染气溶胶外泄。

3. 采用并联安装的大小两个风阀对送风量粗调与微调

房间的送风分为大、小两支并联送风管，并在风管上相应安装大、小两个风阀。风量和尺寸大的支风管用于风量粗调，风量和尺寸小的支风管用于风量微调，此法易于对压差变化迅速做出调节反应，在国内外实际中均有应用。一些控制风阀制造商，如菲尼克斯公司、西门子等还申请过专利。

4. 降低开关门对气流的卷吸作用允许实验室瞬时升压

通过控制核心实验间开门速度，降低开关门对气流的卷吸作用，使得实验室瞬时升压，但压力升高的程度一般在可控范围内。里面气流不向外泄漏。在美国最近 10 年建造的工程中有所应用。

5. 通过门和缝隙的设计维持门两侧压差平衡

经过详细计算，采取在设计上预留门缝或其他措施控制门两侧房间的气流方向，从而达到所需的压力梯度。

送风量与排风量之差形成了压差，差值的大小决定了压力梯度的大小。在气密性屏障中，保持 20～30Pa 的压差可以满足防护要求。而达到这个压差所需要的送排风量之差可以通过缝隙法计算房间的漏风量得到；工程上，当送排风体积流量差为 10%~15%时，通常能够形成上述压差。

3.3.3.4 气流组织

气流组织既是影响空气中污染物粉尘及细菌扩散的重要因素，又是影响定向气流流型的重要因素，是暖通工程设计必不可少的环节。国内学者和技术人员对于 BSL-3 实验室的气流组织形式一直存在不同看法，并且随着时代的发展、生物安全实验室建筑结构形式的变化、认识水平的提高而有所变化。

这一点在国家标准和规范的修订上也有所体现。例如，GB 50346《生物安全实验室建筑技术规范》2004 版第 5.4.3 条规定：气流组织应采用上送下排方式，送风口和排风口布置应使室内气流停滞的空间降低到最小程度；第 5.4.6 条规定：高效过滤器排风口下边沿离地不宜低于 0.1m，且不应高于 0.15m；上边沿高度不宜超过地面之上 0.6m。而在 2011 版，上述内容的规定则改为"生物安全实验室气流组织宜采用上送下排方式，送风口和排放口布置应有利于室内可能被污染空气的排出。饲养大动物生物安全实验室的气流组织可采用上送上排方式"。

一些学者对于上送下排的气流组织多数不认可。2005 年 2 月天津大学高立江和孙文华在《用 CFD 方法评价 P3 生物安全实验室》中对 BSL-3 实验室的气流组织形式研究进行 CFD 模拟，其模型见图 3-14，还将模拟结果与实际检测结果作了对比，表明实验室悬浮粒子、沉降菌和风速均合格。他们推荐"气流组织方式尽量采用双向上送下回形式（如本工程所采用的形式），在人员活动的范围内（2m 以下）都能满足规范要求，并且尽量避免死角以减少形成涡流区的可能"。

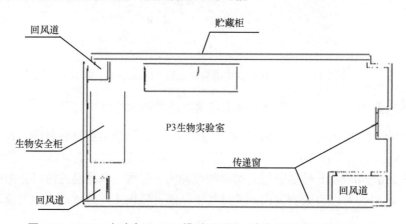

图 3-14 BSL-3 实验室甲 CFD 模型平面图（高立江和孙文华，2005）

2006 年 5 月中国农业大学马宗虎在题为《BSL-3 主实验室气流组织状况的数值模拟研究》的论文中写道"BSL-3 实验室在设计形式上采用上送下排，确保气流以最快的速度排走，尽量减少涡流和回流。形成一种由送风到排风的定向气流"。他所模拟的实验室模型剖面图和平面图分别见图 3-15、图 3-16。

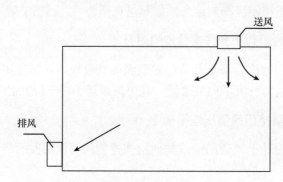

图 3-15 BSL-3 实验室乙模型剖面图（马宗虎，2007）

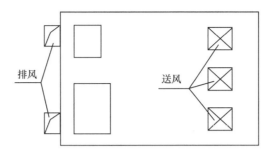

图 3-16　BSL-3 实验室乙模型平面图（马宗虎，2007）

从模拟结果中分析得出以下内容。

1）菌含量与室内洁净度和尘埃粒径正相关，在正常的情况下，对尘埃粒子浓度进行控制，同时也可以实现对菌浓度的控制。

2）实验室的负压越大，越会形成更好的定向气流形式，但门缝的渗风速度也会加大，对送风产生扰动，使室内的气流速度分布不均匀；反之负压小，会引起地面二次扬尘。从数值模拟的综合分析可得出，–50Pa 压力下有更好的定向气流形成。

中国建筑科学研究院空调所许钟麟、张益昭、曹国庆等在发表的题为《关于生物安全实验室送、回风口上下位置问题的探讨》《生物安全实验室气流组织形式的实验研究》和《生物安全实验室气流组织效果的数值模拟研究》的论文中指出实验室模型尺寸为长 5.0m、宽 3.0m、高 2.5m，送风口及排风口均为 500mm×500mm，位于房间中部，相距 2.5m，见图 3-17。

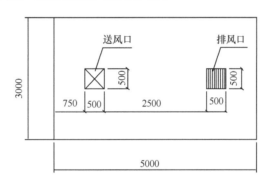

图 3-17　BSL-3 实验室丙模型平面图（张益昭等，2006）

图中数据单位为 mm

三篇论文阐述的观点如下。

1）上送上回和下送上回都可能在呼吸带附近或其他地点形成污染，只有上送下回才能把产生的污染迅速压向呼吸带和发生点以下，减少操作者的风险，是最可取的气流组织。

2）我国相关标准的规定是正确的，关于污染控制和洁净技术的一般原则也是正确的，不能因为上送上回没有出现问题、简易方便而认为是生物安全实验室最好的气流组织。

3）生物安全实验室就是为了保证在万一发生致命微生物气溶胶泄漏事故时能实现有效防范，因此，生物安全实验室气流组织形式的确定也应立足于防范这个"万一"。

4）与上送上排相比，上送下排在发生气溶胶泄漏时，呼吸区气溶胶浓度相差 70 倍左右，上送下排的浓度远低于上送上排。因此，气流组织形式对于生物安全实验室的实际通风效果具有决定性的作用。

5）有害气溶胶发生泄漏时，上送下排的自净时间仅是上送上排的一半左右。

6）上送下排的气流组织形式符合生物安全实验室规范中定向气流的原则要求，而上送上排易形成气流短路和气流弯曲，不太符合定向流的原则。

7）上送下排应是生物安全实验室中首选的气流组织形式。若由于工艺或建筑施工的原因无法做到上送下排时,那么可在增加良好的个人防护的条件下,采用上送上排。

8)数值模拟结果表明上送下排形式对室内污染物的控制与排除效果明显优于上送上排,与实验结果一致,说明气流组织形式的选择对于生物安全实验室的实际通风效果具有决定性的作用。

国家生物防护装备工程技术研究中心李艳菊等于2007年也采用CFD技术、用Fluent软件对上送下排、上送上排两种不同的气流组织方案进行了数值模拟,研究了两种不同气流组织下,生物安全实验室内部的速度场、浓度场、压力场的分布,分析了送风口、排风口的速度场、压力场的衰减。仿真模型尺寸为5.6m×3.6m×2.3m,模型顶部布置4个风口,下侧布置2个风口,见图3-18。

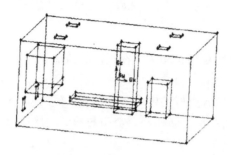

图3-18　BSL-3实验室丁仿真模型图(李艳菊等,2007)

该模拟实验得出的结果在其发表的《CFD在生物安全实验室气流组织研究中的应用》论文中提出,具体如下。

1)采用相同的送风速度,上送下排气流组织形式局部涡流较小。

2)送风速度过大,气流在接近地面处会出现下涡流,可能引起颗粒物反弹。

3)相同的送风速度下,在垂直界面上,上送下排形式较上送上排形式能形成更好的定向流;在水平界面上,两种形式均可形成从洁净区向污染区的定向气流。

4)生物安全柜作为局部排风设备,放置于靠近排风口的位置,有利于整体气流组织的优化。

2008年天津大学李江龙等对BSL-3实验室上、下两种排风方式的特点进行了研究,将实验与数值模拟相结合,根据实验数据修正数学模型,利用Fluent软件进行计算,重点对空气龄、换气效率、自净时间等评价指标进行了提取和处理,对两种气流组织方式的实验数据及计算结果进行了分析比较。模型实验室总面积26m²,层高2.8m。送风口尺寸为500mm×500mm,共3个,排风口为500mm×350mm,共4个,实验室尺寸及布置见图3-19,结论如下。

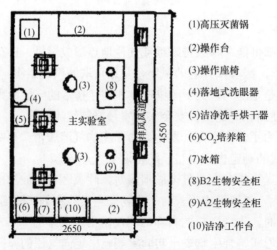

(1)高压灭菌锅
(2)操作台
(3)操作座椅
(4)落地式洗眼器
(5)洁净洗手烘干器
(6)CO₂培养箱
(7)冰箱
(8)B2生物安全柜
(9)A2生物安全柜
(10)洁净工作台

图3-19　BSL-3实验室戊平面布置图(单位:mm)(李江龙等,2008)

1)两种排风方式在室内换气次数均为20h⁻¹的情况下,上送上排方式室内平均空气龄与换气效率均优于上送下排方式。

2）相同的换气次数下，上送下排方式在高浓度时室内粒子衰减较上送上排方式快，但总的衰减时间相差不大，即二者自净时间相同。

设计压力为–60Pa。高效过滤器送风口为 Gf 型，均匀布置在房间顶板正中，排风口为单层百叶排风口，位于主实验室一侧的壁板上，在实验操作区域上形成了均匀的气流。平均风速值小于 0.2m/s，不会对实验操作产生扰动。但在靠近门口的区域，由于门缝的进风速度很大，在门缝一侧形成了 1 个涡流区，涡流区对靠近门口送风口的送风流线产生一定扰动，而这种扰动会对定向气流的形成产生影响。

通过速度场的模拟结果可以看出，应用此风口的实验室在室内能够形成较好的气流分布方式。污染颗粒运动轨迹的模拟结果表明，影响污染颗粒流动特征和分布形态的主要因素是实验室内气流的分布状况。设计中尽量选择专用送、排风管道的生物安全柜，这样可以大大降低对室内的吸风量，从而使工作环境更加舒适。

此外，应对门缝的射流引起足够的重视，采取必要的减缓措施，否则会对实验室内的定向气流产生一定的扰动。

GB 50346《生物安全实验室建筑技术规范》规定，实验室内的气流组织采用上送对侧排的形式。气流应能顺利地由"洁净"空间向"污染"空间定向流动，尽量减少涡流。

关于定向气流，目前大多数研究者都认可定向气流在高等级生物安全实验室中的防护作用，认可房间送风口与排风口应对侧设置，且排风口设于污染程度高的区域，送风口设在污染程度低的区域。2010年以前，对于排风口的位置设在房间上部还是下面有所争议。随着研究的不断深入，以及对国外实验室考察的增多，2011 年版的 GB 50346 已经完全确认上送上排的气流组织形式在高等级生物安全实验室的应用。

3.3.3.5　主要设备选型

BSL-3 实验室采用的通风空调设备具有区别于舒适性通风空调系统的特殊性，主要的设备及部件有空调机组、高效过滤器、实验室风量控制阀、风管和风口、排风机，具体详见 BSL-4 实验室相关章节。

3.3.3.6　消防措施

GB 19489《实验室 生物安全通用要求》中关于消防的规定：第 5.2 条，"实验室的防火和安全通道应符合国家的消防规定和要求，同时应考虑生物安全的特殊要求；必要时，应事先征得消防主管部门的建议"；第 7.22 条，"在实验室内应尽量减少可燃气体和液体的存放量""可燃气体或液体应存放在经批准的储藏柜或库中，储存量应符合国家相关的规定和标准。"

GB 50346《生物安全实验室建筑技术规范》中关于消防的规定：第 8.0.7 条，"BSL-3 和 BSL-4 实验室防护区不应设置自动喷水灭火系统和机械排烟系统，但应根据需要采取其他灭火措施"；第 8.0.8 条，"独立于其他建筑的 BSL-3 和 BSL-4 实验室的送风、排风系统可不设置防火阀"。

2013 年赵侠对防火阀、生物型密闭阀和生物安全防护区的消防做法有论文阐述，主要观点是，防火阀安装在通风、空调系统风管上，平时开启，火灾时当风管内气体温度达到 70℃时，易熔片熔断，阀门在扭簧力作用下自动关闭，在一定时间内能满足耐火稳定性和耐火完整性要求，是起隔烟阻火作用的阀门。防火阀关闭时，可以输出关闭信号至消防控制室。

防火阀的工作原理是采用易熔合金进行温度控制，利用重力和弹簧机构的作用关闭阀门。火灾时，烟气或火焰入侵风道，高温使阀门上的易熔合金熔解，或使记忆合金产生形变使阀门自动关闭。防火阀的作用是防止火灾时的烟气和火焰沿风管流动，应用于风道与防火分区贯穿的场合。防火阀的制造要求：阀体叶片为钢板，厚度为 2～6mm，阀体为不燃材料制作，转动部件采用耐腐蚀的金属材料，并转动灵活。阀门的外壳厚度不得小于 2mm。易熔部件应符合消防部门的认可标准。一般要求防火阀的绝缘电阻>20Ω，耐火时间>90min。防火阀需要经过温感器试验、关闭可靠性试验、盐雾试验、环境温度下的漏风量试验以及耐火试验共 5 项试验后，才能确定是否合格。防火阀在环境温度下单位面积的漏风量（标准状态）不应大于 700Nm³/（m²·h），如果达到 GB/T 9978 中 3.1 条的受热条件而单位面积的漏风量（标准状态）大于 1000Nm³/（m²·h）时则判定为不合格。防火阀的安装地点参见《建筑设计防火规范》GB 50016—2014 第 10.3.12 条的规定。

1. 生物型密闭阀的作用和制造

生物型密闭阀的作用是需要时（如事故、消毒、停运期间等）实现防护区与外环境之间的隔离，同时防止气体在不同区域间的串通。因此，生物型密闭阀应视为其所在部位结构完整性的一部分，密闭性能要符合其所隔离部位的要求。其功能首先是满足密闭性要求，其次是耐腐蚀、耐老化、耐磨损。国外某公司的生物型密闭阀阀体、盘片、转动轴、联动装置材料都是 304 不锈钢，密封材料为高品质硅橡胶，耐温范围在–40～93℃。在 2500Pa 的测试压力下，按照 ASME N510 中规定的测试方法，阀片沿圆周方向每英寸（25.4mm）的泄漏率不超过 0.029ft³[①]/min（1.894m³/h）。密闭阀法兰与风管的连接密闭性能满足 ASME N509 和 ASME N510 要求。密闭阀整体在 2500Pa 压力下进行测试，每分钟泄漏率不超过整个阀体容积的 0.05%。其使用寿命不低于 1 万次启闭。

2. 空气采样早期烟雾预警系统

火灾早期预警系统采用具有高感应光子搜寻能力的光子分析侦测仪，能侦测到物质高热分解出的微粒子，在火灾的预燃阶段（30～120min）发出警报，从而尽早地避免火灾的发生。空气采样式火灾探测器的灵敏度为 0.0015%～25%obs/m（传统探测器一般为 5%obs/m），远高于传统值。

3. 生物安全防护区的火灾风险和人员防护水平

高等级生物安全实验室的核心区采用不燃材料装修，家具和仪器设备几乎都是金属或塑料制品，可燃物很少。房间内人员数量也很少，火灾风险不高。澳大利亚动物卫生研究所的风险评估显示，其火灾评估模块中的火灾风险不高。生物安全防护区内多数人员配有呼吸防护装备，包括正压面罩、个人呼吸器和正压防护服，也有人佩戴 N95 口罩。只要有足够的撤离时间，内部人员就可以安全疏散，然后密闭防烟。

4. BSL-3、BSL-4 实验室防护区的消防措施

对于高等级生物安全实验室的生物安全防护区，火灾时宜采取密闭防烟措施。生物安全防护区应划分为一个独立的防火分区，通风、空调系统应设置早期烟雾预警系统，核心实验间内设 CO 浓度探测和声、光报警设施，取代机械排烟系统；同时，以经消防部门备案认可的自动生物型密闭阀代替通风空调系统的防火阀，空调机组和风管保温采用 A 级不燃材料。

3.3.4 电气、自控设计

3.3.4.1 电气设计

1. 用电负荷等级划分

BSL-3 实验室范围内的照明、插座、弱电、送排风机、自控系统、生命支持系统、化学淋浴等重要的设备为一级负荷供电，其他负荷均属二级负荷供电。

---

① 1ft³=2.831 685×10⁻²m³

2. 供电电源

BSL-3 实验室供电电源应满足实验室所有用电要求，并应有冗余。重要的负荷设备设置不间断电源（UPS），集中供电，电力供应至少维持 30min。

3. 低压配电系统

BSL-3 实验室重要负荷采用放射式配电系统，选用阻燃铜芯交联电力电缆作为配电干线，消防设备线路选用铜芯阻燃绝缘线缆。敷设方式为沿电缆桥架敷设。一层配电室设置总配电箱，按功能分区设置分区配电箱，进行分区控制。区域内消防及应急疏散照明电源直接连接到不间断电源上。

供电电压为三相五线制 380V/220V，使用电压电力为 380V/220V，照明为 220V。实验室内照明、插座、弱电、送排风机、自控系统、生命支持系统（BSL-3 实验室无）、化学淋浴（BSL-3 实验室无）等系统配备不间断电源，电力供应时间 30min。

4. 照明系统

主要场所的照明标准均按国家有关规范选取。其中实验室主要区域照度：主实验室 300lx，辅助区域为 300lx；其他区域按国家标准规范选取。

BSL-3 实验室内照明采用不锈钢 LED 吸顶式密闭洁净日光灯，核心区同时设置动物照明，所有灯具均为吸顶安装，使用密闭性好的线缆。其他区域采用铝制 LED 洁净灯具，吸顶或嵌入式安装。

实验室内照明和动物照明在监控室内用定时开关控制时间起停或者在监控室集中控制起停，其他区域照明采用就地控制方式。

5. 动力设置

BSL-3 实验室所有动力设备均采用放射式直供电方式供电，控制设备均设置在现场控制箱中。送排风机采用变频启动的方式。所有设备控制装置均配有供消防联动控制的接口，便于消防联动控制。

动力干线和支干线采用 ZR-YJV-0.6/1KV 型电缆沿桥架和穿钢管敷设的方式。动力支线穿管线路沿墙、吊顶内暗敷；照明配电支线采用 ZR-BV-500-2.5 型铜芯线穿铁质电线管沿墙、吊顶内暗敷，弱电回路导线均沿桥架或穿管吊顶内暗敷。进入实验室区域内的线缆均要求使用密闭性好的线缆，满足实验室气密性的要求。

落地式配电柜安装在 10# 基础槽钢上，小型动力配电箱挂墙安装，高度为箱底边距地 1.50m。电气设备安装参见国标图集 04D702-1《常用低压配电设备安装》，灯具安装参见国标图集 03D702-3。

6. 防雷及接地保护

BSL-3 实验室在低压进线总配电箱处设置浪涌保护器，防雷击电磁保护级别为 C 级。低压配电系统的接地方式采用 "TN-S" 系统，凡正常的不带电的一切金属外壳均可靠接地。与弱电系统联合接地时，其接地电阻值不大于 1Ω。所有进出建筑物的金属管线，上、下水管路，屋顶金属设备的外壳均应与建筑物内钢筋可靠焊接，形成一个总等电位接地体。

7. 火灾自动报警

BSL-3 实验室按消防设计：建筑物所有区域均装设火灾报警探测器，采用控制中心集中报警控制方式，可与整个园区内的消防中心进行联动。

3.3.4.2 自控设计

自动控制是 BSL-3 实验室安全有效运行的重要保障。控制系统有直接数字控制系统（direct digital

control system，DDC）、集散控制系统（distributed control system，DCS），以及可编程逻辑控制器（programmable logic controller，PLC）。通风空调系统自动控制地点主要包括生物安全柜等局部排风设备、生物安全实验室和实验室辅助房间；控制内容主要包括室内环境参数、压力梯度、定向气流、启停连锁、备用机切换、冷热源等控制和调节。

1. 网络及通信系统

BSL-3 实验室应分别设置有线电话及网络系统。在各功能间均设置六类终端数据信息插座（CAT6），面板采用 86 型面板，系统数据、语音线缆均采用非屏蔽六类 UTP 铜缆；进入实验室区域内的线缆均要求使用密闭性好的线缆，满足实验室气密性的要求。

通信系统应满足以下要求。

1）为了保证通信的可靠性、安全性以及满足多种通信要求，应设置独立的综合业务数字程控交换机。

2）通信系统含内线电话、外线电话，生物安全区设置内线电话、传真电话，公共区设置公用外线电话，其他地方根据功能配置内线电话、外线电话端口。

3）为了满足生物安全实验区域的内部通信要求，在生物安全区传递窗内外、动物入口处设置内部对讲分机，在首层中心控制室设一台对讲主机，通过总线的连接实现中央控制室、生物安全实验室、内走廊三方对讲功能。所有分机应均有免提功能，方便实验室工作人员在实验操作过程中随时与有关人员进行通话交流。内部对讲系统应采用向内通话受控、向外通话非受控的选择性通话方式。

4）在实验室为了便于身着正压服研究人员与实验室外部人员之间双向电话通信，应在实验区设置无线通信系统。

网络设备机房设置在首层，计算机网络系统包括内网系统和外网系统，内、外网在网络链路上进行物理隔离，内、外网网络设备分别设置，布线采用一套系统。

2. 视频监控系统

BSL-3 实验室的所有关键部位应设置监视器，可实时监视并录制实验活动情况和实验周围情况。监视设备应有足够的分辨率，影像存储介质应有足够的存储容量。

在 BSL-3 实验室实验楼的主入口、各实验区入口、环廊、走廊、生物安全实验室、电梯轿厢、室外等处应设有摄像机进行监控及记录。生物安全实验室室内及室外可选用彩色球形一体化摄像机，动物实验室除室内屋顶设置一个彩色球形一体化摄像机进行总体监视外，也可在动物围栏处设置彩色固定式摄像机。摄像机应有足够的分辨率。视频安防监控系统应采用 UPS 集中供电方式为系统设备供电。

监控系统的前端设备应由半球摄像机、枪式摄像机及快球摄像机组成；通过视频光端机将信号传输回中央控制室内。视频信号通过视频分配器一路连接至视频存储设备——硬盘录像机，另一路连接至视频控制显示设备——矩阵切换控制器。中央控制室内设矩阵控制器、硬盘录像机、监视器等，设专人职守。可自动时序切换监控图像，也可手动定点监控某些图像，监控系统应有回放功能，并有硬盘录像记录备查，所有摄像机均有录像。系统记录的图像信息应包含图像编号/地址、记录时间和日期。

3. 门禁系统

BSL-3 实验室所有主出入口设置门禁管理系统。只有经过授权的人员才能进入实验室。门禁系统与火灾报警联动，火灾报警时迅速解除所有出入口门禁的闭锁。实验室内所有的门设有连锁装置，防止两扇门同时打开，紧急情况时，实验室内所有的门一定要处于可开状态。

4. 高效自控系统

自控系统可采用 PLC 控制，也可采用 DDC 控制，主控制器均应设置冗余系统，保证系统运行的安全稳定性。自控系统应能保证各房间之间气流方向的正确性及压差的稳定性，且具有压力梯度、温湿度、连锁控制、报警等参数的历史数据存储显示功能，自控系统控制箱应设于防护区外。各实验室外和核心实验间内应配有用于显示房间详细信息的显示屏，以便可以在实验室内外随时看到如房间压力、送排风量、房间温湿度、门状态等信息。中控室内设置自控系统的管理工作站，实时监控实验室相关各种设备的运行状态和实验室的环境运行参数，实现集中管理、分散控制的建设原则。

通风空调系统的自动控制纳入楼宇自控系统，控制范围包括空调机组，袋进袋出过滤器单元，以及各种阀门的控制。所有设备皆能自动和手动操作及就地开关。实现各种设备和送、排风机自动启停及各种工况切换的控制，控制器通过传感器采集各实验室内的压力信号，调节电动调节阀、变频器及电加热和电加湿器以实现各实验室内的压力要求及温湿度要求。

在实验室入口处的显著位置、控制室均设置压力梯度控制和显示装置，显示实验间负压状况。当有关数值超出设定值出现非正常的状况，监控系统应发出声光报警信号警告实验人员。能自动和手动控制空调系统，应急手动功能优先，且具备硬件连锁功能，防止实验室出现正压。

启动实验室通风空调系统时，应先启动排风机，后启动送风机；关停时，应先关闭生物安全柜等安全隔离装置和排风支管密闭阀，再关闭送风机及密闭阀，最后关闭排风机及密闭阀。

自控系统通过网关读取系统内相关设备的运行状态及运行参数，达到监测和控制的目的（活毒废水处理系统、生命支持系统等）。

3.3.5　给水排水与气体供应

3.3.5.1　给水概述

1）BSL-3 实验室给水干管应设在辅助工作区。

2）BSL-3 实验室防护区的给水管道应设置防止倒流污染的装置，大动物 ABSL-3 实验室可由断流水箱供水。

3）～ 6）条详见 BSL-4 实验室该章节内容。

3.3.5.2　给水系统简介

生物安全实验室的楼层布置通常由下至上可分为下设备层、下技术夹层、实验室工作层、上技术夹层、上设备层。为了便于维护管理、检修，干管应敷设在上、下技术夹层内，同时最大限度地减少生物安全实验室防护区内的管道。为了便于对 BSL-3 实验室内的给水排水和气体管道进行清洁、维护与维修，引入 BSL-3 实验室防护区内的管道宜明敷。

防护区的给水系统详见 BSL-4 实验室该章节内容。

3.3.5.3　给水系统技术要求

详见 BSL-4 实验室该章节内容。

3.3.5.4　排水

1. 排水概述

详见 BSL-4 实验室该章节内容。

2. 排水系统技术要求

详见 BSL-4 实验室该章节内容。

3. 排水系统的维护

详见 BSL-4 实验室该章节内容。

4. 活毒废水处理措施

（1）概述

随着中国科学技术的发展，对实验室的需求越来越多，特别是近十几年来，各类实验室建设数量不断增加。从实验室的分布来看，主要集中在中等院校、高等院校、科研院所、医疗机构、生物制药、疾控、环监、产品质检、药品检验、血站、畜牧、医院等，区域分散，废水排放量不大，其污染易于被忽视。而企业内部实验室的污染问题可归纳为企业的环保问题，易于被各级环保部门重视，企业在处理自身的环保问题的同时，污染问题也得到了相应的处理。

生物安全实验室实际上是一类典型严重的污染源，污染物常常被人们忽视，实验室建设得越多，污染的总量越大。在我国，实验室产生的废水一般不经处理或简单处理后直接排入地下污水管网，送到大型生活污水处理厂集中处理。由于实验室污水成分复杂，特别是含有大量的细菌、病毒、虫卵等，生活污水处理厂的设施对其"无能为力"，最后只能排入江河。这些实验室，尤其是在中心城区和居民区的生物实验室对环境的危害特别大，因为历史的原因，许多生物安全实验室的排水管道与居民的排水管道相通，污染物通过下水道形成交叉污染、急性传染和潜伏性传染最后流入江河或者渗入地下，可能通过多种途径进入人类的食物链。因此生物安全实验室废水的直接排放对水资源和环境的危害不可估量。

生物废水灭活处理设备是利用高温灭菌的原理，将废水加热至121℃甚至更高将其中含有的细菌、病毒杀灭，以防止其污染环境。

（2）生物废水灭活处理设备技术发展

早期的生物废水处理大多数采用的是生物接触氧化处理系统，见图 3-20，最后经过氯消毒后排放，但是这一过程中不能有效地将所有的病原微生物都杀死，因此，目前国外采用的比较好的杀菌方法是在进行接触氧化处理时先采用高温方法将废水中的病毒杀死，而后进行接触氧化处理，可以达到更好的效果。但是目前国内做生物废水高温灭菌的很少，大部分是国外产品。

图 3-20　早期的生物废水灭活处理设备

近几年来，国内生物废水灭活处理设备设计历经了多次改进后，达到了目前国际上通用的型式，见图 3-21。现在主要采取高温灭活的方式，用蒸汽将废水加热到一定的温度进行灭活。另外利用高效的生物过滤器截留细菌、病毒和孢子，确保从罐体排出的气体是无害的。目前的生物废水灭活处理设备可以有多种样式，但基本原理都基于湿热灭菌来实现其功能。

a. 湿热灭菌技术

系统为全自动控制，能够在手动与自动之间进行切换，自动运行时系统可根据已设置好的工艺自行工作，工艺流程包括进废水、停止进水、升温、灭活计时、灭活完毕、冷却、排放废水灭活完成。切换成手动工作时，用户可自行操作。

进废水时由液位控制，达到一定的液位后，自行停止，液位可在操作界面设定。手动操作时会设置高、低液位报警，保证设备正常运行。

灭活时通过向罐内通入蒸汽，以蒸汽喷射器汽水混合方式进行加热，蒸汽使用点配备疏水阀，并能够手动控制。

图 3-21　中国食品药品检定研究院 BSL-3 实验室生物废水灭活处理设备

当达到灭活温度时，开始保温程序，此时间歇性地通蒸汽，起到保温作用，同时罐体内利用蒸汽喷射器的均匀传热作用能迅速、高效地完成加热灭活工艺。

生物废水高温处理系统具体工艺流程如下。

生物废水先通过自流方式进入收集罐，收集罐进水口前端设置篮式过滤器（一用一备），可截留废水中的颗粒残渣。设有蒸汽在线灭菌功能，灭菌之后可进行清理。当收集罐达到预定设置值后，废水通过管道泵进入灭活罐进行灭活程序，灭活罐程序分为进液—升温—灭活—降温—排液 5 个阶段。

进液：废液进入灭活罐，通过液位计控制，当灭活罐内的液位达到设定值时，进液停止。

升温：当进液停止后通过向罐体底部的蒸汽喷射器通入蒸汽对废水进行升温，并使废水中的温度均匀。灭活罐温度传感器的温度达到灭活温度（121℃）时，转入灭活程序。

灭活：废水在设定的温度时，持续一定时间（30min）后，转入降温程序。

降温：灭活罐排水阀打开，废水通过列管式换热器循环降温，排放管道上设置温度传感器，如废水温度高于设定排放温度将再次回到灭活罐。当废水温度降到 50℃时降温完成。

b. 在线清洗（CIP）技术

在线清洗工艺流程如下。

当设备需要清洗时，可自行配置清洗液进行循环清洗，清洗程序可分为配清洗液—加热—循环清洗—循环水洗—排放 5 个阶段。

配清洗液：首先灭活罐进清水阀打开，注入清水（通过液位进行水量控制），然后将一定量的清洗液（30%浓碱）通过隔膜泵注入灭活罐，此时配液过程结束。

加热：向存有清洗液的罐体内部通入蒸汽进行升温，到达指定温度（60～70℃）时加热过程结束。

循环清洗：清洗液在管道泵的作用下对灭活罐和收集罐（顶部装有喷淋球）进行循环冲洗，时间长短可通过程序进行设定。

循环水洗：清洗完毕后，通过废液排放管路流出，清水再次进入灭活罐，并在管道泵的作用下循环冲洗掉残余的清洗液。

排放：当降温过程结束后，废液在管道泵或压缩空气的作用下，实现有动力的安全排放。

c. 总结

BSL-3 实验室防护区的排水应进行消毒灭菌处理。生物安全实验室应以风险评估为依据，确定实验室排水的处理方法。应对处理效果进行监测并保存记录，确保每次处理安全可靠。处理后的污水排放应达到环保的要求，需要监测相关的排放指标，如化学污染物、有机物含量等。

防护区废水管道经高温高压灭菌后排放。对于 BSL-3 实验室，考虑到现有的一些实验室防护区内没有排水，仅因为双扉高压灭菌器而设置污水处理设备没有必要，所以采用生物安全型双扉高压灭菌器，基本上满足了生物安全要求，可直接排放。

3.3.5.5 气（汽）体供应

详见 BSL-4 实验室该章节内容。

3.3.6 我国 BSL-3 实验室施工技术及管理

3.3.6.1 总论

自 2005 年我国第一个 BSL-3 实验室通过国家认可起，我国陆续建设了几十个 BSL-3 实验室，BSL-3 实验室成为高致病性病原微生物实验研究的主力军。BSL-3 实验室从建设到使用需要经历立项审批、设计、施工、检测、评审等一系列漫长的过程。其中实验室的施工是保证实验室实现功能并长效使用的关键环节，BSL-3 实验室的建设分为新建项目和改造项目两种，包括建筑、结构装饰、暖通、给排水、电气、工艺等诸多专业，按照交叉施工程序、互相配合，以达到使用目的。在施工过程中，要进行大环境的通力协调、小环境的强化管理，才能取得预想的结果。

3.3.6.2 施工工艺技术及管理

1. 装饰装修施工方案

装饰装修包括彩钢板安装、洁净门窗安装、灯具安装、高效过滤器送排风口安装等，具体做法不再详述。

2. 暖通专业

通风工程是 BSL-3 实验室施工的关键，从一开始就重视文明施工、重视污染控制，从着装的逐步深入，清扫的逐步加强，搬入机具和资材的污染控制，人流的分阶段控制，人流物流通道的逐步减少，一直至彻底控制。通风工程有三个关键点，即气流组织、压差控制、高效（送排风过滤器）运用。我们需要自始至终关注这三个关键点。

空调机组施工流程见图 3-22。

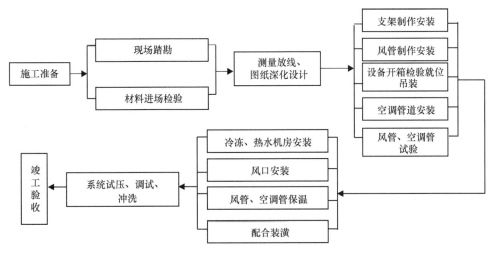

图 3-22 空调机组施工流程图

通风工程施工管理，一般分为以下三个阶段。

第一阶段：要求一般水平的污染控制。

这一阶段开始前，净化区除设备搬入预留洞口外，建筑的门窗、内粉刷应施工完成。这一阶段可界定为吊顶板安装之前的作业过程，工作内容有防尘涂装、空调机组安装、动力设备、一次配管和配线（电缆桥架及电气配管配线）、地面铺设、间壁板及吊顶的龙骨安装等。

管理规定：①进入洁净区的所有人员，必须接受该阶段管理规定的培训，并佩戴相应的胸徽（准入证）入室；②进入洁净区应穿干净的工作服，鞋具必须干净，不得带油渍、污泥入内；③室内不得吸烟、饮食和饮水；④焊接、切割、凿洞等有尘作业必须加以控制，防止碎屑大范围扩散，每天工作结束时应将垃圾搬至室外倒入规定处；⑤施工用料堆放整齐；⑥有违犯以上规定者，应立即取消在洁净室工作的资格。

第二阶段：要求较高水平的污染控制。

这一阶段可界定为第一阶段之后、空吹之前的作业过程，工作内容有壁板及吊顶板安装、各专业管线穿壁板安装、灯具安装等，以及采用局部擦洗、真空吸尘等方法进行全面彻底的清扫工作。

管理规定：①凡进入该区域的人员，必须经过该阶段管理规定的培训，并佩戴相应的胸徽（准入证）入室；②进入该区域的人员，应穿着洁净服、洁净鞋（或普通干净的鞋具应套穿一次性的洁净薄膜鞋套），带入的材料应是洁净的，工具、机具要清洗干净后才能带入室内；③所有产尘作业必须严加控制，发生碎屑、尘埃，应立即用吸尘器清除；④洁净室内不得吸烟、饮食和饮水；⑤洁净室内每天由专职人员至少清扫一次；⑥室内防止堆积过多材料；⑦除必需的人流、物流门洞外，其他门洞应予以封堵；⑧有违犯以上规定者，应立即取消在该区域工作的资格。

第三阶段：要求高水平的污染控制。

这一阶段可界定为空吹之后直至调试交付的作业过程，工作内容有安装高效过滤器、全面测试前的最后吸尘清扫工作、净化空调运行测试考核。

管理规定：①凡进入该区域的人员，必须经过该阶段管理规定的培训，并佩戴相应的胸徽（准入证）入室；②只有必要的人员和用户代表，才能进入洁净室，将人流控制在最低限度；③人流、物流入口应分开，一般只设一个人流入口，对物流入口要严加控制，要有专人值班，且入口不得常开；④进入洁净室要先登记，然后按洁净室的净化级别在更衣室更换干净的洁净服、鞋、帽，洗手烘干后，通过风淋室进入洁净区；⑤进入洁净区的人员，不得携带铅笔、石笔、普通纸张、本子或其他能产生尘埃的物件；⑥不得在洁净区进行焊接和锯、割、凿墙洞、打孔等能产生颗粒、尘埃、烟雾的作业，不得已要进行产埃作业时，应事先经有关部门批准，并用真空吸尘器随时吸除尘埃；⑦在洁净区内使用的工具、设备，应做到每天清洗一次；⑧洁净室内不得吸烟、饮食、饮水。

施工方法及保证措施如下。

（1）施工技术准备

施工前，组织施工管理人员了解工程的性质、规模，系统的设计参数、工作方式，系统的划分和组成。根据施工质量要求对施工中难点、重点编制专题作业指导书。对电气、给排水等专业施工中管道走向、坐标与通风空调系统之间的交叉配合进行综合校验，实地踏勘，确保无误。测量轴线间尺寸、楼层间的高度、梁的底面标高。对工人做好施工及安全技术交底等相关需要进行的专项技术、技能培训工作。

由于施工区域为 BSL-3 实验室，施工工艺、精度及安全意识、环保意识要充分注入每一个参与施工的人员心中。例如，污染区排风，为防止病原微生物通过排风管逸出室外，在排风管上安装高效或亚高效过滤器。细菌和病毒吸附在尘埃上，通过高效过滤器把细菌或病毒挡在过滤器上。此外，排风管上安装过滤器防止室外尘埃倒灌室内，有效维持室内洁净区。根据以往经验，高效安装、风管安装、阀门安装要特别引起注意，以免使合格优质的设备由于安装问题造成设备报废或达不到理想的环境要求。

（2）施工主要注意事项

1）检查孔洞留设，空调通风管道穿过隔墙、楼板、管井等应埋钢套管并利用套管安装。

2）柔性防水套管一般适用于管道穿过墙壁之处有振动或者有严密防水要求的构筑物，如图 3-23 所示。

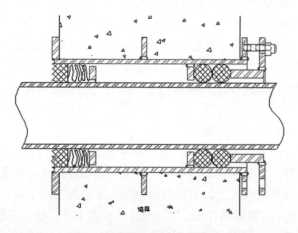

图 3-23　柔性穿墙防水套管

3）风管安装保持风管内部清洁和严密性，风管穿楼板处一般由土建做向上翻口，宜在翻口处设风管支座，结合预留孔封板一起施工，见图 3-24。

3. 电气专业

（1）配管、配线

电气管线施工工艺流程见图 3-25。

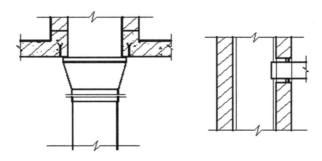

图 3-24　金属风管与土建风道交接做法

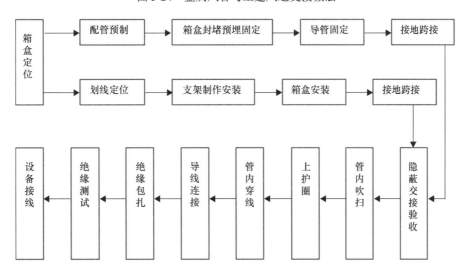

图 3-25　电气管线施工工艺流程图

（2）电缆敷设施工方法

电缆敷设主要施工工艺流程见图 3-26。

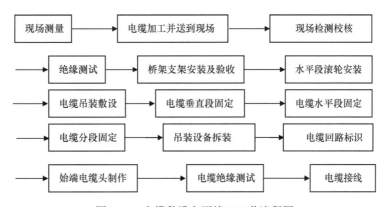

图 3-26　电缆敷设主要施工工艺流程图

3.4　生物安全四级实验室

3.4.1　实验室类型

BSL-4 实验室分成两种类型：安全柜型实验室和正压服型实验室。

安全柜型实验室是将一系列的Ⅲ级生物安全柜串联起来，病原体完全控制在Ⅲ级生物安全柜内，安全柜型实验室比较传统，安全性最高、运行成本相对较低，但是所有操作必须在Ⅲ级生物安全柜内进行，操作空间小，不适用于中等以上动物实验。该型实验室建设门槛较低，容易被恐怖分子利用，因此美国等国家严格限制Ⅲ级生物安全柜的出口。

随着生物技术的发展，许多新型微生物检测仪器的出现、基因工程技术的普及、分子生物学理论的发展，对病原的研究已达到分子水平，大型尖端仪器使用越来越普及；由于常规的 BSL-3 柜内部尺寸狭小、通过手套箱完成实验操作，已不能完全满足和适应使用大型仪器的需要；加之为鉴定病原、检验疫苗的效能必须建立动物模型，进行活体动物试验、动物解剖分析。这些工作一般需要较大的工作空间和在开放的状态下进行，为保护实验人员的安全，实验人员必须穿着个体防护正压服，从而形成正压服型生物安全实验室。这种方式，为研究人员开展活体病原研究，提供了更大的自由活动空间，操作各类新型设备仪器更为方便，能进一步提高工作效率。

由于科学技术的进步，正压服及供气系统的可靠性提高，实验室密封技术、污染控制技术成熟，正压服型的生物安全实验室因使用方便灵活、安全可靠而被逐步采纳。国际上新建成的 BSL-4 多采用正压服型的生物安全实验室。

3.4.2 工艺土建

3.4.2.1 建筑规划

根据国家发展和改革委员会、科技部印发的《高级别生物安全实验室体系建设规划（2016—2025年）》，我国高级别生物安全实验室需求日益增加，原有的建设布局和管理能力已经不能完全适应新形势的需要。在整体布局方面，用于科研的实验室相对较多，产业和特殊领域的实验室数量不足，区域布局不均衡，不利于实验室体系的可持续发展。要充分把握新形势下经济社会发展的新要求，加快建设合理布局、功能完善、统筹管理、高效运行的国家高级别生物安全实验室网络体系。加快现有四级实验室建设，在东北地区，依托中国农业科学院建设的高级别生物安全设施，建成以重要动物传染病与人兽共患病为特色的综合性研究平台；在西南地区，依托中国医学科学院和中国科学院共建的高级别生物安全设施，建成以灵长类动物实验为特色的综合性研究平台；在华中地区，依托中国科学院建设的高级别生物安全设施，建成高致病性病原微生物的综合研究中心和世界卫生组织参考实验室，这些研究中心和参考实验室成为重要的国际合作交流平台；在华北地区，依托中国疾病预防控制中心，推动建设高级别生物安全实验室，形成以传染病预防控制和研究为特色的综合性研究平台。在完善在建四级实验室功能、保障其安全高效运行的基础上，根据国家需求和实验室建设进度，在华南、华东和西北地区择机启动四级实验室的审批与建设。

随着生物安全四级实验室的建设，在一个具备可靠生物安全防护措施的实验室内进行疾病研究将降低或杜绝从事传染病实验时传染性病原逃离实验室的危险性，保证研究人员的安全，研究成果将有效地控制各烈性传染病的发生发展，为我国的烈性与重大传染病防控、生物防范和产业发展做出了重要贡献。

实验室选址、设计与建造应符合国家和地方的环境保护及建设主管部门等的规定、要求。

我国生物安全四级实验室设施一般依托国家级的科研院所或疾病预防控制中心建设，除项目本身外，需配套其他级别的生物安全实验室和公共设备辅助用房作为支撑。一般情况下，生物安全四级实验室园区内规划遵循以下几方面原则。

1. 建筑标准

生物安全四级实验室选址和建筑间距要求宜远离市区。主实验室所在建筑物离相邻建筑物或构筑物的距离应不小于相邻建筑物或构筑物高度的 1.5 倍，详见图 3-27。

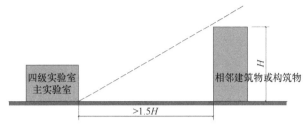

图 3-27 四级实验室建筑间距
H. 高度

2. 安全防护及隔离

一般生物安全实验室场地四周由围墙、围栏构成园区的第一道防线，通常为实验室所在园区的围墙。生物安全实验楼布置在建设场地的中部，远离用地边界。同时生物安全实验楼区域四周设置围栏构成园区的第二道防线，进一步限制无关人员进入。

生物安全实验楼与相邻其他规划建筑保持一定的间距，并通过树木绿化隔离，满足安全、防护、防火和隔离的要求，详见图 3-28。

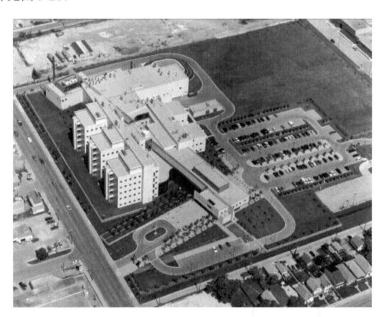

图 3-28 加拿大 CSCHAH 实验室鸟瞰图（图片来源：加拿大 CSCHAH 实验室）

3. 交通组织设计

生物安全实验楼四周一般由围栏围合成独立区域，内部设环形道路，满足独立区域内部交通、物品运输、消防的需要。独立区域应设置主入口，满足人员、货物进出，同时还应设置污物出口，避免人流与污物交叉。

3.4.2.2 平面布局

BSL-4 实验室位于建筑物的中心地带，为盒中盒的设计形式，无论从平面布局还是剖面布局均与外部环境相隔离。

实验室的防火和安全通道设置应符合国家的消防规定与要求，同时应考虑生物安全的特殊要求；必要时，应事先征询消防主管部门的建议。实验室的安全保卫应符合国家相关部门对该类设施的安全管理规定和要求。

BSL-4 实验室平面布局明确区分辅助工作区和防护区，在建筑物中自成隔离区或为独立建筑物，有出入控制。防护区中直接从事高风险操作的工作间为核心工作间，人员通过缓冲间进入核心工作间。BSL-4 实验室防护区应包括主实验室、缓冲间、外防护服更换间等，辅助工作区应包括监控室、清洁衣物更换间等；设有生命支持系统 BSL-4 实验室的防护区至少应包括主实验室、化学淋浴间、外防护服更换间等，化学淋浴间可兼作缓冲间。BSL-4 实验室建筑外墙不宜作为主实验室的围护结构。

工艺要求有：①限制出入；②授权进入；③双人工作制；④门上贴生物危害警告标志；⑤带双面互锁缓冲间；⑥气密性要求；⑦采用生物安全型双扉高压灭菌器灭菌；⑧淋浴；⑨化学淋浴；⑩实验区气流由外向内单向流动；⑪送风经粗、中、高效过滤；⑫排风经高效过滤并可以在原位对送、排风 HEPA 过滤器进行消毒灭菌和检漏；⑬排风经两级高效过滤；⑭防护区内排水要经过专用灭菌系统处理；⑮生命支持系统+正压防护服。

BSL-4 实验室防护区应设置防护走廊，防护走廊一般为环形，将各核心实验间包含在内，见图 3-29。当有 ABSL-4 实验室时，根据动物种类，可就地解剖或在相邻房间进行解剖。因此，从平面上看，ABSL-4 实验室在建筑物的中心位置，周边为实验室辅助区域或防护走廊，见图 3-30。

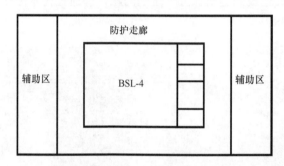

图 3-29 生物安全四级实验室平面 1

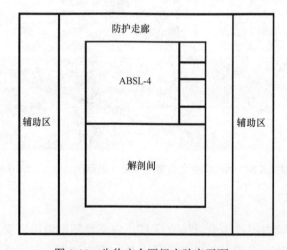

图 3-30 生物安全四级实验室平面 2

3.4.2.3 剖面布局

BSL-4 实验室布置在建筑中间层位置，实验区域上部是空气处理单元、空调管道层和空调机房层，实验区域下部是活毒废水管道层和活毒废水机房，见图 3-31 和图 3-32。

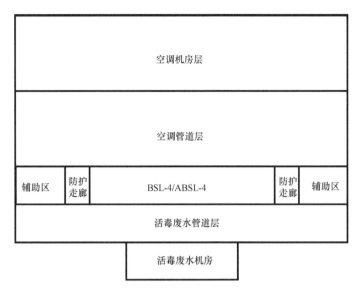

图 3-31 生物安全四级实验室剖面 1

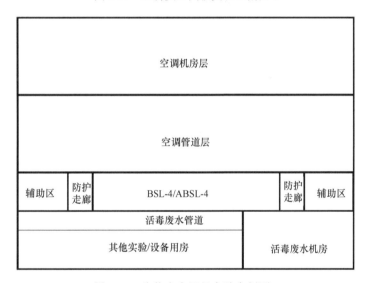

图 3-32 生物安全四级实验室剖面 2

3.4.2.4 流线分析

1. 人员流动路线

进入 BSL-4 实验室防护区人员流动路线如图 3-33 所示。

2. 物品流动路线

BSL-4 实验室主要物品流动路线如图 3-34 所示。

3. 动物流动路线

ABSL-4 实验室动物流动路线如图 3-35 所示。

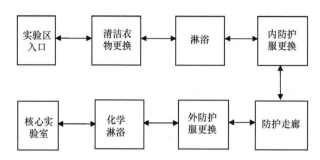

图 3-33 进入 BSL-4 实验室防护区人员流动路线示意图

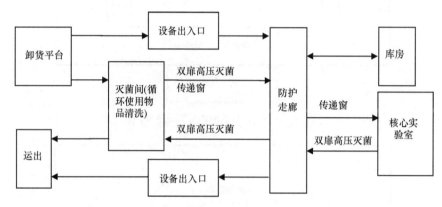

图 3-34 BSL-4 实验室主要物品流动路线示意图

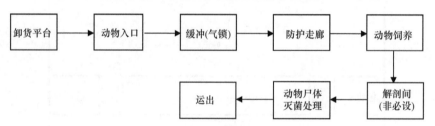

图 3-35 ABSL-4 实验室动物流动路线图

3.4.2.5 室内装修

实验室的建筑材料和设备等应符合国家相关部门对该类产品生产、销售与使用的规定及要求。房间的门根据需要安装门锁,门锁应便于内部快速打开。需要时(如正当操作危险材料时),房间的入口处应有警示和进入限制。

目前国内已有 BSL-4 实验室室内装修地面材料为环氧树脂或聚氨酯自流平,墙顶面材料与建筑结构形式相关,可以采用不锈钢焊接或者混凝土墙顶表面喷涂环氧树脂或聚氨酯涂料。

3.4.2.6 管道穿墙、楼板做法

密封对于实验室的气密性十分重要,所有的设备管线和设施在穿墙时需要严格密封。穿墙的设备管线一般有空调风口、电气管线、弱电管线、上下水管线,设备有传递窗、渡槽及双扉高压灭菌器等。所有的穿墙留洞均需在混凝土浇筑时提前预留预埋,浇筑时注意避免对留洞位置的影响,避免造成偏差。

对于生物安全四级实验室,穿一个实验室楼板的多根管道应集合在一起实施,做法如图 3-36 所示。

目前,国内外高级别生物安全实验室穿墙或楼板的管道的密封常采用成品密封元件。密封元件目前由于是进口管件,故价格较高。密封元件由复合框架、模块、垫板、压紧板、STG-紧固件、PTG-楔形压

紧板、撑板等组成，如图 3-37 所示。

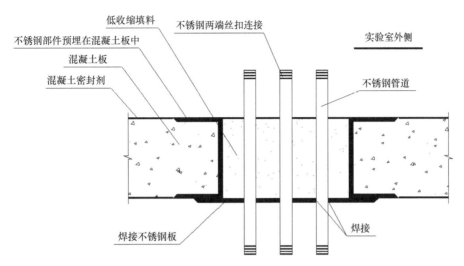

图 3-36 不锈钢管穿混凝土板做法

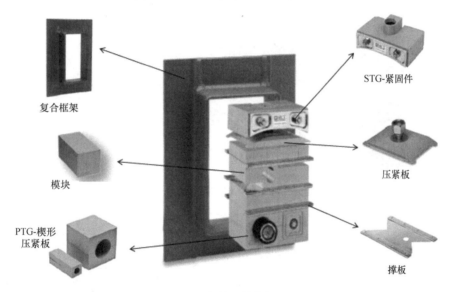

图 3-37 密封元件的组成

其特点如下。

1）水密性：电缆穿密封系统水密性不低于 0.4MPa。

2）气密性：电缆穿密封系统气密性不低于 0.266MPa。

3）抗爆性：电缆穿密封系统抗瓦斯爆炸冲击能力不低于 2.3MPa。

4）耐化学腐蚀性：采用名为 LYCRON 的无卤聚合物，对甲醛和过氧化氢消毒液有较好的耐受性。

5）密封模块具有适合于不同尺寸电缆和管道的特点，都能很好地密封。

6）模块遇高温有自膨胀功能，对被燃烧或融化的电缆绝缘层起到补偿作用，使电缆和管道的密封更加紧密。

7）不含卤素：模块配方不含氟、氯、溴和碘等卤素，遇火时无有害气体释放。

8）防火：耐火极限不低于 2h，整套系统达到 ABS 塑料防火性能。

9）防鼠咬：具有防老鼠、白蚁和其他昆虫啃噬能力。

10）抗噪声：有效阻止噪声通过。

11）适用温度：电缆穿隔密封适用温度−60℃≤T≤180℃。

12）使用年限：电缆穿隔密封使用年限不低于 40 年。

建筑结构主体施工时将密封元件的不锈钢环预埋在楼板或侧墙里，故在设计时应明确密封元件的位置、标高及型号尺寸。某工程采用的成品生物密封元件和穿楼板处安装的密封元件分别见图 3-38 和图 3-39。

图 3-38　某工程采用的成品生物密封元件

图 3-39　某工程穿楼板处安装的密封元件

3.4.3　暖通

3.4.3.1　室内环境参数

BSL-4 实验室主实验室室内环境参数见表 3-8。

表 3-8　BSL-4 实验室主实验室室内环境参数

级别	相对于大气的最下负压（Pa）	与室外方向上相邻相通房间的最小负压差（Pa）	洁净度级别	最小换气次数（h⁻¹）	温度（℃）	相对湿度（%）	噪声[dB(A)]	围护结构严密性
BSL-4	−60	−25	7 或 8	15 或 12	18～25	30～70	≤60	房间相对负压值达到−500Pa，经 20min 自然衰减后，其相对负压值不应高于 −250Pa
ABSL-4	−100	−25						

BSL-4 实验室其他房间室内环境参数见表 3-9。

表 3-9　BSL-4 实验室其他房间室内环境参数

房间名称	洁净度级别	最小换气次数（h⁻¹）	与室外方向上相邻相通房间的最小负压差（Pa）	温度（℃）	相对湿度（%）	噪声[dB(A)]
主实验室的缓冲间	7 或 8	15 或 12	−10	18～27	30～70	≤60
隔离走廊	7 或 8	15 或 12	−10	18～27	30～70	≤60
准备间	7 或 8	15 或 12	−10	18～27	30～70	≤60
防护服更换间	—	10	−10	18～26	—	≤60
防护区内的淋浴间	—	10	−10	18～26	—	≤60
非防护区内的淋浴间	—	—	—	18～26	—	≤60
化学淋浴间	—	4	−10	18～28	—	≤60
动物尸体处理设备间和防护区污水处理设备间	—	4	−10	18～28	—	—
清洁衣物更换间	—	—	—	18～26	—	≤60

3.4.3.2　通风空调

1. 通风空调方式

根据 GB 19489《实验室 生物安全通用要求》、GB 50346《生物安全实验室建筑技术规范》和 WS 233《病原微生物实验室生物安全通用准则》的要求归纳如下，见表 3-10。

表 3-10　（A）BSL-4 实验室通风空调方式

级别	类别	送风	排风	备注
BSL-4	生物安全柜型	经过高效过滤器处理的全新风系统	经两级高效过滤器后排放	使用Ⅲ级生物安全柜，高效过滤器原位消毒和检漏
BSL-4	正压服型			使用Ⅱ级生物安全柜，高效过滤器原位消毒和检漏
ABSL-4		经过高效过滤器处理的全新风系统	经两级高效过滤器后排放	高效过滤器原位消毒和检漏

BSL-4 实验室的通风空调系统作为实验区域的核心环境维持系统，以及最主要的废气处理排放系统，常用的过滤器要求见表 3-11。

表 3-11　BSL-4 实验室通风空调系统常用过滤器及要求

常用过滤器		额定风量下的效率（E）（%）	建议初阻力（Pa）	建议终阻力（Pa）
G4	比重法	90≤E	≤50	≤100
F7	计数法	80≤E≤90	≤80	≤160
H10	最易穿透粒径法	85≤E	≤120	≤240
H13	最易穿透粒径法	99.95≤E	≤250	≤500
H14	最易穿透粒径法	99.995≤E	≤250	≤500

除上表中提到的必要的过滤措施外，系统设置还有若干需要注意的方面。

空调排风系统及其设置如下。

BSL-4 实验室主实验室送、排风系统与实验区域直接连通的各个支风管处，均需要设置生物安全气密隔离阀，见图 3-40。

图 3-40　生物安全气密隔离阀

一般在+2500Pa 的压力下,安装生物安全气密隔离阀的密闭容器每小时泄漏的空气量不超过密闭容器净容积的 0.25%,远高于实验室气密性要求,可以严格保证送、排风系统的可靠性。

生物安全气密隔离阀安装位置尽量靠近安全防护区的围护结构,见图 3-41。

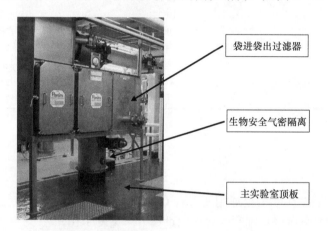

袋进袋出过滤器

生物安全气密隔离

主实验室顶板

图 3-41　生物安全气密隔离阀安装位置

BSL-4 实验室送排风设备应尽量靠近防护区,缩短送排风管道长度,降低投资及运行费用,减少污染风险。一般 BSL-4 实验室送排风设备层放置于实验区的正上方,设备层内地面标识各个实验室的轮廓范围,本实验室用的送排风袋进袋出过滤器直接设置于此范围内部,相关空调机组、排风设备尽量就近设置,见图 3-42。

图 3-42　设备层内实验室范围标识及过滤器设备布置

实验室送排风系统过滤器级数较多,系统阻力随时间变化较为明显,应尽量选择风压变化时风量变化较小的风机，同时建议风机变频器在 0～100Hz 内可调，支持风机升频和降频运行。

服务核心实验区域的送风机以及排风机均需要一用一备，保证通风空调系统的连续稳定运行。

2. 通风空调系统划分

实验室送排风系统需要独立设置，建议每套主实验室及与其直接连接的缓冲间、淋浴间、化学淋浴设置独立的通风空调系统，保证各个实验室的安全性、运行维护的独立性。

在风险评估的结果可行、运行维护可以满足实验室运行要求时，也可以采用多套主实验室合用空调送风系统的方案。

隔离走廊以及隔离走廊外围的辅助功能房间可以根据项目的具体工艺需求，设置一套或多套通风空调系统。

动物尸体处理设备间、防护区污水处理设备间及实验室废水管道层设置一套或多套通风空调系统。

关于高等级生物安全实验室环境技术的研究可以参考赵侠、李顺等在 2013 年发表的相关论文。

3. 送风处理

送风系统至少设置粗、中、高三级过滤器。但考虑到过滤使用寿命及运行维护成本，建议送风系统设置粗效（G4）、中效（F7）、亚高效（H10）以及高效（H13）四级过滤。

粗效、中效、亚高效过滤器都建议设置在空调箱体内部，空调机组内部的亚高效（或中效）过滤器建议设置在机组正压段，同时建议在空调机组表冷器之前设置一道中效过滤器，为系统长时间稳定运行提供保障。

主实验室送风高效过滤器需要与送风口一一对应，隔离走廊及其他辅助功能房间可以共用一套送风高效过滤器。

送风高效过滤器采用袋进袋出过滤器或者其他可以满足原位消毒和扫描检漏的过滤设备，安装位置尽量靠近送风系统的末端设置。

新风机组取风口应高于室外地面 2.5m 以上，远离污染源，同时应设置防雨百叶、防虫网，尽量避免室外灰尘、污染物及其他杂物进入新风系统，延长过滤器使用寿命，降低运行维护成本。

4. 排风处理

实验室内需要设置排风口，生物安全柜不能取代排风口的功能。同时由于运行成本原因，需要考虑实验过程中生物安全柜停止运行情况下排风风量切换措施。

实验室排风需要通过两级高效过滤器后排出室外，保证排风的安全性。靠近排风口（或主实验室围护结构）的排风高效过滤器需要 H14 级别。

排风高效过滤器同样需要采用袋进袋出过滤器或者其他可以满足原位消毒和扫描检漏的过滤设备，安装位置尽量靠近排风口。

实验室排风系统管道的正压段不应穿越其他房间，由机房直接排放至室外。室外排放口应设置在主导风的下风向，同时尽量实现高空排放。排风口位置至少高于建筑物屋面 2m，与周围建筑水平距离大于 20m，与新风口直线间距大于 12m。在条件允许情况下，减少实验室排风对周围环境的影响。

3.4.3.3　房间压力梯度

房间压力梯度取决于 BSL-4 实验室的类别。相对于大气的最小负压差，BSL-4 实验室不高于–60Pa，ABSL-4 实验室不高于–100Pa；两类实验室相邻相通房间最小负压差不得高于–25Pa。关于实验室压力梯度及风量的研究可以参考李顺在 2011 年发表的相关论文。

3.4.3.4 主要设备

1. 空调机组

BSL-4 实验室的洁净空调机组建议空调机组段位如下。

送风段位：进风粗效段（G4 板式）+中效过滤段（F7 袋式）+送风机（需备用）+预热段（如需要）+热回收段（如需要）+检修段+加热段+加湿段（如需要）+表冷段+再热段+UV 杀菌段+消声段+亚高效（H10）+均流段+送风段。

排风段位：中效过滤段（F7 袋式）+化学过滤段（如需要）+热回收段（如需要）+消声段+排风机（需备用）+消声段。

空调机组内风速建议：机组内盘管迎面风速建议≤2.0m/s；过滤器迎面风速建议≤2.5m/s。

空调预热方案建议：BSL-4 实验室，在其使用周期内 24 小时连续运转，在严寒和寒冷地区需要对新风进行预热处理。经过项目调研，有以下几种较为可靠的预热措施。第一，电加热，是最为稳定的预热措施，可靠性高，投资低，运行维护简单，但是对于全新风系统运行费用过高，对于建筑的电力需求极大。第二，设置独立的预热盘管，用水或者乙二醇溶液对新风预热，作为最常见的预热措施，运行时同样存在一些问题，为保证预热效果，一般此类预热盘管不设流量调节阀，制热量固定，导致在室外温度未达到设计温度时，实验室内出现过热现象。第三，采用其他专用的预热模块，如"热水供热空调新风防冻调控机组"等，一般此类专用设备可以较好地满足预热要求，但设备投资较高。综上所述，每个实验室需要根据不同气候、能源、投资、规模等实际情况选用合适预热方式。

空调热回收方案建议：BSL-4 实验室严格避免交叉污染，只能进行显热回收，需要进行更多的技术经济比较来确定是否需要设置热回收装置。热回收装置可以选择热管换热器以及中间热媒换热器，两者在使用时各有特点。热管换热器对空调机组的形式限制较多，而中间热媒换热器需要占用较大的空间，维护也较为复杂。在严寒或寒冷地区也可以结合新风预热的乙二醇溶液回收式热交换器。

空调加湿方案建议：BSL-4 实验室建议采用间接蒸汽式加湿器，水源建议采用纯水或者软水，保证加湿蒸汽洁净。

空调再热方案建议：BSL-4 实验室一般处于建筑内区，空调区域内冷负荷较小，而对应的湿负荷稍大。这样就导致实验区（特别是动物 BSL-4 实验区）空调系统需要较大的再热量，为保证实验室区域内实验人员、实验动物的合理温湿度需求，空调机组内必须设置再热设施。常见空调机组内分级设置电加热器，满足送风温度达到设计要求。

空调热回收、预热（预冷）、再热综合节能方案的建议：BSL-4 实验室工作期间，全新风直流系统 24 小时连续运行，能源消耗极大，运行费用高昂，即便采用了热回收装置，受到显热回收系统效率的限制，节约的能源也相对较少。随着空调产业技术进步，近年来出现了一些新型的节能产品，可以有效地节约更多能源，进而减少运行成本，此类产品的主要技术路线是将热回收、预热以及再热产生或消耗的冷热量进行重新分配，达到更好的能源利用率。

"乙二醇溶液回收式热交换器"将热回收与新风预热进行整合，保证热交换后的新风可以预热至 2℃以上，避免使用电加热，同时根据室外温度变化而进行调节，使预热后新风温度相对稳定，避免实验室过热的情况发生。

"U 形三维热管"将新风预冷与再热相结合，在表冷段增设 U 形三维热管，在表冷器之前对新风进行除湿预冷，在表冷器之后对新风进行免费再热，之后再设置少量电加热器，对送风温度进行精细化调节，整个系统达到节能运行的效果。

"三盘管乙二醇热回收系统"将热回收、预热、再热三者进行整合，热回收温度效率可以达到 70%以上，一套系统可以同时实现新风预热、新排风热回收及新风再热。

应用新的节能技术可以有效节省空调系统能耗，但是，此类设备普遍初投资较高，在不同地域、不同的空调系统中适应性以及节能表现也不尽相同。所以要根据项目的规模、投资、地域特点进行必要的经济技术比较后再选用。

2. 通风空调系统用高效过滤器

BSL-4 实验室用高效过滤器应满足"如在实验室防护区外使用高效过滤器单元，其结构应牢固，应能承受 2500Pa 的压力；高效过滤器单元的整体密封性应达到在关闭所有通路并维持腔室内的温度在设计范围上限条件下，使空气压力维持在 1000Pa 时，腔室内每分钟泄漏的空气量不应超过腔室净容积的0.1%"，同时应在原位对送风及排风高效过滤器进行消毒灭菌与检漏。

满足上述要求的最常见的过滤器设备为袋进袋出过滤器（bag-in/bag-out filter housing，BIBO 或 safe change filter housing），见图 3-43。

图 3-43　大风量水平安装 BIBO（左）和小风量垂直安装 BIBO（右）

2008 年李顺在国内最早发表的论文中详细地介绍了袋进袋出过滤器。袋进袋出过滤器的组成类似于组合式空调机组，是根据使用的需要将不同的功能单元组合拼装于箱体内，BSL-4 实验室常见组合为：均流段（管）+溶胶注入（混合）段+上游气溶胶取样机构+高效过滤器（HEPA）+下游气溶胶扫描机构+均流段（管）。单个袋进袋出过滤器的过滤风量取决于高效过滤器的最大过滤风量，目前为 3300m³/h 左右。当过滤风量较大时，则需要多个袋进袋出过滤器进行组合，图 3-43 左侧为四组袋进袋出过滤单元垂直组合。

袋进袋出过滤器的上下游需要设置生物安全气密隔离阀，阀门设置在过滤器每一层的进出口，见图 3-43 左图。当过滤风量较小，袋进袋出过滤器无需组合时，过滤器的生物安全气密隔离阀可以与实验室支风管处气密阀合并，见图 3-43 右图。

袋进袋出过滤器的另一个特点，同时也是其得此名的原因，是安装、更换、检测过滤器时均在 PVC袋子的保护下进行，过滤单元完全不与外界空气接触，从而保证了人员与环境的安全，使得更换过程方便快捷，见图 3-44。

随着高效过滤器制造技术的发展，近年来，也出现了侧墙安装型高效排风单元，见图 3-45，吊顶安装型高效排风单元见图 3-46。

侧墙安装型和吊顶安装型高效排风单元，同样满足原位消毒和检漏的使用要求，但是其风量组合不如袋进袋出过滤器灵活，同时安装维护条件也较受限，所以对于 BSL-4 实验室使用的过滤器仍然优选袋进袋出过滤器。

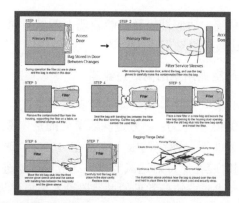

图 3-44　袋进袋出过滤器安装与更换

图 3-45　侧墙安装型高效排风单元

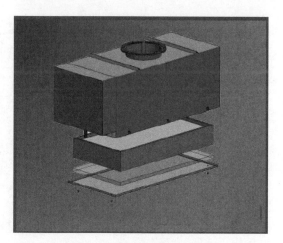

图 3-46　吊顶安装型高效排风单元

3. 风管和风口

BSL-4 实验室的送、排风系统风管建议采用 SS304 不锈钢板制作。送、排风管道的气密性要求应满足《洁净室施工及验收规范》（GB 50591）的相关规定。

为减少 BSL-4 实验室漏风风险，降低施工难度，一般每个 BSL-4 主实验室仅有一根送风支管与一根排风支管穿越围护结构与送、排风口直接连接，即每个主实验室内仅有一个送风口和一个排风口承担实验室全部的循环风量。而主实验室高度约为 3m，这样就要求风口需要很好的均流效果。在一些开放饲养的动物实验室，还希望在排风口内部可以设置粗效过滤器，避免一些动物毛发进入排风系统。结合上述要求，建议主实验室采用孔板导流风口，见图 3-47，或功能相似产品。风口整体为焊接结构，送风面为

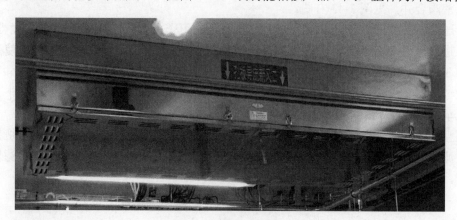

图 3-47　孔板导流风口

不锈钢孔板，内置调节措施，对风口风量进行少量调整，一般在 10%左右，风口送风的速度场不均匀度≤5%，风口阻力≤40Pa。

4. 排风机

在无需采用热回收的生物安全实验室，排风风机可以置于屋顶，有效降低空调设备层的高度及减少面积。由于生物安全实验室排风希望尽量高空排放，因此建议采用喷射引流风机，见图 3-48。这种风机采用环形高速射流喷嘴结构，增强排放的动力，增加稀释诱导效应，将排风送至屋顶上方的高空中并加以充分稀释。同时机组自带旁通补风装置，根据实验室变风量系统排风量的变化自动调节补风量，确保排放高度和稀释率不变。风机出口导流锥形喷嘴风速不低于 15.5m/s，有效提升高度大于 12m，使污染性气体可以进入大气平流层高空扩散，减少建筑物屋顶及附近建筑造成的二次污染。

图 3-48　喷射引流风机（一用一备）

3.4.4　电气、自控设计

BSL-4 实验室电气、自控系统设计方案，应以生物安全要求为核心，确保实验人员的安全和实验室周围环境的安全，同时满足实验对象对环境的要求。在整个电气、自控系统方案的策划过程中，应自始至终将系统的安全性与可靠性作为两条主线进行整体设计和构思，按照实用性的原则进行系统的功能设计，保证系统具有先进性，同时具备开放性。

1. 安全性原则

生物安全实验室最重要的就是安全性，电气、自控系统应以安全性为首要设计原则。

2. 可靠性原则

由于生物安全实验室的特殊性，要确保系统正常运行无故障发生。因此，在整个楼宇自控系统（BAS）中，应自始至终将可靠性原则放在重要位置，确保所有 BAS 设备能准确无误地完成其预定的功能。在系统的具体实施过程中，主要从系统设计、产品选型、工程组织、维护保养和备品备件等方面进行全过程的系统考虑。

3. 经济性原则

生物安全实验室采用全新风系统，耗能巨大，通过自控系统，在满足安全性的前提下，可以节省一定能源。

4. 开放性原则

自动控制系统采用标准的工业以太网结构，控制软件采用符合开放数据库互联（ODBC）标准的数据库平台；同时，采用符合软件即插即用的 OPC 标准。硬件扩展方便，软件升级容易，通信协议标准化。

5. 先进性原则

系统采用最新的体系结构、交换式以太网方式、先进的软件平台和控制策略，使系统对设备的运行状态进行实时监视，可使管理人员及时发现设备故障、问题与意外，消灭故障于隐患之中，保证设备与人身的安全。一旦设备有故障发生，计算机可以报告故障发生的部位及其原因，以便维护人员快速排除故障，恢复设备正常运行。

3.4.4.1 电气设计

1. 电气设计范围

电气设计范围包括：高、低压电气系统，电力配电系统，照明设计，电气设备的选型，线路敷设原则，防雷及接地系统的设置等。

一级负荷：空调送排风机、生命支持系统、活毒废水处理设备、淋浴热水器、焚烧间、空压机、纯水设备、冷冻机房、火灾报警及联动控制设备、消防泵、安防系统、应急照明、疏散照明及重要的计算机系统。

二级负荷：污水处理设备等。

三级负荷：一般照明及动力负荷。

2. 配电设计

低压配电系统采用放射式与树干式相结合的配电方式，对于单台容量较大的负荷和重要负荷采用放射式配电，对于一般照明及动力负荷采用树干式配电方式；重要空调设备、实验设备、火灾报警设备等重要负荷采用双电源末端互投配电方式。对于特别重要负荷，根据负荷性质采用不间断电源供电。

BSL-4 实验室均设有专用配电箱，并设在该实验室的防护区外。其电源设置漏电检测报警装置。

3. 照明设计

照明电压为 220/380V。根据国家有关规范要求，主要场所照度标准如下：通用实验室 300lx，办公室会议室 300lx，设备机房 200lx，其他公共场所 150lx。

BSL-4 实验室内照明灯具采用吸顶式密闭洁净灯具，并具有防水功能。动物实验室照明灯具为吸顶式密闭洁净灯具，采用智能调光系统。主实验室平均照度 350lx，小动物实验室照度 15～20lx，中型动物实验室照度 100～200lx。昼夜调光交替时间 12/12h。

实验室的入口设置实验室工作状态的文字或灯光显示。楼梯间、隔离走廊、休息室等设应急照明和疏散指示照明。BSL-4 实验室内设持续供电时间不少于 30min 的应急照明。照明与插座由不同的支路供电。照明分支回路均为单相三线配出。

4. 主要设备选型及辐射原则

采用环氧树脂浇注干式变压器、强制风冷系统，且配备温度监测及报警装置。变压器应采取降低电磁辐射的措施。

BSL-4 实验室配电管线采用金属管敷设，穿过墙和楼板的电缆管加套管，套管内用不收缩、不燃材料密封。进入实验室内的电线管穿线后，管口应采用无腐蚀、不起尘和不燃材料封闭。BSL-4 实验室的污染区配电管线采用矿物绝缘电缆。

5. 防雷接地及用电安全

BSL-4 实验室按二类防雷建筑设计，依据 GB 50057《建筑物防雷设计规范》执行，利用结构柱子内主钢筋作为引下线；屋顶设 10m×10m 避雷带；采用基础内钢筋作为接地体。凸出屋面的金属体应与避雷带进行可靠的电气连接。

变电所 10kV 系统采用小电阻接地系统，所有高压配电装置的金属外壳及事故情况下可能带电的部位实行保护接地。低压配电系统的接地形式为 TN-S 系统，电力变压器低压侧为中性点直接接地系统。系统的工作接地、保护接地、防雷接地、弱电设备接地等采用共同接地装置，接地电阻不大于 1Ω。所有进出的钢电缆金属外皮等均应与接地装置相连。

3.4.4.2 自控设计

BSL-4 实验室自控系统设计主要包括：通信系统、监控系统、门禁系统、火灾自动报警及消防联动控制系统、自控系统。

1. 通信系统

BSL-4 实验室通信系统应设置内线、外线电话以及实验室的通信。为了满足实验室内部的通信要求，在各实验室内设置对讲分机，通过设置在中控室的对讲主机可实现群呼及点对点呼叫功能。所有分机均有免提功能，便于实验室工作人员在实验操作过程中随时与有关人员进行通话交流。网络中心设置在首层，计算机网络设内网、外网、专网，三网进行物理隔离。内、外网网络设备分别设置，布线采用一套系统，按非屏蔽系统设置；专网单独设布线系统，按屏蔽系统设置。

2. 监控系统

在 BSL-4 实验室的入口、环廊、走廊及重点设备用房等处设有摄像机进行监控及记录。在实验室的主要出入口及重要场所设手动报警按钮、双探测器及声音复核装置。BSL-4 实验室内外选用彩色球形一体化摄像机，动物实验室摄像机选用红外敏感摄像机配红外灯，也可在动物围栏处设置彩色固定式摄像机，其他部位选用彩色固定式摄像机。监视器、矩阵控制主机、硬盘录像机等保安监控设置在生物安全实验楼的中控室。中控室可自动切换监控图像，也可手动定点监控某些图像，并有硬盘录像记录。摄像机应有足够的分辨率。监控系统应采用 UPS 集中供电方式为系统设备供电。

3. 门禁系统

BSL-4 实验室以及配套设施用房对外出入口、进入各 BSL-4 实验室入口设置 IC 卡型的门禁单元；在带有门禁系统的门口处设置摄像机，如门禁系统发生非法侵入等报警信息，门禁主机将在报警的同时将报警位置的视频信号自动切换至闭路电视的显示器上，并提供指示信息。门禁系统与消防自动报警系统连锁，当确认火灾发生时，自动释放相关区域的门禁，便于人员疏散。进入各 BSL-4 实验室，门禁系统只发出刷卡信号至楼宇自控系统，楼宇自控系统在接到读卡信号后，控制气密门开启。

BSL-4 实验室所有主出入口设置门禁管理系统。只有经过授权的人员才能进入实验室。门禁系统与火灾报警联动，火灾报警时迅速解除所有出入口门禁的闭锁。实验室内所有的门设有连锁装置，防止两扇门同时打开，紧急情况时，实验室内所有的门一定要处于可开状态。门禁系统逻辑关系见表 3-12。

表 3-12　门禁系统逻辑关系

互锁	淋浴、更防护服、化学淋浴外门互锁，任一道门打开，其他两道门均无法打开；化学淋浴内门与充气式气密门互锁
压差报警	更防护服压差报警后，淋浴及化学淋浴外门锁闭，无法通行；实验室压差报警后，化学淋浴内门（及充气式气密门）锁闭，无法通行
检修模式	平时检修门锁闭，禁止使用。检修模式开启后该门可以使用，同时该实验室互锁门解除互锁
消毒模式	三更及充气式气密门锁闭，无法使用
报警模式	三更、淋浴、更防护服三道门打开，解除报警后需手动恢复互锁
强制淋浴	离开实验室，按下更防护服出门按钮，淋浴门锁闭 180s 强制淋浴；离开二更，按下出门按钮，淋浴门锁闭 180s 强制淋浴

4. 火灾自动报警及消防联动控制系统

BSL-4 实验室消防控制室设置在首层，与其他弱电系统合用，内设火灾报警控制器、联动控制盘、显示器、打印机、紧急广播设备等。

消防控制室可以接收各种火灾报警信号，包括感烟探测器、感温探测器、手动报警按钮、消火栓按钮、防火阀，并显示报警部位及发出声光报警，系统接收到报警信号后可自动或手动启动各种消防设备。在各层的公共走道，主要公共活动场所出入口均应装设手动火灾报警按钮，带紧急电话插孔，各层出入口设置火灾声光报警装置。

5. 自控系统

BSL-4 实验室楼宇自控系统采用分布式微机控制系统，对实验室内各种环境参数实现自动监测和调节，并对所有的电动阀门及电机进行自动控制或远程操作。系统由管理工作站、工业以太网、现场控制器、传感器、执行器组成，系统采用冗余方案，多 CPU、电源及通信进行冗余配置。所有 I/O 卡件可光电隔离、带电插拔进行自诊断。

自控系统的主要监测内容如下。

（1）冷源系统

冷冻站冷水机组的启停控制；根据建筑时所需冷负荷自动调整冷水机组的运行台数；电动蝶阀、冷却泵、冷却塔及冷水机组的顺序启停控制；根据冷却水的温度自动启停冷却塔风扇；冷冻水的负荷调节；定压补水泵控制。

（2）热源系统

锅炉运行状态、故障状态监视；锅炉蒸汽温度、压力、流量监测；锅炉供回水管温度、压力、流量监测；补水箱高、低水位报警；油泵、循环水泵、变频补水泵运行状态、故障状态监视。热交换一次热水温度、压力、流量监测；二次热水供水温度、压力、流量监测；二次热水回水温度监测；热交换器循环水泵启停控制；空调热水负荷调节；定压补水泵控制。

（3）空调自控系统

空调机组：机组送风机的启停控制；根据实验室温度自动控制冷热水阀开度；根据实验室湿度自动控制加湿蒸汽阀门开度；夏季根据室内温湿度同时控制冷水阀开度和电加热器开、关，以达到夏季除湿的要求；粗、中、亚高、高效过滤器堵塞报警；风机前后压差监测；新风门控制；机组防冻报警；室内压差、室内温湿度、氧气浓度、二氧化碳浓度监测。BSL-4 实验室排风机与送风机连锁。开机时先开排风机，后开送风机，停机顺序相反；排风机变频控制，排风系统高效过滤器堵塞报警。

空调机组温湿度控制：根据理想气体状态定律，在容积不变的状态下，1℃的温差能产生较大的压力波动。在高密闭房间，该波动影响较大。针对该因素，在控制系统中，温湿度的信息采集应采用高精度的传感器，自控系统通过判断采集的信号进而对相关执行装置（如电动水阀、加湿器等）进行闭环控制，将温湿度变化对系统的影响控制在最小范围。空调机组的温湿度应基于核心实验间进行控制。送风管道上应安有温湿度传感器，并且实时监测送风温湿度。控制不仅使房间温湿度保持在设定值，而且要保证送风温湿度在允许的范围内。

实验室压力梯度控制：BSL-4 实验室由核心实验间、化学淋浴、更防护服、淋浴间、三更组成，压力梯度从三更向核心实验间依次增高，更防护服与淋浴间相连通，三更与环廊相连通。除设立缓冲间外，主要依靠实验室压力梯度保证实验室人员以及外围环境的安全。合理的压力梯度既能够保证空气的有序流向同时又能有效避免交叉感染，因此要求实验室始终保证气流由缓冲间流向核心实验间。实验室的压力梯度控制是靠风阀调节后送排风的余风量实现的；而高密闭房间的余风量很小，一般的风阀风量误差在其量程的 5%，该误差相对于房间的压力来说，是比较大的；若采用静态平衡控制，无法选择相关的阀门和控制系统，因此应该采用动态平衡控制，且自控系统采用双 PID 闭环控制。双 PID 闭环控制，其控制过程为送排风风阀同时跟踪房间压力，根据采集到的压力、温度、湿度信号反馈到自控系统，自控系统调整排风风阀，排风风阀将调整后的信息反馈到自控系统，自控系统根据最优控制需求调整送风风阀，送风风阀将调整后的信息再反馈到自控系统，与系统需求性能指标比较，达到动态平衡最优控制状态。

实验室报警装置：在实验室内人员方便看到的地方设置声光报警装置，在门口设置手动报警按钮，在紧急情况下，可及时向中控室报警，当压差梯度超过设定范围时，就地及在中心控制室发出声光报警。

3.4.5　给水排水与气体供应

3.4.5.1　给水

1. 给水概述

1）BSL-4 实验室给水干管应设在辅助工作区。

2）BSL-4 实验室防护区的给水管道应设置断流水箱供水，且应设置在辅助工作区。BSL-4 实验室的防护区给水管道的用水点处应设止回阀。

3）BSL-4 实验室的给水管道应涂上区别于其他区域给水管的黄色等醒目的颜色，并挂上"禁止饮用"标志牌，同时注明管道内流体的种类、用途、流向等。

4）生物安全实验室应根据需要设洗手装置。BSL-4 实验室的洗手装置宜设在靠近核心实验间的出口处，洗手盆龙头应采用脚踏式或感应式。

5）BSL-4 实验室应设洗眼器或紧急冲洗给水装置。

6）室内给水管材应采用不锈钢管、铜管或无毒塑料管。

2. 给水系统简介

生物安全实验室根据实验工艺的要求一般分为防护区和辅助工作区，进入防护区的给水管道应设置独立的给水系统。辅助工作区用水，一般包括生活用水和清洗用水，所有实验器材（如玻璃器皿、手术器具等）在使用前，均需在洗消间完成清洗和灭菌。来自防护区的需重复使用的实验器材，在离开防护区之前，必须在防护区内完成相应消毒处理，再送到洗消间进行清洗灭菌。

高级别生物安全实验室防护区给水流程如图 3-49 所示，由室外给水经软水器处理后进断流水箱（给水管应与水箱溢流液位设空气隔断），再经紫外线消毒器消毒，由给水泵变频加压供至各用水点。

（1）防护区的给水系统

防护区的给水系统分以下三个方面。

1）生物安全实验室（区）给水系统。

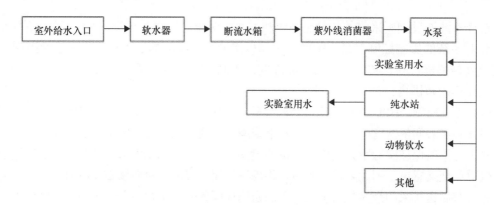

图 3-49　给水流程图

2）实验室（区）用水一般为淋浴（化学淋浴）、洗手盆、洗眼器、实验盆、高压灭菌器、实验设备、动物房及解剖间冲洗等的用水。

3）如果实验室区域内还有供实验人员使用的卫生间，还需要为卫生间供水。

（2）生物安全实验室（区）纯水系统

实验室用纯水涉及下述多个方面：分析试剂及药品配制稀释用水；生物化学、电化学等研究用水；微生物、生物培养发酵用水；细胞培养用水；生物工程培养基用水；有机物分析用水；总有机碳（TOC）分析用水；高精密光学镜片冲洗用水；各种医疗用生化仪、分析仪用水；生理、病理、毒理学实验用水；环境、环保实验分析用水；PCR 应用及分析用水；高分子实验用水等。

生物安全实验室纯水用水量小，具有无菌、无热原性的要求，比注射用水水质要求低，产品水储存及输送无温度要求（常温即可），管道布置相对不复杂。生物安全问题是系统设计的核心问题。BSL-4 实验室纯水系统必须是单向不可逆的，只送不回系统。任何一个用水点的回流都将对整个系统甚至设施和环境造成传染病原体污染的巨大风险。

系统设计应考虑下述措施。

1）原水应与城市自来水管网隔断，避免污染城市生活水管网。系统终端用水点必须设止回阀，避免出现交叉污染。

2）大型实验室用的纯水制备宜设在清洁区，采用集中式管道供水，以防止设备受到病原体污染和设备消毒的困难；小型实验室用纯水可采用小型高纯水设备制备后就地使用，或用容器配送至防护区使用。

3）纯水系统管道宜采用抗腐蚀性能较强的不锈钢 316L 管材，管道的设计和安装应避免死角、盲管。管道连接用焊接或快装接头，避免丝扣连接。

（3）实验室（区）动物饮水系统

生物安全实验室的动物按不同的饲养方式分为开放式饲养和动物隔离设备饲养。

猪、马、牛、羊等大动物采用开放式饲养。大型动物饲养时要消耗大量饮水，常使用可以自动分发、能自清洗无弯管的饮水器。水碗及其他各种送到动物围栏内的设备，都要能够承受动物的破坏。水碗可以安装在水管、墙壁或地板上，设计时应考虑啜头或龙头的更换，软管的高度和长度也应该可以调节，以满足不同种动物的需要。同时要注意在围栏中水碗的朝向，要考虑围栏开关的方向、动物的朝向、动物排泄和气流的方向。大动物直饮水，一般由自来水经紫外线消毒后供给。中小型动物如猴子、狗、兔子、鸡、大鼠、小鼠、豚鼠等一般采用动物隔离设备的饲养方式。通常采用水瓶饮水，动物饮水瓶放置在隔离设备内。

饮水瓶一般采用无毒塑料瓶身，瓶上有一个金属嘴，嘴上套有一个金属外壳及橡胶塞。金属嘴多为不锈钢，前端圆滑，便于动物对吸。瓶塞的外壳多为铝薄板，是为了防止动物啃咬，因啮齿动物及兔常有这种行为。胶塞一般为绿色，无毒。

3. 给水系统技术要求

实验室给水设备的安装必须为实验室安全运行、清洁和维护提供充足的空间，应尽可能地避免管道暴露在外和有积尘。BSL-4 实验室的给水管道应涂上区别于一般水管的醒目的颜色。实验室给排水管道的安装应注意以下几点。

1）实验室内各类给水排水的干管，应敷设在技术夹层和管道井中。干管不应设置清扫口、放空口和取样口。需要消毒的管道以及易燃、易爆和含有毒物料的管道宜明设。

2）各类管道不宜穿越与其无关的区域。

3）实验室（区）各类管道上的阀门、管件材料应与管道材料相适应。所用的阀门、管件除满足工艺要求外，应便于拆洗、检修。

4）实验室（区）各类管道均应明确标识流体的种类及流向，可采用挂牌的方法注明管道内流体的种类、用途、流向等。

5）实验室（区）的管道保温层表面必须整齐、光洁，不得有颗粒性物质脱落。

3.4.5.2 排水

1. 排水概述

在 GB 50346《生物安全实验室建筑技术规范》中，关于生物安全实验室的排水作了如下要求。

1）BSL-4 实验室可在防护区内有排水功能要求的地面设置密闭地漏，其他地方不宜设地漏。大动物房和解剖间等处的密闭型地漏内应带活动网框，活动网框应易于取放及清理。

2）构造内无存水弯的卫生器具与排水管道连接时，必须在排水口以下设存水弯。根据压差要求等因素设计存水弯和地漏的水封深度。排水管道水封处必须保证充满水或消毒液。

3）BSL-4 实验室防护区内不在同一房间的卫生器具不应共用存水弯。

4）BSL-4 实验室防护区的排水应通过专门的管道收集至独立的装置中进行消毒灭菌处理。

5）BSL-4 实验室防护区的各实验单元应设独立的排水支管，并应安装阀门。

6）污水处理装置宜设在最低处，便于污水收集和检修。

7）BSL-4 实验室防护区污水应采用高温灭菌消毒。应对消毒灭菌效果进行监测，以确保排放前达到有关排放标准。

8）高温序批式灭菌处理设备应有废水均匀灭菌措施、固液分离装置、过压保护装置、清洗消毒措施、冷却措施，以保护环境与人员的安全。应明确处理的温度、压力、时间对被灭菌微生物有效。

9）BSL-4 实验室排水系统上的通气管口应单独设置，不得接入通风空调系统的排风管道。通气管口应设高效过滤器或其他可靠的消毒装置，同时应使通气管口四周的通风良好。

10）BSL-4 实验室辅助工作区的排水，应采取适当处理措施，并进行监测，以确保排放到市政管网之前达到排放要求。

11）BSL-4 实验室排水管线宜明设，并与墙壁保持一定距离便于检查维修。

总之，生物安全实验室排水系统是最关键的系统之一，科学合理的排水系统是实验室安全运行的重要保证。

2. 排水系统技术要求

1）大动物实验室的排水中含有动物粪便、尿液、血液、水、毛发和骨渣等。在选择管材的时候，必须按照下列标准进行评估：耐热、耐化学物质、耐压、耐火、对排水管道穿越区域的人员没有危害、方便操作、管道连接安全可靠等。

2）排水管材的选择高度依赖于生物安全实验室的消毒方式和使用的消毒剂。由于含氯消毒剂腐蚀性强，为保证排水系统的长期安全运行，很多实验室采用了强化纤维塑料、聚丙烯、氯化聚氯乙烯（CPVC）等排水管材，它们可用于多数消毒剂，但其耐热性不如金属管材，如 316L 不锈钢。304 不锈钢可能会因含氯试剂或其他腐蚀性强的消毒剂产生的针孔而发生早期腐蚀。

3）实验室排水管道宜明敷，最好采用加厚 316L 不锈钢等耐腐蚀材料，焊口处进行探伤检测，使用中要谨防泄漏，避免造成污染。

4）实验室排水也可采用带有透明套管的双层排水管道，双层排水管是为防止实验室排出的废水外漏而设计的专用排水管。在长时间使用中，即使内层管道出现漏点，渗漏液体也会沿外层管流至灭菌罐进行杀菌消毒处理，避免外漏废液污染环境。如果采用双层排水管，必须考虑到主管道发生故障的风险和后果，必须确保检漏装置安全可靠，以便及早发现问题。采用双层排水管，会增加排水管防护风险，建议在埋地敷设时采用，在架空管中采用会占用更大的空间，也会受到其他管道和设备的约束。同时还需要考虑以下问题，如内外管道的压力测试、加满水后的负荷测试、外管道的气体散逸、外管道的液体散逸、外管道的高效过滤器、检漏-连续监控和单点监控、活毒废水管的检漏监控设备、管道的连接等。其中一些内容在排水管采用单管时同样需要考虑。一旦发现排水管道渗漏，应立即采取安全措施及时处理。

5）排水管道穿实验室楼板处及排水管与实验盆排水栓连接处必须进行严格的密封处理，实验盆排水栓宜设置滤网，以防废弃物进入排水管沉积后堵塞管道。每个排水点下均应设置存水弯，存水弯设置于实验室下管道夹层，保证其水封深度不小于 50mm，具体数值要按所在实验室的压力差逐个计算，且不能干涸。

6）每个排水系统均应设置通气管，以使管内压力平衡。通气管口必须加装可靠的消毒装置。选用的HEPA 过滤器应能耐水耐高温，并且能进行现场消毒和检测。HEPA 过滤器安装的位置应便于维护人员操作，管道与 HEPA 过滤器应该垂直对齐，如果管道中有冷凝水，应保证冷凝水能顺管道流至处理设备。

7）实验室应分区设置独立的排水管系统并接至地下室消毒灭菌罐，还应考虑管道系统整体（物理、化学）的消毒灭菌措施，并留有可密封的取样口加以验证。

3. 排水系统的维护

给排水系统维护人员一般情况下不要进入防护区。必须进入时，需得到实验室负责人的同意，安排合适的时间，采取安全防护措施进入。原则上维修人员应在管道系统完成消毒灭菌后，方可进行维修；若需抢修或应急处理时，维修人员须根据污染物风险评估穿上相应级别防护服。所有维修工具及器材用后均须进行消毒灭菌，废弃材料可在高压灭菌后进行处理或焚烧。

4. 活毒废水处理措施

BSL-4 实验室实验排水包括有致病菌的培养物、料液和洗涤水，血液样品及其他诊断检测样品，以及重组 DNA 废弃物、废弃的病理样品等。

实验动物排水包括动物的尿、粪、解剖废液、笼具、垫料等的洗涤废水及冲洗房间水。

实验人员产生的排水包括淋浴或化学淋浴排水。

实验室产生的废液污染控制原则：对于实验室产生的废水，应尽快消毒灭菌，严防污染扩散，加强污染源管理。对动物产生的排泄物（粪便、尿等）必须采用特殊的消毒灭菌处理设备。污水处理系统应根据实际情况，定期进行全系统消毒灭菌。

（1）连续式活毒废水处理

连续式活毒废水处理有物理热力法处理（图 3-50）及化学药剂法和物理热力法混合处理（图 3-51）两种方式。

实验室的活毒废水经单独的管道汇集后，从废液入口进入缓冲储液罐，产生的废气经过高效过滤器除菌后从通气管排出。当液面达到一定高度时，废液出口阀门自动打开，同时启动流速控制泵（一用一备），将废液以设定流速压入预加热/冷却柜进行预加热处理，之后进入电加热灭菌器，在灭菌器内废液通过电加热灭菌盘管进行高温灭菌。已灭菌的废液再进入预加热/冷却柜经缓冲管后进行冷却,冷却后的废液通过排污口排出。如需二次处理,则通过回流管回流至储液罐,或直接进行再次连续处理。预加热/冷却柜是通过热交换器,使已灭菌的高温废液对进入的待处理废液通过热交换器进行预加热,同时自己得到冷却,以节约能源。

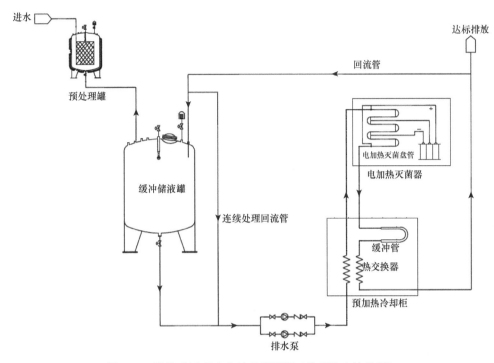

图 3-50 连续式活毒废水处理流程图(物理热力法处理)

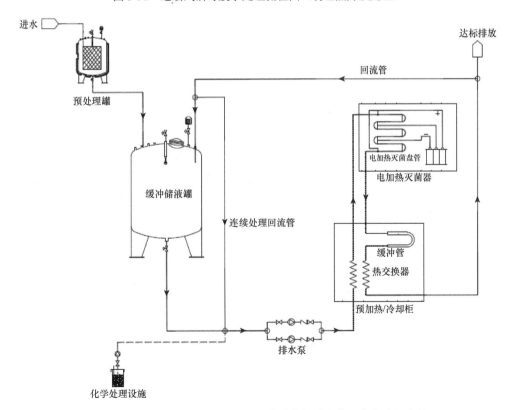

图 3-51 连续式活毒废水处理流程图(化学药剂法和物理热力法混合处理)

也可根据需要，混合使用化学药剂法和物理热力法进行处理，见图 3-51。

a. 连续式活毒废水处理具有的优点

安全性高：不使用压力罐，没有安全阀，不存在安全阀泄漏的可能。在火灾、地震等意外发生时，没有大量囤积的废水外泄。

体积小：可不间断处理废水，不会囤积废水。

应变能力强：可以精确地调节温度而不用更换设备，适合实验变化。

节能：热交换效率高，且不需使用专门的冷却装置。采用电加热的方式，不需蒸汽，所以不会产生冷凝水。

系统除垢能力强：设备在每个循环末或"黏稠物"堆积造成流量变小时，可进行自动除垢。

b. 连续式活毒废水处理设备简介

活毒废水处理设备的核心装置是热交换器，设计上一般采用完全焊接的单管道热交换器。由于是完全焊接的，因此无法拆卸，保证了设备的安全运行。同时单管道的构造使得废水在管道中始终是沿一个方向流动，如果管道阻塞，流速就会下降，此时设备会自动启动清洁程序。热交换器管道接口采用旋转熔接，如果采用传统手工焊接，难以保证接口处的管道内壁光滑，内壁的不平滑会造成管壁粘留杂质，甚至造成阻塞。而旋转熔接能够保证较好的光滑度和强度，能够防止泄漏且有助于管道清洗。在整套工艺设备中需要设置阀门，普通的蝶阀或球阀内部都有转动结构，关闭时废水会留在小孔或缝隙内，无法清洗，会造成污染。所以设计上通常选用隔膜阀，因为阀体和转动轴之间没有密封圈，因此不会存在液体滞留和泄漏的风险。设备的感温装置是安装在一个保护套中，探头与废水没有直接接触，避免了污染。全套设备全部采用的是 SAF2507 钢材。SAF2507 合金由 25% 的铬、4% 的钼和 7% 的镍构成。它具有较强的抗氯化物、抗酸腐蚀特性，以及较高的导热性和较低的热膨胀系数。此外，SAF2507 的焊接性很好，可以通过专门的设备进行焊接。

（2）序批式活毒废水处理

生物安全实验室的活毒废水多采用两种序批式废水处理（EDS）方案。方案一是一个收集管＋两个灭活罐的废水处理系统，见图 3-52；方案二是三个灭活罐的废水处理系统，见图 3-53。

图 3-52　方案一：一个收集管＋两个灭活罐的废水处理系统

图 3-53　方案二：三个灭活罐的废水处理系统

a. 一个收集管＋两个灭活罐的废水处理系统

工作步骤如下：废水进入收集罐，压力由排气管路释放到 HEPA 过滤器。当收集罐液面达到向灭活罐排放液位时（收集罐共有四档液位：空、向灭活罐排放、满、溢流），废水流入灭活罐。当收集罐彻底排空之后，清水喷头喷出清水冲洗罐体，阻止沉积腐败产生。当废水从收集罐流入灭活罐时，灭活罐前的管道上设有两道水平阀门，具有防止堵塞功能，目的是保护灭活罐隔离阀的密封圈。第一个阀是废物阀，第二个为隔离阀（关键）。废液流入灭活罐后，先关闭第一个阀门，然后用清水喷入管道进行冲洗，同时冲洗第二个阀门，保证灭活罐隔离阀的密封圈，冲洗干净后再关闭第二个阀，打开第一个阀门。这保证了灭活过程中没有压力回流至收集罐，甚至回流至上方管路。

当灭活罐被注满后，气体被置换入收集罐（一个排空时另一个被注满），这样几乎没有或只有很少的气体会进入排气口过滤器，过滤器只在收集罐被注满时起作用。灭活罐关闭（包括进液口、排气口过滤器）后，蒸汽进入盘管，加热到预设温度（100～150℃）。灭活罐的温度一旦达到预设温度，系统开始灭活。灭活罐内的温度保持一致并持续一段时间，罐内不存在任何温度梯度。当灭活完成后，排水阀门打开（为保证绝对安全，设有一对阀门），容器开始通过一个喷淋冷却器控制排水，以保证排水温度低于预设温度（一般为 50℃），水通过罐内压力排到排水管道或者指定位置。排完之后，灭活罐被冷水漂洗一次，重新排空，用于下一个处理循环。

b. 三个灭活罐的废水处理系统

废水进入第一个灭活罐，压力经 HEPA 过滤器释放到房间内。当第一个灭活罐液面达到灭活的液位时，与其相连的管道上的阀门关闭，同时第二个灭活罐前管道上的阀门打开，进行废水收集。灭活罐的工作原理同方案一。

那么我们如何选择设计方案？就以上两套方案我们进行比较：从占用空间来看，一个收集罐+两个灭活罐的废水处理系统所需的空间最小；三个灭活罐的废水处理系统占用空间稍大。从初次投资来看，二者的费用差不多。从使用角度来看，三个灭活罐中一个收集废水，一个灭活处理，另外一个备用。使用时较第一个方案灵活、安全，特别是 BSL-4 实验室建议采用方案二。

c. 序批式活毒废水处理系统（EDS）的特点

罐体的维修门带有吊柱，开关简单，便于维修人员进出检测和清洁，且能方便地检测和替换蒸汽盘管。维修门的两个密封圈之间配有气体压力监测装置，保证任何状态下均可监测门的密闭状况。

罐体采用蒸汽盘管的加热方式，替代了夹套式或者蒸汽直接加热的方式。水垢只会在盘管上产生，系统通过监测结垢情况，需要除垢时发出指令。干加热盘管，待盘管温度升高到150℃以上后，直接喷淋冷水，由于热膨胀系数的差异，水垢从盘管上脱落，冲水即可排出。同时盘管式的加热方式使得罐体内部热扰动更加迅速，能够在短时间实现温度的一致，几乎没有热层析现象，罐体温度一致。而且一个新的蒸汽盘管卷可以在5min内完成安装，保证了系统的安全运行，且便于维护、管理。罐体加热方式的比较见表3-13。

表3-13 罐体加热方式的比较

加热方式	优缺点
内部蒸汽盘管式	安静，高效，无振动，罐内焊接口不产生涂层腐蚀斑（无涂层）。寿命最长，易于修理维护，能够重复利用蒸汽等热媒及化学试剂
蒸汽直接加热方式	噪声大，设备会剧烈振动，但是高效，无涂层损蚀，需要巨大的罐体，灭活液体以及化学试剂不可重复利用。热损耗量最高
夹套式	夹套内外由于热膨胀不一致，在罐体上产生较大的压力，容易造成焊接口凹陷，焊点易损蚀，加热和制冷效率低，寿命比前两种方案要短

灭活罐中具有防止罐体堵塞的过滤篮框，见图3-54，能够沿导轨移动，用来过滤大的固体。实验中产生的固体，一部分在灭活过程中被溶解或打碎（人或者动物的粪便、卫生纸、毛发等），变成纸浆淤泥之后通过滤网。另一部分保留在篮框中（动物骨渣、拖把线、动物玩具、羽毛等）直至被清理。根据日常废水中固体颗粒的多少来选择清空过滤篮的时间间隔。一般情况下仅需要一年清空一次。过滤篮配备有报警探测器，能够自动检测过滤篮中固体量，并适时报警，方便清空。

图3-54 过滤篮框

d. 序批式活毒废水处理的优点

系统具有独特的Drywell孢子验活装置，包括多项性能检测参数，通过模拟罐内湿热灭菌过程来安全方便地验证EDS系统的生物安全性。在灭活罐一端的中间位置有孢子验活装置，它突出于罐体内部，通过不锈钢内壁传递罐内流体的热量，同时通过加湿模拟罐体内湿度。在Drywell实际温度比罐体内温度低

1℃的情况下，如果孢子带经过孵化后不能检测出活的细胞，说明该 EDS 系统通过了生物验证。Drywell 孢子验活装置代替了不准确、危险的在线空气压力监测装置。

安全可靠：加工过程中，ASME 认证的焊接工程师保证焊接达到制药级标准，使用寿命长，避免腐蚀。无冷点，包括所有的螺丝，均可承受灭菌温度。无树状分叉，在污水处理的每一个循环都保证安全。

尽量节能节水，静音喷淋制冷器很好地体现了这一点。静音喷淋制冷器不使用泵，没有移动部件，仅冷却灭活后的高温液体，罐体的热量可用于下次循环，节省能量。使用非常少量的可以循环利用的水即可保证灭活后高温液体冷却至设定温度。

提供的蒸汽配套系统对罐体、管路进行消毒净化，可以安全快捷地维护 EDS 系统。

EDS 采用先进的 GE Fanuc 控制系统（也可以根据客户需要采用 Siemens、ABB、Mitsubishi 系统）。根据客户的反馈意见推荐使用 GE 系统，操作方便，在 Windows 界面下运行，无须安装操作软件，经过授权的操作者即可登录服务器进行操作。不同安全级别的密码进入不同的界面，进行在线诊断、程序控制，也可以进行现场操作，根据安全情况发送警报邮件到操作者的手机、电脑上。内置 PLC 和闪存，这样保证了实验记录、系统运行信息不仅保存在闪存上，还保存在系统外部的独立电脑上，确保实验数据存储安全。

我国某 BSL-4 实验室活毒废水处理设备如图 3-55 所示。

（3）总结

连续式活毒废水处理和序批式活毒废水处理的方法都是可行的，有各自的特点。在世界上不同的 BSL-3、BSL-4 实验室都有工程实例，如法国里昂的 BSL-4 实验室活毒废水处理采用的是连续式，美国弗吉尼亚的某 BSL-4 实验室活毒废水处理采用的是序批式，澳大利亚动物健康 BSL-4 实验室活毒废水处理既采用了连续式也采用了序批式，备有两套处理系统，可以互相切换使用。工程中可根据业主的投资情况、活毒废水处理间的占地面积、高温灭菌的热源采用蒸汽还是电加热、活毒废水是否需要预处理工艺等不同情况，选定合理的处理工艺。

图 3-55 我国某 BSL-4 实验室活毒废水处理设备

3.4.5.3 气（汽）体供应

1. BSL-4 实验室常用的气体介绍

BSL-4 实验室常用的气体有液氮、氮气、二氧化碳、压缩空气等。

（1）液氮

1）性质：液态的氮气。惰性，无色，无臭，无腐蚀性，不可燃，温度极低。氮构成了大气的大部分（体积比 78.03%，重量比 75.5%）。氮是不活泼的，不支持燃烧。汽化时大量吸热接触造成冻伤。在常压下，液氮温度为 $-196℃$；$1m^3$ 的液氮可以膨胀至 $696m^3$（21℃）的纯气态氮。液氮无色、无味，在高压下是低温液体。

2）用途：在生物和医学领域，液氮主要用于保存活体组织、生物样品以及储存精子和卵子；也用来迅速冷冻生物组织，防止组织被破坏，见图 3-56。

3）气源途径：向社会直接购买液氮。

4）操作注意事项：密闭操作，提供良好的自然通风条件。操作人员必须经过专门培训，严格遵守操作规程。建议操作人员穿防寒服，戴防寒手套，防止气体泄漏到工作场所空气中。搬运时轻装轻卸，防止钢瓶及附件破损。配备泄漏应急处理设备。

5）储存注意事项：储存于阴凉、通风的库房，见图 3-57。库温不宜超过 30℃。储区应备有泄漏应急处理设备。

6）法规信息：《化学危险物品安全管理条例》《化学危险物品安全管理条例实施细则》《工作场所安全使用化学品规定》等法规，针对化学危险品的安全使用、生产、储存、运输、装卸等方面均作了相应规定；常用危险化学品的分类及标志（GB 13690）将该物质划为第 2.2 类不燃气体。

图 3-56　液氮生物容器产品结构示意图

图 3-57　液氮储罐

（2）氮气

1）性质：氮气化学式为 N_2，通常状况下是一种无色无味的气体，而且一般氮气比空气密度小。氮气占大气总量的 78.08%（体积分数），是空气的主要成分。

2）用途：由于氮的化学惰性，常用作保护气体，高纯氮气用作色谱仪等仪器的载气。

3）气源途径：向社会直接购买氮气或高纯氮气气瓶，用户自购制氮设备制普通氮气。

4）操作注意事项：密闭操作，提供良好的自然通风条件。操作人员必须经过专门培训，严格遵守操作规程。防止气体泄漏到工作场所空气中。搬运时轻装轻卸，防止钢瓶及附件破损。配备泄漏应急处理设备。

5）储存注意事项：储存于阴凉、通风的库房，见图3-58，远离火种、热源，库温不宜超过30℃。储区应备有泄漏应急处理设备。

图3-58　氮气瓶

6）法规信息：《危险化学品安全管理条例》《工作场所安全使用化学品规定》等法规，针对危险化学品的安全使用、生产、储存、运输、装卸等方面均作了相应规定；常用危险化学品的分类及标志（GB 13690）将该物质划为第2.2类不燃气体。

（3）二氧化碳

1）性质：化学式CO_2，是空气中常见的温室气体，是一种气态化合物，碳与氧反应生成CO_2，一个二氧化碳分子由两个氧原子与一个碳原子通过共价键构成。

2）用途：二氧化碳主要用于实验室的二氧化碳细胞培养箱，用于调节培养箱内的pH和CO_2浓度。

3）气源途径：由于用量很少，实验室一般是向社会直接购买二氧化碳气瓶。

4）操作注意事项：密闭操作，提供良好的自然通风条件。操作人员必须经过专门培训，严格遵守操作规程，防止气体泄漏到工作场所空气中。搬运时轻装轻卸，防止钢瓶及附件破损。配备泄漏应急处理设备。

5）储存注意事项：储存于阴凉、通风的库房，见图3-59，远离火种、热源，库温不宜超过30℃。储区应备有泄漏应急处理设备。

6）法规信息：《危险化学品安全管理条例》《工作场所安全使用化学品规定》等法规，针对化学危险品的安全使用、生产、储存、运输、装卸等方面均作了相应规定；常用危险化学品的分类及标志（GB 13690）将该物质划为第2.2类不燃气体。

图 3-59　二氧化碳气瓶

（4）压缩空气

压缩空气，即被外力压缩的空气。空气具有可压缩性，经空气压缩机做机械功使本身体积缩小、压力提高后的空气被称为压缩空气。压缩空气是一种重要的动力源。与其他能源比，它具有下列明显的特点：清晰透明，输送方便，没有特殊的有害性能，没有起火危险，不怕超负荷，能在许多不利环境下工作，空气在地面上到处都有，取之不尽。

1）用途：实验室工作人员正压服的供气系统，实验室内气动设备或阀门的动力气体。

2）气源途径：可以向社会购买高纯压缩空气，或者自备空压机制备，空压机见图 3-60。

图 3-60　空压机

3）真空装置

BSL-3 和 BSL-4 实验室防护区设置的真空装置，应有防止真空装置内部被污染的措施，应将真空装置安装在实验室内，见图 3-61。

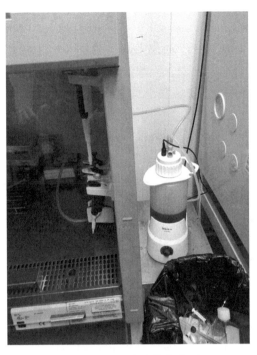

图 3-61　内部真空收集装置

4）操作注意事项：密闭操作，提供良好的自然通风条件。操作人员必须经过专门培训，严格遵守操作规程，熟悉空压机等设备。

（5）生命支持系统

对于 BSL-4 和 ABSL-4 高等级生物安全实验室而言，压缩空气被赋予了更加重要的作用，即维持正压服内的正压并供给呼吸用空气。这是保护工作人员身处高致命性病毒环境而不被感染的最后一道保障措施，我们称为生命支持系统，见图 3-62。

图 3-62　穿着正压服的工作人员

尽管生物安全柜是防止操作过程中含有危害性或未知性生物气溶胶散逸的传染性微生物的牢笼，但实验室操作是多种多样的，绝对要求所有的操作都在生物安全柜内完成是不符合实际的，生物安全柜外操作与污染同时存在。在整个实验室污染区与非污染区之间跨区域活动范围内，在工作人员与传染材料及实验室环境之间，对人员与环境还必须有一道活动的安全隔离屏障，这就是正压服和为之供气的生命支持系统。

a）主要供气系统包括：空压机、空气冷冻干燥器、压缩空气储气罐、压缩空气油水分离器、过滤系统、分析控制系统、安全报警系统、加热器、冷却器、不锈钢 316L 连接管道等。

b）主供气系统的技术规格：系统容量应基于系统最大用气人数设计系统基本供气量，并留有可供至少 2 人使用的设计余量。

空压机：一般为空冷式不对称螺旋桨旋转压缩机，有适宜的防护等级和相应的工作压力，容量与基本供气量最匹配。

空气冷冻干燥器：露点范围合适，包括双交换器和旁通管路。

压缩空气储气罐：可维持数小时供气的储气容量，经过认证的设备，应考虑操作压力和最大耐压。

压缩空气油水分离器：压缩空气的杂质是水、油和其他成分的混合物，需由分离器进行处理，分离器将各种物质分离，将水、油等杂质排出。

净化过滤系统，一般为三级过滤系统：①1μm 预过滤器；②0.01μm 精过滤器，配备排水管和压力表，堵塞指示器；③除味和除油脂的活性炭过滤器。

CO、CO_2 过滤器包括：①催化 CO 为 CO_2 的装置；②带分子筛的 CO_2 截留承载装置。

CO、CO_2、O_2 分析控制器：该控制器的作用是控制 CO、CO_2 的浓度，包括 1 个 CO 探测器和 1 个 CO_2 探测器、1 个 O_2 探测器，并能显示设定的数值和在线的信息。

安全报警装置：包括压力表、低压控制器、空气分析控制器采样口、不锈钢止回阀。警报信息包括压缩机故障类型、压力不足和 CO、CO_2、O_2 超标等分析控制器信息。

加热器：当可呼吸的气体温度较低时，加热器启动，电加热、内置电子温度调节器控制加热，控制温度可现场预设定。由安装在空气出口处的一个探头采样送气温度。

冷却器：当可呼吸的气体温度较高时，冷却器启动制冷，降低使用温度，温度调节和数据在线显示。

备用供气系统：生命支持供气系统应有自动启动的不间断备用电源供应，供电时间应不少于 60min。应急情况下的无电供气系统，由高压钢瓶组、气体汇流排和切换阀门等组成。根据需求量、维持时间设置钢瓶容量和汇流排接口数量。

c）接头至顶部气管入口之间设置足够长的压缩空气软管，并有伸缩性，保证实验室人员在本实验室内的自由活动半径，且在不使用时自动缩回，减少对实验人员和设备的影响。

d）由于高等级生物安全实验室房间之间需要用气密门隔离，各个房间之间都需设置独立的气密性快装接头，当工作人员从一个房间到另外一个房间时，切换到另外一个房间的生命支持系统接头上，短暂的切换过程中，可以使用正压服自带的装置维持人员的呼吸安全。

e）工作人员自生命支持系统中吸入空气，并排气至实验室内，正压服相对于实验室正压，需要考虑人员进入实验室并排气对实验室压力的影响及调节措施。

f）空压机噪声较大且需要很大的排热量，设计时需要认真考虑空压站的位置，积极采取必要的消声措施，避免对实验产生较大的影响，并设置足够的废热排风管道及其冷却空气送风管道。

2. 实验室供气流程

（1）气源

气体产品作为现代工业重要的基础原料，应用范围十分广泛，在现代科学技术的需要和推动下，气体产品品种、质量和数量等方面飞跃发展。由于气体分为单质气体、多元气体、混合气体和有机化合物气体等，通常将组成气体的物质（或元素）主成分命名称为该气体。气体纯度可理解为：除该气体成分外，所含其他物质的多少。实验室的气源可以是高压气瓶，也可以是低温储槽（如液氮）。根据用气量的大小，可以将气瓶放置于用气点附近直接供气，也可以设置集中供气的气体汇流排或者低温储槽，见图 3-63。

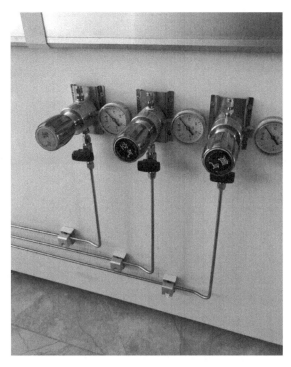

图 3-63　汇流排间至实验室的供气示意图

（2）气管管路及其配件

1）气管：选配适合的气管是高纯气体供气系统的重要组成部分，是能否将符合要求的高纯气体送至用气点仍保持质量合格的关键技术；选配气管包括管路系统的正确设计、管件及附件的选择、施工安装和试验测试等内容。对于 BSL-4 实验室而言，建议采用 316L 不锈钢管道。

2）液氮管路：对于低温液态气体，输送管路及其附件一般为奥氏体不锈钢。液氮管道比较常用的保冷方式是真空管。

3）一级减压阀、终端二级减压阀：气体的一级减压阀位于气源处，统一调整气体压力；二级减压阀位于用气的末端，为每台设备调整出所需要的压力。

4）气体汇流排（气瓶切换装）：气体汇流排是一种集中充气或供气的装置，见图 3-64。它是将多只钢瓶气体通过阀门、导管连接到汇流总管，以便同时对这些钢瓶充气，或者经减压、稳压后由管道输送到使用场所的专用设备，以保证用气器具的气源压力稳定可调，并达到不间断供气的目的。根据操作性能，其可分为单侧式汇流排、双侧式汇流排、半自动汇流排、全自动汇流排、半自动切换、不停气维修汇流排；根据输出气压的稳定性还可分为单级式汇流排、双级式汇流排等。

5）高压软管：采用不锈钢高压金属软管连接钢瓶与切换装置，外管带弹簧圈保护，内管不锈钢丝缠绕，耐压达到 20MPa，钢瓶接口处带防逆装置，保证换瓶时气体不泄漏，柔性连接方式方便快捷，有效提高换瓶时的安全可靠性。

6）低温储槽：低温储槽是一种专门用于储存和供应低温液化气体（如液氮、液氧、液氩、液体二氧化碳等）的夹套式真空粉末绝热压力容器。低温储槽存储量大，适用于需要大量用气的场合，用气时，可以使用汽化器将液态的物质转化成气态物质。

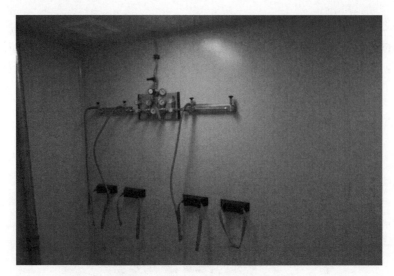

图 3-64 气体汇流排装置

（3）实验室气体报警

由于气瓶全部是集中存放，方便用户集中检查，在节省成本和操作时间的同时，也存在安全隐患。但如果预警措施、安全措施到位，危险是可以避免的，为用户节省不必要的损失。因此气瓶间等气瓶集中放置的场所均应设置气体浓度探头、压力探测器等检测装置，并将这些信号接入中控室，并联动响应的应急设备启动，如事故排风机、气体管道紧急切断阀等。

3.4.6 BSL-4 实验室施工

国际上对外公开、正在使用中的生物安全四级实验室的结构形式大部分是现浇钢筋混凝土抗震墙结构，围护墙体采用现浇钢筋混凝土墙体；局部采用现浇钢筋混凝土框架结构，维护墙体采用预制混凝土砌块。现浇钢筋混凝土抗震墙结构形式的生物安全四级实验室应用较为广泛，同时也是国内《生物安全实验室建筑技术规范》中推荐选用的结构形式，以我国某生物安全四级实验室为例进行介绍。

3.4.6.1 钢筋混凝土施工

1. 钢筋的施工

钢筋施工顺序示意如下：钢筋临时加固→钢筋绑扎→上部结构部位钢筋安装→柱钢筋绑扎→梁钢筋绑扎→板钢筋绑扎→墙钢筋绑扎→钢筋保护层。

2. 混凝土施工

混凝土施工包括地下结构和地上结构两部分，以某工程为例，地下结构浇筑流程为：基础底板→外墙施工到-3.05m→两翼条形基础及 3.05m 以上墙板及顶板施工。

地上结构施工流程为：一层 2.7m 以下墙体、柱施工→2.7m 以上墙体、柱及二层梁板施工→二层结构施工→三层结构施工→四层结构施工。

3.4.6.2 装饰装修工程

装修选项包括刷漆（环氧树脂、聚氨酯橡胶、多聚脲）、黏合剂涂层、纤维强化涂层，以及无缝乙烯基系统、复合材料衬里、玻璃材料及金属衬里。本实验室全部采用 6mm 聚氨酯地面面层，聚氨酯地坪成型效果见图 3-65。为保证实验室房间易于清洁，所有房间四周及走廊均采用半径 R=30mm 的圆弧角聚氨酯踢脚线。聚氨酯地坪硬度高，柔韧性和耐摩擦性能高，核心区地面所有阴角均为 45º圆弧角，表面光滑，不集聚灰尘及细菌、易清洗，杜绝了有害细菌、病毒的隐藏。彩色聚氨酯主要应用于墙面及顶棚的喷涂，墙面及顶棚成型效果见图 3-66。

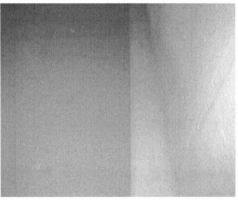

图 3-65　聚氨酯地坪成型效果图

图 3-66　墙面及顶棚成型效果图

聚氨酯地面施工流程：地面基层喷砂处理→细部处理及检测→刮涂 Ucrete MF 底涂→刮涂 Ucrete UD200 聚氨酯面层→地面圆弧角踢脚线施工→养护、验收。

3.4.6.3　通风空调工程

所有和生物安全防护区有关的风管及附件均采取工厂化制作，应在满足净化施工的洁净厂房制作洁净区域的风管。

空调、通风、排烟风管既可以全部采用不锈钢材质，也可以生物安全防护区域内的风管采用不锈钢，防护区外的风管采用镀锌钢板制作，钢板厚度和连接方式执行设计要求或者施工验收技术规范；生物安全防护区域内所有风管均采用不锈钢板制作，钢板厚度为 2.0mm，采用连续焊接。不锈钢风管的加工流程见图 3-67。

需要重点关注通风空调系统设备和风管检测，检测方法和检测项目按照国家标准《洁净室施工及验收规范》和《生物安全实验室建筑技术规范》规定执行。如发现风管漏风率不合格，重点检查焊缝和法兰连接处，采取补焊或机械紧固等方法堵漏，重复检测修补，直至漏风率合格。

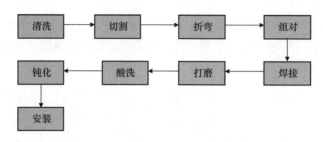

图 3-67　不锈钢风管的加工流程图

3.4.6.4　电气工程

1. 电力变压器安装

变压器安装工艺流程：设备点件检查→变压器二次搬运→变压器稳装→附件安装→交接试验→送电前检查→验收送电运行。

2. 高、低压配电柜的安装

高、低压配电柜安装流程：设备开箱检查→设备搬运→柜体稳装→柜内二次配线→试验调整→验收送电运行。

3.4.6.5　给排水工程

1. 纯水、饮水、化学淋浴系统安装

实验区纯水系统、饮水系统采用 304L 不锈钢管氩弧焊接；化学淋浴系统管材采用 316L 不锈钢管氩弧焊接；编制专项施工方案，编写各关键节点的作业指导书，并逐级做好交底工作。

2. 活毒废水系统安装

该系统施工工艺要求严格，分包施工单位相关专业人员要协同总包、供货厂商组建调试指挥小组，编制专项调试方案上报监理单位、业主单位批准后实施。

活毒废水系统调试组织架构见图 3-68。

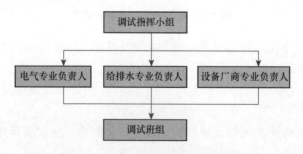

图 3-68　活毒废水系统调试组织架构

3.5　我国高等级生物安全实验室设计与建造发展

2003 年以前，我国没有针对生物安全实验室建设的标准，也少有 BSL-3 实验室。2003 年 SARS 的暴发，极大地促进了我国对高等级生物安全实验室的建设。2004 年，GB 50346—2004《生物安全实验室建筑技术规范》颁布，2004 年 9 月 1 日起实施。紧接着 GB 19489—2004《实验室　生物安全通用要求》颁布，并于 2004 年 10 月 1 日起实施。这两个标准规范的推出，为生物安全实验室特别是高等级生物安全实验室的设计与建造提供了设计依据，较为详细地规定了建造设施的各个专业的具体工艺要求和标准，国内 BSL-3 实验室建设呈现快速增长趋势。

随着一批 BSL-3 实验室的建成投入使用，设施的问题随之出现，GB 19489 及时修订为 2008 版，并于 2009 年 7 月 1 日实施；GB 50346 也随之作了修订，升级为 2011 版，于 2012 年 5 月 1 日实施。标准新版本实施后，既有的 BSL-3 实验室纷纷进行改造，在建项目则根据新版标准在施工过程中直接修改以适应标准要求。

本研究对农业系统 ABSL-3 做了问卷调查，共获得 10 份有效样本；对卫生疾病预防控制系统 15 个单位或部门也做了问卷调查，一定程度上反映出我国的建造状况和水平，特分析如下。

3.5.1 建造年代

样例中最早建成的时间为 2005 年 12 月，因此，无法反映无标准时代的建造情况。有 3 个项目建成于 2007～2008 年，体现了 2004 版标准的痕迹，通风空调系统主要体现了两个特点：实验室气流组织和邻室负压差。

3.5.2 设计与建造发展进程

我国高等级生物安全实验室设计与建造，各专业发展进程见表 3-14～表 3-16。

表 3-14 给水排水设计与建造发展进程

年代	2004 年以前	2004～2008 年	2008 年以后	发展趋势
活毒废水	早期的生物废水处理大多数采用的是生物接触氧化处理系统，最后经过氯消毒后排放，但是这一过程中不能有效地将所有的病原微生物都杀死	主要是采用大罐式高温灭菌处理的方式。一般设计两个灭菌罐，活毒废水先流入其中一个，到达高水位后关闭进水阀门，打开蒸汽管道阀门，向罐内通入蒸汽加热，达到一定温度并停留一段时间后，冷却排放。采用这种向罐中直接通蒸汽加热的方式，会存在以下问题：①从蒸汽阀门开启处到罐体内蒸汽出口有一段污染管线，一旦蒸汽阀泄漏，瞬间的压差会使废水倒流，使系统运行存在潜在的危险性。②废水由下至上有温度梯度，很难保障最低点温度达到设定值。③直接通入蒸汽时，蒸汽可能部分很快到达罐体上方，而上方空间有限，一旦在这个恒定体积内蒸汽量逐渐增大，将会导致压力增大。当压力超过罐体设计值时，罐体上方的泄压阀就会开启，泄压到设计值以下时自动关闭，如此就可能造成泄压阀频繁开启，加热效率变低，加之增加了蒸汽冷凝水水量，整体效率并不高。④内部温度变化，外界蒸汽压力不稳定，很难保证恒定的蒸汽压力及废水在设计时间内的加热灭活	生物废水灭活处理设备设计历经了多次改进后，达到了目前国际上通用的型式。采用高温灭活的方式，主要有序批式和连续式	国产设备不断研发升级，可靠性提高。在高级别实验室的应用中国产设备和进口设备将平分秋色

表 3-15 暖通设计与建造发展进程

年代	相关标准	设计	核心实验室压力及压力梯度	气流组织形式	空调系统形式	排风系统	冗余
2004 年以前	中国没有生物安全实验设施设计和建设标准阶段	BSL-3 大多参照洁净实验室设计，形式多样；没有 BSL-4 实验室	BSL-3 核心实验室压力通常维持在-25～40Pa，相邻房间压力梯度一般为 5～10Pa	多数为上送下回，很多工程采用房间下部双侧至四角排风	全新风直流式空调系统，新风三级过滤，送风口为高效过滤器孔板风口	全排风，排风口设置于房间侧壁，采用排风高效过滤器	一些项目排风机设有备用
2004～2008 年	GB 50346—2004《生物安全实验室建筑技术规范》于 2004 年 9 月 1 日实施，GB 19489—2004《实验室生物安全通用要求》版于 2004 年 10 月 1 日实施	BSL-3 实验室设计按照标准进一步规范和统一；BSL-4 实验室设计进入可行性研究报告阶段	BSL-3 核心实验室压力通常维持在-40Pa，相邻房间压力梯度一般为 10～15Pa	由于 GB 50346—2004 规定，大多仍为上送下回	全新风直流式空调系统，新风三级过滤，送风口为高效过滤器孔板风口	全排风，排风口设置于房间下部夹壁墙中，采用排风高效过滤器	按照 GB 19489—2004 规定，排风机一备一用
2008 年以后	GB 50346—2011《生物安全实验室建筑技术规范》于 2011 年 12 月 5 日实施，GB 19489—2008《实验室生物安全通用要求》版于 2009 年 7 月 1 日实施	BSL-3 实验室设计进一步与国际惯例做法靠拢；BSL-4 实验室开始施工图设计并施工	核心实验室压力 BSL-3 通常维持在-40Pa，ABSL-3 为-60Pa；ABSL-3、4 及 BSL-4 相邻房间压力梯度为 25Pa	多为上送上回	全新风直流式空调系统，新风三或四级过滤，送风采用袋进袋出高效过滤器，用于 BSL-4 的原位消毒和检漏	全排风，排风采用袋进袋出高效过滤器，或者口式生物安全型高效空气过滤装置并原位消毒和检漏	按照 GB 50346—2011 规定，ABSL-3 和（A）BSL-4 送风机备用；（A）BSL-3 和（A）BSL-4 排风机备用
发展趋势	更加注重运行节能，采用热回收技术；国产设备和技术越来越多地在工程中使用，不断完善和改进现有设施的不足之处，如温湿度控制、压力控制等						

表 3-16　动力气体设计与建造发展进程

年代	设计发展情况
2004 年以前	我国还没有类似的生命支持系统
2004～2008 年	开始向国外学习，按照国外的经验进行生命支持系统设计
2008 年以后	已经有多个采用生命支持系统的高等级生物安全实验室竣工

3.5.3　活毒废水处理设备分析

3.5.3.1　疾控系统

疾控系统的 BSL-3 实验室中有 5 个单位有废水处理系统，其中 2 家选择国产品牌，价格 25 万～26 万元，3 家单位选择进口品牌，价格 200 万～2000 万元，进口价格高于国产价格。

3.5.3.2　农业系统

活毒废水处理设备在农业系统中的应用详见表 3-17。

表 3-17　活毒废水处理设备应用表

品牌	单位（个）/数量（台）	构成比	类型
某进口品牌	1/3	25	高压湿热灭活系统
进口合计	3	25	
国产品牌 A	1/1	16.67	化学灭活系统
国产品牌 B	2/2	8.33	高压湿热灭活系统
国产品牌 C	1/2	16.67	高压湿热灭活系统
国产品牌 D	2/2	16.67	高压湿热灭活系统
国产品牌 E	1/1	8.33	化学灭活系统
国产品牌 F	1/1	8.33	高压湿热灭活系统
国产合计	9	75	

用户在使用过程中主要存在的问题是：过滤器易堵；采用电加热管直接对污水加热处理，存在电加热管烧毁的隐患；管道过细，动物粪便杂质过多容易堵塞；排水电动阀失效，需要定期更换。

3.5.3.3　分析

1. 国内应用现状分析

国内有 14 家单位有活毒废水处理系统，其中 4 家单位选择进口品牌，10 家选择国产品牌。进口品牌存在的主要问题是厂家距离较远，维护保养不方便，管道过细，动物粪便杂质过多容易堵塞。国产品牌存在的问题有：过滤器易堵；采用电加热管直接对污水加热处理，存在电加热管烧毁的隐患；排水电动阀失效，要经常更换。

2. 国内产品发展分析

（1）技术创新

a. 在线灭菌（SIP）技术

生物过滤器安装及在线灭菌方式：采用直通式生物过滤器，精度 0.2μm，疏水性滤芯可承受 134℃在线蒸汽灭菌。生物过滤器上下都设有气动阀，下方设有温度传感器，在线灭菌时从生物过滤器上方通入蒸汽进行反吹，并间歇开启下方阀门排出冷空气及冷凝水（进入灭活罐），然后下方阀门关闭继续通蒸汽，当温度传感器达到 121℃时维持一段时间（可设定），卸除压力冷至常温后可更换滤芯。废水篮式过滤器见图 3-69。

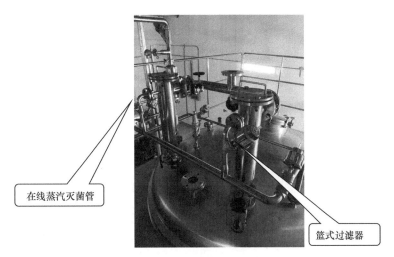

图 3-69 废水篮式过滤器

b. 设备效果验证技术

试验条件如表 3-18 所示。

表 3-18 试验条件

环境温度	环境湿度	常温冷却水压力	饱和工业蒸汽工作压力	压缩空气	电源
5～40℃	不大于 85%	0.15～0.5MPa	≤0.25MPa	0.4～0.7MPa	交流三相 380（1%±10%）V，交流单相 220（1%±10%）V，50Hz

试验步骤：将符合 GB 18281.3 的嗜热脂肪杆菌的菌悬液生物指示物按照图 3-70 的方式摆放，使其分别位于罐体的上、中、下区域，不可与罐体接触；进水至规定液位，运行灭活程序（121℃、30min）。灭

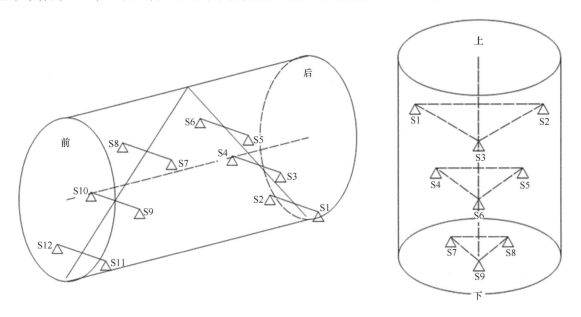

图 3-70 生物指示物位置示意图（图中 S 代表位置编号）

活程序结束后取出菌悬液生物指示物试瓶，按照指示物说明书规定的条件进行培养、观察，并进行结果判断。

重复试验 3 次，3 次均要合格，验证实例见图 3-71。

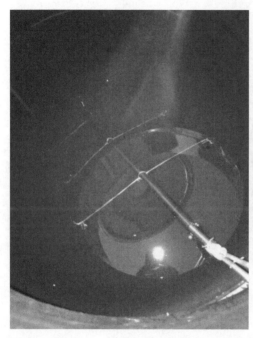

图 3-71　验证实例

（2）产品研发

所研发的生物废水灭活处理设备由灭活罐、储液罐、管路系统、控制系统组成。

a. 灭活罐

灭活罐主要用于对废水的灭活处理。罐内设计压力–0.1～0.4MPa，设计温度 0～150℃。罐内壁机械抛光 Ra≤0.8μm，外表面亚光处理。罐体的顶部有生物过滤器和安全阀，保证设备的安全和正常运行。用液位计控制灭活与进水的自动转换。灭活罐外部包有保温材料和不锈钢板，保证设备外表温度≤45℃和设备的美观。

1）设备的液位采用差压式液位计，用于对罐内液位的显示、控制和报警。

2）设有视窗和人孔，便于操作人员观察罐内的液位和维修清洗。

3）罐体具有防真空设置，如罐体内产生负压，具有相应报警与急停系统。

4）所有仪表探头均需采用国内外知名品牌。

5）排液方式：采用压缩空气排空。

6）灭活过程中设备表面温度≤45℃。

7）运行噪声≤65dB。

8）采用工业蒸汽加热。

9）灭活时有在线温度、压力监测。

10）设有旋转式喷淋球，保证清洗要求，无清洗死角。

b. 储液罐

储液罐主要用于对废水进行收集。罐内设计压力–0.1～0.4MPa，设计温度 0～150℃。罐内壁机械抛光 Ra≤0.8μm，外表面亚光处理。储液罐的形式根据房间高度和水量的大小设置为卧式罐。罐体的顶部有生物过滤器和安全阀，保证设备的安全和正常运行。外部包有保温材料和不锈钢板，保证设备外表温度≤45℃和设备的美观。

1）设备的液位采用差压式液位计，用于对罐内液位的显示、控制和报警。

2）设有视窗和人孔，便于操作人员观察罐内的液位和维修清洗。

3）储液罐满足蒸汽灭菌要求。

4）设有旋转式喷淋球，保证清洗要求，无清洗死角。

设备材质和焊接：采用优质 304 不锈钢板，等离子自动焊接，降低热影响区，保证焊缝质量；不少于 5 遍的自动机械磨光，达到较高的表面光洁度，提高设备耐腐蚀能力和减少微生物滋生。

c. 管路系统

系统管路：无死角，易于清洗和灭菌；全部采用焊接和法兰连接，管路中需要维修的管件采用卡箍式连接。

管道泵：采用格兰富高温型不锈钢离心泵，用于对液体的输送，采用一用一备的方式。

控制阀门：采用国际优质阀件，保证了系统的运行稳定。管路的开关阀门为德国盖米阀，适用于高温场所；压力变送器为德国 WIKA，可以承受 0.4MPa 的压力。所有需要校准的仪表和探头采用卡箍式连接，便于拆卸和清洗。每个阀件都采用编号管理，便于设备的维护和对阀件的识别。温度探头：PT-100，带不锈钢保护套管，带校验证书。压力表：卫生型卡箍连接方式，带隔膜片，不锈钢材质，带计量证书。

生物过滤器采用 0.2μm 过滤器，根据需要配置电加热套，防止冷凝水在滤芯上凝结，保证呼吸器的畅通。

安全设置：任何表面温度超过 50℃的设备有清晰的标记并加防护层。管路采用色标示，将高温、低温、污染、清洁管路进行区分，便于操作人员对管路识别，有利于对管路的检查。

取样口设置：为了控制排水的质量，罐体侧壁中下部设有取样阀，便于水质的取样和化验。

在线灭菌：对收集罐和灭活罐中间的管路实现在线灭菌，同时对灭菌的数据进行记录。

换热器的吹扫：在换热器的进液口处设有压缩空气接口，待废水排放完毕后或根据用户实际需要，利用压缩空气对换热器进行吹扫。

整套系统安装完毕后，通入压缩空气进行泄漏和保压测试，并提供测试报告。

d. 控制系统

采用先进的 PLC 控制技术，完成整个处理过程的自动控制。控制系统功能见表 3-19，包括废水的进入控制、升温加压、自动启停等。控制系统包括硬件及软件两部分。在设备阀件的动作及运行的程序中都设有自动/手动转换设置。硬件包括 PLC 控制面板、传感元件等单元。控制面板采用菜单式触摸屏设计，使操作工易于掌握；PLC 采用西门子 1200 系列产品。系统有安全报警装置，可显示报警信息。每一个报警都会相应提示警戒状态及解决步骤。

废液灭活系统的动力和控制部分集成在一个柜内（内部走线动力和控制部分分开，所有线缆前后均有标识，并有连接线路图）。配备独立操作的控制柜，PLC、液晶触摸屏以及电气开关和电气元件都集中在控制柜内。电源开关与电控柜门连锁保护，防尘、防水、散热快且易于安装。电气控制柜装有安全锁，符合零进入标准，控制系统自带 UPS，供电时间不小于 30min。控制系统采用西门子 PLC 和触摸屏，其他控制阀件均选用国际知名品牌。操作的界面详见图 3-72～图 3-74。

e. 安全系统

1）设备应具有安全保护功能，当安全保护装置未处于正常状态时，设备应停止运行、声光报警，并在运行界面上显示相应的警报信息。

2）应具有紧急停机按钮，紧急按钮应在操作者最方便操作的位置，当按下紧急停机按钮时，能立即关闭整个控制系统，所有阀门应处于安全位置，防止意外发生，但按该键复位时，系统进入待机状态。

表 3-19 控制系统功能

控制系统	配置	功能
配电部分	硬件配置	控制机柜选用框架结构专业级工控机柜，自带散热装置，保证内部元件散热通畅、易于清洁，便于维修维护。电气部分应密封，保证不被水侵蚀。防护等级 IP55
		可编程控制器选用西门子高性能 PLC，上位机选用高端触摸屏，可靠性高，扩展能力强
		控制柜配备安全防护型万能转换开关，能及时有效地断开主控电路，同时在控制柜面板配有智能电流控制器，具有限流保护功能
		温度和压力传感器选用高精度、高灵敏度专业检测传感器，控制精度高
		低压配电部件选用西门子 5SJ6 系列高性能低压电器，具有防电弧、高安全性
		控制柜总配电选择 3 相 5 线制接线，盘内按照用电设备配电设计规范设计，各部件良好接地，低压地线和控制地线分开设计。符合 GB/T 5226 中规定；接地电阻不大于 0.1Ω；绝缘等级 F 级
		设有红色蘑菇形急停按钮，在激活急停开关时，立即停止所有动作输出
		阀门、泵等关键部件配有安全防护部件
		接线端子选择 UK 系列 DIN35 导轨安装，安全牢固，柜内配有 3 孔和 2 孔安全插座，便于维修和调试，线路标示统一完备
		线路标示和部件标示，明确标示出线路及各部件的规格型号。外围接线用耐磨防护挂签标示
控制部分	可编程逻辑控制器（PLC）	主控器采用国际知名品牌 SIEMENS，功能强大，性能先进，可靠性高，具有良好的通信和控制功能。程序可以自动运行，也可以手动控制运行以应对特殊情况
	触摸屏	采用 SIEMENS 品牌触摸屏，安装在控制面板上，直接接至 PLC。触摸屏控制大大减轻了操作者的劳动强度，使得整个灭活监控过程更加直观、方便。灭活过程的温度、压力、时间、过程阶段、预置参数等均在触摸屏显示器中自动显示并可以实时储存，以便于归档、备查。操作界面语言应为中文，并使用国际单位制
	操作权限	操作权限分为管理人员、工艺人员、操作人员三级，每级权限都有相应的权限密码进行管理，界面可动态显示工作流程及工作过程中的温度、压力、时间等参数，使得操作更加直观、方便，用户还可根据需要操作，以及方便地进行手动操作
	传感器	灭活罐设置 A 级 PT100 温度传感器，用于检测和控制灭活罐的温度。设备上设置有压力变送器，用于检测灭活罐压力并及时提供超压报警信息
	实现功能	系统实现收集废液自动转移以及自动灭活
操作系统	界面形式	采用 PLC+触摸屏方式：开机时应首先进入用户登录界面，要求输入用户名和密码，点击"确认"。用户名和密码经系统确认后，根据用户权限进入相应的下一个界面进行相关操作 操作面板采用触摸屏方式，便于使用者操作。显示屏不存垢、易清洁、安装位置便于操作者操作和观察
	操作模式	操作分为自动运行模式和手动操作模式，用户可通过人机界面进行切换。自动运行时能按照设计好的程序自动处理废液
	密码管理	系统具有操作员、监督者和维护者三级密码管理
	操作员	运行程序，包括启动、停止、重新启动和故障纠正。不允许数据转移，不允许维护/设置访问；查看运行时钟和保养进程
	监督者	只是数据访问，包括批准和数据分级转移。不允许操作访问或维护/设置访问
	维护员	操作访问，包括启动、停止、重新启动和故障纠正。维护/设置访问包括改变参数、设置和调整、诊断。无数据访问或转移权。可以对程序进行修改，对上述数据及权限进行设定；设定密码
	故障报警	当设备出现故障或监测到某一参数超过设定范围时，应声光报警、自动停机、关闭蒸汽等相关阀门并在界面上显示警报提示，故障消除后方可继续运行。报警信息包括：罐内温度超温；罐内液位过高；罐内压力过高；压缩空气气压过低；蒸汽压力过低、过高（SIP 时）；设备故障：各阀门状态错误，各种误操作报警等。报警可声音报警，并记录下报警的信息便于调查纠正，可以手动或自动消警

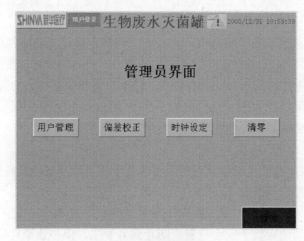

图 3-72 管理员界面

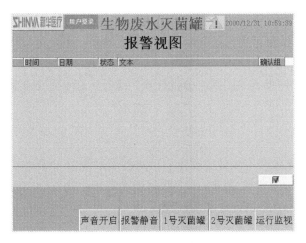

图 3-73 报警视图

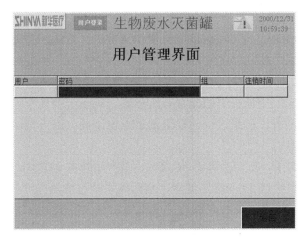

图 3-74 用户管理界面

3）异常情况停机时，各阀门应处于安全位置，以保护系统的安全性。

4）遇突然停电，各自动阀门应处于安全位置；电力恢复后系统自动进入待机状态，当恢复供电系统经人工确认后，继续运行。

5）系统安全分为 3 个级别。

操作者：仅操作访问，包括启动、停止、重新启动和故障纠正。不允许数据转移，不允许维护/设置访问。

监督者：只是数据访问，包括批准和数据分级转移。不允许操作访问或维护/设置访问。

维护者：操作访问，包括启动、停止、重新启动和故障纠正。维护/设置访问包括改变参数、设置和调整、诊断。无数据访问或转移权。可以对程序进行修改，对上述数据及权限进行设定；设定密码。

f. 数据安全性

自动运行模式下遇意外停机，可从 PLC 控制界面选择从某运行阶段开始继续运行，也可进入手动运行模式继续运行。停机前的用户信息和运行数据均应保存完好，不能丢失。应提供备份的程序文件，以保证当停电停机时存储程序的安全性，可以在必要时及时恢复。在任何情况下，操作员和维修人员都不能修改永久数据（历史记录数据、存盘文件）。

g. 系统特点

1）应变能力强，灭菌温度、压力及灭菌时间可在一定范围内自行调节设定。

2）设备具有安全保护功能，当安全保护装置未处于正常状态时，各阀门处于安全位置，以保护系统的安全性。

3）控制系统先进、操作简单可视，具备用户自主设定功能，用户可以根据实际的工艺要求和环境要求自行修订。

4）系统设计灵活，采取序批式（间歇、分批处理）运行，能够适应实验室水量变化的要求。

3.5.4　通风空调

通过分析本报告对农业系统和卫生健康委疾病预防控制系统26个样本的调查,重点在通风空调机组、对气流组织的认识以及高效过滤器形式这三个方面体现高等级生物安全实验室通风空调工程设计与建造在我国的发展历程,简要分析存在的问题和解决建议。

3.5.4.1　通风空调机组

1. 空调机组

我国高等级生物安全实验设施的共同点是均为全新风直流式系统，空调系统只送风、不回风，实验室送风全部排出。按规范要求，控制邻室压力梯度和维持负压。

实验室南到广州市、北到哈尔滨市，气候分区从夏热冬暖地区到严寒 A 区。由于气候和大气环境的影响，对通风空调系统的要求、空调机组的配置有所不同。对于全新风空调机组而言，除环境质量导致的过滤器效率级别和级数不同外，机组段位的设置侧重点也不同。南方地区全年控制室内湿度是重点，北方地区冬季机组防冻是重点。

从使用空调机组的品牌来看，进口品牌占56.25%，国产品牌占43.75%，二者相差不大，进口品牌略占上风。由于空调机组送风要经过 3～4 级过滤器，全新风系统过滤器的滤尘负荷大，同时段位较多，因此，机组内送风机的选型比较困难，即使是国产空调机组，也大多配置进口风机。

长期连续运转、全新风直流式系统的运行能耗巨大，回收排风冷热量无疑是有益的。由于本次调查未包括此内容，难以得出实际使用的通风空调系统设置热回收装置的比例。

2. 设备冗余

调查显示，高等级生物安全实验设施通风空调系统除一家使用单位在实验期间仅日间运行夜晚关闭外，其他用户均是在实验期间持续运转的。而每个实验周期，短则 3～5 天/次，长则 3～4 周/次。因此，无论是国家标准规定，还是实际运行需求，都要求通风空调设备必须考虑备用机。

通常空调机组冗余有 3 种方式，排风机有 2 种方式，调查结果显示，在 26 个总样本数中，每种备用方式所占比例详见表 3-20。

表 3-20　通风空调系统机组备用方式

调查结果	空调机组冗余			排风机	
	每台机组都有备用	仅送风机备用	多台机组互备	每台风机都有备用	多台风机互备
有效样本数（个）	14	8	4	21	5
所占比例（%）	53.8	30.8	15.4	80.8	19.2

3.5.4.2　气流组织

气流组织是高等级生物安全实验室的防护要求之一，也是随着对设施研究的深入逐步认识的方面。相关调查数据见表 3-21，可以看出，采用上送上排的气流组织实验室占 70%及以上。

表 3-21 气流组织调查数据

调查年份	2012 年		2017~2018 年	
	上送上排	上送下排	上送上排	上送下排
有效样本数（个）	14	6	19	7
所占比例（%）	70	30	73	27

3.5.4.3 高效过滤器形式

高效过滤器是高等级生物安全实验室的必备装置，也是人员和环境防护的重要手段。目前，使用的主要是箱式 BI/BO 高效空气过滤装置、风口式生物安全型高效空气过滤装置和室内柜式高效空气过滤装置这 3 种形式，在实际工程中的应用情况见表 3-22。调查数据表明，风口式生物安全型高效空气过滤装置以较高的性价比在实际工程中应用比例较高。

表 3-22 高效空气过滤装置调查数据

高效空气过滤形式	箱式 BI/BO 高效空气过滤装置	风口式生物安全型高效空气过滤装置	室内柜式高效空气过滤装置	备注
有效样本数（个）	6	19	1	样本总数 26 个
所占比例（%）	23	73	4	

3.5.4.4 存在的问题及分析

在建成的高等级生物安全实验室中，通风空调系统存在的主要问题如下。

1）建设经费导致设施的硬件无法完全符合现行规范要求。

2）一些实验室使用频率很低，空置时间长。

3）运行维护能力不足，缺少有专业知识背景的维护人员，导致运行维护无法满足使用要求。

4）通风空调系统运行不稳定，受外环境（如湿度、风力风向等）影响。

5）实验室实际温湿度不达标，夏季温度偏高，冬季温度偏低；梅雨季节实验室湿度过大。

6）自控系统不健全；变风量阀由于自控系统未能达到要求，只能通过人工输入变风量控制阀开度经验值来调整实验室所需压差或风压梯度。

7）自控元器件——传感器的控制精度和稳定性差。

8）技术夹层风管布局不规范，给检修、检测、改造带来诸多不便。

9）空压机和气体管路洁净度不高，使得气动的变风量阀发生故障。

10）箱式 BI/BO 高效空气过滤装置冬天气温低时箱体易结露。

3.5.4.5 解决问题的建议

解决问题的建议如下。

1）合理确定高等级生物安全实验室的布局，不盲目建设项目；合理利用建设资金。

2）注重细节设计，重视对已建成实验室的回访和运行反馈，提高设计质量。

3）根据实验室使用条件确定通风空调设备选型。

4）加强运行维护人员培训，提高运行维护水平，减少设备故障率。

5）不断总结设计、建造、维护经验，提高我国高等级生物安全实验室的整体水平。

3.5.5 高等级生物安全实验室建设特点

与公共建筑相比，高等级生物安全实验室建设特点见表 3-23。

表 3-23　高等级生物安全实验室建设特点

序号	专业	技术项目	公共建筑	高等级生物安全实验室	分析
1	工艺	工艺要求	无	有	生物安全实验室有严格的工艺流程、建筑布局和房间功能要求
2	建筑、装修和结构	位置	使用功能可以集成在共用建筑物内	BSL-3 可以在共用建筑物内,但应自成一区;BSL-4 在独立建筑内,或者与其他级别生物安全实验室共用建筑物,但应独立分区	
		选址和建筑间距	满足消防要求	BSL-3 满足消防和排风间距要求,BSL-4 除满足消防要求外,间距不小于相邻建筑高度的 1.5 倍	
		围护结构形式	有采光要求	盒中盒形式,主实验室设在防护区内部,远离外墙	
		围护结构严密性	外门外窗应符合 GB/T 7106—2008 要求	(A)BSL-3 中的 a、b1 类,所有缝隙无可见泄漏;ABSL-3 中的 b2 类和(A)BSL-4 严密性应符合 GB 50346—2011 要求	
		房门	满足消防、隔声要求,木质、玻璃、钢和不锈钢材质	满足消防、连锁控制和严密性要求,设置观察窗,能自动关闭,带门锁;ABSL-3 中的 b2 类和(A)BSL-4 通常为气密门,不锈钢材质,有机械压紧式和充气式,生物安全柜型实验室除外	
		墙、顶、地装修	墙面常为涂料、壁纸或无纺布,吊顶常为石膏板、硅钙板、矿棉吸音板、铝格栅或顶面喷涂,地面常用地砖、地毯、防静电地板、石塑地板、地胶等	内表面应能抵抗气体或化学物质即化学消毒剂、化学试剂、熏蒸消毒腐蚀,以及耐受动物撞击,易于清洁;六面体密闭且各个面的装修材料无缝连接,圆弧转角;BSL-3 及小动物 ABSL-3 常用 PVC 或环氧树脂+彩钢板,大动物 ABSL-3、BSL-4 采用不锈钢、环氧树脂或聚氨酯	
		家具	满足使用要求	材质不具有吸附性,不能使用有机材料,通常为不锈钢材质	
		结构形式	钢筋混凝土结构、框架结构、框剪结构、钢结构、核心筒结构等	通常为钢筋混凝土结构和钢结构	
		抗震设防	按照 GB 50223—2018 分类设防,多数为标准设防类	按照 GB 50223—2018 分类设防,BSL-3 宜按特殊类设防;BSL-4 应按特殊类设防	
		结构稳定性	无特殊要求	围护结构能够承受送风机或排风机异常时导致的空气压力荷载,不被破坏	
		出入通道	不需要	缓冲、气锁、更衣和淋浴	进入需要缓冲、气锁和更衣,出去需要更衣、淋浴和(或)化学淋浴
		穿墙、楼板的孔洞	设套管和防火封堵	需预埋专用穿墙密封套管,所有管线均经专用管道穿墙密封系统	
3	通风空调和净化	室内空气循环	全部循环或大部分循环	全新风直流式,不允许回风	
		气流组织	空气均匀掺混	空气必须定向流动	通过送、排风口设置,防护区形成向内的定向气流,主实验室内形成低污染区向高污染区的定向气流
		房间压力	主要功能房间压力为零压或微正压+5Pa	按照 GB 50346—2011 要求设置防护区内维持负压及压力梯度	生物安全的级别和类别不同,压力梯度也不同
		空气洁净度	达到《室内空气质量标准》(GB/T 18883—2002)	达到《洁净厂房设计规范》(GB 50073—2013)中洁净度 7 级或 8 级	
		空调送风过滤	设粗效和(或)中效过滤器	设粗效、中效和高效过滤器	高效过滤器效率不低于 GB/T 13554 中的 b 类
		排风处理	不需要	(A)BSL-3 设一级高效过滤器;(A)BSL-4 设两级高效过滤器	高效过滤器效率不低于 GB/T 13554 中的 b 类,具有原位检测功能
		连锁	不需要	送排风系统保持连锁	防止实验室出现正压
		设备冗余	不需要	ABSL-3 和(A)BSL-4 送风机备用,(A)BSL-3 和(A)BSL-4 排风机备用	

序号	专业	技术项目	公共建筑	高等级生物安全实验室	分析
4	给水排水	洗手池水龙头	手动或感应开关	非手动	通常为肘碰式
		供水支管防止倒流	不需要	需要	
		排水	通过化粪池后或者直接接入市政污水管网	经过灭菌消毒后接入市政污水管网	
		通气管	直接通大气	通过高效过滤器后排入大气	
5	气体供应	实验供气系统	不需要	根据实验需要供应压缩空气、蒸汽、氮气、液氮、CO_2 等	气体设备机房设于防护区外，穿越防护屏障的气体管道设防回流装置
		生命支持系统	不需要	部分 b2 型 ABSL-3（A）及 BSL-4 需要	
6	供电及控制	门禁	不需要	需要	
		应急照明	设置于疏散走廊	设置于实验室及疏散走廊	
		闭路电视监视	通常设置于出入口、主要通道、电梯、楼梯间和需要重点保护场所	设置于除更衣、淋浴外几乎所有区域	
		负荷等级	普通负荷与消防负荷分别按照相应的标准分类	（A）BSL-3 中的 a、b1 类，应按一级负荷供电；ABSL-3 中的 b2 类和（A）BSL-4 必须按一级负荷供电	
		应急电源	按照 JGJ 16—2008 设置	（A）BSL-3 中的 a、b1 类，仅采用不间断电源时，其供电时间应不小于 30min；采用不间断电源加自备发电机时，其供电时间应确保自备发电机启动前的供电。ABSL-3 中的 b2 类和（A）BSL-4 中的特别重要负荷，应同时设置不间断电源和自备发电机，不间断电源供电时间应确保自备发电机启动前的供电	
7	施工		满足工程施工规范	同时满足工程和洁净室施工规范	
8	检测与验收		取得政府有关主管部门（或其委托机构）出具的工程施工质量、消防、规划、环保、城建等验收文件或准许使用文件后，组织工程竣工验收	先进行工程综合性能全面检测和评定，然后进行工程竣工验收，最后按照 CNAS-CL05 进行实验室认可	
9	投入使用		竣工验收合格后使用	检测、评定、验收合格，获得 CNAS 实验室认可后使用	

从建设层面上看，无论是规划设计、施工验收，还是投入使用，高等级生物安全实验室建设的特点显著，建筑布局、人流物流有严格规定，且依据的国家标准和规范不同。

从建筑内部设备材料的选择和使用来看，性能要求更加严苛，除满足使用要求外，还要耐腐蚀、耐磕碰；运行既要保障正常工况，又要保障事故工况。

对于建筑内部的气流，严格按照防护区和辅助工作区分别控制气流；在防护区内，确保控制气流向内流动。

对于所有从实验室排出的气液固物品，一律采取消毒灭菌措施。

3.6 发展现状、存在问题、发展趋势与建议

3.6.1 各级别生物安全实验室设计与建造要求对照

各级别生物安全实验室设计与建造要求对照见表 3-24。

表 3-24　各级别生物安全实验室设计与建造要求对照

设计/建造的特殊要求	BSL-2 a和b1类	BSL-2 b2类	ABSL-2 a和b1类	ABSL-2 b2类	BSL-3 a类	BSL-3 b1类	ABSL-3 a和b1类	ABSL-3 b2类	BSL-4 安全柜型	ABSL-4 正压服型
选址和建筑间距	无要求	无要求	无要求	无要求	防护区室外排风口与周围建筑的水平距离不应小于20m				主实验室距相邻建（构）筑物的距离不应小于相邻建（构）筑物高度的1.5倍	
与其他共用建筑物	与其他部分可共用建筑物，但设带锁自闭门				与其他实验室可共用，但应自成一区				独立建筑，或与其他生物安全实验室可共用建筑物，但应独立在隔离区域内	
缓冲间	不需要				√	√	√	√	√	√
更防护服间	不需要				√	√	√	√	√	√
化学淋浴间	不需要				—	—	—	—	√	√
可自动关闭带锁的门	√	√	√	√	—	—	—	—	—	—
两道互锁的门	—				√	√	√	√	√	√
传递窗	不需要	不需要	√	√	√	√	√	√	√	√
高压灭菌器	设于建筑物				双扉，生物安全型，设于防护区				双扉，生物安全型，设于主实验室	
生物安全柜	I级、II级、III级								III级	II级
围护结构严密性	—	—	—	—	所有缝隙应无可见泄漏			房间相对负压值维持在-250Pa时，房间内每小时泄漏的空气量不应超过受测房间净容积的10%	房间相对负压值达到-500Pa，经20min自然衰减后，其相对压值不应高于-250Pa	
穿墙密封	不需要	不需要	不需要	不需要	√	√	√	√	不需要	√
防节肢动物和啮齿动物进出	√	√	√	√	√	√	√	√	√	√
带防虫纱窗外窗	√	√	√	×	×	×	×	×	×	×
内墙观察窗	—	—	√	√	√	√	√	√	√	√
国际通用生物危险符号	√	√	√	√	√	√	√	√	√	√
主实验室及其缓冲间气密门	—	—	—	—	—	—	—	√	√	√
顶棚检修口	√	√	√	√	×	×	×	×	×	×
地面	—	—	—	—	无缝、防滑、耐腐蚀					
墙面、顶棚	—	—	—	—	易清洁消毒、耐腐蚀、不起尘、不开裂、光滑防水、表面涂层抗静电					
结构安全	按GB 50068规定				不宜低于一级				不应低于一级	
抗震设防	按GB 50223规定				宜按特殊类设防				应按特殊类设防	
实验室主体结构体系	—	—	—	—	钢筋混凝土或砌体					
自然通风	√	√	×	×	×	×	×	×	×	×
相对于大气的最小负压	—	-30	-30	-30	-30	-40	-60	-80	-60	-100
与室外方向上相邻相通房间的最小负压差（Pa）	—	-10	-10	-10	-10	-15	-15	-25	-25	-25
洁净度级别	不需要	不需要	√/不需要	√/不需要	7或8	7或8	7或8	7或8	7或8	7或8
最小换气次数（h^{-1}）	—		10或12	10或12	15或12	15或12	15或12	15或12	15或12	15或12
空调循环风	√	全新风	全新风	全新风	全新风	全新风	全新风	全新风	全新风	全新风
送排风总管气密阀	不需要	不需要	不需要	不需要	√	√	√	√	√	√
风机盘管	√	×	×	×	×	×	×	×	×	×
送风过滤	粗、中效	粗、中效	粗、中、高效	粗、中、高效	粗、中、高效	粗、中、高效	粗、中、高效	粗、中、高效	粗、中、高效	粗、中、高效

续表

设计/建造的特殊要求	BSL-2		ABSL-2		BSL-3		ABSL-3		BSL-4	ABSL-4
	a和b1类	b2类	a和b1类	b2类	a类	b1类	a和b1类	b2类	安全柜型	正压服型
排风过滤	不需要	不需要	必要时高效	必要时高效	高效	高效	必要时两级高效	必要时两级高效	两级高效	两级高效
送风机备用	不需要	不需要	√	√	宜	宜	√	√	√	√
排风机备用	不需要	不需要	√	√	√	√	√	√	√	√
空调机组漏风率	机组内静压保持700Pa时,机组漏风率不大于3%				在机组内静压保持1000Pa时,箱体漏风率不应大于2%					
实验室排水消毒灭菌	—	—	√	√	√	√	√	√	√	√
排水灭菌方式	—	—	化学消毒或高温灭菌		高温灭菌					
用电负荷	不宜低于二级				应按一级				必须按一级	
专用配电箱	√	√	√	√	√	√	√	√	√	√
照明灯具					吸顶式防水密闭灯					
自动控制	√	√	√	√	√	√	√	√	√	√
门禁控制系统	—	—	—	—	√	√	√	√	√	√
安防系统	—	—	—	—	—	—	—	—	√	√
闭路电视监视系统	—	—	—	—	√	√	√	√	√	√
通信	—	—	—	—	√	√	√	√	√	√
耐火等级	不宜低于二级				不应低于二级				应为一级	
火灾自动报警装置和灭火器材	√	√	√	√	√	√	√	√	√	√
自动喷水灭火系统	√	√	√	√	×	×	×	×	×	×
机械排烟系统	√	√	√	√	×	×	×	×	×	×
送排风系统防火阀	√	√	√	√	×	×	×	×	×	×

3.6.2 发展现状

十多年前,一场重大疫情使我国开始了 BSL-4 实验室建设。通过中外合作及世界范围的交流访问,我们建成了实验室并投入使用。可喜的是,这些实验室在全国的分布,涵盖了严寒、寒冷、夏热冬冷及温和地区,积累了不同气候条件下实验室的建造经验。现在,我国有了生物安全实验室的国家标准和规范,有了能够承担该领域设计的一批工程设计公司和设计师,锻炼出了专业的施工队伍,也造就了用于生物安全实验室的设备制造商,同时还建立起该领域的专家群体。建成的实验室,有北美常采用的钢筋混凝土结构,也有欧洲较多见的钢结构;机电系统更是呈现出不同的设计理念。虽然都采用全新风直流式通风空调系统,但高效过滤器有风口式、袋进袋出式和嵌墙式等多种形式;设备备用的级别也有所不同,既有空调机组整机备用的,又有仅风机备用的,体现出我们对生物安全实验室建设的探索。

3.6.3 存在的主要问题

对于建设较成熟的 BSL-2 实验室,存在的问题具有典型性和代表性,详见本章 3.2.8 节。

对于高等级 BSL-3、BSL-4 实验室而言,主要的问题如下。

1)规范的限制,使得某些在国外高等级生物安全实验室应用的结构形式在我国难以采用。

2)设施的完备性有待提高,实际使用中维护和易损件更换不够方便,如袋进袋出高效过滤器的更换、大动物实验室内排水中动物粪便的清除等。

3）设备管道层维修通道的尺寸难以满足维修车辆和器具的使用。

4）适用的建材和涂料品种较少，选择余地受限。

5）缺乏对各种节能措施的适用性经验。

6）缺少实验室长期运行数据的积累。

未来，我们需要观察和总结使用效果，积累运行和维护经验，克服现有设施的缺点，研究和完善技术理论，提高设计和施工水平。更迫切也更重要的是培养高等级生物安全实验室的管理、运行与维护方面的技术人才，不断开发出高等级生物安全实验室适用、耐用、好用的设备。国外的经验表明，在用的高等级生物安全实验室，每十年左右就会进行较大规模的升级改造，主要是新材料设备的替代和自动控制系统的升级。我们要关注并做好这方面的准备。

科学技术是不断发展并加速进步的，今后我们要继续保持与世界的交流和学习，分享彼此的经验。加速把研究成果转化为实用技术，在设施建设中进一步扩大国产设备的占比。

虽然 GB 50346 对 BSL-4 实验室的分类有生物安全柜型和正压服型两种，但是我国目前建造的都是正压服型的实验室。正压服型的实验室建造周期长、费用高，通常规模较大。而随着交通的便捷，人员往来的频繁，以及世界贸易的活跃，人畜突发疫病事件增多，周期缩短，对于高等级生物安全实验室的需求也会增长。建造规模较小、对围护结构要求较低的生物安全柜型 BSL-4 实验室，可能是今后的努力方向。

3.6.4 发展趋势与建议

生物安全实验室最重要的设计理念是保证操作者和环境的安全。然而，实验室高昂的运行费，使得在安全的前提下节能运行成为人们追求的又一目标。人工智能技术和第五代移动通信技术（5G）的迅速发展，将会促进生物安全实验室一些高危工作由机器人来从事，如动物残体和废物处理等。菌（毒）种保藏库实现自动化、智能化样本存取；实验用品、饲料、垫料等物品的物流配送、清洗消毒等实现完整、闭合的流水线操作。

随着实验技术的发展和研究工作的精细化，一些大型、精密的实验仪器需要进入生物安全防护区内，实验设施需要满足更高的保障要求。

经过近 20 年的发展，我国在高等级生物安全实验室的设计和建造方面有了很大的进步。BSL-3 实验室的设计与建造更加规范，BSL-4 实验室的设计与建造开始起步。虽然在实验室建设和使用中还存在各种问题，使用效果还有令人不满意之处。期待通过设计、施工、技术研发、设备制造，以及使用者的共同努力，在不久的将来，使我国的设计与建造水平达到新高度。

（说明：本章图片除注明外，均为作者制作、拍摄。）

参 考 文 献

曹国庆, 张益昭, 许钟麟, 等. 2006. 生物安全实验室气流组织效果的数值模拟研究. 暖通空调, 36(12): 1-4.

陈欣然, 杨建国, 岳改英, 等. 2010. 郑州市病原微生物实验室生物安全管理现状调查研究. 现代预防医学, 37(3): 524-525, 528.

陈奕如, 冯俊, 覃娴静, 等. 2018. 广西边境地区县级医院实验室应对突发公共卫生事件能力状况调查. 卫生软科学, 32(7): 59-62.

陈宇轩, 赵卫, 刘延, 等. 2009. 广州地区一、二级生物安全实验室现状调查. 2010 年全国生物安全学术研讨会论文集. 现代预防医学, 14: 2647-2649.

刁璧, 黎平, 谢珊. 2007. 贵州省生物安全二级(BSL-2)实验室现状调查. 现代预防医学, 34(21): 4115-4116.

丁军. 2013. 医院检验科中心实验室工程施工质量控制的几点体会. 中国医院建筑与装备, (5): 88-90.

方喜业, 邢瑞昌, 贺争鸣, 等. 2008. 实验动物质量控制. 北京: 中国标准出版社.

冯继红. 2016. 基层兽医实验室建设的思考及建议. 当代畜禽养殖业, (7): 52-53.

高立江, 孙文华. 2005. 用 CFD 方法评价 P3 生物安全实验室. 建筑热能通风空调, (2): 89-92.

顾华, 陈士华, 翁景清, 等. 2007. 浙江省生物安全二级实验室现状调查. 浙江预防医学, 19(9): 72-74.

黄家声, 谭锦春. 2011. 实验室设计与建设指南. 北京: 中国水利水电出版社.

黄伟栋. 2014. 上海市某区(闵行)二级病原微生物实验室生物安全管理现况调查. 检验医学, 5: 560-563.

黄文燕, 刘志明, 张丽荣, 等. 2016. 珠海市病原微生物实验室生物安全管理现状调查与分析. 综合医学, 6(34): 377-379.

金丽琼, 杨静. 2017. 食品微生物二级生物安全实验室建设研究. 安徽农业科学, 45(4): 80-82.

军事医学科学院生物工程研究所, 中国合格评定国家认可中心. 2012. 生物安全实验室认可与管理基础知识 生物安全柜. 北京: 中国质检出版社, 中国标准出版社.

李江龙, 凌继红, 邢金城, 等. 2008. 三级生物安全实验室气流组织方式的对比研究. 洁净与空调技术, (1): 25-28.

李顺. 2008. 袋进袋出过滤器的特点与使用. 洁净与空调技术, (1): 46-48.

李顺. 2011. 制冷空调与电力机械. 洁净与空调技术, 32(2): 61-63, 84.

李艳菊, 吴金辉, 张金明, 等. 2007. CFD 在生物安全实验室气流组织研究中的应用. 洁净与空调技术, (1): 15-17.

梁明修. 2015. 我国地级疾病预防控制中心二级生物安全实验室建设使用情况调查. 大连医科大学硕士学位论文.

凌继红, 邢金城, 涂光备, 等. 2010. 利用风量转移控制 BSL-3 气溶胶向外扩散的研究. 第十二届中国国际洁净技术论坛论文集.

刘晓革, 赖天兵, 刘建高, 等. 2010. 湖南省病原微生物实验室生物安全管理现状调查. 实用预防医学, 17(6): 1212-1213.

刘晓宇, 李思思, 赵赤鸿, 等. 2014. 全国 22 省(市)负压生物安全二级实验室建设现况的调查分析. 中国医学装备, (1): 5-8.

刘勇, 王鼎盛, 李鸿灏, 等. 2016. 甘南州鼠疫实验室生物安全现状及管理对策研究. 卫生职业教育, 34(16): 94-96.

卢耀勤, 刘德振, 郝敬贡, 等. 2016. 乌鲁木齐地区二级生物安全实验室现状调查及初步分析. 职业与健康, 32(8): 1137-1139.

马宗虎. 2007. BSL-3 主实验室气流组织状况的数值模拟研究. 中国农业大学硕士学位论文.

孟凡辉, 刘波, 常玉霞, 等. 2016. 综合性医院临床微生物实验室建设中须注意的问题. 中国医院建筑与装备, (12): 76-79.

全国认证认可标准化技术委员会. 2010. 《实验室 生物安全通用要求》理解与实施 GB 19489—2008. 北京: 中国标准出版社.

全国一级建造师执业资格考试用书编写委员会. 2018. 建筑工程管理与实务. 北京: 中国建筑工业出版社.

上海市安装工程集团有限公司. 2016. 通风与空调工程施工质量验收规范 GB 50243—2016. 北京: 中国计划出版社.

沈阳市城乡建设委员会. 2002. 建筑给水排水及采暖工程质量验收规范 GB 50242—2002. 北京: 中国计划出版社.

孙畅, 周宏东, 刘艳, 等. 2014. 上海市某区医疗卫生机构二级生物安全防护实验室生物安全现况问题与对策. 医学信息, (30): 21-22.

王冠玉, 王景春, 冯岩, 等. 2016. 呼伦贝尔市基层兽医系统实验室生物安全管理现状分析及对策. 畜牧兽医科技信息, (2): 4-5.

王绍鑫, 仇伟, 林建海, 等. 2011. 上海地区二级病原微生物实验室生物安全现况调查与分析. 中国预防医学杂志, 8: 711-713.

王玺, 徐文珍, 裘丹红. 2018. 台州市二级生物安全实验室管理现况与评估. 预防医学, 30(11): 1186-1188.

王雪, 李海全, 张国安, 等. 2014. Ⅱ级生物安全兽医实验室建设心得体会. 兽医导刊, (10): 9.

魏泓. 2016. 医学动物实验技术. 北京: 人民卫生出版社.

吴新洲, 张亦静. 2008. 浅谈高级别生物安全实验室活毒废水处理系统. 洁净与空调技术, (3): 40-43.

徐丹, 姜杰, 肖冰. 2012. 2011 年大连市医疗卫生机构实验室生物安全调查. 预防医学论坛, 9: 665-666, 671.

许钟麟, 张益昭, 张彦国, 等. 2005. 关于生物安全实验室送、回风口上下位置问题的探讨. 洁净与空调技术, (4): 15-20.

杨泽林, 米自由, 熊仲良, 等. 2010. 重庆市基层动物疫病预防控制机构实验室生物安全管理现状调查分析. 中国动物检疫, 27(4): 18-19.

俞詠霆, 李太华, 董德祥. 2006. 生物安全实验室建设. 北京: 化学工业出版社.

曾滔, 许宝华, 高文静. 2014. 宜昌市生物安全实验室现状调查与分析. 中国卫生监督杂志, 6: 550-558.

张韧, 严少华, 沈新, 等. 2008. 31 家临床实验室生物安全现况分析. 海峡预防医学杂志, 14(3): 53-54.

张亦静. 2006. 国外某生物安全四级实验室给排水系统介绍. 给水排水, (10): 71-73.

张亦静, 吴继中. 2006. 浅谈生物安全实验室活毒废水处理. 给水排水, (7): 66-69.

张亦静, 吴新洲. 2008. 高级别大动物生物安全实验室的废水废物处理. 给水排水, (2): 79-83.

张益昭, 于玺华, 曹国庆, 等. 2006. 生物安全实验室气流组织形式的实验研究. 暖通空调, 36(11): 1-7.

赵侠. 2013. 高等级生物安全实验室暖通消防设计探讨. 暖通空调, 43(10): 70-74.

赵侠, 李顺, 杨鹏, 等. 2013. 高等级生物安全实验室环境技术研究. 暖通空调, 43(2): 63-68.

浙江省住房和城乡建设厅. 2015. 建筑电气工程质量验收规范 GB 50303—2015. 北京: 中国计划出版社.

中国动物疫病预防控制中心. 2007. 国外兽医生物安全资料汇编. 北京: 中国农业出版社.

中国合格评定国家认可中心, 国家质量监督检验检疫总局科技司, 中国疾病预防控制中心, 等. 2009. 实验室 生物安全通用要求 GB 19489—2008. 北京: 中国标准出版社.

中国建筑科学研究院. 2010. 建筑结构加固工程施工质量验收规范 GB 50550—2010. 北京: 中国建筑工业出版社.

中国建筑科学研究院. 2010. 洁净室施工及验收规范 GB 50591—2010. 北京: 中国标准出版社.

中国建筑科学研究院. 2012. 民用建筑供暖通风与空气调节设计规范 GB 50736—2012. 北京: 中国计划出版社.

中国建筑科学研究院. 2014. 建筑工程施工质量验收统一标准 GB 50300—2013. 北京: 中国标准出版社.

中国建筑科学研究院, 江苏双楼建设集团有限公司. 2012. 生物安全实验室建筑技术规范 GB 50346—2011. 北京: 中国建筑工业出版社.

中国有色工程设计研究总院. 2003. 采暖通风与空气调节设计规范 GB 50019—2003. 北京: 中国计划出版社.

中华人民共和国住房和城乡建设部. 2019. 医药工业洁净厂房设计标准 GB 50457—2019. 北京: 中国计划出版社.

中亚建业建设工程有限公司. 2018. 工程质量安全手册. 北京: 中国农业出版社.

朱磊, 夏巧英, 路惠琴, 等. 2017. 353 个病原微生物实验室生物安全现状调查与分析. 宁夏医学杂志, 39(9): 850-851.

Mani P, Langevin P, 国际兽医生物安全组. 2007. 兽医生物安全设施——设计与建造手册. 中国动物疫病预防控制中心, 译. 北京: 中国农业出版社.

4　生物安全实验室关键设备

本章分实验对象防护屏障装备、围护结构密封/气密防护装置、实验室通风空调系统设备、个人防护及技术保障装备、消毒灭菌与废弃物处理装备五大类介绍生物安全实验室关键设备。

4.1　实验对象防护屏障装备

4.1.1　生物安全柜

4.1.1.1　概述

众所周知，在研究、诊断、保管或操作感染性物质的实验环境中，不可能完全没有风险。从最早的实验室获得性伤寒感染，到今天的抗生素耐药菌和快速突变病毒带来的危险，都对实验室工作人员的安全造成了威胁。同时，在细胞培养、无菌细胞系传代操作中，也提出了减少交叉污染、保证细胞培养和传代不受污染的需要。针对微生物暴露感染和交叉污染，适当的微生物操作程序、消毒技术以及防护设施都能对人员和环境发挥基本的防护作用，如为降低和保护气溶胶产生而设计的生物安全柜、动物隔离器、密封匀浆器、高速搅拌器、针头锁定注射器、安全离心套管、密封转子等。用以进行微生物操作的生物安全柜则是其中最基本、最可靠、应用最广泛的防护设备，也是二级至四级生物安全实验室必须配备的初级防护设备。

生物安全柜是在操作培养物、菌毒株以及诊断性标本等实验材料时，用来保护操作者本人、实验室环境以及实验材料，使其避免暴露于上述操作过程中可能产生的感染性气溶胶和溅出物而设计的。当操作液体或半流体，如摇动、倾注、搅拌，或将液体滴加到固体表面上或另一种液体中时，均有可能产生气溶胶。在对琼脂板划线接种、用吸管接种细胞培养瓶、采用多道加样器将感染性试剂的混悬液转移到微量培养板中、对感染性物质进行匀浆及涡旋振荡、对感染性液体进行离心以及进行动物操作时，都可能产生感染性气溶胶。由于肉眼无法看到直径小于 5μm 的气溶胶，因此实验室工作人员通常意识不到有这样大小的颗粒生成并可能吸入，或交叉污染工作台面的其他材料。正确使用生物安全柜可以有效减少由气溶胶暴露所造成的实验室感染以及培养物交叉污染。同时由于排风经过高效空气过滤器过滤，因此生物安全柜也可起到保护环境的作用。

为了满足实际应用的需求，生物安全柜发展到今天，在设计上作了很大的改变，从而形成了不同级别、不同类型的生物安全柜。根据结构设计以及保护对象和程度的不同，生物安全柜分为Ⅰ级、Ⅱ级和Ⅲ级三个级别。Ⅰ级生物安全柜仅保护人员和环境，不保护样品；Ⅱ级生物安全柜不仅能提供人员保护，而且能保护工作台面的物品以及环境不受污染；Ⅰ级和Ⅱ级生物安全柜均有开口，仅提供有限保护，而Ⅲ级生物安全柜是一种完全封闭、气密性好的通风生物安全柜，通过与之相连的橡胶手套来进行生物安全柜内的操作，可以提供最高水平的个体防护。Ⅱ级生物安全柜又根据前窗操作口的流入气流速度、柜内循环空气的比例、污染部位是否全部为负压保护以及排风方式的不同，分成了 A1、A2、B1、B2 四种不同的类型。表 4-1 列出了不同类型生物安全柜所适用的情况以及能够提供的保护。

表 4-1　不同保护类型生物安全柜及其选择

适用情况和保护类型	生物安全柜的选择
个体防护，BSL-1～BSL-3	Ⅰ级、Ⅱ级、Ⅲ级生物安全柜
个体防护，BSL-4，手套箱型实验室	Ⅲ级生物安全柜
个体防护，BSL-4，防护服型实验室	Ⅰ级、Ⅱ级生物安全柜
实验对象保护	Ⅱ级生物安全柜，柜内气流是层流的Ⅲ级生物安全柜
少量挥发性放射性核素/化学品的防护	Ⅱ级 B1 型生物安全柜，外排风式Ⅱ级 A2 型生物安全柜
挥发性放射性核素/化学品的防护	Ⅰ级、Ⅱ级 B2 型、Ⅲ级生物安全柜

4.1.1.2　技术原理

1. 生物安全柜发展简史

生物安全柜最初的概念是在 1909 年提出的，用于在操作结核分枝杆菌时防止人员感染，而最早的文献报道则可以追溯到 1943 年。为了保护从事感染性材料操作的实验人员，需要在实验室内配置一个小型工作台，并且对原有实验室房间的改造要尽可能小。这样的一级防护设备最早设计成不通风的木制箱子，后来采用不锈钢制造。其防护原理是通过气流设计来完成的，即设计了从开口处向内流入的气流，用以带走柜内的污染空气，避免这些污染空气与操作人员接触。但当时的设计中，流入柜内的是未经过滤的房间空气，既没有流速控制，也没有定向控制，排出的空气也是不经过过滤的，因此，在保护操作人员时，对环境和操作对象不能形成保护，实际上仅为一个通风橱（图 4-1A）。

图 4-1　早期的生物安全柜
A. 带风机的外排通风橱；B. 最早带有高效空气过滤器的Ⅰ级生物安全柜

多年来，生物安全柜的基本设计历经了多次改进后，达到了目前国际上通行的型式，这些改进中较主要的变化有两个方面。第一个变化是排风系统增加了高效空气过滤器（图 4-1B）。对于直径为 0.3μm 的颗粒，高效空气过滤器可以截留 99.97% 以上，而对于更大或更小的颗粒可以截留 99.99% 以上（图 4-2）。应该讲，高效空气过滤器的特性使得它能够非常有效地截留所有已知的传染因子，包括细菌、病毒和孢子，从而确保从生物安全柜中排出的气体是完全不含微生物的干净空气。第二个变化是将经过高效空气过滤器过滤的空气送到工作台面上，从而可以保护工作台面上的物品不受污染，有效地保护实验对象。目前的各种类型、各种级别的生物安全柜都是由这些设计中的变化而演变来的，正确使用这样的安全设备，可以有效地减少实验室获得性感染和由气溶胶暴露而导致的培养物交叉污染。

2. 生物安全柜分级分类

JG 170—2005《生物安全柜》对Ⅰ级、Ⅱ级和Ⅲ级不同级别，以及对A1、A2、B1、B2四种不同类型Ⅱ级生物安全柜主要参数的规定见表4-2。在追求全球化的今天，为了便于世界不同国家、不同品牌的生物安全柜实现国际化销售，世界各国对生物安全柜的分级和分类也逐渐统一，达成了一致，基本与表4-2中的参数相一致。但不同国家生物安全柜的标准中，在个别指标上仍存在一定的差异，在购买和使用时需要加以注意。

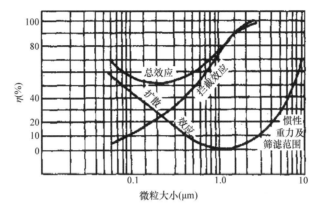

图4-2　微粒过滤效率和粒径的关系
η为过滤效率

表4-2　不同级别、类型生物安全柜的主要参数

级别	类型	排风	循环空气比例（%）	柜内气流	流入气流平均风速（m/s）	保护对象
Ⅰ级	—	可向室内排风	0	紊流	≥0.40	使用者和环境
Ⅱ级	A1型	可向室内排风	70	层流	≥0.40	使用者、受试样本和环境
	A2型	可向室内排风	70	层流	≥0.50	
	B1型	不可向室内排风	30	层流	≥0.50	
	B2型	不可向室内排风	0	层流	≥0.50	
Ⅲ级	—	不可向室内排风	0	层流或紊流	无工作窗进风口，当一只手套筒取下时，手套口风速≥0.70m/s	主要是使用者和环境，有时兼顾受试样本

（1）Ⅰ级生物安全柜

Ⅰ级生物安全柜是最早得到使用的。Ⅰ级生物安全柜可以有一体式排风机，也可能借助外接排风管中的风机或建筑物排风系统的排风机带动气流，其气流原理和实验室通风橱一样，即房间空气从前窗操作口以一定的速率进入生物安全柜，空气经过工作台表面，并经排风管排出生物安全柜（图4-3）。定向流动的空气可以将工作台面上可能形成的气溶胶迅速带离实验室工作人员而被送入排风管内。操作者的双臂可以从前面的开口伸到生物安全柜内的工作台面上，并可以通过玻璃窗观察工作台面的情况。生物安全柜的玻璃窗还能完全抬起来，以便清洁工作台面或进行其他处理。

在Ⅰ级生物安全柜上可以增加带有手臂孔的钢质面板，通过手臂孔通向工作表面。这种限制的开孔使吸入空气的速度增加，提高了对工作人员的保护。为了提高安全度，也可以不设前窗操作口，而是在观察窗的面板上安装长臂手套。进气气流可以通过辅助进风孔（它可以安装滤器）和（或）通过松动配合的前面板周围进入。

Ⅰ级生物安全柜与通风橱的不同之处在于，其排风口安装有高效空气过滤器。生物安全柜内的空气经高效空气过滤器过滤后可以按下列方式排出：①排到实验室中，然后再通过实验室排风系统排到建筑物外面；②通过建筑物的排风系统排到建筑物外面；③直接排到建筑物外面。高效空气过滤器可以装在生物安全柜的排风系统里，也可以装在建筑物的排风系统里（仅限上述②方式时）。

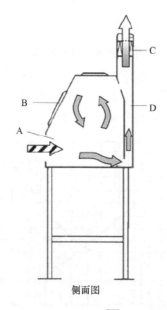

侧面图

▨房间空气　▨污染空气　□HEPA过滤空气

图 4-3　Ⅰ级生物安全柜原理图

A. 前窗操作口；B. 观察窗；C. 排风高效空气过滤器；D. 排风夹道

　　Ⅰ级生物安全柜能够为人员和环境提供保护。当Ⅰ级生物安全柜的排风排到室外时，也可用于操作放射性核素和挥发性有毒化学品。但由于Ⅰ级生物安全柜是直接将房间空气通过生物安全柜正面的开口处吸入生物安全柜内，可能带入房间空气中存在的微生物或其他不需要的颗粒物，因此Ⅰ级生物安全柜对操作对象不能提供切实可靠的保护。由于Ⅱ级生物安全柜除提供人员和环境保护以外，同时还能够提供产品保护，因此Ⅰ级生物安全柜的常规使用在逐渐减少。但在许多情况下，Ⅰ级生物安全柜仍广泛应用于某些设备（如离心机、收集设备或小型发酵设备等）或可能产生气溶胶的操作（如倒垃圾、通气培养或组织搅拌）的围护。

　　（2）Ⅱ级生物安全柜

　　由于生物学研究需要使用无菌的动物组织和细胞，特别是病毒的培养系统，因此对生物安全柜提出了样品保护的需求。20 世纪 60 年代初期提出了层流理论：达到某一恒定流速的沿平行线单向流动的气流（即层流）可以减少紊流，将有助于污染气溶胶的捕获清除。生物防护技术将这种层流原理和高效空气过滤器的应用整合起来，开发了提供无颗粒物工作环境的工作台。这种整合可以保护工作人员免受实验操作所致的感染微生物的危害，同时也提供了必要的产品保护。Ⅱ级生物安全柜就是基于这样的空气层流原理发展起来的。但需要指出的是，用于产品保护的这种气流如果被破坏（如材料在生物安全柜中的进进出出，胳膊快速大幅度运动等），就可能会造成实验环境以及产品污染。

　　Ⅱ级生物安全柜的气流设计原则是：当内置风机被启动以后，它将室内的空气引入生物安全柜的开口处，并流进前面的进风格栅，在生物安全柜内形成一定的负压；与Ⅰ级生物安全柜所不同的是空气通过送风高效空气过滤器过滤，当生物安全柜工作时，在过滤膜表面形成均匀稳定的压力，不会使风机对滤膜产生空气射流，经高效空气过滤器过滤的洁净空气从顶部向下并以一定的速率均匀层流沉降，使得气流能够平稳均匀地垂直流向工作区，这种方式的气流将能避免样品间的交叉污染。同时在玻璃门开口处形成具有一定风速的特殊垂直气幕，并通过前格栅的特殊设计形成一道空气屏障，既防止室内未经过滤的空气直接进入柜内流经工作台面而污染操作物，又能防止工作区气流接触操作物被污染后逸出生物安全柜而对操作者和环境造成危害。

　　根据Ⅱ级生物安全柜前窗操作口的流入气流速度、柜内循环空气的比例以及排风方式的不同，国际上通常将其分成了 A1、A2、B1、B2 四种不同的类型。Ⅱ级生物安全柜的气流从操作者的周围抽到生物安全柜前面的格栅，并避免柜内气体外逸，从而提供人员保护；高效空气过滤器过滤的空气以单向流的形式沿着生物安全柜的工作空间向下流动，最大程度地减少生物安全柜工作台面上发生交叉污染的机会，从而提供产品保护；生物安全柜排出的空气经过高效空气过滤器过滤，因此排出的风没有微粒或微生物，从而提供环境保护。

B 型生物安全柜的排风系统必须通过管道连接到室外，而 A 型生物安全柜的排风可以直接排入室内，也可以通过套管（或伞形罩）连接排放到室外。只有当生物安全柜的排风通过管道（或套管、伞形罩）连接排放到室外时，才能用于少量挥发性有毒化学品或放射性核素的操作。

a. A 型 Ⅱ 级生物安全柜

A 型 Ⅱ 级生物安全柜通过一个内部风机抽取足够的房间空气经前窗操作口引入生物安全柜内并进入前面的进风格栅。在前窗操作口的空气流入速度至少应该达到标准要求的额定风速（不同标准的要求见表 4-3）。送风经过高效空气过滤器，为工作台面提供无颗粒物的空气。工作区域内向下流动的单向气流

表 4-3 不同生物安全柜标准有关指标比较

指标	JG 170－2005	YY 0569－2011	WHO 手册, 2004	AS 2252.1－2002 AS 2252.2－2009 AS 2252.3－2011	EN 12469－2000	JIS K 3800－2009	NSF/ANSI 49－2014
Ⅰ级柜前窗操作口平均风速（m/s）	≥0.40	未包括a	0.38	0.5～0.8	>0.7～1.0，并需进行前窗操作口封闭效果试验	≥0.40	≥0.38
Ⅰ级柜排风	可室内	未包括a	可室内	未要求b，但需监测排风高效空气过滤器阻力	未要求b，但需经高效空气过滤器过滤后排放	未包括a	未包括a
Ⅱ级柜分类	A1、A2、B1、B2	A1、A2、B1、B2	A1、A2、B1、B2	未分类	未分类	A1、A2、B1、B2	A1、A2、B1、B2
Ⅱ级柜循环空气比例（%）	A1: 70 A2: 70 B1: 30 B2: 0	A1: 部分 A2: 部分 B1: 少部分 B2: 0	A1: 70 A2: 70 B1: 30 B2: 0	未要求b	未要求b	A1: 约70 A2: 约70 B1: 约50 B2: 0	A1: 通常70 A2: 通常70 B1: 通常50 B2: 0
Ⅱ级柜有无正压污染区	A1: 如有，可不被负压区包围 A2、B1、B2: 如有，需被负压区包围	如有，需被负压区包围	A1: 如有，可不被负压区包围 A2、B1、B2: 如有，需被负压区包围	如有，需被负压区包围	如有，需被负压区包围	如有，需被负压区包围	A1、A2、B1: 如有，需被负压风道包围 B2: 如有，需被直排式负压风道包围
Ⅱ级柜前窗操作口平均进风速度（m/s）	A1: ≥0.40 A2: ≥0.50 B1: ≥0.50 B2: ≥0.50	A1: ≥0.40（每米宽度0.07m³/s） A2、B1、B2: ≥0.50（每米宽度0.1m³/s）	A1: 0.38～0.51 A2: 0.51 B1: 0.51 B2: 0.51	未要求b，但需进行前窗操作口气屏防护试验	≥0.40，并需进行前窗操作口封闭效果试验	A1: ≥0.40 A2: ≥0.50 B1: ≥0.50 B2: ≥0.50	A1: ≥0.38 A2、B1、B2: 0.51
Ⅱ级柜下降气流速度（m/s）	0.25～0.40	0.25～0.5	未要求b	0.40～0.45	0.25～0.50	额定风速±0.025m/s，单个点在均值的20%以内	0.25～0.40，单个点在均值的±20%以内
Ⅲ级柜要求	负压应不小于120Pa。排风应经两道高效空气过滤器。去掉单只手套后其开口风速≥0.7m/s	未包括a	负压大约124.5Pa。排风经过两道高效空气过滤器	AS 2252.3－2011等同采用EN 12469－2000中关于Ⅲ级柜的要求	排风由独立管道经两道高效空气过滤器过滤。任何一只手套脱落，其开口风速≥0.7m/s	负压应不低于120Pa。排风经两道高效空气过滤器或一道高效空气过滤器＋焚烧	负压不低于120Pa。排风经两道高效空气过滤器。手套接口的中心风速≥0.51m/s
噪声（dB）	≤65	≤67	未要求b	≤62	≤65	≤67	≤67
照度（lx）	≥650	≥650（单个值≥430）	未要求b	≥800	≥750	≥650（单个值≥430）	≥650（单个值≥430）
振动（μm rms）	≤5（Ⅰ级: ≤4）（10～10kHz时）	≤5（10～10 000Hz时）	未要求b	≤0.5mm/s（10～1 000Hz时）	≤5（20～20 000Hz时）	≤5（20～250Hz时）	≤5（10～10 000Hz时）

注：a. "未包括"即标准中未包括这一类型的生物安全柜。

b. "未要求"即标准中未对相应指标提出明确要求

减少了工作区内气流的扰动且使交叉污染的可能性降到最小,然后在接近工作台面时分成两路:一部分通过前面的格栅抽走,剩余的一部分经过后面的格栅抽走。尽管不同的生物安全柜之间会有差异,但气流通常都是在前、后格栅中间,并在工作台面上方 6～18cm 处分开。在负压和气流作用下,所有在工作台面形成的气溶胶立刻被这样向下的气流带走,并经两组排风格栅排出,从而为实验对象提供最好的保护。气流接着通过后面的压力通风系统到达位于生物安全柜顶部、介于送风和排风高效空气过滤器之间的空间。由于过滤器大小不同,大约 70%的空气将经过送风高效空气过滤器重新返回到生物安全柜内的操作区域,而剩余的 30%则经过排风高效空气过滤器排到房间内或被排到室外。大多数的生物安全柜都设有调节阀门来调节气流分流。

A 型Ⅱ级生物安全柜排出的空气可以重新排入房间里,也可以通过连接到专用通风管道上的套管或通过建筑物的排风系统排到建筑物外面。生物安全柜所排出的经过加热和(或)冷却的空气重新排入房间内使用时,与直接排到外面环境相比具有降低能源消耗的优点,但这样设置的生物安全柜不能用于含有易挥发或有毒的化学品的工作。当生物安全柜与排风系统的通风管道连接时,可以进行少量挥发性放射性核素以及挥发性有毒化学品的操作。

A 型Ⅱ级生物安全柜包括 A1 型和 A2 型两种类型。从性能指标上看,两者的差异很小,主要是 A2 型前窗操作口吸入气流的速度要略大于 A1 型。此外,在以前的生物安全柜标准中,A1 型生物安全柜风机下游未经高效空气过滤器过滤的正压污染空气段可以不被负压包围,所以 A1 型生物安全柜的排风机通常在工作区下方。目前,NSF 49 和 YY 0569 等标准已经不允许 A1 型生物安全柜有不被负压包围的正压污染空气段,因此 A 型生物安全柜继续分成 A1 和 A2 两种类型的意义已经不是非常大。Ⅱ级生物安全柜的原理见图 4-4。

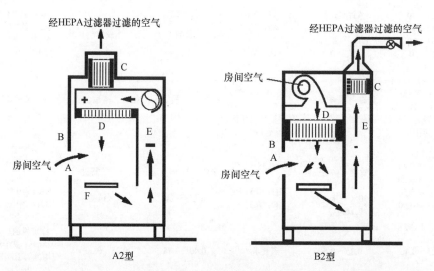

图 4-4　Ⅱ级生物安全柜原理图
A. 前窗操作口;B. 观察窗;C. 排风高效空气过滤器;D. 送风高效空气过滤器;E. 后部负压排风夹道;F. 风机

b. B 型Ⅱ级生物安全柜

B 型Ⅱ级生物安全柜最早起源于美国国立癌症研究所(National Cancer Institute,NCI)所设计的 2 型(后来称为 B 型)生物安全柜,它是为在离体培养系统中操作微量的化学危险品而设计的。在目前国际上普遍接受的生物安全柜分类中,B 型Ⅱ级生物安全柜分为 B1 型和 B2 型两种类型。

B1 型Ⅱ级生物安全柜的送风机使生物安全柜的前窗操作口形成 0.5m/s 的最小流入速度,加上一部分工作区间向下的气流,通过前面的格栅和紧靠工作台面下的送风高效空气过滤器后,经生物安全柜两边的风道向上流动,然后通过一个回压板向下送到工作区域。而工作区间向下气流的大部分则流入后部格栅,并经过排风高效空气过滤器排放到室外。由于流经后部格栅的空气直接排放到室外,因此操作可能产生有害化学蒸气和粒子的工作应在 B1 型生物安全柜工作台面接近后部格栅处进行。

　　B2 型Ⅱ级生物安全柜是一种全排风式生物安全柜，没有空气在生物安全柜内循环（图 4-4），因此能够同时提供基本的生物和化学防护。送风机从生物安全柜顶部抽取房间空气或室外空气，通过高效空气过滤器向下送到生物安全柜的工作区域。建筑物或生物安全柜的排风系统通过后部和前面的格栅抽取空气，将所有的送风空气和生物安全柜前窗操作口吸入的房间空气全部经过高效空气过滤器过滤后抽走，并在前窗操作口产生至少 0.5m/s 的平均进风速度。全排式 B2 型生物安全柜的特点是排风量大、静压差大，因此运行成本高。

　　B 型生物安全柜必须使用密闭管道连接，最好是使用专用独立的排风系统，或排放到设计合理的建筑物排风系统。生物安全柜的送风机将连续工作，如果建筑物或生物安全柜排风系统发生故障，生物安全柜就会产生正压，导致生物安全柜工作区域的气流流入实验室。自从 20 世纪 80 年代以来，生产厂家通常都会在其所制造的生物安全柜上安装互锁系统，防止排风流量不足时送风机继续工作。对于没有安装互锁系统的生物安全柜，必要时可以对现有的生物安全柜进行更新或改造，在排风系统中安装压力监测设备进行监控。

　　（3）Ⅲ级生物安全柜

　　Ⅲ级生物安全柜（图 4-5）是一个装有非开放式观察窗的气密结构。向生物安全柜内传递物品要经过一个渡槽（通过生物安全柜底板出入），或经过一个能在两次使用之间进行消毒的双门传递系统（即压力蒸汽灭菌器或其他可消毒灭菌的密闭系统）。同样，通过上述途径也可以安全地从Ⅲ级生物安全柜内向外移出物品。Ⅲ级生物安全柜的送风和排风都是经过高效空气过滤器过滤的。排风在排放到室外大气之前必须经过两级高效空气过滤器，或一个高效空气过滤器和一个空气焚烧器。使用专用的独立排风系统维持柜内外的气流，它可以使生物安全柜始终维持在负压（通常约为 –120 Pa 或更低）。Ⅲ级生物安全柜的排风机一般与房间通风系统的排风机是分开的。

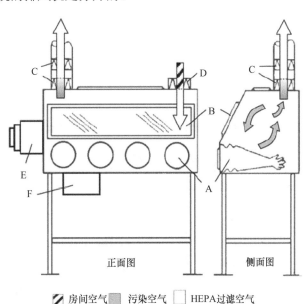

◪ 房间空气　■ 污染空气　□ HEPA过滤空气

图 4-5　Ⅲ级生物安全柜

A. 用于连接等臂长手套的舱孔；B. 窗口；C. 两个排风 HEPA 过滤器；D. 送风 HEPA 过滤器；E. 双开门高压灭菌器或传递箱；F. 化学浸泡槽。
生物安全柜需要有与独立的建筑物排风系统相连接的排风接口

　　结实的长臂橡胶手套密封连接在生物安全柜的袖套孔上，可以在保持与柜内隔离的条件下对柜内材料进行直接操作。尽管袖套对运动有所限制，但是它们可以防止操作者与危险材料的直接接触，虽有少许不便，但这样的设计很明显可以最大限度地提高防护的安全性。根据Ⅲ级生物安全柜这样的设计，尽管柜内会有一定的紊流，但送风高效空气过滤器仍然可以为生物安全柜内的工作环境提供无颗粒物的洁净气流。层流不是Ⅲ级生物安全柜的特征，但Ⅲ级生物安全柜也可以设计成层流模式。

可以将数个Ⅲ级生物安全柜首尾相接（串联）或并联在一起，以提供一个较大的工作区域，这就是系列型Ⅲ级生物安全柜。系列型生物安全柜出现于 20 世纪 60 年代前期，它由多个Ⅲ级生物安全柜按照实验所需的操作步骤组合而成，在其末端应安装双扉高压灭菌器，实验器材不能直接从生物安全柜中取出，须经高压灭菌器消毒后才能取出。在设计和选用系列型生物安全柜装置时，应根据实验室的实际情况去选用直线形或 L 形（串联方式）、U 形或 E 形（并联方式或串联后再并联）以及其他形式的生物安全柜。但应防止组合到系列型生物安全柜中的各种设备、配线、管路等引起泄漏现象。系列型Ⅲ级生物安全柜模式图见图 4-6，图中第 1 个模块是高压灭菌器模块，是一个穿墙的双扉高压灭菌器。第 2 个模块是渡槽和灭菌器的内侧接口，这个模块里也放置了贯通式化学渡槽。第 3 个模块中包含了冰箱和冷柜室。第 4、6 个模块是层流工作站，用于对病毒进行无菌操作。第 5 个模块是培养箱舱，两个二氧化碳培养箱贴在模块的后部，这里还放有一个倒置显微镜（未画出）。第 7 个模块中放置了超速离心机，而最后一个模块（8）是动物饲养舱。日本国立卫生研究所（现国立传染病研究所）的 BSL-4 实验室就是一个Ⅲ级生物安全柜型实验室，其选用的系列型生物安全柜包括直线形（BSL-4 实验室 3）、L 形（BSL-4 实验室 1）和 E 形（BSL-4 实验室 2），见图 4-7。这种系列型生物安全柜一般需要用户定制，并根据用户的需要组合（图 4-8）；系列型生物安全柜内安装的设备（如冰箱、小型升降机、小动物笼架、显微镜、离心机、孵箱等）一般来说也需要定制，因为需要专门的接口。

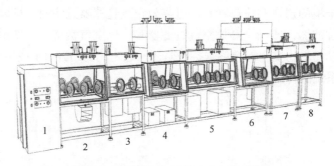

图 4-6　系列型Ⅲ级生物安全柜模式图

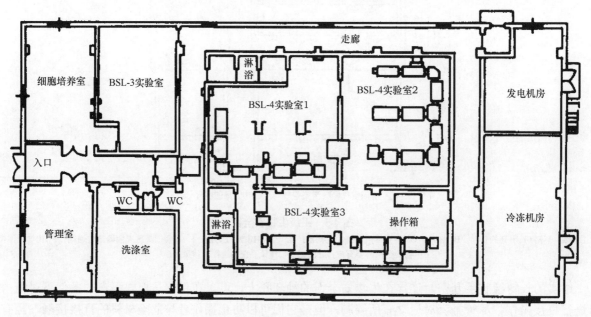

图 4-7　日本国立传染病研究所平面图

图 4-8 根据实际需要定制的III级生物安全柜

III级生物安全柜的箱体设计构造是完全封闭的，它将所操作的危险对象与操作者完全隔离，通过隔离手套来操作，适用于生物安全四级水平（BSL-4）的实验室。某些特殊操作的生物安全三级水平（BSL-3）实验室在局部也可能使用III级生物安全柜。国际上由于受《生物两用品及相关设备和技术出口管制条例》的限制，III级生物安全柜在自由贸易领域很难作为一种普通商品进出口，加上III级生物安全柜在使用时的特殊要求，因此很多在用的III级生物安全柜都是以本国定制为主。我国的III级生物安全柜也正在自主研发中。

在高级别生物安全实验室中还经常会使用同样也是完全封闭的手套箱式生物隔离器。表 4-4 比较了III级生物安全柜与手套箱式生物隔离器的异同，由此可以看出，手套箱式生物隔离器可以认为是一种简约化的III级生物安全柜。

表 4-4 III级生物安全柜与手套箱式生物隔离器的异同

	III级生物安全柜	手套箱式生物隔离器
柜体结构	柜体一般为焊接金属构造，柜体完全气密，工作人员通过连接在柜体的手套进行操作	不限于焊接金属构造，如采用聚甲基丙烯酸甲酯（PMMS）透明材料或柔性薄膜材料的气密焊接构造。隔离器箱体完全气密，工作人员通过连接在箱体的手套进行操作
送风方式	采用送风风机动力送风，送风经 HEPA 过滤器过滤	送风经 HEPA 过滤器过滤。一般不设送风风机，通过负压从连接于箱体的 HEPA 过滤器吸入新风
排风方式	经过两级 HEPA 过滤器过滤或一级 HEPA 过滤器过滤+焚烧，通过硬管排放到室外大气。使用专用的独立排风系统维持柜体负压，排风机一般与房间通风系统的排风机分开	经过两级 HEPA 过滤器过滤后可直接排放到室内，或经一级 HEPA 过滤器过滤后通过硬管排放到室外大气。排风机一般为隔离器的自带风机
柜内气流组织	通常的送、排风设计下柜内有一定的紊流，但由于送风风机动力送风，送风 HEPA 过滤器的面积较大，仍可为柜内生物样本提供洁净气流保护。目前，也有垂直层流洁净气流设计	紊流，一般不能为隔离器内生物样本提供洁净气流保护
物品传递	经过一个渡槽，或经过一个能在两次使用之间进行消毒的双门传递箱（即可气体消毒的双门气密传递窗或双扉压力蒸汽灭菌器）	一般使用快速传递接口（RTP）双门传递桶
使用方式	单柜可独立使用。也可将数个生物安全柜串联或并联在一起，以提供一个较大的工作区域，末端应安装双扉压力蒸汽灭菌器	单隔离器可独立使用。也可将数个隔离器串联或并联在一起，以提供一个较大的工作区域，末端可安装双扉压力蒸汽灭菌器。如采用 RTP/RTC 双门传递桶方式，末端不强制要求安装双扉压力蒸汽灭菌器

在国家重点研发计划项目（2016YFC1201400）的资助下，国家生物防护装备工程技术研究中心成功研制了硬质手套箱式生物隔离器与便携式负压柔性手套箱式隔离器，如图 4-9、图 4-10 所示，技术指标达到设计要求，通过国家建筑工程质量监督检验中心性能检验，指标均达到 CNAS-CL53、RB/T 199—2015 标准的相关要求，综合性能指标达到国外同类产品先进水平。硬质手套箱式生物隔离器由天津市昌特净化工程有限公司承制，采用透明非金属材料制造，具有良好的可视性，突破了箱体气密防护、不同材料之间气密连接技术、通风过滤系统原位检漏与消毒技术等关键技术，并实现了量产。具体性能指标如下：

①采用快速传递接口（RTP）双门传递系统；②负压差≥50Pa；③洁净度级别5级，工作区气密性至少满足250Pa下操作间的小时泄漏率不超过0.25%；④送、排风过滤效率≥99.99%@（0.3～0.5）μm；⑤送、排风高效过滤器具备原位检漏条件；⑥手套连接口气流速度≥0.7m/s；⑦监控系统可实时调整操作间压差，具有声光报警功能。目前，硬质手套箱式生物隔离器样机已在中国科学院武汉病毒所开展综合效能评估与示范应用。

图4-9 硬质手套箱式生物隔离器

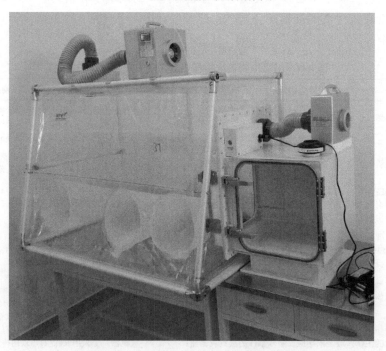

图4-10 便携式负压柔性手套箱式隔离器

便携式负压柔性手套箱式隔离器主要由透明柔性隔离舱（采用轻质金属框架支撑）和硬质气密传递窗组成，配置有操作手套、集成化的送排风高效过滤系统、压差监控系统以及供电系统（内置充电电池），满足RB/T 199—2015《实验室设备生物安全性能评价技术规范》的要求。便携式负压柔性手套箱式隔离器主要用于烈性病原微生物现场检验检疫、分析等实验操作，实现了设备运输和使用的便捷化，有效提高现场应急处置能力。2016年，两台隔离器运抵塞拉利昂，部署在我国援塞拉利昂BSL-3实验室内，并已交接给我国援非抗埃检测队开展实际应用（图4-11）。

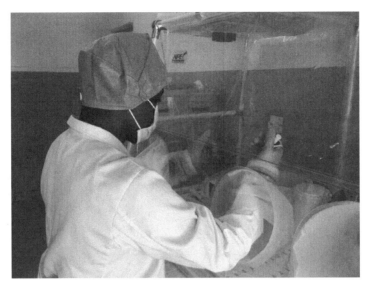

图 4-11 便携式负压柔性手套箱式隔离器部署在塞拉利昂开展应用

4.1.1.3 生物安全柜性能参数及要求

在生物安全柜标准中，对生物安全柜的结构、性能提出相关要求，通常包括以下几个方面。

1. 外观

生物安全柜柜体外形应平整，表面应光洁、无明显划伤、锈斑、压痕。焊接应牢固、焊缝应平整、表面应光滑。

说明功能的文字和图形符号标志应正确、清晰、端正、牢固。

2. 材料

所有柜体和装饰材料应能耐正常的磨损，能经受气体、液体、清洁剂、消毒剂及去污操作等的腐蚀。材料结构稳定，有足够的强度，具有防火耐潮能力。

所有的工作室内表面和集液槽应使用不低于 300 系列不锈钢的材料制作。前窗玻璃应使用光学透视清晰，清洁和消毒时不对其产生负面影响的防爆裂钢化玻璃、强化玻璃制作，其厚度应不小于 5mm。Ⅲ级生物安全柜的手套应采用耐酸碱及符合实验要求的橡胶材料制成。

过滤器应能满足正常使用条件下的温度、湿度、耐腐蚀性和机械强度的要求，滤材不能为纸质材料。滤材中可能释放的物质应不对人员、环境和设备产生不利影响。

3. 柜体密封性

生物安全柜箱体加压到 500Pa 后，30min 内衰减压力值不应大于 50Pa。或维持箱体 500Pa 压力下，箱体各处不应出现气泡。

Ⅲ级生物安全柜工作区在低于周边环境 250Pa 下的小时泄漏率不应大于 0.25%。

4. 高效过滤器完整性

生物安全柜送风及排风高效空气过滤器在安装后应进行检漏测试验证。可扫描检测过滤器在任何点的漏过率应不超过 0.01%；不可扫描检测过滤器检测点的漏过率应不超过 0.005%。

5. 人员、产品与交叉污染保护

该性能主要适用于Ⅱ级生物安全柜，其中的人员保护也适用于Ⅰ级生物安全柜，通常采用微生物试验法。

人员保护：用 $1\times10^8\sim8\times10^8$CFU/ml 的枯草芽孢杆菌芽孢进行试验 5min 后（微生物试验），从全部撞击采样器收集的枯草芽孢杆菌菌落形成单位（CFU）数量应不超过 10。狭缝式空气采样器培养皿中枯草芽孢杆菌计数应不超过 5CFU，对照培养皿应呈阳性（当培养皿菌落计数大于 300CFU 时，则该培养皿呈"阳性"）。重复试验三次，每次试验均应符合要求。或Ⅰ级和Ⅱ级生物安全柜用碘化钾法测试，前窗操作口的保护因子应不小于 1×10^5。

产品保护：用 $1\times10^6\sim8\times10^6$CFU/ml 的枯草芽孢杆菌芽孢进行试验 5min 后，在琼脂培养皿上的枯草芽孢杆菌计数应不超过 5CFU，对照培养皿应呈阳性（同上）。重复试验三次，每次试验均应符合要求。

交叉污染：用 $1\times10^4\sim8\times10^4$CFU/ml 的枯草芽孢杆菌芽孢进行试验 5min 后，有些从试验侧壁到距此侧壁 360mm 范围内的琼脂培养皿检出枯草芽孢杆菌，并用作阳性对照。距被检测侧壁 360mm 外的琼脂培养皿的菌落计数应不超过 2CFU。从生物安全柜的左侧和右侧均各重复试验三次，每次试验结果均应符合要求。

6. 风速

生物安全柜的风速涉及工作窗口进风风速和工作区垂直下降气流风速，以及Ⅲ级生物安全柜在去除一只手套后手套口的中心风速，其指标包括平均风速、与标称风速的偏离以及不同测点间风速差异。不同生物安全柜标准对风速及其他部分指标的要求略有差异，具体见表 4-3，详细情况可参见各相关标准。

7. 气流模式

Ⅱ级生物安全柜工作区域内的气流应稳定垂直向下流动，无向上回流气流。Ⅰ级和Ⅱ级生物安全柜工作区开口周边的气流均应向内，无向外逸出的气流，Ⅱ级生物安全柜工作窗口向内的气流还应不进入工作区。有垂直可移动窗的生物安全柜，其两边滑槽处应无向外逸出的气流。

8. 报警

当Ⅰ级及Ⅱ级生物安全柜的垂直移动窗开启高度偏离生产商设定高度范围时，生物安全柜应有声光报警。当开启高度回落至设定范围时，报警应自动解除。

当工作窗口进风平均风速偏离设定值 20% 时，生物安全柜应有声光报警。

当排风机风量不足或故障停机时，生物安全柜送风机应连锁停机，并应有声光报警。

国际常见生物安全柜标准关于不同性能指标的要求，具体见表 4-3。

4.1.1.4 生物安全柜技术发展概述

1. 高效空气过滤器系统

高效空气过滤器是生物安全柜中的关键部件，主要起到过滤有害气溶胶和灰尘颗粒的作用，并以洁净空气流入安全柜工作区和过滤排放污染空气。安全柜里所使用的过滤器一定要有足够完好的过滤效率，否则就起不到阻止污染气溶胶扩散的防护生物危害的作用。过滤器材料通常采用硅酸盐玻璃纤维。目前安全柜标准中通常采用的是对 0.3μm 的尘埃微粒截流效率为 99.99% 的 HEPA 过滤器，而一些领先企业还采用全新技术的微褶皱无间隔超高效过滤器（ULPA），对 0.12μm 的尘埃微粒拥有 99.999% 的截流效率，并拥有更紧密的结构和更大的过滤面积，可在工作区域内提供相当于 ISO 标准中 4 级的洁净度。

目前最新进展是已有部分企业将半导体生产环境保持中使用的全新材料过滤器运用到生物安全柜，即聚四氟乙烯（PTFE）过滤器，该形式的过滤器处理同等风量有更低的系统阻力、更高的抗损坏性、高耐湿性，具有硅酸盐玻璃纤维无法比拟的优点。

2. 风机系统

前几年，作为一台符合安全柜标准的风机系统，首先应具有风量自动补偿功能，可以在过滤器负载风压下降至一定范围内，实现自动补偿风量以维持气流流速恒定，但实现这一项功能的要素不是风机，而是外围电路控制的程序。因为，大部分采用的是交流电机，无法直接调速或改变电机运行状况，基本都是通过程序控制固态继电器进行调压调速。还有厂家宣称采用的是更为先进的免维护离心式外转子风机系统，更有甚者将无需添加润滑油、结构紧密、重量轻、平衡好、散热好作为风机优点，但说到底还是交流电机驱动风机。

目前最新的技术是采用真正意义上的直流无刷电机直联方式驱动风机。风机系统的运转模式是全数字线性控制，可轻松实现定风量或恒扭矩运行方式。尤其比传统的交流电机节能达到 45% 以上。

3. 气流控制系统

气流控制是生物安全柜的核心技术。作为一台好的生物安全柜，除了气流速度需要达到要求，气流流型也需要达到定向性、稳定性和均匀性以满足生物危害性试验的要求。

国际上，生物安全柜标准都有规定基本的气流安全范围，如美国 NS F 49 标准规定，二级生物安全柜流入气流最低为 0.5m/s；欧盟 EN 12469 规定的流入气流最小值为 0.40m/s。生物安全柜的气流速度一定要处在一个合适的数值，既不要太高也不要太低：气流速度太高就容易引起湍流，导致试验品失去保护；太低就不能发挥足够的保护作用（柜内的污染物很容易逃逸出工作区）。目前国内有些制造单位已经将计算机流体动力学（CFD）运用在产品的设计过程中，用气流模拟形式事前对控制生物安全柜的内部气流形式进行预判，并提出改进方案，将生物安全柜内的气流控制在最优的状态。

4. 其他设计理念

（1）洁净工程学设计理念

安全柜作为一种生物隔离屏障，设计中也凝结了洁净工程学的理念。融入在生物安全柜设计中的洁净工程学的特色包括：工作台面和工作区内腔边缘的圆弧化处理和表面无螺钉、接缝方便清洁；排液槽采用一体成型设计；进气格栅和引流孔设计确保工作区内没有气流死角；等等。

（2）人体工程学设计理念

人体工程学的应用给生物安全柜设计带来了人性化因素，安全柜设计中的尺寸、构造都结合了人体的体形、肢体姿态、视野、光照、噪声适应性的考量，并带来了人体工程学设计特色，包括：前窗操作面倾斜角设计，与操作室等宽搁手架的采用，LCD 控制面板的人性化倾角，电源插座和气液阀的安装位置，无框式前窗设计等。特别是工作区 LCD 显示界面的出现，为生物安全柜的操作提供了更多信息。

（3）电气工程学设计理念

优质生物安全柜电气安全系统要求满足以下一项或多项国际标准：国际电工委员会 IEC 61010-1、欧盟 EN61010-1、美国 UL 61010-1、加拿大 CSA C22.2 No. 61010-1 以及中国 GB 4793.1。所有的安全柜在出厂前都需经过电气安全检测并附上检测报告。

4.1.1.5 生物安全柜的安装

1. 安装场所

生物安全柜用于在操作感染性微生物时为人员、产品和环境提供保护。生物安全柜提供保护的设计是基于其对感染性微生物样本的物理性隔离，包括操作空间周围的隔板、排风高效空气过滤器以及一定风速的向内气流（如果存在开口时）。生物安全柜本身是一个通风系统，同时又极有可能安装在一个气流控制的空间内，因此在安装时必须考虑其安装场所应满足生物安全柜本身及其安装环境的气流要求，以确保生物安全柜实现正常的防护功能。

生物安全柜置于远离人员、物品流动以及可能会扰乱气流的地方最为理想。生物安全柜的理想位置是远离入口（如位于远离通道的实验室后部），因空气通过前面开口进入生物安全柜的速度大约为 0.45m/s，这种速度的定向气流极易受到干扰，包括人员在生物安全柜附近走动所形成的气流，开窗、送风系统调整以及开关门等都可能对其造成影响。会导致空气流动的实验室设备（如离心机、真空泵等）不应该靠近生物安全柜。生物安全柜也不应该安装在靠近送风口或打开窗户的位置。同样，移动式风机、化学通风罩的位置绝对不能靠近生物安全柜。

在有气流控制的房间里，生物安全柜应安装于空气气流方向的下游，最好是在排风口附近。这样密闭管道连接的生物安全柜，其气流组织可以尽可能维持原来的结构；套管连接的生物安全柜管道最短；室内排风的生物安全柜，污染空气可以尽快地被排走。

除了需要考虑生物安全柜在房间内的位置，为了保证维保时有容易通过的通路和为了确保回流到实验室的空气不受阻碍，在生物安全柜的后方以及每一个侧面要留有 30cm 的空间。同时，为了能够使用热线风速仪准确地检测排风高效空气过滤器两端的气流速度和更换排风高效空气过滤器（现在很多生物安全柜的排风高效空气过滤器更换只需打开前面板就能完成），生物安全柜的上方应该留出 30～35cm 的空间。底面和底边紧贴地面的生物安全柜，所有沿地边的缝隙均应加以密封，并应在生物安全柜的电源处留出足够的空间，以便在不移动生物安全柜的情况下就可以进行维护维修。当生物安全柜采用密闭管道连接或套管连接时，为了使管道的结构不阻碍空气的流动，必须提供足够的空间。套管组件必须留有通路以进行排风高效空气过滤器的测试。

总之，如果是新设计一个计划需要安装生物安全柜的房间，应在设计阶段就考虑生物安全柜的安装要求，预留生物安全柜的安装位置，并使房间的送风口、排风口、房间开口（门、窗）等设计尽可能合理。如果是在一个建成的房间内安装生物安全柜，则只能根据房间的实际情况，在综合考虑房间布置设计的情况下，尽可能选择一个最适当的位置，但应满足生物安全柜安装的基本原则。

2. 排风方式

除了安装位置，生物安全柜安装时另一个考虑的重点是排风设计。

生物安全柜被认为是操作感染性材料时的一级防护屏障，实验室房间则被认为是二级防护屏障。这两级防护屏障在一定程度上都依赖于气流组织来实现。通过使排风量大于向实验室的送风量，即从毗邻的空间向实验室内抽气，形成向实验室内流动的定向气流。这种定向气流对于二级生物安全水平（BSL-2）实验室是不强制的，但是在三级生物安全水平（BSL-3）实验室内必须保持。因此生物安全柜的安装不应干扰实验室正常的气流组织，应建立和保持整个设施的空气平衡，以确保空气从高污染区域流向低污染区域。

生物安全柜的排风有三种类型，即室内排风、套管连接（即局部排风罩）排风、密闭管道连接排风。不同类型的生物安全柜可以采用何种排风方式、适合采用何种方式，在相关的生物安全柜标准中有的有明确的规定，有的未明确规定，具体见表 4-3。

（1）室内排风

当采用室内排风时，由于生物安全柜的进风和排风都在房间内，因此对房间的空气总量不会产生影响，只是局部形成一个气流，即从操作入口处进风，从排风口处排风。原则上应该使生物安全柜的局部气流与房间的气流相一致，避免逆流。

（2）套管连接排风

当采用套管连接（即局部排风罩）排风方式时，其宗旨是，生物安全柜的排风借助但不依赖于系统排风。在系统排风正常情况下，可以尽快、尽可能地将生物安全柜的排风排走；当系统排风不正常或管道异常时，也不影响生物安全柜的正常运行。NSF/ANSI 49 和 YY 0569 等生物安全柜的标准对套管连接排风都有具体的要求。概括起来，套管连接方式需要注意以下几个方面。

1）排风量要求。排风罩的设计必须经过测试，以确定排风罩的排风量。无论生物安全柜何时进行现场检定，排风罩的最小排风量应采用经认可的仪器和技术进行验证测量，并满足生物安全柜排风的要求。

2）大小要求。合理设计和安装的排风罩应与生物安全柜的排风管或排风高效空气过滤器外框保留至少 2.5cm 的缝隙，以便让房间的空气可以吸入排风罩连接的管道系统中，并且即使在排风罩的气流完全停止时，也不影响生物安全柜的正常运行。

3）性能要求。排风罩的性能由排风罩厂商评估，或者由确实了解生物安全柜所使用的特定型号排风罩性能特征的使用者评估。

4）检测要求。排风系统和相关的报警系统应符合现场检测与安全运行的要求。

（3）密闭管道连接排风

当采用密闭管道连接排风方式时，其最大的特点就是生物安全柜的排风完全依赖于排风管道，即与生物安全柜相连接的系统排风装置或生物安全柜独立的排风装置。只有排风装置正常的条件下生物安全柜才能正常工作，当排风不正常或管道异常时，生物安全柜必须要通过互锁方式关闭并报警。NSF/ANSI 49 和 YY 0569 等生物安全柜的标准对密闭管道连接排风提出了具体的要求。概括起来，密封管道连接方式需要注意以下几个方面。

1）密封连接的整个排风系统应包括密闭管道、在管道内接近生物安全柜处的风阀（用于调节气流开关和清除污染用）以及一个终端系统（即外置排风机）。

2）管道无泄漏。在不能充分检查排风管道密闭性的场合，尽量使用负压排风管道。为防止室外刮风倒灌，应在排风管道上设止回阀，但止回阀的设置不要影响正常排风。

3）管道内安装的风阀应有密闭性要求。在用甲醛气体熏蒸消毒时，生物安全柜的排风口要能够有效密闭，但是熏蒸完毕后，又不能因排风而导致气体漏到室内。由于需要密闭 1h 而不漏气，普通空调阀门是不适用的，要用专门的密闭阀。

4）考虑到风管内的压力损失，以及高效空气过滤器要预留至少 500Pa 的压力，排风机应能满足这样的排风要求（具体由生物安全柜生产商指定）。如果在高效空气过滤器下游使用活性炭过滤器，则必须提供额外压力，其大小由生产商提供。

5）生物安全柜必须与管道中或建筑系统的风机互锁，以防止排风系统超压。同时，当排风机不运转时，生物安全柜也要停止运行。

6）生物安全柜应安装报警系统以提示排风下降。可以在排风高效空气过滤器下游的管道中安装一个排风量检测器，也可以在风机出口安装一个启动开关，或在排风管道内安装一个流量监测装置。如果在排风管道上设排风量测定孔，则要设在高效空气过滤器下游至少 5 倍于管径的直线管段上。

7）对于在生物安全柜上方更换排风高效空气过滤器的情况，需要在生物安全柜排风口正上方预留 180mm 以上的空间，以便更换高效空气过滤器。

8）当建筑物排风系统用作生物安全柜的排风管道时，如果在这个系统内的静压发生变化，这个系统必须有充分的容量保持排风的流量。不然的话，每个生物安全柜必须有自己独立（专用）的排风系统。在向建筑物的排风系统连接新的生物安全柜之前，应该咨询建筑通风设计工程师。排风系统内的直角弯管、过渡连接器、长的水平输送管道将增加对排风机的需要。

9）除非附加了专门的压力平衡和风量平衡设计，否则一般与排风系统通过密闭管道连接的生物安全柜，在排风系统运行时不应关闭。

总之，不管是套管连接还是密闭管道连接，用于生物安全柜排风的管道都应考虑如下几个问题。

1）应尽量采用负压排风系统，因为负压排风系统即便污染也不会外泄。

2）应在排风管道上安装止回阀以防止排风系统气流倒灌，但止回阀的安装应不影响系统的正常排风。

3）生物安全柜与排风管道的连接，应便于高效空气过滤器的更换。

4）生物安全柜的排风口应能密闭，以便于使用甲醛气体熏蒸等方法进行污染清除工作。

5）在系统未安装风量监测装置时，应在排风管道上预留排风量测定孔，测定孔应设在高效空气过滤器下游至少 5 倍于管径的直线管段上。

6）排风管道应安装风量调节器，其精度能保证生物安全柜的排风仅有±10%的误差。

7）需要时，排风机应与生物安全柜连锁，当排风机停止运行时，生物安全柜应停止运行。在生物安全柜上要有表示排风机正常运转的标志，而运转异常时要能报警。

3. 高效空气过滤器

不管是建筑物排风系统的高效空气过滤器还是生物安全柜的高效空气过滤器，当它们达到一定的容尘量时，就不能再维持足够的气流，此时需要更换高效空气过滤器。拆除过滤器前必须进行消毒。为了将甲醛气体（用于微生物学消毒的典型消毒剂，也可以是其他气体）保持在系统内以达到消毒所需要的时间，带有高效空气过滤器的排风系统要求在滤器室的进风侧和出风侧安装气密性的阀门。滤器室中的检测孔同样也要考虑到测试高效空气过滤器的性能。

高效空气过滤器的安装和更换一般由生产厂家经过培训的工程师进行。新安装的高效空气过滤器应该采用经过确认的方法进行现场检漏，并对生物安全柜进行其他相关项目的检查，合格后方可允许使用。

4. 紫外线灯

在生物安全柜内一般不要求安装紫外线（UV）灯。但国内使用的生物安全柜，多数都安装有紫外线灯。如果在生物安全柜内安装有紫外线灯，则必须每周清洁一次，以去除可能阻止紫外线杀菌效率的污垢和灰尘。应该定期用紫外线照度计检查，以确保紫外线灯能够发出适当强度的紫外线。

暴露在紫外线下可能烧坏角膜和引起皮肤癌，因此当房间在使用时，必须关掉紫外线灯，以防止眼睛和皮肤在紫外线下暴露。如果生物安全柜装有可移动的观察窗，在使用紫外线灯时，应关闭观察窗。

4.1.1.6　生物安全柜的维保

1. 生物安全柜维保要点

合理定期的维保对任何设备的正常工作都至关重要的，这一点对生物安全柜也不例外。众所周知，生物安全柜如果使用不当，其防护作用将大大降低。如果使用者只使用而缺乏维保，则生物安全柜同样会产生不安全因素，失去其作为关键的一级保护屏障作用。

当生物安全柜安装、移动后，或每次检修后，包括每隔一定时间，都应由有资质的专业人员或者产品提供者按照生产商提供的说明，对每一台生物安全柜进行安装检验或维护检验的验证，以检查其是否符合相关标准或规范的性能要求，是否符合产品的设计要求。生物安全柜防护效果的评估应该包括：柜体密闭性；高效空气过滤器完整性；人员、产品和交叉污染保护；下降气流平均风速；流入气流平均风速；气流模式；负压（Ⅲ级生物安全柜）；报警和互锁系统等。还可以选择进行噪声、照度、紫外线灯以及振动等现场测试。

生物安全柜的现场维保、定期检测工作应该由具有资质的专业人员负责。在使用生物安全柜过程中出现的任何故障都应及时报告，经维修并检验合格后方可继续使用。

生物安全柜的维保应遵循以下关键点。

1）专人负责管理。

2）有标准操作规程（SOP）和使用维保记录。

3）工作前后要使用适当消毒剂（如 70%～75%乙醇）对工作台面进行清洁消毒。

4）工作中，如果有样本溢洒，应立即按程序进行处理。

5）工作结束后，生物安全柜要继续运行 5～10min 再进行内部清洁。

6）每星期用适当的消毒剂进行一次彻底的清洁消毒。

7）每半年对生物安全柜进行一次空气消毒灭菌。

8）每年由专业机构进行一次验证。

9）根据使用评估结果，一定年限后淘汰、更新生物安全柜。

2. 生物安全柜定期维保项目

（1）日维保项目

开始工作前进行的日维保项目如下。

1）检查生物安全柜的报警系统和气流流型。

2）表面清洁消毒。对生物安全柜内部工作区域表面、侧壁、后壁进行表面清洁消毒。慎用含氯消毒剂，因为它可能对生物安全柜的不锈钢结构造成损坏；更不可以使用强酸、强碱性等具有腐蚀性的试剂清洁不锈钢表面，否则也会腐蚀不锈钢。

3）清洁观察窗。必要时，用清洁剂擦拭观察窗表面，以达到视觉清晰的效果。

工作结束后进行的日维保项目如下。

1）整理生物安全柜。由于剩余的培养基可供微生物生长，因此在实验结束时，要将包括仪器设备在内的生物安全柜内的所有物品都用 70%～75%乙醇（其他消毒剂视用户使用材料和实验对象而定）进行表面清洁消毒，并移出生物安全柜。

2）表面清洁消毒。对生物安全柜内部工作区域表面、侧壁、后壁进行表面清洁消毒。对装有紫外线灯、备用插座及其他配件的生物安全柜，对紫外线灯、灯座、备用插座及其他配件的表面进行清洁消毒。

3）清洁观察窗。用洁净剂擦拭观察窗表面，以达到视觉清晰的效果。

4）检查生物安全柜的报警系统和气流流型。

5）做好记录。

日维保项目由经过培训的生物安全柜使用人员负责进行。

（2）周维保项目

在进行日维保工作的基础上，每周的维保项目还应包括以下几方面。

1）集液槽处理：①向集液槽注入适当消毒灭菌剂（消毒灭菌剂的种类视用户使用材料和实验对象而定），根据所用消毒灭菌剂的要求使其作用适当时间。②打开集液槽排污阀，将集液槽内的液体排放干净。③将工作台面脱离，使用适当消毒灭菌剂清洁集液槽不锈钢表面。同样不可以使用强酸、强碱等具有腐蚀性的试剂。④用干净湿布清洁集液槽表面后，装好工作台面。

2）用干净湿布对生物安全柜外部表面进行擦拭，尤其是生物安全柜的前面、顶部和底部。当污渍较严重时，可蘸一些温水或中性洗涤剂。若使用了中性洗涤剂，则还要用干净湿布擦干净。

3）检查生物安全柜进出口风阀的位置、真空接口阀门等的完好情况。

4）做好记录。

周维保项目由经过培训的指定人员负责进行。

（3）月维保项目

在进行周维保工作的基础上，每月的维保项目还应包括以下几方面。

1）检查所有的维保配件的合理使用情况。

2）检查生物安全柜是否存在任何物理性异常或故障，检查各功能中相应的连锁或报警功能是否正常。

3）检查所有操作阀门（在配备时）是否运行良好。

4）检查预过滤器积尘情况和是否存在异物。

5）检查荧光灯、紫外线灯（如果有）、操作显示屏，确保能正常工作。

6）当不锈钢表面有难以去除的斑点时，可以使用聚亚氨酯布或者海绵蘸取少许有机氯化物溶剂擦拭，并快速用清水或液体清洁剂擦洗不锈钢板。定期清洁不锈钢表面会使之保持表面的光滑美观。

7）做好记录。

月维保项目由经过培训的指定人员负责进行。

（4）半年维保项目

在进行月维保工作的基础上，每半年的维保项目还应包括以下几方面。

1）对生物安全柜进行一次空气消毒。

2）用热球式风速计测量前窗操作口的进风风速和工作区的层流风速。如果风速偏离额定值，则应通知专业人员进行调整和校正。

3）做好记录。

半年维保项目由经过培训的指定人员负责进行。

（5）年维保项目

在进行半年维保工作的基础上，每年的维保项目还应包括以下几方面。

1）根据预过滤器荷载情况确定是否更换预过滤器部件。

2）根据紫外线灯管能量监测结果确定是否更换紫外线灯管（如果有）。

3）风机虽不需要特别的维保，但每年要进行一次运行状态检查。

4）具备资格的技术人员或生产企业专业技术人员对生物安全柜进行年度维保检验，相关检测项目见本书第 5 章。

5）做好记录。

年维保项目由经过培训的指定人员负责进行，其中年度维保检验应由有资质的专业人员进行。

4.1.1.7　应用现状调研分析

在课题研究过程中，针对江苏省和浙江省的部分生物安全二级实验室的关键设备进行了问卷调研，共收到 209 个生物安全二级实验室的反馈。据中国合格评定国家认可中心统计，截至 2019 年 3 月 31 日，我国已有 60 家高等级生物安全实验室通过了认可。对生物安全三级实验室的关键设备也进行了问卷调研，调研对象为 28 个单位的 40 个生物安全三级实验室，具体分两部分：第一部分，疾控系统通过认可的生物安全三级实验室（BSL-3 实验室）30 个，分布在 15 个省（直辖市）；第二部分，农业、高校及科研院所的动物生物安全三级实验室（ABSL-3 实验室）10 个。

本章的应用现状分析全部基于对调研数据的整理和分析。

1. 生物安全二级实验室

1）国产品牌设备使用数量占比方面，疾控机构的调研样本总计 64 台，其中进口品牌设备 40 台（占比 62.5%），国产品牌设备 24 台（占比 37.5%）；医疗机构的调研样本总计 165 台，其中进口品牌设备 19 台（11.5%），国产品牌设备 146 台（占比 88.5%）；其他机构的调研样本总计 22 台，其中进口品牌设备 4 台（占比 18.2%），国产品牌设备 18 台（占比 81.8%）。疾控机构的国产品牌占比最低，其他机构的占比较高，医疗机构的占比最高。

2）生物安全柜类型方面，A2 的比例最高，疾控机构和医疗机构的比例分别为 59.5% 和 67%，B2 次之，疾控机构和医疗机构的比例分别为 35.1% 和 25%，A1 和 B1 较少。

3）排风形式方面，独立排风形式占比较高，疾控机构和医疗机构的比例分别为 81% 和 87%，合并排风形式占比较少，疾控机构和医疗机构的比例分别为 19% 和 13%。

4）使用效果和存在问题方面，使用效果为基本满意，存在问题有以下几方面：进口品牌配件不易获取；配件价格昂贵；台面和侧壁生锈；玻璃门拉不动。维修内容：换紫外灯整流器；更换高效过滤器。

2. 生物安全三级实验室

国产品牌设备使用数量占比方面，在调研样本中，BSL-3 实验室的生物安全柜总计 84 台，其中进口品牌设备 83 台（占比 99%），国产品牌设备 1 台（占比 1%）；ABSL-3 实验室的生物安全柜总计 42 台，其中进口品牌设备 39 台（93%），国产品牌设备 3 台（占比 7%）。高等级生物安全实验室的生物安全柜仍以进口品牌为主。

生物安全柜类型方面，在调研样本中，BSL-3 实验室的 A2、B2 型生物安全柜的数量分别为 41 台（占比 49%）、43 台（占比 51%），B2 型生物安全柜占比大的原因之一是某单位 BSL-3 实验室全部选用了 B2 型生物安全柜，ABSL-3 实验室的 A2、B2 型生物安全柜的数量分别为 37 台（占比 88%）、5 台（占比 12%）。

4.1.1.8　小结

1. 发展现状

从人类认识病原微生物并开展病原微生物相关研究开始，就没有停止探索对病原微生物感染的安全防护。生物安全柜作为操作病原微生物过程中最重要的初级防护屏障，最初在 1909 年就提出了相应的概念，到 20 世纪 40 年代开始广泛学术探讨并基本成型（Ⅰ级和Ⅲ级），70 年代形成生物安全柜标准。在追求全球化的今天，为了便于世界不同国家、不同品牌的生物安全柜实现国际化销售，世界各国对生物安全柜的分级和分类逐渐统一，关于Ⅰ级、Ⅱ级、Ⅲ级以及各种类型生物安全柜的性能指标，也没有原则性差别。生物安全柜已经成为一种成熟的国际化生物安全防护产品。

国内生物安全柜的生产虽然起步晚于国外发达国家，但经过几十年的努力，其生产能力和质量水准都得到了大幅度提升，已经基本能够满足国内生物安全实验室的需求。在实际应用中，国内一级、二级生物安全实验室已经以国产品牌为主，但三级、四级生物安全实验室仍以进口品牌为主。如何提升对国产生物安全柜的信任和信心，是今后需要解决的重要问题之一。

2. 存在的主要问题

1）生物安全柜的选择。由于不同类型生物安全柜的参数差异，曾经一度认为 B2 型生物安全柜的安全性能优于 A2 型，因此在实际工作中没有按照表 4-1 的工作情况去选择适当的生物安全柜类型，而是不分场合地选用 B2 型生物安全柜，但又忽略了其安装要求，导致安装现场生物安全柜无法正常工作。

2）生物安全柜的维护。国内有多项生物安全柜的使用调查结果表明，国内特别是基层单位，对使用中的生物安全柜缺少维护，几乎不进行年度维护检测，因此无法确保所使用生物安全柜的性能。实际上生物安全柜的安全性能不是由生物安全柜的类型决定的，而是由其是否正确使用决定的。

3）生物安全柜的标准。国际上不同国家或地区有不同的生物安全柜标准；我国 2005 年曾经由国家建筑工业行业和医药行业分别发布了 JG 170 和 YY 0569 两部生物安全柜的行业标准（其中 JG 170 目前已经作废）。这些标准虽然如前所述没有本质差异，但在某些参数上并没有完全趋同，这样在实行工作中往往还存在标准的执行问题。在国内颁布执行国家标准，在国际上执行 ISO 标准，将更有利于生物安全柜的生产、销售和使用中的检测评价。

3. 发展趋势

1）根据实际需要，在满足安全条件下设计、开发新型产品。例如，NSF 49—2016 新增了 C1 型Ⅱ级生物安全柜，在设计上将所有经过操作区域的可能污染的下送风空气全部过滤后排出，仅循环使用未接触操作材料的前操作口吸入空气，从而在生产成本、安全性和节能方面达到一个新的平衡。

2）进一步在高效空气过滤器系统、风机系统、气流控制系统、自动连锁控制系统等生物安全柜关键性能系统中应用最先进的技术与产品，并引入洁净工程学、人体工程学、电气工程学等新型设计理念，从而使新一代的生物安全柜性能更加优良、运行更加可靠，从而更好地保障生物安全。

4.1.2 生物安全型独立通风笼具及生物安全型换笼工作台

4.1.2.1 概述

实验动物的饲养和实验的装备及其所在的环境大致经历了以下阶段：在自然环境下使用开放式笼盒，在初级人工控制环境（层流柜）中使用开放式笼盒，在屏障环境或隔离器内使用开放式笼盒，最终在屏障环境中使用独立通风笼具（individually ventilated cage，IVC）及隔离器。

独立通风笼具是一种以独立密闭笼盒饲养实验动物的成套设备，通过空气净化装置将洁净空气独立送入各封闭的笼盒，笼盒内饲养微环境在运行期间保持特定的压力、换气次数和洁净度，笼盒的内外不发生气体单向或双向交换。IVC 具有保护动物、操作人员和环境的特点，通常用于饲养小型啮齿动物，如小鼠、大鼠、地鼠、沙鼠和豚鼠等，目前正逐渐推广至兔、貂、猫和仔猪等中型动物。其按照用途分为正压和负压两类：正压 IVC 用于饲养无菌（悉生）动物、SPF 动物、免疫缺陷动物及进行无病原微生物安全风险的动物实验等需要高等级保护的动物；负压 IVC 则用于生物危害、化学污染、放（辐）射污染等动物实验。生物安全型 IVC 属于负压 IVC，特指利用中、小型动物与生物安全三级和四级实验室开展感染试验的生物安全防护装备（图 4-12）。

图 4-12 意大利某品牌生物安全型 IVC 整机及笼盒

4.1.2.2 原理

IVC 采用先进的微隔离技术，向每个封闭的动物饲养笼盒内部独立输送经过高效过滤的空气，以获得洁净的动物生活微环境。过滤的空气进入笼盒后，以非层流方式均匀扩散，有效减少空气流通的死角，充分循环后，再经高效过滤器过滤后排放，从而有效清除笼盒内的 NH_3 和 CO_2，避免污浊气体积累在笼盒内，为实验动物提供健康舒适的微环境。笼盒可以便捷地从笼架上卸载，有利于利用生物安全柜或换笼工作台无菌更换笼盒、更换饮水瓶、添加饲料等操作。

IVC 的最大优点是，各笼盒均为独立的密闭单元，笼盒之间不存在气体交流，动物的饲养管理过程与操作者完全不接触，有效避免盒外空气侵入或盒内气体外逸，防止在饲养或实验过程中笼盒之间、笼盒内外发生交叉污染，保护动物免受空气中微生物的污染，能保护实验动物、操作人员和外环境。生物安全型 IVC 工作原理如图 4-13 所示。

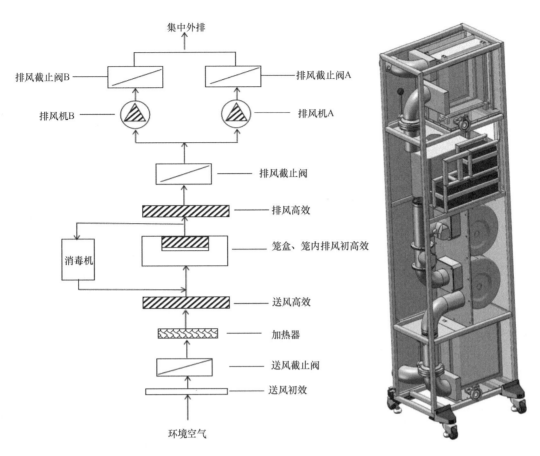

图 4-13　生物安全型 IVC 工作原理模式图

4.1.2.3　基本结构

负压 IVC 由独立的密闭通气笼盒、承载笼盒和风管的笼架、带有控制参数数字显示器的智能主机组成（图 4-14，图 4-15）。

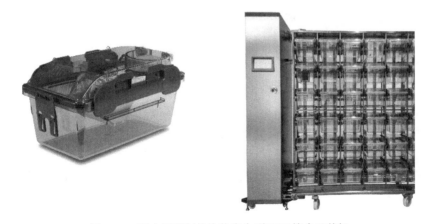

图 4-14　国内新研制的生物安全型 IVC 笼盒及整机

1. 笼盒

IVC 笼盒是实验动物生活、繁殖、育仔的唯一场所，与外界完全隔离，盒内始终保持一定压力、换气和洁净度。笼盒的主要部件包括：盒体、盒盖、密封胶圈、锁扣和隔网。盒体、盒盖由高分子材料压模而成，材料主要有聚丙烯、聚碳酸酯、聚砜、聚亚苯基砜树脂（PPSU）和聚醚酰亚胺等多种，其中，PPSU 在耐腐蚀和高压灭菌等方面的性能优异，使用较多。

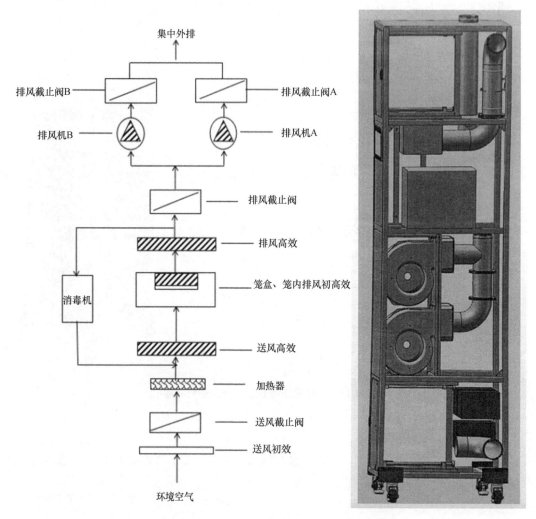

图 4-15　生物安全型 IVC 结构模式图

（1）盒体

盒体是实验动物的活动空间，其内部尺寸应满足目标动物的福利要求，符合 GB 14925—2010《实验动物 环境及设施》规定。例如，小鼠 IVC 笼盒盒体高度通常≥13cm，底面积通常≥420cm^2（图 4-16）。

（2）盒盖

盒盖通过密封胶圈与盒体连接，共同构成动物的生活空间。盒盖上有送风孔、排风孔、密封圈和锁扣。排风孔前设置有带粗效过滤膜的高效过滤器，最大程度地保障操作安全。送风孔、排风孔分别与笼架上对应的送风嘴、排风嘴密闭连接，分别形成笼盒的送风和排风通道。笼盒与笼架脱离后送风孔、排风孔能自动封闭。

笼盒的送风和排风通道各自独立，滤过的洁净空气能流畅地进入笼盒，在盒内形成良好的气流和扩散，把盒内的废气和湿气完全置换出去，使盒内持续保持清新、洁净、干爽的优良微环境。

（3）密封胶圈

密封胶圈分别用于盒体与盒盖、送风孔、排风孔、过滤器等部位的密封，防止盒外空气的进入和盒内空气的逸出，通常为硅胶质材料，是维持 IVC 笼盒气密性的重要部件。

图 4-16　生物安全型 IVC 笼盒

（4）锁扣

锁扣位于盒盖上，用于锁紧并密封盒体和盒盖，防止笼盒被意外打开，或因操作失手坠地后导致的盒体、盒盖分离。为确保安全，通常安装于盒体的两侧，并设置双重锁扣。

（5）隔网与饮水瓶

隔网与饮水瓶置于盒体内部上口，隔网设有饲料和饮水瓶槽，用于承载饲料和饮水瓶，防止动物钻爬出盒体。饮水瓶材质和性能与盒盖、盒体相同，饮水嘴有防滴漏设计，饮水瓶应易于清洗、灌注和消毒。

2. 笼架

笼架由 304 或 316L 异形不锈钢管焊接或高强度塑料接口套接而成，全密封设计，不锈钢管既是笼盒支架，又是笼盒的导气管道，平行纵横排列，粗细结合。风管的管径设计应考虑笼盒的总通气量、换气次数及管内气流产生的噪声等空气动力学因素。根据风机功率和各型 IVC 设备设定的笼盒数（几十个或更多），笼架上安装相应数量的搁架，送、排风支管上设有相应数量的送、排风导风橡胶嘴或皮碗，送、排风嘴以非侵入式设计为宜，以便与笼盒接口密闭吻合，并可避免交叉污染。笼盒固定在笼架上，能高强度地自动就位，且就位指示明显。送、排风嘴上设有自动开合装置，笼盒上架密接后，送、排风阀自动打开，取下时风阀自动关闭，使送风管中气压保持基本恒定，排风管中废气不致泄漏。某些型号的 IVC 还配备超压保护装置或超压自动调节装置，以避免因笼盒装卸频繁、气阀关闭频次太高而造成盒内超压状态。对于笼架的考虑应不易倾倒，其长度和高度应适当，笼架下部采用加宽设计，也可以两组笼架背靠背固定。另外，笼架通常配有硬质橡胶导向轮，能根据房间大小或使用者的要求随意移动组合，定位后可利用导向轮制动装置锁定。

3. 主机

IVC 主机主要由风机、高效空气过滤箱、电气系统及自动控制系统等组成。通常 1 台主机可配置 1～2 个笼架，笼架可以左右分列，但通常背靠背连接成一体，以提高稳定性。机箱宜采用落地式，通过软质风管与笼架连接，防止主机的振动传导至笼架。机箱材质采用 304 或 316L 不锈钢或其他适宜材料制作，表面应光洁、耐腐蚀，应稳定、牢固、平整、无明显振动，装拆、移动方便，同时应设有与笼架锁定的装置。

（1）风机

通常采取主动排风、被动送风措施，即只设置排风风机，不设置送风风机，以保证在风机停转时盒内不致造成压差反转。设置两台排风机同时低转速运行，并实现风机互为备用，保证设备不间断运行。此外，还采用动态补偿技术，根据反馈数据实时调整系统运行状态，以保证笼盒内持续负压。风机选用运转时间长、低噪声、低振动的型号，保证笼盒换气次数不低于 50 次/h，维持笼盒内、外压差≤−20Pa。

（2）高效空气过滤箱

高效空气过滤箱由送风高效空气过滤箱和排风高效空气过滤箱组成，过滤箱内主要是高效空气过滤器，对进入和排出笼盒的空气进行过滤，以保证空气洁净度符合标准。高效空气过滤器对 0.3μm 的粒子的过滤效率≥99.99%，过滤箱应密封良好，拆装方便。

（3）电气系统

电源及电气元件为 IVC 提供持续、稳定的动力，在实际应用中，应选择带自锁装置的电源插头，以防电源线脱落。由于生物安全实验室内的实验人员都要穿着较厚重的防护服工作，因此实验室的温度通常设置偏低。因此，宜设置加热模块辅助升温，以保证 IVC 笼盒内温度符合相关规定要求。IVC通常配置在线 UPS，用于在断电情况下，通过逆变转换的方法持续供电，确保操作者、环境和实验动物的安全。

（4）自动控制系统

自动控制系统主要由显示屏、传感器、控制器等组成。数字显示界面实时显示换气次数、压力、温度及相对湿度等参数，以便使用者直观了解实验动物生存的主要环境条件。显示屏可检索到开机累计时间、高效过滤器累计时间，可调节风机开度和运行模式，历史数据可通过 USB 传输备份。机箱内配有高精度的风速传感器、压差传感器、可编程控制器及风机调速器等自控设备为风机提供反馈数据，调控风机转速达到送、排风总量平衡，以确保笼盒内、外的压力差和换气次数符合动物生存或满足使用者的特殊需要。同时，自动控制系统通常还设有风机故障、电源异常和过滤器失效等感应装置，利用各种换能器及半导体芯片或数码程序控制器、变频器等工具，达到自动报警、自动调控的目的。

（5）其他

其他包括送风及排风截止阀、高效空气过滤器原位检测口及消毒口。其中，送风阀位于送风高效空气过滤器的前端，排风阀位于排风高效空气过滤器的后端。消毒口用于对主机或整机进行原位蒸熏式消毒，消毒时不应损伤风机、线路等。检测口设置在风阀与高效空气过滤器之间，可进行高效空气过滤器原位检漏。

4.1.2.4 技术要求

1. 整体要求

1）笼盒、笼架、主机应保持一体、坚固、稳定，在突发意外情况时不致倾倒，同时保证主机振动不至于影响笼盒。

2）笼盒的材质应无毒、无味、透明、热塑性好、有强度、无放射性、不含扰乱内分泌的致癌物质，应耐冲击、耐腐蚀、易拆装、易清洗、耐酸碱、耐消毒剂（除强极性溶剂、浓硝酸和硫酸外，对一般酸、碱、盐、醇、脂肪烃等稳定），可以经受 500 次以上高温高压蒸汽灭菌而不变形、不变性。

3）盒盖与盒体、盒盖上的送风孔及排风孔、盒盖上的排风高效空气过滤器、笼架送风嘴及排风嘴、笼架风管、主机高效过滤器及滤器箱、主机风管及风阀等应密封，以保证通风系统内气体不外逸，系统外气体不内侵。

4）笼盒设置双重安全锁扣，确保盒体与盒盖不脱锁分离。

5）送风能够流畅地进入笼盒，笼盒内气流组织科学，把笼盒内的废气和湿气完全置换出去，避免笼盒内气流短路、形成死角，避免在动物生活层面气流直吹动物，保证笼盒内微环境适宜。

6）整个系统气流分布均匀，笼架各笼盒间的送、排风及压差均匀、一致，笼盒间送、排风及压差的最大误差控制在 10%以内。

7）设备整机运行平稳持久。

8）饲料、饮水、垫料等的更换和动物的传进、传出，均在生物安全换笼工作台内进行。

9）主机、笼架、笼盒能够在原位循环消毒，消毒剂不从主机经过，以保护主机、探头及线路。

10）应在每次使用前进行清洗和消毒，对于不同部件可分别采用高压蒸汽、化学气体熏蒸、消毒液浸泡擦拭等方式消毒。

2. 内环境指标

内环境指标主要包括：气密性、送风及排风高效过滤器检漏、笼盒内最小换气次数、气流速度、压差、空气洁净度、噪声、光照和氨浓度等。

（1）气密性

气密性是 IVC 的核心问题，是衡量多处部件的指标，包括：盒盖与盒体、盒盖上的送风孔及排风孔、盒盖上的排风高效过滤器、笼架送风嘴及排风嘴、送风管及排风管、笼盒离复位警示、主机高效过滤器及过滤器箱等。通过密封材料和密封方式优化，使 IVC 笼盒内保持稳定的负压状态。笼盒气密性要求：脱离笼架的笼盒内压力由–100Pa 升至 0Pa 的时间不少于 5min。

（2）送风及排风高效过滤器检漏

高效过滤器检漏通常扫描滤器滤芯、滤器与安装边框连接处任意点的局部透过率，要求不超过 0.01%，使用气溶胶光度计进行测试时整体透过率不超过 0.005%。

（3）笼盒内最小换气次数

笼盒内最小换气次数一般不低于 30 次/h，最高可达 100 次/h，通常设定为 40～60 次/h 为宜。

（4）气流速度

气流方向、风速与动物体热扩散有很大关系，动物通过对流、辐射或体表蒸发来扩散体热，风速加大时则体热散失加快，动物的食量也会相应增加，动物的紧张感及刺激感也会增加，还可能会产生一定的死角，反之亦然。小鼠能够感受到的最小气流速度为 0.05m/s，为了尽可能避免气流对动物的影响，笼盒在气流设计时通常采用间接气流（气流扩散）设计，这样使得动物有舒适感觉，但笼盒内气流速度太小，会影响换气量和换气次数。GB 14925—2010《实验动物 环境及设施》规定为小于等于 0.2m/s，IVC 笼盒内动物活动区域水平气流速度通常要远低于此。

（5）压差

正常运行时笼盒内气压应不低于所在实验室的气压，二者之差应≤20Pa，而笼盒与外界的负压差可达到–100～–125Pa。笼盒间气流、压差的均一性是非常重要的，差异率通常要求≤10%。

（6）空气洁净度

IVC 笼盒内是 SPF 级动物生存的微环境，由于送、排风经过高效过滤器过滤，足够的换气量以及优良的笼盒气密性，即使是负压 IVC，盒内空气洁净度也可达到 7 级甚至 5 级。

（7）噪声

由于动物对声波的敏感度和灵敏度远比人类高，而且可感觉的声波范围比人类大，人类听不到的次声波和超声波对动物也有刺激反应（人的听觉范围是 64～23 000Hz，大鼠为 200～76 000Hz，小鼠为 1000～91 000Hz）。噪声的频谱很广，对动物的影响尤为显著。IVC 的噪声除环境噪声外主要声源来自机组中的风机（功率越大，噪声越大）及系统管路中管道、弯头和风管内空气流产生的噪声。通常要求 IVC 主机的噪声≤55dB，笼盒内则应更低。

（8）光照

实验动物对于光照及光照周期非常敏感，GB 14925—2010《实验动物 环境及设施》要求动物照度 15～20lx，昼夜明暗交替时间为 12h/12h 或 10h/14h。笼盒内的光照靠笼盒外环境提供，会受到其在笼架中的不同位置的影响，笼盒的颜色及透光性也会影响笼盒内光照。

（9）氨浓度

由于 IVC 的实际有效换气次数非常高，正常运行时笼盒内的换气次数足以使氨浓度符合标准，这也是 IVC 的一大优点。通常测定 IVC 主排风口的动态氨浓度，要求小于等于 $14mg/m^3$。

3. IVC 检测

根据目的和要求不同，IVC 的检验类型可分为出厂、型式、安装和常规维护检验。现场检测的项目至少应该包括：气流速度、压差、换气次数、洁净度、气密性、送风高效过滤器检漏、排风高效过滤器检漏。除检测设备内部技术指标外，还应检测设备所处环境的温度、相对湿度、照度、噪声等指标。

通过设置监测笼盒，可以对笼盒进行温度、相对湿度、风速、换气次数、洁净度、压差等指标的监测及评估。设置哨兵动物，对盒内的实验动物进行微生物学、寄生虫学、病理学、健康状态等指标的监测及评估，间接反映动物实验是否成功，也可以反映 IVC 的整体运行状况。

4.1.2.5 发展历程及现状

1. 发展历程及应用现状

在 20 世纪 50 年代末期，美国学者 Kraft 进行轮状病毒研究时，为防止病毒扩散及污染环境，运用玻璃纤维包裹带网孔的金属圆筒，形成一个隔离的小鼠饲养笼，这便是 IVC 隔离笼的雏形。80 年代初期，美国学者 Robert 发明了更实用的高效滤材，取代了玻璃纤维，通过风管为笼内通入新鲜的空气，进一步提高了隔离笼内的空气质量，隔离笼内的微环境得到了充分改善。1994 年，意大利 TECNIPLAST 公司在装配空气过滤帽的塑料小鼠饲养笼盒的盒帽上方加装了一个进风口，促进盒内的通风换气，出现了第一个现代意义上的 IVC，随后 TECNIPLAST 公司利用其在全球的子公司及代表机构迅速推广。至 21 世纪初，IVC 逐渐得到了世界范围内的广泛认可。同时，IVC 的隔离及保护性能得到大量验证，其隔离概念整合了隔离器和 IVC 两种技术的优点、特点，在操作者和环境的高级别保护没有任何降低的情况下，克服了隔离器在操作性及饲养空间上的不足。经过近 40 年的使用、研究和改进，特别是在材料、净化、微电子等现代技术的带动下，IVC 已经成为一个全新、高效、节能、满足动物健康与福利要求、保证实验动物与动物实验质量、保护操作人员和环境的实验动物饲养设备，并在世界范围内得到了广泛使用。同时，IVC 的隔离及保护性能被大量证实，开发出了负压产品，并应用于病原感染性实验。有代表性的是意大利某公司的 Isocage™ 隔离笼系统，在生物安全实验室装备上占据全球大部分市场。它由专用的笼盒、笼架、供排气主机及等同于 II 级生物安全柜的生物安全换笼工作台组成，为生物安全型 IVC，即负压 IVC。可应用于动物生物安全三级、四级实验室，用于饲养有高级别病原微生物感染风险的啮齿类实验动物。Isocage™ 系统在高度恒定的负压（−100Pa）下运行，笼盒与主机断开连接后仍然能保持此压力模式数分钟，主机与笼架锁定在一起，无论处于正常工作还是从笼架上断开，笼盒都能保证一个持续稳定的密封状态，可达到 100%控制感染物的效果。除此之外，美国某公司的 Flex-Air 系统、美国实验动物笼具生产厂家的 BCU 系统、英国某公司的 SmartRack 系统均为正/负压可调 IVC，也占据一定市场份额，其他国家如德国、法国、日本、韩国等也有少量生产。IVC 技术原理已被广泛认同及接受，产品的差异主要来自密封和锁扣的结构、气流的合理性以及自动报警系统等的工艺与材料研究。

我国于 20 世纪 90 年代末引进正压 IVC 产品，其因技术垄断，曾长期独占高端市场，且价格高昂。近几年来，国产 IVC 工艺、技术及质量逐渐提升，形成了国内、外产品在市场上并存，以国内产品为主的局面。目前国内有多个生产饲养用正压 IVC 的企业，随着生物、医药科技的进步及相关产业的飞速发展，实验动物的使用数量和质量迅速上升，IVC 的生产与使用量也迅速增多。

2003 年我国暴发严重急性呼吸道综合征（SARS）疫情，使生物安全及生物安全装备受到空前重视，负压 IVC 开始应用于生物安全实验室。目前高等级生物安全实验室装备的负压 IVC 绝大部分是意大利 TECNIPLAST 公司产品等国外产品。因为缺乏符合安全等级的微生物感染实验用负压 IVC 技术，国内厂家一般采用改变笼盒的送、排风压差，即俗称"正改负"的方式，实现整体笼架及笼盒的负压要求。由于使用负压 IVC 进行实验的目的、使用周期、操作方式和安全隐患与繁殖用的正压 IVC 设计理念完全不同，再加上笼架、笼盒、锁扣、水瓶口等的材料和工艺要求不一样（图 4-17），这些产品的笼架与环境、笼架与笼盒、笼盒与笼盒之间的泄漏和污染隐患几乎无法避免。2018 年，国内开发出了全新的生物安全型小鼠 IVC，目前已逐步应用于国内多个生物安全三级、四级实验室。

隔离笼 vs IVC

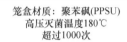

笼盒材质：聚苯砜(PPSU)
高压灭菌温度180℃
超过1000次

笼盒材质：聚砜(PSU)
高压灭菌温度134℃
超过250次

➤ 隔离笼盒完全气密+水密（可液体浸泡消毒），笼内负压-100Pa
➤ 隔离笼盒从笼架上取下后至少保持15min负压状态
➤ 笼盒内置高效过滤器，避免病原微生物进入笼架排风系统

⑦TECNIPLAST

图 4-17 负压 IVC 笼盒与正压 IVC 笼盒比较图

对调研数据进行分析，可得出如下结论。

国产品牌设备使用数量占比方面，调研样本中共有 15 家单位使用了独立通风笼具，其中 9 家使用进口品牌（占比为 60%），6 家使用国产品牌（40%），进口品牌和国产品牌设备的数量分别为 23 台（占比为 53%）和 20 台（占比为 47%），形成了国内、外产品在市场上并存的局面。

使用中存在的问题主要有以下方面：IVC 鼠笼笼盖的卡扣容易坏、禽隔离器的手套易坏；操作工作面动物隔板应考虑不用时挂起、使用时取下以及清洁消毒措施；人员操作工作服大小不合适；笼盖搭扣部分反复高压后易老化变形，丧失密封笼盒的作用。

维修维保主要在以下方面：外观、运行状态、消毒、清洁、密封；高效过滤器更换、检漏；清洁、维护运行；更换手套；气体二氧化氯消毒。维修内容包括：手套；密封；笼盖损坏；过滤器更换。

2. 相关标准

在技术标准方面，IVC 笼盒内的微环境指标须符合现行 GB 14925—2010《实验动物 环境及设施》、GB 19489—2008《实验室 生物安全通用要求》、GB 50346—2011《生物安全实验室建筑技术规范》、CNAS-CL53《实验室生物安全认可准则对关键防护设备评价的应用说明》和 RB/T 199《实验室设备生物安全性能评价技术规范》中的指标要求。地方标准中有黑龙江省标准 DB23/T 2057.1《实验动物 生物安全型小鼠、大鼠独立通风笼具通用技术要求》等可以参考。

3. 技术水平

欧美国家的生物安全三级、四级实验室以意大利 TECNIPLAST 公司的 IVC 产品为技术标杆。相对于欧美等发达国家，我国生物安全实验室的关键防护设备的研发与应用起步较晚。2018 年，在国家重点研发计划"生物安全关键技术研发"重点专项的支持下，成功研发出生物安全型小鼠 IVC，在生物安全三级、四级实验室进行示范性应用及综合评价，并且通过具有国家认可资质的第三方机构检验及 CNAS 认可专家组评审。

相对于意大利某公司 Isocage™ 隔离笼系统的国外先进产品，国内研发的生物安全型小鼠 IVC 产品解决了负压 IVC 的气密性、一体性坚固性、耐灭菌抗老化性、笼盒内环境舒适性、自控及整机长期运行稳定性等关键技术，通过对笼盒不同换气次数设置下的流场进行计算，对笼盒内微环境及其影响因素研究，对笼盒内小鼠行为反应分析及繁殖、血液理化等参数测定，各项技术指标已经达到了国外同类产品的水平。

（1）气密性

解决负压 IVC 气密性这一核心问题，使笼盒内保持稳定的负压状态。同时采用笼盒高负压、笼盒内设排风高效过滤器等手段，最大程度地保障操作安全。

在笼盒材料上，国内、外均采用的 PPSU 为安心材质，是生产婴儿奶瓶使用的原料，不含扰乱内分泌的致癌化学物质，轻便、耐温、耐水解、耐冲击，是目前最好的选择。

通过对笼盒结构的优化设计，保证笼盒盒体与盒盖的结构密接，可以反复使用、洗消而不变形、不变性。

对笼盒盒体与盒盖间的密封胶圈的材质经过反复优选、测试，并经过 3 年多的实际使用，证明国内、国外产品材质性能没有差别。在密封胶圈的密封方式上，国内、国外 IVC 均采用带胶牙的主平面及附加侧面密封，卡槽内设置凹陷孔、排气孔疏解密封时产生的气泡。

笼盒上下体锁扣，国内、国外均采用笼盒长边 4 点固定 2 个侧锁的锁紧方式。

通过调整、优化笼盒送风孔、排风孔及笼架上对应的送风嘴、排风嘴的结构，保证笼盒在连接及脱离笼架时，笼盒送风孔、排风孔及笼架上对应的送风嘴、排风嘴的自动封闭，尽量保证在插拔笼盒的瞬间笼盒内气体不外逸。

优化制造工艺，使笼架上送风嘴、排风嘴位置精确，保证与笼盒送风孔、排风孔间的同心度及各笼位笼盒挤压程度的高度一致性。

（2）一体性坚固性

优化笼盒材质、形状、厚度，保证笼盒的一体性坚固性。

优化锁扣锁紧形式、锁扣形状，国内、国外均采用 IVC 笼盒长边 2 侧锁、两重锁的设计以确保安全。Isocage™ 产品第二重锁为垂直单点锁死盒体与盒盖，国内研发的产品第二重锁为水平两点锁死盒体与盒盖，都能起到锁死、保证安全的效果。

合理设置笼架的长度和高度，并且加宽笼架下部，两组笼架背靠背固定，以使笼架稳固，不致倾倒。

笼架设置笼盒安装到位的安全定位钮并且能够平行锁定，不使笼盒脱出，保证笼盒与笼架的一体性，警示笼盒安装是否到位，确保安全。笼架与主机通过侧锁连接、固定在一起，在保证笼架与主机的一体性的同时使得发生突发意外情况时不致倾倒。

（3）耐灭菌抗老化性

在耐灭菌抗老化方面，经实际测试，笼盒、密封件可以耐多频次高温高压、化学消毒剂灭菌处理，确保笼盒不致因长期、反复使用、洗消导致泄漏。

（4）笼盒内环境舒适性

意大利公司 IVC 笼盒盒盖通过圆形排风过滤器盒分流形式，美国公司 IVC 笼盒盒盖通过设置半导流板分流形式，使得送风、排风不致混合。国内研发的 IVC 笼盒盒盖通过设置方形排风过滤器盒及半导流板分流送风、排风，使气流不短路、无死角，起到了同样的效果。

使用目前处于世界领先地位的流体力学 ANSYS Fluent 软件，通过对国内、国外主要厂家的 IVC 笼盒进行流场计算分析，建立数学模型，优化出理想的笼盒参数，用于指导笼盒设计。

通过对意大利公司及国内研发的 IVC 笼盒在不同换气频率下的流场特性进行分析与对比，证明两种 IVC 笼盒在 20～60 次/h 的换气频率下，气流均能够遍布整个笼盒，不存在死角及短路现象。两款 IVC 笼盒在 20～60 次/h 的换气频率下均符合气流速度小于 0.2m/s 的国家标准，且最大流速与小鼠活动区域平均速度表现出相同的趋势。

利用国产 IVC 在 40 次/h、60 次/h 和 80 次/h 换气情况下测试小鼠的部分生物学特性指标，证明笼盒内通气第 7 天 80 次/h 换气笼盒内小鼠皮质酮、肾上腺素浓度明显升高，免疫细胞数降低。60 次/h 换气笼盒为小鼠的健康和福利提供了最佳的笼内微环境，笼内通风不当对小鼠健康有轻微的不良影响。

（5）自控及整机长期运行稳定性

在风机主机提供气流方面，国内、国外产品均采用被动送风、主动排风方式，即只设置排风风机，不设置送风风机。排风机设置两台，互为备用。TECNIPLAST 公司的 Isocage™ 产品二台排风机串联设置，同时低转速运转，一台出现故障时另一台迅速加速运转，风量补偿快，噪声较小，但风机老化较快；国内研发的产品二台排风机并联设置，交替运转，一台出现故障时另一台迅速启动运转，风机老化较慢。两种产品都可以保证设备不间断运行，并且不使笼盒压差反转。

两种产品都采用动态补偿技术，根据反馈数据实时调整系统运行状态。设置自动气流侦测器，数显 LED 屏显示换气率、风速、风机转速、温度、湿度、压力、滤器状态、风机故障及电源状态，使自控、报警系统正常工作，能够反映系统的真实情况。另外，两种产品都设置了可与计算机连接的数据接口及远程通信、远程报警，配置了不间断电源，从而保证自控及整机长期运行的稳定性，不致因停机导致笼盒气体泄漏。国内产品设置了设备蜂鸣及警示灯报警，比较便捷、实用。

（6）在线消毒、检测

国内产品设置了笼盒、笼架、主机一体式在线消毒、检测功能，笼盒、风管、主风道设置检尘收集滤膜，便于清洗、消毒、检测和检修。设置了检测口，检测送风高效过滤器内侧及排风高效过滤器外侧的尘埃粒子。

4.1.2.6 存在问题

1）生物安全型 IVC 的基础材料和核心部件的自主创新能力不足。目前笼盒的抗氧化性、变形性、低毒性、高透光性等，密封胶圈的抗氧化性、密封性等性能均存在一定的问题。高性能风机、高精度传感器等仍严重依赖进口。因此，寻找更好的 IVC 笼盒、密封胶圈材料，研发高性能风机、高精度传感器，是国内、国外 IVC 研发单位的共同追求。

2）笼盒的坚固性、变形性有待提高。可以在对笼盒进行应力计算的基础上，对盒体四角做加厚、底部增加十字形加强筋处理，以增加其坚固性，减小变形。

3）密封胶圈除材料外，其结构及密封方式以及与密封圈结合的笼盒盒盖密封胶圈固定槽的结构等还有改进的空间。

4）需要对笼盒内环境进一步优化，包括：送风、排风方式，气流设计，导流槽的设计等。

5）笼盒送风孔、排风孔及笼架上对应的送风嘴、排风嘴的结构、对接方式，以及盒架脱离后的自动封闭及密封性需要改进。

6）笼盖卡扣为易损件，反复使用、清洗、高压灭菌容易老化变形乃至破碎，失去密封笼盒的作用，是目前国内、国外 IVC 产品存在的共同问题，需要从卡扣材质、结构、密封锁紧的方式上进一步优化。

7）提高笼架加工工艺，增加笼架上送风嘴、排风嘴位置精确度，增加与笼盒送风孔、排风孔间的同心度及各笼位笼盒挤压程度的一致性，减小各笼盒送风、排风的差异性。

8）自控及整机长期运行稳定性还有待进一步提高。

4.1.2.7 发展趋势

随着科技的进步，目前的 IVC 发展除致力于解决上述问题以外，正朝向智能化、数字化发展。意大利某公司已经推出了新一代数字化 IVC 系统 DVC（digital ventilated cage），将多项先进的传感技术与动物房管理和科研分析平台进行有机结合，实现笼盒内环境监测、动物行为监控、饲养环境监控、单位笼盒独立识别，给动物福利、设施运营及实验研究带来了标准化的提升。在原始饲养笼中即可24 小时不间断采集与动物神经类实验、脑退化实验、肿瘤实验、手术恢复、给药研究反应等一系列与运动相关的试验大数据，让获取的动物实验数据更加丰富。同时 DVC 系统的管理模块可以更加科学化地协助实验室管理人员进行日常工作分配；通过对实验动物的授权管理、笼盒内环境的实时跟踪等降低实验动物的整体运营成本，减少进入生物安全实验室和打开笼盒的次数以降低生物安全风险。国内厂家任重道远，需要提高研发投入，利用大数据技术、人工智能（AI）分析技术将产品提高到一个新的高度。

针对 IVC 的消毒技术，动物饮用水的一次抛弃型袋装水替换饮水瓶、一次抛弃型笼盒盒体内衬也将获得发展。IVC 的辅助配套设备及技术，如适用于 IVC 笼盒在不同区域间转移、保持笼盒压力的移动式设备，多功能 IVC 监测笼盒，以及微弱电磁场监控系统等将会得到应用。适用于大鼠、豚鼠及兔等实验动物的 IVC 将推出。有关 IVC 的通用技术标准及规范也将制定并实行。

4.1.2.8 生物安全型换笼工作台

实验动物在饲养过程中会产生大量排泄物、毛屑和饲料的残渣，加速笼盒内环境的恶化，因此需要定期更换笼盒。在负压 IVC 笼盒中开展感染性试验时，笼盒内存在有生物危害的致病病原，在处理动物时必须有第二道屏障保障实验环境和操作者不被污染，即生物安全型换笼工作台，以确保操作者、环境和动物的安全，在此装置里可以安全地打开笼盒进行操作。

生物安全型换笼工作台的工作原理源自Ⅱ级生物安全柜，是一种具备气流控制及高效空气过滤器，用于负压 IVC 笼盒更换的箱形空气净化负压安全装置，能够防止操作过程中潜在危险性或未知性生物微粒气溶胶的散逸对操作者和环境造成危害，具有生物安全柜和换笼机的双重功用（图 4-18）。

(A)BS60型生物安全型换笼工作台　　(B)IBS型生物安全型换笼工作台

图 4-18　生物安全型换笼工作台

生物安全型换笼工作台与Ⅱ级生物安全柜相似，换笼工作台工作区域上送风、下排风。设备风机启动后，空气以大于 0.5m/s 的流速沿前壁引入换笼台的开口处，并流进前面的经特殊设计的进风格栅，形成一道特殊的垂直气幕；在排风机的作用下，气流从工作面及操作者的周围向内抽到前格栅，但不深入工作区，在换笼工作台内形成一定的负压，既防止未经过滤的空气直接进入柜内，流经工作台面污染操作对象，又能防止气流被工作区内的实验动物污染后外溢而对操作者和环境造成潜在危害；经高效过滤器过滤的洁净空气从顶部垂直向下流经工作区，最大程度地避免工作区域内操作对象间发生交叉污染，从而提供产品保护；设备排出的空气经过高效空气过滤器过滤，从而为环境提供保护（图 4-19）。

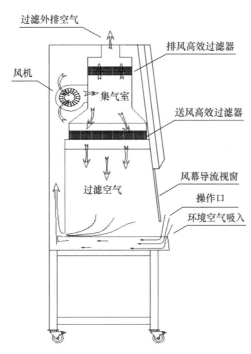

图 4-19　生物安全型换笼工作台气流模式图

换笼台主要由箱体、工作区、通风过滤系统、监控系统、消毒系统、支撑系统组成。箱体是操作 IVC 笼盒的空间，由外壳和内壳围成的方形体或台形体，外壳和内壳之间设置有密封的通风过滤系统；工作区由箱体内壳围成，主要用来操作笼盒和动物，顶部为送风高效过滤器，底部为工作台面；箱体前部的前面板是一个可升降的操作窗口；通风过滤系统包括位于换笼工作台顶部的送风高效过滤系统和位于换笼台后部的内、外壳之间及顶部的排风过滤系统；设备装有微处理器监控系统，主要监视、控制设备的状态，自动控制工作区气流和风速，保证工作区负压，不间断地监控工作区的工作状况，并有故障报警；提供紫外线照射或过氧化氢循环消毒灭菌模式；箱体由架车支撑，具有良好的支撑、移动、稳定性能。

目前国内还没有发布生物安全型换笼台的质量标准，可以参照 II 级生物安全柜的标准，包括美国的 NSF/ANSI 49、欧洲标准化委员会（CEN）的 EN 12469、日本空气洁净协会的 JISK3800、澳大利亚和新西兰的共同标准 AS/NZS 2647。国内有建设部的生物安全柜行业标准 JG 170，也可参考食品药品监督管理局生物安全柜行业标准 YY 0569。

换笼工作台的国外产品主要有意大利公司的 BS48 型、BS60 型，美国公司的 SC4 型、SC6 型等，处于国际垄断地位。

意大利的 BS60 型为双人单面换笼工作台，专为大鼠、小鼠的安全换笼而设计。设备工作区空气中颗粒洁净度等级符合 ISO 5，微处理器控制面板符合欧盟 EN 12469 规范要求，并通过德国 TUV 认证，用于安全更换 IVC 笼盒中的垫料，保护动物、环境及人员不受污染。BS60 型可拓展为保护更加全面的 IBS 型号，即采用可高压灭菌的移动式传递舱传递更换下来的 IVC 笼盒及垫料、饮水瓶等必须经过高压灭菌的污染物品、物料,移动式传递舱传递与换笼工作台采用气密的 α - β 门安全连接;配备密闭的液体浸泡消毒池,笼盒从 IBS 型传回笼架之前被消毒液完全浸没,用以对笼盒外表面进行消毒;物品、物料、笼盒传递循环和消毒液浸泡时间由笼盒自动传递系统进行设定与控制。拓展后的设备适用于进行更高生物安全级别的病原感染动物试验,但是操作较烦琐,笼盒传入和传出的效率也不够高,影响了其应用。国内针对生物安全型换笼工作台的研发也正在进行中。

4.2　围护结构密封/气密防护装置

4.2.1　气密门

4.2.1.1　概述

气密门一般应用于高等级生物安全实验室、核电行业、船舶等设施中具有较高水平气密性要求的房间,解决围护结构内不同区域间进出通道的气密隔离问题。在生物安全领域,气密门主要用于 BSL-4 与 ABSL-3/4 实验室的核心工作间、与核心工作间相邻的气锁间、化学淋浴消毒间等。根据密封原理,气密门可分为充气式气密门和机械压紧式气密门,其中充气式气密门利用橡胶条充压缩空气使其膨胀达到门框和门体间密封的目的,机械压紧式气密门是利用机械机构使门体和门框间胶条压紧变形达到密封的目的。

4.2.1.2　技术原理

1. 充气式气密门

充气式气密门大致由门体、门框、铰链、膨胀胶条、可视观察窗、充气管路、控制器等组成,还包括门把手、闭门器等辅助部件,一般在门体四周内嵌充气可膨胀的胶条,胶条膨胀后挤压门框达到密封,如图 4-20 所示。某些充气式气密门,除膨胀胶条外再设计一道常态密封胶条,如图 4-21 所示,一方面可在膨胀胶条不充气的情况下实现简易密封,另一方面可起到缓释闭门冲力的作用,但门框需要设置一定高度的门槛。

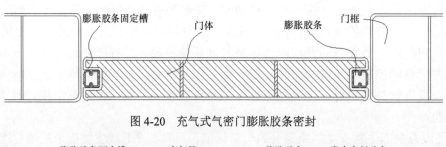

图 4-20　充气式气密门膨胀胶条密封

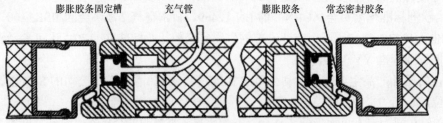

图 4-21　膨胀胶条加常态密封胶条密封

充气式气密门涉及较多的控制元件,主要包括门体、门框、铰链、膨胀胶条、充气管路、闭门器、电磁锁、位置开关、控制面板、紧急开门开关、紧急泄气阀及电缆穿板密封等。一套典型的充气式气密门如图 4-22 所示，门体上设置采用安全玻璃的可视观察窗；闭门器实现门的自动关闭；位置开关用于判断门体是否处于关闭位置；电磁锁可与位置开关协同作用防止在膨胀胶条充气过程中门被打开出现故障；门体四周内嵌膨胀胶条，并与门框的充气管路以柔性充气管连接；内外两侧门槛上分别设置控制面板，控制面板上设置开门请求按钮、开门指示灯、关门指示灯，也可设置故障指示灯，或由开门指示灯、关门指示灯指示故障信息；内外两侧门框上还应设置紧急开门开关，用于紧急情况下快速开门。为了保证气密门有效隔离门体两侧空间，门内外两侧的控制面板、紧急开门开关等电气元件应做好气密性保护，可靠的方式是采用电缆穿管延伸至门框上侧并通过电缆穿板密封元件实现；紧急开门开关虽然可实现断电操作，但电磁阀故障可能导致膨胀胶条放气故障，因此在充气管路上串联紧急泄气阀，通过手动操作可快速使膨胀胶条放气。

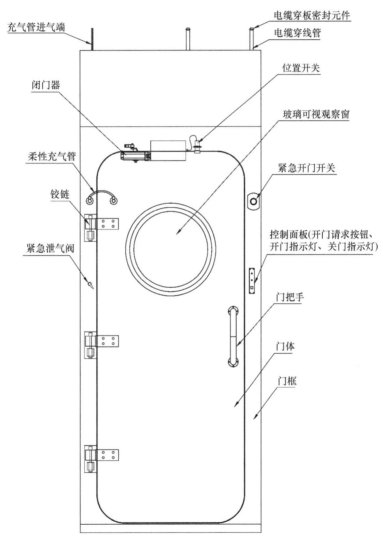

图 4-22 充气式气密门的典型构成示意图

2. 机械压紧式气密门

机械压紧式气密门完全依靠机械力量对密封胶条的挤压变形实现气体密封，为了达到较高的气密性水平，需要保证在压紧平面处密封胶条有足够的挤压形变，而且不同于充气式气密门可以设计成膨胀胶条沿门体横向挤压，机械压紧式气密门相对于门体表面为纵向挤压密封胶条，因此对整个密封胶条的压紧平面（包括门体和门框）机械特性要求较高，如平整度好、机械强度足够大、各压紧点受力均匀等。

机械压紧式气密门一般包括门框、门体、铰链、密封胶条、可视观察窗、门锁控制机构、压紧机构及其传动机构等，另外，为了实现与其他气密门的互锁，可配置电磁锁、门开关信号器件等，图 4-23 为一套典型的机械压紧式气密门示意图。

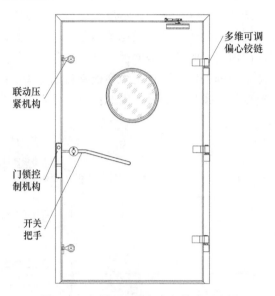

图 4-23　机械压紧式气密门构成示意图

通常密封胶条安装于门体内侧四周，门框上设置压紧密封框，如图 4-24 所示，门把手带动门锁控制机构，在铰链和静止限位块的支撑下，使密封胶条向压紧密封框挤压，密封胶条变形形成密封面实现气体密封。门锁机构通常采用多点联动机构，只需对一点操作，就可通过传动机构实现各点的同步操作，图 4-25 为多点压紧机构，常见于早期应用在核工业的机械压紧式气密门，传动可靠但相对来说比较笨重。在生物安全领域，由于对卫生的特殊要求，经过改良，传动机构隐藏于门体内部，采用三点压紧，既能实现门体表面的平整、光洁，又能保证气密性水平，如图 4-26 所示。

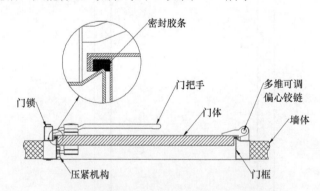

图 4-24　机械压紧式气密门机械压紧示意图

前面提到，机械压紧式气密门的气密性是由门框上的压紧密封框与门体上的密封胶条严密的挤压作用来保证的，且铰链是压紧时的支撑点。因此，为了便于机械压紧式气密门安装后对压紧面的微小调校，门的铰链一般设计为多维调节铰链，可实现对门体上下、左右进行细微调整，以使压紧密封框与密封胶条紧密配合。

3. 气密性自验证技术

随着技术的发展，为了实现更可靠的气体密封及气密门气密性的现场验证。在单膨胀胶条充气式气

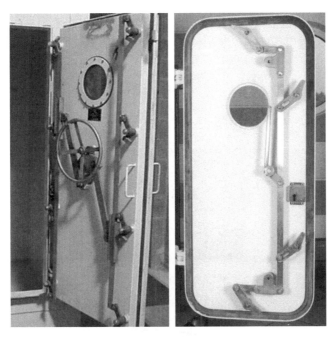

图 4-25　联动的多点压紧机构

图 4-26　联动的三点压紧机构

密门的基础上，国外公司研制了双膨胀胶条的充气式气密门，在进一步提高气密性的同时，可通过向两个膨胀胶条间的空腔内充入压缩空气来现场验证气密性，其结构如图 4-27 所示。同时，德国公司通过在充气式气密门（图 4-28）的门槛上设置气密性测试槽，在单膨胀胶条充气式气密门的基础上实现了气密性现场验证技术，但需要配置手动便携式测漏仪，如图 4-29 所示。

图 4-27　双膨胀胶条充气式气密门结构图

图 4-28　充气式气密门

4.2.1.3　国内产品发展分析

气密门的设计制造历史可追溯到第二次世界大战甚至更早，用于防火工业、船舶制造业等，后来扩展应用到核生化防护设施、核电厂、舰艇、洁净室等场景，并由最初的机械压紧式气密门发展到充气式气密门。

美国、英国、加拿大、德国、法国等西方发达国家经过几十年的技术积累，已形成系统配套、性能稳定的气密门防护技术和设备，图 4-30 和图 4-31 为具有代表性的气密门产品。

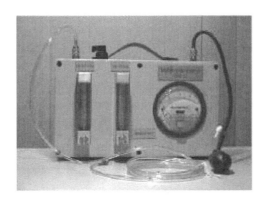

图 4-29　手动便携式测漏仪

图 4-30　机械压紧式气密门

图 4-31　充气式气密门

在"十一五"国家科技支撑计划项目（2008BAI62B01）的资助下，由国家生物防护装备工程技术研究中心先后研制了应用于生物安全实验室的充气式气密门（ZL200620026395.3，ZL201320205316.5）和机械压紧式气密门（ZL201320205331.X），如图 4-32 所示，性能指标达到了同类进口产品的水平，且依托天津市昌特净化工程有限公司建立了生产线，提供更灵活的功能和尺寸定制，为我国高等级生物安全实验室建设提供了装备支持。目前，两种气密门均已在我国高等级生物安全实验室推广应用，现场进行气密性验证均达到标准要求。

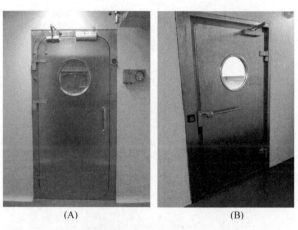

| (A) | (B) |

图 4-32　充气式气密门（A）和机械压紧式气密门（B）

2017 年，我国国家生物防护装备工程技术研究中心在国家重点研发计划项目（项目编号：2016YFC1201400）的支持下研制了双膨胀胶条的充气式气密门，如图 4-33 所示，创新设计了气密性自检测技术，可自动对气密门气密性进行现场验证，具有更高的气密性和可靠性。

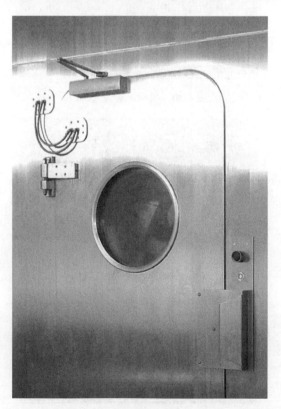

图 4-33　双膨胀胶条充气式气密门

不同于常规气密门或机械压紧式气密门，充气式气密门涉及较多的控制元件，其自身可靠性会受到一定影响，充气式气密门可能发生的故障主要有两方面，一是电子器件故障，二是充气系统故障。为此，充气式气密门必须要求设置相应的安全冗余装置。由国家生物防护装备工程技术研究中心研制的充气式气密门充分考虑到其发生故障的可能性，在充气式气密门上分别设置了紧急开门开关和紧急泄气阀，极大提高了充气式气密门的使用安全性。紧急开门开关主要用于紧急情况下快速开门，通过断电操作使电磁锁释放及膨胀胶条放气，以使充气式气密门处于可打开状态。但电磁阀故障可能导致膨胀胶条放气故障，因此在充气管路上串联紧急泄气阀，通过手动操作可快速使膨胀胶条放气，以快速打开气密门。与我国自主研制的充气式气密门相比，我国引进的部分国外品牌的充气式气密门上配置的安全冗余装置比较少。

由于机械压紧式气密门的结构简单，发生故障率较低，通常仅设置紧急开门开关。机械压紧式气密门的生产主要对加工工艺有较高要求，随着我国机械加工水平的不断提高，国内外研制的机械压紧式气密门基本上处于同一水平。

总体而言，我国自主研制的气密门性能指标达到了同类进口产品的水平，所研制的气密门已开始在我国多个高等级生物安全实验室应用，如中国农业科学院哈尔滨兽医研究所国产化 BSL-4 模式实验室、中国农业科学院兰州兽医研究所大动物 ABSL-3 实验室。

气密性作为气密门的关键技术指标，目前在生物安全领域只有现场评价技术指标，且为间接评价指标，难以客观反映气密门自身的密封性能。同时，由于气密门在安装前未经过气密性检测，这无疑会增加实验室围护结构气密性达标的不确定性。若因气密门本身质量问题导致密封性能偏低，一旦安装至实验室，将对实验室围护结构气密性产生难以修复的影响。因此，相关的产品出厂检验和型式检验尚无统一的国家标准、行业标准可依，导致我国尚未建立起生物安全型气密门产品认证制度和市场准入制度，市场上的产品质量参差不齐，给实验室的生物安全埋下隐患。气密门属于生物安全关键防护设备，其标准的建立对规范行业制造水平和保障实验室生物安全具有重要意义。

4.2.1.4 应用现状

对调研数据进行分析，可以得出以下内容。

1）国产品牌设备使用数量占比方面，BSL-3 实验室调研样本中，共有 4 家单位使用了进口品牌设备，2 家单位使用了国产品牌设备，占比分别为 67% 和 33%，进口品牌设备数量为 37 个，国产品牌设备数量为 27 个，占比分别为 58% 和 42%；ABSL-3 实验室调研样本中，进口品牌设备数量为 55 个，国产品牌设备数量为 49 个，占比分别为 53% 和 47%，形成了国内、国外品牌设备在市场并存的局面。

2）设备类型方面，机械压紧式气密门 119 个（占比 71%），其他类型 49 个（占比 29%）。

使用中存在的问题为电磁锁损坏。

4.2.2 气密传递装置（传递窗、渡槽）

4.2.2.1 概述

物品传递装置被广泛应用于各种行业的洁净室建设中，在生物安全领域也是一种重要的污染防控设备。在生物安全实验室，物品传递装置主要用于两个不同污染概率区域之间小件物品、工具以及样品等的传递，其双门采用互锁装置，不能同时打开，避免两区域直接连通，可有效减少传递过程中发生的污染，是构成实验室隔离屏障设施的重要组成部分，也是保证实验室围护结构密封性的关键。GB 19489—2008《实验室 生物安全通用要求》6.3.1.6 条规定：如果安装传递窗，其结构承压力及密闭性应符合所在区域的要求，并具备对传递窗内物品进行消毒灭菌的条件。必要时，应设置具备送排风或自净化功能的传递窗，排风应经 HEPA 过滤器过滤后排出。对于气密性实验室（大动物 ABSL-3、BSL-4 以及 ABSL-4 实验室），物品传递装置自身结构及与围护结构之间的连接措施必须要满足所在房间的严密性要求。用于气密性实验室的物品传递装置主要有传递窗与渡槽。

1. 传递窗

国家住房和城乡建设部于 2012 年颁布实施了传递窗行业标准 JG/T 382—2012《传递窗》，其根据使用功能将传递窗分为基本型、净化型、消毒型、负压型和气密型，同时，气密型根据气密要求又分为 E1 型和 E2 型。JG/T 382—2012 规定了气密性传递窗的技术要求与试验方法。E1 型采用发烟法检测气密性，E2 型则采用压力衰减法检测气密性。

气密型传递窗的双门均采用机械压紧的方式保证物流通道的气密性，即传递窗门板上安装有高弹性密封圈，通过压紧机构使门与门框之间形成密封带，其结构与机械式密闭门相似。传递窗上双门也可采用充气密封结构，其结构原理类似充气式气密门。传递窗除气密性要求之外，通常还需满足气体消毒要求。常用消毒手段为紫外线辐射或气体熏蒸消毒，但由于紫外线辐射存在较多死角，并不被 WHO《实验室 生物安全手册》（第三版）所推荐。

2. 渡槽

渡槽又称渡槽传递窗，属于传递窗的一种特殊型式，主要用于两个不同区域之间传递一些不能耐高温高压或者紫外线消毒的物品，广泛应用于生命科学类实验室、生物安全实验室或医药洁净室等场合。渡槽内盛有化学消毒液，利用中间隔板和消毒液实现两个区域之间的空气隔离，结构如图 4-34 所示。污染区中的污染物品盛装于密闭容器后，通过渡槽并使容器外表面经过化学消毒液的灭菌后传递至清洁区。

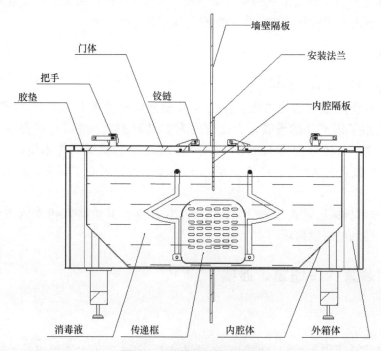

图 4-34　渡槽的结构示意图

渡槽与气密型传递窗有许多共同点，如同属于物品传递设备、同样具备消毒功能、两侧门体均需要具有气密性、两侧气体隔离等，主要不同点在于消毒方法及为实现消毒方法的配套部件不同。气密型传递窗主要利用气体熏蒸消毒，还可配置送排风空气净化措施，而渡槽采用消毒液浸泡消毒。因此，两者的选用原则一般基于待传递物品对消毒方法的选择，包括对消毒因子的耐受、能否彻底消毒等。为了满足实际应用的多样化需求，高等级生物安全实验室宜设计气密型传递窗和渡槽配合使用，图 4-35 为一个典型的安装实例。目前我国还未明确颁布渡槽的标准规范，鉴于渡槽与传递窗的许多共同之处，对渡槽的质量控制可以部分借鉴传递窗的行业标准（JG/T 382—2012《传递窗》）。

图 4-35　气密型传递窗与渡槽配合使用的实例

4.2.2.2　技术原理

1. 传递窗

JG/T 382—2012 对传递窗的分类仅是从功能的角度进行区分和认识，在实际应用场合，往往不是采用单一的而是复合的功能型式，如既带有净化功能又带有消毒功能的传递窗。在生物安全四级实验室中，特别强调其气密性，一般要求达到上述 E2 型的要求，即采用箱体内部压力衰减法检测时，当箱体内部的压力达到–500Pa 后，20min 内负压的自然衰减应小于 250Pa。

气密型传递窗主体包括传递窗外箱体、内箱体、门体（机械压紧式或充气式气密门）、铰链、可视观察窗、压紧机构、测试及消毒孔道及互锁自动控制系统等，如图 4-36 所示。箱体材料性能稳定且有足够

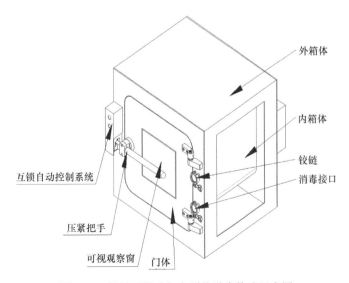

图 4-36　机械压紧式气密型传递窗构成示意图

的刚度和强度，应耐磨损、耐腐蚀、易清洁，一般采用 304 或 316 不锈钢；为保证气密性，箱体焊缝采用连续焊接，所有板间、气体管路及电缆穿板等连接处均采取密封措施，门体采用上述气密门中所述的机械压紧式或充气式气密门。为了实现安装后的气密性检测，气密型传递窗预留有测试孔道，如果传递窗包含气（汽）体消毒功能，该测试孔道也可与消毒孔道复用。传递窗一侧应配备气体消毒接口，内部消毒剂管道的进口和出口一般以内箱体中心为中点对称布置，消毒孔道口配置密闭阀门和标准快接接口。

2. 渡槽

渡槽按气密性水平可分为基本型渡槽和气密型渡槽，分别如图 4-37、图 4-38 所示。基本型渡槽具备基本的传递功能，箱体与门体之间一般不进行气体密封处理，主要依靠消毒液的液封保证渡槽两侧区域的隔离，实验室两侧区域的压差会影响两侧液位高度，难以满足气密性要求。气密型渡槽的门体、箱体均采用气体密封处理以满足气密性指标，即便是在液槽内消毒液降低至隔板以下的情况下依然可保证房间的气密性。随着技术进步，多家公司相继研发出自动气密型渡槽，且除基本传递功能外，还具备一些附加功能：两侧门体互锁、消毒液液位报警、自动加液及自动化控制等，如图 4-38 所示。

图 4-37　基本型渡槽

图 4-38　自动气密型渡槽

渡槽箱体一般采用不锈钢制造，主体骨架采用不锈钢型材，与消毒液接触的箱体部分宜采用 316L 不锈钢材料制作，其余部位材质宜选用不低于 304 的不锈钢。其中内盛消毒液的渡槽内舱接缝处应采用圆弧过渡设计，以避免清洗时出现死角。气密型渡槽预留气密性测试接口，利用该接口可方便对箱体打压或抽负压，进行气密性检测等。

门体采用机械压紧式或充气式气密门，门体密封胶条应能耐受消毒液挥发气体的长期作用而不严重影响其密封性能和使用寿命，门体上设可视窗，视窗为强化钢化玻璃制作。两侧的气密门具有互锁功能，即只有当一侧门关闭到位后，另一侧门才允许打开。

消毒液内舱体中设置物品传递框或其他传递装置，传递物品时一侧门打开，将待传递物品放入传递框中，将打开的门关闭，传递框携带待传递物品浸泡入消毒液里，另一侧门打开，待传递物品随着传递框传送至门口，取出物品后将门关闭。渡槽中盛有消毒液的内舱体一般设置有盖板，既可约束待传递物品的大小，又可保证待传递物品完全浸泡在消毒液中，避免传递过大物品造成消毒液外溢。

气密型渡槽的自动控制系统一般具备门开关控制、照明、消毒液液位报警等功能。通过对两侧门体的控制，可实现正常状态下两侧门的互锁、消毒状态下两侧门禁止打开和特殊情况下紧急解锁打开等功能。设置液位传感器，可显示渡槽内消毒液的液位状态，当液位过高或过低时触发相应的报警（蜂鸣、状态指示灯点亮）。当门开启时间超出允许范围时，配有超时报警提醒功能。

4.2.2.3 国内产品发展分析及应用现状

近年来，随着我国生物安全领域建设及市场需求的快速发展，各类进口及国产传递窗在我国实验室领域的应用均有了较为突出的进展，图 4-39、图 4-40 为某实验室所应用的英国进口气密型传递窗和自动渡槽。

图 4-39 具备气体消毒接口的气密型传递窗

图 4-40 自动渡槽

在"十一五"期间，国家生物防护装备工程技术研究中心在国家科技支撑计划项目（2008BAI62B01）和国家科技重大专项课题（2012ZX10004801002）等相关课题的资助下，研制了应用于高等级生物安全实验室（BSL-4、ABSL-3、ABSL-4）中的自净化型气密传递窗（图 4-41）、车载式自净化直角气密传递窗（图 4-42）及气体消毒型气密传递窗（图 4-43）和大型气体消毒型气密传递舱（图 4-44）等设备，性能指标达到了标准规范要求。2017 年，在国家重点研发计划项目（2016YFC1201400）支持下，国家生物防护装备工程技术研究中心研制了应用于高等级生物安全实验室（BSL-4、ABSL-3、ABSL-4）中的自动气密型渡槽（图 4-38），采用物品自动传递方式，传递篮具有固定被传递物功能，可有效避免操作人员肢体接触消毒液，箱体两侧均设有传递控制踏板，两侧均可操作；可设定物品在消毒液中的浸泡消毒时间；渡槽两侧开口安装有透明机械压紧式气密门；箱体密封性满足 1000Pa 压力时，小时泄漏率不大于 0.25%；承压能力不低于 2000Pa，技术指标达到国外同类产品水平，并依托天津市昌特净化工程有限公司陆续形成了系列化产品，从产品外观、加工工艺以及基本功能配置来看，国产设备与进口设备性能相当，没有明显的技术差别。相关产品也已开始在我国高等级生物安全实验室开展推广应用，如中国农业科学院哈尔滨兽医研究所国产化 BSL-4 模式实验室、中国动物疫病预防控制中心、中国农业科学院兰州兽医研究所等。

图 4-41　自净化型气密传递窗

图 4-42　车载式自净化直角气密传递窗

图 4-43　气体消毒型气密传递窗

图 4-44 大型气体消毒型气密传递舱

在调研样本中，只有 ABSL-3 实验室中设有渡槽，其中有 2 家单位使用了 8 套进口品牌的渡槽，占比为 88.9%；1 家单位使用了 1 套国产品牌的渡槽，占比为 11.1%。进口品牌使用中存在的问题为密封设备不易拆卸。

4.3 实验室通风空调系统设备

4.3.1 高效空气过滤装置

4.3.1.1 概述

高等级生物安全实验室的操作对象为高致性病原微生物，其许多常规的实验操作都会产生生物气溶胶。如果实验室内被病原微生物污染的空气排放到大气中，可能会导致周围人群及动物受到感染和周围环境受到污染，甚至引起流行病暴发，严重威胁人类生命健康，引发重大公共卫生事件。因此，高等级生物安全实验室污染空气的安全排放处置是确保实验室生物安全的关键。

高效空气过滤器（HEPA 过滤器）作为生物安全实验室最重要的二级防护屏障之一，可有效防止实验室内生物气溶胶释放到室外环境。生物安全型高效空气过滤装置（简称高效空气过滤装置）是一种专门用于生物安全领域的通风过滤装置，内部安装有 HEPA 过滤器，并融入了符合生物安全理念的设计。

4.3.1.2 高效空气过滤装置技术发展

尽管 HEPA 过滤器的滤菌效率接近 100%，但鉴于 HEPA 过滤器有泄漏和表面病原微生物污染的风险，生物安全型高效空气过滤装置除具有最基本的高效过滤功能之外，还应具备原位检漏与原位消毒两大核心功能。世界各国对高效空气过滤装置的要求不尽相同，以排风 HEPA 过滤器装置为例，表 4-5 列出具体要求。

表 4-5 国际标准对排风 HEPA 过滤器装置的要求

排风 HEPA 过滤器装置要求	WHO（第三版，2003）				美国 BMBL（第五版，2009）					加拿大 HC		加拿大 CFIA		欧盟 EN 12128（1998）	
	BSL-3	ABSL-3	BSL-4	ABSL-4	BSL-3	ABSL-3	BSL-3-Ag（农业）	BSL-4/ABSL-4（安全柜型）	BSL-4/ABSL-4（防护服型）	CL-3	CL-4	APCL-3	APCL-4	PCL-3	PCL-4
单级 HEPA	●	●			○	○	●	●		●		●		●	
双级 HEPA			●	●					●		●		●		●
原位检漏	●	●	●	●	○	○	●	●	●	●	●	●	●	●	●
原位消毒	●	●	●	●	○*	○*	●	●	●	●	●	●	●	●*	●*
扫描检漏								●	●						

注：○表示推荐或根据风险评估；●表示强制要求；*表示可选用其他安全更换的方式

国外高等级生物安全实验室自 20 世纪 80 年代便开始使用具有检漏和消毒功能的 HEPA 过滤器单元，如图 4-45、图 4-46 所示。目前，HEPA 过滤器原位检漏与消毒已列入 WHO 以及多个国家的标准内，如 WHO《实验室生物安全手册》（第三版，2003）、美国《微生物和生物医学实验室生物安全手册》（BMBL）（第五版，2009）、加拿大《兽医生物安全设施防护标准》（Containment Standards for Veterinary Facilities）等，同时，该要求于 2008 年列入我国 GB 19489—2008《实验室 生物安全通用要求》。下面将对生物安全型高效空气过滤装置技术发展做简要介绍。

图 4-45 澳大利亚动物卫生研究所使用的 HEPA 过滤器单元

1. HEPA 过滤器原位检漏技术

在高等级生物安全实验室，待 HEPA 过滤器安装完成且实验室达到正常通风运行条件之后进行现场检测，称为"原位检漏"。原位检漏有别于过滤器生产厂进行参数标定的出厂检测，除对 HEPA 过滤器本身过滤效率检测外，还包括对 HEPA 过滤器与箱体之间的安装边框连接处是否存在泄漏进行检测。

图 4-46　加拿大人与动物健康科学研究中心实验室设备层照片

　　HEPA 过滤器检漏方法包括效率检漏法和扫描检漏法，均为国际通用方法。效率检漏法是通过测试 HEPA 过滤器上、下游气溶胶浓度计算其过滤装置整体的过滤效率进而判断过滤器及其安装边框是否发生泄漏。扫描检漏法则是通过采样探头在靠近 HEPA 过滤器出风面的位置沿过滤器的所有表面及过滤器与装置的连接处以固定速度移动采样，测试过滤器的局部过滤效率，判断过滤器是否发生泄漏。

　　最初高效空气过滤单元采用效率法对内部 HEPA 过滤器进行原位检漏，但随着对生物安全的重视日益加深，开始出现具有手动扫描检漏功能的 HEPA 过滤器单元，如图 4-47 所示。由于手动扫描存在操作不便且稳定性较差的缺点，随后美国、瑞典的公司相继研发成功了具有自动扫描检漏功能的 HEPA 过滤器单元，可以更为精确地识别并定位漏点，其可靠性大大增强。

图 4-47　手动扫描检测照片

　　相较扫描检漏法，效率检漏方法具有结构简单、容易操作、可靠性高的优点。但效率检漏法测试精度低于扫描检漏法。目前，国际上多个标准针对原位检漏的方法选择进行了明确要求。例如，美国《微生物和生物医学实验室生物安全手册》(*BMBL*)(第五版，2009)与加拿大《兽医生物安全设施防护标准》

均要求生物安全四级实验室的 HEPA 过滤器必须采用扫描检漏法进行原位检漏。

2. HEPA 过滤器的原位消毒

HEPA 过滤器原位消毒是高效空气过滤装置在生物安全领域应用有别于其他应用领域最典型的技术要求。HEPA 过滤器的消毒主要采用气体熏蒸方法,即通过消毒气(汽)体主动渗透扩散或被动循环的方式对装置内的 HEPA 过滤器进行消毒。高效空气过滤装置气体消毒的方法主要包括气体局部循环消毒方法和实验室气体整体循环消毒方法,两种方法分别适用于不同结构形式的高效空气过滤装置。由于国外通常采用箱式高效空气过滤单元作为送排风过滤装置,且箱式高效空气过滤单元多安装在空间宽大的设备层,便于工作人员进行维护。因此,国外多采用气体局部循环消毒的方式分别对各箱式高效空气过滤单元进行独立气体熏蒸消毒。

4.3.1.3 国内产品发展分析

我国生物安全实验室的建设起步较晚。SARS 疫情发生前后建设的高等级生物安全实验室在实验室污染空气排放处置方面,普遍采用了在围护结构侧墙下方安装高效排风口的方式。受当时技术手段的限制,这种方式存在的问题是:难以或不能对高效空气过滤器进行原位检漏,同样也不具备对 HEPA 过滤器原位气体消毒的条件,不能满足 WHO《实验室生物安全手册》(第三版)关于"所有的 HEPA 过滤器必须安装成可以进行气体消毒和检测方式"的规定。2007 年 3 月,中国合格评定国家认可委员会启动了 GB 19489—2004 的修订工作,以适应不断增长的实验室建设、使用、管理和认可工作的需要。在实验室设施和设备要求方面,GB 19489—2008 重点修订了关于排风 HEPA 过滤器、实验室围护结构气密性方面的内容,要求"应可以在原位对排风 HEPA 过滤器进行消毒和检漏",并对高效空气过滤单元的技术指标提出了具体要求。当时,我国尚未实现实验室高效空气过滤单元的国产化,而国外同类产品价格昂贵,只有少数重大实验室建设项目有经济实力采购。新建实验室的建设需求,已建及一些在建的实验室的改造迫切需要研制符合 GB 19489—2008 要求的高效空气过滤单元。因此,我国近 100 个高等级病原微生物实验室的建设迫切需要经济、实用的国产化产品,可显著降低建设成本,更重要的是,能够真正做到将实验室的生物安全防护技术和产品掌握在自己手里。

2009 年,在"十一五"国家科技支撑计划项目(2008BAI62B01)与国家传染病防治科技重大专项课题(2009ZX10004-709)的资助下,国家生物防护装备工程技术研究中心成功攻克高效过滤器原位扫描法检漏、效率法检漏及原位消毒等关键技术,并以此为基础研发了多种具备原位检漏和消毒功能的高效空气过滤单元,包括箱式高效空气过滤单元、风口式扫描检漏型高效空气过滤装置、立式效率检漏型高效空气过滤装置以及风口式效率检漏型高效空气过滤装置,由天津市昌特净化工程有限公司承制,均已在我国高等级生物安全实验室大范围推广应用。

1. 技术创新

(1)原位扫描法检漏

扫描探头采样口的形状一般为正方形或矩形,每一次只能扫描与探头宽度相当的部分,扫描完整台过滤器需要探头来回往复运动多次,根据这种采样探头的运行方式,这种扫描方法可以称为"逐行扫描法",如图 4-48 所示。这种方式突出了其精确定位漏点的性能,但在现场检测过滤器时,一旦发现泄漏,便需要更换过滤器,也就无法体现扫描检漏精确定位漏点功能的优势。

国家生物防护装备工程技术研究中心研制了另一种形式的扫描采样探头,该采样探头与过滤器出风面等宽,采样口为狭缝,呈线状,只需由上到下运行一次即可完成对整个过滤器的检漏作业,根据其运行方式可以称为"线扫描",结构如图 4-49 所示。自主研发成果与代表性国外产品性能对比如表 4-6 所示。

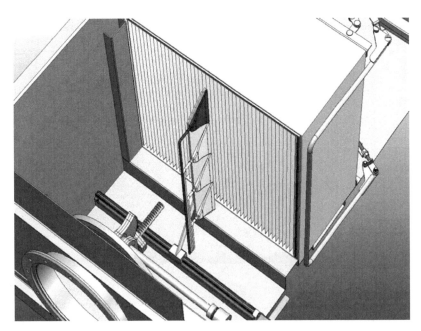

图 4-48　多探头扫描原理

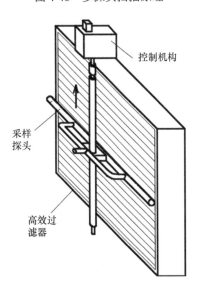

图 4-49　"线扫描"检漏示意图

表 4-6　自主研发成果与代表性国外产品性能对比

结构	代表性国外产品	自主研发成果
采样探头	矩形采样口结构	狭缝采样口结构
扫描方式	采用多个矩形采样探头，需往复运行多次，工作周期长	采用单线扫描采样探头，仅需沿过滤器表面运行一次，工作周期短
扫描机构	机构复杂，且需额外配置探头自动切换装置	机构简单，无需额外配套仪器

　　"线扫描"检漏装置漏点识别能力于 2009 年已通过国家建筑工程质量监督检验中心检测，结果显示"线扫描"检漏装置可准确识别并定位漏点（人造针孔漏点），如图 4-50 所示。所授权的发明专利"高效过滤器线扫描检漏系统"（专利号：CN200910308426.2）分别于 2014 年和 2015 年获得天津市专利金奖与中国专利优秀奖，该技术突破了国外产品采用矩形扫描采样头对 HEPA 过滤器进行逐段扫描检漏的传统思路，实现了核心技术的原始创新。

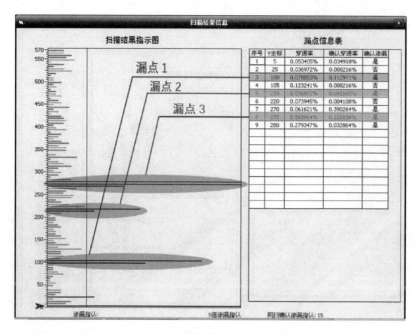

图 4-50　扫描检漏漏点自动识别结果

（2）原位消毒效果验证技术

由于气体熏蒸消毒效果受消毒剂种类、剂量、消毒容积、温湿度、作用时间、过滤器滤料穿透性等多种因素影响，其消毒效果存在较大的不确定性，给 HEPA 过滤器更换及其检测维护带来极大的安全隐患。为此，进行消毒效果验证成为确保达到气体消毒要求的关键一环。在我国 GB 19489—2008 颁布之后，第二年美国就发布了 *BMBL*（2009，第五版），其中就要求四级实验室防护区的送排风高效过滤器装置应具有在更换过滤器之前进行原位消毒和验证的功能，其技术要求较 *BMBL*（1999，第四版）显著提高。由此说明，美国生物安全领域的相关专家也意识到了消毒效果验证的重要性。

在美国 *BMBL*（2009，第五版）发布之前，我国的相关研究人员也已意识到并率先解决了该技术难题。为实现 HEPA 过滤器的原位气体消毒效果验证，国家生物防护装备工程技术研究中心研发了一种可安装于高效空气过滤装置内的原位消毒验证装置。原位消毒验证装置由箱体连接端、密闭阀、腔室、网杯以及密封盖组成，其内端与装置箱体内部相通，网杯用于放置验证消毒效果的生物指示剂，腔室另一端与密封盖密封连接，如图 4-51 所示。可安装于高效空气过滤器装置，也可安装于气体循环消毒装置上，其安装位置通常位于高效过滤器的下游一侧。在进行消毒验证时，打开密闭阀后，该验证装置用于放置生物指示剂的空腔与高效过滤装置的 HEPA 过滤器下游箱体连通，该位置相对于 HEPA 过滤器表面而言是个消毒不利点，因此，有学者认为存在过度消毒的问题。但是，高效过滤装置内存在很多的死角，如果消毒达标仅限于 HEPA 过滤器，而不涵盖整个过滤装置内部，则在更换过滤器时或进行原位检漏时存在病原体泄漏的安全风险。同时，相关的实验研究已经证明了该原位消毒验证装置的可行性。

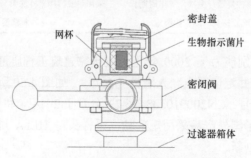

图 4-51　消毒验证口结构示意图

2. 产品研发

箱式高效空气过滤单元由箱体、生物密闭阀、气溶胶注入段、气溶胶混匀段、高效过滤段、下游扫描检漏段组成，并配有气溶胶注入口、上游气溶胶采样口、HEPA 过滤器、过滤器固定密封装置、下游气溶胶采样口、过滤器阻力监测装置、消毒接口、消毒验证装置、安全泄压装置等，如图 4-52 所示。国家建筑工程质量监督检验中心的检测结果表明，自主研发高效空气过滤器单元的气密性、过滤器上游气溶胶混匀性能、漏点识别能力等指标满足相关标准要求，达到国外同类产品水平。同时，在国家重点研发计划项目（2016YFC1201400）的资助下，国家生物防护装备工程技术研究中心又成功研制出可用于生物安全四级实验室的双级箱式高效空气过滤单元，如图 4-53 所示，并已成功应用于中国农业科学院哈尔滨兽医研究所国产化生物安全四级模式实验室，已通过国家建筑工程质量监督检验中心的检验。

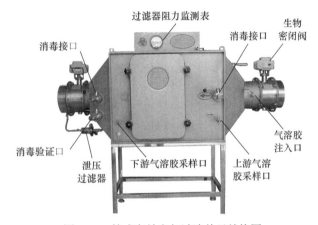

图 4-52　箱式高效空气过滤单元结构图

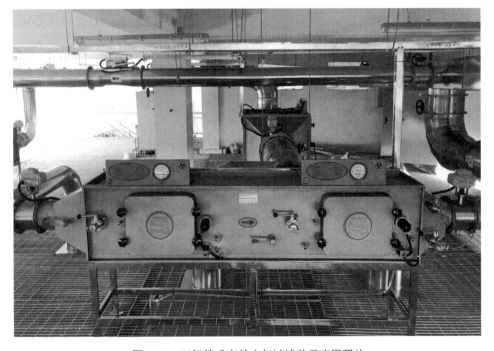

图 4-53　双级箱式高效空气过滤单元应用照片

箱式高效空气过滤单元是目前国外高等级生物安全实验室使用最为广泛的一种过滤装置。为了方便更换 HEPA 过滤器和进行消毒、检漏等操作以及不占用实验室内部空间，该装置通常安装在实验室顶部的设备层。但由于箱式高效空气过滤单元体积比较大，因此供其放置的设备层的空间要求也比较大，一般与实验室等空间甚至比实验室空间还要大。由于设置在非防护区，这种方式节省了实验室的面积，且便于检修和维护，检修人员通常不需要进入工作层即可完成检修和维护工作，降低了非实验人员在实验室的出入，有利于实验室的生物安全管理。

由于我国现有的生物安全实验室设备层多数存在空间不足的问题，不易安装箱式高效空气过滤单元，为此，国家生物防护装备工程技术研究中心研发了一种适合我国国情、对设备层空间要求不高的风口式扫描检漏型高效空气过滤装置。

风口式生物安全型高效空气过滤装置采用风口式箱体结构，由排风箱体与集中接口箱组成，如图4-54所示。排风箱体进风口端设置HEPA过滤器，箱体顶部或侧部的出风口端设置生物型密闭阀，箱体内部紧靠过滤器出风面安装有扫描检漏采样装置。风口式装置一侧设置集中接口箱，主要用于设置各气路接口及电气接口。HEPA过滤器外侧安装防护孔板，风口式装置箱体安装于室内的一侧可根据需要设置法兰边。

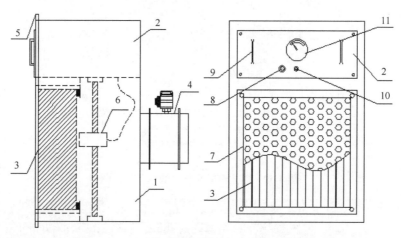

图 4-54 风口式生物安全型高效空气过滤装置结构示意图

1. 排风箱体；2. 集中接口箱；3. HEPA过滤器；4. 生物型密闭阀；5. 法兰边；6. 扫描检漏采样装置；7. 防护孔板；8. 过滤器阻力声光报警器；9. 把手；10. 过滤器阻力检测口室内端；11. 过滤器阻力检测表

风口式生物安全型高效空气过滤装置具有体积小、集成度高、耐腐蚀、安装位置灵活及对安装空间要求低等优点，可安装于生物安全实验室内或屋顶技术夹层或侧墙技术夹层或设备走廊，在室内便可完成对HEPA过滤器的原位扫描检漏与气体消毒作业，并可对消毒效果进行验证。

同时针对部分设备层空间狭小甚至没有设备层的实验室，因无法安装风口式生物安全型高效空气过滤装置，国家生物防护装备工程技术研究中心研制了两种可安装于生物安全实验室内部的效率检漏型高效空气过滤装置，分别为立式结构和风口式结构，采用效率法对HEPA过滤器进行原位检漏，可实现对HEPA过滤器的原位消毒。

立式效率检漏型高效空气过滤装置由高效过滤器段、下游混匀段、消毒装置、下游采样段及过滤器阻力检测装置等部分组成，如图4-55所示。过滤装置进风口位于装置的下部，进风口处安装HEPA过滤器，排风口位于装置的顶部，与实验室的排风管道相连接。过滤器下游箱体侧部设置气体消毒接口及消毒验证口，且安装有过滤器阻力检测装置，可实时检测和显示HEPA过滤器阻力。

风口式效率检漏型高效空气过滤装置由高效过滤器段、下游混匀段、消毒装置、下游采样段及过滤器阻力检测装置等部分组成，采用风口式结构，如图4-56所示。过滤装置进风口位于装置的下部，进风口处安装HEPA过滤器，装置一侧设置集中接口箱，主要用于设置下游气溶胶采样口、气体消毒接口、消毒验证口、过滤器阻力监测口及仪表。在室内即可完成对HEPA过滤器及箱体内部的消毒作业。

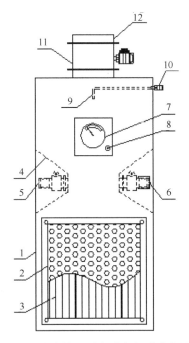

图 4-55　立式效率检漏型高效空气过滤装置结构图

1. 箱体；2. 过滤器防护孔板；3. HEPA 过滤器；4. 混匀结构；5. 气体消毒接口；6. 消毒验证口；7. 过滤器阻力检测装置；8. 过滤器阻力检测口室内端；9. 下游气溶胶采样管；10. 快插接头；11. 生物型密闭阀；12. 出风口

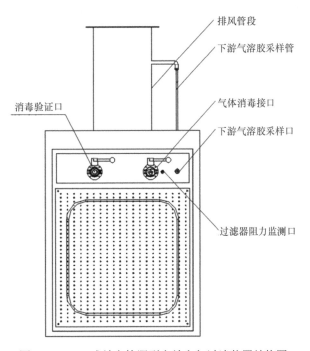

图 4-56　风口式效率检漏型高效空气过滤装置结构图

　　两种效率检漏型高效空气过滤装置对设备层空间无要求，其中立式过滤装置需要占用房间的面积，而风口式过滤装置则需要设置排风夹墙，但两者均操作维护方便。目前，这两种类型的过滤装置均已在我国多家高等级生物安全设施应用，均已通过国家建筑工程质量监督检验中心的检测及中国合格评定国家认可中心的评审。

　　经过近 10 年的发展，我国研制出系列生物安全型高效空气过滤装置且已实现产业化，并实现了关键技术的原始创新，充分满足了我国新建和改造实验室的建设需求，已成功应用于全国范围内 80 余家高等级生物安全实验室，基本实现了自主保障。同时，国产生物安全型高效空气过滤装置作为防止生物污染空气扩散至外环境的核心设备，成功应用于中国援塞拉利昂固定式生物安全三级实验室和哈萨克斯坦"中国-哈萨克斯坦农业科学联合实验室（生物安全三级）"建设，迈出了国产生物安全防护装备走向国际化的坚实一步。

据中国合格评定国家认可中心统计，截至 2019 年 3 月 31 日，我国已有 60 家高等级生物安全实验室通过了 CNAS 认可，其中 54 家实验室应用了国家生物防护装备工程技术研究中心研发的产品。中国疾病预防控制中心调查显示，在我国已通过认可的高等级生物安全实验室使用的关键防护设备中，生物安全型高效空气过滤装置的国产化程度最高，国产产品数量占比 84.07%，其中，国家生物防护装备工程技术研究中心研制的高效空气过滤装置在 7 个国内外品牌中占比最高，为 29.38%。由此可见，生物安全型高效空气过滤装置已实现国产化，达到了国外同类产品水平，可完全满足我国高等级生物安全实验室的建设需求。

4.3.1.4 应用现状

高等级生物安全实验室空气过滤器装置应用的调研统计分析结果如下。

1）总体来看，在调研样本中，15 家单位采用了 317 套进口品牌的空气过滤装置（数量占比为 46.3%），21 家单位采用了 368 套国产品牌的空气过滤装置（数量占比为 53.7%）。在高等级生物安全实验室中，国产品牌空气过滤装置的应用有明显优势，且某国产品牌占比最高，获得了国内高等级生物安全实验室的广泛认可，也代表了国内最高技术水平。

2）从实验室的种类来看，在 BSL-3 实验室中，9 家单位采用了 139 套进口品牌的空气过滤装置（数量占比为 32.9%），且集中于某 2 个品牌的产品，15 家单位采用了 283 套国产品牌的空气过滤装置（数量占比为 67.1%），且集中于某 3 个品牌的产品；在 ABSL-3 实验室中，6 家单位采用了 178 套进口品牌的空气过滤装置（数量占比为 67.7%），品牌集中度同样较高（集中于某 2 个品牌的产品），6 家单位采用了 85 套国产品牌的空气过滤装置（数量占比为 32.3%），全部为同一国产品牌的产品。ABSL-3 实验室对进口品牌产品的依赖程度高于 BSL-3 实验室。

3）在空气过滤装置的类型方面，综合来看，采用最多的为风口式，其次为箱式；具体到实验室类型，在 BSL-3 实验室中，采用最多的为风口式，其次为箱式，而在 ABSL-3 实验室中，采用最多的是箱式，其次为风口式。

4）使用中存在的问题主要有以下几方面：①消毒时未匹配变频循环风机，无法调节所需风压、风量；②冬季天气温度较低时，消毒时箱体易结露（这个问题应该是安装问题，有的直接安装在户外，有的所在设备间没有空调系统）；③进口产品配备的消毒/扫描检漏罩沉重，不方便操作。

5）在维修维保方面，主要是检漏、滤芯阻力检测、更换过滤膜等。

4.3.2 生物型密闭阀

4.3.2.1 概述

不同于通风管道上的普通密闭阀，生物型密闭阀主要用于高等级生物安全实验室（BSL-3、BSL-4、ABSL-3、ABSL-4）或其他高等级生物防护设施送排风系统的管路，其气密性远高于普通密闭阀，可有效解决通风系统管道密封隔离问题。GB 19489—2008 中 6.3.3.10 要求"应在实验室防护区送风和排风管道的关键节点安装生物型密闭阀，必要时，可完全关闭。应在实验室送风和排风总管道的关键节点安装生物型密闭阀，必要时，可完全关闭"。

生物型密闭阀主要应满足两个要求：密封性、抗腐蚀性。密封性要符合其所在部位的要求（如 HEPA

过滤器单元的整体密封性应达到关闭生物型密闭阀及所有通路后,若使空气压力维持在1000Pa时,腔室内每分钟泄漏的空气量应不超过腔室净容积的0.1%的要求);应耐各种常用气(汽)体消毒剂的腐蚀、老化、磨损。

4.3.2.2　技术原理

根据密封的技术原理,生物型密闭阀主要分为机械压紧式和充气式两类。

1. 机械压紧式密闭阀

机械压紧式密闭阀完全依靠机械力量对密封胶条的挤压变形实现气体密封,为了达到较高的气密性水平,需要保证在压紧平面处密封胶条有足够的挤压形变。为了保证密封效果,整个密封胶条的压紧平面(包括阀体和阀片)机械特性要求较高,如平整度好、机械强度足够大、各压紧点受力均匀等。

机械压紧式密闭阀一般包括阀体、阀板、密封胶条、传动机构、执行器(手动、电动或气动)等,图4-57为一套典型的机械压紧式密闭阀示意图。机械压紧式密闭阀多为圆形结构,部分产品为了与矩形风管道相配套,将阀门阀体设计为矩形,而内部阀板依然为圆形,如图4-58所示。

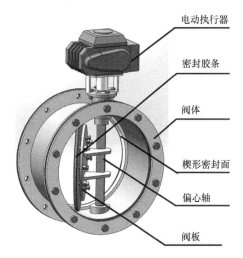

图4-57　圆形机械压紧式密闭阀结构图

图4-58　方形机械压紧式密闭阀

目前，常用的通风管道多为矩形管道，矩形生物型密闭阀相较于常规圆形生物型密闭阀则更适用于矩形管道，且圆形生物型密闭阀所采用的机械挤压密封方式难以适用于矩形生物型密闭阀。同时，某些设施通风量较大，所需的生物型密闭阀的尺寸较大，而圆形机械密闭阀受限于机械加工，通过尺寸难以满足要求。且为了满足机械密封的强度，圆形生物型密闭阀阀体较重，为避免隔离阀在开关过程中因冲击较大造成密闭阀损坏，其开关速度设置得较低，难以做到快速开关。

2. 充气式密闭阀

充气式密闭阀由阀体、阀板、膨胀胶条、开关执行器、充气系统、气密性检测装置及充气控制装置等组成（图4-59），其中膨胀胶条设置在阀板四周的凹槽内，其密封原理同充气式气密门。

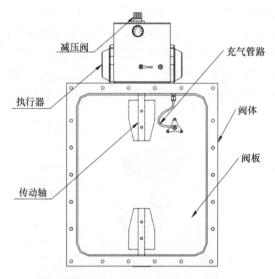

图 4-59　充气式密闭阀结构原理

4.3.2.3　国内产品发展分析

目前，在国内应用的进口密闭阀厂家主要有瑞典 Camfil、美国 Flanders、加拿大 EB AIR、德国 YIT 等，图 4-60 和图 4-61 图为具有代表性的密闭阀产品。这些国外品牌初期开发这些密闭阀主要用于核工业防护，所以产品的密封性基本上是零泄漏，阀体和密封材料经过多次疲劳性开关测试以及高温低温测试，基本上也能达到零泄漏的要求。

图 4-60　机械压紧式密闭阀

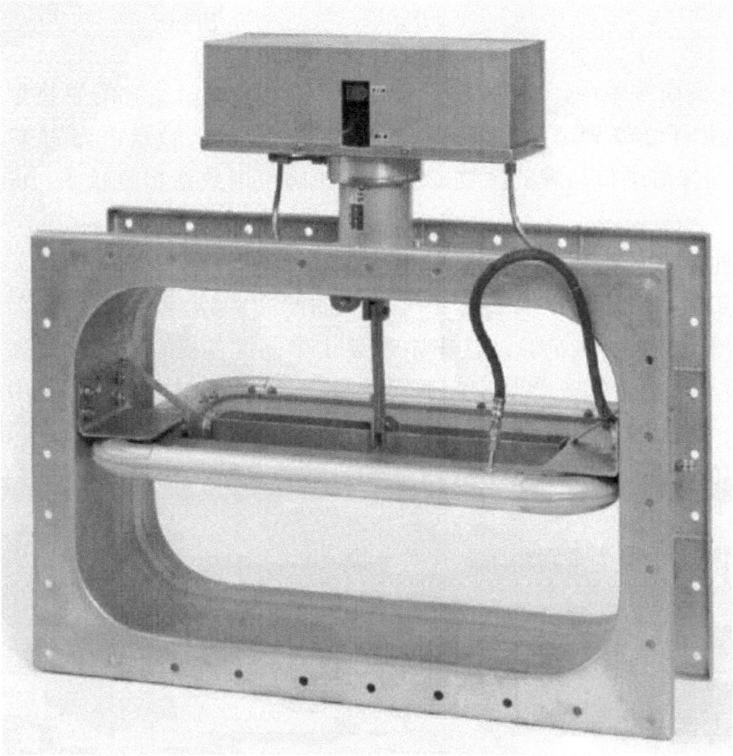

图 4-61 充气式密闭阀

在“十一五”国家科技支撑计划项目（2008BAI62B01）和国家重点研发计划项目（2016YFC1201400）的资助下，国家生物防护装备工程技术研究中心先后研制了应用于生物安全实验室的机械压紧式密闭阀与充气式密闭阀，如图 4-62、图 4-63 图所示，性能指标达到了同类进口产品的水平，且依托天津市昌特净化工程有限公司生产，提供更灵活的功能和尺寸定制，其中，圆形机械压紧式密闭阀最大规格尺寸为通过直径 900mm，而矩形充气式密闭阀的规格尺寸则不受该尺寸限制。目前，两种密闭阀均已在我国高等级生物安全实验室推广应用，其中圆形机械压紧式密闭阀已应用于全国 80 余家高等级生物安全实验室。

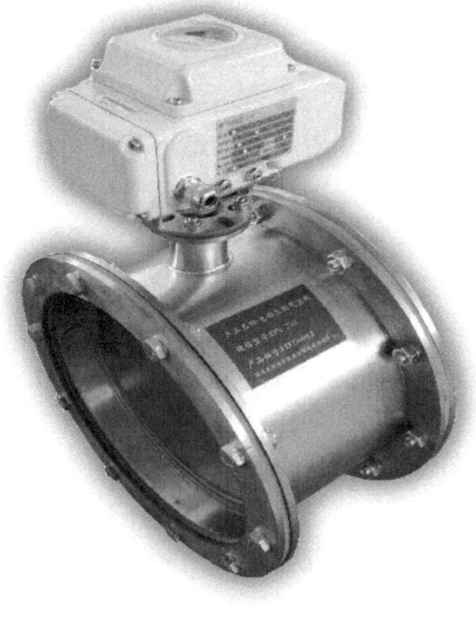

图 4-62 机械压紧式密闭阀

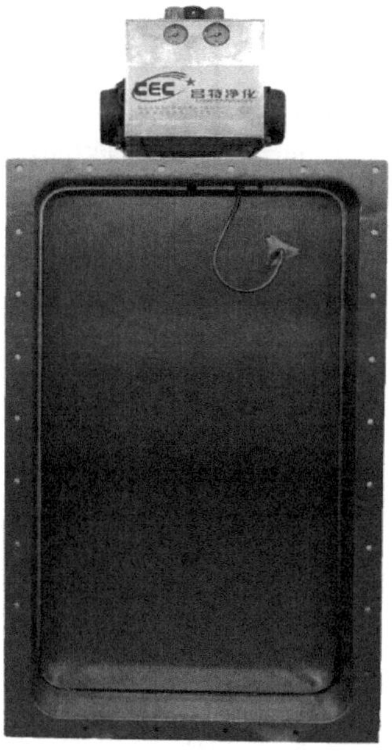

图 4-63 矩形充气式密闭阀

4.3.2.4　应用现状

1）总体来看，在调研样本中，15 家单位采用了 424 套进口品牌的生物型密闭阀（数量占比为52.9%），22 家单位采用了 377 套国产品牌的生物安全型密闭阀（数量占比为 47.1%）。在高等级生物安全实验室中，国产品牌与进口品牌的生物安全型密闭阀应用数量相差较小，说明国产品牌在该领域技术发展相对成熟。

2）从实验室的种类来看，在 BSL-3 实验室中，12 家单位采用了 260 套进口品牌的生物安全型密闭阀（数量占比为 53.4%），且集中于某 2 个品牌的产品，15 家单位采用了 227 套国产品牌的生物安全型密闭阀（数量占比为 46.6%），且集中于某 1 个品牌的产品；在 ABSL-3 实验室中，3 家单位采用了 164 套进口品牌的生物安全型密闭阀（数量占比为 52.2%），品牌集中度同样较高（集中于某 1 个品牌的产品），7 家单位采用了 150 套国产品牌的生物安全型密闭阀（数量占比为 47.8%），全部为同一国产品牌的产品。BSL-3、ABSL-3 实验室进口品牌与国产品牌的生物安全型密闭阀应用程度基本相当。

3）使用中存在的问题主要为个别密闭阀开关卡顿。

4.4　个人防护及技术保障装备

4.4.1　正压防护头罩

正压防护头罩是指具有净化供气系统并能保持内部气体压力高于环境气体压力的头部整体防护装备。其与防护面具最显著的区别在于其不与面部紧密配合，与正压生物防护服最大的区别在于其不提供全身防护，只保护头部和呼吸系统，故穿脱更便捷，使用更方便。

正压防护头罩主要用于对接触或可能接触高致病性病原微生物的人员的呼吸和头部进行防护。防护对象包括从事传染病防治、生物污染物处理、病原微生物检验研究的医务人员、卫生防疫人员、实验人员以及自然疫情、生物安全事故、生物恐怖袭击等突发公共卫生事件发生时的现场作业人员等。

4.4.1.1　发展历程

呼吸防护装备最初起源于第一次世界大战化学武器的出现，英、美等西方大国对防毒面具进行了大规模投入，防毒面具不论从性能方面还是适应不同条件下的防护工作方面都有了很大的进步。以美国为首的西方发达国家始终拥有呼吸防护装备的先进水平，他们凭借着雄厚的经济基础和科研实力，不断研究呼吸防护新技术和工艺，促进新老防护装备更新换代，最大限度地提高安全性和舒适性。正压防护头罩是呼吸防护装备的一种，主要针对传染性疾病的大规模暴发或生物恐怖事件。

当前，国际生物安全威胁复杂多样，生物安全威胁呈现新的特征，快速发展的生物技术使得炭疽等经典生物战剂更易制备；突发传染病疫情的传播速度快、传播范围广，给世界带来了不确定的危险；高等级生物安全实验室数量的快速激增，也带来了监管的问题。在这些高危生物感染环境下，作业人员佩戴呼吸防护面具、防护服等一般个人防护装备执行侦察、检验、采样、消杀灭、救治、控制等工作时，感染风险极大。为此，欧美发达国家率先提出了以压力梯度的变化来实现人员的更高等级防护，随之出现了正压防护头罩和正压生物防护服等高等级个人防护装备。美国国民警卫队在洗消生物感染伤员时，作业人员须至少穿戴送风式正压防护头罩。2014 年，美国在收治第二例埃博拉感染人员时医护人员佩戴了正压防护头罩。国际知名公司均研发和生产各类正压防护头罩，以满足社会的需要，相关产品被美国快速反应部队列入装备配备选购目录中。

4.4.1.2 正压防护头罩关键技术

1. 按工作原理分类

正压防护头罩有两种形式：一种是电动送风过滤式，靠自身携带电动送风系统向防护头罩内送风，这种方式不受生命支持系统的限制，适合野外现场采样、污染处置等人员使用。其工作原理是将环境空气通过动力送风系统的高效空气过滤器过滤，去除有害微生物和颗粒物后由风机直接送入防护头罩内。当供给防护头罩的气体流量大于由单向排气阀排出的气体流量时，防护头罩内相对外环境为正压。防护头罩的内外压力差使之对外界的微生物污染物起到了很好的隔离作用，从而有效保护穿着人员。

一种是压缩空气集中送风式，由生命支持系统向防护头罩内输送压缩洁净空气；其工作原理与同类型的正压生物防护服一致，是利用外部送气螺旋管将该防护服的流量调节阀与生命支持系统相连，将洁净新风直接输入防护头罩内。当输入防护头罩的气体流量大于由单向排气阀排出的气体流量时，防护服内相对外环境为正压。

电动送风过滤式正压防护头罩主要由透明头罩、柔性颈部密封、单向进气阀、防护披肩、送气软管、单向排气阀、电动送风系统和背负系统组成。透明头罩通常采用透明膜材料高频热合加工而成，工作时内部正压，对穿着人员进行呼吸和头部防护。在颈部充气密封圈两侧安装单向进气阀，电动送风系统提供的洁净空气首先充满密封圈，使密封圈紧贴穿着人员的颈部。两侧单向进气阀将空气沿穿着人员下颌部送入头罩，在面部形成气幕，防止头罩起雾。最后空气从位于头罩顶部的单向排气阀排出（图4-64）。

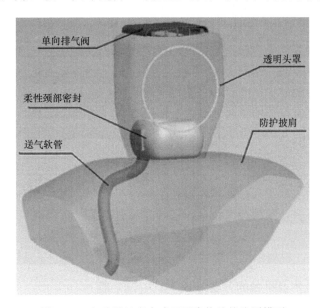

图4-64　电动送风半身式正压生物防护头罩模型

电动送风系统与正压生物防护服类似，只是其需要的送风量略小，故可以选用更低功率的风机。电动送风系统有两种固定方式，一种是通过腰带固定在腰部，一种是通过双肩背包的方式固定在后背上。

压缩空气集中送风式正压防护头罩与电动送风过滤式正压防护头罩的主要区别在于没有电动送风系统，通过与生命支持系统相连的送气管路来供气。设计进气管固定腰带，用于固定进气管；头罩进气口设计降噪模块，降低噪声。结构示意图如图4-65所示。

2. 高人机结合性

高人机结合性主要体现在结构设计上：注重安全性；穿戴舒适性，包括视野、气流干扰、噪声等；使用方便性，体现了设计者的全面考虑，如3M的呼吸管设计成万向接口，方便使用，过滤元件均为统一

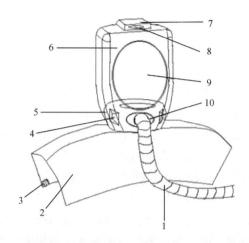

图 4-65 压缩空气集中送风式全身式正压生物防护头罩示意图

1. 送气管；2. 披肩；3. 尼龙搭扣；4. 脖套；5. 进气阀；6. 头罩；7. 排气阀罩；8. 单向排气阀；9. 视窗；10. 降噪装置

接口；自动控制的具体应用，对自主送风和正压头罩参数的数字显示、自动及无线控制等。

3. 微生物气溶胶对呼吸防护装备的穿透性

目前一些研究利用没有致病性的微生物来研究呼吸防护装备的穿透性，微生物穿透呼吸防护装备的能力与微生物的空气动力学参数、微生物长度或微生物的物理特性之间的关系仍是一个需要完全弄清的问题。大家关心的生物气溶胶是否能再次气溶胶化还不太清楚，有研究已表明 1～5μm 颗粒的再次气溶胶化可沉积在装备上。一些研究结果表明，微生物的空气动力学参数并不是预测非球状颗粒气溶胶穿透呼吸器最好的参数。需要进一步研究不同大小、形状的颗粒与过滤器穿透能力之间的关系，来决定呼吸器对不同形状和长宽比的细菌的防护能力。对一个好的呼吸防护装备来说，选型、清洗和保养需要慎重考虑。对微生物气溶胶的研究有可能给重复使用呼吸器及呼吸器的维修保养、储存和净化等方面的技术革新带来理论基础与先进技术。

4. 风险评估及呼吸防护装备选择的研究

由于人们对空气微生物浓度及人员暴露的限度了解得不充分，因此防护生物气溶胶的呼吸器选择方法比防护物理粒子要困难得多。国外参考物理粒子的方法建立了一套根据不同传染病原微生物来选择防护呼吸器的方法。根据生物气溶胶对不同机体的危害决定其毒性，根据人员的活动、房间体积和空气流速等求得生物气溶胶的浓度。根据浓度和毒性评估来决定所需的防护因子及防护装备。

5. 呼吸防护装备评价技术及平台的开发

呼吸防护装备评价技术及平台的开发也是研究的热点之一，如智能体系的建立不但能帮助终端使用者更好地选择合适的呼吸器，而且能评价呼吸器在不同工作环境下的使用寿命。在以前的规则依赖的专家系统中，使用者必须输入完整的系统信息才能获得呼吸防护的建议。而智能体系融入了人工智能（AI）成分，如模糊逻辑、遗传算法（genetic algorithm）以及基于个案的论证，这为使用者提供了弹性和多功能性的选择，该系统会根据使用者的理解利用模糊逻辑来评价。另外，对于不完整的信息，系统会利用运算法则和个案的论证来评价一些推荐使用的呼吸器的使用寿命。

6. 重复使用和保存问题研究

呼吸器的正确维护和保存是重复使用过程中防止病毒传播的重要步骤。以前的研究发现，在湿度较高的环境中保存呼吸器会导致细菌在其上生长。一些研究认为，对于美国国家职业安全卫生研究所（National Institute for Occupational Safety and Health，NIOSH）认证的聚丙烯口罩来说，*P. fluorescens* 和

B. subtilis 都不能生长，但是能够存活，前者能够存活不到 3 天，而后者可持续到 13 天。这些结果表明，能形成孢子的细菌比无孢子的细菌在口罩上的存活能力强。对不同材质装备上微生物的存活能力的研究有助于更好地评估和减少重复使用带来的问题。

国外相关机构对呼吸防护装备消毒评价的研究并不多。消毒方式主要有含氯消毒剂、高压灭菌、微波辐照、干热灭菌、紫外辐照、乙醇喷雾、环氧乙烷和汽化过氧化氢。其中含氯消毒剂及高温高压的方式可以实现彻底灭菌，但是容易造成设备的变形，无法再次使用；而紫外辐照和乙醇喷雾的消毒不彻底。美国匹兹堡健康研究所的研究人员建议环氧乙烷和汽化过氧化氢是未来用于呼吸防护设备的理想消毒方法，但他们未进行消毒效果评价。

7. 人体工效学研究

一些发达国家非常重视其人体工效性能，具有系统化的评价方法和先进的试验设备。ASTM F2588—2012 *Standard Test Method for Man-In-Simulant Test（MIST）for Protective Ensembles*（《防护服人体模拟试验（MIST）的标准试验方法》）、ASTM F2668—2016 *Standard Practice for Determining the Physiological Responses of the Wearer to Protective Clothing Ensembles*《测定穿着者对防护服整体的生理反应用标准实施规程》有详细的规定。

8. 呼吸防护领域新材料

对于呼吸防护领域新材料的研究，报道的比较少见，目前常用的还是 PVC 和聚氨酯材料。随着新技术的发展，如果能将杀菌抗菌材料应用在防护装备上，将更好地解决防护装备使用后的洗消问题。

4.4.1.3 国外标准及规范

关于正压防护头罩标准，国际上比较有代表性的是美国 NIOSH 42CFR 84 Respiratory Protective Devices 呼吸器认证标准和欧盟标准 EN 12941—1999 *Respiratory protective devices-Powered filtering devices incorporating a helmet or a hood-Requirements，testing，marking*，前者详细规范包括负压式和正压式产品、动力送风式产品和长管送气式产品，后者仅包含动力送风式头罩。

电动送风式头罩：NIOSH 中规定了 HEPA 过滤器对油性和非油性颗粒物的过滤效率大于 99.97%，对泄漏率无要求，规定持续使用时间不低于 4h；EN 12941 中的 TH3 型头罩对油性和非油性颗粒物的过滤效率应满足 99.8%～99.95%，要求 10 名代表性受试者进行测试，泄漏率不高于 0.2%，噪声不高于 75dB（A），规定持续使用时间不低于 4h。两个标准对最低送风量均无要求。

关于长管式送风头罩的标准主要有美国 NIOSH 42CFR 84 呼吸器认证标准和欧盟标准 EN 14594—2005 *Respiratory protective devices-Continuous flow compressed air line breathing apparatus-Requirements，testing，marking*。NIOSH 42CFR 84 中规定的气源为高压空气瓶或压缩空气系统，压力≤8.63kg/cm^2（自动泄压），供气流量为 170～425L/min，头罩内压力不大于 250Pa，泄漏率不大于 0.08%，供气管长 7.6～91m，供气管使用快速接口。接口强度可以承受 45kg 的压力 5min 不损坏，噪声小于 80dB（A）。EN 14594 标准中规定使用的气源可以是固定式的，也可以是移动式的，压缩空气的压力应小于 1MPa。需满足泄漏率要求（第 5 条），当声音大于 90dB（A）时，启动供气报警。头罩内压力不得超过 500Pa。接口强度应不小于 50N。

4.4.1.4 国外代表性产品

1. 美国 3M 公司电动送风空气过滤式呼吸防护系统

扁轮廓设计，能在更小更紧空间工作；使用镍氢（NiMH）电池，重量轻，适合长时间佩戴；有衬垫的腰带，佩戴舒适稳定；大流量：150L/min；电动气流控制，提供安全的清洁空气；当电池或气流不足时，电子控制报警器提供声光报警；滤棉盖设计防止滤棉变形或火花溅入，便于冲洗；整个电动送风过滤装置只 3 个可更换模块——没有易丢小部件，使用维修方便，如图 4-66 所示。

图 4-66　3M 公司产品

2. 3M Versaflo S 系列头罩长管供气式呼吸防护系统

4 款流量调节阀可选：V-100 降温流量调节阀/V-200、升温流量调节阀/V-300、流量调节阀/V-400、低压空气流量调节阀，如图 4-67 所示。

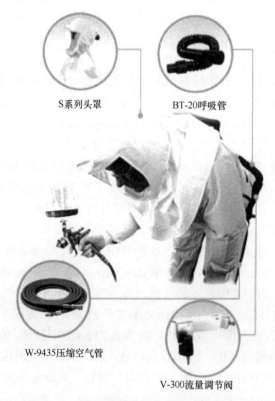

图 4-67　3M 公司产品

3. 霍尼韦尔 Gridel PA710 型电动通风头罩

头罩采用透明、阻燃 PVC 材质，头、肩轻便一体设计，目镜采用水晶高透明 PVC，视野良好、穿戴舒适，整个头罩符合欧洲标准 EN 12941：1999/A1：2004、EN 12941：1999/A2：2008，耐弯曲、高耐磨、防穿孔、抗撕拉，最大泄漏率 0.2%，有效保护佩戴人员人身安全。头罩配置 COMPACT AIR EFS 200

电动送风呼吸系统，使用风机单元抽入环境空气并通过高效过滤器滤除污染物后为用户提供清洁空气。该呼吸器非常适用于无动力空气净化呼吸器不实用或需要更高保护系数的应用情况，可为大多数气体、蒸汽和微粒场所的工作者提供呼吸保护，如图4-68所示。

图4-68　霍尼韦尔公司产品

4.4.1.5　国内产品发展分析及应用现状

我国生物安全领域的研究起步较晚。SARS疫情的发生凸显了我国防护能力的不足。中国人民解放军军事医学科学院卫生装备研究所紧急攻关，研制了第一代的正压防护头罩，有效地解决了高等级个体防护装备"无"的问题，并形成了我国第一个正压防护头罩的标准GJB 6813—2009《正压医用安全头罩规范》。随着国家层面对生物安全的重视，国家开始加快了高等级生物安全实验室的建设，对高等级防护装备的需求变得格外迫切。在国家科技重大专项（2009ZX10004-703）及863计划课题（2014AA021405）的支持下，国家生物防护装备工程技术研究中心研制的新一代正压防护头罩已达到国外同类产品性能水平，并在国内多家生物安全实验室及传染病医院应用。

1. 技术创新

目前正压防护头罩的罩体主要有两种材质，一种是由可高频热合的透明膜组成，气密性较好，可以维持稳定的正压环境；一种是由非织造布组成，前面为透明视窗，由于非织造布为透气结构，故该类头罩内部几乎没有正压，仅仅是提供持续不断的洁净新风。

头罩的结构主要有两类，一类是通过透明膜高频热合加工而成，形成一个独立支撑结构；一类是使用非织造布材质，由于该类材质较软，需要内部有个支撑头箍来固定。国内产品多采用前一种材质和结构，国外同类产品中，上述两种方式均有采用。

正压供气系统。电动送风系统是防护头罩的主要部件，其与电动送风式正压生物防护服类似。依据空气动力学和人体工效学原理，优化设计了内部风道结构和系统整体结构，在减小重量和体积的同时，降低了工作噪声；设计了霍尔传感器涡轮计数模块，实现送风系统低风量报警功能；采用微处理器控制技术，实现送风系统风量调节、电量显示、低电报警等状态监控功能。集成以上技术，实现了电动送风系统具有整体防水、耐腐蚀、电量监控、低风量报警等功能，对0.3μm气溶胶过滤效率达99.99%，平均噪声65dB（A），送风量不低于150L/min，可连续工作时长>6h。考虑到产品的安全性和可靠性，需对使用的锂电池进行CE-EMC和UN38.3认证，认证后的锂电池可以满足海运、陆运和空运等多种运输方式。

空气净化过滤系统。目前，国外广泛采用HEPA过滤器，滤材以玻璃纤维为主，最近也开始大量采用更为环保的聚四氟乙烯驻极体滤材。结构上以压降更小的无隔板结构为主流。HEPA 过滤器对 0.3μm 微粒气溶胶过滤效率在 99.97% 以上。国外有文献报道，HEPA 对 0.3μm 微粒气溶胶过滤效率达到 99.997% 以上，就可对微生物有较理想的过滤效果。国内产业化的 HEPA 的过滤效率也在 99.97% 以上，但是性能不稳定，也没有对微生物过滤理论和技术的专门研究。目前国家生物防护装备工程技术研究中心正在开发质量稳定的小型呼吸过滤器，拟实现过滤效率稳定且大于 99.99%。随着纳米技术的发展，一些阻力更低、效率更高的新型高效过滤材料如纳米超净化材料也可应用在高效过滤器的研究与生产中。

近几年来，随着产品设计更多考虑工效学因素，以及电池技术和传感器技术的长足发展，新一代电动空气净化呼吸器（PAPR）在不降低续航时间前提下整体重量在降低，头面罩选材更轻柔，电机外形更扁平，并提供多档风量选择，对低送风量、低电量的报警，以及防颗粒物过滤元件的失效指示等功能，有助于提高使用的便利性和安全性。

国内最早的正压防护头罩标准是中国人民解放军军事医学科学院卫生装备研究所编制的 GJB 6813—2009，该标准主要针对已定型的 S06 型正压医用安全头罩制定，属于产品标准。2014 年出台了 GB 30864—2014，该标准分别针对正压和负压防护性能提出要求，规定使用密合型面罩的正压式 PAPR 的送风量不应低于 120L/min；泄漏率不大于 0.01%，颗粒物过滤效率大于 99.97%，噪声不超过 80dB（A）。每套 PAPR 应包含检查装置，用于检查 PAPR 的送风量是否合格，需要设置警示装置。

2. 产品研发

国家生物防护装备工程技术研究中心研制的电动送风式正压防护头罩（图 4-69）采用软式设计，防护头罩结构防止雾化和气流面部干扰，降低噪声；脖颈部采用充气密封结构，增大防护头罩颈部调节范围；单向进排气阀安装在头部顶端位置。头罩主要由透明罩体、柔性颈部充气密封、颈部单向进气阀、防护披肩、送气软管、单向排气阀、电动送风系统和背负系统组成。透明头罩采用 0.3mm 厚聚氨酯膜材料制成，工作时内部正压，对穿着人员进行呼吸和头部防护。颈部充气密封圈采用 0.03mm 厚聚氨酯膜材料制成。

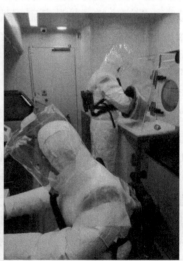

图 4-69　电动送风式正压防护头罩

电动送风系统由主体和通用空气过滤器组成（图 4-70），主体内有风机、聚合物锂电池和控制模块（图 4-71）。其依据空气动力学和人体工效学原理，优化内部风道结构和系统整体结构，以期降低工作噪声，降低电动送风系统整体重量和体积；采用微处理器实现送风系统电量显示、低电量报警等状态监控能力。集成控制部分主要实现电动送风系统的开关、电池电量显示与低电量报警、低风量报警等功能。电动送风系统兼具结构小巧、重量轻、气密性好、低电量蜂鸣报警、噪声小、使用时间长

（连续工作时间>4h）等优点，将有效减少使用者的工作负担。可与动力送风式正压防护服、动力送风式正压防护头罩配套使用。

图 4-70　电动送风系统

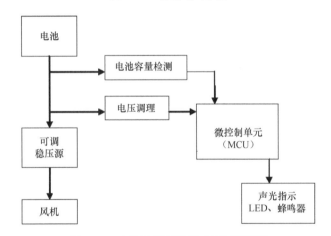

图 4-71　电动送风系统集成控制原理图

压缩空气集中送风半身式正压生物防护服主要由透明头罩、柔性颈部充气密封、颈部单向进气阀、防护披肩、送气软管、自动闭锁可调进气阀、单向排气阀、固定腰带、送气螺旋管组成（图 4-72）。

图 4-72　压缩空气集中送风半身式正压生物防护服

经过近 10 年的发展，我国研制出正压防护头罩并已实现产业化，充分满足了我国医护人员、生物安全从业人员及应急救援等领域人员的高水平防护，已成功应用于全国范围内多家高等级生物安全实验室、传染病医院和口岸检验检疫单位，基本实现了自主保障。其中 27 套正压防护头罩成功应用于"援非抗埃"和"后埃援非"活动中，在实现工作人员"零感染"方面发挥了重要作用，迈出了国产生物安全防护装备走向国际化的坚实一步。国产正压防护头罩还受邀参加了在香港和澳门举办的香港"创科博览 2018"和澳门"2018 澳门科技周暨中华文明与科技创新周"，展示了国家在生物安全和传染病防控领域取得的巨大成就，同时传递了国家保障民众生命健康的决心和信心。

3. 应用现状

总体来看，在调研样本中，除 1 家单位同时使用了进口品牌与国产自主研发的正压防护头罩外，其余所有单位均使用某进口品牌的正压防护头罩。其中 10 家单位的 BSL-3 实验室使用了 55 套正压防护头罩，8 家单位的 ABSL-3 实验室使用了 84 套正压防护头罩。出现的问题主要为设备较重，呼吸管容易老化，过滤器作为耗材费用较高。此外，传染病医院和进出口检验检疫部门均开始应用我国自主研发的正压防护头罩。

4.4.2　正压防护服

正压防护服是一种具有供气系统并能保持内部压力高于环境压力的全身封闭式防护服。它可以有效保护人体各部位免于接触病原微生物，为人员提供全身防护。适用于接触高致病性病体或疑似高致病性病原微生物的人员全身防护。

在 WHO《实验室生物安全手册》第三版中写道：四级生物安全水平的最高防护实验室是为进行与危险度 4 级微生物相关的工作而设计的，分为Ⅲ级生物安全柜型实验室和正压防护服型实验室。进入正压防护服型实验室时，人员需穿着一套正压的、供气经 HEPA 过滤器过滤的全身防护服。防护服的空气由双倍用气量的独立气源系统供给。除此之外，实验室还须配备供人员穿着正压防护服表面进行消毒的设备。

正压防护服是生物安全四级实验室个人防护的核心装备，对正压防护服的材料、稳压、降噪及综合设计都有很高的技术要求。它可以防止人体各部位及呼吸系统暴露于有害生物、化学物质与放射性核尘埃，对人员起到全面的保护作用。正压防护服可以防护来自固、液、气等有毒有害物质的威胁，为呼吸系统、皮肤、眼睛和黏膜提供最高等级的防护，适合于污染环境中的病原微生物等有害物质的成分和浓度都不确定及有可能对人体造成致命危害的场合。

本文所指正压防护服区别于自带气瓶气源的 A 级防化服，而专指生物污染环境下使用的正压防护服。

4.4.2.1　正压防护服技术发展

国外防护装备的标准比较成系统，从标准术语、设计、选择原则及分类标准，到防护服的产品标准及试验方法标准，涵盖了防护服从设计、研发、生产及使用各个环节的要求，可有效保证研制防护装备的质量。这些标准也成为正压防护服的设计依据。

国外在正压生物防护装备的检测方面较为成熟，采取了一系列标准规范来约束防护装备质量的同时，制定了多项强制性的计量检定规程，随着时间的推移，各项标准不断地进行修订或更新，以代表日益进步的技术，如 EN 943-1：2015（替代了 EN 943-1：2002）、EN 14325：2016（替代了 EN 14325：2004）。

（1）标准中给出的定义与分类

标准 BS 7184：2001 中规定了气密性化学防护服的定义：能够满足 EN 464：1994 内部压力测试规定的气密性的化学防护服为气密性防护服。

EN 943-1：2015 将气密性化学防护服分为三类：1a 型气密性化学防护服（type 1a 防护服）是指用于连接呼吸空气供应的气密性防护服，空气供应位于防护服内部，独立于环境大气，如自含的开路式压缩空气呼吸设备；1b 型气密性化学防护服（type 1b 防护服）用于连接呼吸空气供应的气密性防护服，空气供应位于防护服外部，独立于大气环境；1c 型气密性化学防护服（type 1c 防护服）用于连接提供正压的呼吸空气的气密性防护服，如穿戴者从空气供应管处获得空气。

（2）正压防护服的整体要求

EN 943-1：2015 对这三类防护服的整体技术要求进行了详细的规定，具体见表 4-7。正压防护服中的电动送风式和长管送气式可分别借鉴 1b 型气密性防护服、1c 型气密性防护服相应的技术指标及测试方法。

表 4-7　防护服整体性能要求（EN 943-1：2015）

5 整套防护服的要求	type 1a	type 1b	type 1c
5.1 通用要求	√	√	√
5.2 与其他设备的适应性	√	√	√
5.4 气密性	√	√	√
5.5 泄漏率		√（1）	√
5.6 视窗			
5.6.1 通用要求	√		√
5.6.2 视觉扭曲	√		√
5.6.3 经化学试剂暴露后的视觉扭曲	√	√	√
5.6.4 视野	√		√
5.6.5 机械强度	√		√
5.7 不带护目镜的面罩	√	√	
5.8 管路			
5.8.1 基本要求	(√)	(√)	(√)
5.8.2 管路强度	(√)	(√)	√
5.8.3 管路性能	(√)	(√)	√
5.9 空气供应系统			
5.9.1 基本要求	(√)	(√)	√
5.9.2 接头	(√)	(√)	√
5.9.3 连接	(√)	(√)	√
5.9.4 连接强度	(√)	(√)	√
5.10 排气阀	√	(√)	√
5.11 防护服内的压力	√	(√)	√
5.12 外部通风管	(√)	(√)	(√)
5.13 空气流速			
5.13.1 通用要求	(√)	(√)	√
5.13.2 连续流量阀	(√)	(√)	√
5.13.3 警告和测量装置	(√)	(√)	√
5.13.4 压缩空气供应管	(√)	(√)	√
5.14 吸入空气中的二氧化碳浓度			√
5.15 空气供应带来的噪声	(√)	(√)	√
5.16 实用性能	√	√	√

√应满足该要求
（√）如果装有该组分，则应满足该要求
（1）当 type 1b 型防护服的面罩不是永久连接时，需要测试内部泄漏率

（3）关键参数要求

防护因子和泄漏率。防护因子是正压防护服最关键的一个技术参数。美国的呼吸防护委员会将防护因子分为设计防护因子、工作防护因子和特殊状态防护因子。EN 1073-2：2002 规定气密性防护服的防护因子大于 50 000，内部泄漏率小于 0.002%（表 4-8）。防护因子与内部泄漏率的关系如公式（4-1）所示。

$$防护因子 = \frac{100}{内部泄漏率} \tag{4-1}$$

表 4-8　EN 1073-1：2002 规定的泄漏率和防护因子等级

级别	运行期间平均向头罩处向内泄漏的最大值		额定保护因子
	一次活动（%）	所有活动（%）	
5	0.004	0.002	50 000
4	0.01	0.005	20 000
3	0.02	0.01	10 000
2	0.04	0.02	5 000
1	0.1	0.05	2 000

压差。标准 EN 943-1：2015 规定了防护服内部压力不超过 400Pa。

气密性。标准 EN 943-1：2015 规定了防护服在 6min 内压降不大于 300Pa（3mbar）时为合格。

防护服整体抗微生物穿透性能。标准 ISO 16604：2004 规定了防护服整体阻隔血液和体液中病原菌的能力，1h 内其不应允许 Phi-X174 噬菌体的渗入。

防护服液体耐穿透性能测试方法。BS EN 14605：2005+A1：2009（A1：2009 表示在 2009 年对该标准进行了第一次修订）规定了防液体化学物质防护服的整体防液体性能，测试结束后防护服内部渗透区域应不大于校准渗透区域的 3 倍。EN 943-1：2015 等气密性化学防护服标准中没有对该性能做要求，仅对防护服材料的性能进行了限定。

送风量。EN 1073-1：2002 中的条款 4.3 规定了防护服的送风量应不低于制造商设计的最小送风量。

噪声。EN 14594：2005 规定在头罩/面罩/防护服穿戴者的耳朵附近测试与头罩/面罩/防护服的空气供应相关的噪声，不得大于 80dB(A)。

吸入空气中的二氧化碳浓度。EN 14594：2005 规定了最小设计流量下吸入空气中的二氧化碳含量不超过平均的 1%（体积）。

视窗。EN 943-1：2015 规定视野应满足实用性能评价的要求，穿上防护服后视力的下降不应超过视力表的 2 行，视窗经机械强度测试后，防护服的气密性和压差等性能参数不下降。

实用性能。EN 943-1：2015 规定了防护服应通过实用性能测试，测试时间是 30min。即使防护服通过了实用性能测试，但是存在以下信息也表明防护服不适用：防护服的大小不合适，穿上后安全得不到保证；防护服无法保持封闭状态；穿上后无法完成简单动作；穿戴后，测试人员感到疼痛或不适而无法完成评估。

材料要求。材料是防护服的基础，材料的性能直接决定着防护服的安全性。EN 943-1：2015 中详细规定了防护服材料、接缝及防护服与配件之间连接的性能参数，测试方法见标准 EN 14325：2016（表 4-9）。

（4）测试方法

1）防护因子和泄漏率。EN 1073-1：2002 中的条款 5.4 中规定了防护因子和泄漏率的测试方法。ISO 17491-2：2012 是内部泄漏率的一个测试方法标准，详细规定了泄漏率的测试方法。测试需至少两件新防护服。受试者穿戴防护服后进入一个带有跑步机的密闭舱室内（图 4-73）。向舱室内发射气溶胶。用粒子计数器测试防护服内头部区域和舱室内的气溶胶浓度，二者的比值即内部泄漏率。防护因子与内部泄漏率的关系如公式（4-1）所示。

表 4-9　气密性防护服主体面料及接缝的最低性能要求

序号	特性	特性值	试验方法
1	耐磨性能	产生损坏所需的循环次数不低于 500 次	EN 14325：2016 4.4
2	耐屈挠性能	耐受循环次数>15 000 次	EN 14325：2016 4.5
3	–30℃条件下的耐屈挠性能	耐受循环次数>2500 次	EN 14325：2016 4.6
4	梯形撕破性能	>40N	EN 14325：2016 4.7
5	拉伸性能	>100N	EN 14325：2016 4.9
6	抗穿刺性能	>10N	EN 14325：2016 4.10
7	拒液性能	>70%	EN 14325：2016 4.12
8	抗液体穿透性	<10%	EN 14325：2016 4.13
9	阻燃性能	续燃时间<5s	EN 14325：2016 4.15
10	主体面料间的接缝强度	>300N	EN 14325：2016 5.5
11	防护服与视窗及配件之间的接缝强度	>75N	EN 14325：2016 5.5
12	接缝的拒液性能	>70%	EN 14325：2016 4.12
13	接缝的抗液体穿透性	<10%	EN 14325：2016 4.13

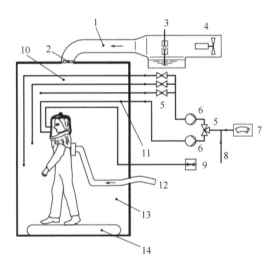

图 4-73　内部泄漏率测试的典型装置

1. 导管；2. 挡板或隔板；3. 气溶胶发生器；4. 风扇；5. 阀；6. 泵；7. 光学粒子计数器；8. 附加空气输入；9. 压力计；10. 封闭空间采样；11. 呼吸区采样；12. 呼吸空气供应；13. 封闭空间；14. 跑步机

2）压差。标准 EN 943-1：2015 规定了防护服内部压差测试方法。在额定最大送风量条件下用压力计测试防护服静态下的内部压力。

3）气密性。ISO 17491-1：2012 规定了测试防护服气密性的方法。其原理是采用压力衰减法，即将防护服充气至规定的压力之后，通过测量在规定时间内的压力变化评估防护服的气密性。

将正压防护服放置在远离任何热源和（或）空气流的适当平坦和干净的表面上。尽可能展开衣服中的折痕和褶皱。对防护服进行目视检查，确保接缝的完整性。使用制造商提供的密封组件，将正压防护服上的阀门和其他开口封闭并可靠密封。

防护服先打压至 1750Pa，然后维持在 1650Pa，测试 6min 内压力的下降程度，当压降不大于 300Pa（3mbar）时为合格。

4）防护服整体抗微生物穿透性能。标准 ISO 16604：2004 规定了防护服整体阻隔血液和体液中病原菌的测试方法。标准描述了防护服材料的抗病毒穿透能力的测试方法。将样品置于规定的测试装置上（图 4-74），加入试验悬浮液，按规定时间和压力进行试验。按照本试验方法，即使在看不见液体穿透的情况下，仍能检测到穿过材料的活病毒，它弥补了目测穿透试验的不足。病毒穿透了测试样品即认为样品不合格。

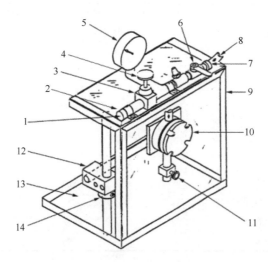

图 4-74　抗微生物穿透性试验装置

1. 压缩空气或氮气入口；2. 气体管路接头；3. 气体调节阀；4. 可调节放气阀；5. 压力计；6. 阀门；7. 连接头；8. 带连接头橡胶管；9. 安全外壳；10. 试验槽；11. 排液阀；12. 转动夹；13. 防溢盘；14. 双片轴环

5）防护服整体液体耐穿透性能测试方法。ISO 17491-3：2008、ISO 17491-4：2008 和 ISO 17491-5：2013 分别规定了防护服抗液体穿透性能的测试方法。在人体模型上穿上吸水性指示服，然后将被测防护服穿在其上，连续喷射测试溶液，根据吸水性指示服上的沾污痕迹，判定试样的抗液体穿透性能。如果没有任何润湿区域，那么防护服测试合格。

6）送风量。EN 1073-1：2002 规定了送风量的测试方法。在流量调节阀外侧和送气长管之间连接一个低阻热式质量流量计，将流量调节阀调节至最大开度和最小开度，读取流量计读数，在人员静止条件下记录最大气流和最小气流。

7）噪声。EN 14594：2005 中详细规定了噪声的测试方法。将防护服佩戴在人体模型上。选择符合 EN 61672-1：2003 标准中类型 1 或类型 2 的声级计，在制造商规定的压力和流量极限范围内向防护服内供应空气。用声级计测量两只耳朵附近的噪声，记录防护服内最大和最小的噪声。

8）吸入空气中的二氧化碳浓度。标准 EN 13274-6：2002 详细规定了防护装备内部吸入空气中二氧化碳浓度的测试方法（图 4-75）。开启检测装置，连续监测和记录吸入气体与检测环境中的二氧化碳浓度，直至达到稳定值。只有当检测环境中的二氧化碳体积分数不大于 0.1% 时测试有效，并应扣除检测环境中二氧化碳的浓度。

9）视窗机械性能测试。EN 943-1：2015 规定了视窗机械性能的测试方法，将防护服佩戴到模拟人上，面部朝上。不锈钢钢珠（22mm 直径，重约 44g）从（130±2）cm 高处降落到视窗中央。撞击应垂直于视窗的表面，撞击后的防护服应测试气密性，若气密性满足 1.2.5.3 的要求，即视为防护服视窗通过机械性能测试。

10）实用性评价。EN 943-1：2015 详细规定了人员穿着防护服后的实用性能评价步骤。只有当防护服完成了其他项测试（除视窗扭曲外）后才进行实用性能测试。所有的测试需要两套防护服。测试环境条件为（20±5）℃，相对湿度<60%，试验前记录环境温度和湿度。背景噪声不应太大。噪声计要满足 EN 61672-1：2003 的要求。要选择熟悉防护服的人员进行测试。且测试人员身体健康，能够胜任该工作。测试前先检查防护服和基本的辅助部分处于良好工作状态。如果防护服有多个号型，那么要选择适合测试人员的号型。测试人员在测试前需要阅读使用说明。

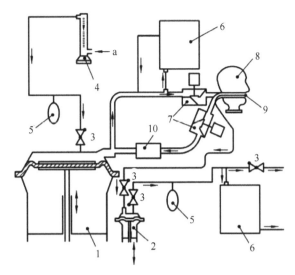

图 4-75 吸入空气中二氧化碳浓度测定示意图

1. 呼吸机；2. 辅助肺；3. 止回阀；4. 流量计；5. 补偿器；6. 二氧化碳分析仪；7. 电磁阀；8. 仿真头模；9. 吸入空气采样管；10. 二氧化碳吸收器；a. 二氧化碳入口

穿上后，需要询问每个测试人员，这防护服穿着合适吗？回答"是"后再开始下面的测试。如果回答"否"，那么测试人员离开，并记录。同时更换新的防护服，按照上述流程进行。在模拟工作测试开始前，应按照 EN 943-1：2015 中的附录 C 让穿戴人员读 5m 远处的视力表，测试视窗是否造成视力下降。在测试过程中，需要模拟防护服的实际使用完成下列行为。试验应在 30min 的总工作时间内完成。具体步骤如下。

在一个大空间内以 5km/h 的正常速率行走 5min；5min 内爬上爬下梯子，梯子的斜度是（85±5）°，整个垂直距离是 6m；完成一个机械任务，本次练习的目的是确认气密性防护服并没有妨碍人们从事简单体力劳动的能力，应选择测试人员熟悉的，且在没有穿气密性防护服时能很容易操作的设备；从大约 5m 的距离读取视力表；如果测试在不到 30min 内完成，受试者使用剩余时间以 5km/h 的速度行走。

测试结束后，穿着者应从以下几方面给出主观评价：舒适性、配件的安全性、控制的便利性、视窗的清晰度、防护服的视野、语言传输和接收的便利性等。

11）人体功效学。人体功效学也是防护服的一个重要参数，它决定了穿着人员的舒适性。为了消除人员主观感受的差异，研究人员采用模拟人进行测试。美国的波士顿动力公司研制出一款机器人 PetMan。它可以模仿人类行走、跳跃、下蹲、匍匐等高难度动作，甚至还可以模拟人体排汗及体温变化等生理学特征。其可以用于防护服的人体功效学检测。ASTM F 2668—2007 标准规定了防护服的人体功效学的评价方法。

这些标准严格规范了防护服生产、质量检验等程序，有效地保证了正压防护服的产品质量。

4.4.2.2 正压防护服的原理及分类

国外的正压式呼吸防护技术成熟，装备先进，并且有严格的标准体系。霍尼韦尔公司、代尔塔（DELTA）公司（现已被霍尼韦尔收购）（图 4-76）、ILC 公司（图 4-77）、杜邦公司均投入力量研发了正压防护服，SARS 发生后我国相关使用部门均采购进口正压防护服，以满足疫情时人员防护的需要。

按工作原理分类，正压防护服有以下两种形式。

一种是压缩空气集中送风式，由生命支持系统向防护服内输送洁净压缩空气，目前正压防护服型生物安全四级实验室均采用此类产品；其工作原理是利用外部送气螺旋管将该防护服的流量调节阀与生命支持系统相连，将洁净新风直接输入防护服内。当输入防护服的气体流量大于由单向排气阀排出的气体

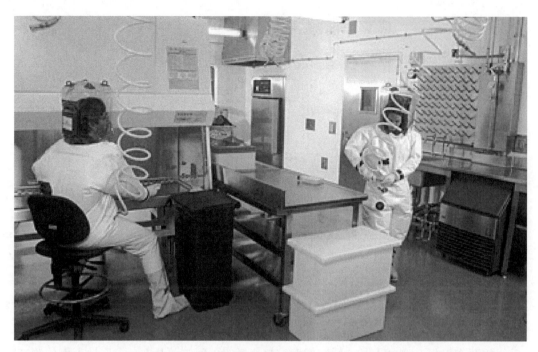

图 4-76　法国 SPERIAN（DELTA）正压防护服

图 4-77　美国 ILC DOVER CHEMTURION™防护服

流量时，防护服内相对外环境为正压。

一种是动力送风过滤式，靠自身携带电动送风系统向防护服内送风，这种方式不受生命支持系统的限制，适用范围广泛，适合现场采样、污染处置等人员使用。工作原理是将环境空气通过动力送风系统的高效空气过滤器过滤，去除有害微生物和颗粒物后由风机直接送入防护服内。当供给防护服的气体流量大于由单向排气阀排出的气体流量时，防护服内相对外环境为正压。防护服的内外压力差使之对外界的微生物污染物起到了很好的隔离作用，从而有效保护穿着人员。

此外还有两用型正压防护服，即兼具压缩空气集中送风式和电动送风过滤式的功能。

正压防护服主要由防护服主体、透明视窗（或头罩）、送气管路、气密拉链、单向排气阀、检测口、防护靴、防护手套和手套圈等部件组成。压缩空气集中送风式防护服具有流量调节阀，以通过送气螺旋管与生命支持系统相连（图 4-78）。电动送风过滤式防护服具有电动送风系统和高效过滤器，以向防护服内输送洁净新风（图 4-79）。两用型正压防护服既具有流量调节阀，又具有电动送风系统和高效过滤器，可根据使用工况选择所需的功能。

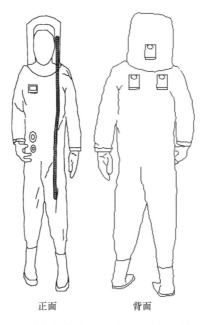

正面   背面

图 4-78 压缩空气集中送风式正压防护服结构示意图

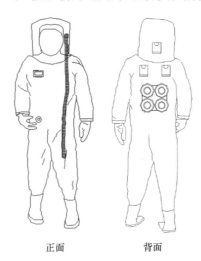

正面   背面

图 4-79 动力送风过滤式正压防护服结构示意图

4.4.2.3 国内产品发展分析

高致病性病原微生物对人皮肤、眼睛、体液和呼吸系统等身体任何部位的暴露，都潜伏巨大的高危感染风险。在高级别生物安全实验室和现场采样、处置及医护过程中，工作人员直接操作烈性病原体，其个体生物安全防护至关重要。我国生物安全实验室的建设起步较晚，在 SARS 暴发前，我国有关传染病防护医用正压微环境技术及其防护装备的研究均未有报道。

正压防护服是高等级生物安全实验室人员最直接、最有效也是最后的防护屏障。在"十一五"国家艾滋病与传染病防治重大专项（2009ZX10004703）与"十二五"国家传染病防治科技重大专项课题（2012ZX10004801）的资助下，国家生物防护装备工程技术研究中心成功攻克了正压防护服复合防护材料合成、结构设计、加工工艺、稳压送风、气流分布等重点方面的关键技术，并建立了智能化的防护服检测平台，经过十余年的持续努力与坚持，研制了性能达到国际先进水平的系列正压防护服，实现了高等级人员防护装备的国产化。

1. 技术创新

（1）防护材料

在防护材料方面，选择手感柔软舒适、弹塑性适中、耐强酸碱与常规化学试剂腐蚀、具有优良的热合缝合加工特性和高低温适应性的涂层复合面料及透明膜材料作为防护服材料。防护服材料的机械性能应满足 GB 24539—2009《防护服装 化学防护服通用技术要求》中气密性防护服的 3 级要求，耐腐蚀性应满足 GB 24540—2009《防护服装 酸碱类化学品防护服》的要求，防酸碱性能应达到标准中规定的 3 级要求。防护材料应具有优良的机械性能和化学物质防护性能，综合防护性能优良。

（2）关键部件

1）电动送风系统：依据空气动力学和人体工效学原理，优化设计了内部风道结构和系统整体结构，在减小重量和体积的同时，降低了工作噪声；设计了霍尔传感器涡轮计数模块，实现送风系统低风量报警功能；采用微处理器控制技术，实现送风系统风量调节、电量显示、低电报警等状态监控功能（图 4-80）。集成以上技术，实现了电动送风系统具有整体防水、电量监控、低风量报警等功能，对 0.3μm 气溶胶过滤效率达 99.9996%，平均噪声 67dB，在 300Pa 输出压力和 350L/min 输出流量下可连续工作＞6h。电动送风系统见图 4-80。

图 4-80　电动送风系统

2）膜片式单向恒压排气阀：发明了膜片式单向恒压排气阀，克服了国外磁片式单向排气阀响应速度慢、防护服易压力过载胀裂的问题。单向恒压排气阀由固定座、排气阀罩、气密垫圈、单向阀片等组成（图 4-81）。通过膜片材料挺度和弹性调整，制备出能灵敏响应正压防护服压力变化而启闭的单向阀片。在防护服内部气体压力变换下，可自由开启柔性单向阀片的开合度，满足防护服内部所需压力范围，并有效避免了国外磁片式单向排气阀因响应速度慢而造成防护服过压破损的重大安全问题。

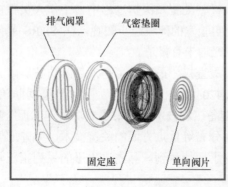

图 4-81　膜片式单向恒压排气阀

（3）计算机仿真及结构优化

采用计算机仿真、实验室研究和风险评估等方法，优化设计了正压防护服结构、排气阀位置和数量、送气方式、最低压差及送风量等参数（图4-82），防护服整体防护性能、洁净送风量、单向恒压排气、噪声等产品综合性能达到国际同类产品先进水平。

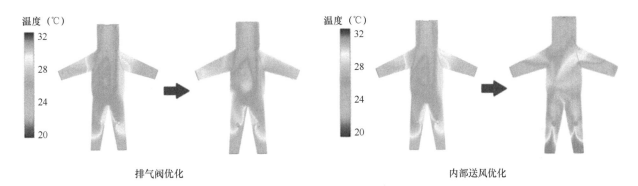

图 4-82　计算机仿真设计

（4）正压防护服的检测平台

由于正压防护服用在极其危险的生物污染环境，对其安全性的评价至关重要。标准 EN 943-1：2002 给出的正压防护服整体安全性评价方法是采用志愿者穿着防护服进入密闭舱室，密闭舱室内发生一定浓度的气溶胶，然后测试防护服内外气溶胶浓度，以此评价防护服整体防护性能。采用真人测试的主要缺点是无法采用致病微生物等模拟真实工作环境下的威胁，且无法测试防护服破损等意外情况下的风险。为此，国外少数发达国家实验室研究采用检测机器人代替真人进行防护服测试，如英国防护科学与技术实验室开发的无人化检测系统等。

采用 PLC 分布式控制步进电机，开发了国内首套能精确模拟人体行走、坐下、下蹲、弯腰、举手等动作的检测机器人，内置电脑可编程呼吸模拟肺。同时研发了自动控制温湿度、能发生多种气溶胶和生物气溶胶的微环境试验舱。借助开发的无人化检测技术平台，建立了相关的检测方法，关于正压防护服破损的大小、部位、形状等对防护服压差稳定性、局部防护因子的影响进行了系统研究，分析了各种情况下防护服破损的风险，并进一步提出了若干降低意外风险的措施，对于指导高等级生物安全实验室人员安全使用防护服、正确规避意外风险具有重要意义。

1）智能化检测模拟人的研究。模拟人尺寸按照中国成年人的标准比例设计（图4-83）。模拟人肩、

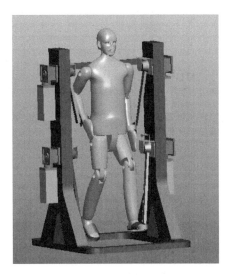

图 4-83　拟研制的智能化检测模拟人结构示意图

肘、胯、膝的关节处由销轴连接，可实现 150°范围内的自由转动，完全满足动作需求。模拟人整体采用 ABS 工程塑料，壁厚 5mm，模拟人支撑梁在脖后下方（四肢不承重），承重部分为实心。同时该支撑梁承担气溶胶采样、压力监测的功能。模拟人头部鼻孔处开孔，作为气溶胶采样孔，通过内部管道连接至后背的支撑梁，与气溶胶采样器连接。模拟人体表设生物采样点，放置菌落测试试纸。运动机架主体材料为槽钢，结构上具有足够刚度和稳定性。同时考虑了结构的紧凑型，节约空间，采用 4 个高稳定性步进电机协调驱动四肢，可模拟不同步速、步幅的行走以及蹲下、举手、弯腰等常规动作（图 4-84）。

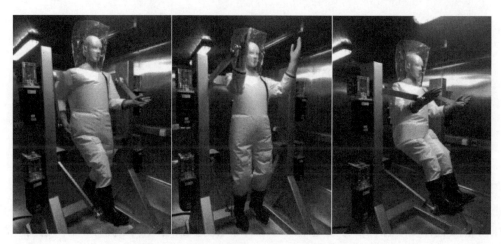

图 4-84　模拟检测机器人模拟不同的动作

2）智能化检测平台的研究。气密试验舱的研究：气密性试验舱用于形成正压防护服检测特定的微环境，包括温湿度、洁净度等。如图 4-85 和图 4-86 所示，气密试验舱设计尺寸为长 2m、宽 2m、高 2m。舱体底面、顶面以及背面为不锈钢材质，正面以及左右侧面为玻璃材质，试验过程清晰可视。放入活动假人后，左右空间余量为 0.5m，前后为 0.4m。试验舱设计空间充裕，可设置照明灯、紫外灯，放置加湿器以及电暖器。舱体底面与侧面玻璃墙之间设有加强筋，通过密封胶固定。舱体正面采用有机玻璃，安装充气门实现密封。舱体内 8 个内角均装有风扇进行气溶胶混匀。从舱体顶部吊起一个置物台，用来放

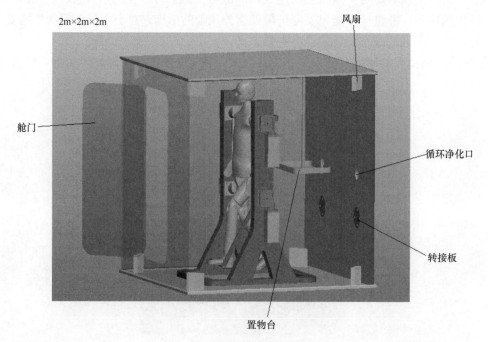

图 4-85　智能化检测平台示意图

图 4-86　正压防护服智能化检测平台

置气溶胶发生器、采样器以及温湿度传感器等。舱体背面设置有 2 个循环净化口，连接高效过滤器和风机进行循环净化。

3）物理性能评价平台。个人防护装备所采用的材料均应符合相关标准规定，在所有个人防护装备中，正压防护服对材料的要求最为苛刻，国内外相关标准如 EN 943-1：2015 和 GB 24539—2009 等均对防护服面料提出了详细的要求。防护服材料的性能决定了正压防护服的整体气密性及整体防喷淋特性是否能够满足标准的要求。特购置了相关材料性能测试设备，如 HD207N 全自动织物硬挺度仪（图 4-87）、YG（B）542C 型数字式抗挠曲损伤测试仪（图 4-88）、YG401 马丁代尔耐磨和起球性能试验仪（图 4-89）、Y813N 织物沾水度测定仪（图 4-90）、YG141D 型织物厚度仪（图 4-91）、织物渗水性测试仪（图 4-92）、织物保温性能测试仪（图 4-93）、透气性测试仪（图 4-94）、YG026H-1000 电子织物强力机（图 4-95）等，用于防护服材料的物理性能评价。

图 4-87　全自动织物硬挺度仪

图 4-88　抗挠曲损伤测试仪

2. 产品研发

目前，无锡科标密封防护科技有限公司已建立国内唯一的高等级个人防护装备洁净生产车间，具有符合国家标准要求的产品自检能力，实现了高等级生物安全个人防护装备的加工、检验和质量管理一体化。生产的压缩空气集中供气式正压防护服和电动送风过滤式正压防护服（图 4-96）符合标准要求，产品通过第三方检验机构检测，性能与国外产品基本一致。已在中国农业科学院哈尔滨兽医研究所、中国科学院武汉病毒所的生物安全四级实验室得到应用，得到用户的一致肯定。

图 4-89　马丁代尔耐磨和起球性能试验仪

图 4-90　织物沾水度测定仪　　　　图 4-91　织物厚度仪　　　　图 4-92　织物渗水性测试仪

图 4-93　织物保温性能测试仪　　　　图 4-94　透气性测试仪　　　　图 4-95　织物强力机

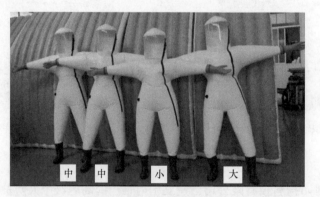

图 4-96　不同号型的电动送风过滤式正压防护服

　　2014 年"援非抗埃"和 2017 年"后埃援非"期间，我国驻塞拉利昂埃博拉病毒移动实验室检测队、热带传染病防控中心、驻马里维和医疗分队等单位应用系列生物安全防护装备 50 余台（套）（含正压防护服），以上装备在抗击埃博拉病毒和热带传染病、实现工作人员"零感染"方面发挥了重要作用。正压防护服等成果入选国家"十二五"科技创新成就展和"砥砺奋进的五年"大型成就展,《人民日报》《科技日报》《光明日报》《中央电视台》《新华网》等国内权威媒体进行了多次报道,产生了显著的社会效益。正压生物防护服的应用意味着我们将科研成果及时转化为实用产品和保障力,为实现我国生物安全防护技术和装备由进口依赖向自主保障和自主可控的转变奠定了坚实基础。

据中国合格评定国家认可中心统计,截至 2019 年 3 月 31 日,我国已有 60 家高等级生物安全实验室通过了认可。在疾控系统中,尚无单位在使用正压防护服;在农业系统中,有 2 家采用正压防护服,均为进口品牌。

我国学者通过典型操作并结合人员主观感受对国产、进口品牌的正压防护服的使用性能和使用体验进行了对比评价。在高级别生物安全实验室中模拟工作人员工作环境,测试了防护服内部压差、气密性、噪声值和供气流量。国产和进口正压防护服在产品使用性能与使用体验方面无明显差异,均能达到操作人员作业要求,可用于高级别生物安全实验室的人员防护。

4.5 消毒灭菌与废弃物处理装备

4.5.1 压力蒸汽灭菌器

压力蒸汽灭菌器是利用饱和压力蒸汽对物品进行迅速而可靠的消毒灭菌的设备,压力蒸汽灭菌器在消毒灭菌领域占有重要地位,广泛应用于医疗服务机构消毒供应中心、科研机构实验室、实验动物中心、药品生产场所等,用来对医疗器械、织物、玻璃器皿、液体、培养基、动物尸体、鸡胚、固体废弃物等物品进行灭菌处理。

4.5.1.1 发展历程

人类社会微生物学的发展导致了解决生命起源的探索与研究,因而也就推动了消毒与灭菌科学的发展,尤其是近代流行病学的研究和消除传染病原及排除交叉感染的实践所需,消毒与灭菌科学已成为生物医学工程学中的重要组成部分。

从 17 世纪人类第一次发现微生物开始,便伴随着消毒和灭菌科学的发展,尤其是在 19 世纪初人类发现细菌导致感染性疾病后,就更加重视对人和医疗器械及环境的消毒灭菌与生物安全防护。

1718 年,Joblot 用煮沸 15min 的方法对一种试剂灭菌,然后封入容器内,这是高温灭菌的雏形。1810 年,Appert 通过加热对食物进行灭菌并贮存于密闭的容器内,类似于罐头食品。1832 年,人们发现加热时温度越高,杀菌力越大。1862 年,法国科学家 Pasteur 通过实验证明了是细菌引起的感染,并发明了巴氏消毒法(pasteurization),即低温消毒法,利用较低的温度既可杀死病菌又能保持物品中营养物质风味不变。

1880 年,Chamberland 发明了高压蒸汽灭菌法(autoclaving),并研制出世界上第一台压力蒸汽灭菌器(pressure steam sterilizer)。1881 年,Koch 进行了 117℃湿热和干热灭菌的比较,指出细菌的耐热性在有无水汽存在的条件下差别很大,开始了在蒸汽饱和与不饱和情况下灭菌效果的研究,湿热灭菌法开始成为消毒灭菌领域最有效的灭菌手段。

1888 年,Kinyoun 发现在用高压灭菌器灭菌时,若能在通蒸汽前设法排出灭菌器内的空气,使其接近于真空,则灭菌易于成功,此称为预真空(pre-vacuum)。根据这个理论,20 世纪 50 年代末期,英国尝试研究出了预真空式压力灭菌器(pre-vacuum pressure steam sterilization),并开始在欧美地区推广应用。

1. 压力蒸汽灭菌器的发展阶段

人们经过了几个世纪的探索,确认了压力蒸汽的湿热灭菌是目前应用最为广泛、最有效的灭菌方法。

压力蒸汽灭菌器的发展经历了以下几个阶段。

1）自 1680 年至 1880 年：煮沸器时代。

2）自 1880 年至 1933 年：原始压力蒸汽消毒器时代。

3）自 1933 年至 1958 年：重力置换下排气消毒器时代。

4）自 1958 年至 1980 年：预真空压力蒸汽灭菌器时代。

5）自 1980 年至今：现代脉动真空灭菌器时代。

压力蒸汽灭菌温度高，灭菌效果可靠，易于掌握和控制，因此在灭菌技术高速发展的今天，这一经典的灭菌方法仍广泛地应用于医疗卫生和工农业各领域。

2. 国内压力蒸汽灭菌器的发展历程

20 世纪 50 年代，国内生产厂家开始大规模上市铝制手提式普通蒸汽压力消毒锅。

至 20 世纪 80 年代初期，我国各类医院所采用的消毒设备均为手工操作的下排汽式的普通压力蒸汽消毒器。

20 世纪 80 年代，国内厂家开始研制并推广预真空灭菌器。

20 世纪末，山东新华医疗器械股份有限公司（以下简称新华医疗）又开发出国内首创的全自动机动门系列脉动真空灭菌器，开启了国产化脉动真空灭菌技术在国内发展的序幕。

2003 年 SARS 暴发以后，以新华医疗为代表的灭菌设备厂家开始着手研发设计应用于生物安全三级实验室的生物安全型压力蒸汽灭菌器。

2016 年，科技部立项国家生物安全关键技术研发专项"高等级病原微生物实验室国产化集成及模式化示范"，新华医疗作为协作单位，开发研制了应用于生物安全四级实验室的生物安全型双扉压力蒸汽灭菌器。

生物安全型压力蒸汽灭菌器是在常规压力蒸汽灭菌器基础上开发设计出来的。国内的生物安全型双扉压力蒸汽灭菌器是在 2003 年 SARS 暴发后，以新华医疗为代表的灭菌设备厂家开始着手研发设计应用于生物安全三级实验室的国产化灭菌设备。

关于国产生物安全型压力蒸汽灭菌器的发展，目前应该可以分为三个阶段，从时间上划分大致应该是 2003～2012 年、2012～2016 年、2016 年至现在，如表 4-10 所示。

表 4-10 国产生物安全型压力蒸汽灭菌器的发展

发展阶段	2003～2012 年	2012～2016 年	2016 年至现在
主体结构	全夹层塞焊结构	环形加强筋结构	环形加强筋结构
主体材质	内室 316L，夹套 304	内室 316L，夹套 316L	内室 316L，夹套 316L
主体制造工艺	手工焊接	机器人自动焊接	机器人自动焊接
设计寿命	8 年/16 000 次灭菌循环	15 年/30 000 次灭菌循环	15 年/30 000 次灭菌循环
门密封	压缩空气为介质实现门密封	压缩空气为介质实现门密封	压缩空气为介质实现门密封，具有门密封实时检测与保护功能
内室气体、冷凝水排放	灭菌过程中内室外排气体单级高效过滤及内室冷凝水的无菌化排放	灭菌过程中内室外排气体单级高效过滤及内室冷凝水的无菌化排放	灭菌过程中内室外排气体单级或双级高效过滤及内室冷凝水的无菌化排放
隔离密封	柔性生物隔离密封装置（2 年）	刚性生物隔离密封装置	新型柔性生物隔离密封装置（3 年以上）
控制系统	主机采用 PLC，双黑白触摸屏控制，预留监控端口	主机采用 PLC，双彩色触摸屏控制，预留监控端口，可选配监控软件	主机采用 PLC，双彩色触摸屏控制，预留监控端口，可选配监控软件，具有温度、压力的双重检测
数据记录	打印机	打印机	打印机+U 盘存储，可以实现无纸化电子数据存储
主要阀门	气动阀+电磁阀	气动阀+电磁阀	气动阀
管路消毒	无	无	预留管道消毒接口
应用场所	生物安全三级实验室	生物安全三级实验室	生物安全三、四级实验室

4.5.1.2 原理、组成及分类

1. 压力蒸汽灭菌器的灭菌原理

压力蒸汽灭菌器的原理是：当被灭菌物品置入高温高压的蒸汽介质中时，蒸汽遇冷物品即放出潜热，将被灭菌物品加热，当温度上升到某一温度时，就有某些沾染在被灭菌物品上的菌体蛋白质和核酸等一部分由氢键连接而成的结构受到破坏，尤其是细菌所依靠而新陈代谢所必需的蛋白质结构——酶，在高温和湿热的环境下失去活性，最终导致微生物的死亡。同时，高温湿热的环境也迫使所有微生物的蛋白质发生凝固和变性。

2. 压力蒸汽灭菌器的基本组成

压力蒸汽灭菌器通常由主体、密封门、管路系统、物品装载架、装饰外罩、保温罩、控制系统和其他附件等组成。

3. 压力蒸汽灭菌器的分类

1）根据冷空气排放方式的不同，压力蒸汽灭菌器分为下排气式压力蒸汽灭菌器和预真空压力蒸汽灭菌器两大类。

下排气式压力蒸汽灭菌器也称重力置换式压力蒸汽灭菌器，其灭菌是利用重力置换的原理，使热蒸汽在灭菌器中从上而下，将冷空气由下排气孔排出，排出的冷空气由饱和蒸汽取代，利用蒸汽释放的潜热使物品达到灭菌（图 4-97）。此类灭菌器设计简单，且空气排除不彻底，所需的灭菌时间较长。

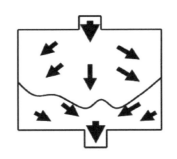

图 4-97 下排气式压力蒸汽灭菌器

预真空压力蒸汽灭菌器的灭菌原理是利用机械抽真空的方法，使灭菌柜室内快速形成负压，可以较彻底地排除灭菌内室以及待灭菌物品内的冷空气，蒸汽得以迅速穿透到物品内部进行灭菌，此方式无死角和明显温差（图 4-98）。根据抽真空次数的多寡，分为预真空和脉动真空两种。脉动真空因多次抽真空，空气排除更彻底，效果更可靠，目前使用最为普遍。

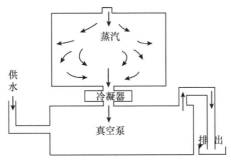

图 4-98 预真空压力蒸汽灭菌器

2）根据设备的形状特性分为立式、台式、卧式压力蒸汽灭菌器，其中卧式压力蒸汽灭菌器根据门的

开关形式的不同又分为手动门（图4-99）、机动门（图4-100）、升降门（图4-101）、平移门（图4-102）压力蒸汽灭菌器。手动门的操作方式主要是借助人力实现密封门的开关及其密封；机动门采用了电动升降和压缩气密封技术，在实现可靠密封的同时，大大减轻了操作者开关门的劳动强度，使该灭菌器的自动化程度达到新的水准；升降门是采用气缸或者电机控制门的升降开关，无需借助人力就可以通过系统自动控制门的垂直升降开关；平移门是采用气缸、电机等控制门的水平移动以实现门的开关。升降门和平移门使用更加简单且安全性好，自动化程度高，目前欧美发达国家主要以升降门和平移门压力蒸汽灭菌器为主。随着国内医疗水平及科研领域的迅速发展，升降门和平移门压力蒸汽灭菌器的使用数量正逐年攀升。

3）根据灭菌器门的数量分为单门灭菌器和双门灭菌器（穿墙安装），传统的压力蒸汽灭菌器为单门，随着人们对无菌操作的要求越来越严，双侧开门的压力蒸汽灭菌器越来越多，这类灭菌器特别适用于有清洁区、污染区之分的场所，专门处理由污染区进入清洁区的污染物品。

图 4-99　手动门压力蒸汽灭菌器

图 4-100　机动门压力蒸汽灭菌器

图 4-101　升降门压力蒸汽灭菌器

图 4-102　平移门压力蒸汽灭菌器

普通的压力蒸汽灭菌器在设计时一般不考虑排出的冷空气及冷凝水对环境的污染，但处理有传染性的物品时需要对冷空气及冷凝水进行消毒灭菌处理，特别是生物安全三、四级实验室的压力蒸汽灭菌器在排气管道上都应该有冷空气消毒（过滤）处理装置，在设备排水前对冷凝水进行有效的灭菌处理，同时对安全阀泄气进行过滤处理，以及对门密封条进行抽真空的过滤处理。

4.5.1.3　国外代表性产品

在生物安全领域，以色列腾氏（Tuttnauer）实验室系列灭菌器能够根据用户不同需求定制，广泛应用于我国研究机构和生物科技行业的高等级生物实验室，如图 4-103 所示。灭菌器的灭菌容积从 250L 到 17 000L，采用饱和蒸汽，在 105℃至 137℃的温度下，对物体灭菌。工作压力符合美国 ASME、欧洲 PED 和我国 GB 150 标准。灭菌器不受我国使用年限的设计要求，在正常情况下，工作稳定，寿命超过 20 年。特别是双扉灭菌器，其成本高、安装复杂，能够在很大程度上减少更换的成本和时间。

在常规的高压灭菌器配置之外，生物安全型灭菌器具备下面几个特殊配置和功能。

（1）316L 不锈钢灭菌室和连续全夹套结构

灭菌室采用高品质的不锈钢。灭菌室和门材质的壁厚 6mm。灭菌室内部表面经过电化学钝化处理，使不锈钢光亮耐磨。这种表面的抛光度为 Ra<0.8μm，能提供更高的抗腐蚀性能。内部圆弧角设计，易于清洗。全夹套结构提供蒸汽预热功能，并且保证温度的均匀性。

（2）门安全系统

1）灭菌器具有一套气动安全装置（压力开关），确保只有灭菌室的压力达到房间压力（一个大气压力）时，门才能打开。

2）当灭菌室内有压力时，灭菌室的门无法打开。

3）当门打开时，蒸汽不能进入灭菌室。

4）如果门打开或未正确锁住，无法开始灭菌流程。

5）如果门关闭过程中有物体阻碍，滑动门立即停止移动。

6）双门采用互锁设计，避免同时打开，保证安全。

Tuttnauer 垂直滑动门双扉灭菌器　　　　　Tuttnauer 铰链门双扉灭菌器

图 4-103　腾氏（Tuttnauer）实验室系列灭菌器

（3）针对冷凝水/废弃物无污染排放的生物安全系统

在对污染的实验室或医疗废弃物灭菌时，生物安全系统提供对工作过程中产生的废弃污染物（气体、液体等）灭菌的流程。当所有的排水管道阀门关闭后，预真空阶段的蒸汽和空气从灭菌室两侧的排放管道被抽出，进入生物安全系统。生物安全系统能够保证在流程工作过程中，冷凝水和冷空气的无污染排放。流程过程中，内腔的冷凝水和内腔物料经高温高压后，从排放管道排出。若由故障等造成流程失败，冷凝水被密封在内腔中，直至故障排除，灭菌流程正确完成后排放。在流程正确完成前，清洁侧的门无法开启。

（4）蒸汽疏水高效过滤器

高效过滤器是生物安全系统的重要组成部分。过滤系统提供生物废弃物的排放过滤功能，主要用于对排放的生物废弃物进行高效过滤，可过滤气体（0.1μm）和液体（0.2μm），位于灭菌舱体和排水之间，用于截留灭菌舱真空过程中的细菌、病毒。这种特殊的过滤器安装在一个卫生型过滤器壳体中，系统允许安全更换服务过滤器。过滤器壳体外部有一个不锈钢外壳，能通过灭菌器内置的过滤器灭菌程序进行定期灭菌处理。过滤器也具备原位检漏功能。

（5）Bio-Shield 生物密封（BSL-3 和 BSL-4）

柔性生物密封隔离系统适用于 BSL-3 和 BSL-4 实验室需要穿墙安装的双扉高压灭菌器。气密性设计能够满足 5000Pa 的测试压差。这种生物密封在我国安装使用的耐久性已经超过 10 年。柔性生物密封主要由两部分组成：①夹套法兰框——法兰框是指完全连续焊接在夹套外部的不锈钢法兰，包括固定螺栓、螺母和必要的穿越密封的管线气密接头；②墙体法兰框——框架，同时包括固定于混凝土墙体或彩钢板等各种墙体的锚钉，以及螺栓、对应的法兰边、螺母和用于密封墙体及夹套的大型氯丁橡胶或硅橡胶密封垫（通常厚度不小于 6mm）。

（6）RTD 装载探头/PT100

除在灭菌器内安装多个温度传感器外，可以在灭菌室内选配多个 PT100 移动式温度传感器，用于检测被灭菌物料的温度，这对于需要精确控制温度的热敏性液体和实验室多变的灭菌物料特别有用。

（7）安全阀泄气过滤收集装置

在含有污染物的灭菌舱工作过程中，当内腔的压强（温度）过高时，安全阀打开泄气。泄气动作会导致污染气体外泄，污染气体必须通过密闭管道收集到泄压收集罐。气体在收集罐内减压、冷却，形成冷凝水。冷凝水的排放经过止回装置和 0.01μm 的专用高效过滤器，保证安全排放。收集罐上部配备呼吸口和 0.2μm 的空气高效过滤器，保证气体的排放安全。

（8）稳定可靠的控制器和可现场灵活调整的程序

根据用户选择的程序，灭菌器监控灭菌流程中的物理参数和执行设备工作程序，设置有 10 个工厂预设程序、18 个可编程自定义程序和 2 个测试程序（BD 和泄漏测试），能够适应用户的多种灭菌需求。

4.5.1.4　国内高等级生物安全实验室压力蒸汽灭菌器使用现状

1. 产品使用现状

（1）生物安全三级实验室

1）总体来看，在调研样本中，20 家单位采用了 55 套进口品牌的压力蒸汽灭菌器（数量占比为 71.4%），16 家单位采用了 22 套国产品牌的压力蒸汽灭菌器（数量占比为 28.6%）。在高等级生物安全实验室中，进口品牌的使用数量是国产品牌的 2.5 倍，说明国产品牌在该技术领域与进口品牌有较大的差距。

2）从实验室的种类来看，在 BSL-3 实验室中，11 家单位采用了 28 套进口品牌的压力蒸汽灭菌器（数量占比为 59.6%），13 家单位采用了 19 套国产品牌的压力蒸汽灭菌器（数量占比为 40.4%），品牌集中度较高（集中于某 1 个品牌的产品）；在 ABSL-3 实验室中，9 家单位采用了 27 套进口品牌的压力蒸汽灭菌器（数量占比为 90.0%），品牌集中度较高（集中于某 1 个品牌的产品），3 家单位采用了 3 套国产品牌的压力蒸汽灭菌器（数量占比为 10.0%）。BSL-3 实验室中国产品牌与进口品牌的压力蒸汽灭菌器数量相差较小，ABSL-3 实验室中进口品牌与国产品牌的压力蒸汽灭菌器数量相差较大。

3）在调研样本中，共有 51 套双扉压力蒸汽灭菌器，其中 BSL-3 实验室 37 套、ABSL-3 实验室 14 套；26 套立式压力蒸汽灭菌器，其中 BSL-3 实验室 10 套、ABSL-3 实验室 16 套。

4）在调研样本中，共有 31 套压力蒸汽灭菌器采用电蒸汽发生器，其中 BSL-3 实验室 20 套、ABSL-3 实验室 11 套；13 套压力蒸汽灭菌器自备蒸汽发生器或锅炉房，其中 BSL-3 实验室 8 套、ABSL-3 实验室 5 套；14 套压力蒸汽灭菌器依靠市政蒸汽管网，全部为 ABSL-3 实验室采用。

5）对于进口产品而言，使用中主要存在的问题为厂家售后服务不方便，购买零件时间长是主要存在的问题；对于国产某品牌，使用中主要存在的问题为不锈钢外壳有时开胶，操作烦琐等。

6）对于进口某些品牌，维修时主要存在的问题为购买零件时间长，密封件易老化；主轴出现卡死，更换后可解决此问题。对于国产某些品牌,维修时主要存在的问题为冷凝水处理后排放时处理罐中产生负压导致排放失效,采取辅助措施后方可排放,操作不便。

(2)生物安全二级实验室

1)总体来看,在调研样本中,13 家单位采用了 48 套进口品牌的压力蒸汽灭菌器(数量占比为 37.8%),64 家单位采用了 79 套国产品牌的压力蒸汽灭菌器(数量占比为 62.2%)。在高等级生物安全实验室中,进口品牌的使用数量较国产品牌的相差较大,说明国产品牌在该技术领域已相当成熟。

2)从所使用的领域来看,在疾控机构中,5 家单位采用了 33 套进口品牌的压力蒸汽灭菌器(数量占比为 60.0%),4 家单位采用了 22 套国产品牌的压力蒸汽灭菌器(数量占比为 40.0%);在医疗机构中,6 家单位采用了 12 套进口品牌的压力蒸汽灭菌器(数量占比为 22.6%),52 家单位采用了 41 套国产品牌的压力蒸汽灭菌器(数量占比为 73.4%);在其他机构中,2 家单位采用了 3 套进口品牌的压力蒸汽灭菌器(数量占比为 15.8%),8 家单位采用了 16 套国产品牌的压力蒸汽灭菌器(数量占比为 84.2%)。疾控机构与医疗机构相对于其他机构对压力蒸汽灭菌器的需求更大。

3)对于进口产品而言,维修、维保不方便,主要是缺乏专业维保工程师;对于国产某些品牌,维修、维保不方便,主要是服务意识差。

2. 国内产品厂家、标准及技术现状

国内对生物安全型压力蒸汽灭菌器的研究起步较晚,同时国内的压力蒸汽灭菌器加工制造水平相对落后于西方发达国家,产品质量及性能与国外相比存在一定差距。但是随着我们国家加工制造水平的快速提高及国家的重视及政策扶持,国产设备与进口设备的差距正在逐步缩小。

(1)相关标准

目前国内压力蒸汽灭菌器的主体设计及产品标准已经逐步健全,见表 4-11、表 4-12。

表 4-11 压力蒸汽灭菌器相关国家标准

标准号	中文名
GB 4793.8—2008	测量、控制和实验室用电气设备的安全要求 第 2-042 部分:使用有毒气体处理医用材料及供实验室用的压力蒸汽灭菌器和灭菌器的专用要求
GB 8599—2008	大型蒸汽灭菌器技术要求
GB 18282.3—2009	医疗保健产品灭菌 化学指示物 第 3 部分:用于 BD 类蒸汽渗透测试的二类指示物系统
GB 18282.4—2009	医疗保健产品灭菌 化学指示物 第 4 部分:用于替代性 BD 类蒸汽渗透测试的二类指示物
GB 18278—2000	医疗保健产品灭菌 确认和常规控制要求 工业湿热灭菌

表 4-12 压力蒸汽灭菌器相关行业标准

标准号	中文名
YY 0085.1—1992	脉动真空压力蒸汽灭菌器
YY 0085.2—1992	预真空压力蒸汽灭菌器
YY 91006—1999	压力蒸汽消毒器技术条件 手提式
YY 0504—2005	手提式压力蒸汽灭菌器
YY 0646—2015	小型蒸汽灭菌器 自动控制型
YY 0731—2009	大型蒸汽灭菌器 手动控制型
YY 1007—2010	立式蒸汽灭菌器
YY/T 0157—2005	压力蒸汽灭菌设备用弹簧式放汽阀
YY/T 0158—2005	压力蒸汽灭菌设备用密封垫圈
YY/T0159—2005	压力蒸汽灭菌设备用疏水阀
YY/T 0084.1—2009	圆形压力蒸汽灭菌器主要受压元件强度计算及其有关规定
YY/T 0084.2—2009	矩形压力蒸汽灭菌器主要受压元件强度计算及其有关规定
YY 1277—2016	蒸汽灭菌器 生物安全性能要求

（2）产品技术

1）蒸汽灭菌器的主体。结构：对于矩形卧式双扉压力蒸汽灭菌器（生物安全实验室最常用的结构），目前国内以采用环形加强筋结构主体为主。加工技术：进口压力蒸汽灭菌器的主体焊接基本采用机器人焊接，可以充分保证焊缝质量，而国内只有个别生产规模比较大的灭菌器制造厂商具有机器人自动焊接主体能力，绝大多数厂家的灭菌器主体仍采用人工焊接，其质量水平参差不齐。

2）管路无菌排放方式。压力蒸汽灭菌器应用在生物安全实验室，必须保证气（汽）体和冷凝水的无菌排放。

气（汽）体无菌排放方式：①压力蒸汽灭菌器内室排放气（汽）体经过高压蒸汽混合加热灭菌处理；②压力蒸汽灭菌器内室排放气（汽）体经过单级高效过滤器的过滤处理；③压力蒸汽灭菌器内室排放气（汽）体经过双级高效过滤器的过滤处理；国产设备气（汽）体无菌排放方式以单级高效过滤为主要方式，应用在生物安全四级实验室的灭菌器则以双级高效过滤为主。

冷凝水无菌排放：同灭菌物品达到灭菌水平后再排放。

3）生物隔离密封装置。双扉压力蒸汽灭菌器的生物隔离密封方式主要有两种，一种是采用柔性隔离密封方式实现密封，即双扉压力蒸汽灭菌器上自带的不锈钢法兰通过一张橡胶板与实验室墙体对接压实，橡胶板与双扉压力蒸汽灭菌器法兰和墙体连接处均涂抹密封胶或者填充环氧树脂，实现生物隔离密封。另一种是采用硬隔离，即双扉压力蒸汽灭菌器不锈钢外罩板与墙体之间安装柔性垫压实打胶处理的密封方式。硬隔离密封方式对于双扉压力蒸汽灭菌器的就位安装要求较低，操作方便，柔性生物隔离密封方式对就位安装要求高，操作较复杂，但是可以有效避免设备振动、热胀冷缩等因素对密封效果的影响，所以柔性隔离密封越来越受到大家的推崇。

4）电气控制系统。压力蒸汽灭菌器基本均采用 PLC 控制系统，控制面板分为液晶显示屏+按键和触摸屏操作两种方式，单屏或者双屏均可以实现。设备均预留监控接口，便于设备的实时监控。

3. 存在问题

对于进口产品而言，价格高、供货周期长、厂家售后不及时，购买更换损坏的零部件时间长是主要存在的问题；国产设备虽价格较低、供货周期短、服务及时，但是质量不可靠、操作烦琐等，使得国内用户对国产设备信心不足。

4.5.1.5　国内外压力蒸汽灭菌器对比

1. 标准对比

因为国内外压力蒸汽灭菌器相关标准较多，本节主要介绍国内外大型压力蒸汽灭菌器标准的差异性和国内外小型压力蒸汽灭菌器标准的差异性。

（1）GB 8599—2008《大型蒸汽灭菌器技术要求自动控制型》与 EN 285—2006 *Sterilization-Steam sterilizers-Large sterilizers* 的对比

EN 285—2006 *Sterilization-Steam sterilizers-Large sterilizers* 由欧洲标准化委员会（CEN）批准，规定了大型蒸汽灭菌器的要求及相关测试。GB 8599—2008《大型蒸汽灭菌器技术要求自动控制型》是采标于 EN 285—2006 *Sterilization-Steam sterilizers-Large sterilizers*，由中华人民共和国国家质量监督检验检疫总局和中国国家标准化管理委员会在 2008 年发布，2009 年实施的现行的强制性标准。

GB 8599—2008 与 EN 285—2006 的一致性程度为非等效。

GB 8599—2008 与 EN 285—2006 标准的主要差异如下。

1）删除部分术语和定义，通用术语和定义采用 GB/T 19971—2005《医疗保健产品灭菌　术语》与 GB 18281.1—2000《医疗保健产品灭菌　生物指示物　第 1 部分：通则》确定的术语和定义。

2）标准的编辑和格式上依照 GB/T 1.1—2000《标准化工作导则 第 1 部分：标准的结构和编写规则》与 GB/T 1.2—2002《标准化工作导则 第 2 部分：标准中规范性技术要素内容的确定方法》的规定，与 EN 285：2006 有较大的变化，删除了部分欧洲语言。

3）压力容器部分内容按 GB 150 钢制压力容器、《压力容器安全技术监察规程》和《特种设备安全监察条例》要求，增加压力容器要求和灭菌器门的安全连锁要求。

4）电气安全要求执行 GB 4793.1《测量、控制和试验室用电气设备的安全要求 第 1 部分：通用要求》、GB 4793.4《测量、控制及实验室用电气设备的安全实验室用处理医用材料的蒸压器的特殊要求》和 GB/T 18268—2000《测量、控制和实验室用的电设备 电磁兼容性要求》。

5）生物指示物要求应符合 ISO 11138 标准。化学指示物要求应符合 ISO 11140 标准。

6）按照 EN 285：2006（修正版）增加了空腔负载试验要求。

7）本标准未采用 EN 285：2006 中第 22 章蒸汽气源质量的测试。

2016 年欧盟再次发布实施了新版本 EN 285：2015，替代了 EN 285：2006+A2：2009，使得 GB 599 与 EN 285 的差异性更大。

GB 8599 除与 EN 285 的差别以外，还存在不少的问题，需要国内的专业人士、设备厂家根据实际情况修改标准。

（2）YY/T 0646—2014《小型蒸汽灭菌器 自动控制型》与 EN 13060 *Small steam sterilizers* 的对比

EN 13060 *Small steam sterilizers* 由欧洲标准化委员会（CEN）批准，规定了小型蒸汽灭菌器自动控制型的分类与基本参数、要求、试验方法和检验规则等。该灭菌器主要用于医疗用品或与血液、体液可能接触的材料和器械的灭菌。

YY/T 0646—2014《小型蒸汽灭菌器 自动控制型》是由国家食品药品监督管理局在 2008 年发布、2009 年实施的现行的强制性标准。非等效采用 EN 13060—2004 *Small steam sterilizers*，两者的主要差别如下。

EN 13060—2004 列出 53 个术语与定义，YY/T 0646—2014 保留了 15 个术语与定义。

YY/T 0646—2014 增加了分类与基本参数、检验规则、标志、包装、运输和贮存的要求。

YY/T 0646—2014 增加了压力容器、铭牌、灭菌器门、疏水阀、减压阀、安全阀的要求和试验方法。

YY/T 0646—2014 增加了环境试验条件的要求和试验方法。

YY/T 0646—2014 增加了检验和试验设备、灭菌负载两个规范性附录。

YY/T 0646—2014 修改了灭菌器外观和结构、灭菌器尺寸、灭菌器水箱的要求与试验方法。

YY/T 0646—2014 删除了 EN 13060—2004 标准中非可凝性气体的要求和试验方法。

YY/T 0646—2014 删除了温度和压力记录与控制两路信号源的相互独立性的要求。

总体来说，国内灭菌器相关标准与国外现行的存在很大差别，很大程度上是因为我国的灭菌消毒产品起步滞后，无论如何，我们应该在学习国际标准的同时修改制定符合国内目前水平与国情的标准。

2. 产品对比

国内外生物安全型双扉压力蒸汽灭菌器产品对比见表 4-13。

总之，随着国家对生物安全领域的重视及生物安全重大专项工作的开展，我们国内的压力蒸汽灭菌器取得了快速的发展与提升，作为压力容器的主体，从结构设计到加工制造，均达到进口产品的水平，在生物安全三级实验室，国内设备的性能完全可以满足使用需求。但是在生物安全四级实验室，均配备了进口产品，导致国内产品厂家缺乏相应的设计经验，国产设备与进口设备在此领域还存在差距。

表 4-13　国内外生物安全型双扉压力蒸汽灭菌器产品对比

产品对比		厂家	
		国内（新华医疗）	国外（某品牌）
1	设备使用场所	生物安全三级实验室	生物安全三、四级实验室
2	柜体使用寿命	15 年	>15 年（无寿命年限要求）
3	设计压力	0.3MPa	0.3MPa
4	门结构	机动门	机动门/升降门/平移门
5	柜体结构	环形加强筋结构，结构完全符合欧洲压力容器标准，为目前欧洲灭菌器通用结构，柜体材料为全 316L 不锈钢，具体材质可以根据用户选配	环形加强筋结构，欧洲压力容器标准，为目前欧洲灭菌器通用结构，柜体材料为全不锈钢，具体材质可以根据用户选配
6	主体结构实图		
7	柜体焊接工艺	 焊接机器人，保证焊接质量	
8	抽空装置	真空泵/喷射器	真空泵
9	管道材质	不锈钢卫生级	不锈钢卫生级
10	主要控制阀门	气动阀	气动阀
11	程序	BD/液体/织物/器械/动物（尸体）/快速程序	硬物灭菌/开口液体/泄漏测试/液体灭菌/过滤器灭菌/橡胶塞灭菌/废弃物灭菌/BD 测试/过滤器在线泄漏测试
12	控制系统	PLC 控制，彩色触摸屏面板，配备监控接口，可以选配监控软件	PLC 控制，彩色触摸屏面板，可以与监控系统对接
13	门密封	采用压缩空气为介质密封	采用压缩空气为介质密封
14	隔离密封装置	柔性隔离	柔性隔离
15	废气处理	单级高效过滤除菌/双级高效过滤除菌	单级高效过滤除菌/双级高效过滤除菌/单级高效过滤+焚烧炉除菌
16	废水净化程序	同灭菌物品灭菌后直接排放	同灭菌物品灭菌后直接排放
17	管道消毒功能	预留管道消毒接口	配有管道消毒功能，确保设备维护过程的安全
18	产品标准	GB 8599—2008 YY 1277—2016《蒸汽灭菌器 生物安全性能要求》	EN 285：2015
19	其他	供货及更换配件周期短，售后服务及时，设备价格低	供货和更换配件周期长，售后服务不及时，价格昂贵

4.5.1.6　发展趋势

国内压力蒸汽灭菌器厂家的技术研发重心及短期发展目标应该是产品的稳定性与可靠性，以及产品功能原理的优化完善，确保压力蒸汽灭菌器的操作安全、维护安全、排放废弃物的安全，提升国人对国产化设备的信心与认可度。中期发展目标应该将设备需求的部件日趋国产化，做真正国产化的设备，摆脱对进口配件及进口产品的依赖。随着科技水平的日益发展，无论是进口厂商还是国产厂商，其压力蒸汽灭菌器产品最终的发展目标必将是节约化、自动化、智能化，并且它会始终围绕"安全"这个要求而发展和革新。

4.5.2　活毒废水处理设备

活毒废水处理设备一般应用于含有高级别病原微生物的废水处理系统中，处理后的水质达到对病原微生物的灭活标准。活毒废水处理防止了病原微生物通过废水排放从实验室泄漏而导致感染因子侵入周围环境中。在三级、四级生物安全实验室中，活毒废水处理设备对实验室核心区域内的洗手盆、淋浴和高压灭菌器及其他用水器具排出的废水进行灭菌处理。

活毒废水处理设备一般由以下三部分组成：活毒废水的收集管道部分、活毒废水的罐体部分、灭活后废水的冷却及排放部分。

目前国内在高级别生物安全实验室活毒废水处理设备方面还没有成熟的技术，产品的安全可靠性及操控性还有待提高，同时自控系统也需要进一步完善。从目前的市场现状来看，高级别生物安全实验室活毒废水处理系统多采用进口产品，随着生物科技的迅猛发展，我们期待国内的生产厂家也能制造出达到甚至超过国际标准的同类产品。

4.5.3　气（汽）体消毒设备

气（汽）体消毒装备是指采用物理喷雾、加热雾化、化学反应生成等方式，利用纯气态消毒剂或汽态（蒸汽）消毒剂，杀灭实验室设施或设备空气及物体表面上病原微生物的装备，一般应用于高等级生物安全实验室设施设备的终末消毒。高等级生物安全实验室需要终末消毒的时机包括但不限于：变更操作的病原微生物种类时、实验完成并停用实验室时、实验室内设施设备进行检修维护前及发生病原微生物泄漏事故时。

应用时，气体消毒装备将气态消毒剂注入被消毒空间内并使之扩散均匀，维持一定时间后，气体消毒剂将空间内空气中及物体表面的病原微生物杀灭，然后通过向外排风或循环吸收将空间内的气体消毒剂去除。相较于传统的擦拭、喷雾、雾化等消毒方法，一方面，气体消毒剂具有良好的扩散特性，可以到达被消毒空间内的每个角落，包括设备底面甚至高效空气过滤器（HEPA）下游，可以实现无死角的彻底消毒；另一方面，气体消毒剂不会或极少附着于物体表面，无需人工擦拭，省时省力。

4.5.3.1　气体消毒装备技术发展

在气体消毒装备出现之前，生物安全实验室通常采用喷雾、擦拭等方法实施消毒，不仅耗时费力，而且存在表面遗漏、不能穿透 HEPA 过滤器等问题致使消毒不彻底的风险。常见的气体消毒装备根据使用的消毒剂类型可分为甲醛消毒机、气体二氧化氯消毒机、汽化过氧化氢消毒机、过氧乙酸蒸汽消毒机等。其中甲醛和二氧化氯在室温条件下为真正的气体状态，过氧乙酸和过氧化氢为蒸汽状态。除此之外，气体消毒剂还有臭氧和环氧乙烷，但由于存在问题较多且在生物安全领域没有应用，在本文中不再赘述。

1. 甲醛消毒机

甲醛消毒机一般有两个容器,其中一个容器盛放甲醛液体,另一个容器盛放氨水。工作时,先使甲醛蒸发,气体充满被消毒空间,经过一定时间消毒后,释放另一个容器的氨气与甲醛气体中和而去除甲醛残留。

甲醛具有优良的穿透性能、材料兼容性和消毒效果,曾经是国内外生物安全实验室及生物制药车间等生物科技领域普遍采用的气体消毒剂。但是在应用过程中,存在诸多问题,一是氨气中和后产物在物体表面结晶,需要人工擦拭,耗时费力;二是甲醛已被认定为致癌物且在物体表面残留不易去除。上述问题导致使用甲醛消毒时实验室需要停用数天。基于上述原因,当气体二氧化氯和汽化过氧化氢消毒装备得到认可后,甲醛消毒机在我国及多数欧美国家已基本被淘汰。

2. 气体二氧化氯消毒机

气体二氧化氯(GCD)是一种公认的具有强氧化能力的高效、广谱消毒剂,几乎可以杀灭一切微生物。2001 年,美国炭疽邮件事件中,美国环境保护署(USEPA)评价了气体二氧化氯对疑似炭疽污染的参议院办公大楼、华盛顿布伦特伍德邮局分拣中心等整栋建筑的消毒效果,使气体二氧化氯空间消毒技术获得广泛关注及认可。2006 年,美国某公司的商品化气体二氧化氯消毒机获得 USEPA 的注册批准,使气体二氧化氯消毒机走上了商业化推广道路。2007 年,美国国家卫生基金会(NSF)修订 NSF/ANSI 49 标准,指定气体二氧化氯可替代甲醛用于生物安全柜的灭菌。

气体二氧化氯不稳定,遇光、热易发生分解,无法实现压缩储运。因此,在使用气体二氧化氯消毒的场合,一般要求现场根据需求定量制备,根据其制备方法,可分为气-固法和二元粉剂法。

1)气-固法利用氯气(Cl$_2$)与亚氯酸钠(NaClO$_2$)固体反应生成 GCD,以美国 ClorDiSys 公司的系列产品为代表,如图 4-104 所示,在欧美国家广泛应用于生物安全实验室、生物制药车间等。

图 4-104　美国 ClorDiSys 公司的两型气体二氧化氯消毒机

气-固法制备 GCD 的反应原理为 $Cl_2\uparrow + 2NaClO_2 = 2NaCl + 2ClO_2\uparrow$,发生器外观如图 4-104 所示。含 2%～5% Cl$_2$(其余为 N$_2$)的压缩气体经过减压后以一定范围内的流量经过填装有 NaClO$_2$ 颗粒的固定床反应器,生成 GCD。气-固法 GCD 消毒机的 GCD 生成量较大且可控,因此既可用于实验室等较大型设施空间的消毒,也可用于生物安全柜、生物安全隔离器等较小型设备内空间的消毒。一般集成光电式 GCD 传感器用于实时检测被消毒空间的 GCD 浓度以用于实时反馈控制及历史数据追溯。

2)二元粉剂法采用溶液中 NaClO$_2$ 与酸性物质反应生成 ClO$_2$ 的原理,并利用 GCD 在水中的溶解度较低（极少发生水解反应）及溶液蓄热沸腾等特点促使 GCD 逸出。二元粉剂之一为 $NaClO_2$，另一种通常选用有机酸，应用时分别溶于一定量的水制备成两种溶液，以一定方式混合后发生反应。通过优化配方，可以使反应剧烈且溶液沸腾，因此反应过程中可产生一定量的蒸汽，提高被消毒空间的相对湿度，更利于增强 GCD 的消毒效果。二元粉剂法生成 GCD 的量较小且近似为定值，适用于生物安全柜等较小型设备内空间的消毒。

由于二元粉剂法生成 GCD 时反应剧烈，有一定的安全隐患，除通过优化配方达到延缓反应时间的目的外，国家生物防护装备工程技术研究中心的研究团队先后研制了便携式及一体式两种 GCD 消毒机，如图 4-105 所示，可通过外部控制两种溶液的混合，保证操作人员的安全。

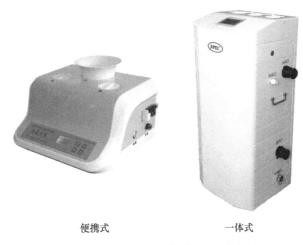

便携式   一体式

图 4-105 两型二元粉剂法 GCD 消毒机

其中便携式 GCD 消毒机可置于被消毒空间内部，通过遥控器启动两种溶液的混合，利用被消毒空间的排风设备将残余 GCD 排除。一体式 GCD 消毒机内部集成反应器、动力循环、管道切换、吸收器、人机界面控制器等，通过进出气口连接带消毒接口的传递窗、袋进袋出式高效过滤单元等设备进行消毒，残余 GCD 可利用内部集成的吸收器去除。

3. 汽化过氧化氢消毒机

汽化过氧化氢（VHP）具有广谱杀菌作用。尤其是缺乏过氧化氢酶的细菌（如厌氧菌），对 VHP 较为敏感。第一台 VHP 消毒机于 20 世纪 80 年代由 STERIS 公司（AMSCO）发明，目前已被广泛应用于生物安全实验室、生物制药车间和医院感染控制等领域，适用于房间、生物安全柜、传递窗、隔离器等设施设备的消毒。2001 年美国炭疽邮件事件后，USEPA 也评价了 VHP 对疑似炭疽污染的美国联邦邮政大楼的消毒效果，获得认可。

VHP 消毒机将一定浓度（30%～35%）的过氧化氢溶液进行闪蒸（图 4-106）或高温加热（图 4-107）为过氧化氢蒸汽，在达到饱和浓度露点或较高浓度冷凝前杀灭微生物，其杀菌效果是过氧化氢溶液的 200 倍，50ppm 即可杀灭芽孢。

根据消毒过程中对初始环境相对湿度要求的不同，VHP 消毒机分为"干式"和"湿式"两种类型。"干式"VHP 消毒机消毒流程启动时首先使被消毒空间的相对湿度降至较低值，然后在注入 VHP 及熏蒸消毒过程中使 VHP 尽量多地维持气相状态（干气），以达到更好的扩散均匀性，此种类型以美国 STERIS 公司产品为代表（图 4-108）。"湿式"VHP 消毒机消毒流程启动时不需要除湿，而是适当调高温度提升饱和蒸汽压，然后在注入 VHP 及熏蒸消毒过程中使 VHP 达到饱和状态（湿气）并在物体表面形成过氧化氢微冷凝薄膜，在微冷凝薄膜中过氧化氢分解为氧化还原性更强的羟基而达到更强的杀灭效力，此种类型以英国 BIOQUELL 公司产品为代表（图 4-109）。

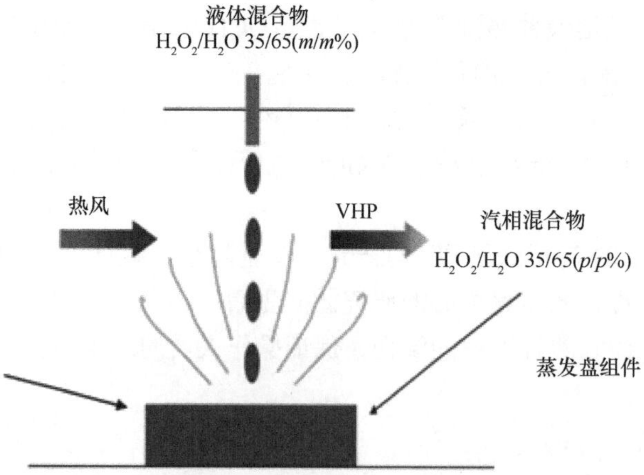

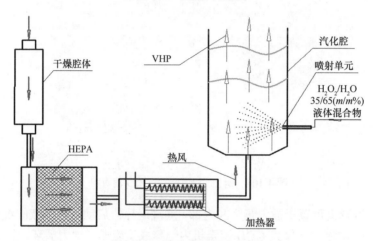

液体混合物
H_2O_2/H_2O 35/65(*m*/*m*%)
热风
VHP
汽相混合物
H_2O_2/H_2O 35/65(*p*/*p*%)
蒸发盘组件

图 4-106 闪蒸汽化技术

干燥腔体
VHP
汽化腔
喷射单元
H_2O_2/H_2O
35/65(*m*/*m*%)
液体混合物
HEPA
热风
加热器

图 4-107 管腔式加热汽化技术

STERIS
Life Sciences Group

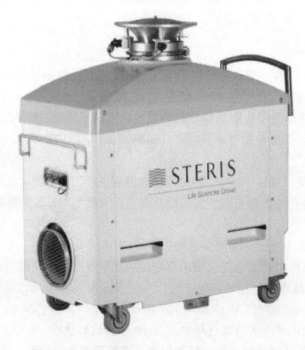

图 4-108 STERIS VICTORY-PRO 型 VHP 消毒机

图 4-109 BIOQUELL 过氧化氢蒸汽消毒机

两种类型的 VHP 消毒机各有优缺点，"干式"的气相 VHP 具有更优良的扩散性，空间分布更均匀，但需要集成较强的除湿功能，除湿较困难；"湿式"对物体表面具有更优良的消毒效果，但因难以控制消毒环境温度的均匀性，局部形成过度冷凝导致过氧化氢浓度分布不均的问题时有发生。两者的消毒流程比较如表 4-14 所示。

表 4-14 汽化过氧化氢消毒机消毒流程比较

过程	"干式" VHP 消毒机	"湿式" VHP 消毒机
环境	除湿，将被消毒空间内的相对湿度降到设定标准	调节被消毒空间的相对湿度和温度
调节	注入 VHP，达到所需消毒浓度	快速提升 VHP 浓度，达到饱和浓度
消毒	保持 VHP 注入率以维持其消毒浓度，持续至完成设定的消毒时间	注入 VHP 保持其微冷凝状态，持续至完成设定的消毒时间
通风	分解 VHP 为水和氧气，通风排除直至 VHP 浓度低于 1ppm 时流程结束	分解 VHP 为水和氧气，通风排除直至 VHP 浓度低于 1ppm 时流程结束

浙江泰林生物技术股份有限公司于 2007 年成功研制了我国第一台 VHP 消毒机，经过多年的技术积累和攻关，国产 VHP 消毒机逐渐获得行业认可。浙江泰林生物技术股份有限公司与上海东富龙科技股份有限公司分别代表"干式"和"湿式" VHP 消毒机的两个方向，均研制了适用于生物安全实验室及生物制药车间的移动式 VHP 消毒机，产品性能达到进口同类产品的技术水平。上述两个公司均根据大型空间消毒需求研制了 VHP 消毒机器人产品，可对 500m³ 的空间实施终末消毒，分别如图 4-110 和图 4-111 所示。

图 4-110 HTY-SUPER SD 型汽化过氧化氢消毒机器人

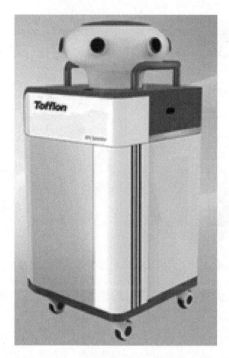

图 4-111　HPVS M200 型过氧化氢蒸汽消毒机器人

4. 过氧乙酸蒸汽消毒机

过氧乙酸具有广谱、高效的特点。对于空间环境的消毒应用，通常将浓度约 15% 的过氧乙酸溶液利用曝气或加热促进其蒸发形成过氧乙酸气体，熏蒸消毒约 2h，然后通风排除。由于过氧乙酸容易在物体表面沉积具有腐蚀性的白色颗粒，因此消毒完成后需要人工擦拭。过氧乙酸消毒机适用于较小空间的消毒，但鉴于其消毒过程中具有较强的腐蚀性，国内较少使用。

4.5.3.2　应用现状、存在问题及发展趋势

由调研结果可知以下内容。

1）总体来看，在调研样本中，23 家单位采用了 30 套进口品牌的消毒装置（数量占比为 76.9%），4 家单位采用了 9 套国产品牌的消毒装置（数量占比为 23.1%）。在高等级生物安全实验室中，进口品牌的使用数量是国产品牌的 3 倍多，说明国产品牌在该技术领域与进口品牌有较大的差距。

2）从实验室的种类来看，在 BSL-3 实验室中，16 家单位采用了 18 套进口品牌的消毒装置（数量占比为 75%），2 家单位采用了 6 套国产品牌的消毒装置（数量占比为 25%）；在 ABSL-3 实验室中，7 家单位采用了 12 套进口品牌的消毒装置（数量占比为 80%），2 家单位采用了 3 套国产品牌的消毒装置（数量占比为 20%）。BSL-3、ABSL-3 实验室中国产品牌与进口品牌的消毒装置的数量相差较大，且 BSL-3 实验室对于消毒装置的需求更大。

3）在调研的样本中，共有 7 套消毒装置采用甲醛气体熏蒸，3 套消毒装置采用气体二氧化氯，26 套消毒装置采用汽化过氧化氢，3 套消毒装置采用非汽化过氧化氢。

4）使用中主要存在的问题为面板和零件易损坏。维保与维修中存在的问题为：对于进口品牌，不能连续消毒，需要消毒时借用第三方的汽化过氧化氢发生器进行消毒，应考虑采购合适的消毒装置；双层高效过滤器消毒效果不好；对湿度要求较高，必须达到监测值才能启动消毒。对于国产品牌，刺激性太强。

从消毒水平讲，不论是气态的甲醛、二氧化氯，还是蒸汽态的过氧化氢（干式或湿式）、过氧乙酸，在规定的作业条件下均能达到灭菌水平（对芽孢杀灭对数值不小于 6），但从实用性的角度讲，4 种消毒

剂各有优缺点。相比较而言，甲醛和过氧乙酸属于传统消毒剂，而二氧化氯和过氧化氢属于新型消毒剂。由于甲醛的残留及致癌等问题，已基本被淘汰，国内仅有极少数生物安全实验室在使用。4 种消毒剂中，过氧乙酸蒸汽消毒的腐蚀问题是最严重的，在国内仅有极少数生物安全实验室使用。因此，下面主要对 GCD 和 VHP 进行比较，如表 4-15 所示。

表 4-15 气体二氧化氯与汽化过氧化氢的比较

	气体二氧化氯	汽化过氧化氢
广谱性	可杀灭一切病原微生物	可杀灭一切病原微生物
材料兼容性	对镀锌件、铜制品等具有较强的腐蚀性，与常见塑料、304 不锈钢、316 不锈钢、阳极氧化铝等兼容性良好	对铜制品等具有较强的腐蚀性，与镀锌件、常见塑料、304 不锈钢、316 不锈钢、阳极氧化铝等兼容性良好
穿透性	纯气态，可轻松穿透 HEPA 过滤器	饱和蒸汽，动力状态下可穿透 HEPA 过滤器
易用性	多种耗材，其中气–固法的耗材包括氯气，需要较高的操作水平	仅需过氧化氢溶液，易用
环境/健康安全浓度	$0.1ml/m^3$	$1ml/m^3$

用户普遍顾虑二氧化氯的腐蚀性，但实际情况是，根据 USEPA 的测试报告，纯气态的二氧化氯与实验室常见材料的兼容性良好。由于二氧化氯达到灭菌水平时所需相对湿度至少为 75%，当在温度较低的物体表面产生冷凝时，二氧化氯可溶于水产生二氧化氯溶液而增强了对金属的腐蚀性。因此需要控制待消毒空间的温度和相对湿度。与之相比，汽化过氧化氢的材料兼容性更优良。

另外，由于 VHP 穿透 HEPA 过滤器的效果较差，对含 HEPA 过滤器的生物安全柜、排风过滤单元等消毒时，依靠自然穿透消毒效果不甚理想，需要将 HEPA 过滤器（单元）前后形成密闭循环通路，在动力（风机）作用下，VHP 方可穿透 HEPA 过滤器，达到消毒效果。与之相比，GCD 消毒时是纯气态消毒，可以穿透 HEPA 过滤器且可实现过滤器下游的灭菌。

二元粉剂法生成 GCD 的消毒机，可以成为一个较好的补充，应用于含 HEPA 过滤器的设备消毒，但如何控制其相对湿度和杜绝冷凝是需要进一步解决的问题。

4.5.4 动物残体处理系统

动物残体是指动物的完整或部分躯体，包括动物内脏、血液及其报废肉类。生物安全领域中动物残体往往携带烈性病原微生物，不予处理或处理不当都会引发扩散、传播，造成严重的环境污染和生物危害，因此需对其进行高效、安全的无害化处理。动物残体无害化处理是指通过物理、化学或生物手段将动物残体处理成对生物和环境无害的物质的过程。

4.5.4.1 发展历程

动物残体处理方法的历史可以分为三个阶段。第一阶段是简单的物理隔离，典型方法是掩埋法。掩埋法是在指定地点挖掘深坑，动物尸体移出实验室前通常先进行高温高压处理，然后掩埋，动物残体在微生物作用下自然降解或采用化学处理方法，如投放生石灰，其遇水产生高温，从而杀灭微生物。该方法操作简单，成本低，曾被广泛采用。但高温高压并不能完全保证动物残体内病原微生物被彻底灭活，对地下水、土壤的污染均存在较大的风险，因此该方法被逐渐弃用。

第二阶段是高温处理，典型方法是焚烧。焚烧法虽然能彻底灭活病原微生物，但设备复杂，环保要求高，通常建设成集中处理中心，也有直接在实验室内进行直接焚烧处理，不用运输，如澳大利亚动物健康实验室（AAHL）。若运输至集中处理中心处理时，染疫动物残体需经高压灭菌后运送，否则二次处理和运输途中风险高。动物残体高温焚烧极易产生二噁英等有害物质，环境污染严重。

第三阶段是一体化处理方法，将动物残体灭活与降解结合起来处理，典型方法是高温炼制和高温碱水解。进入 21 世纪，采用碱水解处理、高温炼制处理的动物残体处理系统逐渐在美国、欧洲等发达国家和地区应用，动物残体处理系统将动物残体的灭菌和分解结合在一个处理过程中，能够在实验室现场完成动物残体的无害化处理。

4.5.4.2 现状

随着人类对环境污染控制的深入理解和广泛重视，传统的掩埋法动物残体处理已被大多数国家所弃用，除非发生重大疫情，为防止疫情在区域间传播，通常采用就地处理。高温焚烧虽然仍在使用，但受到严格管控，一般用在政府主导下的危险废弃物处理中心统一处理。目前，以高温炼制、高温碱水解为代表的第三代动物残体处理方法目前在动物残体无害化处理领域得到广泛应用，也是新建生物安全实验室、工厂的首选。在调研样本中，共有 2 家单位使用了动物残体处理系统，共 2 台。

1. 炼制

炼制处理工艺也称炼油法，该方法通过加热使油脂从动物的脂肪中熔炼、分离出来，将动物残体转化为肉粉、油脂等可二次利用的产物，是一种历史悠久的动物残体处理方法。早在 19 世纪，随着压力蒸汽容器的发明，采用湿化法的炼制处理设备便已出现并用于肉类食品行业。20 世纪 20 年代，干化炼制工艺出现，该方法相比于湿化法具有处理周期短、蛋白质回收率高、排放气味少等优点。随后，炼制处理工艺及设备不断发展完善，逐步具备了连续处理能力、搅拌功能等，处理效率、回收产物品质也随之提高，但应用领域还主要集中于农业和食品行业。近些年来，国外才将传统炼制处理工艺完善改进，研发了适用于实验室动物残体无害化处理的设备，并应用于生物安全领域。但炼制法在处理难以杀灭的病原微生物方面存在风险，美国和欧盟则禁止炼制工艺应用于感染疯牛病的动物残体的处理。

炼制处理分为干化法和湿化法两种工艺，两种工艺的基本原理都是通过高温高压使病原微生物灭活，油脂从脂肪中分离，水分从动物组织中分离。湿化法采用直接接触法，即使动物残体和热载体（蒸汽或水）进行直接接触；干化法则是通过热导法，即使动物残体的表面与热源接触。目前，应用于生物安全实验室的动物残体处理系统大多采用湿化法。

2. 碱水解

碱化水解本是一种组织消化技术，主要利用强碱、高温、高压环境催化组织水解，灭活病原微生物，从而达到无害化处理的方法。1993 年美国奥尔巴尼大学兽医系首先将碱水解用于处理染疫动物尸体。1995 年，美国 WR^2 公司制造安装了第一台碱水解处理设备，并用于人类尸体的处理。经过 20 多年的发展，碱水解处理工艺逐渐用于动物残体的无害化处理，并出现了移动式、固定式、车载式等不同类型的基于碱水解工艺的动物残体处理系统。而在效果评价和应用许可方面，基于碱水解处理的动物残体处理系统已被证实能够灭活美国 STAATT（State and Territorial Association on Alternative Treatment Technologies）标准中所列的所有病原微生物，美国各州也均通过了碱水解工艺处理染疫动物残体的应用许可。尤其对于导致疯牛病的朊病毒，碱水解处理能够彻底灭活朊病毒，并获得了欧洲委员会科技筹划指导委员会、加拿大食品监督局和美国农业部等机构的声明及应用许可。

根据处理温度不同，碱水解动物残体处理系统可分为低温和高温两种类型。低温处理系统工作温度为 95℃，常压运行，处理周期大约 16h，若使用搅拌器，可加速到 10～12h，该类设备的优点是罐体无需承压、设备成本较低、维护简单、缺点则是处理周期长、处理效率低。高温处理系统采用常规的碱水解处理工艺，采用压力容器承装动物残体，工作温度为 120～150℃，高压运行，处理周期为 3～8h。与低温系统相比，高温系统处理周期大大短于低温系统，处理效率更高，灭菌能力更强，但设备更复杂、更昂贵、更难以维护。目前，生物安全实验室大多采用的是高温系统。

根据输出方式不同，碱水解动物残体处理系统可分干输出式和湿输出式两种类型。动物残体经过碱水解处理后会产生高生化需氧量（BOD）和 pH 的无菌废液，目前处理系统对废液的处理主要有湿输出和干输出两种方式。湿输出处理系统对废液采取冷却、稀释、中和的方式进行排放，而干输出处理系统则对废水进行脱水处理，形成固体冷凝物后输出。两种输出方式要求的罐体内部结构和搅拌单元也不尽相同，湿输出处理系统罐体内部设有网状篮，搅拌单元主要由罐体底部的射流搅拌装置、碱液循环泵和循环管路组成，网状篮用于盛装动物残体，并将处理后的骨骼残渣和废液隔离，便于固体产物的回收。干输出处理系统罐体内部设有搅拌轴和搅拌桨，在处理过程中对动物残体进行搅拌破碎，骨骼残渣充分破碎后和废液混合，脱水后共同形成固体冷凝物后进行排放。

进入 21 世纪以来，我国相关单位相继引进了高温炼制和高温碱水解等动物残体无害化处理设备。我国标准 GB 16548—2006《病害动物和病害动物产品生物安全处理规程》将炼制（化制）工艺列为动物残体无害化处理的一种方式，同时指出其不适用于感染疯牛病的动物。2013 年，我国农业部下发了《病死动物无害化处理技术规范》，规范将炼制工艺列为病死动物无害化处理的一种方式，但对病毒灭活的效果验证仍需进行系统研究。

4.5.4.3 国内动物残体处理技术发展

我国在进入 21 世纪后开始关注动物残体无害化处理技术和装备的研发。国家生物防护装备工程技术研究中心在国家 863 计划的资助下，开展了碱水解温度、压力、作用时间、碱液添加量等关键因素对于碱水解处理效果的影响规律研究，优化了处理条件，使碱水解处理技术在理论上更加成熟完善。同时采用卧式横轴搅拌，研发了单次处理量 20kg 的小型高温碱水解动物残体处理系统（图 4-112），填补了国内空白。该系统采用湿输出的处理方式，在温度 150℃下处理 3h 可将小型动物整体完全水解（图 4-113），处理效果达到国外同类产品水平。

图 4-112 小型高温碱水解动物残体处理系统

图 4-113　小型高温碱水解处理系统处理大兔后液体处理产物和固体骨头残渣

在小型高温碱水解处理系统研制成功的基础上，国家生物防护装备工程技术研究中心研发成功了大型高温碱水解湿法处理系统，已为古巴 LABIOFAM 公司设计制造了单次处理量 1t 的碱水解设备（图 4-114），采用高温高压过程加碱这一彻底水解方式，标志着我国大型高温碱水解动物残体处理设备达到应用化水平。

图 4-114　国家生物防护装备工程技术研究中心研制的单次处理量 1t 的碱水解设备

近年来，国家生物防护装备工程技术研究中心在国家重点研发计划课题的资助下，成功将彻底水解产物通过蒸发干燥的形式进行脱水，形成固体产物，在彻底碱水解的同时实现了"干法""湿法"输出的随意切换，并对处理流程进行了创新，在国内外同类设备中率先增加了 1 个容量为 2 批次处理产物的储液罐和 1 个成套性的蒸发处理系统（图 4-115），动物尸体在高温高压水解后直接排放至储液罐中，即可进行下一批次的动物尸体处理，同时可将储液罐中的处理产物输送至蒸发系统进行干燥处理，也可输送至发酵处理系统进行二次处理，下一批次动物无害化处理的同时可进行上一批次处理产物的干

图 4-115　国家生物防护装备工程技术研究中心研制的新型大型碱水解设备（右为干法输出的固体产物）

燥处理，显著缩短了主处理设备单次处理时间，提高了水解效率。目前，该方案在我国多家生物制药企业得到应用。

4.5.4.4 存在的问题

目前动物残体处理系统存在的问题主要包括以下几方面。

1）处理产物的后处理问题。目前高温碱水解和炼制产生的固体废弃物，尚无系统检验认定其不属于危险固体废弃物，因此我国环保部门仍将其认定为危险废弃物，需要进行二次处理。液体废弃物如炼制产生的油脂、碱水解湿法产生的液体也需进行二次处理，带来使用的不便和成本的增加。

2）处理设备本身的生物安全性问题。动物残体处理系统除能够彻底杀灭动物残体内的微生物，还需要保持自身的生物安全性。比较突出的是设备消毒灭菌的完整性。动物残体处理设备是一个复杂的系统，管道、接头、仪表等形成的难以消毒灭菌的盲端很多，且内部物质往往为动物组织的混合物，消毒灭菌困难，且难以验证，生物安全性存在一定的风险。

3）设备认证问题。动物残体处理系统既属于生物安全设备，也属于环保设备，均涉及设备认证问题，然而目前对该类设备的约束性标准尚处于空白状态。

4.5.4.5 发展趋势

动物残体无害化处理将是未来动物疫病防控、科学研究、药物生产必备的核心设备之一，直接关系到生物安全和环境保护，必将受到越来越多的重视，相关要求也将越来越严格，其作为终端消毒和环保处理设备是未来动物残体处理设备的必然发展趋势。随着技术的攻克和工艺流程的优化，碱水解处理将实现动物组织的彻底水解化，并且处理周期比目前大幅缩短；随着湿法处理技术的成熟，碱水解湿法处理将成为动物残体无害化处理的主流。炼制处理将更加符合生物安全性要求，处理产物的后处理将更加便捷。低温冷冻破碎技术可能是动物残体无害化处理的另一个不同方法，目前已证实可将残体组织破坏、脱水，形成粉末状物质，但杀灭微生物的效果仍需进一步验证。

4.5.5 实验室生命支持系统

当 BSL-4 实验室采用正压防护服作为个人防护装备时，需要实验室配套生命支持系统，为正压防护服提供压力稳定的正压维系气源以确保实验人员与实验室环境隔离，同时为防护服内人员提供可呼吸的洁净空气，其安全性关乎实验人员的健康甚至生命。图 4-116 为实验室生命支持系统的机组照片，设置于实验室的机房，对空气进行压缩、净化、温度调节等一系列处理。图 4-117 为实验室生命支持系统经供气管道布设后在生物安全实验室内连接正压防护服的照片，实验室生命支持系统为正压防护服提供可呼吸的洁净空气，维持正压防护服的正压和人员呼吸用气。

4.5.5.1 实验室生命支持系统技术发展

1. 发展历程与现状

应用于 BSL-4 实验室中的生命支持系统，在欧美等国家更广泛地称为呼吸供气系统（breathing air system），如在 WHO 颁布的《实验室生物安全手册》（*Laboratory Biosafety Manual*，第三版）中称为 breathing air system，在美国健康与人类服务部（U.S. Department of Health and Human Services）颁布的《微生物和生物医学实验室生物安全》（*Biosafety in Microbiological and Biomedical Laboratories*，第五版）中除 breathing air system 外，也称为生命支持系统（life support system），而在我国生物安全领域长期直接称为生命支持系统或生命维持系统。

图 4-116　实验室生命支持系统机组

图 4-117　实验室生命支持系统用气终端

实验室生命支持系统为正压防护服供气，与自给式呼吸器（self-contained breathing apparatus，SCBA）的呼吸防护装置供气系统类似，对于空气品质的要求也基本相同，可认为是由 SCBA 供气系统发展而来的更可靠、更安全的系统。呼吸防护装置供气系统与供气式呼吸防护装置配套工作，用于环境空气中污染物毒性强、浓度高、性质不明或氧含量不足等高危险性场所，如潜水、火灾救援、石棉消除、危害物泄漏事件、核生化袭击事件等非固定场所，通常采用背负式或手提式压缩空气钢瓶为供气式呼吸防护装置提供气源，如图 4-118 所示。

图 4-118　手提式呼吸防护装置供气系统

对于工业车间、实验室等固定场所，需要较长时间的连续供气支持，通常采用压缩空气钢瓶组或空气压缩机（空压机）等设备提供气源。图 4-119，为采用压缩空气钢瓶组供气的呼吸防护装置供气系统。图 4-120 为以空压机为主供气，并配置压缩空气钢瓶组为备用供气的呼吸防护装置供气系统的原理图。

图 4-119　压缩空气钢瓶组供气的呼吸防护装置供气系统

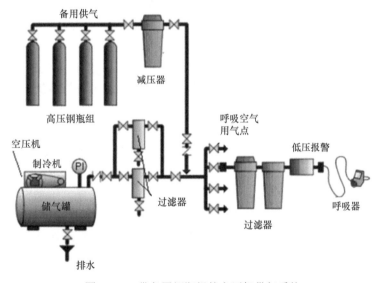

图 4-120　带备用钢瓶组的空压机供气系统

对于 BSL-4 实验室使用的生命支持系统，需要同时支持多套正压防护服长时间连续工作，且正压防护服的用气量较大，一般正常工作时供气压力为 5～6bar，流量为 400～500L/min，因此采用空压机作为主供气设备，并设置压缩空气过滤、温度调节等功能模块，使压缩空气组分品质和舒适性达到标准要求。同时，为了提高系统安全性，当空压机出现故障或系统电源故障时，可自动切换至紧急支援气源并维持一定的时间，保证实验人员可以安全撤离实验室。

由于我国高等级生物安全实验室尤其是 BSL-4 实验室的发展起步较晚，包括实验室生命支持系统在内的许多核心装备没有技术储备，致使我国 BSL-4 实验室建设过程中的相关核心装备长期依赖进口。目前，已建成 BSL-4 实验室的生命支持系统均为法国 BELAIR 公司和 Mil's 公司的产品。

2016 年，在国家高技术研究发展计划（863 计划）的资助下，国家生物防护装备工程技术研究中心通过对课题"病原微生物实验室人员防护关键技术和产品的研究"（课题编号：2014AA021405）进行攻关，成功研制了包括实验室生命支持系统在内的多种 BSL-4 实验室核心装备，其中实验室生命支持系统如图 4-121 所示，已成功应用于中国农业科学院哈尔滨兽医研究所的国产化模式实验室及武汉大学的 ABSL-3 实验室。

图 4-121　863 计划课题成果实验室生命支持系统样机

2. 系统构成及工作原理

实验室生命支持系统的用气终端为正压防护服，一方面需要满足正压防护服的供气压力和供气流量的要求，另一方面需要满足正压防护服内人员呼吸的空气品质要求。因此，实验室生命支持系统一般包括气源设备、压力调节、压缩空气品质监测、温度调节等功能。

如图 4-122 所示，气源设备包括空压机和压缩空气钢瓶组，其中空压机为主供气设备，压缩空气钢瓶组为紧急支援气源。空压机实现空气压缩、提升供气压力，可采用主流类型的成熟空压机产品，包括工频型或变频型、含油型或无油型等，其关键参数为供气压力和供气流量，同时应满足一定的噪声、节能、维护方便性等其他要求。干燥机用于除去压缩空气中的水分，降低压缩空气的压力露点，可根据需要使用冷冻式干燥机或吸附式干燥机。过滤器组包括一系列不同功能的过滤器，如初效过滤器、精密过滤器、活性炭过滤器、一氧化碳催化去除过滤器及二氧化碳吸收过滤器，用于去除压缩空气中的固体粒子、液态水、油、微生物、一氧化碳、二氧化碳、异味等固体或有害气体组分。压缩空气品质监测模块实时检测经过过滤器组处理后的压缩空气品质，主要包括一氧化碳、二氧化碳和氧气的浓度，也可根据需要检测油的含量。储气罐用于缓冲，避免空压机启停对管路压力的冲击。温度调节模块用于控制压缩空气的温度，提高呼吸的舒适性。精密减压将供气压力调节至正压防护服所需压力范围。压缩空气钢瓶组储存一定量的可直供呼吸的压缩空气，用于系统故障时的紧急支援供气，通过供气切换自动接入。

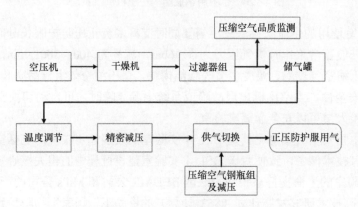

图 4-122　实验室生命支持系统构成框图

实验室生命支持系统关乎穿着正压防护服人员的健康甚至生命，必须保证高等级的安全性和可靠性。为了增强其可靠性，实验室生命支持系统的设计需考虑充足的安全冗余，主要包括以下几个方面。

（1）空压机

空压机是实验室生命支持系统的关键气源设备，一般设置两台，单独或同时运行，并且单独运行时可以自动切换。为了提高空压机的可靠性，通常做法是两台空压机互为备份冗余。实验室生命支持系统启动运行时，通过自动控制系统根据运行时间长短自动决断某台空压机作为主机，而另一台作为备机，当主机发生故障或供气流量达不到需求时，自动启动备机。上述方法，可以保持两台空压机的运行时间基本相当，避免出现某台空压机长期闲置不工作导致性能衰减的情况。

（2）压缩空气品质监测

相关标准规定呼吸用压缩空气的气体组分必须达到一定水平，当经过滤器组处理后的压缩空气品质监测模块检测到氧气含量、一氧化碳浓度或二氧化碳浓度超过一定阈值后，关闭供气阀停止向储气罐供气，同时打开不合格气体排放阀，将不合格的气体排放至系统管道外部。

（3）紧急支援供气

当主供气气源发生异常时，如空压机发生故障、系统供电故障或空气品质监测不合格向外排放时，造成主供气压力和流量降低，为保证正压防护服的持续供气，系统可以自动切换到紧急支援供气。紧急支援供气气源一般采用压缩空气钢瓶组，内部备有达到标准要求的呼吸用压缩空气，可持续供气一定的时间。供气切换应可以在没有供电的情况下仍能可靠切换。

（4）故障判断与报警

针对实验室生命支持系统的关键运行参数，实验室生命支持系统设计相应的传感器并接入自动控制系统进行监测，当超过阈值时以文字、声或光等方式进行异常提示或故障报警，并记录相关信息以供后期查询、追溯。

空压机应具备故障信号输出功能，当发生故障时由实验室生命支持系统自动控制系统感知该信号。

针对压缩空气品质通常设置两级判断，当氧气含量、一氧化碳浓度、二氧化碳浓度或油含量超过一级阈值时，进行异常提示，当超过二级阈值时则判定为故障并进行故障处理。

在温度调节模块后端设置温度传感器、露点传感器、压力传感器，分别用于判断供气温度过高或过低故障、供气露点过高故障、供气压力过高或过低故障等。

在储气罐上设置压力传感器，用于判断储气罐压力过高或过低故障。

4.5.5.2　存在问题、趋势与应用现状

如前所述，我国的实验室生命支持系统发展起步较晚，技术相对落后，虽然已成功研制出系统样机并进行了初步的试用和评估，但仍然存在以下几个问题需要进一步解决。

1）系统中的一氧化碳催化去除过滤器及二氧化碳吸收过滤器，与进口产品相比显得笨重，且无直观或可传感的失效判断，需要进行系统性的实验获得寿命评估模型、缩小过滤器尺寸、集成失效判断措施。

2）相关标准的部分条款与实际应用情况不符，如 RB/T 199—2015《实验室设备生物安全性能评价技术规范》中要求生命支持系统供气的"相对湿度在 35%～65% 可调"，按照目前的技术条件来说是极难实现的。因为压缩空气系统中除湿容易但加湿困难，加湿时易造成压缩空气管道中出现"水锤"效应而损坏气动元件。因此，在技术水平进一步提升之前，应考虑相关标准的适应性。

3）系统型式单一，国外除应用固定式生物安全实验室的生命支持系统外，还有车载移动式、模块化压缩空气净化箱组等系统或模块，以满足移动式 BSL-4 实验室或野外正压防护服供气的需求。在此方面，我国科研团队仍需继续开展相关研究。

在调研样本中，共有 2 家 ABSL-3 实验室配备实验室生命支持系统，均为进口品牌，共 7 套，使用效果均为满意或较满意。

4.5.6 化学淋浴消毒装置

化学淋浴消毒装置是高等级生物安全实验室关键的防护设备之一。特别是正压防护服型生物安全四级实验室，从污染实验室出来时个人防护装备必须经过一定措施，充分显著减小释放到环境的危险，防止在人员退出高污染区时个人防护装备可能产生的污染。而化学淋浴消毒装置作为实验室工作人员退出高污染区的第一道防护屏障，其重要性不言而喻。因此，在四级实验室出口，工作人员必须通过化学淋浴消毒装置对所穿戴的正压防护服表面进行全方位的喷雾消毒和清洗，以保护人的安全和防止危险生物病原体偶然外泄到环境及周围社区。

4.5.6.1 技术发展

淋浴去污技术概念较早出现在核电、制药以及精细化工领域，在这些领域人员一旦受到核生化沾染，最直接、快速、高效、安全的去除方式就是洗消。在生物安全领域，随着高等级生物安全实验室的建设和实际需求，淋浴去污技术逐渐开始应用起来，特别是高度危险性病原体的最高等级防护设施生物安全四级实验室的出现。WHO《实验室生物安全手册》（第三版）则要求用于防护服型生物安全四级实验室必须配备清除防护服污染的淋浴室，以供人员离开实验室时使用。

在相关报告中提到，传染性病原体对于人类和社会具有高度危险性，对于高防护研究临床实验室的安全和适当的功能，迫使需要好的实践经验和技术、安全的设施与一级防护（PPE）。这些安全设施包括使用空气供应的正压防护服，在四级实验室出口，需要通过化学淋浴净化正压防护服，以保持防护、人的安全和防止危险生物病原体偶然外泄到环境及周围社区（美国卫生部，2009年）。加拿大当前的指导方针提到，对于穿着防护服的人在离开防护实验室时，需要一定时间的化学淋浴；必须使用对相关病原体有效的消毒剂，按照说明稀释并且根据需要做好清洁（加拿大公共卫生机构，2004年）。使用相互连接的Ⅲ类微生物安全柜（MSC），由于其对工作方法和物理空间的限制，可能存在固有的人体工程学问题，并且通常不适合用于畜牧业。与使用机柜线进行工作的员工相比，空气供给的正压防护服使操作员能够在实验室工作台上和实验室内的开放式微生物安全柜中使用微生物，具有较灵活的运动空间和能见度。

随着生物安全概念的普及和生物安全技术的发展，关于淋浴去污的重要性、必要性在各国的相关标准中有了明确要求。例如，美国CDC（Centers for Disease Control and Prevention）等组织发布的《微生物和生物医学实验室生物安全》（第五版）、英国健康安全局发布的英国HSE标准、加拿大政府颁布的《加拿大生物安全标准》等标准中关于化学淋浴系统都做出了明确要求，而我国生物安全实验室标准GB 19489—2008《实验室 生物安全通用要求》中第6.4.4条明确要求"适用于4.4.4的实验室的防护区应包括防护走廊、内防护服更换间、淋浴间、外防护服更换间、化学淋浴间和核心工作间。化学淋浴间应为气锁，具备对专用防护服或传递物品的表面进行清洁和消毒灭菌的条件，具备使用生命支持供气系统的条件"。RB/T 199—2015《实验室设备生物安全性能评价技术规范》中第4.10条更是详细地规定了化学淋浴消毒装置评价的相关内容。

国外在高等级生物安全实验室防护设备设施方面的研究介入相对较早，特别是欧美一些发达国家介入及技术研究比较超前。在早期的病原微生物实验室中所采用的淋浴去污设施基本都是根据实验室建设需要自行设计，淋浴室的大小、材质、功能各不相同，无统一标准。但随着生物安全概念的普及和生物安全技术的发展，越来越多的实验室采用专业厂家设计的整体式化学淋浴系统，这也成为未来化学淋浴系统发展的趋势。目前欧美国家就淋浴去污技术以及设备进行研制，法国Plasteurop和德国的HT公司等都相继开发出整体式化学淋浴系统装配。关于淋浴去污技术国外率先做了大量的基础工作（图4-123），探索不同消毒试剂对不同类型的正压防护服净化的效果研究，雾化淋浴技术可有效减少操作人员暴露于高活性药物成分（API）的风险，以及淋浴BSL-4适合去除生物污染等。当前化学淋浴的技术热点主要集中在精细雾化技术、复合消毒剂以及去污效果等方面。

图 4-123　国外关于淋浴去污效果研究搭建的淋浴室模型

我国的高等级生物安全实验室建设起步较晚，许多生物安全理论、标准、做法基本引用国外的经验。历经十余年发展从几乎一片空白，到今天已经初具规模和体系。如今我国已新建设了几所生物安全四级实验室，在高等级实验室方面我国已迈出一大步。但也存在一些问题，目前我国四级实验室都是采用正压防护服型实验室，其多数硬件产品包括化学淋浴消毒装置，都是引进国外的设备。在这方面关键设备设施依赖进口，除价格昂贵外，还存在设备后期维护成本高以及配件购买周期长的问题。有些设备上因元器件尺寸、接口、信号等一些常规仪表阀门等配件都必须从国外采购，有时数量少的订单供应商禁止销售。特别是在系统运行中，个别元器件损坏而一时采购不到替代品，必会造成无法想象的后果，这严重制约着我国生物安全领域的发展。如不加强对相关技术和产品的自主研发，随着我国更多高等级实验室的建设与投入使用，必将加深对进口产品的依赖，增加实验室运行成本。应加大对高级别病原微生物实验室关键防护装备的自主研发力度，早日解决实验室核心技术和关键设备长期依赖于他国的问题。

4.5.6.2　化学淋浴消毒装置技术

目前就化学淋浴系统设备装置而言，每个国家都有自己的设计规范标准，但设备通用性原理基本一致，结构组成大致相同，如气密型淋浴室、配液系统、精细雾化技术、消毒剂等。基本流程如下：采用一定技术手段将一定浓度的消毒剂溶液雾化成细小液滴，全方位喷洒在防护服表面，消毒暴露一定时间，清水冲洗后收集淋浴污水至污水处理系统进一步处理。

化学淋浴系统是高等级生物安全实验室中重要的防护设施，其装置布置于核心工作间和其他房间之间，适用于身着防护服的人员消毒，在实验人员离开高污染区时，能有效防止实验操作过程中含有的危险性生物微粒被带离核心工作间。

国内外高等级生物安全实验室所使用的淋浴系统的基本工作原理大致相同，在互锁式气密门组成的气密型淋浴室内，淋浴室连接至双级过滤送、排风装置系统，使化学淋浴箱体内保持负压状态。由配液系统将自动配比的化学药剂，通过加压泵组、阀组、传感器系统以及管道系统，利用超精细雾化喷嘴，把化学药剂宽范围、无死角地喷洒到正压防护服上，有效灭活并去除工作人员所穿正压防护服表面可能沾染的危险致病微生物。同时收集淋浴所产生的污水排放至污水处理系统，进一步灭活处理。具体核心技术点如下。

1. 气密型淋浴室

气密型淋浴室就材质和安装方式方面没有明确要求，但其结构承压力及密闭性应符合所在区域的要求，满足生物安全实验室气密标准，如图 4-124 所示。从组装类型区分：一种类型淋浴室根据实验室实际建设通过布置管路、雾化喷嘴组装而成（见图 4-124 左图），另一类型是通过连续焊接技术，由不锈钢薄板组成的整体式淋浴室（见图 4-124 右图）。法国 Plasteurop 公司的化学淋浴室目前都是采用不锈钢材质组成的整体式淋浴室。化学消毒药液具有一定的腐蚀性，淋浴室箱体采用耐腐蚀的 316L 不锈钢薄板连续焊缝组成，抛光内部焊缝可有效避免任何液体滞留，同时箱体上配置充气密封式气密门，门框与箱体焊接一体。这类型淋浴室是以后的发展趋势。

图 4-124　两种类型的淋浴室

2. 精细雾化技术

雾化喷嘴是化学淋浴消毒装置的核心部件，雾化喷嘴是很成熟的技术产品，应用的领域非常广泛，在钢铁、汽车、环保、电子、造纸、消防、食品加工、喷涂设备等方面都有使用。而在淋浴消毒去污方面，一方面要求雾化效果好，能有效接触并杀灭病原微生物；另一方面要求多喷嘴、多角度喷射以保证全方位、无死角对防护服表面进行洗消。Plasteurop 公司淋浴雾化技术采用的是空气雾化喷嘴（双流体喷嘴），使用高压气体为动力，辅助液体微雾化，也称为空气辅助式喷嘴，通过改变液体和压缩气体压力来调整雾化装置，从而提供微细液滴尺寸的喷雾，平均喷雾粒径较细，最细可达 10～20μm。这类型雾化喷嘴的优点是雾化效果好，雾化粒径细，雾化的药液对防护服表面有冲力，而且能节约消毒液成本，减小对实验室污水处理系统规模的影响，缺点是在使用时短时间内会有大量压缩空气进入淋浴室内，使其排风系统需具备一定的调节量（图 4-125）；另一种淋浴雾化技术采用的是液体加压式实心锥形雾化喷嘴（单流体喷嘴），仅使用高压泵将液体加压至所需之压力，此种类型喷嘴平均喷雾粒径较粗，流量较大，最细喷雾粒径约为 50μm。在淋浴去污系统方面，这种类型的喷嘴对工艺管路及配液系统复杂程度要求较低，缺点是喷嘴流量较大，消毒剂和水资源消耗大（图 4-126）。目前这两种类型的喷嘴雾化粒径能有效接触各类微生物，都可以达到最佳灭活与消毒杀菌效果。

3. 复合消毒剂技术

广泛使用的消毒剂和高性能消毒剂，如氯、甲醛、戊二醛、过氧化氢和过氧乙酸等通常是有毒的，具有较强的腐蚀性或氧化性，在化学淋浴去污方面与实验室的管道、污水处理系统和正压防护服等方面

图 4-125 法国 Plasteurop 化学淋浴装置

图 4-126 英国 PBSC 公司化学淋浴装置

可能存在不兼容问题。一些中级消毒剂，如含有酒精、碘或酚的消毒剂，可能具有更好的相容性，但由于存储安全性或环境友好性较差，而在化学淋浴期间需要使用大量的消毒剂，因此不是一个好的选择。国内某高等级实验室科学家采用医用戊二醛作为化学淋浴系统的消毒液，结果表明虽然灭菌效果较好，但由于戊二醛溶液带有刺激性气味，在加药过程中对眼睛、皮肤有强烈的刺激作用，因此不建议使用，建议使用复合类消毒剂。而国外高等级实验室广泛使用的是 5% MicroChem-Plus™消毒剂（图 4-127），而国内另一高等级实验室科学家对中级消毒剂作为中国生物安全四级实验室消毒剂做了详细消毒效果评估，并表明 5% MicroChem-Plus™消毒剂是 BSL-4 实验室非常有效的消毒剂。其他文献资料报道了国外

图 4-127 MicroChem-Plus™和 Virkon® S 消毒剂

另一些实验室选用 3% Desintex 或 2% Virkon® S 消毒剂。而这类的消毒剂多是由季铵盐、过硫酸氢钾三盐复合物、表面活性剂、有机酸、无机缓冲体系组成复合物。表面活性剂能迅速破坏生物膜，直接快速杀灭病原微生物，其具有更好的相容性、储存安全性和环境友好性，广泛应用于淋浴去污领域。但此类消毒剂在我国目前还主要依赖于进口，广谱性复合消毒剂目前仍是制约我国 BSL-4 实验室淋浴去污的一项技术瓶颈。

4.5.6.3　国内产品发展分析

我国生物安全实验室的建设起步较晚。真正大规模开展研究和建设工作是在 2003 年 SARS 疫情之后，特别是近年来高等级四级实验室的建设，国家加大了对生物安全设施设备和关键技术相关研究的投入，提升自主创新能力，关键设备设施逐步实现国产化。

依托国家高技术研究发展计划（863 计划）专项课题"病原微生物实验室人员防护关键技术和产品的研究"，国家生物防护装备工程技术研究中心已攻克化学淋浴洗消的关键技术，成功研制出整体式化学淋浴消毒装置（图 4-128），获得授权的专利"整体式化学淋浴系统"（专利号：ZL201720155481.2），并通过了具有国家级检验资质的第三方机构验收，目前已在我国某些高等级生物安全实验室推广应用，为我国生物安全四级实验室国产化建设迈出了关键一步。

图 4-128　国产整体式化学淋浴消毒装置

在调研样本中，共有 2 家 ABSL-3 实验室配备化学淋浴设备，均为进口品牌，共 11 套，使用效果均为满意或较满意。

进口品牌整体式化学淋浴系统，配液系统为一体全自动化模式，按预设消毒剂配方自动配比化学药剂并混匀药剂，气密型的淋浴间结合自主研制双气囊充气式气密门以及气密型地漏，其性能完全满足规范要求。工作模式如下：配液系统通过加压泵组、阀组和管道等输送系统，把一定浓度的化学药剂混合液输送至淋浴消毒间，在一定压力下利用超精细雾化喷嘴，把化学药剂雾化成粒径 50μm 以下的细雾，雾化细雾全方位、无死角地喷洒到正压防护服上，气雾充满整个消毒间。雾化喷雾时间在程序里自动控制，并能在一定时间内调整设定，雾化消毒结束后自动进入暴露阶段，使消毒药剂与防护服表面或消毒间内的微生物充分接触，更大程度地加强消毒灭菌效果。再是流程自动进入纯净水清洗阶段，输送系统的阀组自动关掉药剂注入阀，并打开纯净水注入阀，清洗配液系统源头直至消毒间雾化喷嘴，一是实现对系统管道、泵、阀、喷嘴等部件的清洗，二是对防化服表面的消毒液进行清洗，减少消毒液对其腐蚀，清洗时间由程序设定。整个消毒流程结束后，通往半污染区的气密门方可打开。通过雾化喷淋消毒可有效灭活并去除工作人员所穿正压防护服表面可能沾染的危险致微生物，保障科研、医疗人员安全退出污染环境，避免将病原体带入周围环境。该装置既可用于人员去污染后退出污染环境，也可用于污染区设备和物质移出时的表面喷淋消毒。

1. 技术创新

为确保淋浴室的气密性要求，化学淋浴室门体必须是气密门，通常采用充气式气密门。充气式气密门的密封面处于门框中间位置，而机械式气密门的密封面处于门框边沿处，如图 4-129 所示，在淋浴室内雾化淋浴时难免会有化学药剂喷洒至门体上，过多的液滴会顺着门体滴下来，采用机械式气密门时，密封面远离淋浴室一侧，开门时容易把淋浴污水带入相邻的房间内，所以化学淋浴室的气密门多选用充气式气密门。常规的充气式气密门是单气囊（充气胶条），长期充/放气使用容易使气囊磨损，由于气囊供气管路的气管是 $\phi8$ 或 $\phi6$ 软管，供气流量比较大的，气囊磨损微小细孔泄漏时目测很不容易发现。为了解决上述现有存在的问题，国家生物防护装备工程技术研究中心研制了一种新型双气囊充气式气密门及其在线气密性自检方法，获得授权的专利"一种双气囊充气式气密门"（专利号：201820359001.9）应用于化学淋浴室上，可提高气密门自身的密封性，并实现气密门气密性的实时自检，充分满足气密门所在环境的密封要求。

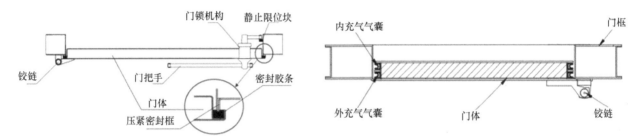

图 4-129 机械式气密门与双气囊式充气门断面视图

2. 产品研制具体描述

针对正压防护服型 BSL-4 实验室，实验工作人员工作结束后，必须进入淋浴消毒间（密闭互锁空间），在流程控制程序中可设置强制性淋浴消毒的时间流程，必须经过一个完整的消毒流程后，通往防护服更换间的门才被允许打开。具体步骤如下：退出污染区进入淋浴消毒间，关闭气密门，淋浴间气密门互锁，连接生命支持系统供气管路，启动化学喷淋流程，雾化消毒液对防护服外表进行整体消毒喷淋（图 4-130）。此后，流程进入暴露消毒阶段，暴露时间到后系统将自动切换为纯净水清洗，整个流程结束后，外间门锁才会被允许打开，然后脱去防护服，进入普通淋浴室更衣后，退出实验室。

图 4-130 对防护服外表进行整体消毒喷淋

（1）化学淋浴设备组成

化学淋浴设备是用于正压防护服型 BSL-4 实验室对正压防护服表面进行消毒用的关键设备，通过喷淋化学药剂对正压防护服表面进行清洗消毒。整体式化学淋浴设备是由气密淋浴消毒间（内气密箱体、钢结构骨架、外装饰箱体、污水收集槽、网孔踏板、气密型地漏）、雾化喷淋系统（喷嘴、管路、应急手动消毒装置）、化学药剂配液系统（罐体、阀组、泵组及传感器系统）、送排风过滤系统（高效过滤单元、生物密闭阀）、气密门（门禁连锁控制、应急解锁装置以及故障报警指示）、供气系统（生命支持供气系统、压缩空气供气系统）、自动控制系统（压差、照明、互锁、监控、报警）等组成。

（2）气密淋浴消毒间

气密淋浴消毒间是供穿戴正压防护服的工作人员洗消的空间，是消毒的工作区域。其淋浴间内壁板采用 316L 不锈钢薄板氩弧焊满焊焊接，出入口设有气密门，顶部安装送排风高效空气过滤器装置，侧壁设置生命支持系统螺旋管接口和相关仪表、操作按钮等，底部设有污水收集槽并配备网孔踏板、气密型地漏及防回流管路。由于化学消毒剂具有一定腐蚀性，其箱体材料的选用必须耐腐蚀，重点化学淋浴消毒间整体焊接构造及管线与箱体的连接等必须确保淋浴间的气密性，满足整体淋浴间围护结构气密防护技术。箱体结构应能耐受 1000Pa 的压力，箱体保持 500Pa 压力时，经过 20min 后压力损失不超过 250Pa。满足 GB 19489—2008《实验室 生物安全通用要求》中 BSL-4 实验室防护区围护结构的气密性要求，见图 4-131。

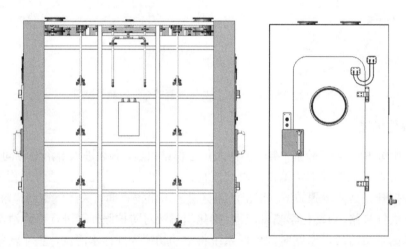

图 4-131　化学淋浴设备总体外观示意图

1）淋浴消毒间外箱体：化学淋浴装置外箱体一般采用 304 材质不锈钢薄板拼接组装，重点考虑与相邻房间（污染区、半污染区）的连接处及密封结构形式，确保相邻房间的气密性要求。门体顶部或其他空间位置处设置检修口，方便安装时施工人员来进行安装、维修等工作。

2）淋浴消毒间钢结构框架：淋浴间的整体框架采用 304 不锈钢方管或矩形管型材焊接方式。主框架支撑整个化学淋浴设备，应结实、牢固，满足运输及安装时吊装要求。辅助框架搭接在主框架上，进一步加强装置的强度，不锈钢薄板附着于框架上，保证壁板的平整性和强度，满足在高压力下箱体的气密性要求。

3）淋浴消毒间内箱体：淋浴消毒间的空间大小应能满足 2 人以上同时使用，并有一定的活动空间。整体淋浴间的箱体宜采用耐腐蚀的 316L 不锈钢薄板，其表面抛光精细、平整光滑、光洁、易于清洁。通过对其剪切、折弯、满焊工艺制作而成。雾化喷嘴接头的管道，控制面板，照明设备，送、排风管道、排水管道、气密门等与箱体连接处均采用满焊焊接工艺技术，确保箱体的气密性。

4）淋浴消毒间污水收集槽：消毒间箱体底部应设置污水收集槽，收集槽的容积大小应至少收纳 1 次全流程消毒循环产生的污水，收集槽上部铺设网孔踏板或格栅式踏板，淋浴消毒产生的污水能及时从踏板孔隙流入收集槽内，待流程结束后再将污水集中处理至污水处理设备中。

5）淋浴间气密型地漏：为保证淋浴消毒间足够的气密性，除箱体气密性要求外，污水排出也应选用气密型地漏。其主体材质采用耐腐蚀的 316L 不锈钢，驱动动力源为压缩空气，通过压缩空气驱动气缸来控制地漏的打开或关闭。废液入口处设有孔板，有效防止异物进入，地漏内部自身设有防回流措施，即使地漏打开时，也能依靠地漏罐体的水柱压力保证房间气密性，有效防止气体外溢，如图 4-132 所示。

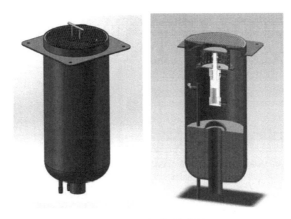

图 4-132　气密型地漏

（3）雾化喷淋系统

化学淋浴设备的重要技术指标：雾化喷淋技术必须满足多角度宽范围、无死角地对防护服表面进行清洗消毒。雾化喷嘴是喷淋洗消的核心部件，一方面要求雾化效果好，能有效接触并杀灭病原微生物；另一方面应兼顾节约用水量，在低耗水量的条件下保证消毒效果。其中涉及喷嘴的类型选择和布局，研究超细雾化淋浴技术，分析压力、管径、流量等因素对喷嘴淋浴粒径、角度、冲击力的影响规律。

1）雾化喷嘴类型：喷雾喷嘴的主要特性（参数）包括喷雾类型、喷射角度、喷嘴流量、喷嘴材料、液滴大小、冲击力、流量分布均匀性。

常采用的雾化喷嘴一种是单流体雾化喷嘴，一种是双流体雾化喷嘴（空气雾化喷嘴）。单流体雾化喷嘴是利用高压泵将液体加压至所需压力，借助水压产生超细喷雾。此种类型喷嘴平均喷雾粒径相对较小，最细喷雾粒径约为 50μm。流量可调范围宽，喷雾覆盖范围广，冲击力强。单流体雾化喷嘴连接的管路仅需要液体传输，管道设计简单，方便安装调试，适合小空间安装；双流体雾化喷嘴需要借助压缩空气和水压两种动力源，相比单流体雾化喷嘴，其结构相对复杂，平均喷雾粒径更小，喷雾效果更好，平均喷雾粒径约为 30μm，其安装需要两路管路，一路提供水源一路提供压缩空气源，这种类型喷嘴的管道宜布置在淋浴间内。雾化粒径在 50μm 以下的化学消毒液都能有效接触各类微生物表面，达到最佳灭活与消毒杀菌效果。

喷嘴雾化形状的选择，考虑全方位、无死角的喷淋效果，雾化喷雾效果应产生圆形打击区域，分布均匀，压力和流量适用范围广，液滴大小为小到中，见图 4-133。

实心锥形

平面扇形

图 4-133　不同雾化喷嘴雾化形状

2）雾化喷嘴布局：结合淋浴消毒间箱体内尺寸，确保化学消毒液雾化喷淋能够无死角地对防护服表面及化学淋浴消毒间内箱体进行清洗消毒。淋浴喷嘴的布局如图4-134所示，单一工位上，中心位置的顶部和底部分别设置一个喷嘴，两个侧壁上各设置三个喷嘴。每一工位正常喷淋设计 8 个喷嘴。同时可增加辅助的手持雾化喷嘴，喷嘴喷射角度顶部选择 60°～90°，其余喷嘴角度选择 90°～120°，这使喷射面积完全覆盖人的整体尺寸，雾化喷出的超精细药雾颗粒能有效覆盖整个淋浴消毒间。

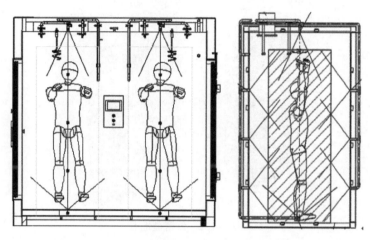

图 4-134 化学淋浴设备雾化喷嘴示意图

应急喷淋雾化喷嘴的布局：在正常喷淋系统出现故障及停电等情况下，应有应急洗消装置。完全借助消毒液重力，手动打开阀门而完成一次应急洗消流程。针对无外力作用下的喷淋情况，应急管路上的喷嘴宜选用低压力、大流量、多角度的雾化喷嘴单。其位置布局主要集中在顶部：单一工位上设计 2 个喷嘴，中心位置顶部设计一个广角型喷雾喷嘴，顶部侧边设计一个手持喷嘴。应急喷淋的自身重力，在1.5bar 压力下，喷射流量 6.5L/min。

3）管道系统：整套化学淋浴设备的喷淋管道系统包括水淋、药淋、应急喷淋、污水排放等管路。水淋和药淋共用一套淋浴喷头及管道。根据管道系统基本供水量、工作压力及流量及位置分布、箱体结构等参数设计系统布局，包括不锈钢 316L 管道系统管径、管件、安装支架的选择等。对输送化学药液的管道来说，管道焊接是很重要的，所有的焊接均需进行外表目检，有条件的地方尽可能采用管道焊接机进行不锈钢管道焊接。局部管道倾斜度根据实际情况，按规范要求制作。管道在施工完毕后，要进行保压测试，以检验整个管道系统的承压能力，即对管道进行泄漏测试。保压测试后，必须对整个系统进行吹扫。管路支架应根据布局和类型，以满足管路荷重、补偿、位移、减少振动的要求为前提，选用不同类型的固定支架等。

（4）化学药剂配液系统

化学淋浴设备的化学药剂配液系统由原液灌、储液罐、备用灌、加压泵组、阀门组件、配液计量泵、管道及控制系统（液位传感器、pH 计传感器）等部件组成，如图4-135所示。

1）储液罐：由罐体、罐盖、搅拌桨及进、出料口等构件制成。材质选取应耐磨损、耐腐蚀、易清洁，材料性能应稳定，有足够的刚度和强度。宜使用一次成型 PE 塑料桶或 316L 不锈钢桶。储液罐也叫配液罐，用于配置及盛放化学药剂混合液，整套化学淋浴设备通常配置两个罐体，一用一备，备用罐体连接应急喷淋管路，正常喷淋系统出现故障时，确保能及时启动应急喷淋系统。其中一个罐体消毒剂液位低位报警时，自动切换至另一罐体供液，此时低位报警的罐体能按照控制系统设置的参数，自动注水、注原液消毒剂，自动完成在线配液工作，两个罐体之间相互配合，又能独立工作。储液罐体应具备自动搅拌功能或自循环混匀装置，配置清洗球连通注水管路以自动清洗，罐体上还应设置液位传感器以及 pH 计，具备高、低液位报警和实时浓度检测功能。

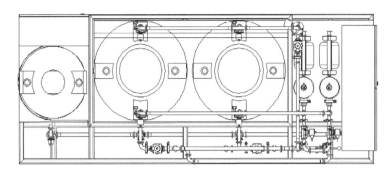

图 4-135　一体式自动配液系统示意图

原液罐用于盛放化学药剂原液，其罐体上配置电磁计量泵，利用计量泵把化学药剂输送至储液罐（配液罐）里，罐体顶部呼吸进气口应设置过滤器装置，特别是针对易挥发的化学药剂。原液罐体上同样设有液位传感器，具备高、中、低液位报警及实时液位检测功能。

2）喷淋泵组、阀组：雾化喷淋系统的加压泵组应采取一用一备形式，加压泵应具备耐腐蚀性，可以输送液体尤其是高黏度及含有悬浮颗粒的液体，可以提供足够的压力、可调节的流量和扬程，维护简便，零件容易更换。电磁阀组特别是和化学药剂有接触的需具有耐腐蚀及开关状态反馈功能等。

（5）送排风过滤系统

化学淋浴设备的送、排风系统，除了要考虑正常（无消毒）运行时，确保淋浴室的相对压差，以及与相邻房间保持一定的压力梯度，还要考虑消毒时，工作人员所穿戴的正压防护服的排气量以及喷嘴雾化的气雾，特别是选用空气雾化喷嘴时，会有一定量的压缩空气进入淋浴间。因此排风过滤单元的排风量应能满足所有条件下的运行，防止舱室压力增大或与相邻房间的压力梯度出现逆转现象。送排风过滤单元应具备对 HEPA 过滤器原位进行消毒灭菌和检漏功能，并能安全更换过滤器等，还需要考虑选用防潮性、耐腐蚀的高效过滤器，解决其安全使用、安装及更换等问题。

（6）气密门

化学淋浴设备的进、出两侧门体应选用气密门，可选用机械压紧式气密门或充气式气密门。考虑压紧式气密门的弹性密封胶条镶嵌在门体上，密封胶条与门框的接触面在门框外表面，消毒结束后，开门时容易使雾化的消毒液滴溅在相邻房间的地板上；其门体上弹性密封胶条与腐蚀性的消毒液长时间接触会影响其弹性性能。因此化学淋浴洗消装置门体的理想选择是充气式气密门，特别是双气囊充气式气密门，充气式气密门的工作原理是镶嵌在门板的充气密封胶条在外部压缩空气的作用下，充气膨胀、放气缩回，其形变量更大，胶条气囊的膨胀或缩回借助外部压缩空气的压力，化学药液对其的腐蚀不会影响其形变量，相对来说使用寿命更长、密封效果更好。

（7）自动控制系统

化学淋浴设备必须具备安全可靠、操作方便的自控系统，身穿正压服的待淋浴工作人员能独立完成全部淋浴洗消流程操作，其中应包括：开、关气密门的操作，淋浴间两侧的门体互锁控制，一侧门打开，另一侧门必须保持关闭状态，不能同时打开；自动调节淋浴消毒间的送、排风系统，确保有足够的通风能力，控制送风量保证其足够的换气次数，控制排风量维持设定负压，防止淋浴、清洗过程中出现内部正压（最小负压差$-10Pa$）或与相邻房间出现压差逆转的现象。

化学淋浴设备工作流程包括自动加药、正常化学药剂喷淋、清水清洗等。控制系统按照设置要求自动配置消毒药剂，实时监测罐体液位及浓度值。此外还包括实验工作人员退出污染区准备进入淋浴消毒间、依据控制系统界面预先设定参数、打开互锁气密门进入、连接生命支持系统呼吸接口、启动自动运行按钮、化学药液自动雾化喷淋、延时暴露等待、自动清水清洗、消毒结束自动打开气密地漏排液等工作流程。

自动控制系统采用人机界面结合 PLC 控制，人机界面（触摸屏）放置在淋浴消毒间外部，在触摸屏上可设置相关流程参数，并具有实时数据显示、报警故障显示等功能。确保按要求准确无误地完成各项操作，各工作步骤全程自动控制。

4.6 发展现状、存在问题、发展趋势与建议

4.6.1 发展现状

2003 年 SARS 发生之后，我国政府开始高度重视生物安全技术与产品的研发。自 2005 年以来，在国家科技攻关计划、国家科技支撑计划、863 计划、国家传染病防治科技重大专项、国家重点研发计划等相关科技计划的支持下，历经近 15 年的科技攻关，我国生物安全实验室关键防护技术与装备研发取得了长足进步，培养了一批生物安全专业人才，发展了一批生物安全防护装备生产企业，研发了一批生物安全关键防护装备，在产学研用模式的推动下科研成果及时转化为实用产品和保障能力，取得了显著成效，具体体现在以下几方面。

1. 国产装备基本满足生物安全三级实验室建设需求

我国先后研发成功生物安全型高效空气过滤装置、生物型密闭阀、气密门、气密传递窗、Ⅱ级生物安全柜、手套箱式生物隔离器、动物负压隔离笼具、压力蒸汽灭菌器、气体二氧化氯及汽化过氧化氢消毒设备等系列生物安全实验室关键防护装备，其中大部分装备已实现产业化，基本能够满足生物安全三级实验室建设需求。

2. 生物安全四级实验室关键防护装备研发取得重大突破

在"十三五"期间，我国相继突破了防护服气密防护技术、高速气流降噪、空气品质监控、消毒液自动配液、精细雾化、高温碱水解、产物固态输出等关键技术，成功研制出正压防护服、实验室生命支持系统、化学淋浴消毒设备、动物组织无害化处理设备等生物安全四级实验室核心防护装备样机，经第三方机构性能评估，主要性能指标达到国外同类产品先进水平。我国基本完成了生物安全实验室关键防护装备全系列产品的研发，并已拥有自主知识产权，表明我国在该领域已具备自主研发能力和科技创新能力。

3. 相关技术标准研制取得初步成效

针对生物安全实验室关键防护装备缺乏具体产品的技术标准这一状况，国家认证认可监督管理委员会于 2015 年发布了行业标准 RB/T 199—2015《实验室设备生物安全性能评价技术规范》，对生物安全实验室关键防护装备发展起到了有效的规范和积极的推动作用。同时，RB/T 009—2019《高效空气过滤装置评价通用要求》和 RB/T 010—2019《实验动物屏障和隔离装置评价通用要求》也已于 2019 年 7 月 1 日颁布实施，并有多项标准正在研制过程中。我国生物安全实验室关键防护装备标准缺乏的局面得到了初步改善。

4.6.2 存在的主要问题

1. 国产产品信任度不高，依赖进口情况仍十分严重

尽管Ⅱ级生物安全柜、压力蒸汽灭菌器、生物防护口罩、正压防护头罩等基本生物安全装备的国产化技术、产品和标准已很成熟，能满足生物安全实验室三级的使用要求，且具有价格和服务优势，但品牌、质量和声誉尚不及同类进口产品，目前国内高等级生物安全实验室应用产品仍以进口为主。

2. 国产生物安全四级实验室关键防护设备仍需进一步验证评估

生物安全型高效空气过滤装置、气密门、生物型密闭阀等已实现国产化，且技术已趋于成熟，并已大量应用于国内生物安全三级实验室，但尚未能应用于生物安全四级实验室，需进一步加强安全性、可靠性验证和综合效能评估。

3. 基础材料和核心部件仍依赖进口

虽然我国已成功研制出系列生物安全防护装备，但部分产品关键材料与核心部件仍然依靠进口，如高性能橡胶材料、高性能风机、专业传感器、有害气体催化器等，因此，亟须在基础材料和核心部件上加大投入，助力技术瓶颈突破。

4.6.3 发展趋势与建议

1. 将向智能化无人化方向发展

当前智能化无人化技术突飞猛进，生物安全防护装备与智能化无人化技术相结合将有效提高装备安全性和可靠性，如无人化隔离操作平台、自动消毒机器人、智能化动物隔离饲养设备等，将助力国产装备实现弯道超车。

2. 产品技术标准研制将进入快车道

标准是产品质量的基础和保障，需要进一步完善技术标准，依靠标准规范行业行为，在政府引导下尽快实行产品认证制度，切实提升国产生物安全装备品质是大势所趋，并通过打造民族品牌，培育使用单位对国产产品的民族自信心。

3. 动物实验防护装备研制将重点推进

动物疫病防控形势严峻，加强动物生物安全实验室防护装备研制，如中动物隔离饲养设备、负压隔离解剖设备、动物组织无害化处理设备等，形成系列化和产业化，全面提升高等级动物生物安全实验室的生物安全水平。

参 考 文 献

曹冠朋, 曹国庆, 陈咏, 等. 2018. 生物安全隔离笼具产品和标准概况及现场检测结果. 暖通空调, 48(1): 38-44.
曹冠朋, 冯昕, 路宾. 2015. 高效空气过滤器现场检漏方法测试精度比较研究. 建筑科学, (6): 145-151.
陈咏, 亓伟伟. 2013. 生物安全高级别实验室动物尸体处理炼制工艺技术浅谈. 中国比较医学杂志, 23(7): 75-78.
陈咏, 元伟伟. 2013. 生物安全高级别实验室化学淋浴技术工艺浅谈. 中国比较医学杂志, 23(6): 75-78.
高福, 武桂珍. 2016. 中国实验室生物安全能力发展报告: 科技发展与产出分析. 北京: 人民卫生出版社.
高一涵, 楼铁柱, 刘术. 2017. 当前国际生物安全态势综述. 人民军医, (6): 553-558.
顾锋, 王国强, 沈志明, 等. 2002. 独立通气笼盒药物灭菌效果初探. 上海实验动物科学, 3: 184.
国家食品药品监督管理局. 2013. YY 0569—2011 Ⅱ级生物安全柜. 北京: 中国标准出版社.
郝丽梅, 衣颖, 林松, 等. 2017. 一种复合生物消毒剂的研制. 医疗卫生装备, 38(1): 6-9.
郝丽梅, 衣颖, 林松, 等. 2018. 汽化过氧化氢在消毒领域中的应用研究. 医疗卫生装备, 39(2): 92-95.
郝丽梅, 张宗兴, 林松, 等. 2017. 国内外正压生物防护装备标准比较及分析. 医疗卫生装备, (5): 1-7.
胡国庆, 李晔, 陆烨, 等. 2015. 应对埃博拉病毒疫情的消毒隔离防护技术(上). 中国消毒学杂志, 32(6): 592-596.
姜萍. 2014. 美国升级埃博拉防护标准医护人员将"全副武装". http: //china. cnr. cn/yaowen/201410/t20141022_516639509. shtml. [2014-10-22].
柯贤福, 陈文文, 卢领群, 等. 2009. 四种独立通风笼具(IVC)的检测. 中国比较医学杂志, 19(9): 78-82.
李屹, 曹国庆, 王荣, 等. 2018. 生物安全柜运行现状调研. 暖通空调, 38(1): 32-37.

刘静, 孙燕荣. 2018. 我国实验室生物安全防护装备发展现状及展望. 中国公共卫生, 34(12): 132-136.

刘静, 孙燕荣. 2018. 我国实验室生物安全防护装备发展现状及展望. 中国公共卫生, 34(12): 1700-1704.

吕京, 王荣, 祁建城, 等. 2011. 生物安全实验室通风系统 HEPA 过滤器原位消毒及检漏方案. 暖通空调, 41(5): 79-84.

祁建城, 钱军, 赵明, 等. 2006. 集成式充气密封气密门: 中国, 200620026395. 3.

祁建城, 衣颖, 赵明, 等. 2014. 集成式充气密封气密门: 中国, 201320205316. 5.

祁建城, 张宗兴, 常宗湧. 2015. 风口式效率检漏型排风高效空气过滤装置: 中国, 201520163017. 9.

祁建城, 张宗兴, 衣颖, 等. 2009. 高效过滤器线扫描检漏系统: 中国, 200910308426. 2.

日本工业标准调查会. 2009. JIS K 3800—2009 バイオハザード対策用クラスⅡキャビネット.

申峰, 李太华, 李育芬. 2005. BSL-4 实验室的一体正压防护服与生命维持系统. 医疗卫生装备, 26(11): 31-32.

世界卫生组织. 2005. 实验室生物安全手册. 3 版. 北京: 中国疾病预防控制中心.

田小芸, 颜培实, 恽时锋, 等. 2006. IVC-B 型独立通气笼盒系统运行时的微环境分析. 中国实验动物学会第七届学术年会论文集.

田小芸, 恽时锋, 胡玉红, 等. 2007. 独立通气笼盒(IVC)的工作原理及国内外研究进展. 实验动物科学, 4: 49, 63-65.

王栋. 2017. 适用于高级别生物安全实验室的正压生物防护服性能测试分析. 暖通空调, 47(12): 43-47.

王洪宝, 战大伟, 江其辉, 等. 2007. IVC 与屏障级设施检测探讨. 实验动物科学, 24(1): 28-30.

王润泽, 王政, 吴金辉, 等. 2016. 正压防护服检测技术. 医疗卫生装备, 37(9): 98.

王润泽, 王政. 2016. 高危生物污染环境下主动净化送风式正压生物防护服的使用安全性与热舒适性研究. 天津: 军事医学科学院卫生装备研究所博士学位论文.

王涛, 吴金辉, 郝丽梅, 等. 2016. 气体二氧化氯对高效空气过滤单元的消毒效果研究. 中国消毒学杂志, 33(10): 929-932.

王涛, 吴金辉, 祁建城, 等. 2013. 动物组织碱水解处理技术的研究进展. 中国动物检疫, 30(4): 71-74.

卫生部卫生法制与监督司. 2002. 消毒技术规范. 北京: 中华人民共和国卫生部: 124.

吴金辉, 郝丽梅, 王润泽, 等. 2014. 埃博拉疫情防控正压防护服研究. 医疗卫生装备, 35(12): 93-96.

吴金辉, 祁建城, 衣颖, 等. 2012. 整体式正压防护服研制及防护性能实验研究. 中国科协年会第十七分会场——环境危害与健康防护研讨会.

吴金辉, 田涛, 林松, 等. 2009. 正压防护服研究进展. 中国个体防护装备, 5: 14-17.

吴金辉, 田涛, 林松, 等. 2010. 正压防护技术在生物个体防护装备中的研究现状与趋势. 医疗卫生装备, 31(4): 31-33.

尹松林, 傅江南. 2008. 实验动物独立通气笼盒系统设计与应用. 北京: 人民军医出版社.

尹松林, 袁春萍, 严国锋, 等. 2005. 独立通气笼具的技术分析与发展前景. 实验动物与比较医学, 25(3): 186-189.

张宗兴, 祁建城, 吴金辉, 等. 2018. 一种双气囊充气式气密门: 中国, 201820359001. 9.

张宗兴, 祁建城, 吕京, 等. 2015. 实验动物隔离器现场评价方法研究. 中国卫生工程学, 40(1): 3-7.

张宗兴, 祁建城, 赵明, 等. 2012. 风口式生物安全型高效空气过滤装置: 中国, 201220594029. 3.

张宗兴, 衣颖, 赵明, 等. 2013. 风口式生物安全型高效空气过滤装置的研制. 中国卫生工程学, (1): 1-3.

张宗兴, 赵明, 李艳菊, 等. 2010. 生物安全实验室高效空气过滤器单元的研制. 医疗卫生装备, 31(8): 30-32.

张宗兴, 赵明, 衣颖, 等. 2013. 生物安全实验室效率检漏型高效空气过滤装置的研制. 医疗卫生装备, 34(7): 18-20.

章欣. 2016. 生物安全 4 级实验室建设关键问题及发展策略研究. 北京: 中国人民解放军军事医学科学院博士学位论文.

赵钢, 赵兴平, 李建峰. 2013. 生物安全实验室化学淋浴系统的验证. 医药工程设计, 34(2): 38-40.

赵钢. 2012. 浅谈生物安全实验室化学淋浴系统的设计及选用. 医学工程设计, 33(3): 19-21.

赵明, 祁建城, 张宗兴, 等. 2014. 机械压紧式密闭门: 中国, 201320205331. X.

赵四清, 王华, 李萍, 等. 2017. 生物安全实验室设施与设备. 北京: 军事医学出版社.

赵四清, 王华, 李萍. 2017. 生物安全实验室设施与设备. 北京: 军事医学出版社.

赵四清, 王元, 朱大维, 等. 2010. 化学喷淋消毒装置的研制. 医疗卫生装备, 31(1): 51-52.

中国国家认证认可监督管理委员会. 2016. RB/T 199—2015 实验室设备生物安全性能评价技术规范. 北京: 中国标准出版社.

中国合格评定国家认可中心. 2015. 生物安全四级实验室管理指南. 北京: 中国标准出版社.

中国合格评定国家认可中心. 2016. CNAS-CL53: 2016 实验室生物安全认可准则对关键防护设备评价的应用说明.

中华人民共和国国家质量监督检验检疫总局, 中国国家标准化管理委员会. 2006. GB 16548—2006 病害动物和病害动物产品生物安全处理规程. 北京: 中国标准出版社.

中华人民共和国国家质量监督检验检疫总局, 中国国家标准化管理委员会. 2009. GB 19489—2008 实验室 生物安全通用要求. 北京: 中国标准出版社.

中华人民共和国国家质量监督检验检疫总局, 中国国家标准化管理委员会. 2010. GB 14925—2010 实验动物 环境设施. 北京：中国标准出版社.

中华人民共和国建设部, 国家质量监督检验检疫总局. 2012. GB 50346－2011 生物安全实验室建筑技术规范. 北京：中国建筑工业出版社.

中华人民共和国建设部. 2005. JG 170－2005 生物安全柜. 北京：中国标准出版社.

中华人民共和国农业部. 2013. 病死动物无害化处理技术规范.

朱新锋. 2017. 防毒面具呼气活门工作状态模拟仿真研究. 西安：西安工业大学硕士学位论文.

Agriculture and Agri-Food Canada, Minister of Supply and Services Canada. 1996. Containment standards for veterinary facilities. Ottawa, Canada, No. 1921/E.

Baumans V. 2016. The Impact of the Environment on Laboratory Animals.

Camfil Farr Inc. 2006. Scan testable filter housing assembly for exhaust applications: US, 2006/0042359 A1.

Canizales J, Jones M, Semple S, et al. 2015. Determining Mus m 1 personal exposure in laboratory animal workers where mice are housed in individually ventilated cages. European Respiratory Journal, 46(suppl 59): PA4099.

Clough G, Wallace J, Gamble M R, et al. 1995. A positive, individually ventilated caging system: a local barrier system to protect both animals and personnel. Lab Animals, 29: 139-151.

Compton S R, Homberger F R, Paturzo F X. 2004. Efficacy of three microbiological monitoring methods in a ventilated cage rack. Comp Med, 54: 382-392.

Corning B F, Lipman N S. 1991. A comparison of rodent caging systems based on microenvironmental parameters. Lab Animal Sci, 41: 498-503.

Department of Defense Chemical and Biological Defense Program. 2007. Annual Report to Congress.

European Committee for Standardization. 2000. EN 12469—2000 Biotechnology - Performance criteria for microbiological safety cabinets.

Flanders Filters Inc., Washington N C. 1977. Method and apparatus for the leak testing of filters: US, 4055075.

Flanders Filters Inc., Washington N C. 1985. Filter testing apparatus and method: US, 4494403.

Günther S, Feldmann H, Geisbert T W, et al. 2011. Management of accidental exposure to Ebola virus in the biosafety level 4 laboratory, Hamburg, Germany. J Infect Dis, 204(suppl 3): S785-S790.

Health Canada, Population and Public Health Branch. 2004. Laboratory Biosafety Guidelines. Ottawa - Ontario, Canada, No. 1921/E.

Howie R. 2005. Respiratory protective equipment. Occup Environ Med, 62(6): 423-428.

Institution B S. 1998. EN 12128(1998)Biotechnology. Laboratories for research, development and analysis. Containment levels of microbiology laboratories, areas of risk, localities and physical safety requirements. Brussels: European Committee for Standardization.

Klaponski N, Cutts T, Gordon D, et al. 2011. A study of the effectiveness of the containment level-4(CL-4)chemical shower in decontaminating dover positive-pressure suits. Appl Biosafety, 16(2): 112-117.

Krohn T C. 2002. Method developments and assessments of animal welfare in IVC-systems. Printed by DSR Grafik.

Kruse R H, Puckett W H, Richardson J H. 1991. Biological safety cabinetry. Clin Microbiol Rev, 4(2): 207-241.

Kumin D, Krebs C, Wick P. 2011. How to choose a suit for a BSL-4 laboratory—The approach taken at SPIEZ LABORATORY. Appl Biosaf, 16: 94-102.

Myers D D, Smith E, Schweitzer I. 2003. Assessing the risk of transmission of three in-fectious agents among mice housed in a negatively pressurized caging system. Con-temp Top Lab Anim Sci, 42: 16-21.

National Agricultural Biosecurity Center, Kansas State University, USA. 2004. Carcass disposal: a comprehensive review. Manhattan: NABC.

NSF International. 2014. NSF/ANSI 49—2014 Biosafety cabinetry: design, construction, performance, and field certification.

Parks S, Gregory S, Fletcher N, et al. 2013. Showering BSL-4 Suits to Remove Biological Contamination. Appl Biosafety, 18(4): 162-171.

Riley L, Bauer B, Besch-Williford C, et al. 2016. Evaluation of exhaust air debris from two types of individually ventilated cage racks for health monitoring of laboratory mice, FELASA.

Ringen K, Landrigan P J, Stull J O, et al. 2015. Occupational safety and health protections against Ebola virus disease. AM J Ind Med, 58(7): 703-714.

Schweitzer I B, Smith E, Harrison D J. 2003. Reducing exposure to laboratory animal allergens. Comp Med, 53: 487-492.

Standards Australia International Ltd. 2002. AS 2252. 1—2002 Biological safety cabinets: Biological safety cabinets (Class I) for personnel and environment protection.

Standards Australia International Ltd. 2009. AS 2252. 2—2009 Controlled environments: Biological safety cabinets Class II - Design.

Standards Australia International Ltd. 2010. AS 2252. 4—2010 Controlled environments: Biological safety cabinets Class I and II - Installation and use(BS 5726: 2005, MOD).

Standards Australia International Ltd. 2011. AS 2252. 3—2011 Controlled environments: Biological safety cabinets Class III - Design.

Standards Australia International Ltd. 2011. AS 2252. 6-2011 Controlled environments: Clean workstations - Design, installation and use.

Standards Australia International Ltd. 2015. DR2 AS 2252. 5: 2015 Controlled environments: Cytotoxic drug safety cabinets (CDSC)-Design, construction, installation, testing and use.

U. S. Department of Health and Human Services, Centers for Disease Control and Prevention, National Institutes of Health. 2009. Biosafety in microbiological and biomedical laboratories. 5th ed. U. S. HHS Publication.

Uddowla S, Clarkson A, Ziegler S, et al. 2016. Evaluation of EARTH SENSE® Neutral Disinfectant Detergent as an alternative to MICRO-CHEM PLUS™ Detergent Disinfectant for use in BSL4 laboratories using vesicular stomatitis virus as a surrogate. Appl Biosafety, 21(1): 19-25.

World Health Organization. 2004. Laboratory Biosafety Manual. 3rd ed. Geneva: World Health Organization.

5 生物安全实验室检测与验收

生物安全实验室独特的高生物危害性、较强的专业性，要求设计者、施工者、建设者必须透彻了解实验室建设的目的，认识到工程检测与验收的重要性，才能建造出真正安全意义上的生物安全实验室。

根据国务院 424 号令《病原微生物实验室生物安全管理条例》中的规定：新建、改建、扩建三级、四级生物安全实验室或者生产、进口移动式三级、四级生物安全实验室应符合国家生物安全实验室建筑技术规范，三级、四级实验室应当通过实验室国家认可。三级、四级生物安全实验室从事高致病性病原微生物实验活动应具备工程质量经建筑主管部门依法检测验收合格。

为此，本章首先对生物安全实验室工程验收与综合性能全面检测评定的关系进行简要介绍，进而对综合性能全面检测涉及的检测项目、检测技术等的技术要求及发展历程进行介绍，有助于读者更好地理解生物安全实验室设施设备工程检测的重点。

5.1 工程验收要求

生物安全实验室的工程验收是实验室启用验收的基础，根据国家相关规定，生物安全实验室须由建筑主管部门进行工程验收合格，再进行实验室认可验收，工程验收应按 GB 50346—2011《生物安全实验室建筑技术规范》（中国建筑科学研究院，2012）附录 C 规定的验收项目逐项验收。工程验收应出具工程验收报告，结论应由验收小组得出，验收小组的组成应包括涉及生物安全实验室建设的各个技术专业。

工程验收涉及的内容广泛，应包括各个专业，综合性能的检测仅是其中的一部分内容，此外还包括工程前期、施工过程中的相关文件和过程的审核验收。在工程验收前，应首先委托有资质的工程质检部门进行工程检测，无资质认可的部门出具的报告不具备任何效力。

我国现行 GB 50346—2011 第 10.1.1 条规定：三级和四级生物安全实验室工程应进行工程综合性能全面检测和评定，并应在施工单位对整个工程进行调整和测试后进行。对于压差、洁净度等环境参数有严格要求的二级生物安全实验室也应进行综合性能全面检测和评定。WHO《实验室生物安全手册》（第三版）（以下简称 WHO 手册）（World Health Organization，2004）在第 7 章实验室/动物设施试运行指南中给出了实验室试运行要求：对已经完成安装、检查、功能测试的指定实验室的结构部分、系统和/或系统的组成部分所进行的系统性检查，然后形成文件，证明其符合国家或国际标准。同时也列出了实验室试运行测试时应该包括的主要检测项目。

5.2 工程检测要求

5.2.1 检测时机

GB 50346—2011 第 10.1.2 条规定有下列情况之一时，应对生物安全实验室进行综合性能全面检测。
1）竣工后，投入使用前。
2）停止使用半年以上重新投入使用。

3）进行大修或更换高效过滤器后。

4）一年一度的常规检测。

在 ISO 14644—1-2015《洁净室及相关受控环境》中，对于 7 级、8 级洁净室的洁净度、风量、压差的最长检测时间间隔为 12 个月，对于生物安全实验室，每年至少进行一次各项综合性能的全面检测是有必要的。另外，更换了送风、排风高效过滤器后，由于系统阻力的变化，会对房间风量、压差产生影响，必须重新进行调整，经检测确认符合要求后，方可使用。加拿大生物安全标准 CBS 第二版（*CBS-2*）（Public Health Agency of Canada，2015）第 5 章对生物安全实验室的性能验证测试专门提出了要求，和 GB 50346—2011 相似，同样提出了一年一度的常规检测要求，CL3、CL3-Ag 和 CL4 区的复审每年进行一次，朊病毒处理区每两年进行一次。美国的 *Biosafety in Microbiological and Biomedical Laboratories*（第五版）（*BMBL-5*）（Department of Health and Human Services，2009）要求实验室在运行前必须对设计、运行参数进行检测认证，实验室设施应每年进行认证。澳大利亚/新西兰标准 AS/NZS 2243.3：2010 *Safety in laboratories-Part 3: Microbiological safety and containment*（以下简称澳/新标准 AS/NZS 2243.3）也对各级实验室要求的检测项目提出了每年检测的要求。WHO 手册（第三版）在第 8 章明确给出实验室的认证要求：实验室认证是对实验室内部的所有安全特征和过程（工程控制、个体防护装备以及管理控制）进行系统性检查。对生物安全操作和规程也要进行检查。实验室认证应定期进行，是一种不断进行的保证质量和安全的活动。实验室设备方面，新安装的生物安全柜、动物隔离设备等关键防护设备，应具有合格的出厂检测报告，安装后应现场检测合格后才可使用。生物安全柜、动物隔离设备、IVC、负压解剖台等设备的运行通常与生物安全实验室送排风系统相关联，是最关键的一级防护屏障，这些设备的各项参数都是需要安装后进行现场调整的，因此，当出现可能影响其性能的情况后，一定要对其性能进行检测验证。

GB 50346—2011 第 10.2.1 条规定：需要现场进行安装调试的生物安全设备包括生物安全柜、动物隔离设备、IVC、负压解剖台等。有下列情况之一时，应对该设备进行现场检测并按该规范附录 B 规定进行记录。

1）生物安全实验室竣工后，投入使用前，生物安全柜、动物隔离设备等已安装完毕。

2）生物安全柜、动物隔离设备等被移动位置后。

3）生物安全柜、动物隔离设备等进行检修后。

4）生物安全柜、动物隔离设备等更换高效过滤器后。

加拿大标准 *CBS-2* 和 WHO 手册（第三版）也对生物安全柜、动物隔离设备及高压灭菌器等设备的检测验收方面提出了明确要求。

5.2.2 检测条件

GB 50346—2011 第 10.1.3 条对生物安全实验室关键防护设备的检测提出了明确要求，指出有生物安全柜、动物隔离设备等的实验室，首先应进行生物安全柜、动物隔离设备等的现场检测，确认性能符合要求后方可进行实验室性能的检测。

生物安全柜、动物隔离设备、IVC、解剖台等设备是保证生物安全的一级防护屏障，其安全作用高于生物安全实验室建筑的二级防护屏障，应严格检测，严格对待。另外其运行状态也会影响实验室通风系统，因此应首先确认其运行状态符合要求后，再进行实验室系统的检测。

GB 50346—2011 第 10.1.4 条对生物安全实验室的检测条件提出了明确要求：检测前应对全部送、排风管道的严密性进行确认。对于 b2 类的三级生物安全实验室和四级生物安全实验室的通风空调系统，应根据对不同管段和设备的要求，按现行 GB 50591—2010《洁净室施工及验收规范》（中国建筑科学研究院，2011）的方法和规定进行严密性试验。

加拿大 CBS-2 第 20 章 20.1 节中明确指出实验室检测、认证前的调试要求：防护区的调试包括两个典型阶段，即建设期间的调试和认证期间的调试。建设期间的调试是为了确保防护区系统在设计、安装、功能测试和操作时符合设计要求，并规定如防护屏障完整性检测、HEPA 过滤单元完整性检测、送排风系统检测等检测项目应在电气和机械设备使用之前进行。认证期间的调试包括对建筑系统的性能和验证测试，应符合验证要求。

WHO 手册（第三版）第 7 章给出了实验室工程检测验收的试运行要求，并列出了试运行的主要检测验收项目。

5.2.3 设施检测

5.2.3.1 室内环境参数检测

实验室室内参数包括：送风量、静压差、洁净度级别、温度、相对湿度、噪声、照度等。对实验室室内各项参数的检测是为保证实验操作人员在进行实验时所受干扰尽可能降到最低。

1）送风量：实验室提供足够的送风量是为保证实验室各房间能达到一定的换气次数，足够的换气次数有利于降低室内病原微生物浓度，也是保障其他室内参数达标的重要前提。

2）静压差：实验室设置静压差主要基于三点考虑，一是形成有序的压力梯度；二是送排风系统控制的可行性；三是人员的舒适性。一般正压洁净室为保证室内洁净度主要采用正压实现，而三、四级生物安全实验室则必须保证防护区内的所有房间由外向内形成负压梯度以及对大气保持绝对负压，以达到生物安全的要求。

3）洁净度：主要是为保证生物安全实验室内达到一定的洁净度级别，为实验操作提供洁净的环境。

4）温湿度、噪声及照度：是为保证实验室内的人员舒适性以及实验操作的工作环境。

GB 50346—2011 中给出的生物安全实验室工程静态检测涉及的室内环境参数检测项目如表 5-1 所示。

表 5-1 生物安全实验室涉及的室内环境参数检测项目

项目	工况
送风量（换气次数）	所有房门关闭，送、排风系统正常运行
静压差	所有房门关闭，送、排风系统正常运行
气流流向	所有房门关闭，送、排风系统正常运行
含尘浓度（洁净度级别）	所有房门关闭，送、排风系统正常运行
温度、相对湿度	所有房门关闭，送、排风系统正常运行
噪声	所有房门关闭，送、排风系统正常运行
照度	无自然光下

5.2.3.2 工况可靠性验证

为保证生物安全实验室能持续安全地运行，应进行工况验证检测，保证各工况切换过程中核心实验室内维持绝对负压，实验室与室外方向上相邻相通房间尽可能不要出现相对压力逆转。除此之外，还应对系统启停、备用机组切换、备用电源切换以及电气、自控和故障报警系统的可靠性进行验证。

生物安全实验室一个重要的安全保障前提是：生物安全实验室送排风系统正常运行条件下，发生各类外扰时，防护区（尤其是核心工作间）不会出现绝对正压，在工况可靠性验证阶段应人为模拟各类故障，对实验室是否出现绝对正压进行测试验证。

GB 50346—2011、GB 19489—2008《实验室 生物安全通用要求》（中国合格评定国家认可中心，2008）

有关生物安全实验室工况可靠性验证项目汇总如表 5-2 所示。

表 5-2　生物安全实验室工程静态检测涉及的工况可靠性验证项目

序号	可靠性验证项目
1	工况转换
2	系统启停
3	备用排风机切换
4	备用送风机切换
5	备用电源切换
6	自控报警系统的可靠性

5.2.4　关键防护设备检测

5.2.4.1　GB 50346—2011 要求

GB 50346—2011 第 10.2.3 条给出了生物安全柜、动物隔离设备等关键防护设备的检测项目要求,指出生物安全柜、动物隔离设备等的现场检测项目应符合表 5-3 的要求,其中前 5 个检测项目中只要有一项不合格的就不应使用。对现场具备检测条件的、从事高风险操作的生物安全柜和动物隔离设备应进行高效过滤器的检漏,检漏方法应按生物安全实验室高效过滤器的检漏方法执行。

表 5-3　生物安全柜、动物隔离设备等的现场检测项目

项目	工况	执行条款	适用范围
垂直气流平均速度	正常运转状态	10.2.4	Ⅱ级生物安全柜、单向流解剖台
工作窗口气流流向		10.2.5	Ⅰ级和Ⅱ级生物安全柜、开敞式解剖台
工作窗口气流平均速度		10.2.6	
工作区洁净度		10.2.7	Ⅱ级和Ⅲ级生物安全柜、动物隔离设备、解剖台
高效过滤器的检漏		10.2.10	三级和四级生物安全实验室内使用的各级生物安全柜、动物隔离设备等必检,其余建议检测
噪声		10.2.8	各类生物安全柜、动物隔离设备等
照度		10.2.9	
箱体送风量		10.2.11	Ⅲ级生物安全柜、动物隔离设备、IVC、手套箱式解剖台
箱体静压差		10.2.12	Ⅲ级生物安全柜和动物隔离设备
箱体严密性		10.2.13	Ⅲ级生物安全柜、动物隔离设备、手套箱式解剖台
手套口风速	人为摘除一只手套	10.2.14	

5.2.4.2　RB/T 199—2015 要求

我国认证认可行业标准 RB/T 199—2015《实验室设备生物安全性能评价技术规范》(中国合格评定国家认可中心,2016)给出的 12 种设备,分别为生物安全柜、动物隔离设备、独立通风笼具(IVC)、压力蒸汽灭菌器、气(汽)体消毒设备、气密门、排风高效过滤装置、正压防护服、生命支持系统、化学淋浴装置、活毒废水处理系统、动物残体处理系统(包括碱水解处理和炼制处理)。对实验室设备的生物安全性能评价可以控制生物安全实验室设备的生物安全风险,保障生物安全实验室的生物安全防护能力,防止生物安全实验室发生人员感染或病原微生物泄漏。

生物安全实验室关键防护设备的主要性能参数如表 5-4 所示。

表 5-4　关键防护设备主要性能参数

序号	关键设备	子项序号	主要性能参数	适用的实验室类型		
				二级	三级	四级
1	生物安全柜	1	排风高效过滤器检漏	√	√	√
		2	送风高效过滤器检漏	√	√	√
		3	气流模式	√	√	√
		4	工作窗口气流平均风速	√	√	√
		5	垂直气流平均风速	√	√	√
		6	工作区洁净度	√	√	√
		7	柜体内外的压差（适用于 III 级生物安全柜）	√	√	√
		8	工作区气密性（适用于 III 级生物安全柜）	√	√	√
2	非气密式动物隔离设备	1	排风高效过滤器检漏		√	√
		2	送风高效过滤器检漏		√	√
		3	箱体内外压差		√	√
		4	工作窗口气流流向		√	√
	气密式动物隔离设备	1	排风高效过滤器检漏		√	√
		2	送风高效过滤器检漏		√	√
		3	工作区气密性		√	√
		4	设备内外压差		√	√
		5	手套连接口气流流向		√	√
3	独立通风笼具	1	排风高效过滤器检漏	√	√	√
		2	送风高效过滤器检漏	√	√	√
		3	笼盒气密性	√	√	√
		4	笼盒内外压差	√	√	√
		5	笼盒内气流速度	√	√	√
		6	笼盒换气次数		√	√
4	压力蒸汽灭菌器	1	灭菌效果检测	√	√	√
		2	压力表和压力传感器（必要时）	√	√	√
		3	温度表和温度传感器（必要时）	√	√	√
		4	**B-D 检测**	√	√	√
		5	安全阀检定	√	√	√
5	气（汽）体消毒设备	1	模拟现场消毒灭菌效果验证		√	√
		2	消毒剂有效成分测定		√	√
6	气密门	1	外观及配置检查		√	√
		2	性能检查			√
		3	气密性			√
7	排风高效过滤装置	1	箱体气密性（适用于安装于防护区外的排风高效过滤装置）		√	√
		2	扫描检漏范围（适用于扫描型排风高效过滤装置）		√	√
		3	高效过滤器检漏		√	√
8	生命支持系统	1	不间断电源可靠性			√
		2	空气压缩机可靠性			√
		3	紧急支援气罐可靠性			√
		4	报警装置可靠性			√
		5	供气管道气密性			√

序号	关键设备	子项序号	主要性能参数	适用的实验室类型		
				二级	三级	四级
9	正压防护服	1	气密性			√
		2	供气流量			√
		3	噪声			√
		4	正压防护服内压力			√
		5	标识和防护服表面整体完好性			√
10	化学淋浴装置	1	箱体气密性			√
		2	送排风高效过滤器检漏			√
		3	液位报警装置			√
		4	给排水防回流措施			√
		5	消毒效果验证			√
		6	箱体内外压差			√
		7	换气次数			√
11	活毒废水处理系统	1	灭菌效果验证		√	√
		2	安全阀检定		√	√
		3	压力表和压力传感器（必要时）		√	√
		4	温度表和温度传感器（必要时）		√	√
		5	消毒灭菌效果验证			
12	动物残体处理系统	1	灭菌效果验证		√	√
		2	安全阀检定		√	√
		3	压力表和压力传感器（必要时）		√	√
		4	温度表和温度传感器（必要时）		√	√
		5	灭菌效果验证		√	√

注：符合 GB 19489 中 4.4.3 类 ABSL-3 实验室参照四级生物安全实验室执行。
加强型二级生物安全实验室参照三级生物安全实验室执行；√ 表示该检测项目适用于对应类型的实验室。

5.3 国内外标准及检测要求发展历程

5.3.1 标准体系及检测要求概况

20 世纪 50～60 年代，实验室生物安全问题开始引起欧美国家的普遍关注，世界卫生组织也早就认识到生物安全是具有全球性的重要议题，目前国外生物安全标准体系已比较完善，比较有影响力的相关国际标准、手册或指南包括 WHO 手册、美国手册 *BMBL-5*、加拿大标准 *CBS-2*、《加拿大生物安全手册》第 2 版（*Canadian Biosafety Handbook*，second edition，*CBH-2*）及澳/新标准 AS/NZS 2243.3 等。

自 2004 年中国合格评定国家认可中心会同有关单位编制了我国第一部生物安全实验室国家标准 GB 19489—2004《实验室 生物安全通用要求》以来，国内生物安全领域也逐渐完善了自己的生物安全标准体系。

表 5-5 汇总了国内外现行主要的高等级生物安全实验室相关标准（或指南）体系。

表 5-5 国内外主要生物安全标准体系汇总

国别	标准号	标准名称	年份	适用范围
中国	GB 19489	实验室 生物安全通用要求	2008	（A）BSL-1～（A）BSL-4 设施、设备
	GB 50346	生物安全实验室建筑技术规范	2011	（A）BSL-1～（A）BSL-4 设施、设备
	RB 199	实验室设备生物安全性能评价技术规范	2015	（A）BSL-3～（A）BSL-4 设备
	JG/T 497	排风高效过滤装置	2016	排风高效过滤装置产品
	YY 0569	II 级生物安全柜	2011	II 级生物安全柜产品
WHO	—	实验室生物安全手册	2004	（A）BSL-1～（A）BSL-4 设施、设备
美国	—	*Biosafety in Microbiological and Biomedical Laboratories，BMBL*	2009	（A）BSL-1～（A）BSL-4 设施、设备
加拿大	—	*Canadian Biosafety Standards，second edition，CBS-2*	2015	（A）BSL-1～（A）BSL-4 设施、设备
	—	*Canadian Biosafety Handbook，second edition，CBH-2*	2016	（A）BSL-1～（A）BSL-4 设施、设备
澳大利亚/新西兰	—	*Safety in laboratories-Part 3：Microbiological safety and containment*	2010	（A）BSL-1～（A）BSL-4 设施、设备

国内外生物安全实验室标准体系对检测验收方面的规定形式各不相同。

（1）国内标准体系

目前我国的 GB 50346—2011 及 GB 19489—2008 是以国家标准或规范形式给出的，具有强制执行的约束力，规范中详细并具体地给出了生物安全实验室检测验收以及认证或复认证过程中必须检测的相关设施项目，同时也规定了各检测项目详细的测试方法及相关指标要求，具体参数要求可参看 GB 50346—2011 规范中表 3.3.2、表 3.3.3。在 GB 50346—2011 第 10 节中单独列出一节规定生物安全实验室及设备的检测验收要求，在检测验收方面具有较强的可操作性和针对性。

（2）国外标准体系

国外生物安全实验室标准体系和表现形式与国内不同，国外一些国家是以手册（或指南）的形式给出的，这些手册（或指南）被国家或地区采用后，具有标准规范的性质和作用。

WHO 手册（第三版）主要供微生物实验室使用，其重点在于微生物安全方面，也论述了一些化学、物理及放射安全性措施。该手册具有较强的普适性和通用价值，在世界范围内，对各国实验室生物安全的规范化管理和操作规程的制度化起到了协调统一的示范作用，是各国制定生物安全操作规范的基础参照，其在检测验收及认证方面，单独列出第 7 章实验室/动物设施试运行指南、第 8 章实验室/动物设施认证指南及第 22 章安全清单，规定了实验室工程试运行的概念及要求，以及实验室检测验收及认证所要求的主要检测项目和清单，对各国建立生物安全体系起到很好的参照作用。

美国手册 BMBL 不是指令性法规，其并不具有法律约束效力，而是作为实验室最佳规范化操作指南的指导性和建议性文件，美国手册 BMBL 为生物安全和生物安保所有涉及领域提供了规范化的标准及指南，包括隔离防护、消毒灭菌、病原体运输、生物安全等级水平建议、危险性生物剂的实验操作等内容。美国手册 BMBL-5 中均未单独列出章节规定实验室检测验收及认证的具体要求，但在各级实验室操作规程、生物安全设备、生物安全实验室设施的要求中均提出了相应的实验室运行规定和要求，在检测验收方面则明确指出：在实验室运行前应对设计运行参数进行认证，设施每年认证。

加拿大标准 CBS-2 分为两个部分，第一部分以规范形式给出，规定了各级实验室的具体物理防护要求（如结构和设计元素）及实践操作要求（如人员操作规范），第二部分以指南形式给出，为生物安全和安保的物理防护及操作要求提供指导，该部分全面介绍了生物安全实验室的认证、实验室综合性能评定和检测验收过程须包括的检测项目及具体测试方法等，该规范和 WHO 手册及美国手册 BMBL-5 相比，对检测验收、认证要求的检测项目规定得更加详细和具体，不仅规定了相应的检测项目，同时也对各检测项目的测试方法、验收要求有较为明确的规定。

澳/新标准 AS/NZS 2243.3 是澳大利亚和新西兰联合颁布的。澳/新标准 AS/NZS 2243.3 共 13 章、8 个附录，在 5、6 章中分别对三级、四级实验室（称为 PC3 和 PC4）和三级、四级动物实验室（Animal PC3 和 Animal PC4）的设备、设施有具体要求，并在各级实验室要求一节中明确规定相关检测项目年检的要求，整体和美国的 BMBL 相似。此外，与其他标准不同，澳/新标准 AS/NZS 2243.3 的第 7、8 章单独对三级、四级植物实验室（PLANT PC3 和 PLANT PC4）和无脊椎动物实验室（INVERTEBRATE PC3 和 INVERTEBRATE PC4）提出了要求。

5.3.2　各标准检测项目对比

国内外标准都有对实验室检测验收及实验室认证的检测项目方面的要求，但要求的形式及所检测的项目各不相同，具体到相应的检测项目，在测试方法及验收要求方面的规定也各不相同，表 5-6 汇总了国内外标准（或指南）对高等级生物安全实验室检测或认证项目的要求，一级、二级实验室可参照执行。

表 5-6　国内外现行标准（或指南）有关高等级生物安全实验室的检测项目要求

项目	(A) BSL-3/4				
	WHO 手册（第三版）	美国手册 BMBL-5	加拿大标准 CBS-2	澳/新标准 AS/NZS 2243.3	GB 50346—2011
围护结构完整性	Y	Y	Y	Y	Y
防护区排风高效过滤器原位检漏	Y	Y	Y	Y	Y
送风高效过滤器检漏	Y	Y	Y	Y	Y
静压差	Y	Y	Y	Y	YV
气流流向	Y	Y	Y	Y	YV
室内送风量	YV	Y	YV	YV	YV
洁净度级别	N	Y	N	N	YV
温度	S	Y	N	N	YV
相对湿度	S	Y	N	N	YV
噪声		Y	N	N	YV
照度	SV	Y	N	N	YV
防护区外排风高效过滤单元严密性	N	Y	Y	Y	Y
暖通空调（HVAC）和排风系统控制以及互锁控制	Y	Y	Y	Y	Y
备用风机可靠性验证	Y	Y	Y	Y	Y
不间断电源（UPS）可靠性验证	Y	Y	Y	Y	Y
应急电源系统	Y	Y	Y	Y	Y
报警系统可靠性验证	Y	Y	Y	Y	Y
生物安全柜性能验证	Y	Y	Y	Y	Y

注：Y 代表提出了明确要求/规定；YV 代表提出了明确要求/规定，且给出了推荐数值；N 代表没有提出明确要求；S 代表提出了建议；SV 代表提出了建议，且给出了推荐数值。(A) BSL-3/4 代表动物/微生物三级/四级生物安全实验室，本表各级实验室亦包含相应级别的大动物实验室/Agriculture（Ag）实验室，下同

表 5-7 汇总了国内外标准（或指南）对高等级生物安全实验室检测（或认证）项目的检测周期要求，一级、二级实验室可参照执行。

表 5-8 汇总了国内外标准（或指南）对高等级生物安全实验室检测或认证项目的检测方法要求，一、二级实验室可参照执行。

表 5-7　国内外现行标准（或指南）有关高等级生物安全实验室检测项目的检测周期要求

项目	（A）BSL-3/4				
	WHO 手册（第三版）	美国手册 BMBL-5	加拿大标准 CBS-2	澳/新标准 AS/NZS 2243.3	GB 50346—2011
围护结构完整性	P	A	A	A*	A
防护区排风高效过滤器原位检漏	A	A	A	A	A
送风高效过滤器检漏	A	A	A	A	A
静压差	P	A	A	A	A
气流流向	P	A	A	A	A
室内送风量	P	O	A	A	A
洁净度级别	N	O	N	N	A
温度	P	O	N	N	A
相对湿度	P	O	N	N	A
噪声	P	O	N	N	A
照度	P	O	N	N	A
防护区外排风高效过滤单元严密性	N	A	A	A	A
HVAC 和排风系统控制以及互锁控制	P	A	A	A	A
备用风机可靠性验证	P	A	A	A	A
不间断电源（UPS）可靠性验证	P	A	A	A	A
应急电源系统	P	A	A	A	A
报警系统可靠性验证	P	A	A	A	A
生物安全柜性能验证	A	A	A	A	A

注：A 代表明确规定检测周期一年（annual，年检）；P 检测周期要求定期（periodic），没明确要求一年；O 代表未明确规定检测周期，但有其他相关要求；N 代表没有提出明确要求。A*代表检测周期 1~5 年

表 5-8　国内外现行标准（或指南）有关高等级生物安全实验室检测项目的检测方法要求

项目	（A）BSL-3/4				
	WHO 手册（第三版）	美国手册 BMBL-5	加拿大标准 CBS-2	澳/新标准 AS/NZS 2243.3	GB 50346—2011
围护结构完整性	N	N*	Y	Y	Y
防护区排风高效过滤器原位检漏	N	Y	Y	Y	Y
送风高效过滤器检漏	N	Y	Y	Y	Y
静压差	N	N	N	N	N
气流流向	N	N	N	N	N
室内送风量	N	N	N	N	N
洁净度级别	N	N	N	N	N
温度	N	N	N	N	N
相对湿度	N	N	N	N	N
噪声	N	N	N	N	N
照度	N	N	N	N	N
防护区外排风高效过滤单元严密性	N	N	Y	Y	Y
HVAC 和排风系统控制以及互锁控制	N	N	N	N	N
备用风机可靠性验证	N	N	N	N	N
不间断电源（UPS）可靠性验证	N	N	N	N	N
应急电源系统	N	N	N	N	N
报警系统可靠性验证	N	N	N	N	N
生物安全柜性能验证	N	N	N	N	N

注：Y 代表明确给出测试方法、检测依据或验收要求；N 代表未明确给出测试方法（或采用通用测试方法）；N*代表仅对 ABSL-3/4Ag（大动物实验室）给出测试方法

从表 5-6 可以看到国内外标准规范对实验室检测验收或性能认证方面所涵盖的关键生物安全检测项目大体一致，主要检测项目均涵盖了围护结构的严密性、气流流向、静压差、UPS 备用电源系统、工况验证（电气、自控和故障报警系统的可靠性）、生物安全柜综合性能及送、排风高效过滤器完整性等。但现行国内外标准规范对各检测项目的检测周期要求、要求形式和对各检测项目的具体要求、各检测参数的具体规定、测试方法方面的规定则各不相同。下面将根据表 5-6～表 5-8 中汇总结果，分别从各标准对主要检测项目检测周期的要求和各标准对主要检测项目的要求两方面进行对比分析。

5.3.2.1 检测周期要求对比分析

国内外各标准对各级实验室各检测参数的复验都有明确的检测或认证周期要求，但具体要求形式、要求程度以及需要进行定期检测的项目清单各不相同。从表 5-7 中可以看出以下几方面内容。

（1）国内外各标准对各级实验室各检测参数都有明确的检测或认证周期要求，但具体要求形式、要求程度以及需要进行定期检测的项目清单各不相同。

（2）WHO 手册（第三版）和加拿大标准 CBS-2、GB 50346—2011 规范对检测周期要求的形式相似，均单独列出工程检测验收或认证的一章或一节进行具体的要求，但整体上 WHO 手册（第三版）要求更加宽泛，而后两者则更加具体明确；美国手册 BMBL-5 和澳/新标准 AS/NZS 2243.3 要求形似类似，没有单独列出检测、验收章节，均分别在各级实验室设施、设备要求一节中分别对各项目的规定或检测、验收提出要求，并在本节中单独设置一条规定年检项目清单或整体的年检要求。

（3）WHO 手册（第三版）中除了对送、排风高效过滤器完整性及生物安全柜这三个检测项目单独明确提出年检要求，其余项目均未做单独要求，但在 WHO 手册（第三版）第 8 章实验室/动物设施认证指南中明确指出"实验室认证应定期进行，是一种不断进行的保证质量和安全的活动"；加拿大标准 CBS-2 和澳/新标准 AS/NZS 2243.3 中除了洁净度、温湿度、噪声、照度等环境参数，对其余检测项目均提出了年检要求，美国手册 BMBL-5 对室内送风量及洁净度、温湿度、噪声、照度等环境参数未提出明确要求，对其余检测项目均明确提出了年检要求，GB 50346—2011 对所有检测参数均提出了年检要求。

（4）送风量方面，澳/新、加拿大和中国标准均明确要求年检，其余标准未提出年检要求。

（5）围护结构严密性方面，除 WHO 手册要求定期及澳/新标准 AS/NZS 2243.3 要求检测周期为一至五年外，其余标准均要求每年检测或认证。

（6）总体看来，澳/新、加拿大和中国标准在年检项目、检测周期方面要求更为明确、具体，但年检项目清单方面仅中国标准明确要求所有检测项目年检，其余标准则只对关键生物安全项目明确要求年检。

5.3.2.2 检测项目要求对比分析

（1）围护结构完整性

从表 5-6～表 5-8 中可以看到，国内外各标准对各级实验室围护结构完整性都有明确的规定或检测要求，但各标准对各级实验室围护结构完整性的具体规定、验收要求及检测方法则各不相同，汇总结果见表 5-9。

从表 5-9 可以看出以下几方面内容。

1）对于（A）BSL-3/CL3 实验室，WHO 手册和美国手册 BMBL-5 均提出了防渗漏、严密性或气密性要求，但均未给出测试方法和检测验收要求；中国和加拿大标准基本相同，均给出要求和测试方法；澳/新标准 AS/NZS 2243 也给出了气密性验证方法和验收要求。

2）对于 ABSL-3/4 b2、CL3-Ag 或 ABSL-3/4Ag 大动物实验室，WHO 手册没有单独提出要求；美国手册 BMBL-5、加拿大标准 CBS-2 均采用压力衰减法；澳/新标准 AS/NZS 2243.3 和中国标准均采用恒定压力法，但两个标准中检测方法的测试条件、泄漏率计算方式和验收要求方面各不相同。

表 5-9　国内外各标准对围护结构完整性的要求

适用范围	标准国别	相关条款或验收要求	检测方法
（A）BSL-3/CL3	WHO	所有表面的开口（如管道通过处）必须密封以便于清除房间污染	—
	美国	接缝、地板、墙壁和天花板表面应密封	—
	加拿大	用烟笔或其他不影响气流方向的工具验证防护屏障的防渗漏、密封性及表面完整性	目测及烟雾法
	澳/新	所有房间的贯穿件都应密封，以确保它们是密封的。±200Pa 恒定测试压力下，最大泄漏率为 $10^{-5}m^3/（Pa\cdot s）$	本标准附录 II 中推荐的恒定压力测试法
	中国	目测及烟雾法检测，所有缝隙无可见泄漏	目测及烟雾法
ABSL-3/4 b2、CL3-Ag 或 ABSL-3/4Ag	WHO	—	—
	美国	ABSL-3/4 b2、CL3-Ag 或 ABSL-3/4Ag 围护结构内表面（墙壁、地板和天花板）和贯穿件应密封，以形成可验证气密性的功能区	*ARS Facilities Design Manual* 附录 9B 中压力衰减法
	加拿大	主实验室房间相对负压值达到-500Pa，经 20min 自然衰减后，其相对负压值不应高于-250Pa［但对于处理人类和（或）本地动物病原体的 CL3-Ag 区不需要进行该项试验］	压力衰减法
	澳/新	所有房间的贯穿件都应密封，以确保它们是气密的。±200Pa 恒定测试压力下，最大泄漏率为 $10^{-5}m^3/（Pa\cdot s）$	本标准附录 H 中推荐的恒定压力测试法
	中国	房间相对负压维持在-250Pa，房间内每小时泄漏的空气量不应超过受测房间净容积的 10%	恒定压力测试法
（A）BSL-4、CL4	WHO	第 7 章试运行指南中给出测试项目：BSL-4 防护外壳的加压和隔离功能测试	—
	美国	实验室的墙壁、地板和天花板必须建造成一个密封的围护结构，以便于熏蒸和防止动物入侵。实验室和内部更衣室围护结构的所有贯穿件必须密封	—
	加拿大	主实验室房间相对负压值达到-500Pa，经 20min 自然衰减后，其相对负压值不应高于-250Pa	压力衰减法
	澳/新	所有房间的贯穿件都应密封，以确保它们是气密的。±200Pa 恒定测试压力下，最大泄漏率为 $10^{-5}m^3/（Pa\cdot s）$	本标准附录 H 中推荐的恒定压力测试法
	中国	主实验室房间相对负压值达到-500Pa，经 20min 自然衰减后，其相对负压值不应高于-250Pa	压力衰减法

3）对于（A）BSL-4/ CL4 实验室，WHO 手册和美国手册 *BMBL-5* 均提出了防渗漏、严密性或气密性要求，但均未给出测试方法和检测验收要求；加拿大标准 CBS-2 和中国标准检测方法基本相同，均采用压力衰减法，特别指出的是，GB 50346—2011 的 10.1.6 条：生物安全四级实验室应采用压力衰减法检测，有条件的进行正、负压两种工况的检测；澳/新标准 AS/NZS 2243.3 仍采用恒定压力测试法。

4）检测方法方面，对于各级实验室，WHO 手册均未提供检测方法；美国手册 *BMBL-5* 仅对 ABSL-3/4Ag 实验室给出压力衰减法；加拿大标准 CBS-2 对 CL3 实验室采用目测及烟雾法，对 CL3-Ag 和 CL4 实验室均采用相同的压力衰减法，气密性未区别要求；澳/新标准 AS/NZS 2243.3 对各级别实验室均采用相同的恒定压力测试法，气密性均未区别要求；中国标准对各级实验室分别采用目测及烟雾法、恒压法和压力衰减法，气密性均区别要求。

5）总体来看，澳/新标准 AS/NZS 2243.3、加拿大标准 CBS-2 及中国标准对围护结构气密性要求更为明确，且针对各级实验室均给出相对应的检测方法。

（2）高效过滤装置

从表 5-6 可以看到，国内外各标准对各级实验室送、排风高效过滤器完整性有明确的要求，但各标准要求的检测范围以及推荐的检测方法则略有差别，各标准要求及检测方法或依据汇总结果见表 5-10。

从表 5-10 可以看出以下几方面内容。

1）除中国标准对各级实验室的送、排风高效过滤器完整性测试区别要求外（BSL-3/ABSL-3 送风高效过滤器要求抽检），其余各标准均未对送、排风高效过滤器区别要求，均要求所有高效过滤器必须安装成可以进行气体消毒和检测的方式。

表 5-10　国内外各标准对送、排风高效过滤系统完整性检测的要求

项目	适用范围	WHO	美国	加拿大	澳/新	中国
送风	（A）BSL-3	全检	全检	全检	全检	抽检
	ABSL-3b2/（A）BSL-4					全检
排风	（A）BSL-3/4					全检
过滤器完整性检测标准、方法	（A）BSL-3/4	未具体规定	原位扫描法检漏	依据 IEST-RP-CC034.3 或 IEST-RP-CC006.3 标准；粒子计数扫描法，不能扫描时可采用探针测试	依据 AS 1807.6/ AS 1807.7	依据 GB 50346—2011；计数扫描法、光度计扫描法，不能扫描的采用计数全效率法或光度计全效率法
过滤单元气密性检测标准、要求	（A）BSL-3/4	未具体规定	未具体规定	依据 ASME N511 标准进行压力衰减法测试；验收要求：在初始压力−1000Pa 以下时，分钟泄漏率不超过 0.1%	按照 ASME N510 标准在原位进行压力衰减法测试。验收要求：验收标准压力不低于 1000Pa 时，分钟泄漏率不超过 0.1%	依据 GB 19489—2008 进行压力衰减法测试；验收要求：在初始压力−1000Pa 以下时，分钟泄漏率不超过 0.1%

2）送、排风高效过滤器完整性检测方法方面，WHO 手册未给出明确要求，美国手册 *BMBL-5* 仅提及原位扫描法检漏，未做更详细的规定，澳/新标准 AS/NZS 2243.3 明确规定采用 AS 1807.6/ AS 1807.7 标准中测试方法，加拿大标准明确规定采用粒子计数扫描法，具体参照 IEST-RP-CC034.3 或 IEST-RP-CC006.3 标准，中国标准则在附录中详细具体地给出扫描法或全效率法的检测方法和验收要求，且对上游尘源明确规定可以采用人工尘或大气尘。

3）对于不能用扫描法检漏的过滤器，仅加拿大标准中规定了可采用探针测试，中国标准给出全效率法，但加拿大标准对此并未做更详细的规定，中国标准则在附录中详细介绍全效率法的测试和验收要求。

4）排风高效过滤单元气密性检测方法方面，WHO 手册及美国手册 *BMBL-5* 均未给出具体检测方法或依据，澳/新标准 AS/NZS 2243.3 给出了明确的检测依据，加拿大和中国标准均给出了相应的检测依据，加拿大和中国标准检测方法、验收要求基本相同。

5）总体来看，澳/新标准 AS/NZS 2243.3、加拿大标准和中国标准在送、排风高效过滤系统要求方面更为具体，检测方法更为明确，可操作性更强，且加拿大标准和中国标准要求上更为接近。

（3）防护区室内参数

从表 5-6～表 5-8 中可以看到，国内外各标准对各级实验室的环境参数要求方面差别较大。尤其环境参数方面，由于不是生物安全指标，除中国标准外，其余各标准中均没有明确要求。下面针对各检测参数分别对比。

1）静压差和气流流向方面，各标准均有明确的检测要求，但在静压差具体数值方面，仅澳新和中国标准中给出具体要求，其中澳/新标准 AS/NZS 2243.3 中（A）BSL-3 核心间绝对压差值要求不少于−50Pa，（A）BSL-4 和相邻缓冲间相对压差值要求不少于−25Pa；中国标准则对防护区所有房间的绝对压差和相对压力梯度均提出相应要求，具体参数可参照 GB 50346—2011 中表 3.3.2。

2）送风量方面，各标准均有明确的检测要求，美国手册 *BMBL-5* 虽未对此项目单独要求，但标准中对各级实验室检测要求条款中明确指出：设计运行参数认证须在运行前进行，设施每年认证。具体数值方面，WHO 手册给出送风换气次数的推荐值 6 次/h、加拿大标准推荐值 10 次/h 或 15～20 次/h（动物饲养间），澳/新标准 AS/NZS 2243.3 从空气品质和去除污染物速率两方面规定室内送风量，具体参照 AS 1668.2。中国标准则给出强制性要求，根据洁净度级别不少于 12 次/h（10 万级）或 15 次/h（万级）。

3）洁净度、温湿度、噪声和照度方面，WHO 手册中未对洁净度提出明确要求，在温湿度及噪声方面有要求但未推荐具体数值，照度推荐值 300～400lx，加拿大和澳/新标准 AS/NZS 2243.3 对环境参数方面则均未提出明确要求，美国手册 *BMBL-5* 虽未对此项目单独要求，但标准中对各级实验室检测要求在条款中明确指出：设计运行参数认证须在运行前进行，设施每年认证。中国标准则对各个参数的数值均给出具体检测要求及规定。

4）室内环境参数方面，各标准虽有一定涉及，但大多没有给出具体的参数要求，仅中国标准不但提出检测要求而且规定了验收数值，这对于实验室的设计及检测验收更具有具体的指导作用。

（4）工况验证

各标准在工况验证方面均有明确的检测验收要求，虽具体表述略有差别，但总体上均包括生物安全实验室不同工况转换的可靠性验证，工况转换时系统的安全性，系统启停、备用机组切换、备用电源切换以及电气、自控和故障报警系统的可靠性验证等，需特别指出的是，加拿大标准还具体提到了基于防护区计划开展的活动选择适宜的报警系统，并举例，如动物友好型警报系统（即使用灯光/声音警报的频率不会影响动物）可以应用在动物听到警报的范围内。另外，在故障情况方面，加拿大标准中也考虑了设置ⅡB2型生物安全柜的实验室，安全柜排风故障时，安全柜可能出现气流逆转的情况，可通过机械性的措施防止气体倒流，如送风机制动系统、送风机止逆阀、调节设定值和生物安全柜的控制，应尽量用机械化措施防止气流倒流，否则应进行相应的风险评估。

实际上具体的工况验证情况和实验室空调系统送/排风机的配置情况（送、排风机备用情况）、气体供应系统备用情况（备用空压机或备用紧急支援气瓶）以及供电系统配置（自备发电设备、UPS等）方面的要求或实际设置情况相关。

5.3.3 各标准及检测要求的发展历程

本节主要围绕国内外标准中关于检测验收或认证方面的要求，重点介绍国内外标准在检测验收或认证项目要求方面的发展变化。

5.3.3.1 国外标准

WHO于1983年发布了《实验室生物安全手册》（*Laboratory Biosafety Manual*）第一版，它的发布标志着在全球范围内有了统一的标准和基本指导原则，该手册的第二版于1993年发布，现行版本为2004年的第三版，在检测、认证方面和前两版相比，增加了第7章实验室/动物设施试运行指南与第8章实验室/动物设施认证指南，并在第7章试运行指南中单独列出了42项实验室系统和组成部分的功能测试项目，在第8章中明确指出实验室认证是对实验室内部的所有安全特征和过程（工程控制、个体防护装备以及管理控制）进行系统性检查。对生物安全操作和规程也要进行检查。实验室认证应定期进行，是一种不断进行的保证质量和安全的活动。将实验室试运行及认证单独列出并独立成章，可见现行版本更加注重实验室检测验收与认证方面的理念及要求，也使得在实验室设施、设备的检测验收及认证的具体项目方面有了一定的参考。

美国的*BMBL*第一版在1984年出版，到2009年*BMBL*第五版已经出版，其中1993年第三版描述了各级生物安全实验室的建筑设计、关键防护设施、物理隔离设备，1999年第四版由于微生物和生物医学实验室的设计与建设出现了相当大的增长，尤其是生物安全三级和四级实验室，为此，在此版本中对"设施"章节内容进行了澄清和补充，特别是第三至五章内容，而2009年第五版中主要增加了关于生物安全和风险评估的原则及做法的章节内容。现行的美国手册*BMBL-5*版本的第4章（针对生物安全实验室，即BSL实验室）和第5章（针对动物生物安全实验室，即ABSL实验室）系统地介绍了一至四级生物安全实验室的设备、设施要求。以生物安全四级实验室的防护设施（二级屏障）为例，美国手册*BMBL-5*对于安全柜型BSL-4、安全柜型ABSL-4、正压服型BSL-4、正压服型ABSL-4分别规定了15条要求，与WHO手册（第三版）相比，美国手册*BMBL-5*规定得更详细和具体。但现行美国手册BMBL-5版本对于实验室的检测验收与认证方面，并没有单独列出并给出相应的具体要求。

加拿大于2013年对3个关于人类及动物病原体或毒素的处理或保存、设施设计、建设和使用的生物安全标准与指南进行了整合，发布了《加拿大生物安全标准和指南》（*Canadian Biosafety Standards and*

Guideline，CBSG）。于 2015 年颁布了《加拿大生物安全标准》第 2 版（*Canadian Biosafety Standards* second Edition，*CBS-2*），该标准也是目前发达国家生物安全标准体系中对各级实验室设施、设备要求最严格也最详尽的标准之一。该标准中规定了人类或陆生动物病原体或毒素处理（或保存）的物理防护、实践操作、性能和验证测试要求，第 3 章以列表形式对二级、三级、四级实验室（CL2、CL3、CL4）和二级、三级农业实验室（CL2-Ag、CL3-Ag）的物理防护项目及各项目具体性能测试方法均做了详细规定。于 2016 年颁布了《加拿大生物安全手册》第 2 版，该手册为 CBS-2 的配套文件，在手册中详细规定了实验室的物理防护、运行操作、性能验证方面的要求，提供了实现 CBS 规定的生物安全和生物安保要求的方法，在第 3 章对防护水平和防护区给出了一定要求。目前 CBS-2 标准和 CBH-2 手册这两项标准已替代了2013 年发布的《加拿大生物安全标准和指南》（*CBSG*）。

澳/新标准 AS/NZS 2243.3 是 2010 年由澳大利亚和新西兰联合颁布的。该标准共 13 章，8 个附录，在第 5、6 章中分别对三级、四级实验室（称为 PC3 和 PC4）和三级、四级动物实验室（Animal PC3 和 Animal PC4）的设施、设备、各级实验室关键设施、设备检测验收项目、年检要求以及人员操作规范等提出具体要求，该标准的结构及形式整体和美国的 BMBL 手册相似，目前该标准未发现有更新版本。

5.3.3.2 国内标准

2003 年国内 SARS 疫情的大规模暴发，引起了人们对生物安全的高度关注，当时国内尚无有关生物安全实验室的国家标准。为此，2004 年中国合格评定国家认可中心（CNAS）会同有关单位，编制了我国第一部生物安全实验室国家标准 GB 19489—2004《实验室 生物安全通用要求》，该标准规定了实验室从事研究活动的各项基本要求，包括风险评估及风险控制、实验室生物安全防护水平等级、实验室设计原则及基本要求、实验室设施和设备要求、管理要求，目前该标准的现行版本为 GB 19489—2008。

为配套该国家标准的顺利实施，更好地指导国内生物安全实验室的建设，同年中国建筑科学研究院会同有关单位，编制了我国第一部生物安全实验室建设方面的国家标准 GB 50346—2004《生物安全实验室建筑技术规范》，该标准规定了生物安全实验室的设计、建设及检测验收等相关内容，主要内容涉及建筑各个专业，如规划选址、建筑、结构、通风空调、给水排水、气体、电气自控、消防等，目前该规范最新版本是 2011 年版。国务院于 2004 年 11 月颁布了第 424 号令《病原微生物实验室生物安全管理条例》，规定了我国生物安全实验室的分类管理、设立与管理、感染控制、监督管理、法律责任等一系列管理要求。其中明确规定：新建、改建、扩建三级、四级实验室或者生产、进口移动式三级、四级实验室应符合国家生物安全实验室建筑技术规范。GB 19489 和 GB 50346 在我国生物安全实验室的建设、管理等方面起到了法规及监管的作用。近年来我国在高等级生物安全实验室，尤其是四级生物安全实验室方面取得了不少建设经验，希望能尽快对规范进行修订。

2015 年新制定的我国认证认可行业标准 RB/T 199—2015《实验室设备生物安全性能评价技术规范》是专门针对三级、四级实验室中关键防护设备检测验收的行业标准，也是实验室认证新的标准体系的重要参考标准之一，标准中具体规定了 12 种设备的检测验收性能要求。该标准比较全面地补充了现行标准体系中关于高等级生物安全实验室中关键防护设备检测验收的要求。

我国生物安全实验室标准体系的主要标准 GB 19489 及 GB 50346 的第一版基本内容框架以及第二版在设施、设备要求方面主要修订内容汇总见表 5-11。

以 GB 50346 为例，从表 5-11 中可以看到现行的 2011 版本相比 2004 版本增加了许多具体的检测验收项目和性能要求。下面以几个主要的检测项目说明我国实验室检测项目相关测试技术的发展变化。

（1）围护结构严密性检测

2011 版本增加了生物安全实验室的分类：a 类指操作非经空气传播生物因子的实验室，b 类指操作经空气传播生物因子的实验室，并对不同类别实验室严密性测试进行了对应的要求。表 5-12 给出了两版标准对围护结构严密性要求的变化对比情况。

表 5-11　GB 19489 及 GB 50346 基本内容框架及在设施、设备方面主要修订内容

版本	发布时间	标准名称	内容框架或修订内容
第 1 版	2004 年	GB 19489—2004《实验室生物安全通用要求》	规定了实验室从事研究活动的各项基本要求，包括风险评估及风险控制、实验室生物安全防护水平等级、实验室设计原则及基本要求、实验室设施和设备要求、管理要求
	2004 年	GB 50346—2004《生物安全实验室建筑技术规范》	规定了生物安全实验室的设计、建设及检测验收等相关内容，主要内容涉及建筑各个专业，如规划选址、建筑、结构、通风空调、给水排水、气体、电气自控、消防等
第 2 版	2008 年	GB 19489—2008《实验室生物安全通用要求》	修订了对实验室设计原则、设施和设备的部分要求（2004 年版的第 6 章、第 7 章和 9.3 节，本版的第 5 章和第 6 章） 增加了对实验室设施自控系统的要求（本版的 6.3.8） 增加了对从事无脊椎动物操作实验室设施的要求（本版的 6.5.5）
	2011 年	GB 50346—2011《生物安全实验室建筑技术规范》	增加了生物安全实验室的分类：a 类指操作非经空气传播生物因子的实验室，b 类指操作经空气传播生物因子的实验室 增加了 ABSL-2 中的 b2 类主实验室的技术指标 三级生物安全实验室的选址和建筑间距修订为满足排风间距要求 增加了三级和四级生物安全实验室防护区应能对排风高效空气过滤器进行原位消毒、检漏 增加了四级生物安全实验室防护区应能对送风高效空气过滤器进行原位消毒和检漏 将 ABSL-3 中的 b2 类实验室的供电提高到必须按一级负荷供电 增加了三级和四级生物安全实验室围护结构的严密性检测 增加了活毒废水处理设备、高压灭菌锅、动物尸体处理设备等带有高效过滤器的设备应进行高效过滤器的检漏 增加了活毒废水处理设备、动物尸体处理设备等进行污染物消毒灭菌效果的验证

表 5-12　实验室围护结构严密性要求

实验室类别	条文及条文说明要求	
	2004 版	2011 版
BSL-3/ABSL-3（a 类、b1 类）	三级生物安全实验室应通过直观检查证实围护结构密封完好	目测及烟雾法检测，所有缝隙无可见泄漏
ABSL-3（b2 类）	无	房间相对负压维持在 –250Pa，房间内每小时泄漏的空气量不应超过受测房间净容积的 10%
（A）BSL-4	四级生物安全实验室除应通过直观检查证实围护结构完好外，宜对主实验室进行围护结构严密性检测和评价	主实验室房间相对负压值达到 –500Pa，经 20min 自然衰减后，其相对负压值不应高于 –250Pa
排风高效过滤单元	无	相对压力维持在 1000Pa，腔室内每分钟泄漏空气量不超过腔室净容积的 0.1%

从表 5-12 对比中可以看出以下几方面内容。

1）2011 版本对实验室分类进行了细化，并对围护结构严密性也规定了对应要求。

2）对于 BSL-3/ABSL-3（a 类、b1 类）实验室，现行规范对于其维护结构严密性的要求及检测方法没有明显变化。

3）对于 ABSL-3（b2 类）实验室，2011 版本中增加了"恒压法"测试方法及相应检测验收要求。

4）对于（A）BSL-4 实验室，2004 版本在 10.1.5 条条文说明中推荐了一种严密性的测试方法：生物安全实验室中，四级实验室对围护结构的密闭性要求最高。如果有条件，可进行围护结构密封性试验。根据农业部 2003 年 10 月 15 日 302 号文《兽医实验室生物安全技术管理规范》中的有关规定（参考 ISO 10648 标准），检测压力不低于 500Pa，半小时内泄漏率不超过 10% 为合格。而在 2011 版本明确给出了"压力衰减法"检测方法及验收要求，这和国外规范要求是一致的。

5）排风高效过滤单元的气密性在 2004 版中未涉及，2011 版中要求符合 GB 19489 的相关规定，并应采用压力衰减法进行检测。

（2）高效过滤器检漏检测

和 2004 版本相比，2011 版本中增加了三级和四级生物安全实验室防护区应能对排风高效空气过滤器进行原位消毒、检漏及四级生物安全实验室防护区应能对送风高效空气过滤器进行原位消毒、检漏的要求。此外，在检测技术方面，表 5-13 中列出了实验室高效过滤器检漏方法及要求。

表 5-13 实验室高效过滤器检漏方法及要求

测试方法	上游浓度		判定依据	
	2004 版	2011 版	2004 版	2011 版
计数扫描法	(≥0.5μm)不小于 5000pc/L	大气尘或人工尘(≥0.5μm)不小于 4000pc/L	送风:超过 3pc/L,即判断为泄漏 排风:第一道过滤器,超过 3pc/L,即判断为泄漏;第二道过滤器,超过 2pc/L,即判断为泄漏	第一道过滤器,超过 3 粒/L,即判断为泄漏
光度计扫描法	无	按现行国家标准《洁净室施工及验收规范》有关规定	无	当采样探头对准被测过滤器出风面某一点静止检测时,测得透过率高于 0.01%,即认为该点为漏点
光度计全效率法	无	人工尘 10~90μg/L	无	置信度为 95%的过滤效率下限值高于 99.99%,判定为不漏
计数全效率法	无	不宜低于 200 000 粒	无	过滤效率不低于 99.99%,判定为不漏

从表 5-13 可以看出以下几方面内容。

1)2004 版在过滤器原位完整性验证方面仅给出了计数扫描法,而 2011 版中则给出了计数扫描法和光度计扫描法两种扫描方法。

2)2011 版中对于既有实验室以及异型高效过滤器,现场无法扫描时,推荐了高效过滤器效率法检漏测试方法,且也包括光度计和计数器两种。新版本充分考虑到实验室现场验证可能遇到的困难,推荐了多种验证途径,适用范围更广,实际操作性更强。

3)对于计数扫描法,2004 版未对上游尘源有明确的规定,而新版本中则明确指出大气尘和人工尘均可用于测试,而在上游尘源浓度和泄漏判断方面,新版本对检漏测试要求也进一步放宽。

(3)工况验证

表 5-14 中整理了 GB 50346 2004 版和 2011 版对于送、排风系统及工况转换可靠性验证要求的对比情况。

表 5-14 送、排风系统设置及工况转换验证要求

工况验证类别	2004 版	2011 版
送风系统设置	无	5.2.3 BSL-3 实验室宜设置备用送风机 5.2.4 ABSL-3 实验室和四级生物安全实验室应设置备用送风机
排风系统设置	5.3.1 三级和四级生物安全实验室排风系统的设置应符合以下规定:排风必须与送风连锁,排风先于送风开启,后于送风关闭 5.3.6 三级和四级生物安全实验室应设置备用排风机组,并可自动切换	5.3.1 三级和四级生物安全实验室排风系统的设置应符合以下规定:排风必须与送风连锁,排风先于送风开启,后于送风关闭 5.3.5 三级和四级生物安全实验室防护区应设置备用排风机,备用排风机应能自动切换,切换过程中应能保持有序的压力梯度和定向流
工况验证要求	10.1.9 当生物安全实验室有多个运行工况时,应分别对每个工况进行工程检测,同时应验证工况转换时系统的安全性 10.1.10 除了必测项目的检测,还应验证电气、自控和故障报警系统的可靠性	10.1.12 生物安全实验室进行工况验证检测,有多个运行工况时,应分别对每个工况进行工程检测,并应验证工况转换时系统的安全性,除此之外还包括系统启停、备用机组切换、备用电源切换以及电气、自控和故障报警系统的可靠性验证

从表 5-14 可以看出以下几方面内容。

1)送风系统设置方面,和 2004 版相比,2011 版增加了送风系统备用风机的设置要求。其中对 ABSL-3 实验室和四级生物安全实验室要求应设置备用送风机,这样可以保证在主送风机出现故障时备用送风机投入运行后实验室仍能维持原有的压力梯度以及运行环境,以减少或避免对正在进行的关键微生物操作或动物实验室饲养的实验动物产生持续性影响。对 BSL-3 实验室要求宜设置备用送风机,即要求在送风机出现故障后实验室应至少维持负压以满足生物安全的基本要求,但对实验室原有的运行环境能否维持没有强制要求,实际工程设置备用送风机与否可结合实验室实验性质以及工程实际条件由实验室自行决定。

2)排风系统设置方面,两版要求基本没有变化。但值得说明的是,2011 版中明确规定切换过程中应

能保持有序的压力梯度和定向流，此项对实验室建设中自控系统的设计与初期工程调试、后期运行维护提出了更为明确、具体和关键的要求。

3）工况验证要求方面，两版要求也基本没有变化，但需特别指出的是，由于四级生物安全实验室的投入使用，新的标准体系中工况验证方面还增加了化学淋浴系统、生命支持系统、备用发电机组系统等的工况验证及报警系统验证的要求。

4）此外，2011版中10.1.5条增加了两项必测内容，即应用于防护区外的排风高效过滤器单元严密性和实验室工况验证，可见新标准对系统工况验证可靠性的要求更加重视。

5.4 小 结

5.4.1 检测验收现状

生物安全实验室要求严格，其工程质量检测复杂，检测内容不仅有常规的洁净室检测项目——风量（换气次数）、静压差、洁净度、噪声、照度、温度、相对湿度等，还有自己独特的检测项目——围护结构严密性、气流流向、送/排风高效过滤器检漏、实验室工况转换及生物安全柜的性能检测等。其中，实验室工况转换检测包括不同运行工况转换时系统安全性验证、送/排风系统连锁可靠性验证、备用排风系统切换可靠性验证、压差报警系统可靠性验证、备用电源可靠性验证等；生物安全柜的性能检测包括安全柜的安装情况、工作窗口气流平均风速、垂直气流平均风速、洁净度、照度、噪声等。

通过对众多生物安全实验室工程实例的检测验收，发现按实验室各检测项目一次性达标难易程度可分为三类：①易达标项目，有风量、洁净度、噪声、照度、温度、围护结构严密性、气流流向；②较易达标项目，有静压差、相对湿度、生物安全柜性能检测；③难达标项目，有送/排风高效过滤器检漏、实验室工况转换。上述分类是基于众多工程检测实例基础上的，单就某一工程实例而言，或许易达标项目也较难达标。实践证明对不达标的项目进行整改以使其达标，就难易程度而言上述分类是合乎实际的。

对上述分类进行分析，发现出现这种结果是很容易理解的。生物安全实验室的建设在国内是近15年逐渐兴起的，由于建造生物安全实验室的需求逐渐增多，一些做过普通洁净室工程的公司纷纷挤入生物安全实验室的建设市场，对生物安全实验室不甚了解或缺乏建设高级别生物安全实验室的经验，建造出来的实验室虽然其常规洁净室检测项目均能达标，但生物安全实验室自己独特的检测项目一般较难达标。

5.4.2 检测验收的必要性

国内外相关标准各个版本都对生物安全实验室的检测给出了明确要求或建议，和我国标准要求基本相似。欧美发达国家在生物安全实验室领域研究起步较早，经验、教训也比我们多，对生物安全实验室关键防护设施设备的检测需求和认识也更充分。国外很多高等级生物安全实验室要求每年检测验证，如法国里昂的四级生物安全实验室要求每六个月由生物安全团队检测实验室的气密性，每年由专业公司进行整个实验室和各管道的气密性检测。

我国高等级生物安全实验室建设历经十余年，从几乎一片空白，到今天已经初具规模和体系。截止到2019年6月，共有70余家生物安全实验室获得认可。已获得认可的实验室基本是严格执行一年一度的常规检测，为生物安全风险控制提供了基本保障。

目前，全球生物安全形势呈现影响国际化、危害极端化、发展复杂化的特点，生物安全实验室作为从事病原微生物实验研究的场所，成为人们关注的焦点，同时随着风险意识的提高，生物安全实验室尤其是高等级生物安全实验室的年度检测将会被逐步认同和重视。

5.4.3　发展趋势

"新冠肺炎"疫情的暴发给全球卫生安全体系带来了重大挑战，也使生物安全问题再一次成为全球的焦点问题。高等级生物实验室是开展生物安全科学研究的核心平台，截止到 2019 年上半年，共有涵盖二级、三级及最高等级生物安全实验室在内的 70 余家实验室获得认可。为了加强应对突发的生物安全问题，未来必将有更多的生物安全实验室进行建设、检测验收和认证。

依据国内外相关标准规范，结合我国十余年生物安全实验室的建设探索和经验总结，高等级生物安全实验室设施、设备重要检测项目，包括但不限于：围护结构气密性、静压差、气流流向、排风高效过滤单元原位检漏、工况转换可靠性验证（备用排风机可靠性验证、备用电源可靠性验证、故障报警可靠性验证等）。随着高等级实验室建设水平的不断提高，以及各种微生物（如细菌、病毒）、小动物（如小鼠）、中动物（如禽、猴类）、大动物（如畜类）生物安全实验室和移动生物安全实验室设施、设备等功能向多样化与复杂化演变，对实验室设施、设备工程调试、综合性能检测验收必将提出更多的要求，同时关键设施或设备性能要求以及检测验证要求也将会受到更多重视，建议关键设施、设备进行定期（一年或者更短的时间，甚至在线监测）检测验证，非生物安全关键性能参数的检测周期适当延长。

生物安全实验室认证、管理以及运行维护是伴随实验室运行周期内的长期持续的保障工作，也是关乎实验室长期安全稳定运行的关键因素，这也必将对实验室管理、维护等软件方面提出更多的要求。

实验室日常或定期运行维护方面，目前各国标准均未有针对性的要求、规定或可操作性的指导，而实验室运行维护是实验室日常安全运行的关键环节与重要保障措施，这也是我国生物安全实验室标准体系未来发展应该考虑的方向之一。

参 考 文 献

国家食品药品监督管理局. 2011. YY 0569—2011 Ⅱ级生物安全柜. 北京: 中国标准出版社.

世界卫生组织. 2004. 实验室生物安全手册. 3 版. 北京: 人民卫生出版社.

中国合格评定国家认可中心. 2008. GB 19489—2008 实验室生物安全通用要求. 北京: 中国标准出版社.

中国合格评定国家认可中心. 2016. RB/T 199—2015 实验室设备生物安全性能评价技术规范. 北京: 中国标准出版社.

中国建筑科学研究院. 2011. GB 50591—2010 洁净室施工及验收规范. 北京: 中国建筑工业出版社.

中国建筑科学研究院. 2012. GB 50346—2011 生物安全实验室建筑技术规范. 北京: 中国建筑工业出版社.

中华人民共和国住房和城乡建设部. 2016. JG/T 497—2016 排风高效过滤装置. 北京: 中国标准出版社.

Department of Health and Human Services. 2009. Biosafety in Microbiological and Biomedical Laboratories. 5th ed. Atlanta, Georgia.

Joint Technical Committee. 2010. CH-026 Safety in Laboratories. Council of Standards Australia and Council of Standards New Zealand. Australian/New Zealand Standard™ Safety in laboratories Part 3: Microbiological safety and containment, AS/NZS 2243.3.

Public Health Agency of Canada. 2015. Canadian Biosafety Standard(CBS).2nd ed. Ottawa. http: //cadianbiosafetystandards. collaboration.gc.ca: 93-94, 151.

World Health Organization. 2004. The Laboratory Biosafety Guidelines 3rd ed. Canada: the Minister of Health.

6 生物安全实验室建设科技成果

从文献计量学的角度，系统梳理了我国 2014~2018 年实验室生物安全相关科研的发展状况，主要包括发表论文、授权专利、图书出版和科技奖励。结合文献《中国实验室生物安全能力发展报告——科技发展与产出分析》的研究成果（高福和武桂珍，2016），可以得出 1990~2018 年我国实验室生物安全相关科研的总体发展情况。

6.1 检索方法

论文方面，包括年代分布、机构分布、著者分布以及期刊分布及高被引情况。专利方面，包括发明专利授权率、发明专利份额、技术领域分布、机构分布、发明专利维持年限。目前，国内使用率和影响力较高的数据库有中国学术期刊网络出版总库（CNKI）、万方数据库（以下简称万方）、中文科技期刊数据库（以下简称维普）等，这三种数据库覆盖了理工农医文史哲领域的重要期刊。本报告是在这三个数据库中分别检索数据后，下载题录信息，并利用 Note Express 软件对题录信息进行去重、清洗。

检索策略主要包括两部分：①对实验室生物安全领域做整体检索；②对实验室生物安全领域所关注的重点问题进行重点检索。

6.1.1 文献检索

1）以知网为例，首先打开知网，点击旧版入口，点击期刊，然后点击专业检索，输入检索式（每个网站操作方法类似）。

2）检索式如下。

知网检索式：SU=（'生物'+'微生物'+'病毒'+'细菌'+'寄生虫'+'鼠疫'+'布病'+'艾滋病'+'禽流感'+'结核'+'乙肝'+'消毒'+'计划免疫'+'防护'+'出血热'+'废弃物'）and SU=（'安全'+'风险'+'危险'+'高致病'）and SU=（'实验室'）or SU=（'BSL-3 实验室'+'P-3 实验室'+'p3 实验室'+'生物安全柜'+'P-2 实验室'+'p2 实验室'+'BSL-2 实验室'+'灭菌锅'）。

万方检索式：主题：（"生物"+"微生物"+"病毒"+"细菌"+"寄生虫"+"鼠疫"+"布病"+"艾滋病"+"禽流感"+"结核"+"乙肝"+"消毒"+"计划免疫"+"防护"+"出血热"+"废弃物"）＊ 主题：（"安全"+"风险"+"危险"+"高致病"）＊ 主题：（"实验室"+"BSL-3 实验室"+"P-3 实验室"+"p3 实验室"+"生物安全柜"+"P-2 实验室"+"p2 实验室"+"BSL-2 实验室"+"灭菌锅"）。

维普检索式：M=（ 生物＋微生物＋病毒＋细菌＋寄生虫＋鼠疫＋布病＋艾滋病＋禽流感＋结核＋乙肝＋消毒＋计划免疫＋防护＋出血热＋废弃物 ）AND M=（ 安全＋风险＋危险＋高致病 ）AND M=（ 实验室 ）OR M=（ BSL-3 实验室＋生物安全柜＋BSL-2 实验室＋灭菌锅 ）。

3）检索出文献后，选中所有检索到的文献，点击导出/参考文献，导出到 Note Express 中。

4）然后在 Note Express 中整理，筛选出我们需要的文献，然后导出到 Excel 中。

5）在 Excel 中使用筛选、排序等功能对导出的文献进行整理归类。

6）纳入本报告分析的文献标准如下。

①实验室生物安全的风险评估；②安全管理及消毒防护；③生物安全实验室的建设及设备维护等。

7）文献排除标准如下。

①排除计算机安全类论文；②排除实验室检测技术、实验方法等类型的论文；③排除食用菌种植中使用的灭菌器相关论文；④药物研制相关论文；⑤流行病相关论文；⑥环境监测等其他非生物医学类实验室的安全管理、防护类论文；⑦其他与实验室生物安全不相关的论文。

6.1.2 专利检索

专利数据是通过上海知识产权信息平台获得，该平台由上海知识产权局建立并维护，支持专业检索，并可在线对专利数据进行分析。

上海知识产权信息平台检索式：（（AB=（生物 OR 微生物 OR 病毒 OR 细菌 OR 寄生虫 OR 鼠疫 OR 布病 OR 艾滋病 OR 禽流感 OR 结核 OR 乙肝 OR 消毒 OR 计划免疫 OR 防护 OR 出热血 OR 废弃物）AND AB=（安全 OR 风险 OR 危险 OR 高致病）AND AB=（实验室）OR AB=（BSL-3 实验室 OR P-3 实验室 OR p3 实验室 OR 生物安全柜 OR P-2 实验室 OR p2 实验室 OR BSL-2 实验室 OR 灭菌锅））OR（TI=（生物 OR 微生物 OR 病毒 OR 细菌 OR 寄生虫 OR 鼠疫 OR 布病 OR 艾滋病 OR 禽流感 OR 结核 OR 乙肝 OR 消毒 OR 计划免疫 OR 防护 OR 出热血 OR 废弃物）AND TI=（安全 OR 风险 OR 危险 OR 高致病）AND TI=（实验室）OR TI=（BSL-3 实验室 OR P-3 实验室 OR p3 实验室 OR 生物安全柜 OR P-2 实验室 OR p2 实验室 OR BSL-2 实验室 OR 灭菌锅）））。

6.1.3 书籍检索

出版书籍的数据主要通过读秀数据库、CNKI 图书引文数据库以及协和搜索学术发现平台综合获得。"读秀"是由全文数据及基本资料信息组成的数据库，为用户提供深入图书章节和内容的全文检索；协和搜索能够一站式检索中国医学科学院医学信息研究所购买和馆藏的所有数据库及纸质图书。

6.1.4 奖励检索

奖励信息主要来源于各奖励颁发的官方网站。

6.2 科技论文整体情况

6.2.1 近 15 年论文数量快速增长

经去重、排重不相关文献等一系列清洗工作后，得到 2014～2018 年国内共发表实验室生物安全领域论文 1292 篇，每年保持 200～300 篇的发表论文数量，整体发展趋势比较稳定，如图 6-1 所示。2014 年和 2015 年分别发表论文 277 篇、300 篇，在 5 年内排在前两位，2016 年和 2017 年发表论文数量略减，分别为 239 篇和 212 篇，在 2018 年又迎来了回升，发表论文 264 篇。

结合文献数据（高福和武桂珍，2016），可以得出 1990～2018 年的论文发表趋势（图 6-1）：1990～2002 年是我国实验室生物安全领域发展初期，共发表相关论文 104 篇；2002 年开始出现拐点，此后十年间每年发表论文数量几乎呈指数增长，到 2005 年，即"非典"发生后的第 2 年，该领域年发表论文量首次突破 100 篇；2011～2018 年，该领域发表论文量增长趋缓，并逐渐进入稳定期，年论文发表量保持在

210～300 篇。

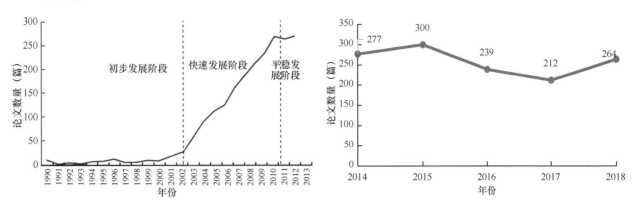

图 6-1　实验室生物安全领域论文发表趋势

6.2.2　安全管理和建设维护论文占比较高

生物安全实验室领域论文主要分为安全管理及防护、风险评估、建设与维护、教学实践及政策规划 4 部分，其中安全管理及防护、建设与维护占比较高，数量（占比）分别为 597 篇（46%）和 382 篇（30%），其次是教学实践及政策规划、风险评估，数量（占比）分别为 195 篇（15%）和 118 篇（9%）。论文的构成详见图 6-2。

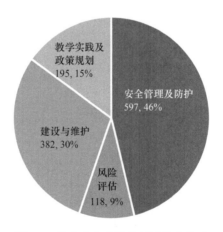

图 6-2　生物安全实验室领域论文构成

6.2.3　各机构发表论文情况

从机构来看，高校作为科研的"主力军"，完成了最大数量的论文发表，占比 26%，然后是医院和疾控部门，分别完成了 16% 和 15% 的论文发表，接下来是科研院所和动物疫病预防控制中心，分别占所有发文数量的 9% 和 5%，然后是企业、血站、检疫检验局和卫生监督所，各自完成了 4%、2%、2% 和 2% 的发文数量，详见图 6-3。

6.2.4　相关期刊载文量

从期刊来看，有 60 种期刊载文量超过 5 篇，从期刊类别上看，大部分为医疗卫生和实验室相关杂志，少部分为畜牧、教学、生物及建筑能源相关杂志。载文量≥20 篇的 3 种期刊分别为：中国卫生产业、暖通空调和实验室研究与探索，分别载文 22 篇、20 篇和 20 篇，载文量≥10 篇的有 21 种杂志，详见表 6-1。

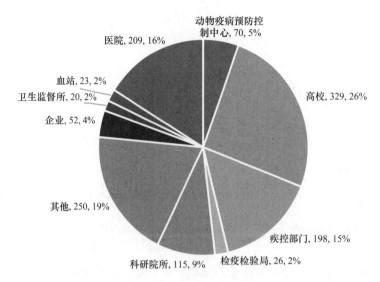

图 6-3 生物安全实验室各类型机构发文数量分布

表 6-1 生物安全实验室期刊载文量排名（载文量≥10 篇）

排序	期刊名	载文量（篇）
1	中国卫生产业	22
2	暖通空调	20
3	实验室研究与探索	20
4	中国卫生检验杂志	18
5	畜牧兽医科技信息	17
6	国际检验医学杂志	17
7	中国消毒学杂志	17
8	医学信息	16
9	中国畜牧兽医文摘	16
10	实验技术与管理	15
11	医疗卫生装备	15
12	医药前沿	15
13	中国医学装备	15
14	医疗装备	13
15	中国保健营养	13
16	中国动物检疫	13
17	教育教学论坛	11
18	实验室科学	11
19	兽医导刊	10
20	卫生职业教育	10
21	现代预防医学	10

6.3　建设与维护领域论文发表情况

本节主要讨论和生物安全实验室建设与维护相关的研究产出情况，包括生物安全实验室的设计、设施设备，如通风设计、生物安全柜、高温灭菌器、防护服、废弃物处理等。

6.3.1　发表趋势

2014～2018 年，生物安全实验室建设与维护领域成果显著，总发文数量达到 382 篇，占生物安全实验室领域的 30%。各年度的论文数量如图 6-4 所示，从年度分布来看，其变化趋势与生物安全实验室领域论文变化趋势基本一致，但变化幅度更大。除 2015 年外，其他各年文章数量基本平稳，维持在 50 篇至 70 余篇。2015 年发表论文最多，达到 119 篇，是其余各年发表文章平均数的近两倍，分析其原因，可能和 2015 年为"十二五"规划收官之年科研成果集中发表有关。

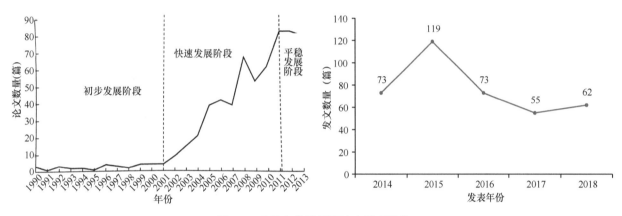

图 6-4　建设与维护领域论文发表趋势

6.3.2　研究机构

生物安全实验室建设与维护领域发文数量排名中科研院所排名靠前，中国建筑科学研究院和解放军军事医学科学院占据前两位，其次是中国疾病预防控制中心、北京市医疗器械检验所。表 6-2 列出了主要机构发文数量。

表 6-2　主要机构发文数量（≥3 篇）

排序	主要机构	发文数量（篇）
1	解放军军事医学科学院	16
2	中国建筑科学研究院	15
3	中国疾病预防控制中心	8
4	北京市医疗器械检验所	7
5	中国中元国际工程有限公司	6
6	吉林省卫生计生委科教处	3
7	浙江省疾病预防控制中心	3

6.3.3　研究作者

生物安全实验室建设与维护方面论文的作者多来自工程类单位，如中国建筑科学研究院、解放军军事医学科学院等。超过 3 篇发文量的作者有 40 人。发文数量前 10 的作者中有 6 人来自解放军军事医学科学院，研究人员协力合作，产生了大量的研究成果。表 6-3 列出了建设与维护论文的部分作者，其中论文数量的统计包括该作者参与撰写的所有论文。

表 6-3 建设与维护论文作者（≥3 篇）

排序	作者	所在机构	发文量（篇）
1	曹国庆	中国建筑科学研究院	12
2	祁建城	解放军军事医学科学院	9
3	衣颖	解放军军事医学科学院	9
4	王荣	中国合格评定国家认可中心	8
5	吴金辉	解放军军事医学科学院	7
6	张宗兴	解放军军事医学科学院	7
7	郝丽梅	解放军军事医学科学院	6
8	林松	解放军军事医学科学院	6
9	王崢崎	北京市医疗器械检验所	6
10	崔泽	河北省疾病预防控制中心	5
11	张雨晨	北京市医疗器械检验所	5
12	赵明	解放军军事医学科学院	5
13	李劲松	军事医学科学院微生物流行病研究所	4
14	卢安	河北省疾病预防控制中心	4
15	师闻欣	华北理工大学	4
16	袁志明	中国科学院武汉病毒研究所	4
17	周永运	中国合格评定国家认可中心	4
18	陆兵	解放军军事医学科学院	4
19	李京京	解放军军事医学科学院	4
20	程洪亮	解放军军事医学科学院	4
21	靳晓军	解放军军事医学科学院	3
22	代青	中国医学科学院医学生物学研究所	3
23	谷鑫	中国疾病预防控制中心	3
24	顾华	浙江省疾病预防控制中心	3
25	何涛	重庆市血液中心	3
26	胡凌飞	军事医学科学院微生物流行病研究所	3
27	黄世安	解放军军事医学科学院	3
28	李婵	浙江省疾病预防控制中心	3
29	李娜	军事医学科学院微生物流行病研究所	3
30	李雪柏	中国疾病预防控制中心	3
31	李屹	中国建筑科学研究院	3
32	刘志国	解放军军事医学科学院	3
33	吕京	中国合格评定国家认可中心	3
34	孙蓓	军事科学院军事医学研究院	3
35	田耘博	重庆市血液中心	3
36	王洁	军事医学科学院微生物流行病研究所	3
37	翁景清	浙江省疾病预防控制中心	3
38	张世联	河北省疾病预防控制中心	3
39	赵四清	解放军军事医学科学院	3
40	谢景欣	江苏省疾病预防控制中心	3

6.3.4 研究主题

在研究主题的分布中，生物安全出现 74 次，为出现频次最高的主题词。之后是生物安全柜、实验室、生物安全实验室。值得注意的是，武汉作为地名也出现了多次，这是因为中国科学院武汉国家生物安全实验室作为我国首个 P4 实验室在湖北武汉建设运行，多篇文章对其建设、安全防护做了报道，表 6-4 列出了建设与运维主题分布情况。

表6-4 建设与运维主题分布情况（包括实验室建造、气流组织、主要设备、运行维护、检测等）

名称	词频（次）	名称	词频（次）	名称	词频（次）
生物安全	74	管理	9	负压	5
生物安全柜	50	生物安全三级实验室	9	高等级生物安全实验室	5
实验室	50	微生物实验室	9	高效过滤器	5
生物安全实验室	48	质量控制	9	检测	5
建设	16	对策	8	实验室管理	5
兽医实验室	16	气密性	8	围护结构	5
实验室建设	14	设计	8	问题	5
兽医	14	安全	7	武汉	5
废弃物	13	中国科学院	7	仪器设备	5
安全管理	9	处理	5	P4	4

6.3.5 期刊分布

从期刊来看，382篇文章中有19篇为会议文章，其余363篇文章分布于201种期刊中。表6-5给出了载文量≥5篇的期刊。

表6-5 建设与运维期刊载文量排名（载文量≥5篇）

排序	期刊名	载文量（篇）
1	暖通空调	14
2	医疗卫生装备	13
3	中国医学装备	13
4	中国消毒学杂志	12
5	医疗装备	10
6	洁净与空调技术	5
7	中国畜牧兽医文摘	5
8	中国动物检疫	5
9	中国卫生工程学	5
10	中国医疗设备	5
11	中国医院建筑与装备	5

6.3.6 部分高影响力的文章

表6-6列出了部分高影响力的论文，从表中可以看出，被引次数超过15的有8篇，分别为：《关于我国生物安全实验室建设的思考和建议》（第一作者王清勤；发表年份2003；被引次数17；下载数量474，下同）；《生物安全实验室建筑技术规范的编制背景和主要内容介绍》（王清勤，2004，16，196）；《生物安全实验室设计要点》（许钟麟，2004，22，589）；《生物安全实验室气流组织形式的实验研究》（张益昭，2006，17，228）；《实验室生物安全风险评估的现状与发展》（魏强，2007，26，32）；《实验室安全管理对策浅探》（赵赤鸿，2008，23，296）；《病原微生物实验室生物安全管理对策浅探》（赵赤鸿，2009，33，814）；《我国生物安全实验室建设和管理现状》（陆兵，2012，49，1801）。

表 6-6 部分高影响力的文章列表

编号	作者	文章题目	发表期刊	发表时间	引用	下载
1	赵侠，李顺，杨鹏，张晨	高等级生物安全实验室环境技术研究	暖通空调	2003-02-15	4	191
2	王清勤，许钟麟，张益昭	关于我国生物安全实验室建设的思考和建议	建筑科学	2003-08-20	17	474
3	王清勤，许钟麟，张益昭	生物安全实验室建设中应注意的问题	环境与健康杂志	2003-07-20	9	185
4	王清勤，张彦国，许钟麟，张益昭	生物安全实验室建筑技术规范的编制背景和主要内容介绍	建筑科学	2004-12-20	16	196
5	王清勤，许钟麟，张益昭，张彦国	生物安全洁净室工程设计和施工中应注意的问题	洁净与空调技术	2004-03-15	7	150
6	许钟麟，王清勤，张益昭，沈晋明	生物安全实验室设计要点	暖通空调	2004-01-15	22	589
7	谢景欣	论 BSL-3 实验室工程设计应注意的要素	中国卫生工程学	2006-06-20	9	70
8	张亦静，吴继中	浅谈生物安全实验室活毒废水处理	给水排水	2006-07-10	7	199
9	张益昭，于玺华，曹国庆，许钟麟	生物安全实验室气流组织形式的实验研究	暖通空调	2006-11-15	17	228
10	曹国庆，张益昭，许钟麟，于玺华	生物安全实验室气流组织效果的数值模拟研究	暖通空调	2006-12-15	14	240
11	李艳菊，吴金辉，张金明，祁建城	CFD 在生物安全实验室气流组织研究中的应用	洁净与空调技术	2007-03-17	13	161
12	曹国庆，刘华，梁磊，董林	由生物安全实验室检测引发的有关设计问题的几点思考	暖通空调	2007-10-15	6	222
13	祁建城，李艳菊，吕京，吴东来，王宏伟	关于 ABSL-3 实验室分类、设计要求的分析、探讨	洁净与空调技术	2007-12-17	5	190
14	谢景欣，沈卫民，杨国平	三级生物安全实验室空气指标的自动化控制	环境与健康杂志	2007-02-20	6	139
15	谢景欣	全国 CDC 实验室设计中存在的主要问题及应对措施	中国卫生工程学	2007-04-20	7	107
16	魏强，武桂珍，侯培森	实验室生物安全风险评估的现状与发展	中华预防医学杂志	2007-11-06	26	32
17	赵侠	对生物安全实验室现行规范和设计的讨论	洁净与空调技术	2007-12-07	6	144
18	李勇，鲁凤民，张凤民，傅江南	关于生物安全三级实验室管理体系构建的思考	中国医药生物科技	2007-12-10	4	179
19	赵赤鸿，武桂珍	实验室安全管理对策浅探	中国公共卫生管理	2008-06-20	23	296
20	张亦静，吴新洲	高级别大动物生物安全实验室的废水废物处理	给水排水	2008-02-10	10	227
21	曹国庆，张益昭，董林	BSL-3 实验室空调系统风机配置运行模式探讨	环境与健康杂志	2009-06-20	6	107
22	赵赤鸿	病原微生物实验室生物安全管理对策浅探	疾病监测	2009-06-30	33	814
23	黄吉城，王君玮，陆兵，吕京，张维	甲型 H1N1 流感病毒实验室生物风险评估	中国动物检疫	2009-10-01	5	206
24	吴金辉，田涛，林松，郝丽梅	正压防护技术在生物个体防护装备中的研究现状与趋势	医疗卫生装备	2010-04-15	11	103
25	张宗兴，李艳菊，祁建城，张金明	气密性高等级生物安全实验室的负压控制	中国安全科学学报	2010-06-15	6	216
26	顾华，朱炜，高筱萍，翁景清，张双凤	浙江省二级生物安全实验室现况调查分析	浙江预防医学	2010-07-10	4	73
27	张宗兴，赵明，李艳菊，衣颖	生物安全实验室高效空气过滤器单元的研制	医疗卫生装备	2010-08-15	8	159
28	谢景欣	负压二级生物安全实验室设计要点	中国公共卫生	2010-10-15	4	198
29	吕京，王荣，祁建城，钱军	生物安全实验室通风系统 HEPA 过滤器原位消毒及检漏方案	暖通空调	2011-05-15	7	375
30	李艳菊，祁建城，赵明，刘志国	某移动 BSL-3 实验室通风空调系统方案探讨与应用	中国卫生工程学	2011-06-20	4	126
31	陆兵，李京京，程洪亮，黄培堂	我国生物安全实验室建设和管理现状	实验室研究与探索	2012-01-15	49	1801
32	陆兵，刘秋焕，王荣，李京京，程洪亮，陈芳，吕京	结核分枝杆菌实验室获得性感染事件分析	中国防痨杂志	2012-05-10	4	110
33	张宗兴，赵明，衣颖，张金明	生物安全实验室气密性围护结构空气渗透特性研究	暖通空调	2013-01-15	7	168
34	魏凤，陈宗胜，胡忆红，刘汝，陈洁君，梁慧刚，袁志明	中法生物安全实验室标准应用体系对比分析	军事医学	2013-01-25	4	158
35	魏强，武桂珍	美国与欧洲实验室生物安全专业能力要求的对比分析	军事医学	2013-01-25	11	273

续表

编号	作者	文章题目	发表期刊	发表时间	引用	下载
36	李晓燕, 刘艳, 姜孟楠, 李春雨, 荣蓉, 薛浩, 卢选成, 王子军	动物生物安全实验室信息管理系统的应用	中国医学装备	2013-03-15	8	199
37	谢景欣, 王欢, 王建锋, 杨杰	负压二级生物安全实验室设计关键控制点分析	暖通空调	2013-05-15	7	22
38	张宗兴, 赵明, 衣颖, 祁建城	生物安全实验室效率检漏型高效空气过滤装置的研制	医疗卫生装备	2013-07-15	5	158
39	魏凤, 陈宗胜, 刘汝, 赵德, 宋冬林, 袁志明	中法生物安全实验室运行管理标准体系比较与剖析	科学管理研究	2013-10-20	6	205
40	车凤翔	简论四级生物安全实验室及其应用	中国卫生检验杂志	2014-01-10	6	293
41	刘晓宇, 李思思, 赵赤鸿, 武桂珍	全国22省(市)负压生物安全二级实验室建设现况的调查分析	中国医学装备	2014-01-15	6	133
42	刘艳, 赵赤鸿, 李晓燕, 荣蓉, 王子军	实验动物屏障设施运行管理标准操作规程的制定和实施	中国医学装备	2014-01-15	8	305
43	王峥崎, 张雨晨, 牛玉倩	医疗机构在用医疗器械——Ⅱ级生物安全柜使用现状及问题解析	医疗装备	2014-01-15	8	149
44	赵明, 张宗兴, 牛福, 任旭东	微生物检验车的研制	医疗卫生装备	2014-03-15	4	72
45	赵德, 魏凤, 袁志明, 宋冬林	中国与欧盟生物废弃物处理标准化管理研究	实验技术与管理	2014-02-20	4	252
46	刘晓宇, 李思思, 荣蓉, 赵赤鸿, 王子军	全国生物安全三级实验室建设与管理现况调查及分析	疾病监测	2014-05-31	8	314
47	刘毅, 王会如, 王峥崎	最终灭菌医疗器械包装的发展现状及监督管理调研	中国医疗设备	2014-11-25	6	171
48	孙蓓, 赵四清, 李纲, 陈梅玲, 靳晓军	气化过氧化氢用于生物安全实验室消毒最佳浓度及剂量探讨	山东医药	2014-12-12	9	175
49	田燕超, 吕京, 谢景欣, 王欢	实验动物机构从业人员的职业健康安全要求	中国卫生工程学	2015-08-20	4	110
50	靳晓军, 李京京, 程洪亮, 黄培堂, 陆兵	高等级生物安全实验室风险及其对策	生物技术通讯	2015-09-30	8	49
51	师闻欣, 卢安, 张雨薇, 崔泽	医疗科研机构生物安全柜使用管理相关问题研究	中国医学装备	2015-10-15	8	84
52	梁慧刚, 黄翠, 马海霞, 袁志明	高等级生物安全实验室与生物安全	中国科学院院刊	2016-04-15	13	393
53	杨旭, 梁慧刚, 沈毅, 徐萍, 袁志明	关于加强我国高等级生物安全实验室体系规划的思考	中国科学院院刊	2016-10-20	4	187
54	曹国庆, 王荣, 翟培军	高等级生物安全实验室围护结构气密性测试的几点思考	暖通空调	2016-12-15	4	102
55	靳晓军, 谢双, 程洪亮, 李京京, 陆兵	埃博拉病毒实验室事故的教训与启示	生物技术通讯	2017-01-30	4	246
56	张子翔, 卢安, 卢振敏, 王茜	某省医疗卫生机构在用生物安全柜运行环境管理现状分析	中国医学装备	2017-02-09	4	41
57	曹国庆, 李晓斌, 党宇	高等级生物安全实验室空间消毒模式风险评估分析	暖通空调	2017-03-15	4	168
58	衣颖, 吴金辉, 郝丽梅, 祁建城	气体二氧化氯应用技术的研究进展与趋势	中国消毒学杂志	2017-05-04	4	286
59	蒋征刚, 顾华, 蔡高峰, 孙建中	浙江省BSL-2实验室生物安全柜年检情况分析	预防医学	2017-05-10		74
60	郑吟秋, 王云川, 何媛, 赵兴平, 代青	5种化学消毒剂对高等级生物安全实验室消毒效果研究	中国消毒学杂志	2017-10-15	5	178
61	郝丽梅, 衣颖, 林松, 张宗兴	汽化过氧化氢在消毒领域中的应用研究	医疗卫生装备	2018-02-15	6	160
62	李京京, 靳晓军, 程洪亮, 陆兵	高等级生物安全实验室风险案例分析和思考	生物技术通讯	2018-03-30	4	277

　　注: 表中内容主要基于知网的统计数据, 可能有遗漏; 统计对象为 2000~2018 年发表的生物安全实验室领域的文章, 统计截止时间为 2019-09-25; 表中关注引用次数≥4 的文章; 表中排名不分先后

　　综合分析可以得出: ①生物安全实验室在曾经一段时间内是较小众的领域, 表6-6中下载数量超过500的有3篇文章, 且《我国生物安全实验室建设和管理现状》在关注度和影响力方面均高居榜首; ②自2003年我国开始重视实验室生物安全工作以来, 实验室建设及管理方面的专家学者的关注焦点依次为: 实验室

建设的思考和建议—规范编制—建设设计要点—实验室安全风险评估—安全管理—对建设和管理现状的分析……③论文关注度较高的主题词范围较全面，分别为：负压生物安全二级实验室、高等级生物安全实验室、动物生物安全实验室；实验室生物安全管理、标准体系、生物安全风险评估；实验室通风空调系统、气流组织形式、高效空气过滤器、围护结构、生物安全柜、消毒效果、活毒废水、现况调查等。

6.3.7　小结

总体来看，生物安全实验室领域发展稳定。"十二五"科研成果的集中发表可能是 2015 年发文数量激增的原因之一。在论文方面，保持着每年 200 篇以上的发文量。

生物安全实验室领域论文主要分为安全管理及防护、风险评估、建设与维护、教学实践及政策规划 4 部分，其中安全管理及防护、建设与维护占比较高，数量（占比）分别为 597 篇（46%）和 382 篇（30%），其次是教学实践及政策规划、风险评估，数量（占比）分别为 195 篇（15%）和 118 篇（9%）。

从 2014 年到 2018 年，生物实验室建设与维护领域成果显著，总发文量达到 382 篇，占生物安全实验室领域的 30%。从年度分布来看，其变化趋势与生物安全实验室领域论文变化趋势基本一致，但差异幅度更大。除 2015 年外，其他各年发表文章数量基本平稳，维持在 50 篇至 70 余篇。2015 年发表论文最多，达到 119 篇，是其余各年发表文章平均数的近两倍。

6.4　其他科研成果

6.4.1　专利

6.4.1.1　趋势

2014～2018 年，生物安全实验室建设发展迅速，有大量的专利成果产出，专利申请总数达到 343 项，专利数量在 2014～2016 年的发展较为平缓，分别为 50 项、46 项和 58 项，到 2017 年实现突破式增长，2017 年发布的专利数量超过以往的任意两年之和，为 119 项。2018 年由于申请的所有专利未被全部公开，截止到统计日只有申请日期到 2018 年 9 月的专利，生物安全实验室的专利在 2017 年以来迎来了突破式的快速发展，也反映了生物安全实验室研究人员知识产权意识的提升，生物安全实验室技术体系的完善落实。专利申请情况见图 6-5。

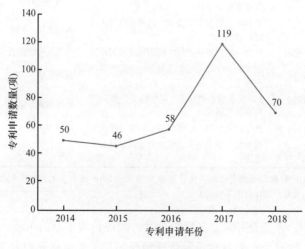

图 6-5　专利申请趋势

6.4.1.2 机构

超过 3 项以上专利数量的公司共有 27 个，其中上海力申科学仪器有限公司以 23 项专利的绝对数量优势排名第 1 位，可以看出大部分申请专利数量较多的机构为科学仪器、生物技术、医疗设备公司和科研院所，详见表 6-7。

表 6-7 主要机构和个人专利数量（≥5 项）

排序	主要机构	专利数量（项）
1	上海力申科学仪器有限公司	23
2	济南鑫贝西生物技术有限公司	10
3	海尔集团公司、青岛海尔特种电器有限公司	8
4	山东新华医疗器械股份有限公司	7
5	达尔（广州）生物科技有限公司	6
6	青岛海尔特种电器有限公司	6
7	山东博科生物产业有限公司	6
8	苏州安泰空气技术有限公司	6
9	苏州卫捷医药科技有限公司	6
10	天津亿海生物科技有限公司	6
11	中国人民解放军军事医学科学院卫生装备研究所	6
12	广东常青生命科学研究有限公司	5
13	黄轩	5

注：受检索数据库、关键词所限，本表内容可能会有遗漏，统计结果仅供参考，关于专利方面，本课题组将进一步做深入的专题研究

6.4.1.3 作者

专利的作者和论文的作者呈现了近似的规律，有很强的团队性，申请专利≥5 项的有 34 人，其中海尔集团公司、青岛海尔特种电器有限公司，上海力申科学仪器有限公司，济南鑫贝西生物技术有限公司、山东博科生物产业有限公司等机构超过 5 项专利的共有 21 个申请人，约占总数的 62%，详见表 6-8。

表 6-8 主要作者专利申请数量

排序	作者	所在机构	专利数量（项）
1	刘占杰	海尔集团公司、青岛海尔特种电器有限公司	15
2	冯金栋	上海力申科学仪器有限公司	13
3	黄元磊	上海力申科学仪器有限公司	12
4	董云林	海尔集团公司、青岛海尔特种电器有限公司	10
5	吴峻	上海力申科学仪器有限公司	10
6	潘修洋	海尔集团公司、青岛海尔特种电器有限公司	9
7	王日成	济南鑫贝西生物技术有限公司、山东博科生物产业有限公司	9
8	奚妙林	上海力申科学仪器有限公司	9
9	袁文虎	济南鑫贝西生物技术有限公司、山东博科生物产业有限公司	9
10	李静	济南鑫贝西生物技术有限公司、山东博科生物产业有限公司	8
11	吕明杰	上海博迅实业有限公司、立德泰勃（上海）科学仪器有限公司	7
12	王绮	山东博科生物产业有限公司	7
13	陈旭东	苏州安泰空气技术有限公司	6
14	甘宜梧	济南鑫贝西生物技术有限公司、山东博科生物产业有限公司	6
15	贾洪涛	青岛海尔特种电器有限公司、青岛海尔生物医疗股份有限公司	6
16	姜伟	天津亿海生物科技有限公司	6
17	李成毅	广东常青生命科学研究有限公司	6
18	刘伟峰	达尔（广州）生物科技有限公司	6
19	秦永敏	苏州卫捷医药科技有限公司	6
20	沈文忠	苏州卫捷医药科技有限公司	6
21	吴金辉	中国人民解放军军事医学科学院卫生装备研究所	6
22	谢清华	济南鑫贝西生物技术有限公司、山东博科生物产业有限公司	6

续表

排序	作者	所在机构	专利数量（项）
23	胥麟毅	达尔（广州）生物科技有限公司	6
24	衣颖	中国人民解放军军事医学科学院卫生装备研究所	6
25	朱彤	广东常青生命科学研究有限公司	6
26	朱长军	天津亿海生物科技有限公司	6
27	陈兴荣	上海力申科学仪器有限公司	5
28	黄轩	黄轩	5
29	李春静	海尔集团公司、青岛海尔特种电器有限公司	5
30	刘飞飞	青岛海尔特种电器有限公司	5
31	刘新成	济南鑫贝西生物技术有限公司、山东博科生物产业有限公司	5
32	韦良状	海尔集团公司、青岛海尔特种电器有限公司	5
33	魏秋生	海尔集团公司、青岛海尔特种电器有限公司	5
34	赵宝刚	海尔集团公司、青岛海尔特种电器有限公司	5

6.4.2 图书及科技奖励

6.4.2.1 图书

图书生物安全实验室领域在 2014～2018 年共发行 25 本图书，图书的发行机构以科研院所为主。除 2018 年外，每年图书发表数量基本为 5～7 本（表 6-9）。

表 6-9 图书

序号	书名	作者	年份
1	生物安全选集 I：实验室设计解析	中国动物疫病预防控制中心，中国农业科学院哈尔滨兽医研究所（Jonathan Y. Richmond）	2014
2	生物安全学	郑涛	2014
3	医学临床生物安全二级实验室管理	刘静	2014
4	实验室生物安全法律法规汇编	中国疾病预防控制中心	2014
5	生物安全文选 I：实验室设计解析	吴东来等，主译	2014
6	生物安全文选 XI：工作人员健康与安全	吴东来等，主译	2015
7	病原微生物实验室生物安全培训指南	陆兵	2015
8	实用结核病实验室工作手册	雷世光	2015
9	生物安全四级实验室管理指南	吴东来等	2015
10	实验动物学概论	陈洪岩，夏长友，韩凌霞	2015
11	中国实验室生物安全能力发展报告：科技发展与产出分析	高福，武桂珍	2016
12	生物安全选集VII：生物安全三级实验室	中国动物疫病预防控制中心，中国农业科学院哈尔滨兽医研究所（Jonathan Y. Richmond）	2016
13	畜牧兽医法规	沈文正	2016
14	生物安全文选 III：原理的应用	吴东来等，主译	2016
15	实验动物学管理与使用指南	贺争鸣，李根平，朱德生，卢胜明	2016
16	中国实验室生物安全能力发展报告：管理能力调查与分析	高福，魏强	2017
17	生物安全实验室设施与设备	赵四清、王华	2017
18	美国炭疽邮件事件调查概述	王华，陆兵，谢双，主译	2017
19	中国生物安全相关法律法规标准选编	田德桥	2017
20	关于联邦调查局在调查 2001 年炭疽邮件事件期间所使用科学方法的审查结果	陆兵，王华，靳晓军，主译	2017
21	中国生物安全相关法律法规标准选编	田德桥，陆兵	2017
22	生物安全实验室设施与设备	赵四清，王华，李萍，陆兵	2017
23	生物安全实验室关键防护设备性能现场检测与评价	曹国庆 编著	2018
24	生物安全选集IV：公共卫生问题	中国动物疫病预防控制中心，中国农业科学院哈尔滨兽医研究所（Jonathan Y. Richmond）	2018
25	生物安全实验室设施设备风险评估技术指南	曹国庆	2018

注：受检索方式所限，本表内容可能不一定能涵盖全面，仅供参考。

6.4.2.2 科技奖励

生物安全实验室领域在 2014~2018 年共获得 9 项奖项（表 6-10），但涵盖内容广泛，包括生物实验室安全风险及管理体系、实验室预警系统、生物安全防护技术及装备研发应用等。从奖项类别看，除病原真菌资源共享平台及真菌感染实验室预警系统的建立为自然科学奖外，其余均为科学技术奖，表明研究主要注重于实际应用领域，援塞拉利昂高等级生物安全实验平台的构建及应用直接关注高等级生物安全实验室的建设问题。以上成果为生物实验室的发展提供了强有力的支撑。

表 6-10 科技奖励

序号	题目	奖项名称	获奖级别	获奖年份
1	医疗废物周转箱全自动消洗消毒成套设备研发	辽宁省科学技术奖	科学技术进步奖三等奖	2014
2	高效过滤器线扫描检漏系统	天津市专利金奖	金奖	2014
3	高效过滤器线扫描检漏系统	中国专利奖	优秀奖	2015
4	我国病原微生物实验室生物安全风险控制和管理体系的建立及应用	中华预防医学会	科学技术奖二等奖	2015
5	病原真菌资源共享平台及真菌感染实验室预警系统的建立	吉林省科学技术奖	自然科学奖三等奖	2015
6	高等级生物安全防护关键技术及系列装备创新研发与应用	天津市科学技术奖	科学技术进步奖一等奖	2018
7	高级别生物安全实验室工程关键技术研究及应用	中国机械工业集团科学技术奖	二等奖	2018
8	中国食品药品检定研究院迁建工程	机械工业优秀工程勘察设计奖	二等奖	2018
9	援塞拉利昂高等级生物安全实验平台的构建及应用	北京市科学技术奖	科学技术奖	2018

注：受检索方式所限，本表内容可能不一定能涵盖全面，仅供参考

6.5 小 结

纵观生物安全实验室的科技成果发展，论文、专利、图书、奖项都有着较为平稳的发展，保持着成果的持续产出。

在论文方面，生物安全实验室领域每年有 200 篇以上的发文量，2014~2018 年共发文 1292 篇。在生物实验室建设与维护领域，2014~2018 年总发文量为 382 篇，约达到总发文量的 30%，建设与维护领域是目前的研究热点，并且仍在迅速发展。

在专利方面，2014~2018 年生物安全实验室建设发展迅速，有大量的专利成果产出，专利申请总数达到 343 项，其中在 2014~2016 年的发展较为平缓，到 2017 年专利的数量增长迅速，反映了生物安全实验室人员对产权保护的重视和寻求知识技术储备向经济效益转变的意识。

在图书方面，生物安全实验室领域在 2014~2018 年共发行 26 本图书，图书的发行机构以科研院所为主。图书主题涵盖生物安全实验室的设计、管理、维护、法律法规标准编制及检测与评价。

在科技奖励方面，生物安全实验室领域在 2014~2018 年共获得 9 项奖项，主题包括生物实验室安全风险及管理体系、实验室预警系统、生物安全防护技术及装备研发应用等。

本章成文于 2019 年末，未曾料到的是，2020 年初新型冠状病毒肺炎暴发，给全球经济发展、人民生命财产安全、公共卫生安全、社会和谐稳定都造成了巨大影响。医院、实验室（尤其是生物安全实验室）是与新冠病毒搏斗的主战场，也是医护人员与科技工作者健康和生命的庇护所。生物安全实验室的科学规划、设计、建设与运维是保证实验室生物安全的前提。为了进一步加强我国生物安全实验室和平台建设，提升我国新发突发传染病应急处置能力和水平，2020 年，我国发布了《公共卫生防控救治能力建设方案》，立项了"生物安全关键技术研发"重点专项等课题。10 月 16 日，《病原微生物实验室生物安全管

理条例》开始修订，10 月 17 日，《中华人民共和国生物安全法》颁布，实验室生物安全已成为我国的重大需求和关注焦点。自 2003 年 SARS 暴发以来，我国在生物安全实验室建设领域已经积累了丰富的经验，根据当前的迫切需求，将会有越来越多的专家和学者开始关注生物安全实验室的标准体系、科学规划建设、管理体系、应急能力、风险控制、关键技术和设备的研发等，并取得更加丰硕的科技成果，共同促进我国生物安全实验室建设的发展和进步。

参 考 文 献

高福, 魏强. 2017. 中国实验室生物安全能力发展报告——管理能力调查与分析. 北京: 人民卫生出版社.
高福, 武桂珍. 2016. 中国实验室生物安全能力发展报告——科技发展与产出分析. 北京: 人民卫生出版社.

7 生物安全实验室建设发展趋势与展望

新发突发传染病、生物武器、生物恐怖、生物技术谬用等传统与非传统生物安全对我国人民群众身体健康、经济发展与国家安全构成了重要威胁。生物安全实验室是应对生物威胁的重要基础设施,是生物防御能力的重要体现,也是国家安全中的重要组成部分。相较于发达国家的高等级生物安全实验室,我国的高等级生物安全实验室起步发展时间较晚,与国外先进的设备制造技术和实验室管理理念也有一定的差距,但近 10 年来我国生物安全实验室快速发展,目前已建成 60 余个高等级生物安全实验室,实验室管理体制发展也趋于健全,实验室设施设备更加完善,我国应对突发公共卫生事件及传染病疫情的能力持续提升,使我国迈向生物安全强国之列。然而,随着信息化、人工智能等技术的发展,生物安全实验室可能产生一些颠覆性的技术发展。我国也迫切需要跟上并引领实验室生物安全建设和装备的发展,更好地维护我国的生物安全。

7.1 国内形势与现状

7.1.1 我国不断面临生物安全问题

当今世界传统安全与非传统安全问题相互交织。生物安全问题属于重要的非传统安全,也是国家安全的一部分,影响着国家政治、经济安全、人民健康等一系列问题。生物威胁与核威胁、化学威胁相比,其更容易造成大范围的影响和人群恐慌。

7.1.1.1 新发突发传染病

随着经济全球化的发展,人类和各类物资在世界范围的活动与移动日益频繁,加剧了传染性疾病发生和传播的机会。一些原来在动物中流行的传染病屡次传播到人类,而且随着人类流动性的增大,在地球一端的传染病可以迅速传播到地球的另一端。自我国 2003 年 SARS 疫情发生以来,H5N1 禽流感、H7N9 禽流感、中东呼吸综合征冠状病毒(MERS)、寨卡病毒(Zika)、埃博拉病毒(Ebola)等传染病的暴发都曾对我国乃至世界造成了严重影响。未来可能会有更多未知的或新发的传染病在人群中流行传播,为了防止传染病由国外传入或从国内传出,我们需要不断关注流行病的发展趋势并研判传播风险。

7.1.1.2 外来生物入侵

随着全球贸易的发展扩大,入侵我国的外来生物种类越来越多。据第二届国际生物入侵大会报道,目前入侵中国的外来生物已经确认有 544 种,其中大面积发生、危害严重的达 100 多种。在世界自然保护联盟公布的全球 100 种最具威胁的外来物种中,入侵中国的就有 50 余种。生物入侵涉及农田、森林、水域、湿地、草地等几乎所有的生态系统。同时,新的生物入侵疫情不断突发,中国潜在入侵物种截获频次急剧增加,危险性外来物种濒临国门。生物入侵对中国的农业生产、国际贸易、生态系统甚至人畜健康都造成了严重影响。同时,生物入侵现象也对农产品进出口贸易形成很大障碍。更为重要的是,生物入侵严重破坏生态环境,导致生态退化和生物多样性丧失,还有一些外来入侵物种会影响人畜健康与社会安定。

7.1.1.3 生物技术谬用

生物技术是典型的两用性技术,一方面可以促进人类健康、经济发展,在医药卫生、农业、工业及环保等各个领域发挥重要作用,同时也可能造成潜在的巨大危害,如合成病原体基因组、基因编辑技术、转基因食物等都存在潜在的安全风险,对伦理、道德和社会都会产生负面影响,可能对人类健康和社会发展造成巨大威胁。为此,我国的《中华人民共和国刑法》《生物安全法》《中华人民共和国生物两用品及相关设备和技术出口管制条例》等相关法规政策都对生物技术行为进行了约束与监控,但是与国外相比,我国法律制度仍缺乏系统性和完整性,因此需要不断加强对科研人员的管理和宣传教育,保障生物技术发挥最大的优势作用。

7.1.1.4 实验室生物安全

2019 年 9 月,世界上仅有的两个存放活天花病毒的机构之一的俄罗斯国家病毒学与生物技术研究中心发生爆炸,这一事件震惊全球,此事故虽未造成生物泄漏,但给我国的实验室生物安全工作也敲响了警钟。近年来我国高校和科研机构的实验室安全事故频频发生,实验室生物安全贯穿于整个科研活动中,生物安全不仅关乎实验结果的准确性,更与人员安全紧密相连。国内外因操作不当、管理不善而发生的实验室获得性感染乃至死亡的事故时有报道。国际上较早认识到实验室生物安全的重要性。早在 1983 年WHO 出版了《实验室生物安全手册》(第一版)。由此,实验室安全在保护生物资源、促进生物技术健康发展、防范生物威胁中发挥着不可替代的作用,是我国乃至全球共同关注的重点问题。

7.1.2 我国生物安全实验室发展现状

7.1.2.1 生物安全实验室快速发展

2002 年 SARS 疫情发生后,我国加快了生物安全实验室的建设步伐,从最初的几个高等级生物安全实验室发展到现在的 60 余个。此外,全国在建设中的和已规划的生物安全实验室还有数十个。我国高等级生物安全实验室建设历经 20 余年,从几乎一片空白到今天已经初具规模和体系,培养了一批工程设计公司和设计师,锻炼出了专业的施工队伍,也造就了用于生物安全实验室的设备制造商,同时还建立起生物安全领域的专家群体。生物安全实验室在国家的重视下,取得了丰硕的发展成果。这些实验室在国家新发突发传染病防控、疫苗研究、国家重大活动保障等方面发挥了重要作用。

7.1.2.2 国际合作不断深化

随着我国生物安全工作日趋成熟,我国也加强了对外合作交流。近年来与世卫组织、美国、英国、日本、非洲等双边合作伙伴都开展了不同程度的科研合作和交流访问。2014~2015 年,中国疾控中心援助西非抗击埃博拉疫情,在塞拉利昂建立了首个固定生物安全三级实验室,这是我国生物安全实验室建设第一次走出国门,也是西非地区的第一座固定生物安全三级实验室。目前,我国与"一带一路"沿线国家也在积极共商生物安全领域的合作和发展,广泛开展国际合作,推动构建人类卫生健康共同体。我国在生物安全实验室工作中取得的卓越成绩,让我国在全球生物防御中的地位不断提升。

7.1.2.3 生物安全事故时有发生

全球生物安全实验室快速增长的同时,与生物安全实验室相关的事故也时有发生。近几年来,在我国高校和科研机构不时发生生物安全事故,对社会、人民健康和经济财产造成了一定损失。这与生物安全的管理工作和从业人员的安全意识密不可分，实验人员的安全意识不够，安全监管不到位，都可能造成严重的实验室事故。除了加强管理，实验室防护装备水平的提高也是减少实验室事故的重要方面。随着装备技术的发展，生物安全实验室的生物安全风险将降低。

7.1.2.4 生物安全实验室检测项目难以达标

生物安全实验室要求严格，其工程质量检测复杂，检测内容不仅有常规的洁净室检测项目——风量（换气次数）、静压差、洁净度、噪声、照度、温度、相对湿度等，还有其独特的检测项目——围护结构严密性、气流流向、送/排风高效过滤器检漏、实验室工况转换及生物安全柜的性能检测等。生物安全实验室的建设在国内是近10余年逐渐兴起的，由于建造生物安全实验室的需求逐渐增多，一些做过普通洁净室工程的公司纷纷挤入生物安全实验室的建设市场，由于对生物安全实验室不甚了解或缺乏建设高等级生物安全实验室的经验，其常规洁净室检测项目虽然均能达标，但生物安全实验室独特的检测项目一般较难达标。

7.1.3 我国实验室生物安全机遇与挑战并存

7.1.3.1 生物安全实验室科研取得显著成果

（1）科研能力

2003年以来，863计划、国家科技攻关计划、国家科技支撑计划、国家传染病防治科技重大专项、国家重点研发计划等国家科技计划部署了一批生物安全及生物安全设备研发的相关课题。目前我国已成功研制了高效空气过滤器单元、生物安全型双扉压力蒸汽灭菌器、压紧式气密门、充气式气密门、Ⅱ级生物安全柜、生物密闭阀等生物安全实验室关键防护设备，并已应用在我国建设的生物安全三级实验室和移动生物安全三级实验室。这些研发成果显著提升了我国生物安全实验室生物安全装备的自主研发能力，提高了相关研究机构与制造企业的技术水平。

（2）标准和规范

2003年以前，我国生物安全实验室的设计与建造没有统一的标准，配套的生物安全装备也处于非标准化状态。随着GB 19489—2008《实验室 生物安全通用要求》、RB/T 99—2015《实验室设备生物安全性能评价技术规范》和我国高等级生物安全实验室认可制度的颁布、实施，实验室生物安全装备开始进入规范化的发展轨道。生物防护口罩、一次性防护服、正压生物防护头罩、Ⅱ级生物安全柜、Ⅲ级生物安全柜、压力蒸汽灭菌器、消毒装置、高效空气过滤装置、传递窗等我国已经具备产品标准并适用于生物安全实验室，同时建立了正压防护服、生命支持系统、废水处理、隔离器、实验动物屏障和隔离装置等多项关键设备的评价技术准则，以及高压力高风险环境下操作人员能力评价指标体系。

（3）专利成果

随着高等级生物安全实验室装备的成功研发和应用，我国也越来越注重自主知识产权。正压生物防护头罩、生物安全柜、压力蒸汽灭菌器和废水处理系统等装备，我国专利申请数量全球领先，是主要的技术来源国，说明我国在这些领域已有深入的研究；一次性防护服、正压生物防护服、化学淋浴设备、过氧化氢消毒装置和风量控制阀等装备，我国也在逐步加强技术攻关，相关技术专利申请数量正在逐步增加。高等级生物安全实验室装备相关技术的掌握和自主知识产权的拥有，为我国打破西方发达国家的技术封锁、摆脱国外进口的依赖提供了有力的技术储备，为生物安全保障能力的逐步提升奠定了坚实的技术基础。

（4）设备生产

我国先后研发成功的生物安全型高效空气过滤装置、生物型密闭阀、气密门、气密传递窗、Ⅱ级生物安全柜、手套箱式生物隔离器、动物负压隔离笼具、压力蒸汽灭菌器、气体二氧化氯及汽化过氧化氢消毒设备等系列生物安全实验室关键防护装备,其中大部分装备已实现产业化,基本能够满足生物安全三级实验室建设需求。对于生物安全四级实验室,我国已成功研制出正压防护服、实验室生命支持系统、化学淋浴设备、动物组织无害化处理设备等核心防护装备样机,经第三方机构性能评估,主要性能指标达到国外同类产品先进水平。

7.1.3.2 生物安全实验室建设中存在的问题

(1)实验室管理制度不完善

我国在高等级生物安全实验室体系建设和运行管理方面仍存在一些急需解决的问题。高等级生物安全实验室体系还不够完善,地区和行业实验室布局不均衡,实验室建设、管理和运行等方面的法规、制度还有待进一步健全。尽管我国高等级生物安全实验室在"建、管、用"方面借鉴并参照了国际先进标准体系,但还未形成统一的规范化管理制度,如在建设方面,缺乏标准化的实验室统筹设计、选址规划和安全环境评估程序;在使用方面,缺乏全国统一的生物安全实验室技术标准体系和规范化操作规程;在监管方面,缺乏全国统一的高等级生物安全实验室科学、规范、有效的运行监管制度。

(2)实验室人员生物安全意识欠缺

高等级生物安全实验室相关从业人员的生物安全责任意识、安全操作水平和事故处理技能均有待进一步提高。近年来高校和科研机构不时发生的生物安全事故说明,实验人员的安全意识不强;在实验室研究、菌毒种管理、病原体样本贮存、运输和处理等过程中监管不够;高等级生物安全实验室从业人员没有制定规范化和标准化的人员选拔、考核与审查制度,缺乏持续的从业培训,导致高等级生物安全实验室操作人员存在生物安全责任意识薄弱、缺乏生物安全风险识别能力的风险。

(3)国产生物安全防护装备的性能有待提高

尽管Ⅱ级生物安全柜、压力蒸汽灭菌器、生物防护口罩、正压防护头罩等基本生物安全装备的国产化技术、产品、标准已很成熟,能满足生物安全三级实验室的使用要求,且具有价格和服务优势,但品牌、质量和声誉尚不及同类进口产品;生物安全型高效空气过滤装置、气密门、生物型密闭阀等已实现国产化,但尚未能应用于生物安全四级实验室,需进一步加强安全性、可靠性验证和综合效能评估。国产产品的技术水平和可靠性还需进一步提高。

(4)基础材料和核心部件仍依靠进口

虽然我国已成功研制出系列生物安全防护装备,但国内部分高等级生物安全实验室应用产品仍以进口为主,生物安全四级实验室装备的进口率尤为突出。另外,部分产品关键材料与核心部件仍然依靠进口,如高性能橡胶材料、高性能风机、专业传感器、有害气体催化器等,因此,亟须在基础材料和核心部件上加大投入,助力技术瓶颈突破。

(5)缺少生物安全柜型四级实验室

生物安全四级实验室分为生物安全柜和正压服型两种,但是我国目前建造的都是正压服型的四级实验室。正压服型的实验室建造周期长、费用高,通常规模较大。而随着公共交通的发展,人口迁徙往来频繁,以及世界贸易的活跃,人畜突发疫病事件增多,潜伏周期缩短,对于高等级生物安全实验室的需求也会增长。因此,建造规模较小、对围护结构要求较低的生物安全柜型四级实验室,可能是今后的发展方向。

7.2 未来发展愿景与规划

7.2.1 合理布局实验室建设

生物安全实验室不仅要为本地或邻近区域服务,还应同其他生物安全实验室形成全国性的网络;应考虑我国地域、环境、经济发展、行业均衡性等因素，合理布局、由点到面形成全国生物安全实验室网络化分布，合理分配资源，充分利用现有高等级生物安全实验室设施，推动共享机制形成并提高使用效率，为生物安全实验室的运行、管理、维护积累经验。另外，可针对不同的需求适当建立小规模生物安全柜型四级实验室。

7.2.2　加强关键设备研制

生物安全防护设备是生物安全实验室的硬件基础，增强实验室设施设备的性能对提升生物安全实验室的能力和降低风险有着关键作用。突破关键核心共性技术，加大关键设施设备的研发力度，提高设备产品的稳定性、安全性和有效性，减少设备的维修率，最大程度地满足生物安全实验室建设和运行要求。加强高等级生物安全实验室自动控制和人工智能等领域的产品研发，跨越式提升实验室生物安全保障能力水平。

7.2.3　运用人工智能技术

随着电子科技在人们生活、工作中的广泛应用，将人工智能技术和第五代移动通信技术（5G）应用到生物安全实验室也将是未来的发展趋势。未来可考虑将自动化管理进一步应用于实验室建设和生物安全防护设备的研发，建设自动化、节能、安全的实验室。而生物安全防护装备与智能化、无人化技术相结合，将有效提高装备的安全性和可靠性，如菌毒种保藏库智能化样本存取、实验室用品物流配送、无人化隔离操作平台、自动消毒机器人、智能化动物隔离饲养设备等，将助力国产装备实现弯道超车。

7.2.4　定期的升级检测

国外的生物安全实验室管理经验表明，很多高等级生物安全实验室要求每年对实验室进行检测验证，并且每十年左右就会进行较大规模的升级改造，主要是新材料设备的替代和自动控制系统升级，以应对新出现的传染病疫情和新技术新方法，我们需要不断关注防护设施设备的检测需求和生物安全领域的发展动向，并做好更新换代的准备工作。

7.3　发展意见与建议

7.3.1　完善生物安全相关法律法规

目前我国已制定了一系列有关生物安全的法律、法规、政策、标准、文件，特别是《生物安全法》于 2021 年 4 月 15 日的正式实施，完善了我国维护生物安全原则和生物安全管理体制，更是在法律层面填补了空白。依据《生物安全法》，我国将建立和完善生物安全风险监测预警制度、生物安全风险调查评估制度、生物安全名录和清单制度、生物安全标准制度、生物安全审查制度等 11 项制度，完善我国生物安全风险防控体制。此外，现行的法规、政策、规范等亦应根据国内外生物安全的发展，及时进行更新和完善，以建立更有针对性、更专业的生物安全实验室法制体系，支撑国家生物安全防护和能力建设。

7.3.2　加快制定产品技术标准

标准是产品质量的基础和保障，我国需要进一步完善各类生物安全防护装备的技术标准，依靠标准规范行业行为，在政府引导下尽快实行产品认证制度，切实提升国产生物安全装备的品质和性能，提高国产产品的耐用性和可靠性，缩短与进口产品技术工艺的差距，通过打造民族品牌，培育使用单位对国产产品的民族自信心，增强信任度。

7.3.3 增强人才队伍培养

生物安全实验室的建设与管理是一个交叉领域，国家要加强人才培养，加强相关学科建设发展和本科阶段、研究生阶段的专业设置及课程安排，培养既懂工程技术又懂生物的复合型人才，选择性地在部分院校和科研院所设立生物安全专业，确保生物安全专业人才的稳定输出。加强重要岗位人员的出国培训学习以及吸引国外优秀人员回国工作创业，国家千人计划等人才计划中支持引进高等级生物安全实验室装备研发与管理相关技术方面的人才。从全产业链入手，加强各领域合作，形成综合的人才队伍。

7.3.4 加强国际交流合作

加强与国外生物安全实验室、科研机构、相关企业的交流合作。加强与国外优势企业的交流，掌握最新技术发展；加强与国外政府管理部门的交流，学习其实验室生物安全管理方面的有益经验。国际合作可采用"拿进来，走出去"的战略方针，引进、消化、吸收、再创新。与世界卫生组织、国际条约执行机构、美国、法国等开展常态化合作，强化亚太地区生物安全合作，在"一带一路"区域发挥生物安全产业的领军作用。

7.3.5 加强实验室生物安全监管

我国生物安全实验室管理的审批流程是以病原微生物危害防控为目标导向，兼顾全过程控制的管理模式，从项目立项、审查、环评、建设，到最后认可、资格批复等一套完整的监督管理流程。实验室的认可工作在保证实验室生物安全方面发挥了重要作用，日常的监督管理也是不容忽视的监管体制。加强实验人员的准入制管理，定期培训实验室的操作技能，考核实验人员和管理者的业务能力，严格执行实验申请制度。同时制定应急预案，定期组织演练，做好风险评估等，努力减少生物安全事故的发生。

7.3.6 重点推进动物实验防护装备研制

近年来，动物疫病防控形势严峻，人兽共患病和不断变异的动物疫病等变得复杂而危险，我国应加强动物生物安全实验室建设和管理，推进动物生物安全防护装备的研制，如中动物隔离饲养设备、负压隔离解剖设备、动物组织无害化处理设备等，形成系列化和产业化，提升高等级动物生物安全实验室的生物安全水平，以应对严峻的生物风险。

参 考 文 献

郭安凤, 陈东力, 李逸民, 等. 2005. 生物技术的两用性及其监控措施. 生物技术通讯, (6): 653-656.
何蕊, 田金强, 潘子奇, 等. 2019. 我国生物安全立法现状与展望. 第二军医大学学报, 40(9): 937-944.
黄翠, 梁慧刚, 童骁, 等. 2018. 我国生物安全实验室设施设备应用现状及发展对策. 科技管理研究, 38(23): 70-73.

附　录　1

1　中国农业科学院哈尔滨兽医研究所生物安全二级实验室

1.1　工程概况

中国农业科学院哈尔滨兽医研究所实验动物生产设施，坐落于黑龙江省哈尔滨市香坊区哈平路 678 号院内。2016 年 9 月完成该设施二级实验室改造的施工图设计，2017 年 4 月正式投入使用。生物安全二级实验室建筑面积约为 $815m^2$，建筑高度为 6.0m，梁下净高为 5.2m，吊顶高度为 2.6m，位于实验动物生产设施一层东北角。工程建筑生产火灾危险类别为丁类，耐火等级为二级，防水等级为二级，设计使用年限为 50 年。

1.2　技术特点

1.2.1　生物安全防护类型

依据 GB 19489—2008《实验室 生物安全通用要求》，本项目中建设的生物安全二级实验室用于操作能够引起人类或动物疾病，但一般情况下对人、动物、环境不构成严重危害的，实验室感染后很少引起严重疾病，具备有效治疗和预防措施的微生物。

1.2.2　平面布置

地上一层为生物安全二级实验室，主要建设内容包括实验区、辅助区和办公区（附图 1-1）。其中，辅助区包括卫生间、盥洗室、缓冲间、库房、洗消间、孵化室等；实验区包括病原操作室、猪流感实验室、细胞培养室、冷库、实验走廊；办公区包括门厅、休息室。实验室上方设有设备检修夹层，下方设有活毒废水处理系统。

1.2.3　工艺描述

该工程的空调机房地面装修材料选用环氧自流平地面，实验区地面均采用 PVC 防水材料，踢脚弧度为 50mm；墙面采用高强质轻的双层玻镁彩钢板结构，顶棚采用增强型手工石膏彩钢板吊顶，墙面与顶棚的阴阳角做成 $R \geqslant 50mm$ 的圆角。依据 GB 19489—2008《实验室 生物安全通用要求》，实验室的走廊和过道不妨碍人员及物品通过、房间的门锁便于内部快速打开（附图 1-2），具备合理的人员、实验物资、实验废弃物的进出流动路线。

操作病原微生物样本的实验室内配备生物安全柜、传递窗、培养箱、超低温冰箱、离心机等工艺设备（附图 1-3）。

消防工艺设计：包含火灾警报和消防应急广播系统、消防专用电话、消防设备电源监控系统。

1.2.4　各系统的技术特点

工程依据：GB 50073—2013《洁净厂房设计规范》、GB 50591—2010《洁净室施工及质量验收规范》、

GB 19489—2008《实验室 生物安全通用要求》、GB 50346—2011《生物安全实验室建筑技术规范》、GB 50016—2014《建筑设计防火规范》、GB 50019—2015《工业建筑供暖通风与空气调节设计规范》等相关规范、标准开展设计和施工等工作。各系统的划分和处理方式如下。

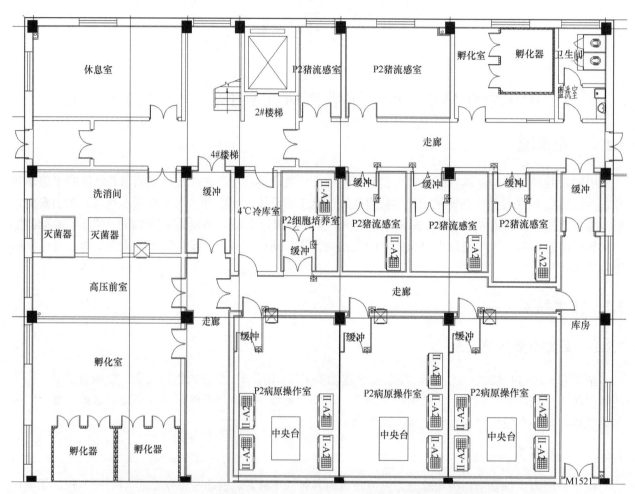

附图 1-1　实验动物生产设施生物安全二级实验室平面布置示意图

附图 1-2　实验室走廊实物图

附图 1-3　实验室内仪器设备

1. 通风空调系统

本项目通风空调系统的划分充分考虑各实验区使用时间、参数要求的不同特点，以降低系统运行能耗。P2 实验区配备 1 个净化全新风空调系统，送、排风机组均设置备用风机，可自由切换运行。实验区核心实验室压差设定为–20Pa，缓冲间为–5Pa，洁净度达到 8 级，气流组织采用上送、上排形式。

（1）冷热源及系统选型

空调冬、夏季冷热源均来自园区动力站，热源通过板式换热器提供；空调系统加湿用蒸汽由园区动力站提供，冬季或过渡季节加湿采用干蒸汽加湿器，以避免微生物滋生。

通风空调系统：1 个净化全新风空调系统，送、排风机组设置备用风机，可自由切换运行，非净化区域设置风机盘管。空气热湿处理详见附图 1-4，通风空调系统示意图见附图 1-5。

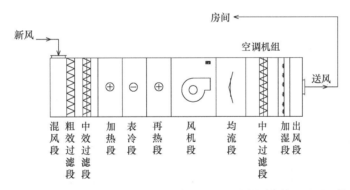

附图 1-4　洁净区全新风空调系统热湿处理过程（乙二醇热回收装置设置于静压箱内）

空气处理机组的风机、电动水阀及电动新风阀为电气连锁。启动顺序为：水阀—电动新风阀及风机，停止时顺序相反。全新风系统机组供水管设置电动两通阀，加湿器进汽管设置电动两通阀，实现房间温湿度的自动控制。

空气处理机组根据回风相对湿度的实测值调节加湿量，但保证主送风道内空气相对湿度不大于 75%（参考值）。

洁净实验区空调水系统为四管制系统，空调水系统示意图见附图 1-6。

（2）压力梯度

根据房间大小及使用功能，设置压力无关装置，采用定送变排方式，以保证房间换气次数及压力梯度稳定。

（3）节能

本工程在组合式空调机组的供水管上安装电动两通阀，根据管道回风温度或湿度调整冷、热盘管的

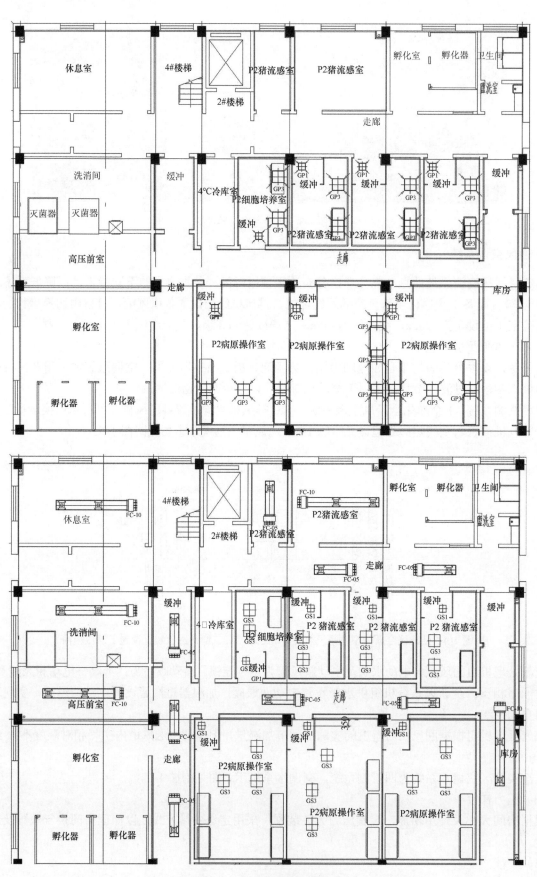

附图1-5　通风空调系统示意图

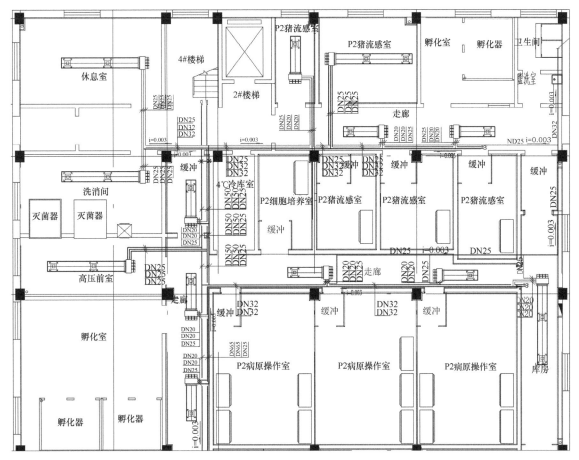

附图 1-6　空调水系统示意图

水流量。采用变频风机，变频控制风量达到节能。各送、排风系统的送、排风机均采用低噪节能风机箱。管道（风管、水管）采用高效、节能型的材料或保温材料，避免能源浪费，达到安全节能的目的。乙二醇热回收装置设置于送、排风管道静压箱内。

2. 给排水系统

给排水系统包含饮用水给水系统、生活热水系统、排水系统、消防系统和工业蒸汽系统，并预留部分设施以保证实验室的可靠和持续运行，尽量避免在实验室区域做穿墙处理。地漏四周地面均设坡向地漏及地沟，坡度不小于 1.5%，下水有防回流设计。空调机房排水的普通废水直接排至换热站集水坑，实验室排水排至本楼排水管网。

（1）给水

饮水系统：水源接园区内饮用水给水管主管，给水压力大于 0.20MPa。给水干管上设置冷水表。给水管采用内筋嵌入式给水用衬塑钢管（冷水型），卡环连接。实验室配置的洗眼器采用自减压型，流出水头不大于 1m。

热水给水系统：由园区内热水供应系统供应。生活热水供水温度 60℃。生产生活热水管采用内筋嵌入式给水用衬塑钢管（热水型），卡环连接。

（2）排水

排水系统：空调机房排水的普通废水直接排至换热站集水坑；实验室排水直接排至室外，经化粪池处理后接入厂区污水管网。

消防系统：用水由厂区消防水泵房统一加压供给，消防栓进户管压力大于 0.55MPa。室内配备一个消防栓、一支水枪，消防报警按钮和指示灯各一个。

工业蒸汽系统：蒸汽接自动力站，蒸汽管道及凝结水管道采用碳钢无缝钢管，阀门采用普通铸铁，公称压力 1.0MPa。

清洗池和洗手盆均采用感应式开关，地漏的水封高度不小于 50mm。

3. 电气系统

电气系统包括照明系统、工艺配电系统、火灾自动报警及消防联动系统、电话、网络、闭路监视及门禁系统、等电位接地系统、空调配电及自控系统。

（1）配电动力系统

供电电源引自园区地下一层变配电室低压配电柜。实验室内照明、工艺插座为三级负荷，空调机组配电、应急疏散照明、消防排烟补风机等消防用电设备为二级负荷。供电干线由地下一层变配电室低压配电柜引出，经动力桥架敷设至各配电箱，分支线采用金属电缆桥架吊顶内敷设。不同电压等级的电线电缆敷设在不同金属桥架内。金属线槽穿过楼板和穿越防火分区时，在安装完毕后用防火材料填充塞堵。

（2）照明、空调及动力配电系统控制

低压配电系统采用交流 220/380V 放射式与树干式相结合的方式，对于单台容量较大的负荷或重要负荷采用放射式供电，由低压配电室直接供给。对于照明及一般负荷采用树干式与放射式相结合的供电方式。消防负荷采用双电源供电并在末端互投。

空调机组、排风机、水阀等采用由控制器、各类传感器、执行机构组成的空调监控系统，系统能够实现多种工况的控制及运行管理功能，每个控制箱控制相对应的机组，同时设置就地手动控制模式。电动风阀与风机的控制实现连锁，故障时要发出报警信号。

变频的设备（风机）由控制器、各类传感器、执行机构组成的自动控制或就地手动控制模式对变频器的启停进行控制。

消防专用设备的过载保护只作用于报警，不作用于跳闸；消防设备线路配电断路器选用了无过负载保护的断路器。

（3）照明及应急照明系统

实验室内采用吸顶式密闭洁净荧光灯。所有插座回路均设剩余电流断路器保护。明敷于吊顶内或轻型材料隔墙内的支路管，暗敷于板内或水泥墙体内的支路管均采用镀锌 SC 管。核心实验室照明采用不间断电源供电，供电时间不小于 30min，并在房间设置紧急发光疏散指示标志灯。主要出入口、安全出口、走道与转弯处设疏散标志灯；在专用消防出口处设红色疏散标志灯。在走道、楼梯间等处设置消防应急照明。应急照明和疏散指示标志管线均采用 SC 钢管刷二遍防火涂料在吊顶内敷设，耐火极限大于 1h。事故照明灯常亮、安全疏散指示事故时点亮、蓄电池持续供电时间均大于 30min。

（4）网络、视频监控及门禁系统

视频安防监控系统中使用的设备符合国家法律法规和现行强制性标准的要求，并经法定机构检验或认证合格。在实验室的主入口处设置门禁系统，相关人员可刷卡进入，缓冲间和核心房间之间设置互锁门，互锁门旁边设置紧急手动解除互锁开关。中控系统可解除所有门或指定门互锁。火灾时，消防控制室可切断门禁电源，以便人员逃生。

（5）建筑设备监控系统

中央控制系统有图形化人机界面，显示设备的运行状态；可以实时监控、记录和存储各系统有控制要求的参数数据；能监控、记录和存储故障的现象、发生时间、持续时间，控制功能包括温湿度控制、连锁、故障切换、监控。

（6）空调控制系统

本系统空调机组采用四管制，机组内冷热盘管独立设置，冷热源由园区外线提供，冬、夏季控制策略由人工切换；室内湿度采用串级控制模式；根据排风总管温度的实测值调节空调机组内的再热盘管电动两通阀，对室内温度进行控制；需要供暖时，启动热水供水管上的混合泵并持续运行，此时新风机组的热水盘管为定流量供水模式，根据排风总管温度实测值调节电动三通阀的混水比例，对室内温度进行控制；送排风机均设变频器，根据调试时满足设计风量进行整定，系统正常运行时，送风机正常开启运行，V1、V2 密闭阀开启。风机启停顺序为先开排风机后开送风机，关机顺序相反。原理图详见附图 1-7。

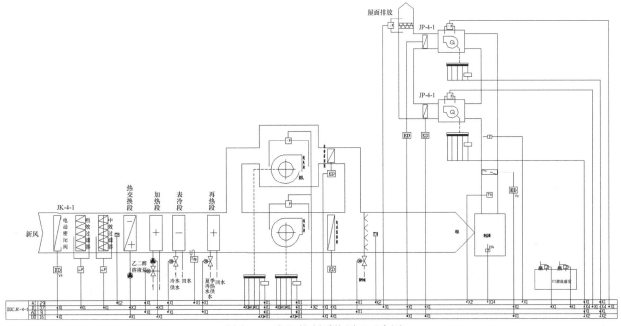

附图 1-7　空调控制系统原理示意图

EP 为执行器；P 为压差传感器；TH 为温湿度传感器；x_1、x_2、x_3、x_4 分别表示 1、2、3、4 个点

4. 消防系统

水管穿越防火墙的位置采用不燃烧材料将其周围的空隙塞填密实，穿过防火墙处的管道保温材料采用不燃烧材料。

所有进出空调机房的风管、穿过防火墙的风管（排烟管除外）、穿越楼板的主立风管与支风管相连处的支风管上均设 70℃防火调节阀。

火灾警报：设置火灾声光警报器，并在确认火灾后由火灾报警控制器或消防联动控制器控制启动建筑内的所有火灾声光警报器。火灾声光警报器设置带有语音提示功能时，同时设置语音同步器。每个报警区域内均匀设置火灾警报器，其声压级不应小于 60dB；在环境噪声大于 60dB 的场所，其声压级应高于背景噪声 15dB。

消防应急广播系统：在确认火灾后，由消防联动控制器控制同时向全楼进行广播，还具有按预设控制逻辑联动控制选择广播分区、启或停的功能。消防应急广播和火灾警报器应采用分时循环交替的工作方式。

消防专用电话：网络为独立的消防通信系统。在空调机房、消防排烟、补风机房设置消防专用电话分机。

1.3　运维情况

目前，所有 BSL-2 实验房间均正式投入使用，实验楼整体牢固，消防能力强，建筑材料耐用、易清洗。实验室门窗、门和门锁坚实可靠、配有闭门器,安装监控器,张贴禁入告示或危险警示标识,不允许无关人员随意进入,具备一定的防盗能力。

实验室暖通空间系统划分、实验房间压力、实验环境的洁净等级、实验室房间的温湿度、气流组织形式、通风系统、生物安全柜及其他实验设备排风系统等满足国家标准、规范的要求。实验室温度控制在 20～26℃,湿度控制在 40%～50%。压差控制稳定,实验间控制在–25～–20Pa,缓冲间控制在–10～–5Pa,相邻房间压差控制在 15～20Pa。光照、噪声、洁净度等指标均通过年度第三方检测。

中控系统达到预期控制效果,对空调启停、实验室温湿度控制、所有故障和控制指标的报警、门禁系统的控制等均满足正常运行。

污水、废水采取生活污水与实验污水分立,达到相关规范标准后排放。

高压灭菌器、生物安全柜、传递窗等工艺设备运行正常,仪器设备(冰箱、培养箱、消毒灭菌设备等)运行稳定。

实验室整体遵循科学合理、安全首位、软件在先、管理严格、远离病原、预防为主、使用方便和厉行节约等原则。充分利用屏障、隔离、过滤、消毒等生物控制原理实施实验室管理。

附图 1-8～附图 1-10 分别为孵化器室、实验室核心间及内、外走廊实景图。

附图 1-8　孵化器室

附图 1-9　实验室核心间

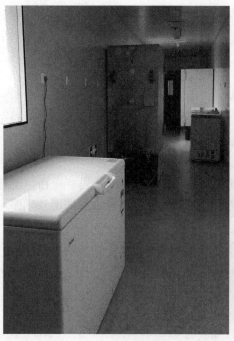

附图 1-10　内、外走廊实物图

1.4　意见和建议

近两年使用过程中，随着实验团队人数和工作量的增长，越来越多的实验设备被安排进实验室，出现插座数量不足的情况，因此建议在设计前制定实验楼每个部门及每个实验室面积和功能要求，制订每间生物安全实验室所需固定实验设备清单，在不超负荷的情况下多预留插座孔位。

另外，生物安全二级实验室既要考虑合理的采光、通风，又要能够防止昆虫、鼠类动物进出，还要避免无关人员随意进出实验室，特别是要具备一定的防护条件，防止非法的恶意进入，因此实验室还应设置挡鼠板、纱窗、水封等防鼠和昆虫进入的设施。

生物安全二级实验室的安全性取决于实验室设施的建设、防护设备的配置和管理体系的完善。应提高重视，建立管理队伍，明确职能分工和各部门职责，加强培训和交流，才能提高管理水平。通过认真学习国家有关实验室生物安全的法律法规和技术标准，全面制定管理体系文件，严格执行、按时检查、及时改进，才能建好管理体系，保证实验室设施建设和防护设备配置的有效性，确保生物安全各项工作的顺利展开，从而保护实验人员和周边人群的身体健康，保护环境不受污染，促进和谐社会的稳定发展。

（**案例提供：**中国农业科学院哈尔滨兽医研究所　吴东来　王　栋）

2　中国农业科学院兰州兽医研究所生物安全二级实验室

2.1　工程概况

中国农业科学院兰州兽医研究所生物安全二级实验室建筑设计单位为信息产业电子第十一设计研究院，施工单位为成都爱迪空调净化设备有限公司。建筑为二层现浇钢筋混凝土框架结构；建筑面积3179.85m²，生物安全二级实验室区域面积1100m²，分4个大动物攻毒单元、2个小动物实验室、1个准备实验室和1个动物解剖区域。

该实验室于2008年完成建设，2008年7月实验室技术指标（负压梯度、气流流向、洁净度等）通过了国家建筑工程质量监督检验中心的检测。

2.2　结构及工艺平面

实验室结构形式为钢筋混凝土框架，耐火等级为二级，抗震防裂度为8度，框架抗震等级为二级。一层为工作层，分为清洁区、工作区；工作区有4个大动物实验单元、2个小动物实验室、1个准备实验室和1个动物解剖区域。二层是设备层，主要是空调设备安装区域；下技术夹层是管道层及活毒废水处理间。附图1-11、图1-12分别为实验室平面布局图及压差平面图。附图1-13为实验室人流物流平面图。

2.3　实验室设施设备

2.3.1　空调净化系统

实验室共设有8个独立的净化空调系统，均采用全新风直流空调系统，排风均经过高效过滤器过滤

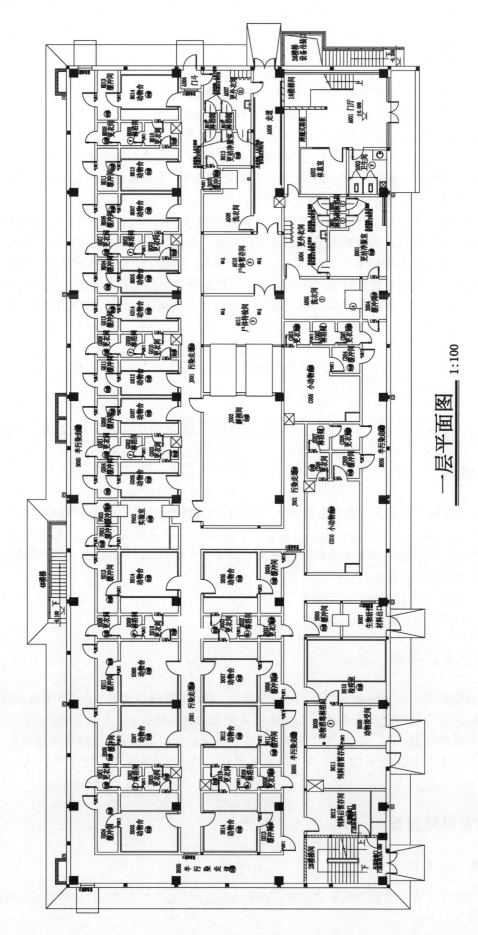

一层平面图 1:100

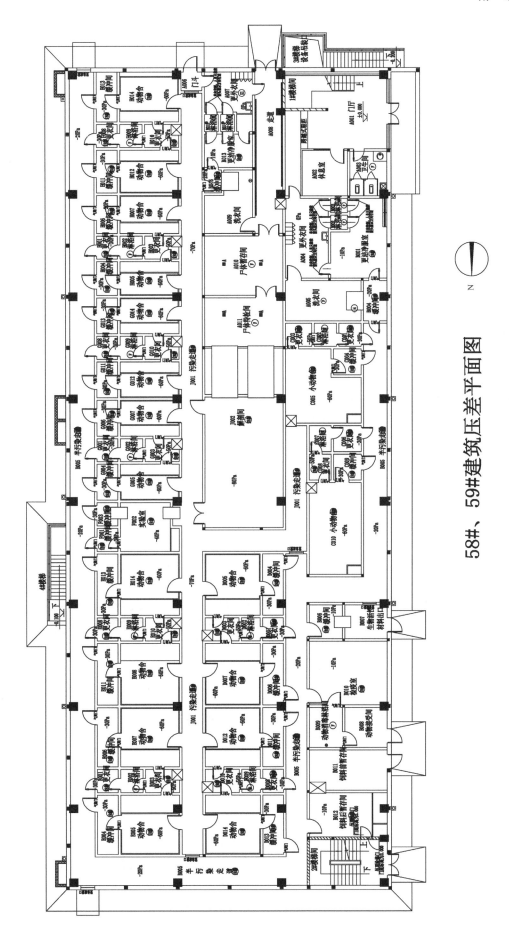

58#、59#建筑压差平面图

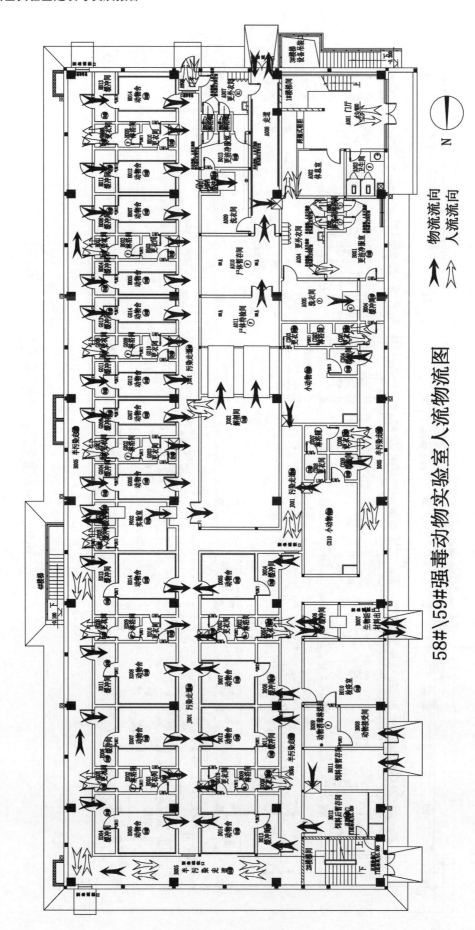

58#\59#强毒动物实验室人流物流图

后排放，排风系统均设置可自动切换的备用机组。其中 JK58-B 系统为清洁区（环形走廊），JK58-C 为 2 套小动物室，JK58-D/E 各为 4 间实验室，JK58-F 为 1 套单独的普通实验室，JK58-G/H 各为 4 间实验室，JK58-J 为污物走道和解剖间。空调控制系统由 4 个控制柜组成，1#控制柜控制 JK58-D/E 系统，2#控制柜控制 JK58-F/J 系统，3#控制柜控制 JK58-C/G 系统，4#控制柜控制 JK58-B/H 系统，均采用全新风直流空调系统，气流组织除 C005、C010、F002 房间为上送下回外，其余房间均为上送上回。排风均经过两级高效过滤器过滤后再经活性炭过滤除臭排放，排风系统均设置可自动切换的备用机组。在系统送、排风总管和消毒旁路风管上装有电动密闭阀。各房间排风口均设高效过滤器，在机房主排风管上，另设第二级高效过滤装置，屋面排风末端设活性炭过滤器除臭。净化空调系统冷媒为 7/12℃冷水，由冷水机组提供。空调热媒为热水，由换热站提供。工艺设备用蒸汽为 0.3～0.5MPa，由室外蒸汽减压提供。进入洁净室的空气除进行热湿处理外，均经过初效、中效、高效过滤处理。

实验室采用全新风负压系统，排风经两级高效过滤器过滤后排放，并设有备用排风系统，在主排风机组故障时能够自动投入以保证在故障情况时实验室内压力和压差梯度稳定，排风口设在建筑物屋面 2.0m 以上。

2.3.2　自动控制系统

自动控制系统分别控制空调系统及备用排风机，空调冷、热站系统，以及活毒废水系统的各运行参数。通过自动控制系统，可以实现温湿度和压力梯度的自动调节；在控制系统上位工作站上可以实现实验室各房间温湿度、压力和冷热水系统参数、活毒废水处理系统的在线监测和实时记录；房间压力出现偏差时控制系统可以发出声光报警；当控制系统检测到排风机出现故障时，备用排风机组可以自动投入运行以保证实验室压力梯度在正常范围；空调系统、活毒废水处理系统、冷热水系统的设备运行状态可以在自动控制系统工作站上实现在线模拟。

空调系统开机流程：打开排风总阀（反馈到）—变频器送电—打开排风机组风阀（反馈到）—启动排风机变频器—以低频率启动系统排风机—打开送风阀、新风阀—延时 30s—启动系统送风机—同步提升排风机的控制频率—系统启动稳定后启用温湿度调节功能。

空调系统关机流程：关闭系统送风机—关闭新风阀、送风阀—关闭排风阀—关闭系统排风机。

备用排风机组切换流程：系统中每套排风机都有一台独立的排风机备用；系统运行时排风机采用热备用模式；当系统中的一台排风机出现故障时，系统自动将另一台备用风机的频率调至满足室内压力需求的频率。

空调自控原理图见附图 1-14。

实验室产生的污物经二次高温高压灭菌处理。

2.3.3　废水处理系统

1. 清洁区用水排放系统

清洁区的排水经下水道排至研究所污水处理站集中处理后用作绿化用水。

2. 工作区用水排放系统

工作区废水收集至下技术夹层活毒废水处理站经高温处理后经排污管道排至研究所污水处理站集中处理后用作绿化用水。

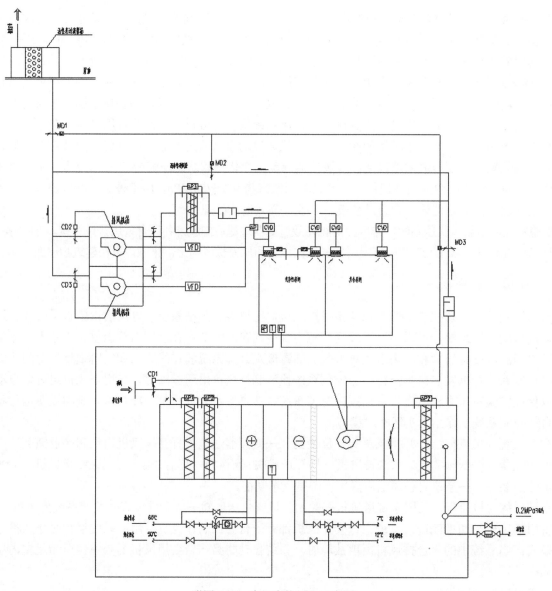

附图 1-14　空调自控原理示意图

2.3.4　楼控系统

实验室采用火灾报警系统，安装有探测器、手动报警按钮。

1. 视频监控系统

视频监控系统在中控室设置硬盘录像机，分别在大动物实验室、小动物室、清洁走道、污物走道和解剖间等区域相关房间安装视频摄像机。所有摄像机的视频图像接入实验室的中控室的硬盘录像机。

2. 门禁系统

门禁系统设置一台管理主机，在管理主机上安装门禁管理软件，负责对整个门禁系统的维护管理；设置门禁控制器负责整个系统输入、输出信息的处理和储存、控制等。在各个实验室大门入口设置门禁，在门上安装电插锁作为门禁系统的执行部件，系统通过对智能卡权限的判断，决定是否打开门锁；房间内设置出门按钮，通过按出门按钮出门；通过门点上安装门磁，实现对门状态的实时监视；设置紧急出门开关，在紧急状态下可以通过紧急出门按钮取消互锁并打开相应的门。

2.3.5　双电源系统

研究所供电电源为10kV高压双电源,投资建有双电源供电的10kV变电站。本实验室电力电源从10kV变电站低压配电室接入，该配电室为高压双电源，低压装有母联互投装置。并设有不间断电源对自动控制系统、监控系统等供电。

2.4　实验室运行管理

实验室成立了相应的管理机构，编制了管理文件。

实验室配置了运行管理队伍（由自动控制、空调净化和计算机等领域的专业人员组成），对实验室各设施设备的运行做到24小时值班，并做设备运行巡视记录。

自2007年8月投入使用以来，该实验室运行情况正常。在维护期间，对相关设施设备定期维护，如送排风系统、灭菌柜、活毒废水系统等。

2.5　总结与建议

在实验室建设前期，需要对实验室工艺布局做合理设计；建设期间严格要求施工方安装设计及规范施工。实验室投入使用后的运行维护非常关键，俗话说三分建设七分运维，运行维护管理如果不到位将会影响整体。

（案例提供：中国农业科学院兰州兽医研究所　李晓斌）

3　中国疾病预防控制中心某生物安全实验室

3.1　项目概况

中国疾病预防控制中心某生物安全实验室由细胞学实验室、血清学实验室、病原实验室和BSL-2实验室组成。

3.2　实验室工艺

该实验单元内各实验室由缓冲间和主实验室组成。平面布局如附图1-15所示。

该实验室环境参数要求：温度为18~26℃，湿度为30%~70%，照度不小于350lx，噪声小于65dB（A），换气次数不小于12次；主实验室为微负压，缓冲间为微正压，保证实验室洁净度要求。

3.3　项目各专业情况

3.3.1　建筑结构专业

该实验楼主体建筑为钢筋混凝土框架结构，建筑耐火等级为一级。实验楼层高为5.4m。该实验单元BSL-2病原实验室建筑面积为25m²，实验室净高为2.8m。为保证实验室洁净度要求，实验室围护结构为镁质夹心彩钢板结构，地面采用橡胶卷材地面，耐酸碱、防滑和防腐蚀。

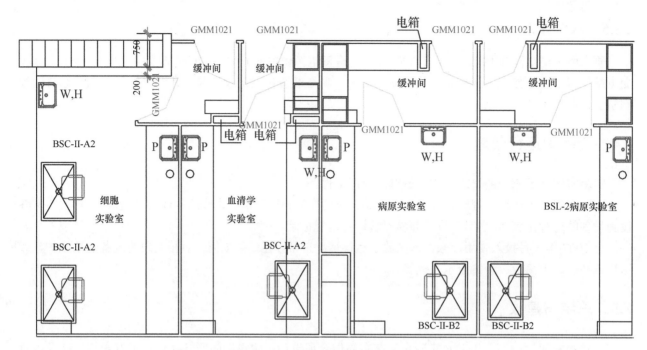

附图 1-15　BSL-2 实验室平面布局图

3.3.2　暖通空调

（1）实验室送风系统

该实验室送风采用全新风空调系统，房间内不允许有回风，房间气流组织为上送上排，送风口尽量远离生物安全柜，室内形成从"洁净区"至"污染区"的定向气流。新风机组和新风口主风管上 ED 连锁；缓冲间和主实验室送风支管设置手动调节阀。全新风空调系统设有盘管段、加湿段、风机段、消声段及初效过滤段和中效过滤段。附图 1-16 为 BSL-2 实验室送风系统。

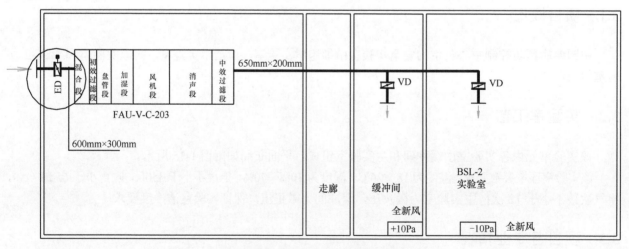

附图 1-16　BSL-2 实验室送风系统图

FAU-V-C-203 指房间新风机组；VD 指手动调节阀

（2）实验室排风系统

该实验单元房间排风系统共用一台变频风机，排风主管道上设置电动密闭阀 ED（和变频排风机连锁），各房间排风支管上均设置电动密闭阀 ED 和变风量调节阀 AVD。任一房间使用时，该变频排风机均启动，同样变频风机和排风干管上 ED 连锁。附图 1-17 为试验单元排风系统图。

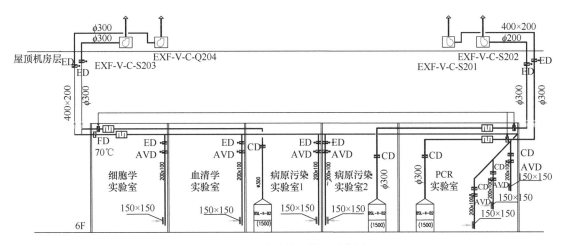

附图 1-17 实验单元排风系统图

EXF-V-C-Q204 指实验单元房间公用排风机；EXF-V-C-S20X 指全排风型生物安全柜排风机；ED 指电动开关密闭阀；

AVD 指变风量调节阀；CD 指逆止阀

从附图 1-17 可看出，BSL-2 病原实验室有一台 B2 型生物安全柜，生物安全柜排风口连接有一台排风机。为防止 B2 型生物安全柜在不使用时，房间排风引起安全柜内部倒灌现象，生物安全柜排风管道上均设置了逆止阀 CD，并且配置生物安全柜排风机为双速风机，当安全柜不使用时其排风机低速运行。

3.3.3 电气

（1）实验室环境系统

该生物安全实验平台采用中央控制计算机智能自动控制，实现一键式控制方式，自动控制实验室温湿度、压力、压差等，实时监控、记录实验室各关键技术参数和数值偏差、设备故障报警。

（2）门禁系统

该实验室设置门禁管理系统，只有授权人员可进入实验室操作，保证实验室生物安全。

3.3.4 给排水

该实验室设有纯水系统，以保证实验的需要。实验操作过程中产生的病原微生物废水，需经过高压灭菌器消毒后方可排入市政管网。

3.3.5 楼宇控制

传统楼宇控制方法可以设定整个科研楼内各实验单元在特定日期、特定时间段内系统启停运行，但当某一实验单元内部分实验室不工作时，则必须及时通知楼宇自控工作人员才能关掉与该实验室相关、不必要的送、排风系统，否则浪费能源。

配置有 B2 型生物安全柜的实验室，设计时要充分考虑房间建筑面积、B2 型生物安全柜排风量及房间送排风量等因素，同时科学合理地设置房间送排风系统启停及 B2 型生物安全柜开关等控制系统。

就地控制方案的提出是针对传统楼宇自控系统的弊端和生物安全实验室的特点提出来的，就地控制即指在实验室现场就可以控制与该房间相关的送、排风系统及必要的密闭阀 ED 和调节阀 AVD 等。此方法不是专业楼控人员手持手操器在控制模块上操作，而只需要非专业人员开关一个控制面板即可。

在每个实验室进入缓冲间门口处放置一个简单控制面板，实验人员根据自己需要开或关该面板后，楼宇控制系统根据设定的程序，结合现在该实验室送、排风系统所处的工况，开启或关闭与之对应的房间送、排风系统等，并且调节房间压差直到满足正常实验需要。

就地控制节能控制方案介绍如下。

（1）实验室进入使用状态的程序

远程或就地打开该单元内任一实验室房间空调系统的开关→单元公用变频排风机和排风总管道上ED开启→该实验室生物安全柜（BSC）排风机（低速）和BSC排风管道上ED开启→该房间排风管道上ED和变风量阀开启→该房间送风机（低速）开启，此时该实验室已可进入使用。

（2）使用BSC时系统开启程序

打开BSC的开关→BSC双速排风机低速转高速→BSC启动→双速送风机低速转高速，BSC可使用。

B2型生物安全柜开启后远程及就地控制的任何操作均不能关闭送排风系统。室内温湿度调节由远程控制，房间压差不满足设定要求时远程报警显示。

（3）关闭BSC时的程序

按动BSC的关闭钮→双速送风机高速转低速→BSC关闭→BSC双速排风机高速转低速。

（4）实验室进入停止状态的程序

就地关闭实验室房间空调系统开关→送风机关闭→房间排风管道上ED关闭→BSC对应管道上的ED和BSC排风机关闭。

当该单元内所有房间停止使用，该单元的公用排风机和总排风管道上的ED关闭。

3.4 运行维护情况

该实验室的管理工作由所在单位的实验室管理办公室承担，负责对新进实验室人员上岗培训、定期组织实验室人员培训和考核、对实验室安全及质量监督检查等日常管理工作。

实验室暖通空调、水、电气由第三方机构进行日常维护或维修，实验室设施设备通常1年左右对设备进行年检，根据国家有关标准或行业标准检测，主要是常规参数检测，初、中、高效过滤器的更换，日常维护，以及零部件更换等，主要由设备生产厂家或第三方检测机构负责。

实验室废物处理通过单位招标确定的垃圾回收公司进行专门处理，从实验室送出的医疗垃圾经过高压灭菌器消毒后由第三方机构集中处理，每天收运，实验室产生的普通生活垃圾存放于单位集中的垃圾站，统一处理。

实验室废水废液先经由专业设备进行消毒处理，再排放市政管网。设备的维修维保、检测通常由设备生产厂家负责。

3.5 经验与总结

在实验室建设前预先考察实验室周边环境，做好详细的规划与布局设计，对单位开展实验室活动的能力准确定位，合理利用实验室资源，为实验室十年乃至今后的发展预留出空间。

对于实验室设备的选择与购买，前期可对多种产品对比了解，对设备的功能定位和技术参数清晰明确，评估好预算及后期的运行维护费用，将设备的应用条件及摆放要求与实验室规划紧密结合，做好前期准备工作。

确定实验人员和实验管理人员的数量，界定职能与职责，考虑人员专业、学历、工作能力的分布，制订人员培训计划。

实验室的建设与运行管理工作不是一个部门就能完成的，因此与其他部门的沟通协作尤为重要，协调好各部门的职责，对于可能出现的问题提前做好应对计划，出现问题后采取处理措施。

（**案例提供**：中国疾病预防控制中心 蒋晋生 赵赤鸿 李思思）

4 中国食品药品检定研究院生物安全二级实验室

4.1 项目概况

建设地点：北京市大兴区生物医药基地。

总建筑面积：10.3 万 m², 共 7 栋科学实验建筑，均为地上层数 5 层、地下层数 0～1 层，BSL-2 和 ABSL-2 实验室分布在 3 栋实验建筑内。

主要功能：对生物制品、中西药品进行鉴定，进行相关科研工作。

结构形式：钢筋混凝土框剪结构。

设计周期：2007 年 1 月至 2010 年 4 月完成可行性研究报告至施工图。

施工周期：2010 年 4 月至 2016 年 6 月。

投入使用时间：2017 年 2 月。

认证认可状态：不需要。

4.2 设计特点

中国食品药品检定研究院是整体迁建的新建工程，在生物制品检验楼、药品检验楼、特殊实验楼、标准物质楼均设有 BSL-2 或 ABSL-2 实验室。多数 BSL-2 实验室布置在实验楼的一端，每个单元通常包含 1～3 间 BSL-2 实验室；设有一更、二更、缓冲间和实验室，区域大和间数多的 BSL-2 单元还设有负压走廊。BSL-2 实验室结构荷载与实验楼整体协调。

BSL-2 实验室通风空调系统均按单元独立设置。根据实验性质的不同，实验室的室内环境要求不同。从洁净度来看，分为普通环境和 7 级、8 级洁净度。从空调系统形式来看，有全新风和有回风两种；全新风空调系统服务于抗生素、放射性、动物、保种等的实验室，除此之外采用有回风的全空气空调系统。

BSL-2 实验室空调室内设计参数见附表 1-1。

附表 1-1 中国食品药品检定研究院 BSL-2 实验室空调室内设计参数

建筑名称	BSL-2 实验室名称	洁净度等级	换气次数（h⁻¹）	与大气相对压力（Pa）	干球温度（℃）	相对湿度（%）	空调形式
药品检验楼	发酵实验室，细胞培养 1	7	20	−10	冬季：20，夏季：25	冬季：40，夏季：60	全空气，有回风
	微生物鉴定，菌种保藏室	无	按计算	−10	冬季：20，夏季：25	冬季：40，夏季：60	全新风
	分子生物学实验室，操作间	无	按计算	−10	冬季：20，夏季：25	冬季：40，夏季：60	全空气，有回风
	发酵实验室，细胞培养 2	7	20	−10	冬季：20，夏季：25	冬季：40，夏季：60	全空气，有回风
	耐药性检测准备间，操作间	无	按计算	−10	冬季：20，夏季：25	冬季：40，夏季：60	全新风
生物制品检验楼	BSL-2 实验室	8	15	−10	冬季：20，夏季：25	冬季：40，夏季：60	全新风
特殊实验楼	BSL-2 实验室	8	15	−10	冬季：20，夏季：25	冬季：40，夏季：60	全空气，有回风
	ABSL-2 实验室	7	按计算	−10	冬季：22，夏季：24	冬季：40，夏季：60	全新风
标准物质楼	实验室，称量配液间，扎盖间	7	25	−10	冬季：20，夏季：25	冬季：40，夏季：60	全新风
	负压走廊	8	12	−5	冬季：20，夏季：25	冬季：40，夏季：60	全新风

4.3 施工

实验楼整体土建、设备机房、机电主管线由总包单位按照设计单位施工图进行施工。BSL-2 单元由分包单位深化设计，施工图设计单位审核认可后，进行室内机电和装修施工。深化设计基本上是根据室内家具布置和管线综合结果调整空调末端、上下水点和灯具位置，机电设备容量和主要参数、立管及主干管位置均与施工图一致。

由于总包单位和各个分包单位在施工进度上存在差异，施工总体协调较弱，施工过程中出现部分管线拆改，个别风口位置不理想，先期施工的管线位置不合理而影响吊顶标高等问题。

4.4 运行维护

BSL-2 单元与实验楼整体一并由通过招标确定的物业公司运行维护。主要工作内容是按照实验人员的申请开关机，发现报警后及时处理故障，定期更换空气过滤器、灯具等易耗易损件，根据实际运行情况调整自控程序等。

4.5 问题与建议

1. 存在的问题

由于物业公司是项目建成后确定的，物业公司缺乏专业的运维人员，实际运行人员对 BSL-2 实验室设计、建造和运行要求不太了解，且设计、建造过程中难以体现从运维角度考虑的便捷性，包括设置必要的检修平台、梯子、护栏、检修通道和空间等。

用户方面反映的主要问题是室内舒适度难以在全年保证，部分风口风速过大；自控报警过于敏感、报警的声光对人刺激大；集中供应的软化水硬度偏大、水量不足等。

2. 建议

针对存在的问题，建议解决的方案是运行维护人员从设计阶段参与工程建造，提出对实验室运维、使用所必要的设施和这些方面的考虑；全过程跟踪建造，对实验室设施充分了解，为日后维护打下基础。同时，对实际运行人员进行上岗前的专业培训。

用户使用中的问题，首先要从现象着手，分析产生问题的原因和阶段是设计、施工还是设备导致的，然后进行有针对性的处理。例如，在大楼设置集中空调冷热源的前提下，全年保证内区室内舒适度，就是应从设计角度思考的问题。

（案例提供：中国中元国际工程有限公司　赵　侠）

附 录 2

1 援塞拉利昂高等级生物安全实验平台建设案例

1.1 项目背景

2014 年西非出现埃博拉疫情,其成为国际社会高度关注的突发公共卫生事件。应塞拉利昂政府关于参与埃博拉疫情援助的请求,党中央、国务院高度重视、积极回应,迅速研究提出了"短期和长期相结合、移动和固定实验室相结合"的实验室检测援助工作方案。中国疾病预防控制中心主动承担了建设援塞拉利昂高等级生物安全实验室(以下简称援塞高等级生物安全实验室)这一历史重任。

该工程为国家应对西非地区埃博拉疫情紧急启动项目,准备时间和建设周期特别短、受疫区影响劳动力短缺,当地工人技术水平有限且疫情严重有直接接触感染风险,且塞拉利昂国内物资严重匮乏,所需劳动力和大部分建设材料由国内空运至塞拉利昂,属于特殊时期国家政治任务。

1.2 项目概况

援建塞拉利昂固定生物安全实验室项目位于塞拉利昂首都弗里敦郊区中塞友好医院东侧,紧邻医院东墙。固定生物安全实验室包括一个生物安全三级实验室(又称 BSL-3 实验室)、一个生物安全二级实验室和一个 PCR 准备间。生物安全三级实验室按照世界卫生组织编写的《实验室 生物安全手册》第三版要求设计和建设,参照 GB 50346—2011《生物安全实验室建筑技术规范》要求,功能满足开展埃博拉病毒样本灭活检测的要求。将我国成熟的高等级生物安全实验室标准、技术规范与西非热带地区很好地结合并成功推广应用。

1.3 实验室工艺

1.3.1 工艺布局合理、人流物流路线分开

援塞高等级生物安全实验平台承担着进行埃博拉病毒等高致病性病原微生物样本灭活、核酸提取、核酸制备检测及样本储存、固液体废弃物的消毒等工作,主要分为 BSL-3 实验室、BSL-2 实验室、PCR 准备间、菌毒种保藏库、废弃物洗消间、中控室。其中,BSL-3 实验室开展高致病性病原微生物分装、信息记录、样本灭活、核酸提取等实验活动;BSL-2 实验室开展 PRC 扩增等实验活动;PCR 准备间进行试剂配置等实验活动;废弃物洗消间用于消毒灭菌后固体液体废弃物的清洗,如附图 2-1 所示。

为防止高致病性病原微生物样本与人员交叉感染,该平台方案设计采用人流、物流分开路线,最大限度避免交叉污染,满足生物安全要求,如附图 2-2 所示。

1.3.2 采用原位消毒理念达到"废气、废液、固体废弃物"就地处理,确保安全环保

援塞固定 BSL-3 实验平台防护区产生的废气经原位检漏排风高效过滤装置后排放,该高效过滤器满足 0.3μm 粒径的悬浮颗粒过滤效率为 99.99%,而通常病原微生物粒子远大于 0.3μm。同时,该实验平台

管理人员可定期对排风高效过滤器进行原位检漏,检测过滤器可靠性。

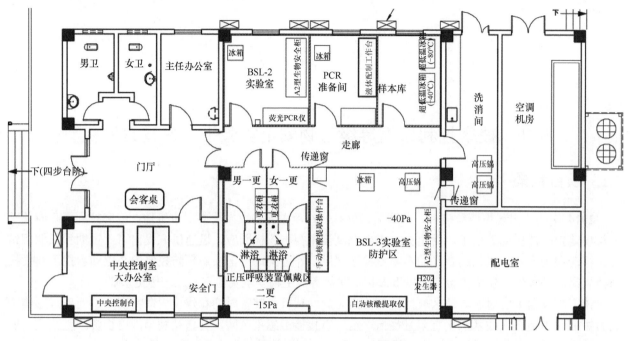

附图 2-1　援塞 BSL-3 实验平台平面布局图

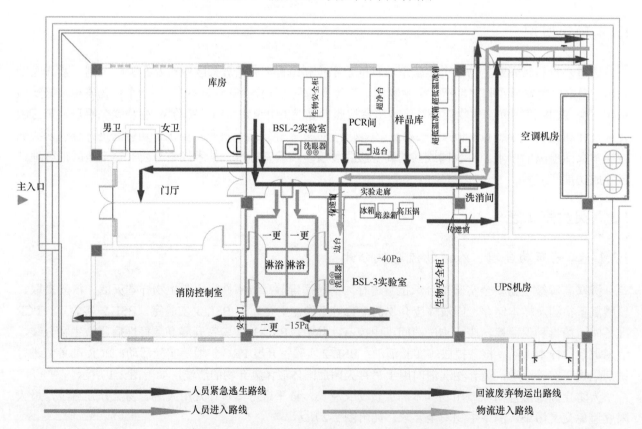

附图 2-2　援塞 BSL-3 实验平台人流、物流路线图

　　该平台实验操作产生的少量废液和固体废弃物经收集后放入防护区内高压灭菌器进行高温高压灭活消毒,完全消毒后经防护区传递窗进入洗消间处理,固体废弃物进入焚烧炉进一步处理。同时该平台管

理人员定期对高压灭菌器进行指示剂验证，确保灭菌效果，保证生物安全。

1.4　项目各专业情况

1.4.1　建筑专业

该项目总建筑面积为 383m²。主体建筑为钢筋混凝土框架结构，墙体为砌块砖，地上一层，屋面为坡屋面，屋脊高度为 6m，檐高为 4m。结构设计使用年限 50 年，建筑耐火等级一级，建筑防水等级二级。

建筑平面布置：BSL-3 实验室建筑首层分为办公区、实验区、后勤保障区三个区域。办公区包括门厅、办公室兼消防控制室、卫生间、库房；实验区包括实验走廊、BSL-3 实验室及其配套一更、淋浴间、二更，BSL-2 实验室，PCR 准备间，样品库；后勤保障区包括洗消间、空调机房、配电室；实验室主体设有设备检修夹层；柴油发电机房单体建筑位于 BSL-3 实验室南侧。建筑立面设计：建筑外立面设计简洁，为米白色涂料，墨绿色门窗框，屋顶为蓝色彩钢板瓦屋面。本建筑为单层坡屋顶形式，檐口高为 4m，屋顶坡度 0.25，室内外高差 0.6m。实验室净高为 2.8m。

1.4.2　结构专业

1. 主体结构

本工程采用独立柱基础，基础持力层为三水铝石氧化铁质岩。采用的结构体系为框架结构体系，并在首层做一层混凝土楼板。结构使用年限 50 年。本工程混凝土采用 C30 混凝土，钢筋采用 HRB335 级，钢筋直径小于 25mm。当地取材。

2. 实验室围护结构

为解决当地建材短缺、工期紧张，保证实验室严密性和洁净度，满足该实验平台在国内拼装成型、集中调试要求，实验室围护结构选用插接装配式安装的铝蜂窝夹心彩钢板，便于实验平台结构的拼接成型，同时夹心彩钢板内管路管线提前预埋到位。墙板与地面固定采用 U 形铝槽、膨胀螺栓固定，拼接成型后彩钢板进行编号便于境外集成安装；此外，根据实验平台风量需求和风管密封性、材质的要求，选用不锈钢风管，氩弧焊接、分段组装的安装方式，并安装定变风量阀、密闭阀、零风压防雨防虫排风帽等部件。拼接成型定位后进行编号装箱以便进行境外集成安装。

项目现场把已拼装成型的彩钢板、送排风管道、空调机组、排风机、冷冻机组等根据图纸及编号进行集成式安装，并进行单机和联动调试，大大降低了在疫源地项目实施的风险，大幅度缩短了项目实施周期。

1.4.3　暖通空调

1. 空调系统形式

本项目 BSL-3 实验室设计为全新风直流式洁净空调系统。BSL-3 空调机组送、排风机均为一用一备。房间均维持工艺要求的负压值及压力梯度。压力梯度设计：生物安全三级实验室核心区为–40Pa 负压，二更为–15Pa。

BSL-3 空调系统的送风处理过程：粗效过滤段，中效过滤段，表冷段，电再热段，风机段，高中效过滤段，送风段，在房间送风口前设有高效过滤器。

房间气流组织为上送上排，送风口尽量远离生物安全柜，室内形成从"洁净区"至"污染区"的定向气流。房间排风经一级高效空气过滤处理后（设置于房间排风口处）高空排放。其他实验室功能房间设置分体式空调系统，设备机房、卫生间设置机械排风系统。把具有我国自主知识产权的"十一五"国家科技支撑计划和国家传染病防控科技重大专项科研成果——具有原位消毒检漏功能排风高效过滤装置应用到该平台中，严格防控气溶胶，并定期进行检测、消毒，保证实验平台生物安全。

2. 空调系统控制

该实验室制冷、通风和空调设备纳入 PLC 楼宇控制系统。空调机组由排风温度控制冷冻水流量。洁净空调系统在送风管道上设定风量阀，排风管道上设变风量阀和密闭阀，洁净空调机组和排风机采用变频控制技术，保证室内的换气次数和压力梯度趋势。BSL-3 实验室送、排风机实行连锁控制，开机顺序为先开排风机，后开空调送风机，关机顺序相反；始终保持实验区的负压状态。

3. 通风、空调及保温材料

BSL-3 实验室防护区内风管采用不锈钢板，其外以 32mm 厚的难燃 B1 级发泡橡塑材料保温。卫生间、设备机房等房间的排风管道采用镀锌钢板风管。空调机组和通风机进、出口采用帆布软管。空调冷冻水管管径≥50mm 时采用无缝钢管，管径<50mm 时采用焊接钢管。冷凝水管采用镀锌钢管。水管保温材料采用难燃 B1 级发泡橡塑隔热材料。

4. 环保措施

BSL-3 实验室采用全新风直流新、排风系统。新风均采用粗、中、高中效和高效过滤器四级处理后送入室内，高效过滤器为可原位消毒检漏型。

BSL-3 室内气流组织为上送上排，送风口尽量远离生物安全柜，室内形成从"洁净区"至"污染区"的定向气流，维持从室外至核心区的负压梯度。

5. 消声隔振措施

空调机房采用隔声防火门，机房做吸声、隔声处理。空调机组设橡胶隔振垫；离心风机采用混凝土基础配弹簧减振钢支架，吊装风机采用弹簧减振吊架；水泵的减振器由设备供货商配套。与冷水机组、空调机组和风机进、出口相接的水管、风管采用软连接，洁净空调系统设微穿孔板消声器。

1.4.4 电气

电气系统包括 0.4kV/0.23kV 发、配电系统，照明系统；实验室环境系统；防雷和接地系统；空调自控系统；火灾自动报警系统；电话网络系统；闭路监视系统；安全技术防范系统。

1. 供电电源及电压

本项目市政条件为无市电供给；设置两台低压柴油发电机组，循环运行；同时设置一台在线式 UPS 供电电压为 AC 220/380V。P3 实验室事故照明、通风柜、低温冰箱等用电按一级负荷考虑，采用两台发电机组 + 交流不间断电源（UPS）供电方式，UPS 设在配电室内，作为 BSL-3 实验室的生物安全柜、送/排风机的运行电源，同时兼顾消防应急电源和各弱电系统的电源；UPS 供电时间按 30min 考虑。

2. 照明

实验室照明以格栅荧光灯为主，BSL-3 实验室灯具选用嵌入式密闭型荧光灯。其入口设有实验室工作状态标志灯。

BSL-3 实验室的照明由 UPS 配电箱的回路供电。设就地控制开关并与一般照明的控制开关分开设置。办公室照度标准 300lx，实验室照度标准 300lx，公共通道照度标准 150lx，机房照度标准 200lx。

3. 实验室环境系统

援塞高等级生物安全实验平台采用中央控制计算机智能自动控制，实现一键式控制方式，中央控制计算机自动控制实验室温湿度、压力、压差、送排风机自动交替运行等，实时监控、记录实验室各关键技术参数和数值偏差、设备故障报警，同时，为保证远在西非的援塞 BSL-3 实验平台出现紧急故障时能够及时解决，特采取远程控制以太网模块，可实现系统监控、远程故障诊断、报警处理及系统程序上传、下载，只要保证网络畅通，在中国国内使用权限登录后就可处理该实验平台各种紧急故障。

为保持实验平台的负压状态，送排风机各一用一备、故障自动切换，根据塞拉利昂热带地区气候和昼夜温差大等特点，该平台送排风系统采用风量调节和压差调节相结合的方式。各房间送风采用定风量阀控制，保证房间送风量、换气次数和洁净度；防护区（核心区）排风设置变风量阀，根据防护区压差传感器控制其排风变风量阀，保证各房间压差梯度；根据总送、排风管道上压力调节相应变频器频率，也就是控制器根据压力反馈值对变频器或变风量调节阀进行 PID 调节，满足房间压差稳定，同时保证 BSL-3 实验室各房间向防护区（核心区）的定向流动。

4. 门禁系统

BSL-3 实验室外二更房间内三门互锁，当门使用电动连锁装置时，断电时三道门必须处于可打开状态。

1.4.5　给排水

1. 给水用水量

本建筑最高日总用水量 3.2m³/d。

2. 水源

供水水源为自备 10 000L 水箱，接入 DN100 给水管一根。供水压力取 0.2MPa。

3. 室内管网系统

根据建筑高度、水源条件、防二次污染、节能和供水安全原则，本项目给水系统不分区。为了卫生安全并防止回流污染，供给生物安全实验室区域的给水干管上应设置防污隔断阀。

4. 紧急淋浴器和洗眼器

实验室集中设置紧急淋浴器，每间实验室设一套洗眼器，每间生物安全实验室设一套手消毒装置。

5. 生活排水系统

卫生间生活污废水采用伸顶通气立管排水系统，直接排出室外。室外设化粪池，生活污水经化粪池后排出场地。

6. 染毒废水系统

手洗消毒、洗眼器的排水由专用容器收集，经双扉高压锅高温灭活后排至室外排水管。含有微量酸、碱的实验室污水先经各实验室稀释后，排入专用化粪池，定期加药处理后定期清掏。含有浓酸或浓碱的实验室废水及含有苯酚等有机试剂、暗室显影洗液等实验室污水，分别倒入专用废液容器中，再由外协单位回收处理。

1.5　实验平台的运行维护

以援塞高等级生物安全实验平台为基础，建立了传染病预防控制援非长效工作机制。

1.5.1 工作内容

开展传染病实验室检测、以项目为导向的科学研究、实验室检测和公共卫生知识培训，对未知、新发传染病进行监测，并帮助塞拉利昂及周边地区构建疾控防控体系。进入塞拉利昂公共卫生决策层，为当地疾病预防提供建议。与当地世界卫生组织、美国疾控中心、英国公共卫生署等机构保持联系，参与国际会议，共同为塞拉利昂疾病预防控制事业发展做贡献。

1.5.2 人员派出机制

开展轮换期为半年的援塞高等级生物安全实验平台运转人员派出计划，采用常规经费与科研经费相结合方式保障后期运营，常规经费向商务部对外援助司申请，申请科研经费保障项目顺利实施。

1.5.3 设施设备检测维护

由援塞高等级生物安全实验平台运作人员制订系统维护计划，定期对柴油发电机进行保养维护，根据需要购置柴油和生活用水，根据需要更换生物安全柜高效过滤器，每年对系统进行一次第三方检测及定期更换空调机组初效、中效、高效过滤器，并对关键设施进行维护保养。

（**案例提供**：中国疾病预防控制中心　赵赤鸿　李思思；江苏省疾病预防控制中心　谢景欣）

2　移动式生物安全三级实验室

2.1　项目背景

SARS 和禽流感疫情的暴发给人们的健康及生命安全带来严重的威胁，面对生物危害日益加剧和国外技术封锁的严峻形势，我国迫切需要加强快速应对突发公共卫生事件实用技术平台的研制。十多年来，作为生物危害防御和突发公共卫生事件应急处置的基础平台之一，高等级生物安全实验室得到了前所未有的重视，部分省市疾控中心及相关研究机构相继建成了生物安全三级实验室。然而，实验室数量尚不能满足需要，生物安全能力发展极不均衡，高等级生物安全实验室地域分布也不合理，过于集中在东南沿海、大中城市，而西北、中部地区发展相对落后；我国国土面积大、边境线长，广大中小城市、农牧地区和边远地区尚不具备开展突发传染病病原体采集、分离及检定工作的基本条件。

移动式生物安全三级实验室具有机动灵活、反应迅速、安全可靠等特点，可在疫区周围快速开展并实施样本采集、分离与检定工作。美国、法国、德国等极少数拥有核心工艺设计和制造技术的国家，对我国限制出口，并实行严格的技术封锁。为了应对国家反生物恐怖、重大社会活动安全保障和疾病预防控制的重要任务，我国自主研发了移动式生物安全三级实验室，目前已完成第三代新型移动式生物安全三级实验室的研制任务。

2.2　项目概况

2.2.1　自主研制的第一代移动式生物安全三级实验室

我国自主研制的第一代移动式生物安全三级实验室按照我国生物安全三级实验室标准设计和建造，由主实验舱（主舱）和技术保障舱（辅舱）两个 30 英尺标准方舱（长 9125m、宽 2438m、高 2896m）（后来升级增加了一个通信保障舱）组成。其中，主舱由 BSL-3 核心工作间（12m^2）、气锁、更防护服间和空调设备间组成，配备有 Class Ⅱ B2 型生物安全柜、手套箱式生物隔离器、CO_2 培养箱、深冷冰箱等仪器设备，核心工作间与空调设备间之间安装双扉压力蒸汽灭菌器。辅舱由更内衣间、更外衣间、水处理间和发电设备间组成，配备有淋浴设备、配液准备台、监控设备、污水高压灭菌系统和发电机组等。在更外衣间与更内衣间之间、更防护服间与核心工作间之间均设置了自净互锁传递窗，两舱之间通过收缩式气密型软连接通道连接。

在主舱与软连接通道之间、更外衣间与更内衣间之间均设置了完全自主研制的充气式气密门，使用常态胶条和充气密封胶条相结合，充分保证实验室的气密性。在平面布局和工艺流程上保证人流、物流与气流控制的科学、合理，完全符合我国移动式生物安全三级实验室的标准要求。

主舱和辅舱分别采用独立的全新风通风空调及过滤系统。通过建立合理的负压和压力梯度，实现了防护区气流从低风险区向高风险区的定向流动，主舱防护区内空气经过两级 HEPA 过滤后高空排放。在送风静压箱与排风机组之间设置了气体消毒旁路系统，在实验室终末消毒的同时，启动气（汽）体消毒设备，关闭送风机和排风机末端阀门，开启（电动）消毒旁路风管两端阀门，消毒（剂）气体由排风机组提供动力经消毒旁路实现在实验室内循环，从而达到将实验室空气、排风管和送排风 HEPA 彻底消毒的目的。

辅舱配备了 80kVA 的柴油发电机组、1 吨清洁水箱、软化水处理器、CO_2 储气罐、压缩空气系统，实现了水、电、气及通信信号在两舱间的传输和集中控制，解决了移动式生物安全三级实验室水、电、气综合保障技术难题。

该项目设计了污水收集及高压蒸汽灭菌系统。洗手、淋浴产生的污水先收集到污水收集槽中，通过真空泵抽吸到污水处理罐中，采用蒸汽进行高温高压灭菌，保证合格后安全排放。

该项目设置了舱门连锁控制系统、通风空调控制系统、系统状态监控和数据采集系统、火灾监测与报警系统、水路控制系统、内部通话和内部图像监视等子系统，编制了用户图形友好界面、易于使用维护的自动监控系统软件，可实时监测和控制送排风系统的运行与实验室压力等情况。

附图 2-3、附图 2-4、附图 2-5 分别为第一代移动式生物安全三级实验室平面布局图、实物图、核心工作间设备布局图。

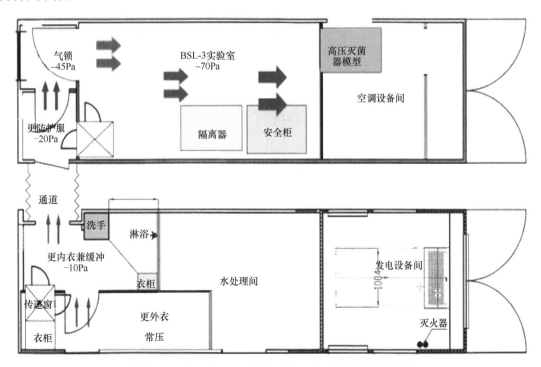

附图 2-3　第一代移动式生物安全三级实验室平面布局图

附图 2-4　第一代移动式生物安全三级实验室实物图

附图 2-5　第一代移动式生物安全三级实验室核心
工作间设备布局图

2.2.2 帐篷式移动生物安全三级实验室

1. 研制背景

目前，我国研制的移动 BSL-3 实验室多采用方舱结构性组合技术，其中，第一代移动 BSL-3 实验室由 2 台公称长度为 9m 的方舱组成，并集成水、电、气、空调等系统，满足了 BSL-3 实验室设施设备要求，展开后可实施对可疑病原微生物的分离、培养和检定等作业。该型移动 BSL-3 实验室于 2014 年 9 月远赴塞拉利昂，执行"援非抗埃"任务，共完成了近 5000 份埃博拉病毒样本的灭活和核酸分离提取相关工作，在西非埃博拉疫情防控中发挥了重要支撑作用。经过实际应用后，研究人员认识到其在设计上存在一定不足之处：①其由 2 台 9m 方舱组成，体积大，总质量达到 15t，不能满足伊尔 76 运输机的运输要求，可远程运输性严重受限；②系统复杂，操作烦琐，技术保障负担重[①]。针对该方舱式移动生物安全实验室存在的问题，我国又研发了一种新型移动生物安全实验室，即帐篷式移动生物安全三级实验室，采用方舱和帐篷组合的技术形式，具有快速部署、大空间、防护级别高、造价低的优点。

2. 原理

帐篷式移动生物安全三级实验室由帐篷实验室与技术保障方舱组合而成，如附图 2-6 所示。帐篷实验室与技术保障方舱通过通风管路、电气管路进行密封连接，从而实现两者的有机组合。帐篷实验室主要用于开展病原样本检测以及其他病原微生物操作活动。技术保障方舱主要为帐篷实验室提供全方位的技术保障，包括通风空调、自动控制与报警、视频监控、供电接入等技术保障，满足帐篷实验室系统运载及实验室对温湿度、洁净度、压差梯度及控制和通讯等要求。整套实验室可在 4 人作业下 6h 内完成现场安装与运行调试，快速构建检测技术平台。

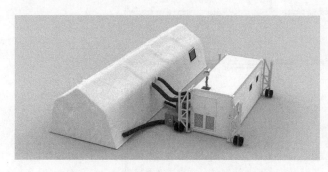

附图 2-6　帐篷式移动生物安全实验室结构图

技术保障方舱根据功能区域划分为空气处理间、中控间及装载区，如附图 2-7 所示。空气处理间内主要设置有空调和通风过滤系统，主要用于对送入帐篷实验室内空气进行净化和温湿度处理；中控间内设置有自控系统、视频监控系统和供电系统，实验室运行时作为系统控制室对整套实验室进行监控。技术保障方舱兼做装载运输方舱，可一次将帐篷实验室、排风高效过滤装置、压力蒸汽灭菌器、负压柔性手套箱式生物隔离器等防护设施和设

①崔玉军, 赵建军, 贝祝春, 等. 2015. 移动生物安全三级实验室在埃博拉病毒检测中的应用与展望. 中华流行病学杂志, 36(9):1038-1039.

备全部收纳到装载区内。由于其运输状态体积小，可通过公路、铁路、轮船或航空进行运输，能够快速运抵新发突发传染病疫情现场展开作业。

帐篷实验室送风采用全新风空气处理系统，送风处理系统主要包括初效过滤器、中效过滤器、空调机、风机、送风高效过滤单元、风量调节阀、生物密闭阀、送风管路等部分。实验室通过送风管道上的定风量调节阀与风机变频共同作用进行送风量控制调节。经过上述空调系统处理的空气通过送风高效过滤单元过滤处理后送入静压箱，再由

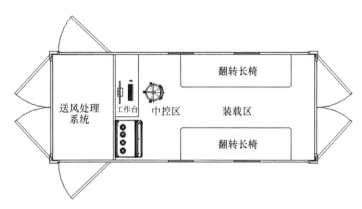

附图 2-7　技术保障方舱平面布局图

管道将新风分别送至帐篷实验室核心工作间与缓冲间，以满足实验室防护区内环境控制要求。实验室防护区排风处理系统采用了模块化排风高效过滤单元对防护区内空气进行高效过滤后排放至室外环境，确保了实验室外环境的安全。排风处理系统主要包括排风高效过滤单元、生物密闭阀、排风机等部分组成，其中排风机一用一备。实验室防护区的送风高效过滤器和排风高效过滤器均可原位扫描检漏，可确保送、排风高效过滤安全可靠。

帐篷实验室依次由准备间、样品接收间、缓冲间和核心工作间组成，准备间与样品接收为辅助工作区，缓冲间与核心工作间为防护区，满足生物安全三级实验室的平面工艺布局要求，如附图 2-8 所示。整个帐篷实验室使用面积达到 50m²，其中，准备间与核心工作间面积约为 20m²，核心工作间可安装 2 台安全操作装备，可容纳多达 4 名工作人员同时开展作业。在样品接收间与外环境之间设置有传递窗，在传递物品时，递送样品人员无需进入帐篷即可完成样本传递。

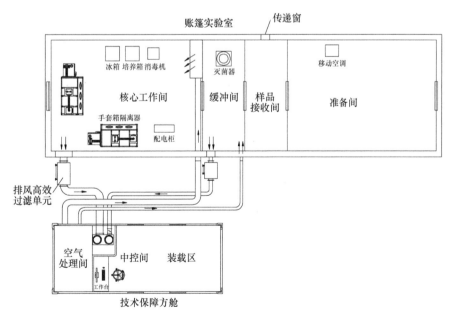

附图 2-8　帐篷式移动生物安全三级实验室结构原理图

3. 应用

新冠疫情发生后，帐篷式移动生物安全三级实验室便于 2020 年 1 月 27 日运抵武汉，成为进入武汉的第一套移动实验室，并于 2020 年 1 月 29 日完成现场安装和运行调试工作，随后接收样本正式开展检

测工作（附图 2-9）。在武汉临床病毒核酸检测遭遇瓶颈期的 1 月底和 2 月初，其检测量约占武汉市的 1/4，对有效推动新冠肺炎疫情防控早发现、早报告、早隔离、早治疗措施落实发挥了重要作用。北京新发地发生聚集性新冠肺炎疫情发生后，该实验室又紧急调往北京，为开展新冠病毒核酸检测提供了实验平台。

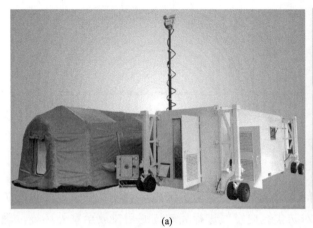

(a)   (b)

附图 2-9   帐篷式移动生物安全三级实验室实物照片（a）和开展新冠病毒检测照片（b）

此次，在帐篷式移动生物安全实验室开展新型冠状病毒样本检测的实际应用过程中，相应地将实验室系统也分成了三个独立功能区域，具体如附表 2-1 所示。这三个区中，标本制备区是唯一存在病原微生物暴露风险的区域，根据指南要求，由于新型冠状病毒暂时列为第二类病原微生物，其样本的在未经可靠灭活前的处理操作应至少在 BSL-2 实验室内进行，因此，将防护水平最高的帐篷实验室核心工作间作为标本制备区。待检样本直接通过传递窗传递至样品接收间，然后经缓冲间送至核心工作间进行样本灭活、核酸提取等工作。其中，样本灭活前的操作全部在负压柔性手套箱式隔离器或 II 级 A2 型生物安全柜内完成，有效保证实验室内环境的安全。待样本核酸提取完成并封装后，经过表面消毒处理，由核心工作间送至核酸扩增检测区。由于帐篷实验室只有两间可进行实验操作的功能间，因此，将核酸全自动分析仪放置在方舱工作区内，以作为核酸扩增检测区。

附表 2-1   帐篷式移动生物安全实验室功能区对照表

帐篷移动生物安全实验室功能间	对应 PCR 检测实验室分区	主要功能与配置
准备间	试剂储存和准备区	主要用于试剂的制备和相关材料的贮存，配置有冰箱、小型离心机、试剂、耗材等。
核心工作间	标本制备区	主要进行样品的保存、灭活、核酸提取、贮存等实验操作，配置有负压柔性手套箱式生物隔离器、生物安全柜、冰箱、离心机、恒温水浴等。
方舱工作区	核酸扩增检测区	主要进行核酸测定，配置有核酸全自动分析仪、小型离心机。

2.3   工程设计特点（以第一代移动式生物安全三级实验室为例）

2.3.1   建筑结构形式

移动式生物安全三级实验室采用两台公称长度为 9m 的方舱组合结构形式，由主、辅舱组成（附图 2-10，附图 2-11），通过气密型软连接通道实现两舱结构性组合，形成人员进出通道。主舱部分为防护区，包括核心工作间、气锁间和更防护服间；辅舱部分为辅助工作区，包括更内衣间、更外衣间、水处理间、发电设备间等。辅舱通过快速插接方式实现与主舱的电路、通风、气路和水路连接。主舱顶部设置管道夹层，布置送排风管道、强弱电管道等。可车载或落地就位后展开工作。

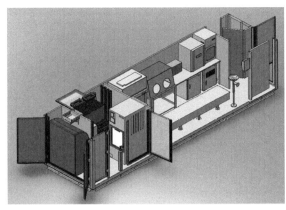

附图 2-10　第一代移动式生物安全三级实验室主舱

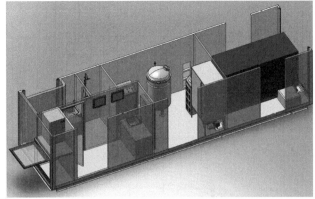

附图 2-11　第一代移动式生物安全三级实验室辅舱

2.3.2　围护结构

主舱和辅舱围护结构采用方舱大板拼装结构形式,由主框架、舱板、隔板、内包边圆弧型材等组成。

主框架由方舱角件、横梁、边梁、外包角钢经螺栓连接和焊接形成整体框架(附图 2-12),用于承载舱体和设备重量。

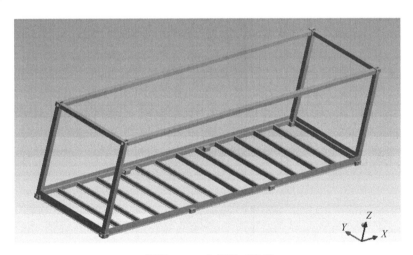

附图 2-12　主框架三维图

舱板和隔板均由内外蒙板、骨架、夹芯泡沫以及结构性胶一体热压成型,厚度≤52mm。舱板拼装通过内包边圆弧型材与主框架带胶铆接固定,隔板则通过内包边圆弧型材与舱板带胶铆接固定,形成舱体和各功能隔间。该围护结构形式具有结构强度高、保温性能高、气密等级高的特点。

主舱门体采用充气膨胀门,通过充气胶条的张力确保门通口处的密封。且充气膨胀门可实现无门槛设计,提高通过性。辅舱门体采用标准铝合金型材结构,通过三叉锁锁紧。所有门体均设置闭门器、电磁锁以及门控开关。

主舱内部表面喷涂环氧类涂料,具有抑菌和耐腐蚀的特点。工作台和设备台与侧舱板通过圆弧固定,与地板通过不锈钢管支承固定,保证空气的流通性。台面为高密度理化板,下部与抽屉一体化设计,配三节滑轨。主舱空调间和辅舱各个功能间内部张贴波音软片,底板铺设地板革。

移动式生物安全三级实验室围护结构的传热系数≤1.5,防护区气密性满足生物安全三级实验室的标准。

第一代移动式生物安全三级实验室辅舱结构见附图 2-13。

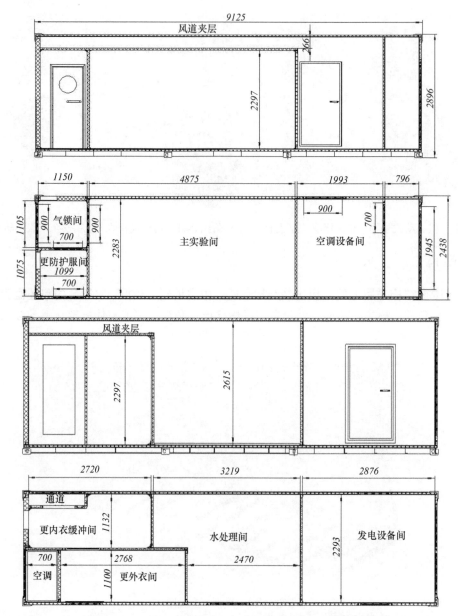

附图 2-13 第一代移动式生物安全三级实验室辅舱结构图

2.3.3 通风空调系统

1. 通风空调系统技术指标

可在环境温度为–30～41℃时正常运行,保证室内温湿度在 18～25℃,精度为±2℃;湿度为 50%±10%。
各功能间采用负压防护设计,由外到内形成有序的压力梯度。相邻功能间压差值≥15Pa。

初、中、高三级过滤,防护区空气洁净级别达到 8 级。通过气流组织设计,确保送风由洁净区流向
较污染区。

2. 空调选型

移动式生物安全三级实验室的主舱和辅舱采用两套独立运行的新风空调机组。按照能满足我国严寒地区、
寒冷地区、夏热冬冷地区、夏热冬暖地区和温和地区 5 个典型地区的环境温湿度要求进行空调选型设计。

经核算,主舱空调制冷量 20kW,制热量 16kW;辅舱空调制冷量 6kW,制热量 5kW。

3. 风量计算

送风量根据房间冷热负荷和去除余热余湿的计算方法得到，排风量根据房间的缝隙法计算得到。各功能间的送排风量如附表 2-2 所示。

附表 2-2 各功能间的送排风量及换气次数

功能间名称	送风量（m³/h）	换气次数（次/h）	排风量（m³/h）
主实验间	830	32	860
气锁间	66	22	57
更防护服间	67	22	70
主实验舱	963	—	987
更内衣间	142	18	167
更外衣间	168	—	146
人员净化单元	310	—	313

4. 空气净化

空调新风经 G4 板式初效过滤器、F8 袋式中效过滤器、H14 高效过滤器三级过滤后送入各功能间。主舱的主实验间、气锁间、更防护服间均设置高效过滤排风口，废气排出后再经袋进袋出生物安全型过滤器两级过滤后排出室外。辅舱的更内衣间和更外衣间均设置高效过滤排风口，由风机排出室外。

5. 气流组织

主实验间送、排风口对面布置，右侧三个均布高效过滤送风口上送、左后侧高效过滤排风口下排，形成有利于工作人员安全的气流组织。气锁间、更防护服间、更内衣间进口上部设高效送风口，送风口对角线的壁板下侧设高效排风口，上送下排使得气流由洁净区流向相对污染区。更外衣间为清洁区，采用顶送顶排的方式。

6. 消毒旁路

在送风静压箱与排风机组之间设置了熏蒸消毒旁路系统。实验室正常使用时，熏蒸消毒旁路风管两端阀门保持关闭状态；实验室、风管和高效过滤器需要消毒时，关闭送风机和排风机末端阀门，开启熏蒸消毒旁路风管两端阀门，熏蒸消毒用气体由排风机组提供动力经熏蒸消毒旁路实现在实验室内循环，从而达到将实验室、风管和高效过滤器彻底消毒的目的。

主实验舱通风原理、平面图见附图 2-14、附图 2-15。

辅舱通风原理、平面图见附图 2-16、附图 2-17。

2.3.4 水路系统

移动式生物安全三级实验室的水路系统具备清洁水存储、软水供给、热水供给、废水收集以及废水处理功能。

清洁水箱设计容量 1000L，配置供水泵及水位显示、水位报警装置。

软水由软水机输出，直接供给洗眼器、高压灭菌器、蒸汽发生器和空调加湿器使用。

淋浴间热水由热水器直接供应，水温可在室内的控制面板上进行调节。

实验室设备和淋浴间废水集中收集到废水箱内，当废水箱容积达到 90% 时，水位计自动触发电磁开关，启动真空泵，将废水通过管路抽至污水处理罐内。

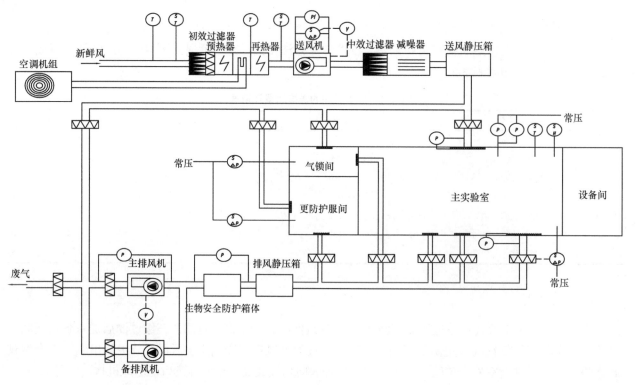

附图 2-14　主实验舱通风原理示意图

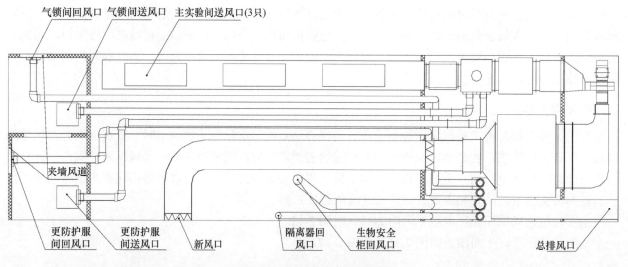

附图 2-15　主实验舱通风平面图

　　污水处理罐采用双层真空保温设计，配置蒸汽发生器，通过高温高压水蒸气对罐内的污水进行灭菌处理，污水处理后，在线检测，达标后可直接排放到舱外。

　　水路系统的主要设备均安装于水处理间，管路固定连接采用螺纹和快速接头方式，活动连接和软管采用快装接头，所有水路附件均采用不锈钢卫生级产品。主舱和辅舱间的水路软管外包电热丝保温层，以实现冬季防冻。

　　水处理设备平面图见附图 2-18。

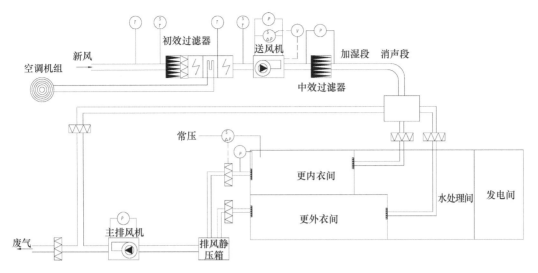

附图 2-16　辅舱通风原理图

Ⓥ风速传感器；Ⓟ压力传感器；Ⓣ温度传感器；⑤温球温度传感器；⑤压差传感器

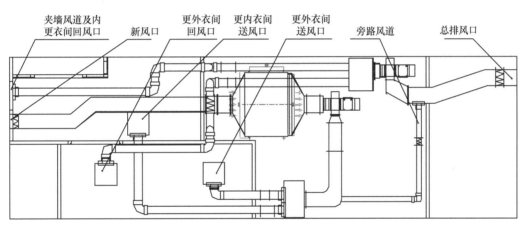

附图 2-17　辅舱通风平面图

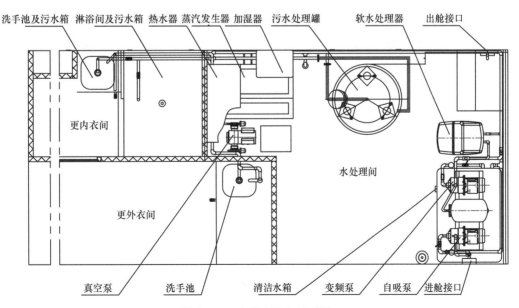

附图 2-18　水处理设备平面图

2.3.5 气路系统

移动式生物安全三级实验室的气路系统分为 CO_2 供给和压缩空气供给。

CO_2 气路系统由 CO_2 储气瓶（10L）、CO_2 专用减压阀、气压表、供气终端 CO_2 减压阀、空气过滤器、单向阀等构成，可直接向 CO_2 培养箱连续供应 CO_2 气体。

压缩空气系统主要由空压机、储气瓶、减压阀、电磁阀等组成，压缩空气主要为高压灭菌锅、充气膨胀门供气源。

2.3.6 电力供应系统

移动式生物安全三级实验室的配电系统可为所有功能单元提供电源保障。系统设计三种供电方式：64kW 发电机组、市电供电以及 UPS 供电。

市电和发电机组之间可自动切换，保证实验室供电可靠性。配备的 UPS 电源在紧急情况下可保障送风机、排风机、生物安全柜、照明、自控系统、监视及报警系统运行时间不低于 30min。

根据各设备用电量和电力分配的均衡性，电力供应系统共输出5路电源，其中双扉高压蒸汽灭菌器（功率30kW）和蒸汽发生器（功率54kW）单独供电，主舱、辅舱更衣区和辅舱水处理间设置配电柜，进行二次电力分配，为设备供电。电力分配图见附图2-19。

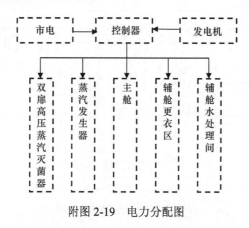

附图 2-19 电力分配图

移动式生物安全三级实验室设有独立的接地引入，在舱外通过截面为 $6mm^2$ 的橡套软电缆与接地桩连接在一起，接地桩的长度为 800mm，在工作时打入地下约 2/3，以保证整个系统接地电阻不大于 10Ω。在设置漏电保护时进行分级保护，设置总的漏电保护，照明和设备供电均分开设有漏电保护，保证系统工作的独立性。

2.3.7 自动控制系统

移动式生物安全三级实验室的控制系统设计采用分布式控制（DCS）方式，设计独立的门禁控制系统、通风控制系统、温湿度控制回路、送排风压力控制回路、火警系统及舱内对讲系统，各个系统完成独立控制功能，相互之间由流程协调控制，所有系统工作状态信号通过串行通信由上位计算机采集、监控及管理。

1. 门禁控制系统

门禁控制系统采用机械密码式门禁。防护区充气密闭门通过 PLC 控制电磁锁实现连锁控制。每扇密闭门的内外侧均设有操控面板，发出开门和关门请求信号。紧急情况下，所有门可无障碍通过。

2. 通风控制系统

实验室的通风控制系统分为正常、消毒以及安全三种工作模式。正常模式下送排风管路正常运行，实现空气净化和负压防护功能。消毒模式下新风电动密闭阀、排风电动密闭阀、备用排风电动密闭阀关闭，消毒旁路中电动消毒阀开启、安全柜密闭阀开启；空调机组停止运行，关闭送风机，排风机在设定的固定频率下运转，进行系统循环消毒。

安全模式下新风电动密闭阀、排风电动密闭阀打开，电动消毒阀、备用排风电动密闭阀关闭；只开启排风机定频运转，维持主实验间的负压值。

3. 送排风压力控制回路

送风定风量控制，排风变风量控制，送风控制选用变频器控制送风电机，选用差压传感器检测风机两端压力信号送入变频器，变频器具有内部 PI 控制器控制风机转速，达到定风量控制。

排风控制采用变频风机和变风量阀，差压传感器检测主实验室与大气压差信号，送入调节阀控制器，通过内部 PI 调节器产生调节信号调节阀门开度，调节阀高、低风量与安全柜连锁。当安全柜开启时调节阀处于高位，当安全柜关闭时调节阀处于低位。安全柜设置密闭阀，运行时开启，停止运行时阀门处于关闭状态。

4. 温湿度控制回路

空调系统通过调节空调室外机的制冷、制热量实现室内温度的控制。在主实验间安装温、湿度传感器，采集温湿度信号，将信号传给表冷（加热）空调处理段和再热器，进一步传给空调室外机，以调整 VRV 系统调节制热和制冷量，实现室内温度的控制。

温度控制系统与送风机运行连锁，只有在送风机运行时，加热器供电，停止加热器后，保证送风机延时运行 30s。

设置温度开关检测外界环境温度，当环境温度低于–10℃时开启 15kW 加热器，空调管路设置温度开关检测低温，进行防冻保护，关掉送风机转入安全模式。

室内湿度通过调节加湿器的加湿量实现。采集主实验间湿度传感器的湿度信号，根据该信号自动调节加湿量，使得室内湿度达到设计要求。

5. 系统状态和数据采集系统

系统状态和数据采集系统采用 DCS 结构，系统控制由检测仪表和 PLC 完成，所有仪表 PLC 配置 RS485 串行通信接口，工业控制计算机配 RS485 通信口，由双绞线把仪表、PLC 与计算机连接起来构成数据采集系统。

计算机有 3 个 RS232 串口，配置 RS232/RS485 转接头。通信线使用带屏蔽双绞线。

采集软件用组态软件设计，缩短开发周期，系统维护容易。软件包括：数据采集通信、检测流程画面、报表打印、趋势曲线设计、故障报警和故障查询、使用操作培训。软件构成见附图 2-20。

附图 2-20　软件构成

2.3.8　火灾检测系统

实验室安装火灾检测仪器，火灾检测符合 GB 50116—98《火灾自动报警系统设计规范》。火灾报警设 4 个感烟探测传感器，分别安装在主实验区、技术保障区、发电机舱和供水舱，当火灾发生时，报警器输出开关信号给门控 PLC 和主控 PLC。

2.3.9 内部通话和影像数据传输系统

使用内部通话网络每个终端可以对其他终端通话广播，但其他终端向主实验间通话时受控，主实验间可直接对外部进行广播。内部通话装置分别设在主实验间、技术保障间、更外衣间（监控间）、更内衣间及水处理间。

在主实验室、水处理间及空调设备间设置摄像头，视频信号经转接送入中控室及保障车显示；同时在主实验室工作台下方设有网络及传真接口，实验室实时工作数据可通过此接口向舱外输出。

2.4 系统展开与撤收

2.4.1 展开条件

1. 展开或作业场地

1）地面平坦坚实，平面度不大于 3%。有方便车辆进出的道路。
2）系统展开时，其场地面积不小于 150m²（15m 长×10m 宽）。
3）技术支援：作业现场附近应能提供清洁水源及柴油供应。

2. 装卸设备

方舱装卸采用其自身的升降机构，展开前应对各支腿展开固定，对自升降控制柜进行检查连接，保证其技术状况良好。

2.4.2 展开基准与程序

1. 规划并确定系统展开基准平面轮廓线

舱体摆放基准平面轮廓线如附图 2-21 所示。

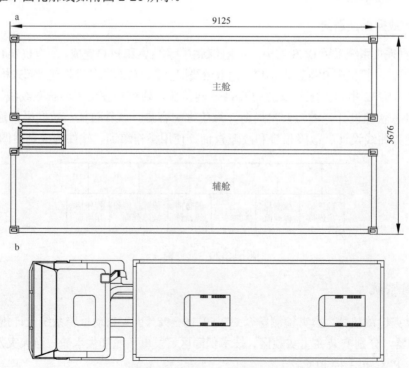

附图 2-21　主、辅舱连接示意图（a）和通信保障车示意图（b）

2. 系统展开程序

各单元方舱运输平台调整到位→各单元方舱落地→连接主舱与辅舱间通道→系统供水连接、气路连接、供电连接、信号电缆连接→清洁水箱加水→设备供电→系统运行。

2.4.3　装卸主舱和辅舱

1. 电动升降装卸方式（以第一代移动式生物安全三级实验室为例）

电动升降装置通过移动式控制台有线操作控制，并可满足手动应急使用，如附图 2-22 所示。

按系统展开基准平面轮廓线要求，装卸各舱体具体步骤如下。

1）方舱旋锁机构解锁。旋锁机构安装于运输平台对应方舱角件处。解锁是顺时针扳动角件锁把手，旋转 90º 使角件锁螺栓头部与角件孔平行，实现舱体与运输平台分离。

2）将支腿展开并固定各支腿，连接升降平台配电柜与伺服电机之间所有电缆。

附图 2-22　电动自装卸示意图

3）将垫木放置于支腿对应的地面位置。

4）打开升降平台配电柜总电源、DC24V 及伺服电机开关。

5）待伺服驱动器进入工作状态后按动支腿全选按钮，对应指示灯点亮后按动支腿升按钮。

6）当舱体脱离运输平台时，按动支腿收按钮使所有支腿停止动作。

7）运输平台移出后在对应舱体底部四个角件位置放置垫木，按动支腿收按钮。

8）当厢体底部的四个角件落至垫木后，按动支腿升按钮使支腿停止动作。

9）依次在主舱和辅舱对应轮廓线位置放置舱体，将中控舱停至轮廓线区域内。

2. 吊装方式

由于舱体较长、较高，且整舱重量达 8.5t，吊装时采用专用组合吊具扣于底架托盘的 8 只角件孔（其中 4 只自制），以降低吊钩高度和舱体变形。吊装形式如附图 2-23 所示。

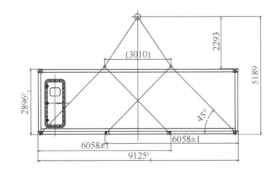

附图 2-23　箱体吊装形式

2.5 执行任务情况

第一代移动式生物安全三级实验室于2006年通过科技部和卫生部组织验收及第二代纳入国家公共卫生体系建设规划后，参加并圆满完成多起国家重大活动的技术保障和突发公共卫生事件的应急处置技术保障任务，具体如下。

1）2006年6月8～16日，圆满完成了上海合作组织峰会安全保障任务。

2）2007年6月，参加"奥安-07"演习技术保障任务。

3）2008年4月7～20日，参加海南"博鳌亚洲论坛"会议安全保障任务。

4）2008年6月20日至8月20日，参加秦皇岛奥运安保应急保障任务。

5）2010年5～10月，圆满完成了上海世博会的安全保障任务。

6）2010年，参与"尖兵2010"演习技术保障任务。

7）2010年，广州亚运会安全保障任务。

8）2011年7～8月，赴辽宁海城处置传染病疫情。

9）2012年7月，赴吉林白城处置传染病疫情。

10）2012年8月，赴辽宁辽中处置传染病疫情。

11）2013年，参与吉林省卫生防疫演习。

12）2014年9月至2015年3月，我国政府派出第一代移动式生物安全三级实验室，随国家CDC援助塞拉利昂移动实验室检测队遂行抗击Ebola应急检测任务。连续工作6个多月，实验室运行保障1200多小时，检测样本近5000份，其中阳性样本近1500份。

援助塞拉利昂移动实验室执行检测任务情况见附图2-24～附图2-26。

附图2-24　援助塞拉利昂移动实验室现场执行Ebola检测任务情况

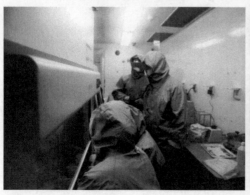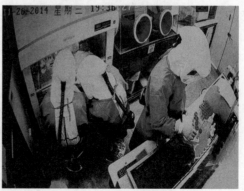

附图2-25　移动式生物安全三级实验室执行Ebola检测任务情况

附图 2-26　移动式生物安全三级实验室执行任务海运和空运情况

2.6　认证认可情况

　　第一代移动式生物安全三级实验室研制成功后，研制单位组织编写了移动式生物安全三级实验室管理体系文件，包括《生物安全管理手册》《生物安全程序文件》《实验室安全手册》《设施、设备标准操作规程》及《移动式生物安全三级实验室使用手册》等（附图 2-27），并于 2007 年 10 月通过中国合格评定国家认可委员会组织的示范认可，为 GB 27421—2015《移动式实验室　生物安全要求》的制订提供了依据。

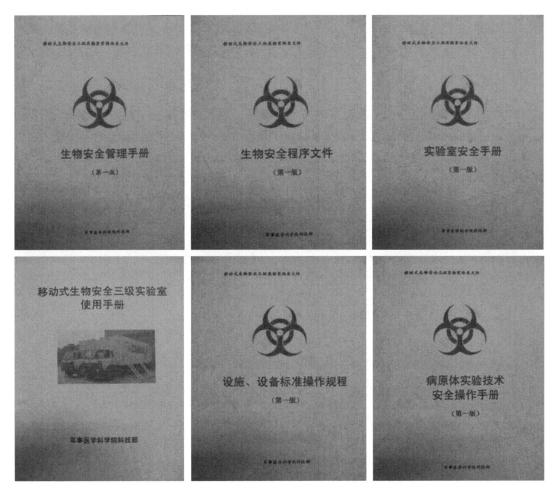

附图 2-27　移动式生物安全三级实验室管理体系文件

（**案例提供：**中国人民解放军军事科学院军事医学研究院　赵四清；
国家生物防护装备工程技术研究中心　祁建城　张宗兴）

3 中国疾控中心某生物安全三级实验室建设案例

3.1 项目概况

作为国家生物安全体系建设的重要组成部分，中国疾控中心某生物安全三级实验室于 2012 年竣工验收，2013 年通过国家认可委认可和国家卫计委实验活动资格评审投入使用。

该实验室由实验区、中控室、空调机房、UPS 机房等组成。其中，实验区面积约 120m²。该实验室建成投入使用，为国家新发突发传染病疫情的快速检测和诊断做出重要贡献。

3.2 平面布局及工艺流程

3.2.1 平面布局

该项目 BSL-3 实验室由主实验室（核心区）、缓冲间 1、后更衣间、淋浴间、前更衣间、外更衣间及缓冲间 2 组成。其中，缓冲间 1 设有安全逃生门，发生紧急情况时人员可击碎安全逃生门紧急撤离。缓冲间 2 设有双扉高压灭菌器，可处理实验操作所产生的固体废弃物和少量实验室消毒灭菌。实验操作主要在核心区完成，核心区内主要设备有生物安全柜、低温冰箱、离心机、培养箱、显微镜等。

3.2.2 工艺流程

各房间绝对压差主实验室最高，从缓冲间（半污染区）到前更衣间绝对压差逐渐减小，外更衣间为微正压。一方面可以保证各相邻房间之间形成有序的压差梯度，形成气流由清洁区向污染区定向流动，保证污染的气溶胶经具有原位消毒、检漏功能的高效过滤器过滤后排出室外，从而保护外部环境；另一方面保证 BSL-3 实验室整体洁净度。

人流、物流流向（附图 2-28）分开，避免交叉感染，确保实验室生物安全。人员进入流向：外更衣间—前更衣间—淋浴间—后更衣间—缓冲间—BSL-3 实验室核心区；人员退出流向与进入流向相反。

物流进入流向：缓冲间 1 传递窗—缓冲间 1—核心区。

物流退出流向：核心区—缓冲间 2—双扉高压灭菌器。

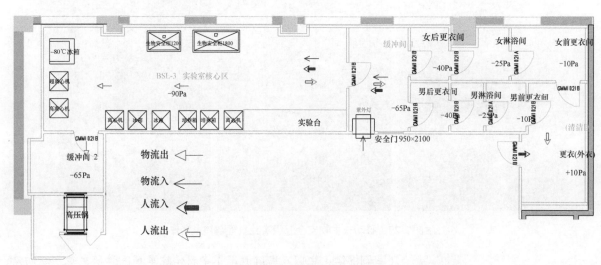

附图 2-28 BSL-3 实验室平面布局、压差分布及定向流流向

3.3 各专业情况

3.3.1 建筑结构

该 BSL-3 实验室的房间洁净度不小于 8 级，核心区洁净度为 7 级。为了保证各房间围护结构的严密性及实验室洁净度，围护结构墙面采用 100mm 厚双面镁质彩钢复合板，耐火极限不小于 1h；顶面采用 60mm 厚双面镁质彩钢复合板，平均承载力不小于 150kg/m²，耐火极限不小于 1h。彩钢板隔墙内衬镁质板厚度为 12mm，顶板内衬玻镁板厚度为 5mm。实验室地面采用 2mm 厚橡胶卷材。实验室密封均采用专用密封胶和气密性密封件。

前更衣室和淋浴间之间设置机械压紧式四边框密闭门，门框和门板均采用优质 304 不锈钢，保证围护结构的严密性。紧急逃生安全门为双层 5mm 厚钢化玻璃门，门旁设击碎小锤。

3.3.2 暖通空调

该实验室设有一套全新风直流式空调系统，室外新风经新风机组的热湿处理和净化处理后经送风管送至各房间。房间温度为 18～26℃，湿度为 30%～70%。噪声小于 65dB。实验室冷媒来自园区制冷机房 7～12℃冷水，热媒来自园区锅炉房换热站 50～60℃热水。各房间压差如附图 2-28 所示，压差梯度由前更衣室向核心工作间做稳定的定向流动。房间送排风方式为上送上排，房间排风设有原位消毒检漏功能的排风高效过滤装置。

为了满足上述房间参数要求，BSL-3 实验室暖通自控原理图如附图 2-29 所示，该系统由新风机组、排风机、送排风管道上密闭阀、变风量阀、定风量阀及压差传感器、风速传感器、温湿度传感器等组成。生物安全柜排风设有定风量阀，主实验室送排风支管设有变风量阀及电动气密阀；缓冲间送排风管道设有定风量阀。各房间送排风管设有电动气密阀。新风机组由风机段、冷热水段、加湿段、电加热段组成，且送风机为变频风机，送风机组内含有初效过滤器、中效过滤器、送风末端有高效过滤器。排风机也为变频控制且一用一备。排风管道采用不锈钢风管，氩弧焊接。

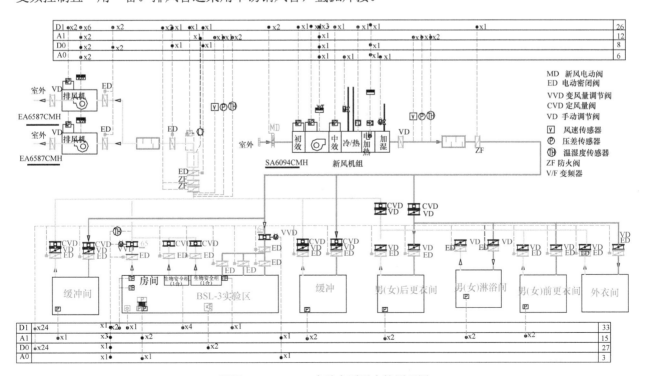

附图 2-29　BSL-3 实验室暖通自控原理图

因为 BSL-3 实验室要求系统启停和工况切换以及实验过程中都不允许出现正压或超大负压情况，所以系统启动过程中要求排风系统先开，送风系统有一定延时再开；关机时顺序相反，要求送风系统先关，排风系统延时再关。开关机阶段，压差不允许超过限定值，否则系统关闭并报警。两台排风机互为热备，运行过程中当一台发生故障时报警并关闭相应阀门，另外一台排风机对应阀门打开，由低频升至高频运行。

因该实验室内含有两台生物安全柜，生物安全柜使用时要求系统送、排风量相应增加，此时安全柜排风管道上密闭阀相应开启，同时增加送、排风量满足实验室压差稳定要求。当各房间压差稳定后，再根据需要启闭另外一台安全柜。实验完毕后，关闭安全柜，系统相应减少送、排风量，同时该密闭阀相应关闭。暖通空调自控系统可监测、显示和记录各空调机组及设备的运行状态与运行参数，还能根据需要和管理权限设定，改变空调机组和各房间的设定参数，包括温湿度、压差等。空调系统还可根据房间的温湿度对冷热水系统进行调节，或根据室外温湿度对送风参数进行调节。

3.3.3 电气自控

1. 电气

该实验室用电为一级负荷，采用双路供电，并配有 UPS 不间断供电，满足断电情况下，房间压差梯度和定向流及消防、实验室报警功能至少 30min 以上。另外，实验室还配有柴油发电机，保证供电需要。实验室各房间照明满足 300lx 以上。

2. 实验室自控系统

采用以工业组态软件和可编程控制器为核心的生物安全三级实验室自动化监控系统，对实验室进行自动控制和远程监视。方法：针对生物安全三级实验室特有的各房间稳定负压需求、不同区域负压梯度和定向流的特点，以及系统启停和不同工况切换过程中需满足工艺要求的特性，系统采取风量调节和压差调节相结合的方式，根据安全柜运行台数控制送风变风量阀，根据总送、排风管道上压力调节变频器频率及房间压差控制排风变风量阀。结论：该系统采用组态软件和 PLC 来完成实时数据采集与自动控制，系统运行稳定、可靠。

（1）系统工艺要求分析

在 BSL-3 实验室系统启停和工况切换过程中，要求对控制元素进行严格的逻辑启停控制，系统启动过程中要求排风系统先开，送风系统延时再开；系统关闭过程中要求送风系统先关，排风系统延时再关。工况切换过程中，也相应要求执行对应开关顺序保证实验室内不出现正压和较大负压。

（2）监控系统方案

该系统采用分布式控制结构，由上位机和下位机及现场设备构成。系统上位机采用组态软件开发监控界面，能够完成远程开关机、参数设定、报警记录、趋势分析等管理任务；作为该监控系统的下位机使用，西门子 S7-300 PLC 和智能检测传感器及执行结构，完成实时数据采集、分析判断、发出指令和自动控制；下位机可以不依赖于上位机而独立工作，充分体现了"集中管理、分散控制"的监控策略。ProfiBus 总线的应用提高了数据传输的稳定性和速率。BSL-3 监控系统结构如附图 2-30 所示。

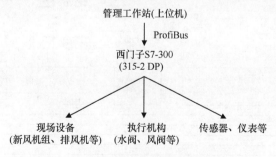

附图 2-30　BSL-3 实验室监控系统拓扑图

除正常运行工况外，系统还设置了消毒模式。当实验室需要进行终末消毒时，实验室控制系统关闭，所有密闭阀打开，房间进入消毒模式。

3. 实验室闭路监控系统

在各实验室核心区设有 360º可旋转彩色摄像机，监控实验室实验活动开展及设备工作状态。视频信号通过同轴电缆传输到监控室。监控设备通过 UPS 不间断供电。视频录像通过硬盘录像机保存 30 天以上，且具有回放、刻录等功能。该系统自成体系，可独立运行。

4. 门禁系统

门禁采用以色列 DDS AMADEUS5 管理系统，在实验室主入口选用读卡器，授权刷卡进入；在实验室内部通过出门按钮进出；紧急情况下，可解除所有门锁快速离开实验室。门禁系统由门禁管理工作站、门禁控制器、门禁连锁控制器和输入输出设备等组成。门禁管理工作站通过 RS485 总线控制管理门禁控制器。

5. 对讲系统

该实验室核心区可与中控室进行无接触式对讲，中控室也可与核心区进行通话，通话可通过 VR 录音。

3.3.4 给排水

1. 实验废水

该实验室实验废水经 316L 不锈钢专用管道收集后流入楼内专用污水处理设备，经高温高压灭菌后排入园区污水处理站，进行再处理。废水管道设有止回阀、存水弯等装置。

2. 纯水

根据双扉高压灭菌器使用需求，系统设置纯水系统，纯水电导率满足相关要求。

3.4 运行维护

该实验室管理工作由所在单位的实验室管理办公室承担，负责对新进实验室人员上岗培训、定期组织实验室人员培训和考核、对实验室安全及质量监督检查、实验申请等日常管理工作。

生物安全三级实验室的运行维护主要包括实验室暖通空调、自控系统、水电气及污水处理等系统的检修，以及生物安全柜、高压灭菌器、生物安全型空气过滤装置等设备的检测。实验室暖通空调、水电气由第三方机构进行日常维护或维修，实验室设施设备通常 1 年左右对设备进行年检，根据国家有关标准或行业标准检测，主要是常规参数检测、初中高效过滤器的更换、日常维护、零部件更换等，主要由设备生产厂家或第三方检测机构负责。

实验室废物处理通过单位招标确定的垃圾回收公司进行专门处理，从实验室送出的医疗垃圾经过高压灭菌器消毒后由第三方机构集中处理，每天收运，实验室产生的普通生活垃圾存放于单位集中的垃圾站，统一处理。

实验室废水废液先经由专业设备进行消毒处理，再排放市政管网。设备的维修维保、检测通常由设备生产厂家负责。

3.5 经验与总结

在实验室建设前预先考察实验室周边环境（包括水、电、空气等）及建筑分布，做好详细的规划与布局设计，对单位开展实验室活动的能力准确定位，合理利用实验室资源，为实验室十年乃至今后的发展预留出空间。

对于实验室设备的选择与购买，前期可对多种产品对比了解，对设备的功能定位和技术参数清晰明确，评估好预算及后期的运行维护费用，将设备的应用条件及摆放要求与实验室规划紧密结合，做好前期准备工作。

确定实验人员和实验管理人员的数量，界定职能与职责，考虑人员专业、学历、工作能力的分布，制订人员培训计划。

实验室的建设与运行管理工作不单单是一个部门能够完成的，因此与其他部门的沟通协作尤为重要，协调好各部门的职责，对于可能出现的问题提前做好应对计划，出现问题后做好处理措施。

（案例提供：中国疾病预防控制中心　赵赤鸿　李思思）

4　援建哈萨克斯坦塞弗林农业大学中哈农业科学联合实验室

4.1　建设背景

2013 年"新丝绸之路经济带"和"21 世纪海上丝绸之路"的战略构想得以提出。哈萨克斯坦地处亚欧大陆接合部，是贯通亚欧大陆及附近海洋的枢纽，也是中国通往欧洲最快捷的陆上通道。

哈萨克斯坦新首都阿斯塔纳没有高等级生物安全实验室。一带一路沿线应该具备一座可为科研、检测服务的高等级实验室。中国科技部以共商、共建、共享为原则，援助哈方建设高等级生物安全实验室。

中国科技部副部长亲自到哈萨克斯坦视察并安排实验室的援建工作，并由中国农业科学院哈尔滨兽医研究所具体实施建设工作。

2014 年 7 月 15 日签署《中国农业科学院、新疆农业大学和哈萨克斯坦塞弗林农业大学关于建立联合实验室、促进农业科技创新合作谅解备忘录》。

2014 年 12 月 10 日，由中国农业科学院哈尔滨兽医研究所、新疆农业大学、哈萨克斯坦塞弗林农业大学三方根据中华人民共和国科学技术部援外项目"中哈农业科学联合实验室及教育示范基地"的规定内容和《中国农业科学院、新疆农业大学和哈萨克斯坦塞弗林农业大学关于建立联合实验室、促进农业科技创新合作谅解备忘录》联合签署《关于建设哈萨克斯坦生物安全实验室的协议》（附图 2-31，附图 2-32）。

附图 2-31　中国农业科学院哈尔滨兽医研究所所长步志高等中方工作人员与哈萨克斯坦塞弗林
农业技术大学校长等哈方工作人员商谈《关于建设哈萨克斯坦生物安全实验室的协议》

附图 2-32 《关于建设哈萨克斯坦生物安全实验室的协议》签署后中哈双方工作人员合影

实验室用于中国农业科学院哈尔滨兽医研究所和塞弗林农业技术大学开展口蹄疫、小反刍兽疫、布鲁氏菌病、马鼻疽等重要动物疫病和人兽共患病防控合作研究。

4.2　项目概况

1. 时间节点

2014 年初酝酿援建事宜，2014 年 9 月勘察现场，10 月项目进入实际操作阶段。

2015～2016 年，受哈方政策、关税等多方因素影响，处于准备、协调阶段。

2017 年 3 月与哈方签署备忘录，6 月施工人员到达现场，11 月完成建设任务。

2018 年 1 月，由中方领导、中方施工单位、哈方领导及实验室使用方进行国际验收。

2. 地点

哈萨克斯坦塞弗林农业技术大学（哈萨克斯坦阿斯塔纳市胜利路 62 号）见附图 2-33。

附图 2-33　哈萨克斯坦塞弗林农业技术大学

3. 面积

总计 310m², 其中防护区 50m², 非防护区 110m², 室外机房、办公室、备品库共 40m², 配套辅助实验室 110m²。

4. 建设依据

采用中国生物安全三级实验室及相关标准: GB 50346—2011《生物安全实验室建筑技术规范》、GB 50073—2001《洁净厂房设计规范》、GB 19489—2008《实验室　生物安全通用要求》、《病原微生物实验室生物安全管理条例》、《病原微生物实验室生物安全环境管理办法》。

5. 组织实施单位

由中国农业科学院哈尔滨兽医研究所成立项目组, 负责组织设计、招标、建设、工程质量管理; 由哈萨克斯坦塞弗林农业技术大学负责后勤保障、协调。

4.3 平面工艺

1. 平面图

实验室工艺平面图见附图 2-34。

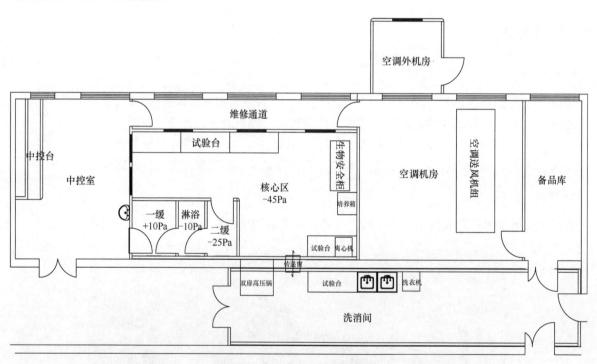

附图 2-34　实验室工艺平面图

防护区: 淋浴间、二缓、核心区。
辅助区: 一缓、中控室、洗消间、空调机房、备品库、空调外机房。
辅助实验室: BSL-2 及普通实验室。

2. 人流物流路线图

实验室人流物流路线图见附图 2-35。

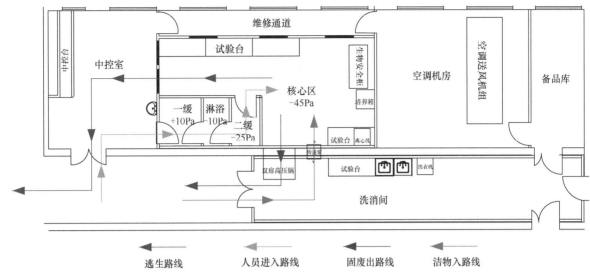

附图 2-35　实验室人流物流路线图

3. 三废处理

废气：废气的排放经过高效过滤器过滤，采用中国具有自主知识产权的可原位消毒检漏的高效过滤器，确保排向大气的气体是安全的。

废液：本实验室是按 GB 19489—2008 中 4.4.2 的生物安全三级实验室防护水平设计建造的，即可有效利用安全隔离装置（如生物安全柜）操作常规量经空气传播致病性生物因子的实验室，淋浴废水可直接向市政排放；洗手器、洗眼器的废液收集后经双扉高压锅灭活后再做安全处理。

固体废弃物：双扉高压灭菌器的投放侧直接与核心区相连，实验所产生的固体废弃物经过灭菌后从洗消间侧取出，以医疗废弃物的处理方式做安全处理。

4.4　各专业情况

4.4.1　围护结构

选用的彩钢板墙体表面光滑平整，手工制作，钢板厚度 0.5mm，颜色为灰白色。所有板材按编号排序生产，安装时按编号逐块组配。墙体厚度为 100mm，墙板间缝隙用硅胶密封。双面墙重量约为 35kg/m²。弯曲性能：2.6m 高的墙板两侧压差为 70Pa 时，弯曲程度小于 0.3mm/m。

地面采用 PVC 卷材，返边圆弧上墙工艺，所有接缝做焊接处理，易于清洁、消毒及不易藏污纳垢（附图 2-36）。

附图 2-36　实验室核心区

4.4.2 通风空调

全新风全排风气流组织形式，气体经过初、中、高效三级过滤后送入室内。室内形成由洁净区向污染区流动的单向气流，送排风为顶送顶排的布置方式。因为空调机房紧邻核心区，所以对噪声做了专项处理。核心区洁净度为 7 级，排风经高效过滤器过滤后再排向大气。排风采用两台风机互为备用的方式，确保一台故障后另一台启用，保证实验室安全运行。

负压梯度设计：一缓、淋浴、二缓、核心区分别形成+10Pa、−10Pa、−25Pa、−45Pa 压力梯度。

通风管道采用 304 不锈钢满焊工艺，确保气体不发生泄漏，并具有耐久性。

4.4.3 强弱电

由校方提供一条 315A 专用电缆，供整套实验室使用。另配 UPS 电源对照明、生物安全柜、自控、风机等重要设备供电，供电时间大于 30min，保证断电后可对实验活动做安全处理后撤出实验室。

照明：吸顶式照明灯具，均匀布置，核心区照度>350lx，其他区域照度>200lx。

监控：核心区安装快球云台式摄像头和固定式高清摄像头各一台，中控室、洗消间、备品库各安装一台定焦摄像头，可实时对实验状态及安全进行管理。大于一个月的存储期，为可溯性提供保障。

对讲：中控室的主机与核心区、二缓、空调机房、备品库之间进行对讲，方便沟通。

报警：温湿度超限报警、室内压差报警、过滤器阻值报警等，均在自控上设定了上下限，超限后即报警，提示处理并保证实验安全。

门禁：集散式的控制系统，每个控制模块具有完全智能的特性，在工作状态时，不需要与第三方通信，即使在通信中断时，也可以独立判断或处理发生的事件。在通信异常、个别控制器被破坏等情况发生时，不会影响整个系统的正常工作。一缓、淋浴、二缓之间设置门禁互锁装置，满足缓冲间的互锁功能及缓冲时效，并可有效控制压差梯度。

4.4.4 自控

DDC 控制系统，对空调运行的温湿度、压差、风量、风机变频、变风量阀门、过滤器阻值、断电切换、风机故障切换等进行逻辑控制，保障实验室内的负压梯度、供电安全等。

4.4.5 给排水

给水采用 304 不锈钢洁净管，满焊连接，为淋浴间、洗消间供水，洗消间内给清洗池、双扉高压灭菌器、洗衣机供水，用水量不大，常规供水压力及供水量即可满足需求。给水主管安装止回阀防止倒流。

排水采用 316L 不锈钢管，DN100 排水主管，排向校内污水处理系统。

4.5 运行维护

4.5.1 培养专业人员

施工期间对哈萨克斯坦校方提出要求，安排一名对机械、电气等有专业经验的人全程跟随，边施工边学习。中方工程师对哈方进行了全方位的过程培训和竣工后的使用培训，为日后运行维护提供了保障（附图 2-37）。

4.5.2 远程指导

在运行过程中，有哈方处理不了的问题，进行远程视频、文字等技术指导，并提供一些元器件等。

附图 2-37　哈方培训实验室维护人员

4.6　难点分析

4.6.1　执行标准

哈萨克斯坦没有相关标准，只能依照中方标准，受文化、国情的影响，从理解条款上有不便之处。

4.6.2　翻译沟通

哈萨克斯坦官方语言非英语，对援建物资要求全部翻译成哈萨克文，受专业性影响，有些物资很难准确翻译，并有哈方认为的敏感设备都须做多次明确的解释，也给整体进度增加了很大的难度。

4.6.3　材料采购与运输

因为是援建，所以要求材料基本国产化，包括螺丝钉等小材料都需考虑周全，上千种的材料设备逐一都要计划全面、足量，防止对现场施工造成断档影响。若出现计划不周、数量不够，再次运输到哈萨克斯坦，更会延长整体施工进度。因此计划、通关手续、保密内容等方面都面临极大的挑战，要求中方施工单位必须细致、充分地做好每个环节的工作。

4.7　支持与协调配合

此实验室的成功落成得到了各方的支持与配合：中华人民共和国科学技术部的立项支持；中国农业科学院的协调指导；中国农业科学院哈尔滨兽医研究所的具体实施；中华人民共和国驻哈萨克斯坦大使馆大使派三等秘书全程跟踪此项目；哈萨克斯坦政府的支持；哈萨克斯坦塞弗林农业技术大学的积极配合；北京克力爱尔生物实验室工程有限公司的设计与施工。

4.8　里程碑

中哈农业科学联合实验室（生物安全三级）的落成，是见证中哈友谊新的里程碑，是两国间加强一带一路合作的媒介，是两国间以共商、共建、共享为原则的真实体现。

（案例提供：中国农业科学院哈尔滨兽医研究所　吴东来　王　栋）

附　录　3

1　国家动物疫病防控高级别生物安全实验室案例

1.1　工程概况

国家动物疫病防控高级别生物安全实验室坐落于黑龙江省哈尔滨市香坊区哈平路 678 号中国农业科学院哈尔滨兽医研究所内。实验室总建筑面积 17 464m²，其中生物安全实验楼 15 480m²，局部六层结构，地下局部两层，地上局部四层，配有四个配套单体，热交换站 443m²，变电所 598m²；动力站 694m²；污水处理站 1290m²，共有实验仪器设备 1200 台（套），总投资 38 157 万元。结构设计使用年限 100 年，抗震设防烈度 7 度；防火设计分类为多层建筑，耐火等级为一级；防水设计等级为一级。

1.2　平面布局

依据 GB 19489—2008《实验室 生物安全通用要求》要求，实验室应建造在独立的建筑物内或建筑物中独立的隔离区域内，本实验室经过多方比选，最终建于中国农业科学院哈尔滨兽医研究所西侧（附图 3-1）。

附图 3-1　国家动物疫病防控高级别生物安全实验室外观

1.2.1　建筑剖面

生物安全实验楼为地下二层，地上四层。地下二层为实验室污水处理设备层，地下一层为实验室污水管道层，地上一层东侧为办公区，中间为生物安全高等级实验区，西侧为实验辅助区。地上二层布置有高效过滤器单元、送排风管道、化学淋浴加药设备等，局部三层为实验室空调设备层，局部四层为生命支持系统设备层（附图 3-2）。

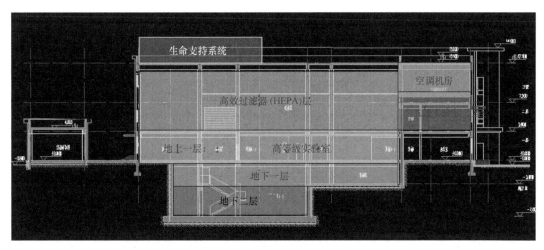

附图 3-2　剖面结构图

1.2.2　工艺平面

生物安全实验室楼主体建筑中生物安全高等级实验室大约 4000m²，生物安全二级实验室大约 1000m²。

高等级实验室防护区内核心工作间的气压（负压）与室外大气压的压差值应不小于 60Pa，与相邻区域的压差（负压）应不小于 25Pa；动物饲养间的气压（负压）与室外大气压的压差应不小于 100Pa，与相邻区域的压差（负压）应不小于 25Pa，防护区内静态洁净度不低于 8 级。以某间实验室为例，实验人员进入流线、实验室人员紧急撤离流线、实验废弃物流线、实验物资流线、实验动物进入流线如附图 3-3 所示。

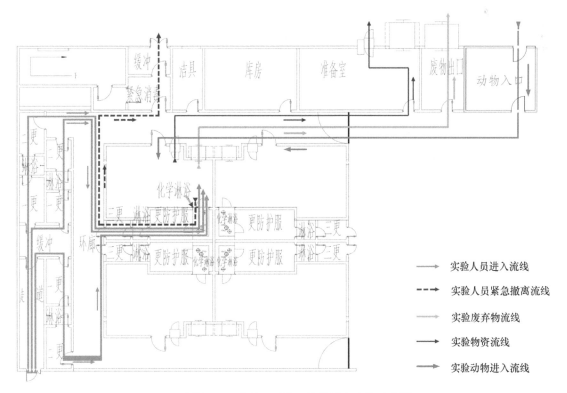

附图 3-3　人员、动物、物品进出流线示意图

1.3 各专业情况

1.3.1 装饰装修

实验室区域地面全部采用 6mm 聚氨酯地面面层，聚氨酯地坪成型效果见附图 3-4。为保证实验室房间易于清洁，所有房间四周及走廊均采用半径 $R=30mm$ 的圆弧角聚氨酯踢脚线。聚氨酯地坪硬度高，柔韧性和耐摩擦性能高，核心区地面所有阴角均为 45 度圆弧角，表面光滑不集聚灰尘、细菌，易清洗，杜绝了有害细菌、病毒的隐藏。彩色聚氨酯主要应用于墙面及顶棚的喷涂。墙面及顶棚成型效果图如附图 3-5 所示。

附图 3-4　聚氨酯地坪成型效果图

附图 3-5　墙面及顶棚成型效果图

1.3.2 通风空调

本项目采用全新风系统形式，送、排风机均为一用一备，采用变频控制。空气通过设置在送风口位置上的初、中、亚高效三级过滤，再经过袋进袋出高效过滤装置处理后，将室外新风送入核心实验室内；实验室内排风经过高效过滤器处理后，再进入空调机组排风管道，经过亚高效空气过滤后排放。在冬季和夏季，通过冷热盘管来调节室内温度。实验室内的湿度，通过蒸汽加湿和电加热除湿的方式进行调节。

送排风管段均设有热回收盘管段，用于回收热量，节约能耗，如附图 3-6 所示。

送风采用单级高效空气过滤器过滤，排风采用双级高效空气过滤器过滤，高效空气过滤器对 0.3μm 以上粒径粒子的过滤效率大于 99.99%。

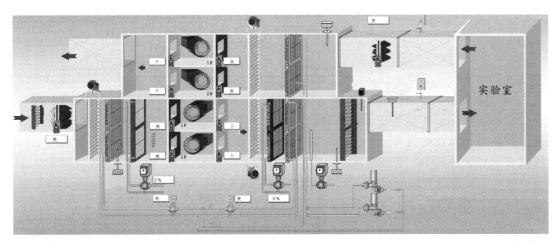

附图 3-6　空调机组功能简图

1.3.3　给水排水

1. 给水

生物安全实验室根据实验工艺的要求一般分为防护区和辅助工作区，进入防护区的给水管道应设置独立的给水系统。辅助工作区用水，一般包括生活用水和清洗用水，所有实验器材（如玻璃器皿等）在使用前，均需在洗消间完成清洗和灭菌。来自防护区的需重复使用的实验器材，在离开防护区之前，必须在防护区内完成相应消毒处理，再送到洗消间进行清洗灭菌。本实验室热水通过板式换热器进行加热，24 小时循环供应。

本实验室防护区给水流程如附图 3-7 所示，由室外给水经软水器处理后进断流水箱（给水管应与断流水箱非连接供水），再经紫外线杀菌器消毒，由水泵变频加压供至各用水点。

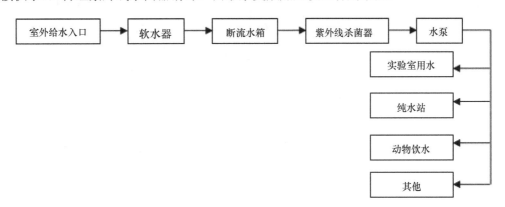

附图 3-7　实验室防护区给水流程图

2. 排水

实验室核心区内排水包括有致病菌的培养物、料液和洗涤水、化学淋浴排水及实验动物排的尿、粪、解剖废液等，废水经专用管道集中排入专用活毒废水处理设备进行灭菌处理，处理工艺流程见附图 3-8。

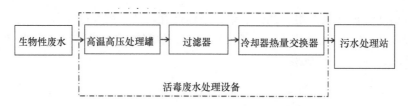

附图 3-8　活毒废水处理工艺流程

生物性废水经专用管道集中排入活毒废水处理设备，处理罐使用最高 150℃的温度（可调节）在压力下加热 1h（可调节），以摧毁生物污染。在处理周期结束时，从处理罐中排出的净化污水被导流通过一个过滤器，采用后冷却器热量交换后以不高于 60℃的温度流入污水排放接口，排入区内污水处理站。活毒废水处理设备包含三个 3500L 容量的处理罐、过滤器和一个后冷却器模块（附图 3-9）。生物性废水被引导进入其中一个处理罐中，当运行中的处理罐装满后，即自动关闭并对流入的生物性废水进行处理，该处理罐处理废水时，新产生的生物性废水被导流到下一个可用的处理罐，从而实现了备用能力。

附图 3-9　活毒废水处理设备

本实验室生活区排水经排水管道收集排入污水处理站，污水处理站采用气浮法+A/O 法+ClO$_2$ 消毒的处理工艺，经过处理达标后排放。具体工艺流程见附图 3-10。本实验室排水管道采用明管敷设，选加厚 316L 不锈钢等耐腐蚀材料，可在焊口处进行探伤检测，使用中要谨防泄漏，避免造成污染。

附图 3-10　污水处理工艺流程

1.3.4　电气自控

本项目空调自控系统可保证各房间之间气流方向的正确性及压差的稳定性，且具有压力梯度、温湿度、连锁控制、报警等参数的历史数据存储显示功能，自控系统控制箱设于防护区外，监控房间压力、送排风量、风道压力、房间温湿度、风道温湿度、过滤网压差等，并且能够在控制系统操作界面上显示。各实验室外和核心实验室内应配有用于显示房间详细信息的显示屏，以便在实验室内外随时看到如房间压力、送排风量、房间温湿度、门状态等信息。

1. 压力梯度

实验室由核心实验室、化学淋浴、更防护服、淋浴间、三更组成，压力梯度从三更向核心实验室依次增高（附图 3-11），更防护服与淋浴间相连通，三更与环廊相连通。除设立缓冲间外，主要依靠实验室压力梯度保证实验室人员以及外围环境的安全。

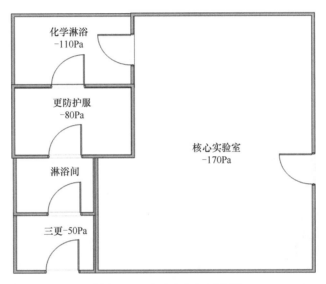

附图 3-11 实验室房间压力图

实验室的压力梯度控制是靠风阀调节后送排风的余风量实现的。根据现有 HVAC 设计，房间末端风量控制可采用"变送定排"方案。该模式房间送风量可变，通过房间送风主管上的变风量阀（VAV）进行控制；房间排风量恒定，房间排风主管设置定风量阀（CAV）。在核心工作间设压力传感器，根据房间压力传感器调节房间送风主管上变风量阀，通过调节房间送风量来稳定房间压力波动。

2. 温湿度控制

为了满足全年性空调系统的温度需要，本项目空调机组采用四管制。实际运行中，冬天供热水，夏天供冷水，机组设置为<单冷水模式>和<单热水模式>；<单冷水模式>在夏天应用，冷水管通冷冻水，热水管无热水；<单热水模式>在冬天应用，热水管通热水，冷水管无冷水；此种设置能够避免因超调引起的实验室温湿度不稳，并且可节省投资费用，减少维修量。而在春秋天气，则采用<单冷水模式>和<单热水模式>同时启用或不启用，机组则按四管制运行调节。四管制接空调机组方式如附图3-12 所示。

在湿度控制方面，通过送风湿度设定值与送风湿度传感器实测值的比较，来控制蒸汽加湿阀和冷水阀的开度。当送风湿度低于设定值时，冷水阀开始关闭，若冷水阀已完全关闭而送风湿度仍低于设定值，则蒸汽加湿阀开始开启，直至送风湿度满足设定值；当送风湿度高于设定值时，蒸汽加湿阀开始关闭，若蒸汽加湿阀已完全关闭而送风湿度仍高于设定值，则冷水阀开始开启，直至送风湿度满足设定值。

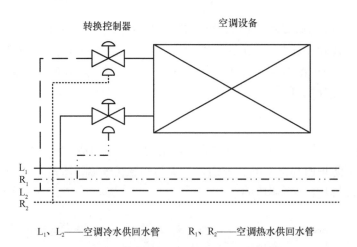

L₁、L₂——空调冷水供回水管   R₁、R₂——空调热水供回水管

附图 3-12　四管制接空调机组方式示意图

3. 监控系统

本项目在生物安全楼的主入口、各实验区入口、环廊、走廊、生物安全实验室、电梯轿厢、室外等处设有摄像机进行监控及记录，如附图 3-13 所示。生物安全实验室室内及室外选用彩色球形一体化摄像机，动物实验室除室内屋顶设置一个彩色球形一体化摄像机进行总体监视外，在动物围栏处也设置彩色固定式摄像机。视频安防监控系统应采用 UPS 集中供电方式为系统设备供电。

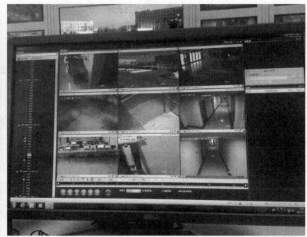

附图 3-13　监控系统

4. 报警系统

实验室自动控制系统可以对所有故障和控制指标进行报警。报警分为紧急报警和一般报警。紧急报警应为声光同时报警，可以向实验室内外人员及中央控制室人员同时发出紧急报警。一般报警应为显示报警，可在中央控制室提示自控人员进行相关处理。

一级报警主要为核心实验室内梯度异常、空调风机故障切换、UPS 蓄电池启动报警等。二级报警主要为房间负压异常波动、实验室温湿度异常、风机启动异常、风机防冻报警等。

1.3.5　消防设计

本实验室防火设计分类为多层建筑，耐火等级为一级，实验室灭火器的设置按中华人民共和国国家标准《建筑火火器配置设计规范》中的规定，选用可供 A、B、C 三类火灾灭火用的磷酸铵盐干粉灭火器（MF/ABC5 类）进行配置。

1.3.6　节能设计

1. 乙二醇热回收

为减少能耗，在空调机组内设置热回收段即乙二醇热回收系统，可对室外新风预冷或预热。乙二醇回收系统冬天可以预先对新风进行升温，对热水盘管起到保护作用。北方四季分明，温差变化很大，设置为当室外温度低于<冬季启动温度>或高于<夏季启动温度>，乙二醇热回收系统启动。此时，乙二醇泵启动，新风乙二醇水阀打开；乙二醇热回收系统原理图如附图 3-14 所示。

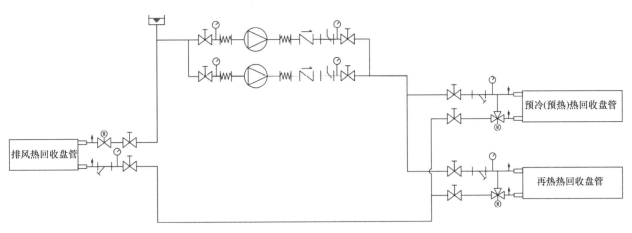

附图 3-14　乙二醇热回收系统原理图

2. 外墙保温

本实验室地下外墙立面采用 60mm 厚挤塑聚苯板保温层，外墙外保温及地面保温采用 80mm 厚挤塑聚苯板保温层，屋面采用 100mm 厚无机保温砂浆。

1.3.7　抗震设计

实验室采用平板筏基、条形基础。地下一层为钢筋混凝土外墙。混凝土强度垫层为 C15，地下室底板、外墙为 C35S8。一层实验室核心区域的围护结构形式为钢筋混凝土框架结构，外墙及内隔墙采用 200mm 厚 A3.5 蒸压加气混凝土砌块。为满足实验室的抗震要求，在钢筋混凝土墙体与混凝土框架结构之间设计了宽 50mm 的变形缝，变形缝表面用 300mm 宽不锈钢板与预埋钢件通过氩弧焊接进行了密闭处理，预埋钢件间用宽 50mm 的酚醛板进行填充，变形缝施工示意图及变形缝处模板示意图见附图 3-15、附图 3-16。

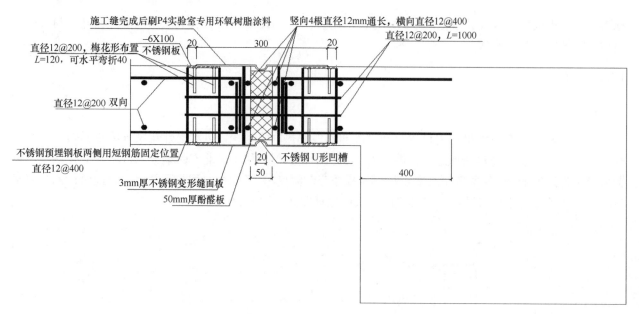

附图 3-15 变形缝施工示意图

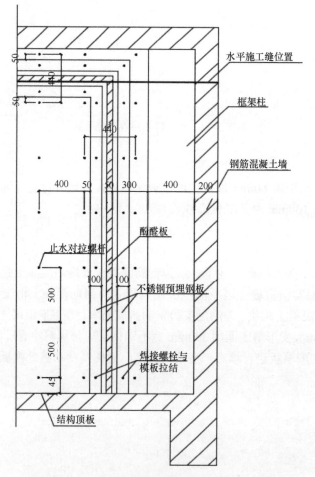

附图 3-16 变形缝处模板示意图（单位：mm）

（案例提供：中国农业科学院哈尔滨兽医研究所 吴东来 王 栋）

2 武汉某高等级生物安全实验室

2.1 实验室立项和依托单位

中国科学院武汉病毒研究所（以下简称武汉病毒所）始建于 1956 年，坐落于武汉市风景秀丽的东湖之滨，是专业从事病毒学基础研究及相关技术创新的综合性研究机构。建所 60 多年以来，特别是从 2002 年起进入中科院知识创新工程以来，在中央财政和各主管部门的大力支持下，武汉病毒所学科重点由原来的普通病毒学扩展到医学病毒和新生病毒性疾病的研究，重点转向重大病毒性传染病（艾滋病和肝炎）和新发病毒性传染疾病研究领域，通过优势整合和所在领域前沿项目的部署，逐步形成了在艾滋病、肝炎、新发传染病、分子病毒学、生物技术和生物防治等领域的研究团队与优势。

武汉病毒所的使命定位是针对人口健康、农业可持续发展和国家与公共安全的战略需求，依托高等级生物安全实验室团簇平台，重点开展病毒学、农业与环境微生物学及新兴生物技术等方面的基础和应用基础研究。着力突破重大传染病预防与控制、农业环境安全的前沿科学问题，显著提升在病毒性传染病的诊断、疫苗、药物以及农业微生物制剂等方面的技术创新、系统集成和技术转化能力，全面提升应对新发和突发传染病应急反应能力，为我国普惠健康保障体系、生态高值农业和生物产业体系、国家与公共安全体系的建设做出基础性、战略性、前瞻性贡献。其按照中国科学院"四个一流"的要求，建设具有国际先进水平的病毒学研究、人才培养和高技术产业研发基地，实现研究所科技创新的整体跨越，成为具有国际先进水平的综合性病毒学研究机构。

武汉病毒所科研布局上设有分子病毒学研究中心、分析微生物学与纳米生物学研究中心、微生物资源与生物信息研究中心、病毒病理研究中心和新发传染病研究中心，共设有 36 个研究学科组，拥有病毒学国家重点实验室（与武汉大学共建）、中-荷-法无脊椎动物病毒学联合开放实验室、HIV 初筛实验室、中科院农业环境微生物学重点实验室、湖北省病毒疾病工程技术研究中心和中国病毒资源科学数据库等研究技术平台。

高等级生物安全实验室，是在"十二五"期间由中国科学院申报、经国家发展和改革委员会批准的国家重大科技基础设施建设项目，建设单位是中国科学院武汉病毒研究所，建设地点位于湖北省武汉市江夏区郑店黄金工业园、武汉病毒所郑店科研园区内。2003 年在全球部分地区流行的严重急性呼吸综合征（SARS）共造成 8069 人感染，其中 775 人死亡，给我国的经济社会持续稳定发展带来了极大的影响，暴露出我国当时在突发公共卫生事件应急和处置能力以及在生物安全保障平台配置等方面存在的不足。迫切需要建设高等级的生物安全实验室，提升我国公共卫生安全和生物安全保障能力。2003 年 5 月通过了中国科学院院长办公会的论证，同意武汉病毒所提出的建设方案，开展细胞水平和中小动物水平的烈性病原生物学、病原致病机理、抗病毒药物和疫苗研究，随后获得国家立项支持。

该实验室是 2004 年中法两国元首直接见证和推动的《中法政府关于预防和控制新发传染病合作协议》框架内的重大国际科技合作项目，是填补我国生物安全体系空白、应对重大生物安全威胁的关键性大科学设施。实验室大楼外观图见附图 3-17。

2.2 建设内容

实验室建设内容包括细胞水平生物安全实验室在内的烈性病原试验设施、新生疾病研究设施以及烈性疾病病原保藏设施（即包括高等级生物安全实验室以及生物安全二级实验室、普通实验室和动物饲养室等辅助性设施及相关配套设施），最终形成一个相对完整的新生疾病研究单元。

附图 3-17 大楼外观图（小洪山科研园区）

其中某实验室为独立的建筑物，由两部分组成，即方形的实验室主体结构和圆形的辅助结构，两部分由封闭的连廊相连，形成一个整体建筑构架。主体结构形式为钢筋混凝土框架结构。建筑主体分为 4 层，底层为污水处理、生命支持系统以及配电动力保障支撑；二层为核心实验区，包括 3 个细胞水平实验室、2 个动物实验室、1 个解剖间以及 1 个菌毒种保存间，能同时开展三种病原研究，开展中小型动物感染的病理和药物药效评估等研究，具有毒种保存功能；三层为送排风管道层；四层为实验室上层技术层，主要安装有空调机组、冷水机组、4 个化学淋浴消毒液的药罐等，并通过各种管网、管线与位于其他楼层相应的功能性设施设备相连。

实验室设置 4 个进出通道，分别可进入 1、2、3 号实验室和中、小型动物实验室，其中 3 号实验室和小动物房共用一个进/出通道。每个通道入口处设置正压服更换间和充气式气密门与密闭舱体构成的化学淋浴装置。南北两侧分别为 1、2、3 号实验室和中型动物房，配置双扉高压灭菌锅，满足固液废弃物灭菌需要，原则上每个区域独立配置灭菌锅，特殊情况下，通过缓冲间实现互为备用的功能。实验室配置 9 台 II A2 型生物安全柜、4 套 ISOcage 小动物隔离笼具、4 台负压中型动物笼具、负压型动物残体解剖台及满足科研需要的科研仪器等。实验室外观图见附图 3-18，实验室内景图见附图 3-19。

附图 3-18 实验室外观图

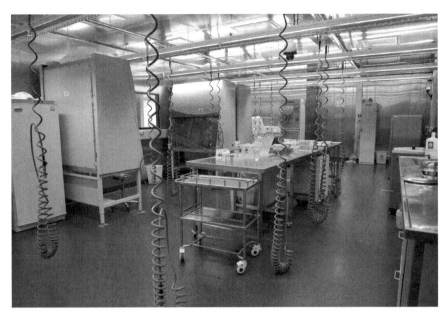

附图 3-19 实验室内景图

实验室人员防护采用密封性能完好的正压防护服,使科研人员与有潜在污染的环境处于完全隔绝状态,类似太空中的宇航员,其呼吸所需空气完全由外部呼吸空气供应站通过可控、安全的输送管道供给。人员在离开有潜在污染环境的实验室前通过化学淋浴完成正压工作表面的去污染程序。化学淋浴废水和实验室活动产生的活毒废水通过双层排污管道收集系统,集中收集到污水处理站,通过135℃高温消毒处理。实验室采用定向负压系统和双层过滤系统,通过有组织的负压控制技术保证实验室内空气只能通过具有在线扫描检漏功能的高效过滤器(HEPA)过滤后排放,不能随意流出造成泄漏。实验室感染性固体废弃物通过双扉高压灭菌锅消毒后,进行无害化焚烧处理。实验室核心实验区任何相邻两扇门之间都有自动互锁装置,防止两扇门被同时打开,从而避免室内空气的流通。

2.3 实验室关键防护装备的技术特点

实验室生物安全关键防护装备包括正压防护服、双扉高压灭菌器、化学淋浴、生命支持系统、活毒废水处理系统、高效空气过滤器、围护结构、气密门、实验室通风系统、楼宇自控和监控系统以及核心供电保障重要设备等。

2.3.1 正压防护服

正压防护服采用以纺织物作为内衬的 PVC 为原料,利用对 PVC 无损的高频焊接制作而成。防护服本身具有很高的机械强度,材料的拉伸强度约 120da N/5cm。配有专用检测工具箱和修理工具箱,一旦检漏不合格,立即停止使用。防护服具有空气扩散系统,可扩散到腿、手臂、头罩并使空气凉爽;通风时低噪声,空气流量 500L/min 时,噪声<70dB;配置了 2 个获得专利的排气磁力阀,专门保护超压。

2.3.2 双扉高压灭菌器

4 台瑞典某公司生产的双扉高压灭菌器安装在二层的特定位置,其主体所在空间设置为负压。双扉灭菌器采用法兰方式与围护结构连接,区分风险防护区和安全区,安装完成后的风险防护区通过了 500Pa 的载压密封性测试。灭菌器自带一体化的电热蒸汽发生器,功率 60kW,灭菌温度可设定在 121~134℃。腔体、夹套、门的材质为 316L 不锈钢,门用 SA516 Gr60 加强。灭菌器安装了对 0.3μm 颗粒过滤效率超过 99.998%的过滤器,确保从真空回复至常压时进入腔体的空气无菌。灭菌器设置了一个管状电热焚烧炉(G2801),工作温度 375℃,可将空气中任何形态的细菌、病毒、芽孢焚烧杀灭,避免空气传播病原。内置 PACS 控制系统,连接着腔体温度传感器(过程控制)、夹套温度传感器、腔体压力传感器、装载物温度探头(液体过程控制),用于控制蒸汽灭菌器全部功能、监督系统的操作、视听故障报警、腔体内压力温度显示。

2.3.3　化学淋浴

实验室在 4 个人员进出通道上均配置了化学淋浴舱体,另在实验室建筑一层的污水处理缓冲间配置一套化学喷淋系统。化学淋浴采用压缩气体与化学药剂混合雾化的形式实施喷淋,必要时也可以提供手动药水直接淋浴方式。4 套化学淋浴控制设备和储存罐位于第四层设备层内。每套设备包括一个高密度聚乙烯制造的 1000L 化学药剂储存罐和一个化学淋浴控制柜,其中储存罐用于配制相应的化学消毒剂制成的消毒液,独立的控制柜控制独立的储罐和阀组。控制柜供电来自 UPS,可保证断电时淋浴消毒设备的正常运行。

2.3.4　生命支持系统

生命支持系统为法国某公司生产的专用设施,含有 3 套空气制备装置,保持二用一备的运行状态和应急状态,并自动定期检查备用设备的运行状况。压缩空气经过 3 个独立的过滤系统,包括除油过滤器、0.01μm 亚微细粒过滤器和 0.003ppm 活性炭过滤器,除去空气中的油污、颗粒物、异味和水蒸气等。整套设备配备了自动声光报警,报警声达 110dB,能实时发现故障状况以及采取必要措施,中央监控室亦能同步触发报警。配置的 MX42 分析站有 3 个测量传感器,监测 CO、CO_2、O_2,有 2 个报警触发传感器。压力降至 6bar 时,与瓶架上的 B50 呼吸空气气瓶相连的气动阀能自动开启,向供气管网供气。生命支持系统供气管道由生命支持系统机房通往核心实验区,供气管道采用不锈钢管,末端连接柔性软管,供正压服使用。

2.3.5　活毒废水处理系统

实验室配置的连续式高温灭菌污水处理系统为法国某公司生产的专用设施,采用 134℃ 20min 的灭菌方式实现污水的灭菌处理。灭菌单元并列安装了 2 个电加热器,一备一用。运行程序实时监控流量和温度,确保灭菌温度和时间要求。污水处理系统配置了在线破碎器和过滤装置,灭菌前以循环方式进行粉碎过滤,使固体颗粒直径小到 3mm,确保灭菌系统中的废水不影响系统运行。

使用软水运行设备减少结垢,并配有清洗液罐(酸、碱罐),在对废水热处理之前或处理之后,可自动对整个系统进行清洗、除垢。泵带有两级垫圈,以闭合回路方式经热吸水管喷射,以避免因机械密封故障导致泄漏。排气口装有双重 0.2μm 耐高温过滤器,可在线灭菌后更换,确保设备的检修安全。

2.3.6　高效空气过滤器

实验室全新风系统在空气调节机组设置有初、中、亚高效三级过滤,最后通过高效过滤(HEPA,H14)风口送入室内。实验室排风串联二级 H14 高效过滤器,一个位于房间出风口,另一个位于排风管道后段。

送、排风口处的高效过滤单元均配置有原位测试接口,可接入外部气溶胶发生装置并对气流后端进行取样测试。位于排风管道后端的高效过滤器为袋进袋出式过滤单元,配置了多探头自动扫描装置,可对高效过滤器逐点测试过滤效率和检漏,必要时可采用袋进袋出过滤器。同时还配置了 2 个消毒口,可原位对过滤器系统进行化学气体消毒处理。

此外,在实验室核心区安置的动物解剖台的排风管道上安置了一个防水的 H14 高效过滤器。

2.3.7　围护结构

实验室防护区的围护结构采用钢龙骨结构和316L不锈钢面板岩棉夹心材料构建,隔断墙体厚度100mm。实验室墙面不锈钢面板之间采用激光焊接工艺密封;围护结构的各个弯角均采用半径不小于30mm的圆弧处理;实验室地面采用聚氨酯自流平树脂;地漏采用自带存水弯密闭地漏;与围护结构相连接的气密门、送排风过滤器、灭菌器、穿墙板线缆以及穿楼板排水管均采用密封安装技术。围护结构的气密性达到GB 19489—2008要求的500Pa在20min内衰减不超过250Pa的指标。

2.3.8　气密门

所有生物防护区域的边界门均采用气密门,在–600~–400Pa压力时泄漏率为0,在2000Pa下保持良好的密封性。门和门框采用316L不锈钢材,门厚度60mm。门框为整体框架,焊接组装,牢固不变形。门的电磁吸盘力达300kg,每樘门装有紧急停止按钮。门密封圈为三元乙丙橡胶(EPDM)充气膨胀密封圈。EPDM密封圈具备抗冲击、耐酸碱、阻燃、耐高温、耐寒、耐老化等优点。

生物防护区内气密门均设定为互锁,实验室内气密门由室外的4套控制柜进行控制,气密门的互锁控制由DDC控制柜实现,控制系统设置工作、消毒、检修三种状态。工作状态下各门互锁,可按要求开启;消毒状态下保证核心实验区边界门关闭,且不能开启;检修状态下仅在防护区域完成终末消毒后方可切换,可释放局部区域的互锁状态。

2.3.9　实验室通风系统

核心实验室1~5号系统送风空调机组采用一用一备设置10个全新风净化空调系统,所有的排风机组同样采用二用一备方式配置。实验室的通风系统总体上采用定送/变排的控制方式,实现了风量以及梯度压差的稳定。生物安全防护区的通风,依据风险程度的差别均采用了不同层级的负压控制,确保空气只能从低风险区域流向高风险区域。负压范围从防护服更衣间的–50Pa,到最大负压区动物解剖间的–180Pa。为确保实验室防护区的绝对负压状态和工作期间的相对负压梯度,对送、排风机的启/停频率、密闭阀执行器行程速率进行了优化设计。为满足实验室不同工作模式需要,另设置了循环消毒模式和保护模式等通风方式。

2.3.10　实验室消防报警

消防控制室设在首层,内设火灾报警控制器、联动控制盘、显示器、打印机、紧急广播设备、消防直通对讲电话设备及电源设备。火灾报警控制器通过通信总线与消防控制中心联网,在发生火灾事故时,启动消防报警、急照明系统和紧急广播系统,指挥人员疏散。消防控制中心留有与公安119报警中心联网的通信接口。二层生物安全实验室、动物房、解剖间、菌种库、清洗室等设FM200气体灭火系统。本气体灭火系统采用就地探测报警方式,气体灭火控制盘设在三层安防控制室,气体灭火系统设手动模式及自动模式。

实验室供电、应急电源配置,以及楼宇自控与监控和门禁系统均满足技术规范要求。

2.4　实验室试运行、认可与活动资格

实验室在进行设计、建设、调试、检测工作的同时,始终按照中国合格评定国家认可委员会(以下简称CNAS)认可评审工作指导书、国家卫生和计划生育委员会关于实验室活动资质评审的要求,积极准备与推动实验室认可及活动资质评审工作。

由于该实验室是我国首个生物安全最高等级实验室,其相应的认可程序尚未健全,因此实验室认可

工作获得 CNAS 领导与专家的高度重视，从实验室设计阶段便参与审核，并有针对性地将认可程序分为三个阶段：设计审查、关键防护设备安装和试运行审查、管理体系与防护能力审查。

2009 年该实验室成为我国首个接受设计阶段审查的生物安全四级实验室。由于实验室核心设计方案是由法国设计团队在国际及欧洲标准基础上，结合中国标准要求完成的，因此在环形防护走廊、防护边界设置等方面与中国标准存在一定区别。评审专家在管理部门领导的支持与协调下，经多次现场踏勘与沟通，以保障生物安全为基本原则，结合武汉生物安全四级实验室的实际情况，接受部分新的设计理念，顺利完成设计评审。2013 年 1 月，武汉 P4 实验室通过设计阶段认可评审。

在完成设备安装调试并通过第三方生物安全检测后，2016 年 4 月，CNAS 组织了关键防护设备安装与试运行阶段的现场评审。评审组依据 CNAS-CL05:2009《实验室生物安全认可准则》、CNAS-CL53:2014《实验室生物安全认可准则对关键防护设备评价的应用说明》及其他相关认可规则文件对实验室内各项关键防护设备进行现场检验。评审结束后，武汉 P4 实验室迅速组织人员对结论中的观察项和不符合项进行整改，提交整改报告，并于 7 月 29 日组织复评审工作，最终整改项目顺利通过复评审。2016 年 8 月 15 日，实验室正式通过关键防护设备安装和试运行阶段的认可评审。

按照 CNAS 关于生物安全四级实验室认可评审的管理规定，实验室在初步建立管理体系文件，设备与设施经过一段时间的试运行后，才能受理第三阶段，即实验室管理体系与防护能力阶段评审。

为此，实验室紧锣密鼓地开展了一系列运行准备工作。在生物安全法律法规和标准研究方面，通过与法国健康卫生署、法国标准化协会和法国健康与医学研究院合作，引进了欧盟生物安全管理领域的法律法规及技术标准文件，通过对中外生物安全法律法规和生物安全标准的系统收集、分类、比较、分析，完成中法（欧）生物安全/生物安保立法的比较研究报告，编写了《法国生物安全法律法规文件汇编》和《中国生物安全法律法规标准汇编》，完成了中国生物安全立法初步分析报告和中国生物安保立法初步分析报告。

在生物安全管理体系方面，实验室在保证生物安全防护设施设备良好运行的基础上，以"安全第一，预防为主，操作规范，建设科学"为基本方针，初步完成包括生物安全管理手册、程序文件、操作规程、安全手册、记录表单、风险评估报告等在内的约 50 万字的体系文件编写工作，并在实际操作、演练中不断修订与完善。开展持续性的风险评估、应急演练和内部审查，不断提高实验室的生物安全保障能力和科技支撑服务能力，为国家传染病预防与控制及生物防范研究提供平台，确保实验室零感染、零泄漏。

在人员能力建设方面，实验室首创"绿色—橙色—红色"三级上岗资格体系，建立不同类型人员的上岗资格基本要求及上岗证书等级和工作范围的制度，并对实验室工作人员的能力执行持续评估机制，建立起一支合格的实验室运行、使用和管理人员队伍，保证设施设备安全运行和科研活动的正常实施。

经过 1 年多时间的试运行，实验室于 2016 年 11 月接受了 CNAS 的第三阶段即管理体系与防护能力阶段的现场评审。此次评审是对实验室申请认可的全部技术能力进行的全要素评审。评审组依据 CNAS-CL05:2009《实验室生物安全认可准则》、CNAS-CL53:2014《实验室生物安全认可准则对关键防护设备评价的应用说明》及其他相关认可规则文件对实验室进行现场评审，包括文件审查、现场测试、现场考核等环节。经过三天的全面审查与测试，评审组认为该实验室管理体系结构清晰，内部职责分配合理，操作程序科学严谨，设施设备满足高等级生物安全防护需要，符合 CNAS 认可要求。同时，评审组也对实验室在考察过程中发现的不符合项及观察项提出了具体整改要求。现场评审结束后，实验室迅速组织人员完成实验室整改工作，并于 2016 年 12 月 30 日向 CNAS 提交整改报告。最终整改项目顺利通过复审，实验室于 2017 年 1 月 13 日正式获得中国合格评定国家认可委员会颁发的实验室管理体系与防护能力评审认可决定书，成为国内首个通过认可的生物安全四级实验室，标志着该实验室已具备从事高致病性病原微生物科学研究的条件。

同年 6 月，国家卫生和计划生育委员会组织以徐建国院士为组长的 13 人专家组，依照《病原微生物实验室生物安全管理条例》第二十一条及《人间传染的高致病性病原微生物实验室和实验活动生物安全审批管理办法》对实验室申请从事高致病性病原微生物实验活动资格进行了现场评审。评审专家组现场审查了实验室生物安全管理手册、程序文件、操作规程、记录等相关文件；查阅了该实验室开展高致病性病原微生物实验活动风险评估报告应急预案等文件材料；围绕申请病原的实验活动，从组织机构、生物安全管理体系、生物安保（生物安全保障）、生物风险评估、实验活动相关程序、实验活动相关标准操作规范、记录、人员、菌（毒）种、样本及感染性材料的管理和使用、实验室事故、消毒、实验室标识和数据清单、生物安全监督等方面进行了认真细致的评审评估。经现场评估，专家一致认为：武汉国家生物安全实验室基本符合从事高致病性病原微生物实验活动资质的国家要求，但需整改后批准活动资质。现场评估共提出了 14 个不符合项和 12 个基本符合项。针对专家组提出的不符合项与基本符合项，武汉病毒所组织召开了专题会议，听取实验室主任有关实验室运行、演练、人员队伍建设和下一步运行计划及实验室活动资格评审结果的汇报，系统梳理了在实验室评审中专家组发现的不符合项和基本符合项及其他方面的问题，分析了不符合项和基本符合项产生的原因、整改的内容和整改的措施，明确了整改的责任单位和整改途径，要求实验室结合实验室的演练和安全运行，做好整改工作的组织和实施，完成整改目标。

同年 8 月 14 日，国家卫计委再次组织整改情况复核论证会，对实验室整改情况进行现场评估。专家组在听取了实验室详细的整改情况汇报后，立即组织文件资料审核和实验室人员操作考核。经过细致严格的审核及考核，专家组得出初步论证结论，并通过内部会议沟通复核论证情况，形成论证报告。2017 年 8 月 18 日，国家卫计委批准了实验室从事高致病性病原微生物实验活动的资格，准予从事埃博拉病毒、尼帕病毒、克里米亚-刚果出血热病毒的培养、未经培养的感染材料的操作以及克里米亚-刚果出血热病毒的小动物感染实验操作。

至此，中国首个生物安全四级实验室正式投入运行，标志着我国国家安全又一"护卫舰"正式出洋远航，入选中国两院院士投票产生的"2018 年中国十大科技进展新闻"。

武汉生物安全四级实验室正式投入运行后，将对包括埃博拉病毒在内的自然疫源性病毒和其他新发病毒开展研究，包括快速检测体系，以及分子流行病学、传染病病原微生物学、治疗性抗体、疫苗和药物评价研究及生物因子风险评估研究等，打造我国新生和烈性传染性疾病的病原分离鉴定、感染模型建立、疫苗研制、生物防范以及病原与宿主相互作用机理等研究的生物安全平台，成为我国传染病预防与控制的研究和开发中心、烈性病原的保藏中心和联合国烈性传染病参考实验室，作为我国生物安全实验室平台体系中的重要区域节点，在国家公共卫生应急反应体系和生物防范体系中发挥核心作用及生物安全平台支撑作用。

未来，武汉生物安全四级实验室将伴随着武汉病毒研究所的发展壮大，如同一颗耀眼新星冉冉升起，照亮全球生物安全领域的前行之路。今后的武汉 P4 实验室将加大与国际社会在传染病防治和医学科技领域的交流与合作，为维护人民身体健康与世界和平发展做出贡献！

（**案例提供**：中国科学院武汉病毒研究所　宋冬林　谢薇薇）

附 录 4

1 北京大兴机场海关负压隔离留验设施建设案例

1.1 工程概况

机场负压隔离留验设施主要是针对乘坐飞机出境或入境的旅客进行常规医学排查，对发现疑似患有严重传染性疾病的旅客进行隔离与转运以防止疾病传播，另外对现场工作人员起到安全防护作用。

北京大兴机场航站楼规划建设两处负压隔离留验设施，其中一处位于核心区，由一层医学排查区和负一层负压隔离区（附图 4-1）组成，总建筑面积为 674m²，另外一处位于中南指廊一层，建筑面积为 215m²。

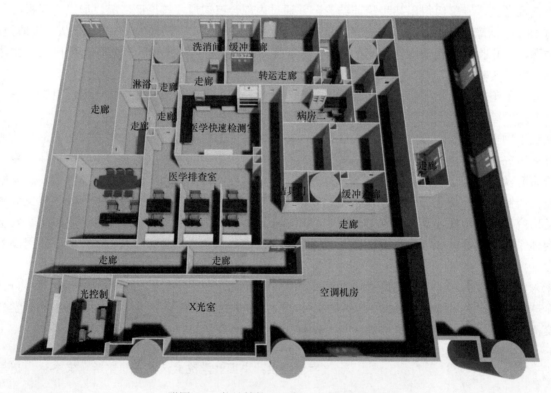

附图 4-1　航站楼核心区负一层负压隔离区

1.2 工艺布局

负压隔离留验设施包含的功能房间主要有负压隔离室、医学快速检测实验室、医学排查室、体温复测室、缓冲间、洗消间、更衣间及器械室等辅助用房。

负压隔离留验设施布局流程，应遵循"三区两通道"原则（附图 4-2）。"三区"为清洁区、潜在污染区和污染区，"两通道"为工作人员通道和疑似患病旅客通道。不同区域之间应设置缓冲间，工作人员入口、旅客入口、工作人员出口及转运出口分开且独立设置。

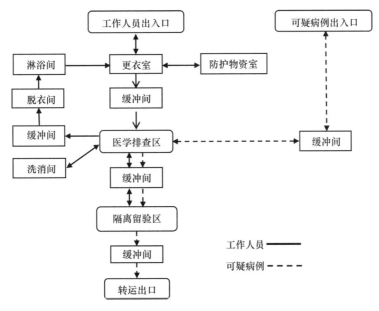

附图 4-2　负压隔离操作流程

1.3　建筑装饰

1. 墙面

采用无毒、无放射性、易于清洗消毒的手工岩棉彩钢板；燃烧性能为 A 级，耐火时间≥1h，隔声性能≥30dB。

2. 吊顶

吊顶均采用手工单玻镁板岩棉彩钢板。燃烧性能为 A 级，耐火时间≥1h，隔声性能≥30dB。

3. 地面

采用易于清洗消毒、耐腐蚀、有较好防静电性能的 PVC 卷材。

4. 门窗

采用气密式钢制门，各房间门上安装双层玻璃的观察窗，设施出入口缓冲间的门设互锁装置。

5. 卫生间和淋浴

负压隔离室内的卫生间和淋浴均采用整体卫生间与整体淋浴。

1.4　暖通空调

1）负压隔离留验设施清洁区采用普通空调系统，形式为风机盘管+新风空调系统，潜在污染区和污染区采用净化空调系统。

2）核心区负压隔离留验设施一层医学排查区和负一层负压隔离区各采用一套全新风净化空调系统，南指廊负压隔离留验设施采用一套全新风净化空调系统。送风机和排风机均设置一用一备，风机均变频控制。

3）普通空调系统冷热源由航站楼中央空调冷热源提供，净化空调冷热源独立设置。核心区 2 台净化空调冷热源由室外风冷模块机组提供，南指廊采用的是全新风净化直膨机组，冷热源由直膨机室外机提供。

4）气流组织：负压隔离留验设施区域气流为定向流，从清洁区流向潜在污染区，再流向污染区。

洁净区采用上送下排方式，送风经初效、中效、高效三级过滤；排风机组设置活性炭过滤装置，防止有害废气直接排放至室外。送风口和排风口均设置 H14 级别的高效过滤器。

5）负压隔离室和医学排查室室内环境设计参数如下。

室内设计温度：20～26℃；相对湿度：40%～60%。

室内空气洁净度为 7 级。

1.5 电气及智能化系统

1. 配电系统

该负压隔离室用电为二级负荷，采用双路供电，确保用电可靠性。

2. 照明系统

诊断室、检查室、检验室、X 光室等房间工作照度为 300lx；洁净走廊、更衣间、缓冲间等工作照度为 150lx。

实验区设置紫外灯用于消毒灭菌，紫外灯采用定时开关控制。

3. 监控系统

监控系统由网络硬盘录像主机、POE 交换机、半球摄像机组成。支持全部通道实时压缩、录像。对每个走廊、洗漱间及检验室要道进行监视；对各层特殊实验室活动进行全面录像和记录；监控系统能对特殊部位进行长时间录像。

4. 门禁系统

实时监控每扇门的开关状态，系统管理人员可以通过微机实时查看每扇门区人员的进出情况、每扇门区的状态，同时可以在紧急状态打开或关闭所有的门禁。

5. 对讲系统

负压隔离室分机在线任意编号，主机窗口多功能显示，双向呼叫，双向通话。

6. 背景音乐、广播系统

1）在控制室设背景音乐主机。
2）采用定压输送方式，喇叭采用嵌顶方式安装。
3）排查区、隔离区、走廊等设有背景音乐。
4）系统带有话筒，可以实现广播找人功能。

1.6 空调控制系统

1）空调与监控系统的总控制设置于控制室，控制系统有图形化人机界面，显示设备的运行状态，可以实时监控、记录和存储各系统有控制要求的参数数据；能监控、记录和存储故障的现象、发生时间及持续时间；设置有人员操作级别的密码；可以随时查看历史记录。在监控计算机上能对工作状态，包括工艺流程图、工作参数、设备状态及各种报警等进行完整、清晰的显示和打印，并能修改相关参数或设定值，便于监视和控制；存储数据能自动生成运行曲线。

2）空调控制系统包含两种控制状态：正常工作状态和应急工作状态，当进入应急工作状态后，启用备用送风机和排风机, 优先保证区域内的压差满足要求。

3) 中央控制系统能对所有故障和控制指标进行报警, 报警提示分为一般报警和紧急报警。系统可自行排除的和可保持工作延续进行的故障为一般报警, 如正常开门、风机的切换、过滤器自然阻塞等; 系统不能自行排除的和外力或人为污染事故等为紧急报警。

4) 中央控制系统能对可能发生的各种故障进行分类, 按危险程度进行排序, 按优先权顺序进行报警和处理。控制系统由三层网络组成, 一层为管理层, 一层为现场控制层, 另一层为内操作面板。管理层为监控上位机及分站相互通信的网络, 控制功能如下。

温湿度控制: 空调机组夏季采取湿度优先控制策略, 当送风湿度高于设定值时, 调节电动水阀进行除湿, 根据温度与设定值的偏差调节再热电加热功率; 当湿度低于设定值时通过调节电动水阀控制温度; 冬季送风湿度低于设定值时进行调节加湿器开度进行加湿。

监控: 在控制室应实现对系统的温湿度、过滤器状态、阀门开度、风机、室外机运行状态、故障等各项参数的监控。

联动控制: 排风机组与空调机组联动开启, 机组的启停顺序为: 排风机组先开启, 空调机组后开启; 关闭时, 则反之。

1.7 给排水

1) 污染区和潜在污染区用水点均采用感应式自动水龙头。
2) 室内生活给水管材采用薄壁不锈钢给水管, 采用卡压连接。
3) 给水管检修阀设在清洁区内。
4) 所有卫生器具 (包括地漏) 均自带或配备存水弯。
5) 负压隔离留验设施清洁区的污废水与污染区 (包括潜在污染区) 的污废水分开排放。污染区和潜在污染区设置污水收集及污水处理装置, 使收集的污水、患者呕吐物、排泄物、分泌物、实验室清洗废液等经过污水处理装置处理达到 GB 18466 标准后排放至排水系统。

（案例提供: 郑州瑞孚净化股份有限公司）

2 某疾病预防控制中心科研楼项目

某疾病预防控制中心科研楼项目总建筑面积 2 万 m^2, 地上 15 层, 地下 1 层。实验室建设放眼国际, 上海埃松定位国际领先水平, 整体设计采用当今国际先进理念, 灵活应用 "dry Lab" 和 "wet Lab" 干湿区设计理念、流程布局及家具工艺布局分割空间概念, 确保实验室的多元发展。实验室规划按照实验流程设置实验室的位置, 尽量保证实验过程单向性, 最大程度缩短实验时间, 减少人流物流交叉, 减少人员的不必要往返走动, 提高工作效率。在实验室面积紧缺的条件下, 最大限度地提高其有效使用面积。

实验室气流控制系统根据实验室类型的不同、局部排风设备的不同采取有针对性的设计和解决方案。

BLS-2 实验室及 PCR 实验室均采用定送变排的气流控制方式, 送风采用压力无关型定风量阀门, 排风采用变风量阀门。通过压差传感器直接测量相邻实验室间的压差, 通过控制器快速调节变风量排风阀门来控制和实现实验室的压力梯度。

设置有通风柜的理化实验室均采用自适应变风量气流控制系统, 通风柜变风量控制采用流量反馈型变风量蝶阀, 同时, 辅助先进的调节门管理系统, 确保在安全的前提下最大化的节能减排。理化实验室采用新风+风机盘管的空气调节形式, 保障其正常温湿度环境要求和负压定向流的控制要求。

洁净实验室根据空气洁净度等级设置粗、中、高三级空气过滤，前处理及 ICP-MS 房间洁净空调系统气流组织为顶送风、侧下回风，百级洁净间采用悬挂式洁净层流罩，气流组织为 0.2～0.4m/s 的垂直单向流，洁净实验室也采用了定送变排的气流控制方式，通过压差传感器直接测量与相邻实验室间的压差，采用闭环控制方式确保安全、可靠的压力梯度控制。

该项目由浙江大学建筑设计研究院设计，通风柜、定变风量阀门、通风柜调节门管理系统均采用上海埃松气流控制技术有限公司自主品牌产品。通风柜均通过 JB/T 6412—1999、ASHRAE 110—2016、EN 14175—3 国际国内标准第三方权威机构认证。埃松流量反馈型变风量阀门广泛应用于各类型理化及生物类实验室，具有耐强酸碱腐蚀、测量和控制精度高、响应速度快、"闭环"压力无关、结构紧凑、法兰连接易于安装维护等特点，如附图 4-3 所示。依据 ASHRAE 110—2016 标准，系统响应时间 2.5s，优于标准 3s。控制系统通过 CE、FCC、ROHS 认证，阀门整体通过 GB 8624—2012 中 B1 级防火等级认证，符合 GB 50016 防火要求。同时，阀门通过 JG/T 436—2014 中风量与阀前静压无关性检测及阀片漏风量检测。

定风量蝶阀　　　　　　　　　流量反馈型变风量蝶阀　　　　　　　　变风量文丘里阀

附图 4-3　上海埃松自主品牌产品

在实际使用过程中，所有实验室均保持稳定、可靠的压力梯度，通风柜变风量控制可保证面风速持续稳定在 0.50m/s（±10%），系统响应时间<2.5s，在保障安全的前提条件下最大化实现节能减排。

（案例提供：上海埃松气流控制技术有限公司）

3　高等级病原微生物实验室国产化集成及模式化示范

3.1　工程简介

高等级病原微生物实验室国产化集成及模式化示范是国家重点研发计划"生物安全关键技术研发"重点专项研发建设的工程项目，采用我国自行研制关键技术设备，建设国产化 P4 模式实验室，为实现 P4 实验室技术与装备国产化奠定基础。整个实验室已经通过国家级检测单位检测。

3.2　部分实验室结构介绍

1. 核心实验室

核心区围护结构采用 3mm 不锈钢板满焊而成，焊接采用机械手氩弧焊，使焊接点熔深均匀、美观，并无密封胶连接点。地面采用聚氨酯材料均匀覆盖，并与不锈钢壁板可靠密封连接，见附图 4-4。

附图 4-4　核心实验室

2. 缓冲间

缓冲间也采用不锈钢壁板焊接而成，缓冲间分为清洁衣物更衣间、内防护服更换间、外防护服更换间，门体全部采用机械压紧式气密门，见附图 4-5。

附图 4-5　缓冲间

3. 送排风系统

送排风过滤单元全部采用袋进袋出式高效空气过滤单元，送风采用单级式，排风采用双级式，送排风管道全部采用不低于 2mm 厚 304 不锈钢满焊而成，见附图 4-6。

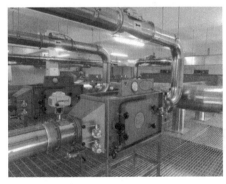

附图 4-6　送排风系统

3.3　关键设备及应用

1. 生物安全型手套箱式隔离器

生物安全型手套箱式隔离器是国家重点研发计划"生物安全关键技术研发"重点专项研发的产品，

主要用于高等级病原微生物实验室对烈性病原微生物的实验操作，可提供对实验人员、实验对象和环境最高等级的保护。该手套箱式隔离器采用完全密闭设计、物品气密传递、高效过滤器原位检漏及隔离器整体气体消毒等关键技术，已通过具有国家级检验资质的第三方机构检验，结果表明其可满足我国相关标准要求，详见附图4-7。

附图 4-7　生物安全型手套箱式隔离器

该产品特性：①隔离器采用全透明结构，具有良好可视性；②采用双级排风高效过滤器，均可进行原位检漏，且第二级采用扫描检漏方式；③攻克高强度高透明材料气密焊接关键技术及气密性微环境控制。

该产品目前在武汉病毒所进行示范应用。

2. 袋进袋出式高效空气过滤单元

袋进袋出式高效空气过滤单元是"十一五"国家科技支撑计划项目（2008BAI62B01）研发的产品，主要用于高等级生物安全实验室的污染空气净化处置。该设备具有对高效过滤器进行原位检漏和消毒及实时监测过滤器阻力功能，并采用袋进袋出方式更换过滤器，可有效降低工作人员的暴露风险。该设备通常安装在具有较大空间的设备层，以方便过滤器更换、消毒等维护工作，详见附图4-8。

附图 4-8　袋进袋出式高效空气过滤单元

该产品特性：①过滤器检漏方式，可进行原位自动扫描检漏；②过滤器消毒方式：可进行原位循环消毒，并可进行消毒效果验证；③过滤器更换方式，对箱体内部进行原位气体熏蒸消毒后，采用简便、安全的袋进袋出更换方式；④非标产品可以定制。

该产品应用案例：湖北省疾病预防控制中心、广东出入境检验检疫局检验检疫技术中心、中国农业科学院兰州兽医研究所（包括中农威特生物科技股份有限公司）、中国农业科学院哈尔滨兽医研究所、中国动物疫病预防控制中心、中牧实业股份有限公司兰州生物药厂。

（**案例提供**：天津昌特净化科技有限公司）